SCIENCE-FICTION

Collection dirigée par Bénédicte Lombardo

STEPHEN BAXTER

LES UNIVERS MULTIPLES
II
ESPACE

Traduit de l'anglais
par Sylvie Denis et Roland C. Wagner

Fleuve Noir

Titre original :
SPACE
(*The Manifold Trilogy*, 2)

Le papier de cet ouvrage est composé de fibres naturelles, renouvelables, recyclables et fabriquées à partir de bois provenant de forêts plantées et cultivées durablement pour la fabrication du papier.

ISBN : 978-2-266-18980-4

STEPHEN BAXTER

Stephen Baxter est né à Liverpool en 1957. Ingénieur et mathématicien, il a été enseignant pendant de longues années avant de se consacrer pleinement à l'écriture en 1995. En 1991, il a tenté de devenir astronaute mais la Station Mir lui a échappé… Il reste cependant très investi dans la recherche pour la conquête spatiale et donne beaucoup de conférences en Europe. Auteur d'une vingtaine de romans, Stephen Baxter est l'un des plus grands auteurs de SF d'aujourd'hui. Mêlant space opera, hard science, aéronautique ou encore histoire, il a raflé des dizaines de prix, dont les British SF, John W. Campbell et Philip K. Dick Awards, pour *Les vaisseaux du temps*. Il est également un nouvelliste accompli, avec plus d'une centaine de textes, dont beaucoup ont été récompensés.

Retrouvez l'actualité de l'auteur sur
www.stephen-baxter.com

ESPACE

DU MEME AUTEUR
CHEZ POCKET

ÉVOLUTION 1
ÉVOLUTION 2

LES ENFANTS DE LA DESTINEE

1. COALESCENCE
2. EXULTANT
3. TRANSCENDANCE

LES UNIVERS MULTIPLES

1. TEMPS
2. ESPACE
3. ORIGINE

À mon neveu, Thomas Baxter
et à Simon Bradshaw et Eric Brown.

Certaines parties de ce roman sont parues, dans des versions très différentes, dans le magazine *Science Fiction Age* et dans *Moonshots*, une anthologie dirigée par Peter Crowther.

Il existe un nombre infini de soleils ; un nombre infini de terres tournent autour de ces soleils comme les sept planètes tournent autour de notre soleil. Des êtres vivants habitent ces mondes.

Giordano Bruno (1548-1600)

S'ils existaient, ils seraient là.

Enrico Fermi (1901-1954)

PROLOGUE

Je m'appelle Reid Malenfant.

Vous me connaissez. Et vous savez que je suis un incorrigible cadet de l'espace.

Vous savez que j'ai, entre autres, mené campagne en faveur d'expéditions privées destinées à l'exploitation minière des astéroïdes. En réalité, j'ai tenté par le passé de vous faire payer pour de telles choses. Mais je vous ai déjà barbé assez souvent avec ça, non ?

C'est pourquoi, ce soir, je désire être un peu plus personnel. Ce soir, je veux vous parler des raisons pour lesquelles j'ai consacré ma vie à un seul et unique projet.

Ça a commencé par une question toute simple :

Où sont-ils tous ?

Lorsque j'étais gamin, je m'allongeais sur la pelouse la nuit, et je me trempais de rosée en regardant les étoiles et en essayant de sentir la Terre tourner sous moi. C'était une sensation merveilleuse d'être vivant, ou en tout cas d'avoir dix ans.

Mais je savais que la Terre n'était qu'un caillou rond au bord d'une galaxie insignifiante.

Et, étendu là, tandis que je regardais inlassablement les étoiles – les milliers d'étoiles que je pouvais distinguer à l'œil nu, les milliards qui constituent le grand fleuve de notre Galaxie et les innombrables myriades qui se trouvent dans les galaxies lointaines –, je ne pouvais tout simplement pas croire, même à l'époque, que personne *là-bas* n'était en train de me regarder, moi, qui me trouvais *ici*. Était-il vraiment possible que cette planète soit le seul endroit où la vie s'était développée et qu'il n'y ait qu'ici des yeux et des esprits capables d'observer et de se poser des questions ?

Et, si ne n'est pas le cas, *où sont-ils donc tous* ? Pourquoi n'y a-t-il pas de preuve de l'existence de civilisations extraterrestres tout autour de nous ?

Réfléchissez. La vie sur Terre est apparue à peu de choses près dès qu'elle l'a pu – au moment du refroidissement des roches et de la formation des océans. Bien entendu, notre évolution a pris un sacré bout de temps. Toutefois, nous croyons que les lois qui s'appliquent à la Terre devraient s'appliquer à tous les autres mondes qui se trouvent là-bas, qu'ils soient ou non semblables à notre planète. La vie devrait surgir un peu partout. Et, comme il y a des centaines de milliards d'étoiles dans la Galaxie, on peut supposer que la vie a eu des centaines de milliards de possibilités de sortir des mares où elle grouillait. Et plus encore dans les autres galaxies dont notre Univers regorge.

De surcroît, sur la Terre, la vie s'est répandue aussi vite et aussi loin qu'elle en avait la possibilité. Et nous commençons déjà à atteindre d'autres mondes. Il est impossible, je le répète, que cette caractéristique n'appartienne qu'à la vie terrestre.

Donc, si la vie bourgeonne partout et se répand aussi loin et aussi vite qu'elle en a la capacité, comment se fait-il que nul ne soit venu à notre rencontre ?

L'Univers est vaste, bien entendu. Il y a énormément d'espace entre les étoiles. Mais il n'est pas si immense que ça. Même en nous traînant dans de petits vaisseaux n'atteignant qu'une fraction de la vitesse de la lumière

– des vaisseaux qu'il nous serait très facile de commencer à construire maintenant – nous pourrions coloniser la Galaxie en quelques dizaines de millions d'années à peine. Mettons cent millions au maximum.

Cent millions d'années : voilà une durée qui semble énorme ; après tout, il y a cent millions d'années, les dinosaures régnaient sur la Terre. Mais la Galaxie est cent fois plus vieille encore. Assez pour qu'on l'ait colonisée *quantité* de fois depuis la naissance des étoiles.

Ne perdez pas de vue le fait qu'il suffit que, quelque part, une seule espèce développe la volonté et les moyens de coloniser. Une fois le processus entamé, il est difficile de voir ce qui peut l'arrêter.

Mais, quand j'étais ce gamin étendu sur la pelouse, je ne les voyais pas. J'avais l'impression d'être entouré de vide et de silence.

Nous-mêmes, nous faisons un bruit de tous les diables sur nos fréquences radio. Et, avec nos radiotélescopes géants, nous pourrions détecter une civilisation pas plus avancée que la nôtre n'importe où dans la Galaxie. Mais ce n'est pas le cas.

Des civilisations plus avancées que nous devraient être encore plus faciles à repérer. Nous pourrions détecter des créatures en train de construire une coquille autour de leur étoile, ou d'y jeter des déchets nucléaires. Nous pourrions même probablement voir les preuves que de telles choses se déroulent aussi dans d'autres galaxies. Mais ce n'est pas le cas. Ces autres galaxies, ces autres récifs d'étoiles, semblent aussi stériles que la nôtre.

Peut-être jouons-nous tout simplement de malchance. Peut-être vivons-nous à la mauvaise époque. La Galaxie est vieille ; peut-être ont-Ils existé, eu leur heure de gloire et déjà disparu. Mais songez que, même s'Ils sont partis depuis longtemps, alors nous devrions sûrement voir Leurs ruines grandioses un peu partout autour de nous. Mais, même ça, nous n'en voyons aucune trace. Les étoiles ne montrent aucun signe qu'elles ont fait l'objet de grands travaux. Le Système solaire paraît dans un état originel, au sens qu'il n'exhibe aucun indice des grands projets que nous pouvons déjà envisager, comme terraformer des planètes ou tripatouiller le Soleil, et bien d'autres.

On peut envisager beaucoup de raisons rationnelles à cette absence.

Quelque chose tue peut-être toutes les civilisations semblables à la nôtre avant que nous n'allions trop loin – à moins que nous ne nous autodétruisions tous, par exemple dans des guerres nucléaires ou des catastrophes écologiques. Il y a peut-être quelque chose de plus sinistre encore, des vagues de robots tueurs glissant en silence entre les étoiles qui, pour des raisons leur appartenant, éliminent les cultures émergentes.

À moins que la réponse ne soit plus bienveillante à notre égard. On nous a peut-être placés en quarantaine, en quelque sorte, ou dans un zoo.

Mais je ne suis convaincu par aucun de ces filtres. Il faut en effet se persuader que ce mécanisme magique d'élimination, quel qu'il soit, fonctionne pour chaque espèce de notre gigantesque Galaxie. Il suffirait qu'*une seule* espèce survive aux guerres, ou échappe aux robots du vide, ou se faufile hors de la zone de quarantaine pour vendre de la pacotille aux indigènes – ou se contente de se mettre à diffuser l'équivalent extraterrestre des *Simpson*, et ça n'importe où dans la Galaxie, et nous les verrions ou nous les entendrions sûrement.

Mais ce n'est pas le cas.

Ce paradoxe a été clairement exposé pour la première fois par un physicien du XXe siècle du nom d'Enrico Fermi. J'y vois un mystère authentique. Les contradictions qu'il implique sont basiques : il semble que la vie soit capable d'émerger partout ; ne serait-ce qu'une seule espèce capable de voyager dans l'espace pourrait s'être aisément répandue dans toute la Galaxie à l'heure qu'il est. Ça a l'air inévitable ; mais ça ne s'est pas produit.

C'est en réfléchissant sur des paradoxes que la compréhension humaine progresse. Je crois que le paradoxe de Fermi nous dit quelque chose de très profond sur l'Univers et sur la place que nous y occupons. Ou, plutôt, qu'il nous disait quelque chose.

Désormais, tout est différent, bien entendu.

I

Les Étrangers

2020-2042 après J.-C.

… Et il eut la sensation de se noyer, de se débattre dans une sorte de fluide épais et visqueux pour monter, monter vers la lumière. Il avait envie d'ouvrir la bouche et de crier – mais il n'avait pas de bouche – et il n'avait pas de *mots* non plus. Que pourrait-il bien crier ?

Je.

Je suis.

Je suis Reid Malenfant.

Il voyait la voile.

Une voile de gaze drapée sur ce lieu encombré d'étoiles – où, Malenfant ? le centre de la Galaxie, tiens donc, se dit-il, l'émerveillement émergeant au milieu de la souffrance – et, nichée au creux de la voile, il voyait l'étoile à neutrons, telle une boule d'un rouge flamboyant traversé de filaments bleu synchrotron, comme un gigantesque jouet.

Une étoile à laquelle on avait attaché une voile. Splendide. Effrayant.

Un sentiment de triomphe l'envahit. J'ai gagné, se réjouit-il. J'ai résolu le *koan*, la grande énigme de l'Univers ; Nemoto va être contente. Et, à présent, ensemble, nous allons réparer un Univers qui laisse à désirer. Tu parles d'un truc.

… mais, si tu vois tout ceci, Malenfant, qu'es-tu ?

Il baissa les yeux pour se regarder.

Enfin, il essaya.

Il eut la sensation, très brève, d'avoir un corps. Bras et jambes écartés sur le tissu transparent de la voile. Se cramponnant avec les doigts et les orteils, ceux d'un singe, ici, au centre de la Galaxie. C'était une métaphore, bien entendu, une illusion destinée à réconforter son pauvre esprit humain.

Bienvenue dans la réalité.

La douleur ! Oh, mon Dieu, cette *douleur*…

La terreur l'engloutit. Et la colère.

Et, grâce à elles, il se souvint de la Lune, où tout avait commencé…

CHAPITRE 1
GAIJIN

À bord du remorqueur *Hope-3*, Reid Malenfant descendait vers la Lune.

La base de la face cachée qui portait le nom d'Edo était constituée d'un groupe d'éléments en béton – modules d'habitation, complexes énergétiques, entrepôts, usines – à demi enterrés dans le sol criblé de cratères de la plaine. Des antennes jaillissaient, semblables à des fleurs anguleuses. Le pas de tir des remorqueurs n'était rien de plus qu'une étendue carbonisée de béton de poussière lunaire situé à quelques kilomètres de là. Autour de la station elle-même, la circulation des tracteurs avait laissé des marques innombrables dans le régolithe.

Il y avait des robots partout. Ils roulaient, creusaient et soulevaient des charges. La base se développait comme une colonie de bacilles dans un milieu nutritif.

Un *Hi-no-maru*, le drapeau japonais, était accroché à un mât au centre d'Edo.

— Je vous souhaite la bienvenue chez moi, dit Nemoto.

Elle l'accueillit dans le sas du pas de tir, une large pièce spacieuse creusée à coups d'explosifs dans le régolithe. Son visage était large et pâle, ses yeux noirs ; ses cheveux avaient été rasés avec minutie, laissant voir la forme de son crâne. Elle souriait, ce qui semblait être une constante chez elle. Elle ne paraissait pas avoir plus de la moitié de l'âge de Malenfant, trente ans peut-être.

Nemoto l'aida à endosser le scaphandre dont on l'avait équipé durant le vol depuis la Terre. Il était orange vif et collait à son corps, confortable, avec des articulations libres et souples en dépit du poids des plaques en tungstène du blindage cousues à l'intérieur.

— C'est un sacré progrès par rapport au vieil EMU que je portais quand je volais sur la navette, dit-il, histoire de faire la conversation.

Nemoto l'écouta poliment, comme le font souvent les jeunes gens, évoquer ces bribes d'une époque révolue. Elle lui apprit que la combinaison, fabriquée sur la Lune, était en grande partie constituée de fil d'araignée.

— Je vous emmènerai visiter l'usine. C'est une salle creusée dans le sol lunaire et remplie d'immenses filières. Une vraie vision de cauchemar…

Malenfant se sentait désorienté et impatient.

Il était là pour donner une conférence sur la colonisation de la Lune à des cadres supérieurs de *Nishizaki Heavy Industries.* Mais il était accueilli à sa sortie du transporteur par Nemoto, la jeune chercheuse qui l'avait invité sur la Lune, une gamine. Il espéra qu'il n'était pas en train de se ridiculiser, d'une manière ou d'une autre.

Reid Malenfant était un ancien astronaute. Il avait volé à bord de l'ultime mission de la navette – STS-194, sur *Discovery* – lorsque, dix ans plus tôt, ce mode de transport spatial avait atteint le terme de la durée de vie pour laquelle on l'avait conçu. La Station spatiale internationale avait finalement été abandonnée sans qu'on l'achève. Depuis, aucun Américain n'était plus allé dans l'espace, sinon en tant qu'invité des Japonais, des Européens ou des Chinois.

En cette année 2020, Malenfant avait soixante ans et se sentait bien plus vieux – sans cesse plus perdu, comme un réfugié dans cet étrange et nouveau siècle, un homme à la dignité d'une fragilité déplorable.

Eh bien, tant pis pour les manœuvres politiques douteuses en coulisses, tant pis pour sa dignité menacée, il était sur place, songea-t-il. Toute sa longue vie il avait rêvé de marcher sur un autre monde. Même invité par une Japonaise.

Et même s'il était foutrement trop vieux pour apprécier.

Ils empruntèrent un tunnel de transit qui les conduisit directement dans un petit tracteur ressemblant à un losange de verre teinté. Le véhicule s'éloigna du pas de tir. Ses roues étaient larges et ajourées ; elles compensaient les inégalités du sol de la mer lunaire. Malenfant avait la sensation de se déplacer dans une bulle de savon.

Dans la cabine, toutes les surfaces étaient recouvertes d'une fine couche grise de poussière de Lune. Il en sentait l'odeur. Elle ressemblait, ainsi qu'il s'y attendait, à celle des cendres de bois, ou de la poudre à canon.

De l'autre côté de la fenêtre, la *Mare ingenii* – la mer de l'Ingénuité – s'étirait jusqu'à l'horizon courbe, semée de cailloutis. L'après-midi lunaire était bien avancé, et à la lumière du Soleil, basse et horizontale, les ombres s'étiraient sur la surface parsemée de débris. La lumière prenait une belle couleur dorée lorsqu'il éloignait son regard du Soleil, et d'un gris plus subtil ailleurs. La Terre était bien sûr cachée sous l'horizon, mais Malenfant distinguait un satellite de télécommunications qui se déplaçait au ralenti dans le ciel d'encre.

Il mourait d'envie de traverser la vitre et de toucher ce sol ancien.

Nemoto activa le pilotage automatique et gagna le petit espace cuisine. Elle en revint avec du thé vert, des gâteaux de riz et de la seiche séchée *ika*. Malenfant n'avait pas faim, mais il accepta la nourriture. Il savait que le poisson, par exemple, était un véritable luxe ici ; Nemoto essayait de lui faire honneur.

Lorsqu'elle le versa dans cet endroit où la gravité était d'un sixième de celle de la Terre, le mouvement du thé fut complexe et intéressant.

— Je suis très honorée que vous ayez accepté mon invitation, dit Nemoto. Vous allez naturellement pouvoir visiter la ville selon vos souhaits. Il y a même un *Makudonarudo* ici. Un McDonald's. Vous pouvez savourer un *bifubaaga* !… au soja, bien entendu.

Il posa son assiette et tenta de croiser son regard.

— Dites-moi pourquoi on m'a fait venir ici. Je ne vois pas en quoi mon travail, qui porte sur l'usage à long terme de l'espace, peut être d'un grand intérêt pour vos employeurs.

Elle le jaugea du regard.

— Vous avez vraiment une conférence à donner, j'en ai peur. Mais, non, vos travaux ne sont pas d'un intérêt prioritaire pour Nishizaki.

— Dans ce cas, je ne comprends pas.

— C'est moi qui vous ai invité, et qui me suis débrouillée pour obtenir les fonds nécessaires. Vous me demandez pourquoi. Je désirais vous rencontrer. Je suis une chercheuse, comme vous.

— Mais j'en suis à peine un, dit-il. J'emploie la dénomination de consultant, à présent. Je ne suis rattaché à aucune université.

— Moi non plus. *Nishizaki Heavy Industries* me verse un salaire ; mes recherches doivent se focaliser sur des objectifs servant ceux de l'entreprise. (Elle le regarda de nouveau et se resservit du poisson.) Je suis une *salariman*. Une bonne employée, c'est ça ? Mais, au fond de moi-même, je suis une scientifique. Et j'ai effectué des observations que je ne peux concilier avec le paradigme généralement admis. J'ai recherché des publications scientifiques récentes sur le thème de mon… hypothèse. Je n'ai trouvé que les vôtres.

« Ma spécialité est l'astronomie infrarouge. Il y a une station de recherche, loin d'Edo, où la compagnie entretient des radiomètres, des photomètres, des photopolarimètres, des caméras. Je travaille sur une gamme de longueurs d'ondes qui va de vingt à cent microns. Bien entendu, une plate-forme située dans l'espace conviendrait mieux à ces travaux : chaque jour qui passe, les activités humaines épaississent un peu plus l'atmosphère de la Lune et bloquent la lumière invisible que j'utilise. Mais le site lunaire est peu coûteux à entretenir et convient pour ce que la compagnie veut faire. Voyez-vous, nous envisageons d'exploiter les astéroïdes dans l'avenir. L'astronomie infrarouge est un outil puissant dans l'étude de ces lointains rochers. Grâce à elle, nous pouvons déduire beaucoup de choses sur la texture de surface, la composition, la chaleur interne, les caractéristiques de leur rotation…

— Parlez-moi de cette histoire de paradigme réduit en poussière.

— Oui. (Elle avala une petite gorgée de thé vert.) Je crois avoir observé des preuves de l'activité d'intelligences extraterrestres dans le Système solaire, dit-elle d'un ton calme.

Le silence qui s'étira entre eux était électrique. Ce qu'elle venait de dire était choquant et parfaitement inattendu.

Mais, à présent, Malenfant savait pourquoi elle l'avait fait venir.

Depuis qu'il avait pris sa retraite, il avait fait en sorte de ne pas imiter ses collègues en se trouvant une des planques juteuses habituelles pour anciens astronautes : lucratifs emplois de cadres et postes politiques mineurs.

À la place, il avait pesé de tout son poids en faveur de programmes de recherche consacrés à ce qu'il considérait comme des idées sur le long terme : SETI, l'emploi des lentilles gravitationnelles pour rechercher des planètes et des signaux ET, la terraformation, les voyages interstellaires et l'étude du vénérable paradoxe de Fermi.

Tous ces trucs qu'Emma n'approuvait vraiment pas. *Tu perds ton temps, Malenfant. Comment gagner de l'argent avec les lentilles gravitationnelles ?*

Mais sa femme avait quitté ce monde depuis longtemps, bien sûr. Frappée par le cancer : un accident cosmique dû au hasard, une particule lourde qui avait jailli d'une antique supernova et traversé l'Univers pour l'abîmer *précisément* ainsi. Ça aurait pu lui arriver à lui, ou à aucun d'eux, ça aurait pu se produire quelques années plus tard, une fois le cancer devenu une maladie gérable. Mais ça ne s'était pas passé ainsi et Malenfant, au bout du rouleau, déjà cloué au sol, était resté seul.

Alors il s'était lancé à la poursuite de ses obsessions. Que pouvait-il bien faire d'autre ?

Eh bien, Emma avait eu à la fois tort et raison. Il gagnait plus ou moins bien sa vie en donnant des conférences. Mais peu de gens sérieux l'écoutaient, ainsi qu'elle l'avait prédit. Il s'attirait beaucoup plus de critiques inconsidérées que de louanges ou de réactions réfléchies. Et, au cours des dernières années, de nombreuses personnes en étaient venues à le considérer uniquement comme un cinglé sur qui l'on pouvait compter dans les débats télévisés.

Et, à présent, il lui arrivait *ça*.

Il essaya de réfléchir à la manière dont il lui fallait aborder la situation, à ce qu'il devait dire. Nemoto ne ressemblait pas aux Japonais qu'il avait rencontrés jusque-là, sur Terre, et qui se conformaient jusque dans les moindres détails au *reigi*, l'étiquette.

Elle l'étudia, de toute évidence avec amusement.

— Vous êtes surpris. Stupéfait. Vous pensez peut-être que, si j'exprime de telles spéculations, c'est que je ne suis pas tout à fait saine d'esprit. Vous êtes piégé sur la Lune avec une Japonaise folle. C'est le cauchemar américain !

Il secoua la tête.

— Ce n'est pas ça.

— Mais vous comprenez sans doute que mes hypothèses ne sont pas si éloignées de ce que vous avez publié. Vous êtes prudent, comme moi. Personne ne vous écoute. Et, quand vous trouvez enfin un auditoire, il ne vous prend pas au sérieux.

— Je ne le dirais pas de manière aussi brutale.

— Votre nation s'est tournée vers l'intérieur, dit Nemoto. Elle s'est recroquevillée.

— Peut-être. C'est juste que nous avons d'autres priorités en ce moment.

Aux États-Unis, le vol spatial était devenu un passe-temps pour le troisième âge, un rêve né d'une époque où la guerre était sublimée et qui n'avait laissé derrière elle que des images de fusées délicieusement vieillottes reproduites à l'infini sur les réseaux. Rien à voir avec le *présent*.

— Dans ce cas, pourquoi continuez-vous à discuter, à parler et à vous exposer au ridicule ? demanda-t-elle.

— Parce que…

Parce que, si personne n'y réfléchit, ça n'arrivera en effet jamais.

Elle lui souriait ; elle avait l'air de comprendre.

— Le *kokuminsei*, l'esprit de votre peuple, est endormi. Mais la curiosité brûle encore en vous, et peut-être chez d'autres. Je crois que, nous deux, nous devrions défier l'esprit de notre époque.

— Pourquoi m'avez-vous fait venir ici ?

— Je cherche à résoudre un *koan*, un mystère qui défie l'analyse logique. (Son habituel sourire disparut de son visage pour la première fois depuis leur rencontre.) J'ai besoin d'un regard neuf – de la perspective d'un penseur qui voit grand – de quelqu'un comme vous. Et…

— Oui ?

— J'ai peur, je crois, avoua-t-elle. J'ai peur pour l'avenir de notre espèce.

Le tracteur avançait à la surface de la Lune, suivant un large chemin au sol labouré de traces. Nemoto offrit de nouveau de la nourriture à Malenfant.

Le tracteur s'arrêta devant un sas aux abords d'Edo. Un grand symbole de la NASDA était peint dessus : Agence nationale nippone de Développement spatial. Nemoto guida Malenfant dans le sas, en faisant le moins de manières possible, puis à l'intérieur de la colonie.

Ici, à la périphérie, la base était fonctionnelle. Les murs de régolithe fondu et vitreux étaient nus. Des conduits et des câbles étaient agrafés au plafond. Les gens portaient des combinaisons de papier anonymes et jetables. Tous avaient l'air affairés, et l'atmosphère générale rappela à Malenfant des ambiances d'industrie lourde.

Nemoto le mena dans Edo et lui fit une visite guidée en douceur.

— Bien entendu, la station est une grande réussite, dit-elle. Sa construction a nécessité pas moins de quatre-vingt-dix vols de nos vieilles fusées H-2 pour transporter les modules d'habitation et les centrales énergétiques. Nous avons construit sous le régolithe pour nous abriter des radiations solaires. Nous chauffons les cailloux pour en extraire l'oxygène et nous tirons de l'eau du permafrost des pôles…

Au centre du complexe, Edo ressemblait à une vraie ville. On y trouvait des endroits publics : des bars, des restaurants où l'on pouvait acheter du riz, de la soupe, des légumes frits, des *sushis*, du *saké*. Il y avait même un tout petit parc, avec des arbustes et de la bamboo grass ; un enfant longiligne né sur la Lune y jouait en compagnie de ses parents.

La réaction de Malenfant fit sourire Nemoto.

— Il y a des cerisiers au cœur d'Edo, dix mètres sous le régolithe lunaire. Nos enfants étudient sous leurs branches. Vous pouvez rester assez longtemps pour voir *ichibuzaki*, le premier stade de la floraison.

Malenfant ne vit pas d'autres Occidentaux. La plupart des Japonais hochaient poliment la tête en les croisant. Nombre d'entre eux devaient connaître Nemoto – Edo ne faisait vivre que quelques centaines d'habitants – mais aucun n'engagea la conversation. Son impression que Nemoto était une solitaire, plutôt excentrique, en fut renforcée.

Comme ils dépassaient un groupe, il entendit un homme murmurer : « *Wah ! – gaijin-kusai.* »

Gaijin-kusai. L'odeur de l'étranger. Il perçut des rires.

Malenfant passa la nuit dans le prétendu équivalent d'un *ryokan*, une auberge. Son appartement consistait en une seule pièce minuscule. Mais, en dépit de la sinistre austérité des murs de régolithe fondu, l'endroit était décoré à la japonaise. Un *tatami*, un tapis de paille de riz poli par l'usure couvrait le sol. Un *tokonoma*, une alcôve creusée dans le roc, contenait une unité d'interface réseau d'apparence sophistiquée, mais les propriétaires avaient sacrifié à la tradition et accroché une estampe représentant une libellule posée sur un brin d'herbe et quelques fleurs arrangées selon l'art de l'*ikebana*. Elles semblaient naturelles.

Des fleurs de cerisier sous plastique transparent étaient fixées au mur. Il n'avait jamais rien vu de plus beau que le contraste de ce rose pâle et vivant avec le roc gris de la Lune.

Dans cette pièce minuscule, il était immergé dans le bruit : le grondement grave et profond des poumons artificiels de la colonie et des machines qui s'éloignaient vers l'extérieur en creusant le régolithe. Comme dans le ventre d'un grand navire, ou d'un sous-marin. Malenfant songea avec nostalgie à son bureau : sa table, ses affaires illuminées par le soleil de l'Iowa.

Edo étant alignée sur l'heure de Tokyo, il souffrit du décalage horaire sur la Lune. Il dormit mal.

Des rangées de visages.

— … Comment allons-nous peupler la Galaxie ? Eh bien, en fait, c'est une question économique.

Une image virtuelle était projetée dans le petit théâtre, au-dessus de la tête de Malenfant. La lumière chatoyait sur les courbes des murs en bois.

Il parcourut du regard les visages japonais alignés qui luisaient comme des pièces de monnaie dans l'épaisse ombre brune. Ils semblaient lointains et irréels. Beaucoup parmi eux étaient des administrateurs de la NASDA et, pour autant qu'il pût en juger, il n'y avait aucun cadre supérieur de Nishizaki, alors que c'était eux, en principe, qui avaient sponsorisé son voyage.

La projection virtuelle était une représentation simplifiée des étoiles, dispersées au hasard. L'une d'elles, censée représenter le soleil, clignotait.

— Nous lancerons des sondes automatisées, dit Malenfant, et des vaisseaux, représentés par de petits points de lumière virtuelle, s'égaillèrent à partir du soleil miniature. Nous pourrions employer des moteurs ioniques, des voiles solaires, profiter de l'effet de fronde gravitationnel – peu importe. Pas à long terme.

« Les sondes s'autorépliqueront : ce seront pour l'essentiel des machines de Von Neumann. Des constructeurs universels. Des humains suivront, par exemple dans des vaisseaux-génération. Il serait toutefois moins coûteux pour les sondes de fabriquer des humains sur place, en employant la synthèse cellulaire et des utérus artificiels. (Il jeta un coup d'œil à son auditoire.) Vous souhaitez sûrement savoir si nous pouvons construire de tels appareils. Pas encore. Bien que votre propre entreprise, *Kashiwazaki Electric*, détienne un prototype partiel.

Cette phrase déclencha un mouvement d'intérêt autosatisfait.

Comme son spectacle virtuel poursuivait son évolution et racontait sa propre histoire, Malenfant leva les yeux sur les murs qui l'entouraient et observa les reflets qui chatoyaient sur le bois. Cet endroit était remarquable. C'était la plus grande structure d'Edo ; de la taille d'un immeuble de dix étages, elle servait de centre communautaire, de mairie et de joyau de la base.

Mais, en réalité, il s'agissait d'un *arbre*, une variété de chêne. Les chênes pouvaient pousser jusqu'à deux cents mètres de hauteur sur la Lune, avec sa faible gravité, mais celui-ci avait été sélectionné pour grandir en largeur et il était rempli de pièces reliées entre elles. Les murs de celle où ils se trouvaient étaient faits de bois poli que des éléments technologiques, comme les lampes, les conduits d'aération et l'équipement de projection virtuelle, venaient ponctuer avec discrétion. Ici, l'air en boîte du complexe était frais, humide et vivant.

Contrastant avec les secteurs plus anciens d'Edo et tous leurs tunnels grossiers, ce lieu, disaient implicitement les Japonais, représentait l'avenir de la Lune. La Lune vivante. Que venait donc fabriquer là un Américain, à donner des conférences sur la colonisation de l'espace à ces Japonais patients ? Ils étaient en train de coloniser l'espace, en y travaillant patiemment, peu à peu.

Mais oui, peu à peu : c'étaient les mots clefs. Même ces colons étaient incapables de voir au-delà de leurs projets du moment, au-delà des prochaines années ou de leur propre existence. Ils n'étaient pas capables de voir où tout cela allait mener. Pour Malenfant, cette destination ultime était toute sa vie.

Et peut-être Nemoto et ses étranges découvertes scientifiques allaient-elles lui fournir la première feuille de route.

Les petites images des sondes avaient atteint leur destination.

— Voici le cœur de notre stratégie, dit-il. Notre hypothèse est que les systèmes cibles seront inhabités. Nous pourrons donc programmer les sondes pour qu'elles en explorent et exploitent les ressources sans retenue. Ces ressources n'auront aucune autre utilité, d'un point de vue économique, elles seront donc gratuites. Et donc, nous coloniserons et nous construirons.

D'autres sondes jaillirent de chaque étoile de la première vague, de plus en plus vite. Elles atteignirent de nouvelles cibles et d'autres sondes furent engendrées et lancées. Le volume qu'elles couvraient s'accrut rapidement ; comme s'ils étaient en train d'observer l'expansion d'un gaz dans le vide.

— Une fois enclenché, expliqua Malenfant, le processus s'organisera et se financera tout seul. Je pense qu'il nous faudrait de dix à cent millions d'années pour coloniser la Galaxie de cette façon. Mais nous n'aurons à investir que dans le prix de la génération initiale. Ainsi, en réalité, le coût de la colonisation de la Galaxie sera inférieur à celui du programme Apollo voici cinquante ans.

Ses sondes se répandaient le long du bras en spirale de la Galaxie, suivant des chemins riches en étoiles. Son auditoire japonais écoutait poliment.

Mais Malenfant pensait à Nemoto et à son hypothèse excitante – un mystère qui pouvait rendre obsolètes toutes ses invectives écrites tout en débitant son discours bien rodé – et il bredouilla.

Impatient, essayant de se concentrer, il conclut par son discours sur le destin cosmique de l'humanité.

— … Il pourrait s'agir d'une ligne de partage dans l'histoire du cosmos. Réfléchissez-y. Nous savons comment faire. Si nous prenons les bonnes décisions maintenant, la vie pourrait se répandre au-delà de la Terre et de la Lune, loin au-delà du Système solaire en une vague verdoyante qui transformerait la Galaxie. Nous ne devons pas échouer…

Et ainsi de suite.

Et, bon, ils l'applaudirent plutôt gentiment. Mais il y eut peu de questions.

Il se sentait stupide quand il sortit.

Le lendemain, Nemoto lui dit qu'elle allait l'emmener à la surface voir par lui-même les résultats de ses travaux de spectroscopie à infrarouge.

Ils traversèrent la base à pied jusqu'à un sas et enfilèrent une fois de plus un scaphandre. La station se trouvait à une heure de route d'Edo.

À un kilomètre de la ville, leur tracteur passa devant l'une des plus grandes structures que Malenfant ait vues jusque-là. C'était un cylindre d'environ cent cinquante mètres de long sur dix de large. Il ressemblait à un sous-marin nucléaire enterré. Dans ce secteur, la surface de la Lune était striée de larges sillons qui résultaient de toute évidence d'une exploitation minière à ciel ouvert. Un groupe de constructions ressemblant à des hauts-fourneaux dans des dômes translucides entourait le cylindre central.

— Notre usine à fusion nucléaire, dit Nemoto. Edo tire son énergie de la fusion du deutérium, un isotope de l'hydrogène, avec de l'hélium-3.

Malenfant observa la scène avec un intérêt morbide. Dans ce domaine comme dans la plupart des technologies, les Japonais étaient très en avance sur les Américains. Vingt pour cent de l'énergie des États-Unis provenait à présent de la fusion de deux isotopes de l'hydrogène, le deutérium et le tritium. Mais les processus de fusion de l'hydrogène, même avec du combustible au rendement aussi bas, s'étaient révélés instables et coûteux : des neutrons à haute énergie traversaient les murs du réacteur, les rendant friables et radioactifs. Le processus de fusion à base d'hélium-3 des Japonais, au contraire, produisait des protons chargés électriquement que l'on pouvait maintenir à l'écart des murs du réacteur à l'aide de champs magnétiques.

Mais la Terre n'avait pas de source naturelle d'hélium-3.

Nemoto agita la main.

— La Lune possède de vastes quantités d'hélium-3, emprisonné à l'intérieur de dépôts de titane dans les trois premiers mètres de régolithe. L'hélium a été apporté par le vent solaire ; le titane s'est comporté comme une éponge, absorbant les particules d'hélium. Nous prévoyons d'en exporter sur Terre.

— Je sais.

Cette exportation rendrait la colonie d'Edo autosuffisante.

Nemoto eut un grand sourire, celui d'une jeune personne qui avait confiance dans l'avenir.

Hors de vue d'Edo, le tracteur dépassa un cairn fait de déblais ramassés sur le sol de la mer lunaire. Il y avait une bouteille de saké au sommet, ainsi qu'une soucoupe de gâteaux de riz et une figurine de porcelaine. Des drapeaux en papier entouraient la figurine, mais la lumière crue du soleil les avait décolorés.

— C'est un autel, expliqua Nemoto. À *Inari-samma*, le dieu renard. (Elle lui sourit.) Si vous fermez les yeux et tapez dans vos mains, peut-être les *kami*, les divinités, viendront-elles à vous.

— Des autels ? Dans un complexe industriel sur la Lune ?

— Nous sommes un vieux peuple, dit-elle. Nous avons beaucoup changé, mais nous sommes restés les mêmes. *Yamato damashi* – notre esprit – subsiste.

Le tracteur finit par s'arrêter devant un groupe

de bâtiments construits dans la plaine : la station de recherche astronomique infrarouge de *Nishizaki Heavy Industries*.

Nemoto vérifia le scaphandre de Malenfant avant d'ouvrir le sas.

Malenfant descendit une petite échelle avec raideur. Comme il se déplaçait, non sans maladresse, il entendit de l'air siffler et le doux vrombissement des démultiplicateurs de son exosquelette. Ces muscles cybernétiques l'aidaient à contrebalancer la force de la pressurisation du scaphandre et le poids de son blindage antiradiation.

Son casque ressemblait à une grosse bulle dorée. Son paquetage, comme celui de Nemoto, était un assemblage translucide de tubes et d'eau clapotante, six litres pleins d'algues bleues qui se nourrissaient grâce à la lumière et à ses propres déchets, produisant assez d'oxygène pour qu'il survive indéfiniment. En théorie.

En fait, Malenfant regrettait son vieux scaphandre : l'*Extra Mobility Unit*, ou Unité mobile externe de la navette spatiale, avec ses cliquetis, le ronronnement de ses ventilateurs et de ses pompes. Il était peut-être limité comparé aux possibilités de cette nouvelle technologie, mais Malenfant détestait vraiment trimbaler un paquetage qui *clapotait*, pour l'amour du ciel, et dont la masse le tirait de-ci, de-là dans la faible gravité lunaire. Et ses muscles robotisés – qui amplifiaient la moindre impulsion, tiraient sur ses membres et inclinaient son dos à sa place – lui donnaient l'impression d'être une marionnette.

Il sauta le dernier mètre et son faible impact souleva une petite gerbe de poussière qui retomba aussitôt sur le sol.

Et voilà, il marchait sur la Lune.

Il s'éloigna du tracteur, son scaphandre bourdonnant et chancelant. Il lui fallut franchir presque une centaine de mètres pour sortir des traces de tracteurs et de pas.

Il atteignit le sol vierge. Ses bottes laissèrent des empreintes aussi nettes que s'il venait de sortir d'*Apollo 11*.

Les cratères se superposaient aux cratères, regroupements fractaux qui allaient jusqu'à des creux minuscules où il aurait à peine pu mettre le doigt, et d'autres plus petits encore. Mais ils ne ressemblaient pas à des cratères. – plutôt aux mouchetures créées par des gouttes d'eau, comme si Malenfant se tenait dans un champ récemment labouré et passé à la herse, un endroit où la pluie avait tambouriné sur la terre molle. Mais il n'avait jamais plu ici, pas une seule fois en quatre milliards d'années.

La lumière du Soleil était vive et éblouissante. Le ciel était par ailleurs vide et d'un noir d'encre. Néanmoins, Malenfant était un peu surpris de ne pas ressentir d'impression d'espace, d'immensité tout autour de lui, comme dans le désert la nuit, chez lui. Il avait la sensation d'être sur une scène plongée dans l'ombre, sous un puissant projecteur, et que les murs de l'Univers se trouvaient à peine un peu plus loin, juste en dehors de son champ de vision.

Il se retourna pour regarder le tracteur et le gros soleil rouge du Japon peint sur son flanc. Il songea à une Lune terraformée, à deux mondes bleus jumeaux. Il sentit des larmes, chaudes et malvenues, lui piquer les yeux. Bon sang ! Nous étions les premiers. Tout ça était à nous. Et nous l'avons laissé filer.

Nemoto l'attendait, petite silhouette sur la plaine froissée de la Lune, le visage dissimulé par une bulle de verre doré.

Elle le conduisit à l'intérieur du groupe de bâtiments. Il y avait une petite centrale à fusion, des citernes de gaz et de liquides. Un module d'habitation à demi enterré dans le régolithe.

Le centre du site était occupé par un abri cylindrique de facture grossière, ouvert sur le ciel. Il contenait une batterie de senseurs infrarouges et d'ordinateurs. Les détecteurs infrarouges étaient immergés dans de grands conteneurs d'hélium liquide. Des robots allaient et venaient entre les appareils, contrôlant tout en permanence, leurs bras compliqués tout tachés de poussière de Lune.

Nemoto s'approcha d'un terminal. Une image virtuelle apparut, planant au-dessus du régolithe compacté au centre de l'abri. La projection virtuelle représentait un anneau de gouttelettes chatoyantes d'un rouge cramoisi, suivant une lente orbite.

— Voici un résumé de mon étude de la ceinture d'astéroïdes, dit Nemoto. Ou plutôt, des ceintures ; il y a des espaces entre les sous-ceintures – des lacunes de Kirkwood dégagées par des phénomènes de résonance avec le champ de gravité de Jupiter.

Les lacunes de Kirkwood apparaissaient comme des bandes sombres dépourvues de gouttes pourpres.

— *Nihsizaki Heavy Industries* s'intéresse beaucoup aux astéroïdes, bien sûr. Il y a une mine à Subdury, dans l'Ontario, qui a pendant longtemps constitué une importante source de nickel. Le filon a la forme d'un disque. On est presque certain que c'est la trace d'une très ancienne collision d'un astéroïde avec la Terre.

— Donc, vous pensez à l'extraction minière.

— Il existe un programme visant à récupérer un bout de l'astéroïde Geographos, qui croise l'orbite de la Terre. Nous pourrions le découper à l'aide d'explosions contrôlées, et peut-être envoyer des fragments en orbite en utilisant l'effet de fronde gravitationnel de la Lune et le fait que l'astéroïde frôle l'atmosphère terrestre. Cette seule opération pourrait fournir plus de neuf milliards de dollars en nickel, rhénium, osmium, iridium, platine et or – tant de richesses, en fait, que l'économie de la planète en serait transformée, ce qui rendrait leur valeur difficile à estimer.

Malenfant fit le tour de l'abri. La sensation de nouveauté de marcher sur la Lune s'estompait. Son scaphandre le grattait, son casque lui tenait chaud, et son préservatif le picotait.

— Nemoto, il est temps d'en venir aux faits.

— Le *koan*, dit-elle. (L'anneau virtuel se reflétait sur sa visière, occultant son visage.) Allons voir les étoiles.

Elle prit dans la sienne la main gantée de Malenfant – il sentait à peine la pression de ses doigts à travers les gants épais – et le conduisit à l'extérieur. Effet bizarre, l'anneau d'astéroïdes virtuels les suivit.

Ils se retrouvèrent dans l'ombre profonde de la structure. D'un geste, elle lui indiqua qu'il pouvait relever sa visière.

Il leva la tête de manière à ne voir ni le sol, ni les bâtiments, et il tourna sur lui-même, encore et encore, comme lorsqu'il était gamin, chez lui, par les nuits sans lune.

Les étoiles, bien entendu : des milliers d'étoiles, saupoudrant le ciel tout autour de lui et éclipsant les constellations de points brillants que l'on voyait depuis la Terre. Et, à présent, enfin, l'insaisissable impression d'immensité qui lui avait manqué jusque-là l'envahit. Sur la Lune, il était beaucoup plus facile de voir qu'il n'était qu'un grain de poussière accroché à une boule de roc et tournant sans fin dans un ciel à trois dimensions, infini et plein d'étoiles.

— Regardez.

Du bout du doigt, Nemoto traça un arc dans le ciel, là où scintillait de la poussière lumineuse.

Malenfant reconnut une ou deux constellations en dépit du nombre d'étoiles – le Cygne et l'Aigle. Et là, dans la direction indiquée par Nemoto, un fleuve de lumière coulait entre les constellations, un fleuve d'étoiles. C'était la Voie lactée : la Galaxie, le disque d'étoiles à l'intérieur duquel se trouvaient Sol et toutes ses planètes, vu par le côté et transformé en un ruban lumineux qui faisait le tour du ciel. Mais, lorsqu'elle traversait le Cygne et l'Aigle, cette traînée de lumière semblait se diviser en deux bras jumeaux séparés par une trouée obscure. Il s'agissait en fait d'une ombre projetée par des nuages sombres qui interceptaient la lumière des bancs d'étoiles situés au-delà.

— Voyez comment l'obscurité commence par une bande étroite dans le Cygne, dit Nemoto en désignant la constellation en question, puis elle s'élargit vers l'Aigle et s'agrandit de plus en plus à travers le Serpent et Ophiucus. C'est à cause de la perspective. Ce que nous voyons, c'est un ruban de poussière qui vient du Cygne et qui passe plus près dans l'Aigle et le Serpentaire. Malenfant, nous vivons dans l'un des bras spirales de cette galaxie – dans un petit coin, en fait, que l'on appelle le bras d'Orion. Et il est typique des bras spirales d'avoir des traînées de poussière sur leurs bords extérieurs.

— Comme celui-ci.

— Oui. Voici effectivement le bord intérieur de notre bras, suspendu dans le ciel et visible par tous. (Emplis de la lumière des étoiles, les yeux de Nemoto étincelaient dans la pénombre.) On peut distinguer la structure de la Galaxie, voir que nous nous trouvons à l'intérieur d'une gigantesque spirale d'étoiles, même à l'œil nu. C'est *là* que nous vivons.

— Pourquoi me montrer ça ?

— Regardez la Galaxie, Malenfant. On dirait une énorme machine, non, une écologie, qui a évolué pour fabriquer des étoiles. Et il y a des centaines de millions de galaxies au-delà de la nôtre. Est-il vraiment concevable, étant donné toute cette immensité, toutes ces structures, que nous soyons vraiment tout seuls ? Que la vie soit apparue ici, et nulle part ailleurs ?

— Le vieux paradoxe de Fermi, grogna Malenfant. Ça me préoccupait quand j'étais gosse, avant même que j'entende parler de Fermi.

— Moi aussi. (Il la vit sourire.) Vous voyez, Malenfant, nous avons beaucoup en commun. Et la logique qui sous-tend le paradoxe continue à me préoccuper même si…

— … même si vous pensez avoir découvert des extraterrestres.

Elle ne répondit pas, et il se rendit compte qu'il retenait son souffle.

— Que ressentiriez-vous, Malenfant, si j'avais raison ? demanda-t-elle avec prudence.

— Si vous aviez la preuve qu'une autre intelligence existe ? Ce serait merveilleux. J'imagine.

— Vraiment ? (Elle sourit de nouveau.) Comme vous êtes sentimental. Écoutez-moi : l'humanité serait en grand danger. Souvenez-vous de vos propres arguments : ce genre d'expédition colonisatrice se baserait sur l'hypothèse qu'elle s'approprie un système désert. Une sonde de ce type pourrait détruire nos mondes sans même nous remarquer.

Il eut un frisson. Son scaphandre en toile d'araignée lui parut tout à coup très mince et fragile.

— Allez un peu plus loin, dit-elle. Pensez comme un ingénieur. Si un réplicateur extraterrestre s'approchait du Système solaire, où chercherait-il à s'établir ? De quoi aurait-il besoin ?

Il réfléchit. Il leur faudrait de l'énergie, en grande quantité. Donc, rester près du Soleil. Ensuite, des matières premières. La surface d'une planète rocheuse ? Mais pourquoi plonger dans un puits de gravité si l'on n'a pas besoin de… Et puis, cette sonde serait conçue pour l'espace profond…

— La ceinture des astéroïdes, dit-il.

Tout à coup, il voyait où tout cela menait.

— Des quantités de ressources flottant librement, loin des puits de gravité importants… Même les ceintures principales ne sont pas trop encombrées, mais on peut imaginer qu'ils s'installeraient dans une lacune de

Kirkwood pour minimiser les risques de collision. Leur orbite serait perturbée par Jupiter, comme celle des astéroïdes, mais ça ne représenterait pas grand-chose en termes de maintenance de la station pour compenser. Et, s'il y avait par là-bas un genre de vaisseau, ou de colonie, même de quelques kilomètres de long, nous aurions du mal à le repérer. (Il lui lança un regard pénétrant.) C'est ça ? Vous avez trouvé quelque chose dans la ceinture d'astéroïdes ?

— Voici les faits. J'ai étudié les lacunes de Kirkwood avec les capteurs qui se trouvent ici. Et, dans les lacunes qui correspondent à la résonance 1/3 avec Jupiter, j'ai trouvé…

Elle montra un large espace de vide bien précis sur son modèle virtuel.

Au centre luisait une rangée de rubis, énigmatiques, scintillant dans l'ombre.

— Ce sont des sources infrarouges, dit-elle. Des sources que je suis incapable d'expliquer.

Malenfant se pencha pour étudier les petites perles de lumière.

— Ne pourrait-il s'agir d'astéroïdes venus se perdre dans la lacune après des collisions ?

— Non. Les sources sont trop brillantes. En fait, chacune d'elles émet plus de chaleur qu'elle n'en reçoit du Soleil. Je recherche des preuves plus fiables, bien entendu : une structure dans la signature infrarouge, par exemple, ou peut-être des fuites de signaux radio.

Malenfant ne cessait de regarder les rubis. Mon Dieu, elle a raison… S'ils émettent de la chaleur, il n'y a pas de doute : ça prouve qu'ils ont une activité industrielle…

Son cœur cognait dans sa poitrine. Il n'avait en un sens pas vraiment accepté ce qu'elle lui avait dit, pas dans ses tripes, pas jusqu'à cet instant. Mais, à présent, il voyait, et son univers en était transformé.

Il distingua le visage de Nemoto dans la faible lueur reflétée par le régolithe, les courbes douces de la chair humaine présentes ici, dans ce lieu sauvage et poussiéreux. Lui montrer les preuves de sa découverte avait dû être un grand moment pour elle – un moment de triomphe –, elle semblait troublée.

— Nemoto, pourquoi me faire venir ici ? Du point de vue scientifique, vos travaux sont excellents, pour autant que je puisse en juger. On ne peut pas avoir de doute quant à leur interprétation. Vous devriez les publier. Pourquoi avez-vous besoin que je vous rassure ?

— Je sais que j'ai fait du bon travail. Mais la réponse *ne va pas*. Pas du tout. Le *koan* n'est pas du tout résolu. Vous ne voyez pas pourquoi ? (Elle leva un regard furieux vers le ciel, comme si elle tentait de distinguer de ses propres yeux les signes laissés par les extraterrestres.) Pourquoi *maintenant* ?

Il entrevit ce qu'elle voulait dire.

Ils venaient sans doute juste d'arriver, ou nous aurions certainement déjà vu leur œuvre, les astéroïdes transformés et grouillants de vie… Mais pourquoi arrivaient-ils maintenant, au moment précis où nous étions nous-mêmes prêts à quitter la Terre – juste au moment où nous étions capables de les comprendre ? Simple coïncidence ? Pourquoi n'étaient-ils pas venus ici beaucoup plus tôt ?

Il sourit. Ce bon vieux Fermi n'avait toujours pas dit son dernier mot. Son paradoxe contenait des strates plus profondes que prévu, des énigmes à dénouer, de nouvelles questions à poser.

Mais ce n'était pas le moment de philosopher.

L'esprit de Malenfant s'emballait.

— *Nous ne sommes pas seuls.* Quoi que cela implique, quelles que soient les questions sans réponse, mon Dieu, quelle idée ! Nous allons avoir besoin de toutes nos ressources, en tant qu'espèce, pour faire face à ça.

Elle eut un fin sourire.

— Oui. On dirait bien que les étoiles sont intervenues. Votre *kokuminsei*, l'esprit de votre peuple, doit se réveiller. Ce sera un *satori* – un éveil. Venez. (Elle lui tendit la main.) Nous devrions rentrer à Edo. Nous allons avoir beaucoup de travail.

Il plissa les yeux et essaya de distinguer les constellations dans la lueur reflétée par le régolithe. Ça sentait par là-bas le *gaijin-kusai*, l'odeur de l'étranger, songea-t-il. Il se sentait euphorique, ragaillardi, comme si un manque dans sa vie était enfin comblé. *Voilà qui change tout.*

Il prit la main de Nemoto et ils regagnèrent le tracteur.

CHAPITRE 2

BAÏKONOUR

Xenia ne s'attendait pas du tout à ce que le prêtre ressemble à ça.

Elle n'était pas croyante. Et sa famille, qui avait émigré aux États-Unis quatre générations auparavant, était catholique orthodoxe. Que savait-elle des prêtres catholiques ? Elle s'était donc attendue à voir arriver le cliché classique : un vieil homme émacié, italien ou irlandais, ratatiné par une vie de célibat et vêtu d'une soutane noire claquant au vent qui s'imprégnerait de poussière toxique et ne conviendrait absolument pas aux conditions de vie régnant ici, sur le site de lancement.

La surprise avait commencé lorsque le prêtre n'avait émis aucune demande spéciale quant à son logement, disant qu'il se satisferait très bien de loger en ville, à Baïkonour, comme les techniciens travaillant pour le Pied à l'Étrier dans la vieille base de lancement de l'ère soviétique. Baïkonour – autrefois appelée Leninsk et située au cœur du Kazakhstan – était pleine de bureaux incendiés, d'appartements sans fenêtres, de routes et de toits recouverts d'une couche de poudre brune et granuleuse apportée par les salants imprégnés de pesticides du cadavre de la mer d'Aral, morte il y a bien longtemps, autrefois à quelques centaines de kilomètres de là. Baïkonour était une relique du rêve soviétique rongée par le crime et la maladie. Ce n'était pas un endroit où il faisait bon vivre.

Xenia ne savait donc pas trop à quoi s'attendre lorsque l'autocar s'arrêta devant la barrière de sécurité et qu'elle en sortit pour accueillir son saint hôte.

De petite taille, la silhouette compacte, le prêtre avait la soixantaine et semblait en bonne forme physique, bien qu'elle descendît du bus avec des gestes un peu raides. Un nuage de caméras drones, joujoux scintillants gros comme des scarabées, vrombissait autour de sa tête.

Oui, *elle*, bien entendu, on ne pouvait confier cette opération des plus médiatiques qu'à une femme, appartenant au premier noyau de femmes prêtres du Vatican.

Pas de soutane noire. Vêtue d'une chemise et d'un pantalon en tissu sensible à la chaleur d'aspect confortable, elle aurait pu exercer n'importe quelle profession libérale : comptable, peut-être ou chercheur dans le domaine de l'espace, du même genre que ceux massivement recrutés par Frank Paulis, ou même avocate comme Xenia. Seul le col ecclésiastique blanc, une mince bande de tissu autour du cou, signalait que sa vocation était d'un autre type.

Elle sourit à Xenia dans l'ombre du large chapeau de soleil.

— Vous devez être Mme Makarova.

— Appelez-moi Xenia. Et vous…

— Dorothy Chaum. (Son sourire se fit un peu las.) Je ne suis ni Mère, ni Père, heureusement. Vous devez m'appeler Dorothy.

— C'est un plaisir de vous recevoir ici, mad… Dorothy.

Celle-ci chassa de la main les drones qui bourdonnaient comme des mouches autour de sa tête.

— Vous mentez bien. Je vais essayer de vous gêner le moins possible.

Et elle porta son regard au-delà de Xenia, vers l'aire de lancement, un regard avide et plein de curiosité.

Après tout, peut-être cette visite ne serait-elle pas si terrible que cela, se dit Xenia.

En fait, dès le départ, Xenia était par principe opposée à cette visite, et elle l'avait dit à son patron.

— Pour l'amour de Dieu, Frank ! Nous sommes sur un site de développement de lanceurs spatiaux. On est censé y porter des casques, pas des auréoles.

Frank Paulis, quarante-cinq ans, trapu, vif, actif et luisant de sueur même dans ses bureaux climatisés, s'était contenté de tapoter son écran souple.

— Le courriel, là, dit que cette personne est ici pour collecter des informations sur la mission au nom du pape…

— Et pour la bénir. Frank, la mission du *Bruno* est d'aller dans les astéroïdes. De chercher des ET, pour l'amour du ciel ! Qu'un charlatan disperse de l'encens et balance de l'eau bénite sur notre vaisseau, c'est… ridicule. Médiéval.

Elle avait reconnu la lueur dans le regard de Frank. *Sois réaliste, Xenia. Tu dois vivre dans le vrai monde*.

— Le Vatican est l'un de nos principaux sponsors. Ils ont un droit d'accès.

— L'Église nous utilise pour se refaire une image, avait-elle protesté avec aigreur.

C'était vrai. L'Église avait passé la plus grande partie du nouveau millénaire à se reconstruire après les multiples crises qui l'avaient assaillie à la fin du siècle précédent. Il y avait eu des scandales sexuels et financiers, ainsi qu'une nouvelle prise de conscience des horreurs commises pendant l'histoire de la chrétienté, principalement lors de l'Inquisition et des croisades.

solides clôtures grillagées. Ils passaient leur temps à psalmodier, à se déguiser, à distribuer des tracts, à manifester sous des formes plus stupéfiantes les unes que les autres tout contre les grilles, où la sécurité du Pied à l'Étrier et ses drones les observaient avec attention. Ils tenaient probablement leurs fonds de leurs économies, ou de sponsors, ou de ce qu'ils pouvaient vendre de leurs expériences et de leurs témoignages aux réseaux d'information, et ils constituaient une source considérable de revenus faciles pour les Kazakhs du coin, raison pour laquelle on tolérait leur présence en ces lieux.

Xenia tenta d'éloigner Dorothy de tout cela, mais celle-ci ne se laissa pas faire. Ainsi commença un lent parcours parallèle à la clôture, pendant lequel Dorothy regardait à l'extérieur et Xenia s'efforçait de contenir son impatience.

L'opinion publique s'était divisée depuis l'annonce cinq ans plus tôt de la découverte de Nemoto et Malenfant. Il y avait en gros deux écoles de pensées. Xenia savait que les psychologues et les sociologues employaient les termes « millénaristes » et « catastrophistes ».

Les millénaristes, s'inspirant de penseurs comme Carl Sagan – sans parler de Gene Roddenberry – croyaient qu'aucune culture possédant la capacité de voyager entre les étoiles ne pouvait être hostile envers une espèce plus primitive comme l'humanité. Par conséquent, les Gaijin devaient avoir l'intention de nous éduquer, de nous élever ou de nous sauver de nous-mêmes. Au moins, les plus intellectuels d'entre eux avaient-ils produit des travaux utiles, quoique biaisés : des études détaillées faisant le parallèle avec des situations de contact entre cultures différentes dans l'histoire de la Terre, des horreurs de la colonisation occidentale à l'impact essentiellement positif de la transmission du savoir des cultures arabe et grecque à l'Occident médiéval.

Certains millénaristes avaient adopté une approche plus directe. Diverses gigantesques structures élaborées avaient été creusées, brûlées ou peintes à la surface de la Terre. Elles représentaient le symbole de la paix, le yin et le yang, la croix des chrétiens, une main humaine – des graffitis géants peints dans les déserts d'Amérique, d'Afrique, d'Asie et d'Australie, songea Dorothy, et même, en toute illégalité, sur la calotte polaire antarctique, des graffitis censés attirer le regard des étrangers anonymes qui travaillaient là-bas dans les astéroïdes.

D'autres étaient encore moins subtils. Là, juste sous ses yeux, des gens faisaient cercle, mains ouvertes et visages levés vers le ciel du désert, priant tous avec ferveur. Elle savait que des rassemblements semblables, dont certains se poursuivaient vingt-quatre heures sur vingt-quatre, se déroulaient dans de nombreux lieux saints ou mystiques parmi les plus importants de la planète : Jérusalem, La Mecque, les Pyramides, les cercles de monolithes en Europe.

Emmenez-moi ! Emmenez-moi !

Pendant ce temps, les catastrophistes croyaient que les extraterrestres représentaient un terrible danger.

Une grande partie de leur colère et de leur peur avait pour cible les extraterrestres eux-mêmes, bien entendu, et ils avaient élaboré des plans compliqués d'attaque des bases que les Gaijin étaient censés avoir dans les astéroïdes. Dans certains cas, leurs sentiments étaient justifiés par des références à la malveillance de la plupart des extraterrestres décrits dans les cas d'enlèvement par des ovnis. Une présentation animée avec effets sonores était projetée par des affiches-écrans fournies par un gros cartel de l'industrie aérospatiale accrochées à la clôture du Pied à l'Étrier. Les gens du complexe militaro-industriel cherchaient comme d'habitude à transformer la nouvelle situation en contrats lucratifs, et quoi de mieux que leur demander de construire des croiseurs de bataille géants destinés à la ceinture des astéroïdes ?

Il restait néanmoins des réserves de colère aux catastrophistes, colère sainement nourrie par les théoriciens du complot et qu'ils pouvaient diriger sur d'autres cibles. Certains soutenaient encore que le gouvernement des États-Unis collaborait avec les extraterrestres depuis Roswell, en 1947. « Si seulement c'était le cas, avait dit un jour Frank d'un ton las. Ça nous faciliterait beaucoup la vie. » Ils protestaient auprès de toutes les instances gouvernementales, des Nations unies, des organismes scientifiques et de toute personne censée être impliquée dans le complot. Leur action la plus spectaculaire avait consisté à attaquer à la grenade et détruire la fusée lunaire Saturn V décrépite qui n'avait jamais volé, et se dressait, en guise de monument, à l'extérieur du Johnson Space Center de la NASA.

Ça maintenait les gardes du Pied à l'Étrier en alerte.

— Étrange, dit Dorothy. Troublant.

— Mais il ne faut pas oublier que les endroits comme celui-ci concentrent le bruit. La plupart des gens qui vivent dans le monde réel sont tout simplement indifférents à tout ça. Lorsque l'existence des Gaijin a été révélée, la nouvelle a immédiatement fait sensation et a envahi tous les médias, pendant un jour ou deux, peut-être une semaine. Je travaillais déjà avec Frank à cette époque. Ça l'a électrisé, et moi aussi, en fait. Nous pensions que c'était l'information la plus importante de notre vie. Et, pour les affaires, ça ouvrait potentiellement de telles portes que ça rendait Frank maboul.

Dorothy sourit.

— Voilà qui ressemble à ce que j'ai lu sur Frank Paulis.

— Et puis il n'y a plus eu de nouvelles fraîches…

Les Gaijin avaient été chassés de la première page au bout de quelques semaines. Les affaires politiques avaient repris leur cours habituel et tout l'argent promis à la va-vite le premier matin après la surprise suscitée par l'annonce de la découverte de Nemoto et Malenfant, de l'argent destiné à des missions d'explorations plus approfondies, des sondes robots, des expéditions habitées et tout le reste, tout cela s'était vite évaporé.

— L'information était trop… noble, murmura Dorothy. Inhumaine. Ça changeait tout. L'Univers a subitement pivoté autour de nous. Et, soudain, nous avons su que nous n'étions pas seuls, et tout ce que nous ressentions envers nous-mêmes et envers l'Univers et notre place à l'intérieur ne pourrait plus jamais être pareil.

« Pourtant, rien n'a changé. Après tout, les Gaijin n'ont rien fait d'autre que traîner autour de leurs astéroïdes. Ils n'ont répondu à aucun des messages qui leur ont été envoyés, que ce soit par les gouvernements, des Églises ou des radioamateurs cinglés.

En fait, Frank avait participé à certaines de ces tentatives. Les premiers messages avaient été composés à l'aide d'une méthode de langage universel du nom de Lincos qui datait des années soixante : basés sur quantité de redondance et de cadrages, de manière à rendre claire la structure du message, ils constituaient un abécédaire qui partait des concepts mathématiques de base et allait jusqu'à la physique, la chimie, l'astronomie… Beaucoup de travail, magnifique et fascinant, qui n'avait même pas eu droit à un coup d'œil de la part des Gaijin.

— Et, pendant ce temps, poursuivit Dorothy, il y avait toujours des bébés à mettre au monde, des récoltes à faire pousser, des disputes politiques et des guerres à mener. Comme disait mon père, le lendemain, on devait toujours mettre son pantalon une jambe à la fois.

« Vous savez, dit-elle d'un ton songeur, la plupart du temps, je suis plutôt pour ce genre d'activité. Je parle de vos Supporters. C'est la seule façon que nous avons de digérer ce type de changement dans notre vision du monde, et en nous-mêmes : en parlant, encore et encore.

Au moins, les gens qui sont ici se sentent suffisamment concernés pour exprimer une opinion. Regardez ça.

C'était une affiche-écran montrant une image prise sur le Net : une image en direct envoyée par un puissant télescope qui était peut-être en orbite, ou sur la Lune, et qui montrait les anomalies de la ceinture des astéroïdes : un arrière-plan sombre avec beaucoup de grain, une ligne d'étoiles rouges et floues qui scintillaient.

— De l'industrie extraterrestre en direct de l'espace. C'est le site Internet le plus populaire au monde, paraît-il. Les gens l'utilisent comme tapisserie dans leur chambre. Ils ont l'air de trouver ça rassurant.

Xenia eut un reniflement de mépris.

— Bien sûr. Et vous savez qui emploie le plus cette image ? Les astrologues. Vous pouvez faire lire votre avenir dans les lumières des usines des Gaijin. C'est… je veux dire… bon Dieu… Désolée. Mais ça dit tout ce qu'il y a à dire, non ?

Dorothy rit de bon cœur.

Elles s'éloignèrent de l'enclos des Supporters et s'approchèrent du pas de tir proprement dit : là se trouvait le véritable centre de l'attention générale, où reposait le premier vaisseau interplanétaire du Pied à l'Étrier, l'orgueil de Frank Paulis.

Xenia distingua les lignes d'un réservoir externe couleur rouille, les colonnes élancées de fusées à carburant solide. Le fuselage était surmonté d'un couvercle tubulaire étincelant de blancheur au soleil. À l'intérieur de ce carénage reposait le *Giordano Bruno*, un vaisseau robot sophistiqué qui s'en irait un jour en direction des astéroïdes à la recherche des Gaijin rôdant là-bas – si Frank parvenait à mener à bien le programme de tests, et si Xenia arrivait à conduire l'entreprise à travers le labyrinthe des lois qui les entravaient encore.

Pendant que Xenia étudiait le vaisseau, Dorothy observa la jeune femme.

— Frank Paulis se repose beaucoup sur vous, n'est-ce pas ? s'enquit-elle. Je sais qu'officiellement vous dirigez le département juridique du Pied à l'Étrier…

— C'est moi que Frank appelle en premier. Il compte sur moi pour que les choses avancent.

— Et ce rôle vous satisfait.

— Nous partageons les mêmes buts, vous savez.

— Hmm. Votre vaisseau ressemble beaucoup à la vieille navette spatiale.

— Il vaut mieux, dit Xenia, et elle embraya sur un discours tout prêt : Ici, au Pied à l'Étrier, nous l'appelons notre Gros Booster stupide. En fait, il est constitué pour l'essentiel de composants mis au rancart de la navette spatiale. Vous remarquerez tout de suite un de ses avantages par rapport à la conception de la navette standard, je veux parler de la propulsion en ligne ; notre empilement est bien plus robuste…

— Je ne suis pas plus ingénieur que vous, Xenia, dit Dorothy avec son tranquille sens de l'humour.

Xenia s'autorisa un sourire.

— Désolée. C'est difficile de changer son texte quand on a fait ça si souvent… C'est avant tout un lanceur à destination d'autres planètes. Ou des astéroïdes.

Dorothy sourit.

— Vous avez construit une fusée pour l'Amérique.

Xenia se hérissa.

— C'est tout de même scandaleux que l'Amérique, la première nation à avoir envoyé un être humain sur une autre planète, ait laissé son savoir-faire se dégrader au point qu'elle n'a plus un seul lanceur lourd.

— Mais les Chinois sont en orbite autour de la Terre, et les Japonais sur la Lune. La rumeur dit même que les Chinois préparent leur propre expédition vers les astéroïdes.

Xenia plissa les yeux en regardant le ciel poussiéreux et délavé.

— Dorothy, ça fait cinq ans que les Gaijin ont montré le bout de leur nez dans le système solaire. Mais on ne peut pas appeler ça un premier contact. Pas encore. Comme vous l'avez fait remarquer, ils n'ont répondu à aucun de nos signaux. Tout ce qu'ils font, c'est construire, construire et encore construire. Peut-être que si nous parvenons à envoyer une sonde là-bas, nous réussirons à obtenir un vrai contact, du genre dont nous avons toujours rêvé.

— Et vous pensez que l'Amérique devrait être la première à y aller.

— Si nous n'y allons pas, qui d'autre le fera ? Les Chinois… ?

Une sirène hulula : on allait procéder à un essai des moteurs. Souple et efficace, l'autopilote de la voiture se mit en marche et les éloigna du danger.

— … Nous pensions que l'apparition de la vie était une chose peu probable, peut-être même unique à la Terre, disait Malenfant. Un astronome du nom de Fred Hoyle a dit un jour que l'idée qu'on puisse agiter des molécules au sein d'une soupe primordiale et qu'on obtienne, par le pur jeu du hasard, une molécule d'ADN revenait à dire qu'une tornade pourrait passer dans une usine d'aéronautique et assembler des pièces éparpillées en un 747. (On entendit des rires.) Mais, aujourd'hui, nous savons que ces notions sont erronées. Nous pensons désormais que la complexité qui définit et sous-tend la vie est en quelque sorte inscrite dans les lois de la physique. La vie est un phénomène *émergent*.

« Imaginez que vous faites bouillir une casserole d'eau. Lorsque le liquide commence à chauffer, on distingue un schéma régulier de formes cellulaires, un genre de nid d'abeille – juste avant que l'eau se mette vraiment à bouillir et que le mouvement devienne chaotique. Maintenant, il n'y a rien d'autre dans cette casserole que des milliards de molécules d'eau. Et nul ne leur dit de s'organiser suivant ces structures remarquables. Mais elles le font quand même.

« Nous avons là un exemple de la manière dont l'ordre et la complexité peuvent émerger d'un état initial uniforme et dépourvu de caractéristiques particulières. La vie est peut-être le résultat d'une longue série d'étapes auto-organisées de ce type...

Malenfant donnait sa conférence dans l'auditorium climatisé et spacieux destiné aux opérations de relations publiques du Pied à l'Étrier. C'était le seul endroit où Frank Paulis avait consenti à faire des dépenses sérieuses qui ne relevaient pas de l'ingénierie. Quand elle arriva un peu en retard avec Dorothy, Xenia eut la surprise de constater que la salle était presque pleine ; elles durent se glisser dans deux sièges situés tout au fond.

La scène était vide, les deux seuls objets étaient un pupitre et une maquette en plastique du Gros Booster stupide.

Xenia trouva que Malenfant, la soixantaine, élancé mais ridé par le soleil et dont le crâne chauve et poli luisait sous les projecteurs situés au-dessus n'avait rien d'avenant. Il semblait étrangement décalé y compris lorsqu'il parlait, clignant des yeux devant ses spectateurs comme s'il n'était pas certain de ce qu'il faisait là.

Mais l'assistance, composée en majorité de jeunes ingénieurs, semblait envoûtée. Xenia remarqua que Frank en personne était assis au premier rang ; sa silhouette sombre et imposante se trouvait juste en face de l'astronaute cloué au sol et il le regardait, tout aussi captivé que le reste de l'assistance. La poussière de l'espace a encore une aura magique, supposa-t-elle ; il y avait là quelque chose de primal, quelque chose qui poussait ces gens à approcher le magicien, le sage qui avait participé à la merveilleuse découverte initiale, comme si le seul fait d'être près de lui permettait de s'imprégner d'un peu de cette lumière magnifique.

— Avant même l'arrivée des Gaijin, poursuivait Malenfant, nous en sommes arrivés à croire que la vie doit être courante. Nous pensons que la nature est partout la même et que, donc, les lois et les processus qui sont à l'œuvre ici le sont également partout ailleurs. Et nous croyons au principe de Copernic : nous ne nous trouvons pas dans un endroit exceptionnel unique de l'espace et du temps. Donc, s'il y a de la vie ici, sur Terre, il doit y en avoir partout – sous une forme ou sous une autre.

« Par conséquent, le fait que des êtres vivants venus des étoiles soient dans la ceinture des astéroïdes (s'ils sont vraiment *vivants*) n'a pas grand-chose de surprenant. Mais, ce qui l'est, c'est qu'ils viennent juste d'arriver, ici et maintenant. S'ils existent, pourquoi ne sont-ils pas venus avant ?

« Lorsqu'on est face à l'inconnu, la démarche scientifique veut que l'on parte du principe que l'on a affaire à un état d'équilibre : stable, pas sous le coup d'un changement. Parce que le changement est inhabituel, spécial.

« Vous voyez peut-être où se situe le problème à présent. Il semblerait qu'avec les Gaijin nous soyons face à l'arrivée – la première que nous puissions détecter – de colons extraterrestres dans le Système solaire. Nous ne nous trouvons donc pas à un moment d'*équilibre*, mais à un moment de *transition*, peut-être en fait du changement le plus fondamental de tous. C'est tellement invraisemblable que ça a l'air irréel.

« Ou, pour dire les choses autrement, c'est la question qu'évitaient de poser tous ces épouvantables films d'invasion extraterrestre avec lesquels j'ai grandi quand j'étais gamin. (On entendit des rires, un peu perplexes, de la part des plus jeunes. *C'est quoi un « film » ?*) Pourquoi ces types aux yeux pédonculés arrivent-ils maintenant, juste au moment où nous avons des chars et des bombes atomiques pour les combattre ?

Malenfant parcourut son auditoire du regard. Ses yeux étaient enfoncés dans leurs orbites, son regard las et méfiant.

— Si je vous dis ça, c'est que vous êtes les seuls à avoir relevé le défi là où les gouvernements et les autres institutions ont honteusement échoué, ce défi qui consiste à aller voir là-bas ce qui s'y passe vraiment. Certains des mystères qui entourent les Gaijin sont flagrants, d'autres seront sans doute résolus dès que nous pourrons les observer de près pour la première fois. Mais leur présence même pose d'autres questions, plus profondes, des questions qui concernent le cœur de la nature de l'Univers lui-même, et de notre place en son sein. Et, en ce moment, vous êtes les seuls à faire quelque chose qui pourrait nous aider à nous y attaquer.

« Vous avez mon soutien. Faites du bon travail. Je vous souhaite de réussir. Merci.

Les applaudissements débutèrent, polis au début.

C'était là un numéro bien rodé, supposa Xenia. Elle s'imagina que, trente ans plus tôt, le même homme encourageait les employés dans les usines qui fabriquaient les composants de la navette spatiale. *Faites du bon travail !*

Mais, à sa grande surprise, le public continuait d'applaudir, de plus en plus fort, jusqu'au tonnerre. Et, de plus en plus surprise, elle se rendit compte qu'elle se joignait à lui.

La foule de jeunes ingénieurs enthousiastes était si compacte autour de Malenfant et de Frank Paulis que Xenia et Dorothy eurent du mal à les atteindre.

Dorothy étudia l'expression du visage de Xenia.

— Vous n'aimez pas beaucoup ce genre de culte du héros, n'est-ce pas, Xenia ?

— Vous me trouvez cynique ?

— Non.

Xenia grimaça.

— Mais ça me... frustre. Nous vivons le moment du premier contact, une époque unique dans l'histoire de l'humanité, quoi que le futur nous réserve. Au moins, le Pied à l'Étrier essaie d'agir. Mais ailleurs, en dehors de ce que nous faisons, tout ce que je vois relève de l'irrationnel – ou de l'opportunisme – de la part de diverses institutions qui tentent d'utiliser cette découverte pour leurs propres fins.

— Comme l'Église ?

— Ce n'est pas le cas ?

— Nous avons tous des objectifs, Xenia. Au moins, l'implication de l'Église dans votre projet montre de façon tangible que nous sommes en train de dépasser la crise que les Gaijin ont provoquée en son sein.

— Quelle crise ?

— Le Vatican a commencé sa première évaluation moderne de ce qu'implique l'existence de la vie extraterrestre pour la chrétienté dans les années quatre-vingt-dix. Mais le débat dure depuis bien plus longtemps. Il semble que nous ayons cru que d'autres esprits existaient tout là-bas bien avant d'avoir la moindre idée sur ce qu'était ce là-bas... Cette intuition semble exprimer à quel point nous sommes profondément enchâssés dans l'Univers. Si le cosmos nous a créés, il a certainement pu en créer d'autres. Saviez-vous que saint Augustin, au VIe siècle, a spéculé sur l'existence des extraterrestres ?

— Vraiment ?

— Il a décidé qu'ils ne pouvaient pas exister. Si c'était le cas, voyez-vous, il aurait fallu qu'ils soient sauvés – qu'ils aient un Christ à eux. Mais cela enlèverait son caractère unique au Christ, ce qui est impossible. C'est le genre d'énigme philosophique qui nous ronge encore de nos jours... Vous pouvez rire si vous voulez.

Xenia secoua la tête.

— L'idée que nous pourrions aller là-bas tenter de convertir les Gaijin me semble effectivement un peu étrange.

— Mais nous ne savons pas pourquoi ils sont ici, fit remarquer Dorothy. La recherche de la vérité serait-il un mauvais motif ?

— Et maintenant, vous êtes ici pour bénir le GBS, fit Xenia.

— Pas exactement. Vous l'avez peut-être déjà fait en l'appelant le *Giordano Bruno*. Je suppose que vous savez qui il était.

— Bien sûr.

Le premier penseur à avoir exprimé une idée qui ressemblait à la notion moderne de pluralité des mondes – des planètes en orbite autour de soleils, dont beaucoup étaient habitées par des êtres ressemblant plus ou moins à des humains. Des penseurs plus anciens avaient inventé des versions parallèles d'un univers de poche proche de l'Enfer de Dante et centré sur une Terre stationnaire.

— Il faut imaginer d'autres mondes avant de pouvoir concevoir d'y voyager.

— Mais Bruno a eu des précurseurs, dit Dorothy avec douceur. Un cardinal du nom de Nicolas de Cusa, qui vivait au XVe siècle…

Xenia songea que le ton professoral de Dorothy était déplacé, et elle sentit l'impatience l'envahir.

— Peu importe. Bruno a été tué par l'Église parce que c'était un hérétique.

— Il a été brûlé en 1600, précisa Dorothy, à cause d'une accusation mystique envers la chrétienté, pas en raison de ses arguments en faveur des extraterrestres, ni même du fait qu'il défendait Copernic.

— Ça rend la chose correcte ?

Dorothy continua à étudier paisiblement Xenia.

La foule de techniciens se dispersait enfin.

— … Vous ne pouvez pas savoir à quel point je vous admire, colonel Malenfant, disait Frank. J'ai vingt ans de moins que vous. Mais vous êtes mon modèle.

Malenfant le regardait, l'air dubitatif.

— C'est donc ça, je suis en enfer.

— Non, je suis sincère. Vous avez lancé une entreprise appelée le Pied à l'Étrier. Vous aviez des projets pour l'exploitation des astéroïdes.

— Ça a échoué. Je suis nul en affaires. Et quand j'ai perdu ma femme…

— Certes, mais votre idée était bonne. Sans ça…

Malenfant observait la maquette du GBS avec nostalgie.

— Sans ça… si l'Univers était différent, oui, peut-être que c'est moi qui aurais fait tout ça. Et qui sait ce que j'aurais trouvé ?

Le silence s'éternisa. Xenia remarqua que Dorothy Chaum fronçait les sourcils en étudiant l'expression troublée et incertaine sur le visage de Malenfant.

CHAPITRE 3
DÉBATS

Quatre autres années s'écoulèrent avant l'entrevue suivante entre Malenfant et Frank Paulis.

En 2029, Malenfant fut invité au Smithsonian, à Washington, D.C. à l'occasion de la réunion annuelle de l'*American Association of the Advancement of Science* – ou, en tout cas, l'une de ses branches soutenues par l'institut SETI, une organisation privée basée au Colorado qui se consacrait à l'étude des Gaijin, la recherche d'intelligences extraterrestres et autres bonnes et belles choses.

En dépit du sujet de la conférence, Malenfant était venu un peu à contrecœur.

Il était de plus en plus réticent à l'idée d'apparaître en public. À mesure que la sonde robot de Paulis s'éloignait inexorablement de la Terre, la fâcheuse notoriété qu'il s'était attirée neuf ans plutôt reprenait du service. Pour lui, c'était le syndrome de Buzz Aldrin : *Mais vous y étiez…* Lorsqu'ils le regardaient, les gens ne voyaient pas un être humain, mais un symbole ; ils le considéraient comme incapable de produire à nouveau quelque chose d'original. C'était embarrassant, paralysant, et cela lui donnait la sensation d'être très vieux. Et ce n'était pas tout : Malenfant s'était retrouvé au centre le l'attention malvenue des factions les plus extrémistes du spectre, à la fois chez les xénophobes et les xénophiles.

Mais c'était Maura Della, une députée à la retraite qu'il avait rencontrée à l'époque où la découverte avait été annoncée, qui l'avait invité.

À peu près du même âge que Malenfant, Maura Della était petite, soignée et alerte. Elle avait fait partie du comité scientifique qui conseillait le Président quand l'annonce de la découverte des Gaijin avait été faite. À l'époque, on avait traîné Malenfant et Nemoto devant le Président en personne, accompagné du ministre de la Défense, le Conseil des relations industrielles et les divers groupes de travail présidentiels. L'administration tâtonnait à la recherche d'une position officielle à l'égard des Gaijin. Contrairement à certains apparatchiks de Washington que Malenfant avait rencontrés à l'époque, Della s'était révélée coriace mais franche dans ses rapports avec lui, et il en était venu à respecter son sens des responsabilités envers SETI, entre autres problèmes. Il était content de la revoir.

Il espérait aussi qu'elle était toujours assez proche du centre du pouvoir pour lui permettre d'entrevoir quelque chose de *neuf*.

Dans ce domaine, il ne devait pas être déçu.

Pourtant, au début, le contenu de la conférence, qui résumait ce qu'on savait des Gaijin neuf longues années après leur découverte, s'avéra plutôt maigre. En l'absence de faits nouveaux, les débats étaient dominés par des exposés traitant de l'impact de l'existence des Gaijin sur des principes philosophiques.

La première conférence où Maura Della l'escorta portait sur la brève et ingrate histoire de SETI, le projet de recherche d'intelligence extraterrestre.

Depuis les années cinquante, des radiotélescopes

judicieusement réglés étaient tournés vers des étoiles proches et prometteuses, comme Tau Ceti et Epsilon Eridani. Avec le temps, les recherches avaient été reprises par la NASA, les instruments modernisés et automatisés jusqu'au point où il était devenu possible d'explorer à très grande vitesse des milliers de fréquences radio susceptibles d'être les bonnes.

Mais ces décennies de longues et patientes recherches n'avaient produit que quelques séduisants murmures aux structures évanescentes.

En écoutant le flot de détails et d'acronymes, projet après projet – Ozma, Cyclops, Phoenix –, Malenfant se sentit rongé par une vague de pitié envers ces auditeurs patients et affamés qui espéraient entendre ne fût-ce que le plus léger murmure en provenance des étoiles. Car, bien entendu, tout cela avait toujours été futile et obtus. L'équilibre, songea-t-il : soit le ciel est silencieux parce qu'il est vide, soit les extraterrestres devraient être partout. Nous n'aurions pas dû être obligés de rechercher des murmures ; si nous n'étions pas seuls, le ciel devrait, métaphoriquement parlant, nous éblouir de sa lumière.

Le conférencier suivant impressionna beaucoup plus Malenfant. C'était une géologue de Caltech du nom de Carole Lerner – piquante, elle n'avait pas plus de trente ans et ne dédaignait pas la controverse. Elle avait tenté de trouver une nouvelle réponse à l'énigme posée par l'arrivée des Gaijin. Peut-être n'y avait-il eu auparavant aucun signe de leur existence, disait-elle, parce qu'ils n'avaient évolué que récemment, et pas dans les étoiles, mais là où on les avait trouvés, dans la ceinture d'astéroïdes elle-même.

Depuis quelques dizaines années, on avait déjà suggéré l'idée que la vie pouvait se développer sur les comètes – par exemple dans des poches d'eau liquide saturées des composants organiques qui en saupoudrent l'intérieur. En outre, on pensait que certains astéroïdes étaient des comètes en bout de course, ou du moins qu'elles avaient une composition identique. La coïncidence, le fait qu'une race extraterrestre maîtrisant le vol spatial apparaisse maintenant, au moment même où nous arrivions au même point, pouvait s'expliquer par la convergence des échelles temporelles. Il fallait tout simplement tout ce temps, quelques milliards d'années, pour que la vie sorte des mares et aille jusqu'aux étoiles, et ce indépendamment de l'endroit où elle était apparue.

Malenfant se dit que l'hypothèse était séduisante, mais estima la coïncidence des échelles temporelles trop belle pour être convaincante. C'était toutefois la première fois qu'il entendait un conférencier tenter de s'attaquer aux problèmes importants qui obsédaient les gens du niveau de Nemoto. Il jeta un coup d'œil à son écran souple et chercha les biographies détaillées des intervenants.

Lerner était une spécialiste de l'histoire volcanique de Vénus. Malenfant ne fut pas surpris d'apprendre qu'elle avait du mal à trouver des fonds pour poursuivre ses recherches. L'un des effets pervers de l'arrivée des Gaijin était une baisse générale d'intérêt pour les sciences. Apparemment, l'opinion publique partait du principe que les extraterrestres finiraient par donner les réponses à toutes les questions que l'humanité pouvait se poser. Dans ce cas, pourquoi passer du temps et, surtout, dépenser de l'argent à chercher des réponses maintenant ? Aucun des véritables scientifiques que Malenfant avait rencontrés ne se serait satisfait d'une telle passivité, bien entendu. Il eut l'impression que cette Carole Lerner était dévorée par cette même impatience.

Il se trouva que le titre de la conférence suivante, donnée par un universitaire bien bâti de l'institut SETI, contenait son nom : « Le contact Nemoto-Malenfant, ou comment il ne faut pas s'y prendre. »

Maura Della se carra dans son siège ; elle avait l'air de beaucoup s'amuser.

La conférence s'appuyait sur un protocole bureaucratique conçu pour couvrir la situation de contact avec des extraterrestres. Il avait d'abord été conçu par la NASA dans les années quatre-vingt-dix. Une fois que le gouvernement eut cessé de subventionner SETI et que le projet eut été repris par des institutions privées, il avait été peaufiné par les Nations unies et les gouvernements nationaux.

Malenfant – qui était l'une des deux seules personnes dans toute l'histoire à avoir jamais été placées dans la situation couverte par ce protocole – n'avait jamais pris la peine de le lire. Il ne fut pas surpris d'apprendre qu'il partait du haut pour aller vers le bas, et qu'il était officieux ainsi que d'une sottise presque comique dans la mesure où ses auteurs se montraient fort optimistes quant à la possibilité pour un pouvoir centralisé de contrôler les choses.

« Après avoir conclu que la découverte semble constituer une preuve crédible de l'existence d'une intelligence extraterrestre, et après avoir informé les autres parties prenantes dans la déclaration, l'inventeur devrait informer les observateurs du monde entier par le biais du Bureau central des télégrammes astronomiques de l'Union astronomique internationale, ainsi que le secrétaire général des Nations unies en accord avec l'article XI du Traité sur les principes régissant les activités des États en matière d'exploration et d'utilisation de l'espace extra-atmosphérique, y compris la Lune et les autres corps célestes. Les institutions suivantes ayant démontré leur intérêt et leur expertise envers la question de l'existence de l'intelligence extraterrestre, le découvreur devrait informer simultanément les institutions internationales suivantes de leur découverte et devrait leur fournir toutes les informations pertinentes et informations enregistrées concernant les preuves : l'Union internationale des télécommunications, le Comité pour la recherche spatiale, le Conseil international des unions scientifiques, la Fédération astronautique internationale, l'Académie internationale d'astronautique, l'Institut international du droit spatial, la Commission 51 de l'Union astronomique internationale et la Commission J de l'Union internationale des sciences radio… »

Malenfant et Nemoto, eux, s'étaient adressés directement aux *talk-shows*.

— Que vous êtes vilain ! dit Maura qui lui donna une tape sur le poignet en manière de plaisanterie. Pensez à toutes ces commissions que vous avez séchées. Vous vous y êtes fait une foule d'ennemis.

— Oui, mais moi, répliqua-t-il, j'ai dormi dans la chambre de Lincoln à la Maison Blanche. Vous savez, on dirait que ce type préférerait que nous n'ayons rien découvert plutôt que d'avoir tout fait de travers.

— C'est la nature humaine, Malenfant. Vous lui avez piqué son jouet.

Le conférencier demandait à l'auditoire s'il avait des commentaires.

La discussion ne tarda pas à dévier sur la manière de conduire les choses à partir de maintenant. Beaucoup d'intervenants proposèrent que des spécialistes du comportement étudient comment on pouvait anticiper et contrôler les réactions de l'opinion publique à de telles nouvelles. Ils demandèrent aussi que l'on mène des recherches sur les images publiques populaires des ET, et discutèrent des analogies que l'on pouvait faire avec la réaction du public aux missions Apollo sur la Lune et Viking sur Mars. Et ils suggérèrent que les partisans de SETI utilisent des médias comme la webdiffusion, les jeux et la musique pour présenter SETI et la question des extraterrestres de façon « responsable ».

Maura fit une grimace élaborée.

— Ne comprennent-ils pas que la mèche est déjà

vendue ? On ne peut plus contrôler l'accès du public à l'information – et il est absolument impossible de contrôler ses réactions. Selon moi, on ne devrait d'ailleurs pas essayer.

Le conférencier finit par quitter la scène ; le moral de Malenfant remonta un peu. En tant qu'ingénieur, il savait pertinemment qu'un plein seau de principes philosophiques ne valait pas une seule goutte d'eau tangible. Raison pour laquelle la conférence suivante, donnée par Frank Paulis, lui fit l'effet d'une bouffée d'air frais. Après tout, c'était Paulis, avec son argent et son sens des initiatives, qui se préparait à aller là-bas jeter un coup d'œil à ce qui se passait.

Les images du *Bruno*, le vaisseau en route vers les astéroïdes, montraient une libellule dégingandée et étincelante constituée de panneaux solaires, d'antennes diaphanes et de senseurs montés sur de longs bras articulés, le tout entouré d'un essaim de microsatellites destinés aux inspections et réparations.

Le lancement s'était effectué sans problème et seules les complications mécaniques habituelles et les drames techniques éprouvants pour les nerfs avaient troublé les cinq premières années de ce long voyage. Pour Malenfant, la technologie spatiale semblait avoir remarquablement peu progressé en soixante-dix ans, depuis le premier Spoutnik. À l'exception de quelques puces quantiques fabriquées avec du saphir, Werner von Braun aurait pu comprendre la conception du *Bruno*. Mais le vol spatial avait toujours été une activité conservatrice. Lorsqu'on a droit à un seul essai, on veut que le vaisseau marche, pas qu'il serve à tester de nouveaux gadgets ou de nouvelles idées.

De toute façon, le *Bruno* avait survécu aux crises d'origine humaine. Le vaisseau était encore à une année de vol de son point de rendez-vous avec ce qui semblait être le site de construction principal – ou la colonie, ou le nid – des

Gaijin. La ceinture des astéroïdes était une large allée de gravats ; la sonde avait déjà rencontré un certain nombre de ces vagabonds poussiéreux où personne n'était jamais allé, et que l'on n'avait jamais vus de près. Mais – promettait Paulis, debout devant une interminable succession de diapositives représentant des rochers anonymes et noirs comme du charbon – le meilleur était encore à venir. Car les Gaijin attendaient dans l'ombre.

Après la maigre pitance de cette matinée, Malenfant se retira dans sa chambre d'hôtel.

Il voyageait léger à présent : des affaires de toilette, un ou deux costumes et des sous-vêtements autonettoyants, un écran souple qui suffisait pour le mettre en relation avec le reste de l'humanité et un unique objet de décoration, un morceau de roc d'une ancienneté incroyable originaire de la face cachée de la Lune, dans lequel on avait sculpté une délicate représentation du dieu renard. Il était devenu minimaliste. Le temps passé sur la Lune japonaise l'avait changé – en mieux, il n'en doutait pas.

Il passa une demi-heure à regarder sur son écran souple des informations considérablement filtrées et interprétées. Il avait besoin de savoir ce qui se passait dans le monde, mais il était trop vieux pour avoir la patience de supporter le bourdonnement évanescent des commentaires faits dans l'instant.

Un point lumineux ondula dans un coin de son écran : on l'appelait.

C'était Nemoto. Et c'était la première fois qu'elle le contactait depuis des années.

— Nemoto ! Où êtes-vous ?

Il y eut un délai de quelques secondes avant que sa réponse ne lui parvienne ; un mince sourire plissa son visage. Elle pouvait être sur la Lune. Mais il était possible que le délai fût feint…

— Vous savez bien que ce n'est pas le genre de question à me poser, Malenfant.

— Oui. Désolé.

Elle n'avait pas encore quarante ans, mais elle vieillissait mal, se dit-il. Sa chevelure était toujours épaisse et noir de corbeau, mais son visage ovale avait perdu sa joliesse : il était devenu anguleux, osseux, et ses yeux sombres et suspicieux étaient enfoncés dans leurs orbites. Les minuscules haut-parleurs de l'écran souple transformaient sa voix en un murmure d'insecte.

— La conférence vous plaît ?

— Pas beaucoup.

Il se plaignit de l'abondance des philosophes.

— Il y a pire. J'ai une citation philosophique qui vous conviendra. « Voilà comment finira le monde – tous les beaux esprits riront en pensant que c'est une plaisanterie. » Kierkegaard.

— Il avait raison.

Même s'il ignorait qui c'était.

— Et la philosophie peut parfois nous servir de guide, Malenfant.

— Par exemple…

— Par exemple, dans la notion d'équilibre…

Il avait l'impression de reprendre une conversation qui durait, avec des interruptions, depuis neuf ans. Une lente résolution du *koan*.

Après que l'annonce de la présence des extraterrestres dans la ceinture d'astéroïdes les eut rendus célèbres, Nemoto s'était complètement repliée sur elle-même. Elle avait rejeté toutes les offres où elle devait apparaître en public, démissionné de son travail, refusé les postes de recherche proposés par une douzaine des plus prestigieuses universités et entreprises de la planète et disparu pour de bon. Tandis que Malenfant se démenait avec les médias et supportait les critiques et les bouquets qui allaient avec son quart d'heure de célébrité. Il se disait parfois, non sans amertume, qu'elle avait été Armstrong et lui, Aldrin.

Mais elle poursuivait ses recherches, même s'il ne connaissait pas son but et ne savait absolument pas qui lui procurait les fonds.

Elle n'aimait pas les Gaijin. Ça, au moins, c'était flagrant.

— Nous n'avons imaginé que deux états d'équilibre possibles : pas d'extraterrestres, ou des extraterrestres partout. Notre diagnostic est que ce moment, celui du premier contact, constitue une transition entre deux états d'équilibre, un moment bref ; il est donc peu probable que nous soyons en train de le vivre. Mais si c'était faux ? Et si cette situation même constituait le véritable équilibre ? murmura-t-elle.

Malenfant fronça les sourcils.

— Je ne comprends pas. Le contact change tout. Comment un changement peut-il être décrit comme un état d'équilibre ?

— S'il se produit plus d'une fois. Encore et encore et encore. Dans ce cas, le fait que je me trouve en vie, ici et maintenant, pour être témoin de ceci, n'est pas une coïncidence. Le fait que nous ayons une culture technique qui nous permet de détecter les signaux, et même d'entrer plus ou moins en contact avec des extraterrestres maintenant, n'est pas une coïncidence. *Parce que cette situation n'a rien d'unique*.

— Vous êtes en train de me dire que tout ça s'est déjà produit ? Que d'autres sont déjà venus ici ? Mais alors, où sont-ils partis ?

— Je n'arrive pas à imaginer une réponse qui ne m'effraie pas, Malenfant.

Il étudia son visage. Les yeux de Nemoto étaient presque invisibles, ses traits un masque sans expression. L'arrière-plan était sombre, anonyme, l'image étant sans doute tellement brouillée que les programmes de nettoyage ne pouvaient rien faire pour l'améliorer.

Il réfléchit à ce qu'il pouvait lui dire. *Vous passez trop de temps toute seule. Vous devriez sortir un peu plus.* Mais il était loin d'être l'ami de cette femme étrange à la personnalité obsessionnelle.

— Vous avez réfléchi longuement à tout ça, hein ?

— Il s'agit du destin de notre espèce, répliqua-t-elle, l'air offensé.

Il soupira.

— Pourquoi m'avez-vous appelé, Nemoto ?

— Pour vous avertir, dit-elle. Il n'est pas tout à fait vrai que nous attendons Frank Paulis et sa sonde spatiale pour avoir des données neuves. Il y a deux éléments intéressants. D'abord, une interprétation inédite. J'ai réussi à dégager des structures dans les signaux infrarouges que produit l'activité des Gaijin dans la ceinture d'astéroïdes. Je crois avoir déterminé leur manière de se propager.

Le visage de Nemoto disparut pour être remplacé par une projection virtuelle du même type que celle qu'elle lui avait montrée pour la première fois sur la Lune. Un anneau de gouttelettes incarnat en orbite lente : la ceinture des astéroïdes et les lacunes de Kirkwood. Et celle en résonance 1/3 avec Jupiter, avec son collier de rubis scintillants et énigmatiques.

— Regardez bien, Malenfant…

Il se pencha vers l'écran et étudia les gouttelettes de lumière. Les images défilaient avec de petites flèches représentant des vecteurs qui montraient la vitesse et l'accélération. Les rubis n'étaient pas seulement en orbite autour du soleil, ils semblaient se répandre le long de la ceinture d'astéroïdes, et certains avaient même un mouvement rétrograde qui les faisait se déplacer à l'inverse du reste de la ceinture.

Un mouvement qui l'intriguait.

— Imaginez que les flèches pointent dans l'autre sens, dit Nemoto.

— Ah. Oui, répondit Malenfant. Elles pourraient converger.

Nemoto lança un programme permettant de remonter à la source des vecteurs de vitesse des sites occupés par les Gaijin.

— C'est du bricolage, admit-elle. J'ai dû me baser sur beaucoup d'hypothèses sur la façon dont les trajectoires des objets se sont écartées d'orbites simples dans le champ gravitationnel du Soleil. Mais je n'ai pas mis longtemps avant de trouver une réponse.

Les projections des trajectoires traçaient des arcs qui sortaient de la ceinture des astéroïdes – qui en sortaient, s'éloignaient du Soleil et plongeaient dans les profondeurs obscures avant de converger.

Malenfant tapota l'écran.

— Vous l'avez trouvé. Le point d'origine. L'endroit d'où proviennent ces sondes, ou ces usines, peu importe ce qu'ils sont vraiment.

— Il se trouve à un virgule quatre fois dix puissance quatorze mètres du Soleil. C'est-à-dire…

— À mille unités astronomiques environ. Mille fois la distance de la Terre au Soleil. Quelque part en direction de la Vierge… Mais pourquoi là-bas ?

— Je l'ignore. J'ai besoin de données supplémentaires. De continuer à travailler.

— Et votre deuxième élément ?

Elle le jaugea du regard.

— Vous voyez Maura Della. Interrogez-la sur Rigil Kent.

Rigil Kent. Également connu sous le nom d'Alpha du Centaure, le système solaire le plus proche du Soleil, distant de quatre années-lumière.

— Nemoto…

Mais l'écran était de nouveau rempli de l'écume quotidienne des sites d'information ; Nemoto était retournée dans l'obscurité.

L'ex-députée Della l'invita à déjeuner.

Ensuite, ils se promenèrent dans le hall de la salle de conférences et jetèrent un coup d'œil à des expositions d'affiches et à des conférences de moindre importance. Être ainsi en public mettait Malenfant mal à l'aise.

— Ne vous inquiétez pas, dit Maura. Pas ici. C'est de ceux qui restent chez eux à nettoyer le viseur de leur fusil qu'il faut avoir peur.

— Ça ne me fait pas rire, Maura.

— Non ? Désolée.

Elle n'avait rien dit de significatif depuis le déjeuner ; il ne pouvait plus se retenir.

— *Rigil Kent*, dit Malenfant.

Elle ralentit, puis s'arrêta.

— Vous avez gâché ma surprise, fit-elle à voix basse. J'aurais dû savoir que vous seriez au courant.

— Que se passe-t-il, Maura ?

En guise de réponse, elle l'emmena dans un bar minuscule aux tarifs exorbitants. Elle lui montra sur un écran souple portable des images en provenance du grand radiotélescope d'Arecibo, ainsi que d'autres images de divers satellites à micro-ondes, et de l'activité régnant dans la grande salle du JPL : des rangées de consoles et des jeunes ingénieurs excités sur des chaises à roulettes, des données clignotant sur les écrans situés au-dessus d'eux.

— Nous avons détecté un signal, Malenfant. En provenance d'Alpha du Centaure.

— Que… Comment…

Elle posa un doigt sur ses lèvres.

Même si cette nouvelle était la vraie raison pour laquelle elle l'avait invité ici, elle n'avait pas grand-chose de plus à lui dire. Maura elle-même avait obtenu l'information de ses contacts au gouvernement. Le signal était faible ; il avait d'abord été détecté par un satellite à micro-ondes en orbite. Mais il ne ressemblait absolument pas aux signaux écrits en Lincos bien structurés envoyé par les humains. Il était très compressé, une vraie bouillie de bruit en apparence incohérent où l'on ne discernait que des traces évanescentes de structures – cela ressemblait beaucoup aux types de signaux émis par la Terre tels qu'on les aurait entendus à quatre années-lumière.

— À moins que ce ne soit un signal efficace, dit Malenfant, la voix rauque. Envoyer des messages d'étoile à étoile ne peut pas être bon marché. Mieux vaut éviter la redondance autant que possible – donc, une structure répétitive… Si on ne sait pas comment le décoder, un tel signal ne peut que ressembler à du bruit…

De toute façon, l'implication était claire : ce signal ne s'adressait pas à l'humanité.

Mais quiconque se trouvait là-bas, autour d'Alpha du Centaure, venait juste de commencer à diffuser ses messages – ou plutôt, l'avait fait quatre ans auparavant, vu le temps mis par les signaux pour se traîner jusqu'à la Terre.

En fait, l'existence du signal et sa nature faisaient encore l'objet de vérifications.

— Cette fois-ci, nous suivons les protocoles à la lettre, Malenfant.

— Ce sont les Gaijin, ou quelqu'un d'autre ?

— Nous l'ignorons.

— Tenez-moi au courant.

— Oh oui, répondit-elle. Mais n'en parlez à personne.

Malenfant passa le reste de la nuit à arpenter sa chambre d'hôtel, incapable de se détendre tant que Nemoto ne l'eut pas rappelé.

Il était furieux qu'elle eût été au courant au sujet d'Alpha du Centaure. Mais il contrôla son irritation.

— Au moins, dit-il, cette découverte démolit les théories selon lesquelles les Gaijin seraient originaires de notre système solaire. S'ils sont venus d'Alpha du Centaure…

— Mais non, c'est évident qu'ils ne viennent pas d'Alpha du Centaure, dit Nemoto. Pourquoi commenceraient-ils à faire tout ce boucan sur les ondes radio si c'était le cas ? Non, Malenfant. Ils viennent juste d'arriver dans le système d'Alpha du Centaure. Tout comme ils viennent juste d'arriver ici. On dirait que nous sommes en train d'observer l'avant-garde d'une vague de colonisation, Malenfant, une vague qui s'étend loin de notre système. Mais… (Nemoto agita une main délicate devant son visage.) Mais ça n'est pas important, Malenfant. Rien de tout ça ne l'est. Même pas ce qui se passe dans les astéroïdes.

— Dans ce cas, qu'est-ce qui l'est ?

— J'ai déterminé la nature du radiant d'origine des Gaijin, ici dans le Système solaire.

— Sa nature ? Vous m'avez dit qu'il se trouvait à un millier d'unités astronomiques. Qu'y a-t-il là-bas qui puisse avoir une *nature* ?

— Un point focal solaire.

— Un quoi ?

— C'est là-bas, au loin, que l'on trouve les points focaux du champ gravitationnel du Soleil. Des images des étoiles lointaines, magnifiées par l'effet de lentille gravitationnelle. Et l'image qui est agrandie au radiant d'origine des Gaijin, c'est…

— Alpha du Centaure ?

Les cheveux coupés court sur sa nuque se hérissèrent.

— Vous voyez, Malenfant, dit Nemoto d'un ton sinistre, on pourra expédier toutes les sondes que l'on voudra dans la ceinture, ça ne répondra pas aux questions fondamentales.

— Non. (Malenfant secoua la tête. Les pensées se bousculaient sous son crâne.) Il faut envoyer quelqu'un là-bas. À un millier d'unités astronomiques. Jusqu'au point focal solaire… Mais c'est impossible.

— C'est pourtant le défi qu'il faut relever, Malenfant. *Là-bas*, à la focale solaire, se trouvent les réponses. C'est là que nous devons aller.

CHAPITRE 4
ELLIS ISLAND

Maura était en train de voler autour d'un astéroïde.

Le caillou – que les contrôleurs de vol facétieux du Pied à l'Étrier au JPL avaient surnommé Ellis Island – mesurait trois kilomètres de large sur douze de long. Le corps céleste composite ressemblait à deux énormes pommes de terre au four bosselées et collées bout à bout, sombres et poussiéreuses. Devant Maura s'étiraient des extensions de l'équipement du *Bruno* : des griffes et des grappins élaborés, des câbles qui se déroulaient dans l'espace jusqu'à l'endroit où des pitons propulsés par des fusées s'étaient déjà enfoncés dans la surface molle et friable de l'astéroïde.

Elle dut faire un effort pour tourner la tête. Son point de vue pivota. L'astéroïde se déplaça vers la gauche ; l'image, considérablement améliorée et extrapolée à partir des données envoyées par le *Bruno*, se brouilla un peu tandis que les processeurs s'efforçaient d'être à la hauteur de son obstination.

Maura flottait dans une obscurité que n'interrompaient que de minuscules éclats de lumière. Il y avait des étoiles partout autour d'elle : dessus, dessous, derrière. Elle était au milieu de la ceinture des astéroïdes, mais, sinon Ellis lui-même, il n'y avait pas un seul corps céleste assez gros pour apparaître sous forme de disque. Le Soleil lui-même avait diminué jusqu'à devenir un point jaune qui projetait de longues ombres, et elle savait qu'il ne fournissait à ce rocher solitaire qu'un faible pourcentage de la chaleur et de la lumière qu'il dispensait à la Terre.

À la surprise de tous, la ceinture des astéroïdes s'était révélée un endroit vide, froid et beaucoup trop vaste. C'était pourtant là que les Gaijin avaient décidé de venir.

— Ça vous plaît, madame Della ? murmura à son oreille Xenia Makarova, qui guidait ce jour-là les VIP du Pied à l'Étrier.

Elle retint un soupir.

— Oui, ma chère. Bien entendu. Très impressionnant.

Et voilà. Lorsqu'elle faisait partie de l'équipe de conseillers du Président, Maura avait consacré beaucoup de temps à des exploits du vol spatial du même genre, habités ou non. Elle voulait bien admettre que pouvoir participer à l'expérience par procuration – être assise dans son appartement avec le bandeau du système de réalité virtuelle autour de la tête et, pourtant, descendre vers l'astéroïde avec la sonde – constituait un grand pas en avant par rapport à ce qui existait autrefois : d'étroits espaces destinés aux visiteurs derrière le Contrôle de Mission au *Johnson Space Center*, et l'auditorium bruyant du JPL.

Elle se sentait pourtant nerveuse, là, dans le froid et l'obscurité. Elle n'avait qu'une seule envie, couper sa liaison virtuelle avec le *Bruno* et s'imprégner du soleil qui se déversait sur le port de Baltimore, visible depuis la fenêtre de son appartement à un mètre d'elle à peine.

— C'est juste que les missions spatiales se déroulent toujours si lentement, dit-elle à Xenia.

— Mais il faut que nous allions lentement, répondit celle-ci. Le contact avec un astéroïde ressemble plus à un accostage avec un autre vaisseau qu'à un atterrissage. Ici, la gravité est si faible que le problème essentiel consiste à ne pas rebondir et s'envoler.

— Nous atterrissons au pôle Nord de l'astéroïde. Le principal site occupé par les Gaijin semble se trouver à l'autre pôle de rotation, au sud. Nous avons l'intention de nous poser hors de leur vue – en supposant que nous n'ayons pas déjà été détectés – et de progresser à la surface jusqu'aux extraterrestres. Ainsi, nous devrions parvenir à garder un certain contrôle sur les événements…

— Cet endroit est horriblement sombre et poussiéreux, non ?

— Parce que c'est un astéroïde de type C, madame Della. De la glace, des éléments volatils et des composés organiques : précisément le genre de caillou que nous aurions pu choisir pour l'exploitation minière, pour en extraire du carburant et de quoi faire fonctionner des systèmes de survie.

Oui, songea Maura, qu'une brève bouffée de colère noire envahit soudain. C'est notre ceinture, *notre* astéroïde. Notre trésor, notre héritage, venu des origines violentes de notre système solaire et destiné à l'avenir. Et, pourtant, il y a des Gaijin ici – des étrangers qui nous volent notre patrimoine.

Sa colère la surprit. Elle ne se savait pas si territoriale. Ce n'est pas comme s'ils avaient atterri dans l'Antarctique, se dit-elle. Les astéroïdes ne nous appartiennent pas. Nous ne pouvons rien revendiquer ici ; par conséquent, nous ne devrions pas nous sentir menacés par le fait que les Gaijin se les soient appropriés.

C'est pourtant ce que je ressens.

Le signal venu d'Alpha du Centaure, bien qu'étant le premier, capté un an auparavant, n'était plus unique. On avait détecté des murmures sur les bandes de fréquence radio partout dans le ciel : venus de l'Étoile de Barnard, de Wolf 359, de Sirius, de Lyuyten 726-8, c'est-à-dire des étoiles les plus proches, les premières destinations envisagées dans des centaines d'études consacrées à la colonisation de l'espace, le foyer de civilisations imaginées dans des milliers de romans de science-fiction.

Une à une, les étoiles sortaient du silence.

Les signaux n'étaient pas distribués au hasard. Aucune étoile située à plus de neuf années-lumière n'avait été illuminée par des émissions radio. Mais celles-ci n'étaient pas uniformes. Elles n'étaient pas tous du même type, ni même émises sur des fréquences identiques. Des différences tout aussi troublantes que leur existence même. Et, pendant ce temps, les Gaijin, les nouveaux habitants du Système solaire, demeuraient silencieux : ils ne semblaient pas produire d'autres émissions électromagnétiques que les signaux infrarouges de leurs calories excédentaires.

Comme si une vague de colonisation avait soudain atteint cette région de la Galaxie, ce lointain recoin d'un bras spirale aux contours irréguliers ; diverses créatures – ou machines – creusaient, construisaient, et peut-être se reproduisaient et mouraient. Nul ne savait comment les colons étaient arrivés là. Nul n'était même en mesure de deviner pourquoi ils étaient venus *maintenant*.

Mais Maura avait l'impression que déjà une chose au moins était claire concernant la communauté galactique : c'était un fouillis varié, tout comme les communautés humaines de la Terre, sinon plus. Et en un sens, se dit-elle, c'était plutôt sain. Si des communautés séparées par des années-lumière s'étaient révélées identiques, le ciel aurait été un endroit sacrément oppressant. Mais comprendre ce que tout cela signifiait allait du coup être bien plus difficile, ça, c'était sûr.

Et, pour Maura, c'était un sujet de regret.

Elle n'était jamais à court de travail, ni d'invitation comme celle-ci. Elle savait qu'en tant que membre de la communauté amorphe de travailleurs qui n'avaient jamais réussi à chasser l'odeur de Washington de leurs narines, des entreprises comme le Pied à l'Étrier l'appréciaient en tant que leader d'opinion, et peut-être même comme moyen d'accéder au pouvoir. Mais, officiellement, elle était à la retraite. Peut-être devait-elle se laisser aller dans son fauteuil et cesser de réfléchir autant, pour se contenter de laisser les jolies lumières venues du ciel se déverser sur elle.

Ce qui n'était pas dans sa nature. Après tout, Reid Malenfant était plus âgé qu'elle, et elle savait qu'il continuait à militer en faveur d'une étude plus approfondie du mystère posé par ces Gaijin, de l'envoi de sondes supplémentaires et d'autres missions. Et s'il était encore actif, *lui*, alors peut-être devait-elle l'être aussi.

Mais, dans cet univers complexe, elle était sacrément trop vieille. Et plus les choses étaient compliquées, plus il était probable qu'elle ne vivrait pas assez longtemps pour assister à la résolution de l'énigme – qui était peut-être le plus grand mystère auquel l'humanité eût jamais été confrontée.

Un canal technique se manifesta dans l'autre oreille de Maura.

— En approche de la cible à deux mètres par seconde, distance juste au-dessous d'un kilomètre, vitesse latérale un mètre seconde. Test des propulseurs à hydrazine en cours : +X, –X, +Y, –Y, +Y, =Z, –Z, tout est bon. Compte à rebours jusqu'à l'allumage des propulseurs pour annuler notre approche et notre vitesse latérale à un kilomètre au-dessus du sol. Les gyroscopes seront ensuite verrouillés jusqu'à l'atterrissage…

Maura fit un effort de volonté pour ne plus entendre ces voix hors de propos.

L'astéroïde se transforma en mur qui s'approchait d'elle dans un lent silence poussiéreux. Les câbles se tordaient devant elle ; en l'absence de gravité, ils restaient enroulés. Elle commença à distinguer des éléments de la surface, dessinés par la lumière : des cratères, des escarpements, des crêtes, des vallées, des striures, des endroits où il semblait que la surface de l'astéroïde avait été froissée ou étirée. Certains cratères étaient de toute évidence récents, relativement en tout cas ; ils avaient une forme de bol bien nette et des bords fins. D'autres, beaucoup plus vieux, n'étaient rien de plus que des cicatrices circulaires recouvertes par des bassins plus jeunes et sans doute usés par un milliard d'années de pluies de météorites.

Et il y avait des couleurs dans le paysage plissé d'Ellis, des teintes spectrales émergeant de l'obscurité grise qui dominait. Les cratères aux rebords les plus tranchants paraissaient légèrement bleutés, alors que les zones plus basses et plus vieilles étaient d'un rouge subtil. Peut-être était-ce la patine de l'espace profond, songea-t-elle, peut-être des éternités de lumière solaire avaient-elles créé ces teintes délicates.

Elle soupira. C'était vraiment très joli, d'une manière tout à fait surprenante, comme tant de choses dans l'Univers. Bon sang, j'adore ça, se dit-elle. Comment puis-je prendre ma retraite ? Si je le faisais, je raterais ça.

Et, à présent, dans un baiser de poussière, le *Bruno* atteignait sa destination.

Les techniciens poussèrent des acclamations aux sonorités métalliques dans l'oreillette de Maura.

Malenfant était revenu au *Jonhson Space Center* pour la première fois depuis deux décennies, un an avant l'arrivée du *Bruno* – après la conférence de l'AAS.

Le campus ne semblait pas avoir beaucoup changé : les bâtiments cubiques blancs et noirs étaient les mêmes, ainsi que les gros chiffres qui paraissaient avoir été tracés par une institutrice d'école maternelle. Ils étaient éparpillés sur des dizaines de kilomètres carrés de plaine herbue, ici, dans la banlieue sud-est de Houston, le tout contenu par une clôture de barbelés de la Route

Numéro Un de la NASA. Sauf que plus personne ne l'appelait comme ça. Dans les rues voisines, on trouvait encore des centres commerciaux délabrés, des fast-foods et des *Seven-Eleven*.

Mais, sur le campus lui-même, on ne voyait pas trace des touristes qui se promenaient autrefois entre les bâtiments à bord de longues rames de tramway. Et, bien qu'il y eût des quantités de plaques marquant des lieux historiques, plus personne ne faisait l'histoire ici.

Les cerisiers étaient pourtant toujours là, et l'herbe verte semblait toujours briller de l'intérieur.

Il n'était pas venu faire du tourisme. Il était là pour rencontrer Sally Brind, qui dirigeait un département de la NASA, la Division pour l'exploration du Système solaire. Il se dirigea vers le bâtiment 31.

À l'intérieur, la climatisation était infernale, le contraste avec la chaleur humide et accablante de Houston effarant. Malenfant apprécia la chute brutale de la température. C'était comme au bon vieux temps.

Reid Malenfant dominait Sally Brind de toute sa taille. Il était penché sur son bureau, son poids reposant sur de grosses phalanges osseuses. Environ deux fois plus âgé qu'elle, c'était une légende surgie du passé. Et elle le trouvait épouvantablement intimidant.

— Nous devons aller au point focal solaire, commença-t-il.

— Bonjour, comment allez-vous, heureux de faire votre connaissance, merci de m'accorder un peu de temps, répondit-elle sèchement.

Il se recula un peu et se redressa.

— Je suis désolé.

— Bien sûr. À votre âge, on n'a pas de temps à perdre.

— Non, c'est juste que je suis un sale con malpoli. Depuis tout petit. Je peux m'asseoir ?

— Parlez-moi de ce point focal, dit-elle.

Il ôta d'une chaise une pile de tirages sur papier glacé : des vues, réalisées par des infographistes, d'un projet qui ne recevrait jamais de fonds de mission non habitée vers Io, la lune de Jupiter.

— Ce dont je parle, précisément, c'est d'une mission ayant pour but le point focal d'Alpha du Centaure – le système solaire le plus proche du nôtre.

— Je connais Alpha du Centaure.

— Oui… Le champ gravitationnel du Soleil se comporte comme une lentille sphérique qui magnifie l'intensité de la lumière d'une étoile lointaine. Au point focal, loin à la bordure du système, on peut obtenir un agrandissement de centaines de millions de fois ; si l'on se place au bon endroit, il devrait être possible de communiquer sur des distances stellaires avec un équipement pas plus puissant que celui dont on a besoin pour le faire entre des planètes. Il est possible que les Gaijin emploient le point focal solaire d'Alpha du Centaure comme nœud de communications. Les théoriciens appellent ça un « Point Selle ». En fait, il y a un Point Selle distinct pour chaque étoile. Presque tous situés au même rayon, à cause de…

— C'est bon. Et pourquoi aurions-nous besoin d'aller au point focal d'Alpha du Centaure ?

— Parce qu'elle a été la première source de signaux extrasolaires. Et parce que c'est *là* que se trouvent les Gaijin. Nous avons la preuve qu'ils sont entrés dans notre système par le point focal solaire d'Alpha du Centaure. De là, ils ont envoyé dans la ceinture des astéroïdes une flotte d'engins de construction, ou d'extraction minière. Sally, maintenant, nous avons des signatures infrarouges qui montrent l'activité dans la ceinture sur dix ans.

— Une sonde inhabitée est en route. Nous devrions peut-être attendre ses résultats.

— Une initiative privée, s'emporta Malenfant. Aucun rapport, de toute façon. Le point focal solaire – c'est là que ça se passe.

— En fait, vous n'avez aucune preuve directe qu'il y ait quoi que ce soit là-bas, hein ?

— Non. Uniquement ce que nous avons déduit des données en provenance de la ceinture.

— Mais il n'y a pas de signe de la présence d'un énorme vaisseau mère là-bas, à la frontière du système. Ce qui devrait être le cas si vous avez raison.

— Je n'ai pas toutes les réponses. C'est pour ça que nous devons y aller voir. Et dire à ces fichus Gaijin que nous sommes là.

— Je ne vois pas comment je peux vous aider.

— Je suis bien à la Division pour l'exploration du Système solaire, non ? Eh bien, il faut qu'on explore.

— La NASA n'existe plus. Pas sous la forme où vous l'avez connue quand vous pilotiez des navettes. Le JSC est administré par le ministère de l'Agriculture.

— Ne me prenez pas pour un idiot, ma petite.

Elle soupira.

— Désolée. Mais je crois que vous devez vous montrer réaliste, monsieur. Nous ne sommes plus dans les années soixante. Je ne suis qu'une espèce de gardien de musée, un conservateur de *littérature grise*.

— Grise ?

— Des études et des propositions qui en général ne voient jamais la lumière du jour. Mal archivées. Beaucoup ne sont même pas numérisées, ni même sur microfiches… Ce bâtiment lui-même a soixante-dix ans. Sans les roches lunaires, je parie qu'on le fermerait pour de bon.

Ce qui était vrai : ailleurs dans ce bâtiment, cinquante pour cent des vieux échantillons recueillis par les missions *Apollo* étaient encore dans leurs boîtes scellées, attendant toujours d'être analysés six décennies plus tard. Et, à présent que des Japonais vivaient sur la Lune, Brind soupçonnait que ces boîtes allaient rester à jamais fermées, ne fût-ce que pour servir d'échantillons de la

Lune telle qu'elle était dans son état immaculé d'avant l'ère humaine. Un sort ironique pour des cailloux qui avaient coûté plusieurs milliards de dollars.

— Je le sais, dit Malenfant. Mais je travaillais pour la NASA. Où suis-je censé m'adresser ? Écoutez, je veux que vous trouviez comment on pourrait s'y prendre. Comment nous pouvons envoyer un être humain au point focal solaire. Tout prendra forme à partir du moment où nous aurons un projet viable sur lequel se concentrer. Je peux nous obtenir le matériel et les fonds.

Elle arqua un sourcil.

— Vraiment ?

— Bien sûr. Et ce sera valable du point de vue scientifique. Après tout, nous n'avons toujours pas envoyé d'être humain au-delà de l'orbite de la Lune. Nous pourrons lancer en chemin des sondes sur Jupiter et Pluton. Les Européens nous sponsoriseront, ainsi que les Japonais. Le gouvernement des États-Unis devrait également apporter sa contribution.

Ça a l'air si facile avec vous, colonel Malenfant…

— Pourquoi ces organisations vous soutiendraient-elles ? En vingt ans, nous n'avons pas envoyé un seul être humain en orbite, à part comme passager de la NASDA ou de l'ESA.

— Parce que, sinon, dit Malenfant, nous allons devoir laisser les Japonais le faire seuls.

— Vrai.

— Et ça intéressera les médias. Ça va être un sacré coup de pub.

— Oui, un coup. Une performance unique et spectaculaire. Exactement comme *Apollo*. Regardez où ça nous a menés.

— Sur la Lune, répliqua-t-il d'un ton sévère, quarante ans avant les Japonais.

Elle choisit les mots suivants avec beaucoup de soin.

— Colonel Malenfant, vous devez être conscient du fait qu'il me sera difficile de vous soutenir.

Il la regarda.

— Je sais qu'on me considère comme un obsédé. Ça fait vingt ans que les navettes ne décollent plus, et je suis toujours là, et je traîne ma déception sur la tournure prise par ma carrière. Je m'intéresse à cette hypothèse concernant les Gaijin parce qu'ils m'obsèdent, parce que je veux que l'Amérique retourne dans l'espace. J'ai un objectif personnel. C'est ça ?

— Je… Oui. J'imagine. Je suis désolée.

— Inutile, bon Dieu ! C'est vrai : je n'ai jamais été très bon aux jeux politiques qui se jouent ici. Même pas ceux du Bureau des astronautes. Je n'ai jamais fait partie d'aucune clique : ceux qui ont marché dans l'espace, les supporters, les commandants, les ploucs qui traînaient chez Molly. Ça ne m'a jamais suffisamment *intéressé*. Même les Russes se méfiaient de moi parce que je n'avais pas assez l'esprit d'équipe.

Il plaqua sa main épaisse sur son bureau.

— Mais les Gaijin sont ici. Sally, j'ai attendu dix ans que notre gouvernement, que n'importe quel gouvernement fasse quelque chose sur la base des preuves infrarouges récoltées sur la Lune. Et seul Frank Paulis a réagi – avec une seule fichue sonde. Maintenant, j'ai décidé de faire quelque chose avant de tomber raide mort.

— À quelle distance se trouve le point focal solaire ?

— À un millier d'unités astronomiques. Mille fois la distance entre le Soleil et la Terre.

Elle siffla.

— Vous êtes cinglé.

— Bien sûr. (Il sourit, montrant des dents refaites bien régulières.) Et maintenant, dites-moi comment faire. Considérez que c'est un exercice, si vous voulez. Une expérience de pensée.

— Vous pensez à un astronaute en particulier ? demanda-t-elle sèchement.

Le sourire de Malenfant s'élargit.

— Moi.

Un sol sombre et froissé, un horizon tranchant qui paraissait assez proche pour qu'on le touche, un ciel plein d'étoiles dominé par une unique étincelle étincelante...

Maura se sentit chanceler lorsque la sonde commença à progresser sur le sol plissé de l'astéroïde. Elle voyait des pitons et des câbles s'élancer au-delà de son champ de vision, ils s'étiraient et s'enroulaient, tractant le robot dans telle ou telle direction. Son point de vue basculait tantôt vers le haut, tantôt vers le bas, et un programme d'augmentation sensorielle du générateur virtuel lui chatouillait l'arrière du cerveau, si bien qu'elle avait la sensation de rouler avec la machine sur cette mer rocailleuse et agitée. Elle subvocalisa une commande d'annulation ; elle pouvait se passer de certains effets spéciaux.

— Nous sommes très prudents dans notre progression, murmura Xenia à son public de VIP. La gravité est encore plus faible à la surface que l'on pourrait s'y attendre pour un corps céleste de cette taille. N'oubliez pas que cet « astéroïde en forme d'haltère » est un binaire de contact, un corps céleste composé. Imaginez deux boules de billard collées l'une contre l'autre qui tournent autour de leur point de contact. Nous sommes une mouche qui avance sur le côté le plus éloigné de l'une de ces boules. L'haltère tourne plutôt vite, et ici, au pôle, la force centrifuge annule presque la gravité. Mais nous avons modélisé tout cela. Le *Bruno* sait ce qu'il fait. Restez bien assis et profitez de la balade.

Quelque chose était en train d'apparaître au-delà de l'horizon beaucoup trop proche. Cela ressemblait au lever d'une lune – mais elle était petite, sombre et bosselée, c'était la jumelle du monde sur lequel Maura se traînait. L'autre lobe de l'haltère.

— Nous étudions le sol à mesure que nous avançons, dit Xenia. Comme nous ne savons pas ce que nous cherchons, nous avons emmené des instruments à spectre large. Par exemple, si les Gaijin sont venus ici pour extraire des métaux légers, comme l'aluminium, le magnésium ou le titane, ils ont plus que probablement employé des procédés comme l'électrolyse magmatique ou la pyrolyse. Les mêmes procédés pourraient être utilisés pour la production d'oxygène. Dans le cas de l'électrolyse magmatique, le composant principal des scories serait du ferrosilicium. Si les Gaijin utilisaient un procédé de pyrolyse, nous pourrions nous attendre à trouver des traces de fer et de silicium élémentaires, ou peut-être des formes légèrement oxydées…

Nous sommes en train de marcher sur un crassier, songea Maura, en essayant d'imaginer ce qui pouvait bien être fabriqué en ce lieu. Mais ne sombrons-nous pas dans l'anthropomorphisme ? S'il fouillait nos réacteurs nucléaires et ne parvenait pas à trouver d'éclats de silex, un homme de Neandertal conclurait-il que nous ne devons pas être intelligents ?

Mais que pouvons-nous faire d'autre ? Comment élaborer des tests pour ce qui est inconnaissable ?

Le second lobe de l'astéroïde s'était presque « levé » au-dessus de l'horizon à présent. C'était une boule bosselée de roc noir qui restait suspendue au-dessus du sol comme dans un tableau de Magritte. Maura parvenait même à voir une large bande de rochers écrasés et aplatis droit devant elle, là où l'une des montagnes volantes reposait contre l'autre.

Le second lobe était si proche qu'elle avait l'impression de pouvoir en distinguer tous les plis de la surface, tous les cratères et même les grains de poussière. Remarquable, se dit-elle.

La sonde avait changé de mode de déplacement. Les pitons imprimaient de petites poussées latérales ou d'infimes coups de freins pour contrer une accélération en direction du centre de gravité du système, c'est-à-dire la zone de contact. La gravité devait faiblir, l'attraction du rocher qui se trouvait sous elle étant équilibrée par la masse équivalente de celui qui se trouvait au-dessus, si bien que la force nette devenait de plus en plus horizontale et que la sonde était tout simplement tirée sur le sol.

Le second lobe était à présent si proche, dans ce diorama virtuel, qu'il se trouvait au-dessus de sa tête. Son paysage inversé et plissé formait un toit rocheux. Il faisait sombre, le Soleil était occulté et les espaces où la lumière stellaire passait entre les mondes s'étrécissaient.

Des lampes s'allumèrent sur la sonde et jouèrent sur le sol qui se trouvait sous elle et sur le toit plissé au-dessus. Maura avait très envie de lever le bras et de toucher les cratères inversés, comme si une lune miniature avait été suspendue au-dessus de sa tête, souvenir d'un univers de poche aristotélicien.

— … je crois que nous avons trouvé quelque chose, dit Xenia, très calme.

Maura baissa les yeux. Son champ de vision se brouilla quand les programmes d'interpolation s'efforcèrent de suivre.

Il y avait quelque chose sur le sol, devant elle. Cela ressemblait à un film métallique aux bords déchiquetés, en aluminium ou en argent, étalé sur le régolithe. À l'exception d'une bande d'un mètre ou deux de large, il paraissait enterré dans le sol meuble. Ses bords froissés étincelaient dans la lumière rasante.

La chose était de toute évidence artificielle.

Brind avait eu une nouvelle entrevue avec Malenfant quelques mois plus tard, au *Kennedy Space Center*.

Le KSC déprimait Malenfant. La plupart des rampes de lancement avaient été démolies ou transformées en pièces de musée rouillées. Mais la partie destinée au public était toujours ouverte. L'exposition consacrée à la navette – avec ses objets, ses photos et ses présentations virtuelles – se trouvait à l'intérieur d'un petit dôme géodésique jauni par le temps.

Et là, près du dôme, il y avait *Columbia*, un authentique vaisseau orbital, le premier à avoir été lancé dans l'espace. Quelques personnes s'abritaient du soleil de la Floride à l'ombre de ses ailes, d'autres faisaient plus ou moins la queue sur une rampe pour monter à bord. Les moteurs principaux de la navette avaient été remplacés par des imitations en plastique, et son train d'atterrissage était pris dans du béton. *Columbia* était à jamais prisonnière de la Terre, songea Malenfant.

Il trouva Brind devant le monument aux astronautes disparus, une grande plaque de granit poli portant des noms gravés qui tournait pour suivre le soleil, si bien que ceux-ci scintillaient sur un arrière-plan noir comme la nuit.

— Au moins, on a le soleil, dit-il. Ce truc ne marche pas quand le temps est nuageux.

— Non.

La plaque de granit qui les dominait de toute sa hauteur était presque entièrement vide. Le programme spatial s'était interrompu en laissant beaucoup de place pour de nouveaux noms.

Sally Brind était petite, mince et passionnée. Ses cheveux ébouriffés étaient déjà gris alors qu'elle n'avait pas plus de quarante ans. Elle portait des petites lunettes noires et rondes qui avaient l'air d'antiquités datant du début du siècle avec affectation. Elle semblait intelligente, vive, impliquée à fond dans son travail. Intéressée, remarqua-t-il, encouragé.

— Vous avez des réponses pour moi, dit-il en lui souriant.

Elle lui tendit un dossier, qu'il feuilleta.

— En fait, c'était plutôt amusant à réaliser, Malenfant.

— J'imagine. Ça vous a permis de faire quelque chose de concret.

— Pour la première fois depuis trop longtemps. Nous avons d'abord envisagé l'utilisation d'un propulseur à fusion nucléaire continue. Il fournit une impulsion spécifique de plusieurs millions de secondes. Mais nous ne savons pas comment maintenir une réaction de fusion assez longue. Les Japonais eux-mêmes n'y sont pas encore arrivés.

— Très bien. Quoi d'autre ?

— Peut-être la propulsion photonique. La vitesse de la lumière, c'est la vitesse d'échappement ultime, non ? Mais le poids de la centrale énergétique et l'énergie nécessitée pour obtenir une poussée sont ahurissants. Ensuite, nous avons pensé à un statoréacteur Bussard. Mais ce n'est pas à notre portée. Il faudrait un collecteur électromagnétique d'une centaine de kilomètres de large…

— Allez droit au but, Sally, demanda gentiment Malenfant.

Elle s'interrompit, comme un gamin qui exécute un tour de magie.

— L'impulsion nucléaire, dit-elle alors. Nous pensons que c'est ça la solution, Malenfant. Une série de micro-explosions, probablement provoquées par la fusion de deutérium et d'hélium-3, et déclenchées derrière une plaque de poussée.

Il hocha la tête.

— J'en ai entendu parler. Le projet Orion, dans les années soixante. Ça revient à mettre un pétard sous une boîte de conserve.

Elle abrita ses yeux de la lueur aveuglante du Soleil.

— Ils ont démontré que ça marchait, à l'époque. L'*Air Force* a procédé à quelques tests en 1959 et 1960 avec des explosifs conventionnels. Et, le grand avantage de cette méthode, c'est que c'est réalisable rapidement.

— Allons-y.

— Bien entendu, il nous faudrait avoir accès à de l'hélium-3.

— La NASDA nous en fournira. J'ai des contacts… Nous devrions peut-être songer à procéder à l'assemblage en orbite lunaire… Comment allez-vous faire pour me garder en vie ?

Elle sourit.

— L'ISS est toujours là-haut. Je suppose que nous pourrons récupérer un module pour vous. Avez-vous décidé comment vous allez appeler votre vaisseau ?

— Le *Commodore Perry*, dit-il sans hésiter.

— Hmm hmm. Qui…

— Matthew Perry est le type qui, en 1853, a emmené l'US Navy au Japon et exigé qu'il s'ouvre au commerce international. Étant donné la nature de ma mission, c'est approprié, vous ne trouvez pas ?

— C'est votre vaisseau. (Elle jeta un coup d'œil autour d'elle.) Au fait, pourquoi êtes-vous ici ?

Il hocha la tête en direction de l'exposition consacrée à la navette.

— Ils ont mon vieux scaphandre EMU.

— EMU ?

— Mon unité mobile pour les activités extravéhiculaires. Ma vieille combinaison pressurisée. (Il tapota son ventre plat.) Je pense que je peux encore y entrer. Je ne peux pas vivre dans ces machins japonais remplis d'eau de mare. Et je veux une unité qui me permette de me déplacer…

Elle le regarda d'un air bizarre, comme si elle ne parvenait toujours pas à croire qu'il était sérieux.

— Ça n'est pas à nous, murmura Xenia. Ça n'a rien à voir avec le *Bruno*.

Maura eut soudain du mal à respirer. Ça y est, se dit-elle. Cette couverture qui n'a l'air de rien : c'est le premier artefact indubitablement extraterrestre à se trouver ici, dans notre système solaire. Qui l'a mis ici ? Dans quel but ? Pourquoi est-il si mal enterré ?

La sonde étendit un bras robot chargé de senseurs et comportant une pince à échantillons. Maura aurait voulu que ce soit sa main, qu'elle puisse la tendre elle aussi, et caresser cette matière miroitante inconnue.

Mais la pince était guidée par la science, pas par la curiosité ; elle passa sur la couverture et creusa un sillon peu profond dans le régolithe qui se trouvait dessus pour l'analyser.

Les résultats arrivèrent au bout de quelques minutes, et elle entendit les spéculations commencer dans les arrière-salles du Pied à l'Étrier.

« Ce sont des microparticules, riches en ilménite. Le taux est de quarante pour cent, alors que celui du régolithe pur est de vingt pour cent. » « Et les agglutinats ont été broyés. » « Comme si on l'avait enrichi. C'est exactement ce que nous ferions. » « Pas comme ça. Ça consomme beaucoup d'énergie… »

Elle comprenait une partie de cette conversation. L'ilménite était un minerai, un composé de fer, de titane et d'oxygène, ce qui était commun pour du régolithe longuement exposé sur des corps sans atmosphère tels que la Lune et les astéroïdes. Son importance résidait dans le fait qu'il représentait une source clef d'éléments volatils : des composés légers et exotiques amenés là par des milliers d'années de vent solaire, ce léger souffle de particules qui venait en permanence du Soleil. Mais l'ilménite était difficile à concentrer, à extraire et à raffiner. Les meilleures techniques d'extraction minière que les Japonais de la Lune avaient mises au point consommaient beaucoup d'énergie et reposaient sur une importante quantité de matériel lourd pas très fiable.

« Je le savais ! s'écria quelqu'un. Il n'y a pas d'hélium-3 dans le matériau raffiné. Pas une trace ! » « Rien que les senseurs puissent détecter, tu veux dire. » « Bien entendu, mais… » « Tu veux dire qu'ils raffinent du régolithe pour en tirer de l'hélium-3 ? C'est *tout* ? »

Maura se sentit étrangement déçue. Si les Gaijin cherchaient de l'hélium-3, cela voulait-il dire qu'ils utilisaient des procédés de fusion semblables – et peut-être pas plus sophistiqués – à ceux que les humains connaissaient déjà ? Et, si c'était le cas, ça signifiait qu'ils n'étaient pas si malins que ça, non ?

Les spéculations faisaient rage dans son oreille.

« … ce que je veux dire, c'est qu'ils ne peuvent pas être aussi idiots ! On ne trouve pas beaucoup d'hélium-3 dans le régolithe des astéroïdes parce qu'on est trop éloigné du Soleil, qui est à l'origine de son dépôt. La Lune est beaucoup plus riche. S'ils étaient allés une ou deux unités astronomiques plus loin… » « Ils pourraient acheter tout ce qu'ils voudraient aux Japonais ! »

Il y eut des rires.

« Mais peut-être ne peuvent-ils pas venir plus près. Peut-être ont-ils besoin, je ne sais pas, du froid et de l'obscurité. » « Peut-être ont-ils peur de *nous*. Vous avez pensé à ça ? » « Ils ne sont pas si bêtes. Vous voyez des machines à broyer les rochers ou des fourneaux solaires ? C'est ce que nous devrions utiliser pour obtenir un procédé d'extraction aussi efficace. Pense à la couverture, mon vieux. Ça ne peut être que de la nanotech. »

Maura comprit également ce que cela signifiait : pas d'utilisation de la force brute, pas de grosses machines laides pour broyer, écraser et cuire comme les humains en auraient installé, rien de plus qu'une réorganisation simple et subtile du régolithe à un niveau moléculaire, voire atomique.

« Cette couverture doit s'enfoncer dans l'astéroïde grain par grain, extraire l'ilménite et recracher l'hélium-3. Incroyable. » « Oui, tu as raison. Et elle s'étend peut-être au fur et à mesure. Ce bord effiloché… » « Elle va traverser tout l'astéroïde en s'en nourrisssant. » « Ou tout envelopper comme une dinde à Thanksgiving… » « Il nous faut un échantillon. » « Le *Bruno* le sait… »

De la nanotechnologie : enfin une découverte qui allait au-delà du savoir-faire humain. Quelque chose de *différent*. Elle frissonna.

Mais, à présent, un objet nouveau apparaissait à la périphérie de son champ de vision, quelque chose qui se frayait un chemin au-dessus de l'horizon. Cela scintillait et c'était très clair dans le ciel sombre. Et gigantesque.

Comme si un deuxième soleil s'était levé par-dessus l'épaule crasseuse d'Ellis. Mais ça n'avait rien à voir.

L'objet, d'un kilomètre de long environ, était ciselé dans de l'argent. On voyait une section principale volumineuse, un cylindre aux courbes lisses traînant un fouillis de filins argentés. Des dodécaèdres – d'à peu près deux ou trois mètres de large, argentés et anonymes – étaient accrochés aux tentacules. Il y en avait des centaines. Des milliers. Comme des insectes, des scarabées.

Un vaisseau ! Maura se souvint tout à coup de la raison pour laquelle ils étaient là : pas pour étudier des échantillons de régolithe, ni pour ramasser de jolis jouets nanotechnologiques. Ils étaient là pour un premier contact.

Et ça y était. Elle visualisa la perspective historique en train de pivoter, des légions de savants dans les salles d'études d'un avenir inimaginable en train d'étudier ce moment clef du destin de l'humanité.

Elle dut s'obliger à reprendre son souffle.

L'immense vaisseau occupait tout son champ de vision et au-delà, coupant le ciel en deux. Son bord inférieur frôlait la surface de l'astéroïde ; des étincelles de plasma jaillissaient.

Les voix des gens du Pied à l'Étrier se mirent à bourdonner :

« Mon Dieu, c'est magnifique ! » « On dirait une fleur. » « Ça doit être un réacteur Bussard. Ce truc est un collecteur électromagnétique… » « C'est si beau, un vaisseau-fleur… » « Ouaip ! Mais on ne peut pas voyager entre les étoiles dans un machin pareil. »

Les scarabées étincelants s'éloignaient des cordes. Ils traversaient l'espace en direction du *Bruno*. Ces dodécaèdres étaient-ils des Gaijin individuels ? Quelles étaient leurs intentions ?

Des filins argentés descendirent tel un filet devant les yeux de Maura, s'emmêlant dans les structures du *Bruno*, jusqu'à ce que son champ de vision soit rempli de fils d'argent entrecroisés. Elle eut l'impression qu'ils se tendaient. Les voix d'insectes des techniciens du contrôle de mission du Pied à l'Étrier poussèrent des cris d'alarme, et la sonde fut halée vers le haut, les câbles et les pitons qui l'accrochaient en douceur à la surface de l'astéroïde furent détachés et s'envolèrent dans un lent tourbillon de poussière scintillante.

La brève vision du vaisseau des Gaijin disparut. Les étoiles et le Soleil à l'éclat de diamant tournoyèrent et furent occultés par la poussière et les fils d'argent.

Maura sentit son cœur s'affoler, comme si elle était elle-même en danger. Elle aurait voulu que le *Bruno* se libère de ses liens et qu'il s'enfuie loin de ces Gaijin qui voulaient se saisir de lui, qu'il file jusqu'à la Terre. Mais c'était impossible. Elle savait qu'en fait le *Bruno* était conçu pour être capturé, et même disséqué. Il contenait des artefacts culturels, des échantillons de technologie et des moyens de communication basés sur des diagrammes simples et des codes reposant sur les nombres premiers. Bonjour. Nous sommes vos nouveaux voisins. Venez boire un verre, apprenons à nous connaître…

Mais cette étreinte ne ressemblait pas à un accueil amical, ni à une prise de contact entre égaux. Elle ressemblait à une capture. Maura fit un sérieux effort pour rester assise sans bouger, pour ne pas se débattre contre des cordes d'argent qui se trouvaient à des millions de kilomètres de là.

CHAPITRE 5
LE POINT SELLE

Le *Commodore Perry* fut assemblé en orbite autour de la Lune.

Les pastilles de combustible furent fabriquées à Edo, sur la Lune, par *Nishizaki Heavy Industries*, et hissées en orbite par un train de remorqueurs. Certains des composants principaux telles la plaque de poussée et la structure du réservoir de carburant furent construits sur Terre, par Boeing. Les composants furent arrachés à la Terre par des lanceurs européens et japonais, des Ariane 12 et des H-VIII.

Le module de la vieille station spatiale internationale, qui avait passé des dizaines d'années en orbite, semblait éraflé et usé. Lorsque l'équipe de récupération s'y installa, l'air était irrespirable et des algues mousseuses couvraient les murs ; il fallut entreprendre de gros travaux de rénovation pour le rendre de nouveau habitable.

Les divers composants du *Perry* étaient couverts de logos de leurs sponsors. Malenfant s'en fichait comme d'une guigne. Il savait que la plus grande partie de ces travaux de peinture serait de toute façon rabotée au bout de quelques mois. Mais il fit en sorte que le drapeau des États-Unis soit grand et bien visible.

Malenfant se préparait pour le voyage.

Dans son bureau trop petit du JSC, Brind lui tint tête une dernière fois. Elle avait la sensation obscure que c'était son devoir.

— Malenfant, c'est ridicule. Nous en savons bien plus sur les Gaijin à présent. Nous avons les résultats de la sonde…

— Le *Bruno*.

— Oui. Nous avons pu jeter un œil sur ce magnifique vaisseau-fleur. C'était fascinant.

— Mais c'était il y a deux ans ! gronda Malenfant. Deux ans ! Et les Gaijin ne veulent toujours pas répondre à nos signaux. Et nous n'y retournerons pas. Le gouvernement a fermé l'entreprise de Frank Paulis après cet unique lancement. En invoquant la sécurité nationale et les protocoles internationaux…

Elle haussa les épaules.

— Exactement, cracha-t-il. Vous haussez les épaules. Les gens ne s'y intéressent plus. Nous avons la même capacité d'attention que des éphémères. Tout ça parce que les Gaijin n'ont pas envahi le système intérieur à bord de leurs soucoupes volantes…

— Ne trouvez-vous pas que c'est un point positif ? Les Gaijin ne nous font aucun mal. Nous avons surmonté le choc d'apprendre que nous ne sommes pas seuls. Où est le problème ? Nous pourrons nous occuper d'eux plus tard, quand nous serons prêts. Quand *ils* seront prêts.

— Non. La colonisation du Système solaire va prendre au minimum des siècles. Les Gaijin jouent un jeu à long terme. Et nous devons entrer dans la partie avant qu'il ne soit trop tard. Avant d'être supplantés à jamais.

— Selon vous, quelles sont leurs intentions ?

— Je l'ignore. Peut-être veulent-ils démanteler les planètes rocheuses. Démonter le Soleil. Que feriez-vous à leur place ?

Bizarrement, dans son bureau banal et encombré, son badge de sécurité autour du cou, elle se rendit compte qu'elle frissonnait.

Le *Perry* bouclait en deux heures une orbite elliptique autour de la Lune. Sur la surface lunaire scintillaient les lumières des colonies japonaises en expansion et des mines d'hélium-3.

Le vaisseau complet consistait en un empilement d'éléments de cinquante mètres de long. À sa base se trouvait une massive plaque de poussée blindée, montée sur un dispositif d'absorption des chocs basé sur des ressorts et des piliers compactables en aluminium. Le corps principal du vaisseau consistait en un ensemble de réservoirs de combustible. D'énormes anneaux supraconducteurs encerclaient le tout.

Et, à présent, des pastilles d'hélium-3 étaient expulsées par l'arrière, derrière la plaque de poussée. Ils constituaient une cible de la taille d'un point. Une série de lasers au dioxyde de carbone envoyait des rayons convergeant vers la cible.

Une impulsion de fusion d'une durée de deux cent cinquante nanosecondes. Et puis une autre, et une autre.

Trois cents micro-explosions par seconde envoyaient de l'énergie contre la plaque blindée. Lourd, avec lenteur, le vaisseau était poussé vers l'avant.

Vue de la Terre, la nouvelle Lune fut illuminée par les feux de la fusion.

Le vaisseau accélérait lentement, à quelques fractions de g environ. Mais il pouvait conserver cette poussée pendant longtemps – des années, en fait – et, dès qu'il aurait quitté l'orbite lunaire, sa vitesse augmenterait inexorablement.

À l'intérieur, Reid Malenfant prenait ses marques de voyageur spatial au long cours.

Son module d'habitation avait la taille d'une boîte à chaussures assez grande pour qu'il se tienne debout. Il l'inonda de lumière en utilisant des lampes métal halide qui prodiguaient une lumière chaude et blanche comme celle du Soleil, pour chasser la déprime. Les murs consistaient en rayonnages qui contenaient des unités de recyclage conçues pour être facilement remplacées. Des fils, des câbles et des conduits couraient dans les coins du module ainsi que sur les murs. Une araignée robot baptisée Charlotte se déplaçait rapidement le long des fils pour nettoyer et aspirer la poussière de l'air. En dépit des efforts de Malenfant, tout l'espace fut bientôt en proie au désordre et à l'encombrement, comme une buanderie trop utilisée. Son équipement était répandu un peu partout, collé au sol, aux murs et au plafond au moyen de sangles et de Velcro. Il pouvait provoquer une explosion de matériel en frôlant un mur, une éruption de stylos, d'écrans, de presse-papiers, de disques de données et de composants, de boîtes de conserve, de pâte dentifrice et de chaussettes.

La plus grande partie de l'équipement clef était de conception russe – les appareils de recyclage, par exemple. Il avait de gros générateurs baptisés Elektrons qui pouvaient produire de l'oxygène à partir d'eau distillée de son urine. L'eau potable était récupérée dans l'atmosphère. Un système de nettoyage appelé Vozdukh ôtait le dioxyde de carbone de l'air. Il disposait d'un générateur d'oxygène de secours basé sur l'utilisation de « bougies », de gros cylindres contenant un produit chimique appelé perchlorate de lithium qui produisait de l'oxygène quand on le chauffait. Il avait aussi des masques fonctionnant sur le même principe. Et ainsi de suite.

Tout ça était grossier et inélégant, mais, contrairement aux systèmes plus perfectionnés conçus pour la station spatiale par les ingénieurs américains, ces appareils avaient démontré pendant des dizaines d'années qu'ils pouvaient fonctionner dans l'espace et être réparés lorsqu'ils tombaient en panne. De toute façon, Malenfant avait presque tout emporté en double et s'était muni d'une boîte à outils bien remplie.

Chaque jour, sa première tâche consistait à nettoyer les murs de son module avec des lingettes désinfectantes. Dans un environnement dépourvu de gravité, les micro-organismes avaient tendance à prospérer en survivant dans des gouttelettes d'eau en suspension dans l'air. C'était une tâche monotone et fastidieuse.

Lorsqu'il avait terminé, il passait aux exercices. Malenfant courait sur un tapis roulant vissé à un support au milieu du module d'habitation. Au bout d'une heure, des flaques de sueur trempaient sa poitrine. Il était censé faire au minimum deux heures d'exercice physique difficile par jour.

Et ça continuait. *Creuser un trou dans le ciel*, c'est comme ça que disaient les vieux astronautes, les cosmonautes obstinés de *Saliout* et de *Mir*. *Regarder les étoiles et pisser dans des bocaux.* Qu'ils aillent se faire voir ! Lui, au moins, il allait quelque part, contrairement à eux.

Il communiquait avec ses contrôleurs de la Terre et de la Lune à l'aide d'un laser optique de dix watts, qui lui fournissait un débit de données de vingt kilobits par seconde. Il regardait les bulletins d'informations qu'il recevait grâce à sa grande antenne principale semi-transparente.

Comme les mois passaient, l'intérêt du public pour la mission diminua. Il s'y était également attendu. Personne ne suivait sa progression sinon quelques obsédés des Gaijin – dont Nemoto, espérait-il, dans la mesure où elle avait usé de ses ressources immenses et obscures pour aider à réunir les fonds nécessaires à cette mission unique, mais qui ne lui avait jamais fait part de son intérêt.

Parfois, et même lors de ses appels de routine, il n'y avait personne pour répondre à l'autre bout de la ligne.

Il s'en fichait. Après tout, ils ne pouvaient pas lui faire faire demi-tour, même s'ils étaient morts d'ennui.

Pendant qu'il courait sur le tapis roulant, son seul objet de distraction était un petit hublot dans la coque pressurisée, juste à côté de lui, si bien qu'il ne cessait de le regarder. Du point de vue de Malenfant, le *Perry* était seul au milieu de l'espace. La Terre et la Lune étaient réduites à des points de lumière semblables à des étoiles. Seul le Soleil, dont la taille allait diminuant, apparaissait encore sous la forme d'un disque.

Le sentiment d'isolation qui l'envahissait était extraordinaire. Exaltant.

Il y avait un coin repos appelé un *kayutka* en russe. Il contenait un sac de couchage accroché au mur. Lorsqu'il dormait, il fermait le rideau, ce qui lui procurait un sentiment illusoire d'intimité et de sécurité. C'était là qu'il conservait la plupart de ses effets personnels, en particulier une petite image animée d'Emma, quelques secondes où on la voyait rire sur une plage privée de la NASA, près du Cap.

Lorsqu'il se réveillait, il flottait dans l'air une odeur de transpiration, ou parfois d'antigel lorsque les tuyaux de liquide réfrigérant fuyaient, ou juste de moisi – comme dans une bibliothèque ou une cave à vin.

Brind avait tenté une autre approche.

— Vous avez soixante-douze ans, Malenfant.

— Oui. Mais ça n'a rien d'exceptionnel de nos jours. Et je suis sacrément en forme pour mon âge.

— C'est fichtrement vieux pour supporter un vol spatial de plusieurs années.

— Peut-être. Mais j'utilise depuis des dizaines d'années des techniques destinées à allonger la durée de vie. Je suis un régime pauvre en graisse et à basses calories. Je suis un traitement basé sur une protéine appelée coenzyme Q10, qui inhibe le vieillissement au niveau cellulaire. Je prends d'autres enzymes pour préserver le bon fonctionnement de mon système nerveux. J'ai déjà fait améliorer beaucoup de mes os et de mes articulations avec des matériaux biocomposites. Je vais me faire faire un pontage complet avant la mission. Je prends des médicaments qui empêchent l'accumulation de dépôts de fibrilles amyloïdes, les protéines qui pourraient provoquer la maladie d'Alzheimer…

— Mon Dieu, Malenfant, vous êtes une espèce de crypto-cyborg, hein ? Vous êtres vraiment décidé.

— La microgravité est un environnement plutôt indulgent pour un vieil homme, vous savez.

— Jusqu'à ce que vous vouliez revenir au fond du puits de gravité terrestre.

— Qui vous dit que j'en ai l'intention ?

Au bout de deux cent soixante jours, à la moitié de la mission, le moteur à impulsion de fusion s'éteignit. La légère accélération s'atténua et ce qu'il restait à Malenfant de sens du haut et du bas disparut. Bizarrement, il se sentit nauséeux ; un nouvel accès du syndrome d'adaptation à l'espace le terrassa pendant quatre heures.

Pendant ce temps, le *Perry* alluma ses propulseurs de contrôle à tétrachlorure d'azote et hydrazine et bascula cul par-dessus tête. Il était temps d'entamer la longue décélération jusqu'au point focal solaire.

Le *Perry*, qui avait à présent atteint sa vitesse de pointe, voyageait à environ sept millions de mètres par seconde. L'équivalent de deux pour cent de la vitesse de la lumière. À une telle allure, les immenses anneaux supraconducteurs entraient en action. Ils projetaient un écran de plasma à l'avant du vaisseau, ce qui le protégeait de l'hydrogène ténu qu'il pouvait rencontrer. Ce renversement constituait en fait le moment le plus dangereux de la trajectoire, car le champ de plasma devait être manipulé avec habileté afin de se trouver à tout moment à l'avant du vaisseau.

Le *Perry* était de loin l'objet le plus rapide jamais lancé, Malenfant était donc – supposait-il, logiquement – devenu l'humain le plus rapide. Ce dont tout le monde se fichait complètement.

Ça lui convenait. Ça lui éclaircissait les idées.

De l'autre côté des hublots, seule l'obscurité séparait les étoiles de Malenfant. À cinq cents unités astronomiques du Soleil, il se trouvait loin des dernières planètes du système ; Pluton elle-même n'était qu'à quarante unités. Ici, il avait pour seuls compagnons les énigmatiques lunes gelées de la ceinture de Kuiper, des blocs de roc et de glace que rien n'avait dérangés depuis la naissance du Soleil, dont chacun était entouré d'une bulle de vide aussi vaste que le système intérieur. Au-delà se trouvait le nuage d'Oort, l'enveloppe indistincte de comètes de l'espace profond ; la frontière intérieure du nuage, située à environ trente mille unités astronomiques, se trouvait au-delà de la portée de cette mission au rabais.

Une fois le renversement effectué, Malenfant tourna son grand télescope et ses plates-formes d'instruments vers l'avant pour observer le point focal solaire.

— C'est impossible que vous ne vouliez pas revenir. Vous devez avoir une famille.

— Non.

— Et à présent…

— Écoutez-moi, Sally, tout ce que nous avons fait depuis que nous avons découvert l'existence des Gaijin, c'est parler. Depuis douze ans. Quelqu'un doit *faire* quelque chose. Qui est mieux placé que moi ? Donc, je vais aller à la périphérie du système, ou je m'attends à rencontrer les Gaijin. (Il sourit.) Pour le reste, chaque chose en son temps, non ?

— Bonne chance, Malenfant, dit-elle, envahie par un frisson glacial.

Elle se doutait qu'elle ne le reverrait jamais.

Le *Perry* ralentit jusqu'à une immobilité relative. Vu à un millier d'unités astronomiques de distance, le Soleil ressemblait à une étoile trop brillante dans la constellation de la Baleine et le système intérieur – les planètes, les humains, les Gaijin et tout le reste – n'était plus qu'une flaque de lumière.

Malenfant passa une semaine enfermé dans son module, à étudier ce qui l'entourait. Il savait qu'il se trouvait plus ou moins au bon endroit. Les données n'étaient pas très précises. Bien entendu, s'il y avait dans le coin un gigantesque vaisseau mère, il serait difficile de le manquer.

Il n'y avait strictement rien.

Il se mit à la recherche du point focal d'Alpha du Centaure. Il fit avancer le *Perry* en donnant de petites poussées avec ses propulseurs à réaction ainsi qu'en ayant recours à quelques brèves impulsions de fusion.

Il fut surpris de constater que la focale de la lentille gravitationnelle était très étroite. Le point focal d'Alpha du Centaure ne mesurait que quelques kilomètres de large, ce qui contrastait avec les centaines de *milliards* de kilomètres que Malenfant avait franchis pour venir jusque-là.

Il prit son temps, gérant son carburant.

Il finit par y arriver. Il y avait dans son télescope une énorme image d'Alpha du Centaure A, le plus gros composant de ce système multiple. L'image de l'étoile était déformée et ressemblait à une couronne, un cercle de lumière orange pâle.

Il enregistra le plus de données possible et expédia le tout par liaison laser en direction de la Terre. Leurs processeurs seraient capables de pratiquer une déconvolution de l'image et de la transformer en cliché du système multiple d'Alpha du Centaure, et peut-être des planètes qui orbitaient près des deux étoiles principales.

Ces données devraient suffire, pensait-il, à justifier sa mission pour ses sponsors.

Mais il n'avait toujours pas trouvé de preuve de l'activité des Gaijin.

Une nouvelle peur se mit à le ronger. Pour la première fois, il envisagea sérieusement la possibilité qu'il pouvait s'être trompé. Et s'il n'y avait rien ici, après tout ? Si c'était le cas, il aurait gâché sa vie et sa réputation.

C'est alors que ses gros senseurs infrarouges superrefroidis captèrent un signal nouveau et puissant.

L'objet passa à moins d'un million de kilomètres de lui.

Ses télescopes lui renvoyèrent des images d'un flou cruellement attirant. L'objet tournait, renvoyant la lumière du Soleil en reflets miroitants, des reflets qui aidèrent les processeurs à deviner sa forme.

Le petit vaisseau, d'environ cinquante mètres de long, avait plus ou moins la silhouette d'une araignée. Il était constitué d'une unité centrale en forme de dodécaèdre d'où jaillissaient entre huit et dix bras, qui se révélaient articulés lorsqu'ils bougeaient. On avait l'impression qu'il s'autoassemblait tout en se déplaçant.

Malenfant ne put déterminer son but, sa composition et son mode de propulsion avant qu'il soit hors de vue. Mais il était prêt à parier qu'il se dirigeait vers la ceinture d'astéroïdes.

Il était possible de calculer d'où venait le drone. Il s'agissait d'un point situé sur la ligne focale du Soleil, plus loin, pas plus loin du *Perry* que la Lune ne l'était de la Terre.

Malenfant tourna ses télescopes dans cette direction, mais il ne vit strictement rien.

Il se sentit pourtant soutenu. Le contact… bon Dieu, j'avais raison ! Je ne sais pas comment ni quoi, mais il y a quelque chose là-bas, c'est sûr.

Il lança une fois de plus son moteur à impulsion de fusion. Il lui faudrait vingt heures pour aller là-bas.

Ce n'était qu'un anneau, peut-être constitué d'un genre de métal, qui faisait face au Soleil – un anneau bleu ciel, une couleur éblouissante ici, dans le vide. Il était silencieux, ne transmettait rien sur aucune fréquence et on le voyait à peine dans la lumière du Soleil réduit à un point.

Il n'y avait pas de vaisseau mère gigantesque crachant des drones pour usines des astéroïdes. Rien que cet énigmatique artefact.

Malenfant décrivit le tout à Sally Brind, là-bas à Houston. Il allait devoir attendre pour la réponse ; il était à six jours-lumière de chez lui.

Au bout d'un moment, il décida qu'il n'avait pas envie d'attendre aussi longtemps.

Le *Perry* flottait à côté de l'anneau des Gaijin, ses propulseurs ne se déclenchant que de temps à autre pour le maintenir en place.

Malenfant s'enferma dans le sas étroit du vaisseau. Il fallait qu'il y passe deux heures pour débarrasser son corps de son azote. Son antique Unité mobile pour activité extravéhiculaire du modèle employé à bord des navettes ne contenait que de l'oxygène, à une pression correspondant à un quart de celle au niveau de la mer, pour qu'elle conserve sa souplesse.

Malenfant enfila ses sous-vêtements thermiques, puis son Ensemble de refroidissement et de ventilation, une série de couches ondulées de tuyaux remplis de liquide réfrigérant. Il posa son appareil de récupération des urines, un énorme préservatif à l'allure improbable.

Il souleva son *Lower Torso Assembly* ; on appelait ainsi la moitié inférieure de ce modèle d'EMU, composée d'un pantalon avec des bottes incorporées ; il se tortilla pour se glisser à l'intérieur. Il plaça un tube par-dessus le préservatif ; le sac cousu dans le tissu du LTA était assez grand pour contenu deux pintes d'urine. Le LTA était lourd, les couches de tissu raides et gênantes. Mon corps n'est peut-être plus le même qu'avant, il y a quarante ans.

Il était temps de passer à la moitié supérieure, le HUT, ou *Hard Upper Torso*. Il était pendu au mur du sas, comme la moitié supérieure d'une armure. Malenfant s'accroupit dessous, leva les bras et remonta en se tortillant. L'intérieur du HUT sentait le plastique et le métal. Il guida les anneaux métalliques qui se trouvaient au niveau de sa poitrine jusqu'à ce qu'ils se rencontrent et s'emboîtent en cliquetant. Il mit sa cagoule de Snoopy et enfila par-dessus son casque rigide et sa visière, en le faisant tourner pour qu'il s'insère dans le joint du cou.

Le rituel de l'assemblage du scaphandre était familier et réconfortant. Comme s'il contrôlait la situation.

Il s'examina dans le miroir. L'EMU était d'un blanc éblouissant, le drapeau américain en décorait toujours fièrement la manche. L'écusson de sa dernière mission était toujours cousu dessus, STS-194. Tu as plutôt bonne allure pour un vieux machin, Malenfant.

Il glissa sa photo d'Emma dans une poche intérieure juste avant de dépressuriser.

Il ouvrit la porte extérieure du sas.

Pendant vingt mois, Malenfant avait été confiné à l'intérieur d'une pièce de quelques mètres de large. À présent, son monde s'ouvrait sur l'infini.

Il n'avait pas envie de lever les yeux, de les baisser, ni de regarder autour de lui, et surtout pas de regarder l'artefact des Gaijin. Pas encore.

Résolu, il se tourna pour faire face au *Perry*. La peinture et le finissage qui recouvrait la couche antimétéorite gris pastel de la coque avaient beaucoup jauni et pelé, mais la pâle lumière du Soleil donnait l'impression que le vaisseau entier avait été trempé dans l'or.

Son MMU, ou *Manned Maneuvering Unit* – unité de manœuvre à pilotage humain – était rangé dans un poste de service situé contre la coque extérieure du *Perry*, sous une couche de tissu antimétéorite. Malenfant le découvrit et recula pour s'y installer. C'était comme se carrer contre le dos et les bras d'un fauteuil. Des loquets agrippèrent son scaphandre. Il alluma les dispositifs de contrôle et vérifia le niveau des réservoirs d'azote du paquetage. Il amena ses deux manettes de commande en position de vol et détacha les loquets captifs du poste de service.

Il procéda à des essais. La manette de gauche le propulsa doucement en avant ; celle de droite lui permettait de tourner, de plonger et d'osciller. Chaque fois qu'un propulseur se déclenchait, un léger tintement résonnait dans son casque.

Il se déplaça autour du *Perry* en avançant par à-coups en ligne droite. Après des années passées dans une vitrine du KSC, tous les stabilisateurs à réaction ne fonctionnaient pas. Mais il semblait en rester assez pour qu'il puisse contrôler sa trajectoire. Et la stabilisation gyroscopique automatique était enclenchée.

S'il se concentrait sur son environnement immédiat, c'était exactement comme de travailler autour de la navette. Mais la lumière était bizarre. L'énorme et réconfortante présence de la Terre lui manquait ; en orbite basse, la face éclairée de la planète constituait une présence permanente et écrasante, aussi lumineuse qu'un ciel tropical. Ici, il n'y avait que le Soleil, un point de lumière lointain qui projetait de longues ombres tranchantes. Et, tout autour, il voyait les étoiles et l'immensité qui l'entourait.

Et à présent, sans avertissement et pour la première fois de toute cette satanée mission, la peur l'envahissait. L'adrénaline se répandait dans son système nerveux, le rendant aussi émotif qu'un oiseau, et son pauvre vieux cœur se mit à cogner.

Il est temps d'y aller, Malenfant.

Il actionna résolument la manette de droite et se tourna vers l'artefact des Gaijin.

C'était un cercle lisse, mystérieux, qui ne contenait que des étoiles. En toute honnêteté, Malenfant ne voyait rien qu'il n'avait déjà vu avec les caméras du *Perry*. Ce n'était qu'un anneau composé d'un matériau bleu et luisant, dont les surfaces polies étaient à peine visibles dans la pâle lumière du soleil.

Mais l'intérieur semblait d'un noir d'encre, comme s'il ne reflétait pas le moindre photon projeté par la lampe de son casque.

Il plongea son regard dans le disque obscur. À quoi sers-tu ? Pourquoi es-tu là ?

Il n'y eut bien entendu pas de réponse.

Commençons par le commencement. D'abord, un peu de science.

Il alluma ses propulseurs et avança jusqu'à l'anneau. Celui-ci était d'un bleu électrique et comme éclairé de l'intérieur, une bague incroyablement mince, pas plus large que la paume de Malenfant. Il ne voyait ni ligne de démarcation ni granularité.

Il tendit sa main gantée, des doigts de singe enfermés dans du tissu, et tenta de toucher l'anneau. Une force invisible fit glisser sa main sur le côté.

Il eut beau pousser de toutes ses forces et essayer de s'arc-bouter à l'aide des propulseurs, il ne pouvait pas approcher son gant à moins d'un millimètre environ du matériau. Et il avait toujours cette sensation insidieuse d'être poussé de côté sur une surface savonneuse.

Il tenta de la bouger de haut en bas, le long de l'anneau. Il y avait… des vagues, invisibles mais réelles.

Il dériva vers le centre de l'anneau. L'étendue obscure et silencieuse lui faisait face, comme un défi. Le point brillant du Soleil projetait son ombre sur la structure. Mais, à l'endroit où sa lumière frappait l'intérieur de l'anneau, il ne renvoyait rien : pas un reflet, pas un éclat lumineux.

Malenfant farfouilla de ses doigts gantés dans l'une des poches de ses manches. Il leva la main pour voir ce qu'il en avait sorti. C'était son couteau suisse. Il le lança à la cuillère dans l'anneau.

Le couteau fila en ligne droite.

Il pâlit en atteignant la surface noire ; Malenfant eut l'impression qu'il devenait rougeâtre, comme illuminé par une lumière brûlant de l'intérieur.

Le couteau disparut.

Avec maladresse, en donnant de petites impulsions avec ses propulseurs, Malenfant se rendit de l'autre côté de l'artefact. Le MMU avait été conçu pour se déplacer en ligne droite, pas pour décrire une courbe serrée. La manœuvre prit un certain temps.

Il n'y avait aucune trace du couteau de l'autre côté de l'objet.

C'était donc une porte. Une porte, ici, à la périphérie du Système solaire. Comme ça tombe bien. Et quel symbole.

C'est le moment d'accomplir un acte de foi, Malenfant.

Il enclencha son dispositif de contrôle des réacteurs et commença à glisser vers l'avant.

Le portail s'agrandit dans son champ de vision jusqu'à l'entourer de partout. Il allait le traverser – s'il continuait à avancer – non loin du centre.

Il jeta un coup d'œil au *Perry*. Son immense antenne principale translucide était dirigée vers la Terre ; elle interceptait la lumière du Soleil comme une toile d'araignée. Il distinguait des panneaux d'instruments un peu à l'écart de la coque recouverte de tissu jauni du module d'habitation, comme des rétroviseurs. Les panneaux supportaient des batteries d'objectifs dont les yeux noirs étaient tous fixés sur lui.

Il lui suffisait d'appuyer sur une manette pour s'arrêter là, et repartir.

Il atteignit le centre du disque. Une lueur d'un bleu électrique l'engloutit. Il se pencha en avant à l'intérieur de la coque raide de son HUT pour voir au-dessus de lui.

L'artefact s'était éveillé. La lumière émanait de la substance qui constituait l'anneau lui-même. Il voyait des mouchetures à l'intérieur. Elle était donc cohérente. Lorsqu'il baissa les yeux sur son scaphandre, il découvrit que des dizaines de points lumineux bleu électrique s'entrecroisaient sur le tissu blanc.

Des lasers. Était-on en train de le scanner ?

— Ça change tout, dit-il.

La lumière bleue s'intensifia jusqu'à l'aveugler. Il y eut un unique instant de douleur…

CHAPITRE 6

TRANSMISSION

— Nous pensons qu'un vaisseau-fleur gaijin est une variation sur la conception du vieux statoréacteur Bussard, dit Sally Brind.

Elle avait étalé un écran souple pliable sur l'un des murs polis par le temps de la grotte lunaire de Nemoto. L'écran – Maura plissa les yeux pour mieux voir – se remplit d'antiques plans : des images au trait d'improbables vaisseaux arachnéens, étiquetés jusqu'à l'obsession de légendes et de flèches.

— C'est une idée qui remonte aux années soixante...

La maison de Nemoto, ici, au beau milieu de la face cachée de la Lune des Japonais, s'était révélée être une cabane souterraine démodée située près de l'observatoire infrarouge où elle avait découvert pour la première fois l'activité des Gaijin dans la ceinture. C'était là, semblait-il, que Nemoto avait vécu pendant la plus grande partie des vingt dernières années. Maura songea qu'elle ne pourrait pas supporter d'y rester plus de deux heures.

Elle avait tout de suite remarqué qu'il n'y avait même pas d'endroit où s'asseoir, hormis le grabat de Nemoto, et aussi bien Sally que Maura avaient soigneusement évité de s'asseoir *là*. Heureusement, la faible gravité qui régnait sur la Lune rendait le sol de roche nue relativement indulgent même pour le peu de chair qui recouvrait désormais les os fragiles de Maura. Il y avait quelques concessions à l'humanité – un vieux bout de *tatami* usé, une alcôve pour *tokonoma* contenant un *jinja*, un petit autel shintoïste. Mais la plus grande partie du sol et des murs était occupée, même ici, dans l'espace personnel de Nemoto, par des équipements scientifiques : des boîtes blanches anonymes qui pouvaient être aussi bien des sources d'énergie et des senseurs que des boîtes d'échantillons, des câbles courant sur le sol et deux petits écrans souples démodés.

Pendant que Sally parlait, Nemoto – hâve, blême, les yeux invisibles dans des orbites sombres – s'affairait à ses projets personnels. Elle avançait à petits pas prudents et effectuait d'infimes réglages sur ses appareils – ou, bizarrement, arrosait les petites plantes qui poussaient dans des supports muraux et que des lampes de métal halide baignaient de lumière vive.

Le flot languide de l'eau qui sortait de la boîte de conserve de Nemoto – de grandes et larges gouttes qui descendaient en oscillant vers les minuscules feuilles vertes – était pourtant apaisant.

Sally poursuivit son analyse de la technologie supposée des Gaijin.

— Le statoréacteur a toujours été considéré comme un moyen de relever le défi du voyage interstellaire. Les distances immenses qui nous séparent même des étoiles les plus proches nécessiteraient l'emploi d'une quantité colossale de carburant. Avec un statoréacteur, on n'a pas besoin d'en emmener du tout.

« L'espace, voyez-vous, n'est pas vide. Même entre les étoiles il y a des nuages de gaz très ténus, composés pour l'essentiel d'hydrogène. Bussard, qui fut à l'origine de ce concept, proposait de collecter ce gaz, de le concentrer et de l'accélérer pour obtenir une réaction de fusion – de la même façon que l'hydrogène brûle et se transforme en hélium au cœur du Soleil.

« Le problème, c'est que ces nuages de gaz sont si ténus que le collecteur devrait être gigantesque. Bussard a donc suggéré l'emploi de champs magnétiques pour ramasser le gaz sur un volume colossal, à des centaines de milliers de kilomètres à la ronde.

Elle afficha une autre image : un vaisseau imaginaire dont la ressemblance avec une créature marine – un calmar, par exemple – était frappante, songea Maura. Un corps cylindrique doté de grands bras déployés et précédé d'éclairs.

— Pour être dévié par les collecteurs magnétiques, le gaz interstellaire doit d'abord être chargé électriquement. On peut alors le bombarder de rayons laser, comme vous pouvez le voir ici, pour le chauffer et le transformer en un plasma aussi chaud que la surface du Soleil. C'est un concept exotique et difficile, mais c'est tout de même plus facile que de trimballer tout son carburant.

— Sauf que ça ne marcherait jamais, murmura Nemoto, qui s'échinait sur ses gadgets.

— Exact.

Maura connaissait d'autres analyses et hypothèses suggérées par le département de la Défense et l'*US Air and Space Force*. Dans la mesure où la synthèse de Sally n'était basée sur rien de plus que des données rassemblées une à une par divers groupes d'amateurs et autres fondus de l'exploration spatiale, ainsi que par des anciens de la NASA réfugiés dans divers recoins du ministère de l'Agriculture, Maura considéra qu'elle tenait plutôt bien la route.

Le problème de la conception du réacteur Bussard était que seul un centième de la totalité du gaz réuni pouvait être effectivement employé comme combustible.

Le reste s'accumulait devant le vaisseau en train d'accélérer et bouchait ses collecteurs magnétiques. Le magnifique vaisseau de Bussard finirait par dépenser tant d'énergie à se frayer un chemin dans cet embâcle qu'il ne parviendrait jamais à atteindre les vitesses indispensables au vol interstellaire.

Sally présenta plusieurs variations sur la proposition de base destinées à contourner cette limitation fondamentale. La plus prometteuse s'appelait la RAIR, *Ram-Augmented Interstellar Rocket* : une fusée interstellaire à statoréacteur. Dans ce projet, l'admission d'hydrogène interstellaire serait fortement réduite, et utilisée dans le seul but de compléter un stock de combustible à base d'hydrogène que le vaisseau transportait déjà. On considérait que la RAIR serait deux ou trois fois plus performante que le système de Bussard, et qu'elle permettrait d'atteindre entre dix et vingt pour cent de la vitesse de la lumière.

— Et, pour autant que nous puissions en juger à partir des données du *Bruno*, dit Sally, ce vaisseau-fleur gaijin semble bel et bien être basé sur un modèle RAIR : à l'allure exotique, mais ne comportant rien que nous ne puissions comprendre. Le *Bruno* est en fait passé dans quelque chose qui ressemblait à une traînée d'échappement avant de cesser de communiquer.

Joli euphémisme, songea Maura, à la place de *piégé et démantelé*.

— L'échappement contenait des substances typiques des produits d'une réaction de fusion deutérium-hélium-3 standard, du type que nous sommes capables de faire fonctionner sur la Terre depuis quelques décennies.

Sally hésita. C'était une petite femme soignée, sérieuse et préoccupée.

— Nous nous trouvons face à des énigmes. Nous sommes capables d'envisager une bonne douzaine de moyens d'améliorer le concept des Gaijin – rien que nos ingénieurs ne puissent réaliser tout de suite, mais rien non plus qui dépasse nos connaissances en physique. Le processus de fusion deutérium-hélium, par exemple, est grossier et produit peu d'énergie. Il existe d'autres méthodes bien plus productives, comme des réactions à base de bore ou de lithium. Je crois que j'ai toujours imaginé que, lorsque les extraterrestres finiraient par se montrer, leur technologie dépasserait nos rêves les plus fous, qu'elle irait au-delà de ce que nous pouvons concevoir. Eh bien, les vaisseaux-fleurs sont jolis, mais ce n'est pas ainsi que nous choisirions d'aller dans les étoiles…

— Surtout dans cette région… fit Nemoto d'un ton égal.

— Que voulez-vous dire ? demanda Maura.

Nemoto eut un mince sourire, et l'ossature de son visage apparut à travers sa peau fine comme du papier.

— Maintenant que nous faisons partie d'une communauté interstellaire, que cela nous plaise ou non, il importe de connaître la géographie de notre nouveau territoire. Le médium interstellaire, les gaz qui pourraient propulser un réacteur Bussard, ne sont pas répartis de façon uniforme. Il se trouve que le Soleil est situé dans un coin très, hum, nuageux du bras d'Orion. En fait, nous nous déplaçons dans ce qu'on appelle l'ICM, l'*intercloud medium*, ou milieu entre les nuages. Qui ne constitue pas un bon terrain de ressources pour un Bussard. Mais les vaisseaux-fleurs ne sont pas destinés au voyage interstellaire, bien sûr. (Elle regarda Maura.) Vous paraissez surprise. N'est-ce pas évident ? Ces navires, qui n'atteignent qu'une petite fraction de la vitesse de la lumière, mettraient des dizaines d'années pour aller ne serait-ce qu'à Alpha du Centaure.

— Mais l'effet de dilatation temporelle, dit Maura, les horloges qui ralentissent quand on accélère…

Nemoto secoua la tête.

— Ces effets ne deviennent pas sensibles à dix pour cent de la vitesse de la lumière, c'est trop lent. Les vaisseaux-fleurs sont des croiseurs interplanétaires, conçus pour voyager à des vitesses bien inférieures à celle de la lumière, et dans le milieu relativement dense à proximité d'une étoile. Les Gaijin sont les voyageurs interplanétaires ; ils ne se sont devenus des pionniers interstellaires que par accident.

— Dans ce cas, demanda logiquement Maura, comment sont-ils arrivés ici ?

Nemoto sourit.

— De la même façon que Malenfant a quitté le système.

— Contentez-vous de me donner la réponse.

— Par téléportation.

Maura avait amené Sally Brind parce qu'elle se sentait de plus en plus frustrée, voire inquiète, qu'une année entière se fût écoulée depuis la disparition de Malenfant : une année durant laquelle il ne s'était rien passé.

Rien de flagrant n'avait changé dans le comportement des Gaijin. La totalité de l'événement avait depuis longtemps disparu du paysage mental de la plupart des gens et des journalistes, qui avaient classé la remarquable excursion de Malenfant dans la catégorie des intrigues secondaires d'une longue saga plutôt ennuyeuse qui durait depuis plusieurs décennies déjà. Les philosophes continuaient à débattre et à se torturer au sujet de la signification de la réalité des Gaijin pour l'existence humaine. Comme de coutume, les militaires faisaient joujou avec divers scénarios épouvantables, qui incluaient pour la plupart une invasion de la Terre et de la Lune par les Gaijin, où d'énormes vaisseaux-fleurs lançaient des morceaux d'astéroïdes sur ces mondes sans défense.

Pendant ce temps, l'indécision rongeait les divers gouvernements et autres autorités responsables.

En vérité, les faits étaient encore trop épars, les questions proliféraient toujours plus vite que l'on n'obtenait des réponses, et l'image que l'humanité se faisait de ces intrus extraterrestres se basait beaucoup plus sur de vieilles représentations issues de la fiction que sur d'authentiques données scientifiques. Maura se rendait compte que la situation ne s'éclaircissait pas et que le courant de l'histoire s'éloignait d'un engagement important avec les Gaijin.

Voilà pourquoi elle avait organisé cette rencontre. Après tout, Nemoto avait été la première à les détecter ; elle avait vite compris ce qu'impliquait sa découverte, et elle avait aussitôt choisi Reid Malenfant, la personne qui, rétrospectivement, était la mieux placée pour l'aider à expliquer sa découverte au monde, et même à faire quelque chose au sujet de celle-ci.

Si quelqu'un pouvait aider Maura à trouver son chemin dans la jungle des possibilités futures, c'était sans nul doute Nemoto.

Mais la téléportation, tout de même ?

Maura ferma les yeux. Il faut donc que j'imagine que ces Gaijin se sont expédiés par courriel d'une étoile à l'autre. Elle retint un rire idiot.

Nemoto s'occupait toujours de ses appareils et de ses plantes.

— Que les choses soient claires, dit Sally Brind. Vous pensez que l'anneau trouvé par Malenfant est un genre de nœud de téléportation. Dans ce cas, pourquoi ne pas placer ce... portail, dans la ceinture d'astéroïdes, mais tout à la périphérie du système, étant donné les problèmes et les efforts que ça implique ?

Nemoto garda son avis pour elle, laissant la jeune femme réfléchir au problème.

Sally claqua des doigts.

— Pour se téléporter depuis une autre étoile, il faut à la base envoyer un flot d'informations complexes en employant des canaux conventionnels – c'est-à-dire de la lumière ou des ondes radio – vers la cible, le système solaire. Et l'endroit où l'on peut les recevoir le plus fidèlement est le point focal solaire de l'étoile, où le signal est amplifié cent millions de fois environ… Mais Malenfant ne pouvait pas le savoir. Il n'a pas pu déduire le mécanisme de la téléportation.

— Mais il a une bonne intuition, observa Nemoto en souriant. Il a reconnu un portail et il l'a traversé. Entrer en contact avec les Gaijin était son but, après tout.

— Je croyais, dit Maura avec obstination, que la téléportation était impossible. Elle nécessite de déterminer la position et la vitesse de chaque particule constituant l'artefact que l'on veut transmettre. Ce qui viole le principe d'incertitude, l'idée qu'il est impossible, en raison de l'incertitude quantique, de connaître avec précision la position et la vitesse d'une particule. Et, si l'on ne peut pas faire ça, comment peut-on encoder, transmettre et reconstituer un objet aussi complexe qu'un être humain ?

— Avec une méthode aussi grossière, c'est vrai, admit Nemoto. Dans un univers quantique, de tels procédés classiques ne pourraient absolument pas fonctionner. Et, même en théorie, nous ne connaissons qu'un seul moyen d'y arriver, de téléporter un objet. Un état quantique inconnu peut être déconstruit et reconstitué plus tard à partir d'informations classiques et de corrélations purement non classiques…

— Nemoto, s'il vous plaît, l'interrompit Maura d'un ton ferme.

— Ça, dit Nemoto en agitant la main en direction de son bric-à-brac, c'est un téléporteur. Hélas, je ne peux téléporter qu'un seul photon, un seul grain de lumière, à la fois. Pour l'instant.

— Sally, vous y comprenez quelque chose ?

— Je crois que oui. La mécanique quantique autorise la corrélation à longue distance des particules. Une fois que deux objets ont été en contact, ils ne sont plus jamais vraiment séparés. Il existe une intrication bizarre, que l'on appelle la corrélation EPR.

— EPR ?

— Einstein-Podolsky-Rosen, les physiciens qui ont inventé le concept.

— Je ne transporte pas le photon, expliqua Nemoto. Je transmets une description du photon. Sa description quantique. (Elle tapota deux de ses boîtes.) Le transmetteur et le récepteur. Ils contiennent un ensemble d'états intriqués EPR, c'est-à-dire qu'ils ont été une fois en contact, et qu'ils sont donc à tout jamais corrélés, comme le dit Sally. Je permets à mon photon de… euh… d'interagir avec des particules ancillaires se trouvant dans le récepteur. Le photon est absorbé, sa description est détruite. Mais l'information que j'extrais sur l'interaction peut alors être transmise au récepteur. Je peux à ce moment-là utiliser l'autre moitié de ma paire intriquée pour reconstituer l'état quantique original.

— Le récepteur doit être corrélé avec le transmetteur, dit Sally, qui tentait toujours de comprendre. Ce que les constructeurs ont dû faire, c'est envoyer le portail récepteur – l'anneau qu'a trouvé Malenfant – par des moyens conventionnels quelconques, comme un navire voyageant plus lentement que la lumière, du type vaisseau-fleur. La porte est en corrélation EPR avec un autre objet, là-bas, chez eux, un transmetteur. Celui-ci procède à une mesure conjointe sur lui-même et le système quantique inconnu de l'objet à téléporter. Ensuite, il envoie au portail récepteur le résultat classique de ses mesures. Sachant cela, le récepteur peut convertir l'état de son jumeau EPR en une réplique exacte de l'état quantique inconnu dans le transmetteur…

— Donc, à présent, dit lentement Maura à Nemoto, vous avez deux photons, l'original et la version que vous avez reconstruite.

— Non, répliqua Nemoto, dont la patience était mise à l'épreuve. Je vous l'ai expliqué. Le photon original est détruit quand il donne son information.

— Maura, intervint Sally, l'information quantique ne ressemble pas à l'information classique dont vous avez l'habitude. L'information quantique peut être transformée, mais pas dupliquée. (Elle étudia Maura, cherchant à voir si elle comprenait.) Mais, même si nous avons raison en ce qui concerne le principe, il y a de nombreux éléments qui échappent à notre compréhension. Réfléchissez. Nemoto ne peut téléporter qu'un seul photon ; la porte des Gaijin peut téléporter un objet de la masse d'un être humain. Le corps de Malenfant contenait…

— Environ dix puissance vingt-cinq atomes, précisa Nemoto. C'est-à-dire, dix milliards de milliards de milliards. Ce qui implique que cela doit nécessiter le même nombre de kilo-octets, c'est un ordre de grandeur, pour conserver les données. Sinon plus.

— Oui, dit Sally. En comparaison, Maura, tous les livres jamais écrits représentent sans doute à peine un millier de milliards de kilo-octets. Le niveau requis de compression des données doit être spectaculaire. Si nous pouvions mettre la main sur cette seule technologie, notre industrie informatique et nos télécoms en seraient transformées.

— Et il y a plus, ajouta Nemoto. Le corps de Malenfant a réellement été détruit. Ce qui requiert l'extraction et le stockage d'une quantité d'énergie équivalente à environ un millier de bombes d'une mégatonne…

Son corps a été détruit… Nemoto disait cela avec une telle désinvolture.

— Et donc, conclut lentement Sally, le signal qui

encode Malenfant est en train d'être transmis d'un émetteur à un récepteur par une liaison…

— Ou des liaisons, dit Nemoto.

— Des liaisons ?

— Pensez-vous qu'une technologie telle que celle-ci serait limitée à un seul chemin ?

Sally fronça les sourcils.

— Vous êtes en train de parler de tout un réseau de portes ?

— Peut-être placées aux points focaux gravitationnels de chaque système solaire. Oui.

Et à présent, tout d'un coup, Maura le vit : un réseau de téléporteurs s'étendant sur les immenses espaces entre les étoiles, de gigantesques autoroutes de données le long desquelles on pouvait voyager – et sans même avoir conscience du passage du temps.

— Mon Dieu, murmura-t-elle. Ce sont les routes d'un empire.

— Par conséquent, dit Sally, qui tentait toujours d'avancer dans le raisonnement de Nemoto, les Gaijin ont construit les portes. C'est ça ?

— Oh non, objecta gentiment Nemoto. Les Gaijin sont bien trop… primitifs. Ils étaient limités à leur système, comme nous au nôtre. En explorant sa périphérie dans leurs Bussard grossiers, ils sont tombés sur une porte – à moins que d'autres ne les aient guidés jusque-là, comme nous l'avons été par eux.

— Mais si ce ne sont pas les Gaijin qui l'ont construite, qui est-ce donc ?

— Nous ne pouvons pas le savoir, pour l'instant.

Nemoto regardait ses appareils rudimentaires comme si elle étudiait les possibilités qu'ils recelaient.

Sally Brind se leva et fit lentement quelques pas dans l'appartement encombré, dérivant, rêveuse, dans la faible gravité lunaire.

— Il faut des années pour qu'un signal, même celui d'un téléporteur, voyage entre les étoiles. Ça doit signifier que personne n'a mis de technologie plus rapide que la lumière au point. Pas de distorsion, pas de trous de vers. Pas très sophistiqué, comme technologie, vous ne trouvez pas ?

— Dans une galaxie comme celle-là, dit Nemoto, les processus – les contacts culturels, les conflits – mettront des dizaines d'années, au moins, à se développer. Si Malenfant est en route pour une étoile, il faudra des années à son signal pour y arriver, et il se passera encore plus de temps avant que nous sachions jamais ce qu'il est advenu de lui.

— Dans ce cas, répondit sèchement Maura, que devons-nous faire en attendant ?

Nemoto sourit, ce qui accentuait ses pommettes.

— Mais rien. Rien qu'attendre. Et essayer de ne pas mourir.

Au cours des années de silence qui suivirent, Maura Della pensa souvent à Malenfant.

Où était-il donc ?

Même si Nemoto avait raison, même si son corps avait été détruit et que les informations détaillées sur le contenu et les processus se déroulant dans son corps et son cerveau filaient vers les étoiles, *où était son âme* ? Chevauchait-elle avec lui l'hypothétique rayon laser des Gaijin ? Avait-elle déjà été éparpillée ?

Et la chose qui allait être reconstituée à partir de ce signal serait-elle vraiment Malenfant, ou juste une sorte de copie sophistiquée ?

Un triomphe humain se dégageait de toutes ces notions obscures de physique. Malenfant avait trouvé son mystérieux portail. Et il l'avait franchi. Maura se souvenait du ressentiment qu'elle avait éprouvé en regardant les Gaijin s'approprier tranquillement les ressources du Système solaire dans la ceinture des astéroïdes, ou en voyant la facilité avec laquelle ils s'étaient emparés du *Bruno.* À présent, Malenfant s'était précipité dans le système de transport que les Gaijin avaient eux-mêmes utilisé, il s'était réexpédié jusqu'à leur nid et, en y songeant, Maura ressentait une bouffée de féroce satisfaction.

Hé, les Gaijin ! Vous avez du courrier.

Mais ces questions ne la concernaient pas.

Elle avait fait de son mieux pour employer les découvertes de Nemoto et d'autres sources d'information afin d'éveiller les consciences, d'influencer les politiques. Mais il était maintenant temps de prendre sa retraite, de quitter enfin Washington et le monde de la politique. Elle rentra chez elle, une petite ville du nom de Blue Lake dans le nord de l'Iowa, son vieil État, le cœur du Midwest.

Elle n'avait plus d'influence. Elle était sacrément trop vieille.

Je n'ai pas des dizaines d'années devant moi. Je n'ai pas la force de rester en vie, d'attendre, comme Nemoto, pendant que l'Univers se déploie lentement. Pour moi, l'histoire s'arrête ici. Vous allez devoir continuer tout seul, Malenfant, voilà tout.

Bon voyage. Bonne chance.

CHAPITRE 7
RÉCEPTION

La lumière bleue s'estompa.

Il se rendit compte qu'il retenait son souffle. Il expira, en haletant. Sa poitrine lui faisait mal. Il serrait les manettes du MMU dans un geste compulsif. Il plia les mains ; les gants étaient raides.

L'artefact bleu s'étirait tout autour de lui, de nouveau inerte. Il ne voyait aucune différence ; la lumière du soleil faisait miroiter sa surface lisse, projetant des ombres doubles…

Doubles ?

Il dirigea son regard vers le Soleil et releva sa visière dorée.

Le Soleil paraissait un peu plus lumineux, et d'un jaune-blanc vif. Et il brillait à présent d'un double éclat, deux joyaux sur un arrière-plan de velours. La lumière était en fait si intense qu'elle lui faisait mal aux yeux ; lorsqu'il détourna le regard, il y avait deux petites paires de points sur sa rétine, jaune vif sur un fond de brume rouge.

Ce n'était pas le Soleil, bien entendu. C'était un système binaire. Un disque brumeux en forme de lentille entourait les étoiles jumelles : un nuage de matériau planétaire, des astéroïdes, des comètes, un système intérieur illuminé par la double lumière stellaire. Même d'ici, cette tache lumineuse diffuse lui indiquait qu'il s'agissait d'un endroit encombré et actif.

Il pivota. Au-delà de la porte, le *Perry* avait disparu.

Non. Pas disparu. Il était juste parqué à quelques années-lumière de là, voilà tout.

Il n'avait pas la moindre idée de la manière dont l'artefact avait opéré son miracle si simple. Et, en toute franchise, il s'en fichait. C'était une porte, elle avait fonctionné et elle l'avait emmené jusqu'aux étoiles.

Oui, mais où exactement, Malenfant ?

Il regarda le ciel autour de lui. Les étoiles formaient une riche tapisserie qui engloutissait les constellations familières.

Après avoir un peu cherché, il trouva la ceinture d'Orion et le reste de cette grande constellation. Le chasseur ne semblait pas avoir changé, pour autant qu'il puisse en juger. Les étoiles d'Orion étaient éparpillées dans un volume d'espace profond d'un millier d'années-lumière et la plus proche d'entre elles – Bételgeuse, ou peut-être Bellatrix, il n'arrivait pas à s'en souvenir – n'était pas éloignée du Soleil de moins de cinq cents années-lumière.

Ce qui lui donnait une indication. En se déplaçant sur des distances interstellaires, le point de vue changeait tant que les constellations en étaient déformées, les lampes éparpillées dans le ciel dansant les unes devant les autres telles les lumières d'un port dont on s'approche. Il ne pouvait donc pas être allé bien loin, pas à l'échelle des soleils géants d'Orion : une poignée d'années-lumière, pas plus.

Et, sachant cela, il savait où il se trouvait. Il n'existait qu'un système semblable : deux étoiles ressemblant à Sol liées l'une à l'autre et situées dans son voisinage immédiat.

Il avait atteint Alpha du Centaure, qui ne se trouvait pas à plus de quatre années-lumière et quelques poussières du Soleil. C'était exactement à ça qu'il s'attendait.

Alpha du Centaure : un rêve depuis des siècles, la première escale au-delà du royaume de Pluton – un nom dont l'écho résonnait dans des centaines de projets de vaisseaux spatiaux et des milliers de rêves. Et il y était, bon Dieu ! Il sentit que sa bouche s'élargissait en un sourire de triomphe.

Il actionna très brièvement ses propulseurs et pivota en fouillant le ciel du regard jusqu'à trouver une autre constellation, un W à la forme bien nette décrite par cinq étoiles brillantes que l'on ne pouvait confondre avec aucune autre. C'était Cassiopée, qu'il connaissait bien depuis les périodes de sa jeunesse où il s'était passionné pour l'astronomie. Mais, à présent, il y avait à gauche de la constellation une étoile supplémentaire qui la transformait en un zigzag grossier. Il savait également ce que devait être cette nouvelle étoile.

Flottant dans l'immensité, là, à la périphérie du système d'Alpha du Centaure, Malenfant voyait le Soleil.

Le Soleil est une étoile – rien qu'une étoile. Giordano Bruno avait raison, après tout, se dit-il.

Mais, s'il fallait à la lumière des années pour parvenir ici, il avait dû lui aussi mettre un laps de temps analogue pour y arriver, quel que fût le mode de fonctionnement de la porte. Me voilà soudain quatre ans dans l'avenir. Et, même si je devais retourner chez moi à présent – en supposant que ce serait possible – il me faudrait quatre autres années avant de pouvoir de nouveau sentir la chaleur du Soleil.

Comme c'est étrange, se dit-il, et un froid subtil s'insinua en lui.

Quelque chose bougea devant lui. Il pivota de nouveau.

C'était une araignée-robot, une copie en miniature de

celle qu'il avait vue de l'autre côté de la porte. Ce qui ressemblait à des réacteurs de stabilisation émit une bouffée de petits nuages de cristaux qui scintillaient dans la lointaine lumière double. Une technologie rudimentaire, songea-t-il, l'évaluant machinalement. La machine se dirigeait vers la porte, ses membres s'agitant avec raideur.

Elle parut le remarquer.

Elle s'arrêta net dans un nouveau tourbillon de cristaux, à bonne distance, un kilomètre peut-être. Mais il était bien connu que les distances étaient difficiles à estimer dans l'espace, et Malenfant n'avait pas de véritable idée de la taille du robot.

Les membres articulés s'agitaient toujours. Son aspect était complexe, changeant – de toute évidence fonctionnel, adapté à tout un éventail de tâches à effectuer dans un environnement sous gravité zéro. Mais Malenfant vit que les membres dessinaient grossièrement quelque chose qui ressemblait à un W, comme la constellation de Cassiopée, centré sur un noyau en forme de dodécaèdre. Il n'avait aucune idée de ce que le robot était en train de faire. Peut-être l'étudiait-il. Il le voyait à peine, en fait ; l'engin n'était qu'une silhouette dans la lumière d'Alpha du Centaure.

Malenfant se mit à calculer.

Il ne s'était pas attendu à trouver un comité d'accueil. Cette porte était banale, un portail pour ouvriers robots. Les Gaijin eux-mêmes étaient peut-être bien au chaud dans le système intérieur complexe et encombré.

Il estimait qu'il lui restait encore cinq heures d'autonomie. S'il revenait – en supposant que la porte fonctionnât dans les deux sens – il pouvait même rentrer à bord du *Perry*.

Ou rester ici.

Seulement, il laisserait un drôle de message de premier contact si les habitants du système d'Alpha du Centaure venaient voir ce qui se passait et ne trouvaient rien d'autre que son cadavre desséché.

Mais tu es venu de loin pour ça, Malenfant. Et si tu restes, mort ou vivant, c'est sûr qu'ils sauront que nous sommes là.

Il sourit. Peu importe ce qui lui arriverait désormais, il avait atteint son but. Pas mal pour un vieux schnock.

Il actionna la manette de gauche, le MMU le propulsa lentement en avant, en direction du drone.

Il prit son temps. Il avait cinq heures pour l'atteindre. Et il fallait qu'il garde du carburant pour manœuvrer une fois qu'il serait tout proche, s'il était encore conscient.

Mais le drone continuait à agiter ses membres compliqués, poursuivant ses tâches incompréhensibles. Il ne faisait aucun effort pour venir à sa rencontre.

Et son combustible s'épuisa bien plus vite qu'il ne l'avait prévu.

Lorsqu'il atteignit le robot, une alarme tintait dans son casque, doucement et en continu, lui indiquant qu'il ne lui restait presque plus d'oxygène. Il demeura conscient assez longtemps pour tendre une main gantée et caresser le flanc métallique du drone.

Lorsqu'il se réveilla, il eut l'impression d'avoir dormi d'un sommeil profond et sans rêve.

La première chose dont il eut conscience fut un bras étalé sur son visage. Le sien, bien sûr. Il avait dû sortir des attaches peu serrées de son sac de couchage.

Sauf que sa main était dans un épais gant de scaphandre, ce qui n'était pas une tenue habituelle pour dormir.

Et son sac de couchage se trouvait à des années-lumière de là.

Il s'éveilla vraiment dans un sursaut. Il flottait dans une lumière dorée. Il tournait lentement sur lui-même.

Il était toujours dans son EMU, mais, bon Dieu, son casque avait disparu, le scaphandre était endommagé.

Pendant quelques secondes, il se palpa en s'agitant en tous sens, le cœur battant.

Il s'obligea à se détendre. Tu respires encore, Malenfant. Où que tu sois, il y a de l'air. S'il devait t'empoisonner, il l'aurait déjà fait.

Il expira, puis inspira profondément – en filtrant l'atmosphère par son nez, la bouche bien fermée. L'air était limpide, sa température neutre. Malenfant ne sentait rien d'autre qu'un vague relent aigre, qui émanait probablement de son propre corps confiné depuis trop longtemps dans un scaphandre.

Il était perdu dans une lumière dorée, au-delà de laquelle il distinguait les étoiles à la lueur un peu atténuée, comme derrière un rideau de fumée. Les deux points brillants d'Alpha du Centaure étaient toujours là. Il n'était donc pas allé très loin.

Y avait-il des murs autour de lui ? Il ne voyait pas de raccords, pas de démarcations, pas de coins. Il étira ses pieds et ses doigts gantés. Ses doigts tâtonnants rencontrèrent une membrane douce. Le mur devint brusquement net, à quelques centimètres à peine de son visage : une surface lisse recouverte par ce qui ressemblait à des câbles de l'épaisseur de son pouce, mais soudés à la paroi, il ne savait comment. Les câbles étaient difficiles à saisir ; mais il s'y cramponna tout de même avec ses doigts.

Il se sentit bien mieux une fois arrimé.

Le mur lui-même était doux, ni chaud ni froid, si lisse que son sens du toucher ne pouvait percevoir aucune granularité. Il dessinait une courbe serrée autour de lui. Peut-être se trouvait-il dans une sorte de bulle gonflable ; elle ne pouvait mesurer plus de quelques mètres de diamètre. Et elle n'était pas gonflée à son maximum. Lorsqu'il poussait sur la paroi, celle-ci ondulait en grandes vagues languides, des pulsations de lumière dorée qui occultaient brièvement les étoiles.

Il gratta la membrane. On aurait dit une espèce de plastique. Il n'avait aucune raison de croire qu'il s'agissait d'un matériau plus sophistiqué ; les Gaijin ne s'étaient pas révélés des super-cerveaux en matière de technologie. Il aurait très bien pu prendre un échantillon de ce matériau et l'analyser avec un petit laboratoire portatif. Sauf qu'il n'en avait pas.

Quelque chose cogna contre sa jambe.

— Merde ! dit-il.

Il tourna sur lui-même et tenta de s'agripper aux cordes incrustées dans la paroi jusqu'à ce qu'il se retrouve acculé au mur.

C'était le casque de l'EMU de la navette.

Il le ramassa et l'inspecta. Le casque était muni d'un anneau prévu pour s'encastrer dans le reste du scaphandre – ou plutôt, il en avait eu un. La fixation de métal avait été coupée, comme par un laser.

Les Gaijin – ou leurs drones robots qui se trouvaient ici, à la périphérie du système d'Alpha du Centaure – l'avaient trouvé dans une coquille de gaz : de l'air qui devait grossièrement ressembler à ce qu'ils connaissaient, à partir d'équivalents d'études spectrométriques, de la composition de l'atmosphère de la Terre. Ils lui avaient donc fourni une plus grande quantité des mêmes gaz dans cette enveloppe, et ouvert son scaphandre – après quoi, supposa-t-il, ils avaient espéré que tout irait bien.

Il ôta ses gants. Il découvrit qu'il portait toujours son casque de communication allégé. Il l'enleva et le coinça dans le casque. Il ne voyait aucun signe de son unité mobile.

… Et, à présent, il éprouvait comme une sorte de contrecoup de ce qui lui était arrivé. Il s'appuya au mur qui ondulait lentement, illuminé par la lumière d'Alpha du Centaure passant à travers un filtre doré, à quatre années-lumière de chez lui. Les robots s'étaient montrés malins, réalisa-t-il soudain en frissonnant. Après tout, ni eux, ni les Gaijin eux-mêmes ne possédaient rien de commun avec l'anatomie humaine. Et s'ils avaient décidé de voir si toute sa tête pouvait se détacher ? Il se sentait très vieux, fragile et seul ; il ne s'y était pas attendu, car il n'avait pas ressenti cela pendant les longs mois qu'avait duré le vol à bord du *Perry* jusqu'au Point Selle.

Et maintenant ?

Commence par le commencement. Tu as besoin d'une pause biologique, Malenfant.

Il se força à pisser dans le préservatif qu'il portait toujours. Il sentit la pisse chaude emplir le sac à l'intérieur de sa combinaison. De l'urine qui avait été transportée par magie sur quatre années-lumière. Il devrait la mettre en bouteille. Si jamais il rentrait chez lui, il pourrait probablement la vendre comme souvenir du premier voyage de l'Homme dans les étoiles.

Il y eut un mouvement, un flot de lumière au-delà de la paroi de la bulle. Quelque chose d'immense et de brillant, et qui passait en silence.

Il pivota, continuant à s'accrocher aux cordes en les pinçant, jusqu'à faire face à l'extérieur. Il pressa son visage contre la membrane de la bulle, de manière très semblable à la façon dont, enfant, il regardait à la fenêtre de sa chambre, tandis qu'il attendait la neige.

La lumière mouvante était un vaisseau-fleur.

Le vaisseau des Gaijin filait dans l'obscurité vers la chaude lueur au centre du système d'Alpha du Centaure. Les câbles et les filaments qui donnaient sa forme à la gueule gigantesque de ses collecteurs électromagnétiques, à demi déroulés, ondulaient avec grâce pendant que le navire pivotait lentement sur son axe le plus long, concentré sur quelque manœuvre de correction de sa trajectoire. Des dodécaèdres grouillaient sur ses flancs, réduits par la distance à de toutes petites taches aux allures de jouets rapides et occupés à des buts précis. Ils semblaient presque reconstruire le vaisseau à mesure qu'il avançait – ce qui était peut-être le cas. Malenfant imagina une géométrie flexible, un navire capable d'ajuster sa forme aux besoins contradictoires de la froide immobilité qui régnait ici, dans la lointaine banlieue de ce système binaire, et de la chaleur et de l'encombrement que l'on trouvait en son centre.

Néanmoins, en dépit de l'étrangeté du vaisseau-fleur, il sentit son cœur se serrer tandis que l'engin s'éloignait. Ne me laissez pas ici, dérivant dans l'espace.

Mais il découvrit qu'il ne dérivait plus. Des cordes enchâssées dans la paroi extérieure de sa coquille, des cordes qui se rassemblaient en un câble au tressage lâche, comme si sa bulle d'air était prise au piège d'une toile d'araignée. Le câble formant des boucles lâches traversait l'espace – pas jusqu'au vaisseau-fleur – mais jusqu'à quelque chose que cachait la courbure de la bulle.

Il se propulsa à travers celle-ci pour regarder de l'autre côté.

Dans la pâle lumière des lointains soleils d'Alpha du Centaure, il ne pouvait que distinguer une silhouette : une boule aux contours grossiers qui devait mesurer quelques kilomètres de diamètre, et le miroitement de ce qui devait être du gel sur des cratères et des montagnes peu élevées.

Malenfant tira un écran souple pliable d'une poche de son scaphandre, le sortit de son emballage et le plaqua sur le mur de la bulle. Il avait été conçu pour servir de visionneur télescopique dans un environnement à faible luminosité. Ses programmes de traitement d'image ne tardèrent pas à entrer en action, et l'écran devint une fenêtre par où Malenfant regarda en penchant la tête pour changer d'angle de vue.

L'objet ressemblait à une boule de glace. Peut-être un astéroïde, mais il se trouvait bien loin des soleils doubles. C'était plus probablement l'équivalent centaurien d'un corps de la ceinture de Kuiper, une lune de glace – ou alors il était peut-être dans le nuage d'Oort de ce système, auquel cas c'était la tête d'une comète à longue période.

Il distinguait à présent du mouvement sur la surface glacée : continuel, complexe, presque ondulant. Il tapota l'écran, lui demandant d'agrandir et d'améliorer un peu plus l'image.

Il vit des drones robots grouiller partout, leurs membres compliqués se mouvant comme des pattes de cafards. Les drones allaient et venaient en files et en flux d'une circulation sans fin. Il y avait des îles immobiles dans ce flot, des points où le courant se resserrait en nœuds et en tourbillons. Et, çà et là, il vit luire des couvertures argentées, peut-être semblables aux nanocouvertures que la sonde de Frank Paulis avait trouvées sur l'astéroïde, là-bas, à la maison. Peut-être fabriquaient-ils d'autres vaisseaux-fleurs. Ou bien s'agissait-il de machines de Von Neumann, songea-t-il, des réplicateurs dont l'activité principale consistait à fabriquer des copies d'eux-mêmes et qui continueraient tant que le dernier gramme de cette lointaine boule de glace et de roc n'aurait pas été converti en mécaniques dotées du même but.

Mais, partout où il portait son regard, fouillant l'écran, il voyait du mouvement sans fin et déterminé, il y avait là des millions de drones peut-être, une communauté laborieuse constituant une mer cybernétique étincelante. Ils donnaient l'impression de coopérer, d'obéir tous aveuglément, sans heurts, sans poser de questions et avec efficacité à un but commun plus élevé. Ces robots ressemblent plus à des insectes sociaux, se dit-il, des termites ou des fourmis, qu'à des humains.

… Mais j'aurais peut-être dû m'attendre à ça, se dit-il. Les humains sont une espèce compétitive. Il n'y avait pas de raison de supposer que tout le monde dût être ainsi. Une société technologique basée sur la compétition ne pouvait peut-être, une fois atteint un certain point, que devenir instable et s'autodétruire. Les courses aux armements ne peuvent vous emmener au-delà d'un certain point. Peut-être seuls ceux qui coopéraient pouvaient survivre. Auquel cas, se dit-il, ce que nous trouverons en allant de plus en plus loin, ce sont, inévitablement, des choses semblables à *ça*. Des colonies de termites. Et, si ça se trouve, personne qui nous ressemble.

Bon sang, je suis peut-être le seul individu dans tout ce système planétaire ! Quelle idée sinistre et terrifiante.

Cependant, si les robots étaient des réplicateurs, ils n'étaient pas très bons.

Ils semblaient tous reposer sur le même modèle, celui qu'il avait rencontré en premier, basé sur un corps trapu en forme de dodécaèdre, avec des membres jaillissant en configurations variées et apparemment spécialisées. Mais, par ailleurs, ces drones au travail semblaient plutôt variés. Ils n'étaient pas très différents les uns des autres : quelques membres supplémentaires ici, un peu d'asymétrie là, chaque dodécaèdre divergeant légèrement de l'idéal géométrique – mais ils étaient là.

Peut-être la vision authentique de Von Neumann – celle de réplicateurs identiques s'engendrant les uns les autres – était-elle impossible à réaliser sans véritable nanotechnologie, c'est-à-dire un contrôle des matériaux et de la fabrication s'exerçant au niveau atomique. Il se représenta une flotte de ces robots limités et imparfaits lâchés sur la Galaxie avec l'ordre de voyager d'étoile en étoile et de construire d'autres de leurs semblables… et accumulant les erreurs subtiles à chaque génération.

Seulement, pour qu'il y ait une telle variété de mutations, comme il le voyait ici, il fallait qu'il y ait eu une sacrée quantité de générations.

À moins, se dit-il, que ces choses ne soient les Gaijin ?

Il s'était basé sur l'hypothèse qu'il devait y avoir quelque chose de plus grand, de plus intelligent et de plus complexe derrière ces simples machines. Tu manques d'imagination, Malenfant. Tu fais de l'anthropomorphisme. Occupe-toi de ce que tu vois, pas de ce que tu imagines qui t'attend.

Il tenta de regarder le grouillement incompréhensible des robots et tourna son écran grossissant vers Alpha du Centaure.

Chacune des quasi-jumelles ne cessait de lui rappeler le Soleil. Mais si l'étoile la plus brillante, Alpha A, avait été à la place de celui-ci, sa compagne, Alpha B, se serait trouvée à l'intérieur du système solaire, plus proche, en fait, que Neptune.

Et il y avait des planètes. Le logiciel d'interprétation et de traitement d'image de son écran commença à tracer des orbites. Une, deux, puis trois ellipses serrées autour de la lumineuse Alpha A, des petites planètes rocheuses, peut-être des jumelles de la Terre, de Vénus ou de Mars. Quelques minutes plus tard, des orbites semblables se dessinaient autour de sa compagne, Alpha B.

Alpha du Centaure n'était pas seulement une étoile double, c'était un système solaire double. Si la Terre y avait été transplantée, le second soleil aurait été une étoile extrêmement lumineuse. Il y aurait eu des doubles levers et couchers de soleil, d'étranges éclipses d'une étoile par l'autre ; le ciel aurait été un endroit lumineux et complexe. Et il y aurait eu tout un autre système planétaire à quelques heures de lumière, si proche que les humains auraient peut-être pu effectuer des vols interstellaires dès les années soixante-dix. Il ressentit une étrange et douloureuse nostalgie envers ces possibilités perdues, pour une réalité qui n'avait jamais été.

Le système double ne comportait qu'une seule géante gazeuse – et elle était petite comparée à la puissante Jupiter, ou même à Saturne. Elle suivait, semblait-il, une trajectoire sur une orbite métastable qui l'amenait à aller et venir entre les deux soleils, sur des périodes se comptant en dizaines d'années. Dans la mesure où les étoiles suivaient leurs propres orbites elliptiques l'une autour de l'autre, il semblait très probable que la planète vagabonde serait éjectée d'ici quelques millions d'années dans l'obscurité d'où elle était peut-être venue.

Il y avait peu de géantes, mais le ciel d'Alpha était rempli de planètes mineures, d'astéroïdes et de noyaux de comètes. Contrairement aux allées bien régulières de la Terre, ces nuages d'astéroïdes s'étendaient précisément dans l'espace entre les deux étoiles et dans le volume d'espace les entourant. Le logiciel de l'écran commença à calculer la densité des nuages d'astéroïdes scintillants, Malenfant distingua des nœuds, des lignes et des huit, et même ce qui ressemblait à des rayons émanant du système central de chaque étoile : des nuages denses dessinés par le passage de troupeaux d'astéroïdes que rassemblait l'attraction concurrente des étoiles et de leur cortège de planètes. D'une Terre en orbite autour d'Alpha A ou B, une ligne aurait traversé le ciel, dessinant le plan de l'écliptique : éblouissante, attirante, composée de centaines d'astéroïdes scintillants, une promesse de richesses inimaginables.

La structure semblait claire. L'influence mutuelle de A et de B avait empêché la formation de planètes géantes. Tous les matériaux volatils qui avaient été absorbés dans les grandes géantes gazeuses de Sol étaient restés dans cet état. Malenfant, qui avait passé la moitié de sa vie à se faire l'avocat de l'exploitation minière des astéroïdes, sentit les doigts le démanger en observant ces immenses nuages de trésors flottants. Ici, ç'aurait été facile, se dit-il, avec un peu d'amertume.

Mais ce n'était pas un endroit pour les humains, et cela ne le serait peut-être jamais. Car le logiciel positionnait à présent de petits drapeaux bleus tout autour de la périphérie du système. Des points focaux de lentille gravitationnelle, des Points Selles, bien plus nombreux que dans le champ de gravité simple et unipolaire de Sol. Et il y avait du mouvement à l'intérieur de ces allées de lumière poussiéreuses : des étincelles d'un jaune vif. Des vaisseaux-fleurs Gaijin, partout.

Comparé à cela, le Système solaire est pauvre, se dit-il. C'est ici que ça se passe dans cette région de l'espace : à Alpha du Centaure, criblé de tant de Points Selles qu'on dirait Grand Central Station, et avec un ciel plein de mines volantes par-dessus le marché. Il se sentit plus modeste, embarrassé, comme un cousin de la campagne venu à la grande ville.

Un mouvement flou traversa son champ de vision magnifié.

Il roula en arrière et tenta de voir l'extérieur de la bulle à l'œil nu.

C'était un robot qui allait et venait de-ci, de-là, à petits coups de ses contrôleurs d'assiette, des cristaux de gaz d'échappement étincelant dans la lumière d'Alpha. Il s'immobilisa et demeura suspendu, membres écartés, à dix mètres de la bulle tout au plus.

Malenfant se pressa contre le mur le plus proche du robot, appuya son visage contre la membrane et lui rendit son regard.

L'attitude de la machine suggérait la vigilance. Mais il était sans doute encore en train de faire de l'anthropomorphisme.

Le gros noyau compact en forme de dodécaèdre devait mesurer deux mètres de large. Il miroitait de panneaux à la structure complexe et il y avait des ouvertures dans la peau argentée à l'intérieur desquelles chatoyaient d'autres mécanismes impossibles à identifier. Le robot possédait une vraie forêt d'appendices qui ne mesuraient pas plus de un centimètre et hérissaient toutes les surfaces du noyau central, ondulés comme une épaisse fourrure. Mais deux des membres étaient plus longs – peut-être une dizaine de mètres chacun – et articulés, comme les bras robots de la vieille navette spatiale, chacun se terminant par un nœud de mécanismes. Malenfant remarqua de petits contrôleurs d'assiette répartis le long des bras. L'ensemble lui rappela l'une des vieilles sondes spatiales – *Voyager*, peut-être, ou alors *Pioneer* – à cause du noyau central dense, des perches frêles, un vaisseau spatial construit comme une libellule.

Le robot montrait des signes d'usure et de vieillesse : des panneaux froissés sur le dodécaèdre, une protubérance ressemblant à une antenne criblée de cicatrices, comme par des pluies de micrométéorites. L'un des bras semblait avoir été cassé et réparé avec un fourreau de matériau plus neuf. Cette machine est vieille, se dit-il, elle a peut-être voyagé pendant très, très longtemps ; il se demanda combien de soleils avaient cuit sa peau fragile, combien de queues de comètes poussiéreuses avaient usé ces fragiles structures.

Pour l'instant, les deux bras étaient maintenus en l'air, évoquant un geste de supplication, donnant au robot la forme générale d'un W – comme le premier qu'il avait vu.

Peut-il s'agir de la même machine que j'ai rencontrée lorsque j'ai traversé l'anneau ? Ou, se demanda-t-il, suis-je de nouveau en train de faire une projection, d'espérer une individualité là où il n'en existe pas ? Après tout, ce truc ne peut absolument pas être confondu avec un être vivant, non ? À défaut d'autre chose, son manque de symétrie – l'un des bras mesurait bien deux mètres de plus que les autres – était, à un certain niveau, profondément troublant.

Il céda à sa sentimentalité.

— Cassiopée, dit-il. Je vais t'appeler comme ça.

Sexe féminin, Malenfant ? Mais la chose possédait une certaine grâce et délicatesse. Cassiopée, donc. Il leva la main et l'agita.

Il s'attendait à moitié à ce qu'un des bras cybernétiques sophistiqués lui rendît son geste, mais ils ne bougèrent pas.

… Il y eut néanmoins un changement. Un objet qui ressemblait à s'y méprendre à un téléobjectif sortit d'une ouverture située sur le torse dodécaédrique de Cassiopée et s'orienta vers lui.

Il se demanda si Cassiopée venait de fabriquer le dispositif, en réponse au besoin qu'elle venait d'identifier, au sein d'une nano-usine interne. Il était plus probable que la technologie utilisée était plus simple, et que cette « caméra » avait été assemblée à partir d'un stock de pièces détachées. Cassiopée ressemblait peut-être à un couteau suisse : sa flexibilité n'était pas infinie, mais elle possédait une réserve d'outils qui pouvaient être mis en œuvre et adaptés à diverses tâches.

Il fut de nouveau surpris, cette fois par un bruit provenant de l'intérieur de sa bulle.

Une radio qui sifflait. Cela venait de la cagoule de télécommunications pliée dans son casque.

Il s'en saisit, sortit le casque de Snoopy et tint l'un des haut-parleurs contre son oreille. Le sifflement suraigu était si fort qu'il lui faisait mal et, bien qu'il eût l'impression de distinguer des traces de structures dans le signal, il n'y avait là rien qui ressemblât à des paroles humaines.

Il lança un coup d'œil au robot, Cassiopée, qui n'avait pas bougé.

Elle essaie de communiquer, se dit-il. Après avoir passé des années à ignorer nos signaux radio et autres que nous avons envoyés à ses collègues dans la ceinture des astéroïdes, elle a décidé que je suis assez intéressant pour qu'elle me parle.

Il eut un large sourire. Objectif atteint, Malenfant. Au moins, tu as réussi à ce qu'ils nous remarquent.

Oui, mais ça ne lui apportait pas grand-chose pour l'instant. Le signal qu'on lui envoyait contenait peut-être des bibliothèques entières de sagesse interstellaire. Mais il ne pouvait pas le décoder ; pas sans des batteries de superordinateurs.

Ils ne savent toujours pas vraiment à quoi ils ont affaire, se dit-il. À quel point je suis limité. J'ai peut-être de la chance qu'ils n'aient pas essayé de me bombarder de signaux laser.

Si nous devons parler, il faudra que ce soit en anglais. Ils peuvent peut-être le comprendre, ça fait assez longtemps que nous les bombardons de dictionnaires et d'encyclopédies. Et il va falloir qu'ils aillent assez lentement pour que je puisse comprendre.

Il fouilla dans une poche située sur la jambe de son scaphandre jusqu'à ce qu'il trouve un épais bloc de papier et un porte-mine.

Un autre instant de contact, donc : les premiers mots échangés entre un être humain et un extraterrestre. Des mots dont on se souviendrait, selon toute probabilité, si jamais quelqu'un apprenait ce qui s'était passé, longtemps après que Shakespeare fut tombé dans l'oubli.

Que devait-il écrire ? De la poésie ? Un défi territorial ? Un discours de bienvenue ?

Il finit par grogner, lécha la pointe de la mine et traça un mot en grosses lettres majuscules. Puis il plaqua le bloc contre la membrane translucide.

MERCI.

Cassiopée étudia le carnet durant de longues minutes avec son œil télescopique.

Elle extruda un nouveau pseudopode de son corps anguleux. Il tenait un petit bloc de métal de la même taille et de la même forme que celui de Malenfant.

Il portait un message. En anglais. Le texte était composé dans une police de caractères simple et sans fioriture.

ERREUR DE COMMUNICATION. RÉPARATIONS MANDATÉES. RÉPARATIONS EFFECTUÉES. DÉCISION CONTRAINTE.

Il fronça les sourcils, tentant d'en comprendre le sens. *Nous ne comprenons pas. Pourquoi nous remerciez-vous ? Vous seriez mort. Nous n'avions pas d'autre choix que de vous aider.*

Il réfléchit, puis écrivit :

CELA MONTRAIT DE LA BONNE VOLONTÉ ENTRE NOS ESPÈCES. Pas le bon mot ça, espèces, mais il n'arrivait pas à en trouver un meilleur. PEUT-ÊTRE NOUS COMPRENDRONS-NOUS DANS LE FUTUR. PEUT-ÊTRE POUVONS-NOUS VIVRE EN PAIX.

La réponse fut : DÉCISION CONTRAINTE MAIS PAS À VALEUR UNIQUE. NÉCESSITE INFORMATION CONCERNANT OBJECTIF : RÉPLICATION ; APPROPRIATION DE RESSOURCES ; INTERDICTION D'ACTIVITÉ ; EXOTIQUE. LEQUEL.

Nous n'étions pas obligés de te maintenir en vie, trouduc. Nous ne savions pas ce tu fichais ici et nous devions le découvrir. Il est possible que tu veuilles fabriquer plein de petits Malenfant à partir des astéroïdes d'Alpha du Centaure. Ou que tu veuilles emporter nos ressources pour d'autres desseins. Ou nous empêcher de faire ce que nous faisons. Ou peut-être même quelque chose que nous ne pouvons même pas imaginer. Qu'est-ce que tu fabriques ici ?

Attention à ta réponse, Malenfant. Du point de vue des Gaijin, la plupart de ces options ne sont pas très saines. Tu ne dois pas les laisser penser que tu es toi-même une espèce de robot Von Neumann féroce et exterminateur ; sinon, ils vont ouvrir cette poche à air, puis ton ventre.

JE SUIS ICI PARCE QUE JE SUIS CURIEUX.

UNE PAUSE. COMMUNICATION DYSFONCTION.

Quoi ??

D'OÙ ÊTES-VOUS VENUS ? écrivit-il. QUI VOUS A FABRIQUÉS ? SONT-ILS PRÈS D'ICI ?

Une autre pause, plus longue. PLUSIEURS MILLIERS D'ITÉRATIONS DEPUIS INITIALISATION. *Des milliers de générations nous séparent de ceux qui ont commencé la migration.*

Dans ce cas, ce sont bien les Gaijin, se dit-il. Ils ne savent pas qui les a créés. Ils ont oublié. À moins que *personne* ne les ait créés. Après tout, tu es convaincu que tu as évolué, Malenfant, pourquoi ne le seraient-ils pas ?

QUEL EST VOTRE BUT ICI ? écrivit-il.

RÉPLICATION. CONSTRUCTION. RECHERCHE.

Ils sont donc bien venus d'ailleurs… Et le dernier mot, finalement, lui donna l'espoir d'avoir affaire à un peu plus qu'une machine immuable, à un peu plus qu'à de simples objectifs mécaniques.

RECHERCHE, écrivit-il. RECHERCHE DE QUOI ?

La réponse le glaça.

OBJET DE LA RECHERCHE : OPTION POUR ÉVITER STÉRILISATION À VENIR. DEMANDONS EXISTENCE D'OPTION.

Mon Dieu, se dit-il. Nous avons toujours cru que les extraterrestres viendraient nous apprendre des choses. Faux. Ceux-là sont venus nous voir pour avoir des réponses.

Des réponses sur ce qu'ils fuient. Va savoir quoi. La « stérilisation » ?

Il contempla pendant de longues minutes le flanc compliqué et froissé de Cassiopée. Puis il écrivit, prudemment :

NOUS DEVONS PARLER. MAIS J'AI BESOIN DE NOURRITURE.

OPTION : RETOUR AVANT EXPIRATION. *Nous pouvons vous ramener chez vous avant que vous mouriez.*

QUOI D'AUTRE ?

OPTION : FABRIQUER NOURRITURE. PROCESSUS ITÉRATIF, SUCCÈS ANTICIPÉ.

Rassurant, songea-t-il, laconique.

COROLLAIRE : CONTINUER.

CONTINUER, écrivit-il. VOUS VOULEZ DIRE QUE JE PEUX ALLER PLUS LOIN ?

OPTION : NŒUD D'ORIGINE. OPTION : AUTRES NŒUDS. *Nous pouvons vous ramener chez vous. Ou nous pouvons vous emmener plus loin. Ailleurs. Et même plus loin que ça.*

Encore plus loin dans le temps, également. Mon Dieu !

Il y réfléchit pendant soixante secondes.

JE VEUX CONTINUER, dit-il. FABRIQUEZ-MOI DE LA NOURRITURE.

Puis il ajouta : S'IL VOUS PLAÎT.

Maura Della mourut huit ans après la disparition de Malenfant dans la porte des Gaijin, quelques mois avant qu'un signal voyageant à la vitesse de la lumière ait pu aller jusqu'à Alpha du Centaure et en revenir.

Mais, lorsque ces mois se furent écoulés – lorsque les nouveaux signaux arrivèrent, porteurs de nouvelles d'Alpha du Centaure, les grands vaisseaux-fleurs de la ceinture des astéroïdes déployèrent enfin leurs ailes électromagnétiques et un millier d'entre eux commencèrent à faire route en direction du cœur encombré du Système solaire. Vers la Terre.

II

Voyageurs

2061-6186 après J.-C.

Il pensa : tout ça, la voile de l'étoile à neutrons, la communauté laborieuse, représente un triomphe de la vie sur la cruauté aveugle du cosmos. Nous ne nous laissons plus faire.

Mais lorsqu'il pensa à Cassiopée, la colère s'empara de lui. Pourquoi ?

Cela faisait quelques minutes à peine qu'elle l'avait serré dans ses bras dans cette plaine herbeuse simulée… non ?

Comment le sais-tu, Malenfant ? Comment sais-tu que tu n'as pas été conservé pendant dix mille ans dans un congélateur à données ?

Et… comment sais-tu que ce n'est pas la première fois que tu réapparais ainsi ?

Comment pouvait-il le savoir ? Si son identité s'assemblait, puis se désintégrait à nouveau, quelle trace cela laissait-il dans sa mémoire ? Qu'était sa mémoire ? Et, si on le faisait redémarrer chaque fois, en le réinitialisant comme un ordinateur ? Comment l'aurait-il su ?

Mais peu importait. C'est moi qui me suis mis dans cette situation, se dit-il. J'ai voulu être ici. J'ai travaillé dur pour ça. À cause de ce que nous avons appris, avec les années. Que les Gaijin seraient suivis par une grande vague de visiteurs. Et que les Gaijin *n'étaient même pas les premiers* – ce dont Nemoto avait eu l'intuition dès le départ. Et rien de ce que nous avons appris au sujet de ces visiteurs venus avant eux, et sur ce qu'ils sont devenus, ne nous a rassurés.

Lentement, alors qu'ils commençaient à voyager entre les étoiles, les humains apprirent à craindre l'Univers, et les créatures qui y vivaient.

Et y mouraient.

CHAPITRE 8
AMBASSADEURS

Madeleine Meacher faillit ne pas quitter N'Djamena vivante.

Des troupes nigérianes et camerounaises envahirent la piste d'atterrissage juste au moment où les réacteurs du chariot largable du Sänger entrèrent en action. Elle entendit des armes automatiques crépiter au loin, vit des véhicules converger sur la piste d'envol. Il y eut un bruit métallique quelque part derrière elle, faible et lointain ; comme si une balle perdue avait atteint le Sänger.

L'avion spatial s'élança alors sur la piste, la plaquant dans son siège, et bondit soudain en avant, comme une gazelle. Le Sänger se souleva de son chariot et les gros moteurs du RB545 à hydrogène liquide s'allumèrent. L'avion s'éleva quasiment à la verticale. Les bruits des mitraillettes s'évanouirent presque aussitôt.

Elle fonça dans les nuages, les traversa en moins d'une seconde et émergea en plein soleil.

Elle regarda en bas : le sol avait déjà disparu, laissant place à un lointain dôme d'une couleur brune que ponctuaient des flaques grises de développement urbain. Des chasseurs – sans doute nigérians, peut-être israéliens

– apparaissaient sous forme de petits points argentés dans le ciel immense, leur sillage dessinant des boucles dans l'air. Ils étaient incapables de s'approcher de Madeleine, sauf si elle n'avait vraiment pas de chance aujourd'hui.

Elle lança les superstatos et ressentit une poussée brutale dans le dos ; les chasseurs disparurent.

Le ciel devint violet. Les turbulences s'apaisèrent lorsqu'elle franchit le mur du son. À trente mille mètres, elle grimpait toujours et poussa les gaz du RB545 à plein régime. Elle accélérait à un Mach par minute ; avant de retomber vers la Terre, elle allait atteindre Mach 15 au cours de ce saut suborbital vers le Sénégal.

Elle était déjà si haut qu'elle voyait des étoiles. Bientôt, les propulseurs de contrôle à réaction se déclencheraient, et elle volerait comme dans un vaisseau spatial.

En tout cas, elle ne serait jamais plus près de l'espace.

Pour la première fois depuis qu'elle était arrivée au Tchad avec son chargement de munitions d'artillerie légère, elle pouvait se détendre un peu. Le Sänger ne semblait pas avoir été affecté par les coups de feu.

C'était un bon avion de conception allemande, solide, construit par Messerschmitt-Bölkow-Blohm. Il avait été conçu pour opérer dans des zones de guerre, mais pas Madeleine. À présent qu'elle était en sécurité dans son cocon high-tech, elle céda à la tension pendant quelques minutes.

Pendant qu'elle tremblait, le Sänger se brancha sur les réseaux et téléchargea son courrier. La vie continuait.

C'est alors qu'elle trouva le message de Sally Brind.

Brind ne lui disait pas qui elle représentait, ni ce qu'elle voulait. Madeleine était censée la rencontrer au Kennedy Space Center. Comme ça. On ne lui donnait pas le choix.

Ces dernières années, Madeleine avait reçu beaucoup de ces messages au ton sec. Ils émanaient en général soit de riches employeurs potentiels, soit de flics ou de percepteurs quelconques. Dans un cas comme dans l'autre, mieux valait y aller.

Elle accusa réception du message et demanda à ses traqueurs de données de trouver qui était Brind.

Elle appuya sur un bouton, et les moteurs du RB545 s'éteignirent avec une secousse. Il cessa d'accélérer, ce qui la projeta en avant contre son harnais. Elle était désormais sur une trajectoire balistique, comme une pierre que l'on a lancée. Elle plana presque en silence au sommet de sa trajectoire, perdant toute sensation de vitesse et de mouvement.

Au point le plus élevé, elle aperçut un scintillement lointain, complexe et serein : un vaisseau-fleur gaijin à l'air suffisant accomplissant le tour de la Terre.

De retour aux États-Unis, Madeleine prit l'avion pour Orlando. Pour se rendre au KSC, elle suivit la US 3 vers le nord, sur la longueur de Merrit Island. Il y avait autrefois des postes de sécurité ; à présent, il ne subsistait qu'une barrière rouillée et une nouvelle route en béton intelligent qui passait tout droit à travers.

Elle se gara devant le bâtiment d'assemblage des véhicules. Il était tôt. Les lieux étaient déserts. Du sable volait à travers le parking vide et se rassemblait en dunes miniatures.

Elle se dirigea vers le vieux point presse en bois, comme des gradins dans un stade de baseball. Elle s'assit et regarda vers l'est. Elle avait le soleil dans les yeux, et il faisait déjà chaud ; elle sentait la peau de son visage se tendre comme celle d'un tambour. À sa droite, une rangée de tours de lancement pour fusées s'étirait vers le sud, sans couleur ni relief dans la brume. Elles n'étaient pour la plupart plus utilisées et en partie démantelées. Des pièces de musée. Une impression de désolation et d'abandon imprégnait l'atmosphère.

Il était apparu que Sally Brind travaillait pour le Pied à l'Étrier, le dernier vestige de l'entreprise qui, trois décennies plus tôt, avait envoyé un vaisseau jusqu'à la base des Gaijin située dans la ceinture des astéroïdes.

Les Gaijin n'intéressaient pas spécialement Madeleine. Elle était née quelques années après leur arrivée dans le Système solaire ; ils faisaient simplement partie de sa vie, et ce n'était pas une partie très excitante. Mais elle savait que quarante ans après qu'on les eut détectés pour la première fois et dix-neuf en tout depuis leur arrivée de la ceinture, conséquence probable du voyage donquichottesque de Reid Malenfant, les Gaijin et l'humanité avaient établi quelque chose qui ressemblait à des relations commerciales.

Ils avaient fourni à la Terre quelques avancées technologiques : en robotique, dans le domaine des industries du vide, quelques astuces nanotechnologiques, comme les couvertures minières qu'ils employaient dans les astéroïdes, assez pour révolutionner une douzaine d'industries et engendrer une centaine de fortunes. Ils avaient également emmené des scientifiques humains en mission d'exploration vers les autres planètes : Mars, Mercure, et même les lunes de Jupiter. (Mais pas Vénus, bizarrement, en dépit de demandes répétées.) Les Gaijin avaient également commencé à fournir depuis l'espace une proportion sensible des ressources de la Terre : des matériaux bruts provenant des astéroïdes, y compris des métaux précieux, et même de l'énergie, envoyée sous forme de micro-ondes par d'immenses collecteurs placés en orbite.

Les humains, ou plutôt les gouvernements et les entreprises qui avaient des relations avec eux, devaient « payer » tout cela avec des ressources courantes sur Terre mais rares ailleurs, notamment des métaux lourds et quelques substances organiques complexes. On avait également autorisé les Gaijin à atterrir, et on leur avait proposé des contacts culturels. Étrangement, ils s'étaient montrés intéressés par certaines idées humaines, et des écrivains, des philosophes, des théologiens et même quelques auteurs de science-fiction compromettants avaient été convoqués pour converser avec les « ambassadeurs » extraterrestres.

Les autorités gouvernementales et les entreprises qui profitaient de la situation semblaient considérer ces arrangements comme une bonne affaire. Les grandes industries polluantes – la production d'énergie et l'industrie minière – avaient été retirées de la surface de la Terre, il y avait donc des chances pour que la réhabilitation écologique devienne, sur le tard, quelque chose de réellement envisageable.

Tout le monde n'était pas d'accord. La fermeture de toutes ces mines et ces centrales créait des réfugiés environnementaux et économiques. Il y avait aussi quantité de réfugiés au sens littéral, comme par exemple tous les malheureux que l'on avait chassés des zones équatoriales pour y construire les stations de réception de micro-ondes.

Le changement apporté par les Gaijin avait donc, ce qui était prévisible, créé de la pauvreté et même de la famine et des guerres.

Ce qui permettait à Madeleine de gagner sa vie, bien entendu. Il fallait bien survivre, comme tout le monde.

— … Je me demande si vous savez ce que vous êtes en train de regarder.

La voix s'était élevée dans son dos.

Une femme d'environ soixante ans était assise dans la tribune, dans la rangée située derrière Madeleine. Ses poignets osseux dépassaient des manches d'une biocombinaison surveillant les conditions extérieures. Un homme au moins aussi âgé, petit, brun et trapu, était assis à côté d'elle.

— Vous êtes Brind.

— Et vous Madeleine Meacher. Nous nous rencontrons enfin. Voici Frank Paulis. Il dirige le Pied à l'Étrier.

— Je me souviens de votre nom.

Il sourit ; son regard était dur.

— Qu'est-ce que je fais ici, Brind ?

En guise de réponse, Sally Brind pointa le doigt vers l'est, vers la ligne d'arbres qui s'étendait au-delà de la Banana River.

— Je travaillais pour la NASA, autrefois. Quand il y avait une NASA. Là-bas se trouvait le site de deux grands complexes de lancement : 39-B à gauche, et 39-A à droite. 39-A était la vieille rampe de lancement d'Apollo. Plus tard, ils l'ont adaptée pour les navettes. (Elle avait le soleil en plein visage, ce qui aplatissait celui-ci, la faisant paraître plus jeune.) Bon, les pas de tir ont disparu à présent, on les a démontés pour les recycler. La base du 39-A est toujours là, si vous voulez la voir. On trouve un panneau posé par les techniciens à l'occasion du dernier lancement. *Bon vent, Discovery !* Bien entendu, il est un peu délavé, maintenant.

— Qu'est-ce que vous voulez, exactement ?

— Savez-vous ce qu'est un pulsar ?

Madeleine fronça les sourcils.

— Pas une arme dont j'aie entendu parler.

— Ce n'est pas une arme, Meacher. C'est une étoile.

L'espace d'une seconde, Madeleine fut électrisée.

— Écoutez, Meacher, nous avons quelque chose à vous proposer.

— Qu'est-ce qui vous fait penser que ça pourrait m'intéresser ?

La voix de Brind était râpeuse et lourde de menace.

— J'en connais beaucoup sur vous.

— Comment ça ?

— Si vous voulez vraiment le savoir, grâce aux impôts. Vous avez fait tourner votre (elle agita la main avec mépris) *entreprise* dans plus d'une douzaine de pays.

Mais vous n'avez payé d'impôts que sur dix pour cent à peine des revenus dont nous avons retrouvé la trace.

— Je n'ai jamais enfreint une seule loi.

Brind soupesa Madeleine du regard, comme si elle venait de dire quelque chose d'une totale naïveté.

— La loi est une arme gouvernementale, pas une protection pour les gens comme vous. Vous le comprenez, non ?

Madeleine tenta de saisir à qui elle avait affaire. La combinaison biocomposite de Brind semblait efficace, pas coûteuse. Brind était salariée, pas chef d'entreprise.

— Vous travaillez pour le gouvernement, devina-t-elle.

Le visage de Brind se durcit.

— Lorsque j'étais jeune, nous appelions ce que vous faites du trafic d'armes. Même si je ne crois pas que vous y pensiez en ces termes.

La remarque prit Madeleine de court.

— Non, répondit-elle. Je suis pilote. Tout ce que j'ai jamais voulu faire, c'est voler. C'est le meilleur boulot que j'ai pu obtenir. Dans un autre univers, je serais…

— Astronaute, la coupa Frank Paulis.

Ce mot tout bête et archaïque pénétra les défenses de Madeleine. *Ici*, parmi tous les endroits possibles.

— Nous vous connaissons, vous voyez, dit Sally Brind, avec presque du regret dans la voix. Nous savons tout sur vous.

— Il n'y a plus d'astronautes.

— Faux, Meacher, répliqua Paulis. Venez avec nous. Nous allons vous montrer ce que nous préparons.

Brind et Paulis l'emmenèrent jusqu'au Complexe de lancement 41, le vieux pas de tir de l'*US Air Force* pour les fusées Titan, situé à l'extrémité nord de la rangée de sites de lancement historiques baptisée *ICBM Row*.

C'était là que l'équipe de Brind avait remis en état un antique lanceur Proton de l'ère soviétique.

C'était un mince cylindre noir de cinquante-trois mètres de haut. Six boosters détachables supplémentaires de forme évasée entouraient le premier étage, et Madeleine distinguait les étages plus petits situés au-dessus. On allait fixer là-haut une capsule pour passager et un module d'habitation, avant de les recouvrir d'un cône métallique.

— Notre capsule n'est pas beaucoup plus sophistiquée qu'un modèle Apollo, déclara Brind. Elle est juste censée vous emmener en orbite et vous garder en vie pendant quelques heures, le temps que les Gaijin viennent vous chercher.

— Moi ?

— Voulez-vous voir votre module d'habitation ? On est en train de le préparer dans le vieux Bâtiment de préparation de la navette.

— Venez-en au but, dit Madeleine. Où projetez-vous de m'envoyer ? Et qu'est-ce qu'un pulsar, au juste ?

— Un type d'étoile à neutrons. Très intéressant. Les Gaijin y envoient un vaisseau. Ils nous ont invités – les Nations unies, plus exactement – à envoyer un représentant. Un observateur. C'est la première fois qu'ils nous proposent d'en transporter un hors du Système solaire. Nous pensons qu'il est essentiel de répondre. Nous pouvons expédier notre propre plate-forme scientifique ; nous vous formerons à son utilisation. Nous pouvons même établir notre propre porte au Point Selle dans le système de l'étoile à neutrons. Tout cela participe d'un accord commercial et culturel plus large, qui…

— Donc, vous représentez les Nations unies ?

— Pas exactement.

— Nous avons besoin de quelqu'un qui ait vos qualifications et votre expérience pour prendre en main une mission comme celle-là. Vous avez plus ou moins l'âge qu'il faut, moins de quarante ans. Nous ne vous avons trouvé aucune famille. (Paulis soupira.) Il y a un siècle, nous aurions envoyé John Glenn. De nos jours, ce sont les gens comme vous qui conviennent le mieux. Vous serez bien payée. (Il la jaugea du regard.) Croyez-moi. Très bien payée.

Madeleine réfléchit, essayant de trouver là où ça coinçait.

— Cette fusée Proton a soixante ans, et sa conception est encore plus ancienne. Vous n'avez pas beaucoup de fric, hein ?

Paulis haussa les épaules.

— Mes poches ne sont plus aussi profondes qu'autrefois.

Brind fut piquée au vif.

— Peu importe le budget. Pour l'amour de Dieu, Meacher, vous n'êtes plus capable de vous émerveiller ? Ce que je vous offre, c'est la possibilité de voyager dans les étoiles. Mon Dieu – si j'avais vos qualifications, je sauterais sur cette occasion.

— Et vous n'êtes pas vraiment la première, intervint Paulis. Reid Malenfant…

— … a disparu. Et ce n'est pas exactement ce que j'appelle être un astronaute, dit Madeleine avec aigreur. Non ? Être une cargaison humaine à bord d'un vaisseau-fleur gaijin ne compte pas.

— En fait, pas mal de gens sont de cet avis, dit Paulis. C'est pour ça que nous avons eu du mal à trouver des fonds. Ça n'intéresse personne que des humains aillent dans l'espace dans les circonstances actuelles. La plupart des gens se contentent d'attendre que les Gaijin nous envoient encore du haut du ciel d'autres paquets-cadeaux interstellaires…

— Pourquoi ne pas vous contenter d'un labo automatisé ? Pourquoi un être humain ?

— Non. (Brind secoua la tête.) Nous nous préparons délibérément à envoyer un opérateur humain.

— Pourquoi ?

— Parce que nous voulons qu'un être humain aille là-bas. Quelqu'un comme vous – Dieu nous vienne en aide. Nous pensons qu'il est important d'essayer de les rencontrer sur un pied d'égalité.

— Un pied d'égalité, dit Madeleine en riant. En allant en orbite à cloche-pied et en ayant rendez-vous avec un statoréacteur extraterrestre géant capable de voler jusqu'à l'extérieur du Système solaire ?

— C'est du symbolisme, Meacher, observa Paulis, l'air sombre. Les symboles sont tout.

— Comment savez-vous si les Gaijin sont sensibles aux symboles ?

— Peut-être qu'ils s'en fichent. Mais pas les humains. Et ce sont eux qui m'intéressent. En toute franchise, Meacher, ce que nous recherchons, c'est un moyen de prendre l'avantage. Tout le monde ne pense pas que nous devrions dépendre complètement des Gaijin. Vous aurez beaucoup de liberté là-bas. Nous avons besoin de quelqu'un qui ait… des facultés de jugement. Il y aura peut-être des occasions à saisir.

— De quel genre ?

— Du genre qui pourrait permettre à l'humanité d'échapper au joug des Gaijin, dit Paulis.

Pour la première fois, il y avait de la colère, et même de la passion dans sa voix.

Madeleine commençait à comprendre.

Divers groupes plus ou moins définis n'étaient pas très satisfaits des accords passés avec les Gaijin par les gouvernements et les multinationales. Ces relations commerciales ne concernaient pas des partenaires égaux. De surcroît, les Gaijin devaient poursuivre leurs propres objectifs cachés. Qu'en était-il de ce qu'ils gardaient pour eux ? Que se passerait-il lorsque l'économie humaine dépendrait totalement du mince filet de merveilles qui tombait du ciel ? Et si les Gaijin décidaient tout à coup de fermer les robinets – ou, pis, de se mettre à leur jeter des cailloux ?

Sans compter que la situation dans son ensemble continuait à évoluer d'une année sur l'autre. Les étoiles voisines étaient de plus en plus nombreuses à émettre des signaux, radios ou autres, jusqu'à trente années-lumière de la Terre. Il était évident qu'une vague brutale d'émigration approchait de l'humanité, balayant le bras d'Orion. On pouvait supposer que ces colons se déplaçaient en utilisant des portes placées aux Points Selles, qu'ils trouvaient les systèmes qu'ils visaient vides, ou pas encore développés, comme le Système solaire. Et, dès qu'ils arrivaient quelque part, ils commençaient à bâtir et à émettre des ondes radio.

Les humains ne savaient strictement rien de ces autres nouveaux arrivants autour de Sirius, d'Epsilon Eridani, de Procyon, de Tau Ceti et d'Altaïr. Les humains avaient peut-être eu de la chance d'avoir été découverts par les Gaijin, les premiers à intervenir dans l'histoire de l'humanité. Ou peut-être pas. De toute façon, face à ce futur volatil et en proie à des changements rapides, il semblait peu avisé – selon certaines personnes – de s'en remettre entièrement à la bonne volonté de ces premiers arrivants. De toute évidence, ces gens tentaient à présent, sans bruit, de faire quelque chose.

Mais la première priorité de Madeleine était de sauver sa peau.

— À quelle distance se trouve ce pulsar ?

— Dix-huit années-lumière.

Madeleine savait ce que cela impliquait d'un point de vue relativiste. Lorsqu'elle reviendrait, elle serait égarée dans un avenir éloigné de trente-six ans.

— Je refuse.

— C'est ça ou le Golfe, conclut Brind d'un ton égal.

Le Golfe. *Merde*. On se battait depuis vingt ans pour les dernières réserves de pétrole, et le Golfe ressemblait à la surface d'Io : des cratères de bombes nucléaires vitrifiés autour de puits de pétrole qui allaient brûler pendant des décennies. Même avec une armure biocomp, son espérance de vie ne dépasserait pas quelques mois.

Elle se tourna et leva son visage vers le soleil de la Floride. Il semblait bien qu'elle n'avait pas le choix.

Mais elle soupçonnait qu'elle était *contente* de ne pas l'avoir. Quelque chose en elle commençait à s'éveiller à l'idée de cet improbable voyage.

Et, de toute façon, traverser la Galaxie avec les Gaijin pouvait se révéler un tout petit peu moins périlleux que de piloter des Sänger jusqu'à N'Djamena.

Paulis parut sentir qu'elle hésitait.

— Restez un peu, dit-il. Nous vous présenterons nos équipes. Et…

— Et vous allez m'expliquer comment vous allez faire ma fortune.

— Exactement.

Il sourit. Ses dents refaites étaient très régulières.

On l'emmena à Kefallinia, l'île de la mer Ionienne donnée aux Gaijin pour leur servir de base sur Terre. Vue du ciel, l'île paraissait peinte sur l'épiderme bleu de la mer et ressemblait à une éclaboussure effilochée de terre bleu-vert, creusée de baies et de criques, comme une démonstration de la théorie des fractales. Madeleine vit des bateaux au large de la côte, des taches de métal gris, une unité de combat de l'*US Navy* pour l'essentiel.

Au sol, l'air était brûlant et immobile, très lumineux, comme de la lumière congelée, et des rochers dégringolaient d'une crête montagneuse jusqu'à la mer sans marée.

Des gens avaient vécu ici, pensait-on, pendant six mille ans. Ce n'était plus le cas, bien entendu : pas les habitants originels, en tout cas. Lorsque les Nations unies avaient passé leur accord avec les Gaijin, les Kefalliniens avaient été évacués par le gouvernement grec, pour la plupart vers des sites situés en Grèce continentale, quelques-uns à l'étranger. Ceux qui étaient venus en Amérique avaient su se faire entendre. Ils se considéraient comme des réfugiés à qui l'on avait volé leur terre et dont cette invasion extraterrestre avait détruit la culture. Et ils avaient raison, pensa Madeleine.

Mais les Kefalliniens n'étaient pas les seuls dépossédés de la planète, et leur malheur, bien que digne de faire la une des journaux, n'avait pas retenu très longtemps l'attention du public.

Elle vit de près son premier échantillon d'authentique technologie gaijin dans le minuscule aéroport : une navette sol-orbite, un cône épaté d'une sorte de substance métallique chatoyante. Elle semblait trop fragile pour résister aux rigueurs de la rentrée dans l'atmosphère. Elle était pourtant là, bien réelle, posée juste à côté d'avions privés et d'antiques hélicoptères. Le bâtiment central, où se trouvaient les Gaijin, consistait en une boîte d'aluminium grossière.

Des chapelles, des temples, des mosquées, des ambassades de divers gouvernements et agences intergouvernementales, un parc à thème et des représentants de la plupart des grandes entreprises mondiales entouraient le refuge des Gaijin. Madeleine supposa qu'ils étaient tous là pour se tailler leur part du gâteau, d'une manière ou d'une autre.

Elle apprit que le représentant du gouvernement le plus haut placé se nommait Officier de protection planétaire. Le poste d'OPP avait été créé dans les années quatre-vingt-dix pour coordonner les mesures de quarantaine concernant les échantillons de roches martiennes rapportés sur Terre, et autres situations similaires. Avec l'arrivée des Gaijin, cet emploi aux allures de plaisanterie avait quelque peu gagné en importance.

La présence des militaires était pesante, partout dans le complexe. Des soldats patrouillaient vingt-quatre heures sur vingt-quatre, à pied ou dans des véhicules blindés. Des hélicoptères survolaient les lieux en permanence, emplissant l'air languide de leur vrombissement grossier, et des chasseurs prenaient leur essor dans le dôme bleu du ciel, une patrouille après l'autre.

Cette démonstration de force, qui semblait dire que la puissance militaire humaine contenait les Gaijin, était dans une certaine mesure une concession à l'opinion publique. Regardez : nous traitons d'égal à égal avec eux. Nous contrôlons la situation. Nous n'avons pas rendu les armes… Madeleine avait même entendu des officiers supérieurs employer les termes d'« épouvantails » et de « boîtes de conserve » pour désigner les ET, et chercher à faire approuver en haut lieu leurs simulations d'attaques des Gaijin. Mais elle avait vu assez de combats pour penser que les humains ne pouvaient en aucune façon avoir l'avantage en cas de guerre totale avec les Gaijin. La tactique éculée consistant à lancer des rochers depuis l'espace sur les principales villes suffirait sans doute à leur assurer la victoire. Les plus malins des militaires devaient savoir que l'humanité n'avait pas d'autre choix que de se montrer accommodante.

Il y avait néanmoins une éclaboussure sombre sur le béton, près des installations des Gaijin. Il s'agissait apparemment des traces d'un assaut protestataire qui avait failli réussir, un incident qui n'avait jamais reçu beaucoup de publicité. Heureusement, les Gaijin n'avaient fait montre d'aucune des réactions que des humains auraient eues face à un tel incident et n'avaient manifesté aucun désir de répliquer. Cela fit prendre conscience à Madeleine que les militaires qui se trouvaient ici poursuivaient deux objectifs : protéger l'humanité de ses visiteurs extraterrestres, et *vice versa*.

Debout sur le béton brûlant, elle leva les yeux vers le ciel. Même à présent, dans l'éclat d'une journée méditerranéenne, elle pouvait distinguer les silhouettes spectrales des vaisseaux-fleurs, avec leurs collecteurs larges de centaines de kilomètres, qui naviguaient au-dessus dans les cieux. En cet instant, l'idée que les humains pouvaient endiguer la progression des Gaijin, engager le dialogue avec eux et contrôler cette situation, lui parut risible.

Ils durent mettre des combinaisons en papier, des protège-bottes et des chapeaux, puis on les fit passer par un sas. Les critères de propreté de la résidence des Gaijin étaient pour ainsi dire ceux d'une salle d'opération, apprit-on à Madeleine.

L'intérieur des grands bâtiments cubiques ressemblait à une église d'un style tout à fait particulier, dépouillé et minimaliste : la lumière y était douce et tamisée, et des gens en uniforme trottinaient de-ci de-là dans une atmosphère imprégnée de respect.

Madeleine trouva que la comparaison avec une église convenait tout à fait. Les Gaijin avaient demandé à rencontrer le pape.

— Ainsi que d'autres chefs religieux, bien entendu, dit Dorothy Chaum en lui serrant la main. Étrange, non ? Nous nous sommes toujours imaginé que les extraterrestres se précipiteraient sur les gens comme Carl Sagan ou les scientifiques de SETI et commenceraient aussitôt à nous « guérir » de la religion et des autres maladies qui affectent nos esprits primitifs. Mais ça ne se passe pas du tout comme ça. Ils semblent avoir plus de questions que de réponses…

Il apparut que Chaum était américaine, un membre du clergé catholique que le Vatican avait affecté au cas des Gaijin dès leur découverte. C'était une femme à l'air solide et raisonnable qui pouvait avoir la cinquantaine, si l'on se fiait à ses discrètes boucles grises. Madeleine fut choquée de découvrir qu'elle avait dépassé cent ans. De toute évidence, le Vatican avait les moyens d'offrir à ses employés les meilleurs traitements de prolongation de la vie.

Elles marchèrent jusqu'à une baie fermée par de grands rideaux. Le rideau de séparation consistait en un panneau pratiquement transparent qui s'étirait du sol au plafond et d'un mur à l'autre, sur tout le bâtiment.

Et là, de l'autre côté du rideau, baignant dans la lumière, se trouvait un Gaijin.

Une machine, pas un être vivant : ce fut la première impression de Madeleine. Elle reconnut le célèbre noyau en forme de dodécaèdre. Les arêtes en étaient renforcées, sans doute pour lutter contre la gravité terrestre, et il s'appuyait, ce qui était plutôt incongru, sur une remorque rudimentaire en forme de Y. Divers instruments, caméras et autres senseurs formaient des protubérances sur la peau du dodécaèdre, elle-même couverte d'une fine fourrure métallique. Trois bras robots, dont chacun comportaient deux ou trois articulations, sortaient de ce torse. Deux d'entre eux reposaient sur le sol, mais le troisième agitait ses délicats manipulateurs à son extrémité.

Elle chercha en vain une symétrie.

L'évolution avait amené les humains à identifier la symétrie chez les êtres vivants. La symétrie gauche-droite, en tout cas, à cause de la gravité. Les choses vivantes étaient symétriques, les choses non vivantes ne l'étaient pas – c'était un préjugé inscrit dans l'être humain depuis l'époque où il valait mieux être capable de reconnaître un prédateur rôdant dans un environnement indistinct. Les mouvements du Gaijin lui donnaient l'apparence de la vie, mais il était anguleux, son allure presque maladroite, et d'une asymétrie provocante. Ça n'allait pas ensemble.

Une rangée de chercheurs humains pressait le nez contre le rideau. Une batterie de caméras et d'autres appareils était pointée sur le moindre mouvement du Gaijin. Elle savait que des images de lui étaient diffusées en continu sur le Net, vingt-quatre heures sur vingt-quatre. Certains bars ne projetaient que des vidéos des Gaijin sur leurs écrans muraux, de jour comme de nuit.

Le Gaijin lisait un livre, tournant ses pages avec des mouvements d'une froide efficacité. Dieu du ciel ! se dit Madeleine, profondément troublée.

— Les Gaijin sont des machines adaptées à l'espace profond, dit Brind. Ou des formes de vie, peu importe. Mais ils sont résistants. Ils peuvent survivre dans notre atmosphère et sous notre gravité. Ils sont trois ici : les seuls à la surface de la planète. Nous n'avons aucun moyen de savoir combien il y en a là-haut en orbite, ou plus loin, bien sûr.

— Nous pensons avoir l'habitude des machines, lui dit Dorothy Chaum, mais il est vraiment étrange, non ?

— Si c'est une machine, répondit Madeleine, elle n'a pas été construite par un être humain. Et aucun de nous ne la fait fonctionner. Étrange. Inquiétant. Oui, vous avez raison.

Elle se rendit compte qu'un frisson la secouait, étrangement, tandis que le grossier membre mécanique s'agitait avec des bruits métalliques. Elle avait passé sa vie entourée de mécaniques, mais ce Gaijin lui flanquait les chocottes, une frousse primitive.

— Nous leur parlons en latin, vous savez, murmura Dorothy Chaum. (Elle sourit, ce qui creusa ses fossettes et la fit paraître plus jeune.) C'est la langue humaine la plus logique que nous ayons pu trouver. Les Gaijin ont du mal avec les structures irrégulières et les expressions toutes faites des langues modernes. Nous nous appuyons sur des logiciels de traduction. Mais c'est bien entendu une bénédiction pour moi. J'ai toujours su que toutes ces longues heures passées à étudier le latin au séminaire finiraient par payer.

— De quoi parlez-vous ?

— De beaucoup de choses, dit Brind. Ils posent plus de questions qu'ils ne proposent de réponses. La plupart du temps, nous en devinons beaucoup à partir d'indices glanés dans ce qu'ils laissent échapper par inadvertance.

— Oh, j'ai du mal à croire que les Gaijin fassent quoi que ce soit par inadvertance…, observa Chaum. D'accord, leur langage n'est pas comme le nôtre. On dirait qu'il ne comporte aucun rythme, aucune poésie, aucun sens de ce qu'est une histoire. Seulement une liste monotone de faits, de demandes et de logique froide. Comme un listing informatique.

— Parce que ce sont des machines, grommela Paulis. Ils ne sont pas conscients, pas comme nous.

— J'aimerais bien en être certaine, dit Chaum avec un doux sourire. Il est clair que les Gaijin sont intelligents. Mais sont-ils conscients ? Nous connaissons des exemples d'intelligence sans conscience, ici, sur la Terre : les insectes sociaux comme les colonies de fourmis et de termites. Et l'on pourrait argumenter que la conscience est possible sans beaucoup d'intelligence, comme chez une souris. Mais une intelligence *évoluée* est-elle envisageable sans une forme quelconque de conscience ?

— Doux Jésus ! lâcha Paulis, dégoûté. Vous avez donné une île entière à ces machins bringuebalants en fer-blanc, ils sont ici depuis cinq années complètes, et vous n'êtes même pas capable de répondre à ce genre de questions ?

Chaum le dévisagea.

— Si je pouvais être sûre que vous êtes conscient, si j'étais même sûre de ce que cela signifie, je vous accorderais que vous avez raison.

— Conscients ou pas, ils sont différents de nous, dit Brind. Par exemple, les Gaijin peuvent éteindre leur cerveau.

Cela surprit Madeleine.

— C'est vrai, admit Chaum. Au repos, ils sont désactivés, pour autant que nous puissions le dire. Madeleine, si vous aviez un bouton marche-arrêt sur le côté de votre tête – si vous étiez certaine qu'il serait remis sur marche –, vous en serviriez-vous ?

Madeleine hésita.

— Je ne crois pas.

— Pourquoi ?

— Parce que je ne vois pas comment je pourrais affirmer que je suis encore moi quand je me réinitialiserais.

Chaum soupira.

— Mais cela ne semble pas gêner les Gaijin. En fait, on dirait que nos gros cerveaux les plongent dans la perplexité. Votre esprit travaille constamment, Madeleine. Votre cerveau ne se repose jamais, même pendant votre sommeil. Il consomme la même quantité d'énergie qu'une ampoule – ce qui représente une grosse ponction sur les ressources de votre corps, et en permanence. C'est pour cela que nous avons dû manger de la viande dès l'*Homo erectus*.

— Mais nous ne serions pas nous-mêmes sans nos cerveaux, protesta Madeleine.

— Certes, dit Chaum. Mais être *nous*, pour les Gaijin, semble relever du luxe.

— Qu'attendez-vous d'eux exactement, madame Chaum ?

Frank Paulis éclata de rire.

— Elle veut savoir s'il a existé un Jésus gaijin. C'est ça ?

Chaum sourit, sans rancune.

— Les Gaijin semblent effectivement fascinés par nos religions.

— Et en ont-ils une ? s'enquit Madeleine, intriguée.

— Impossible à dire. Ils ne nous livrent pas beaucoup d'informations.

— Quelle surprise ! ironisa Paulis avec aigreur.

— Ils fonctionnent de manière très analytique, dit Chaum. Ils semblent considérer notre manière de penser comme pathologique. Nous nous communiquons des idées, vraies ou fausses, utiles ou nuisibles, comme si nous avions une maladie mentale peu ragoûtante.

— C'est la vieille idée du mème, dit Brind en hochant la tête.

— Oui, acquiesça Chaum. Une vision très cynique de la culture humaine.

— Vos mèmes catholiques ont-ils traversé la barrière des espèces et atteint les Gaijin ? demanda sèchement Paulis.

— Je ne saurais le dire, répondit Dorothy Chaum. Ils pensent de manière très ordonnée. Ils construisent leurs connaissances peu à peu, en testant chaque élément nouveau – un processus très semblable à la formation de nos scientifiques. Leurs esprits sont peut-être trop organisés pour permettre à nos mèmes de se développer. Ou bien ont-ils les leurs, qui sont assez puissants pour combattre nos faibles concepts d'intrus. Franchement, je ne suis pas sûre de ce que les Gaijin pensent de nos réponses aux grandes questions de l'existence. Ce qui semble les intéresser, c'est que nous ayons des réponses tout court. Je les soupçonne de ne pas…

— Vous paraissez déçue par ce que vous avez trouvé ici, remarqua Madeleine.

— Peut-être le suis-je, dit lentement Chaum. Enfant, je rêvais de rencontrer les extraterrestres : qui savait quelles idées scientifiques et philosophiques ils pourraient nous apporter ? Eh bien, ces Gaijin ont l'air d'être une forme de vie vieille de millions d'années, au moins.

Mais, sur le plan culturel et scientifique, ils ne sont guère plus évolués que nous.

Madeleine trouvait de plus en plus sympathique cette femme sérieuse et réfléchie.

— Peut-être découvrirons-nous les plus malins là-bas, dans les étoiles. Peut-être sont-ils en chemin en ce moment même.

— C'est sûr, je vous envie d'avoir l'occasion d'aller voir vous-même. Mais, même si nous trouvions ces êtres merveilleux, le résultat pourrait être violent pour nous.

— Comment ça ?

— Dieu révèle ses buts à travers nous, et à travers nos progrès, dit-elle. Du moins, c'est ainsi que pense l'une des branches du christianisme. Néanmoins, si notre développement spirituel se situe très loin derrière celui des extraterrestres, que se passe-t-il ? Il serait possible qu'ailleurs, Il ait atteint une splendeur à laquelle nous ne pourrions rien ajouter.

— Auquel cas nous n'aurions plus aucune importance.

— Pas aux yeux de Dieu. Et peut-être pas à nos propres yeux.

Ils se détournèrent de ces extraterrestres décevants et sortirent dans la lumière mate du soleil de midi à Kefallinia.

Plus tard, Frank Paulis prit Madeleine à part.

— Fini les conneries, dit-il. Parlons affaires. Vous allez faire une avance-rapide de trente-six ans. Si vous avez un peu de jugeote, vous allez en profiter.

— Comment ?

— Grâce aux intérêts composés.

Madeleine rit. Ce qu'elle venait de rencontrer était si étrange que les calculs financiers abrupts de Paulis paraissaient ridicules.

— Vous n'êtes pas sérieux.

— Bien sûr que si. Réfléchissez. Investissez ce que vous pouvez de votre salaire. Après tout, vous n'allez pas y toucher pendant votre absence. Si vous le placez, mettons, à cinq pour cent, ce qui est raisonnable, vous ramasserez cinq fois la somme après vos trente-six ans de voyage. Si c'est à dix pour cent, on arrive à trente et une fois la somme de départ.

— Vraiment ?

— Sûr et certain. Avez-vous un autre choix ? Vous allez revenir plus vieille de quelques mois, subjectivement, et découvrir que votre argent a poussé comme des champignons. Et réfléchissez. Imaginez que vous fassiez un autre voyage de la même durée. Vous pourriez passer d'un facteur trente à un facteur mille environ. En faisant par exemple des allers-retours entre ici et Sirius, et vous deviendriez plus riche à chaque voyage, rien qu'en demeurant en vie pendant des siècles.

— Oui, c'est ça. Si tout reste pareil ici. Si la banque ne coule pas, si les lois ne changent pas, si la monnaie ne se déprécie pas, s'il n'y a pas de guerre, de rébellion ou d'épidémie, et si des robots extraterrestres ne réduisent pas l'humanité en esclavage.

Il sourit.

— Ce n'est pas demain la veille. Avoir une vie gonflée, dopée par la Relativité, voilà une manière entièrement nouvelle de faire de l'argent. *Vous seriez la première*, Meacher. Réfléchissez.

Elle l'étudia.

— Vous voulez vraiment que je parte, hein ?

Les traits de Paulis se durcirent.

— Bon Dieu, oui, je veux que vous partiez. Ou quelqu'un d'autre, si vous n'arrivez pas à vous sortir complètement la tête du cul. Nous devons trouver notre propre façon d'avancer, une manière de nous comporter avec les Gaijin et les autres cyborgs mangeurs de métal et les bestioles interplanétaires géantes ou autres qui sont en chemin depuis le centre galactique.

— C'est la vérité, Paulis ?

— Parce que vous ne le croyez pas ?

— Vous êtes peut-être simplement déçu, l'aiguillonna-t-elle. Beaucoup de gens l'ont été parce que les Gaijin ne se sont pas révélés des images du Père venues du ciel. Ils ne se sont pas mis à diffuser dès leur arrivée une technologie avancée, de la sagesse et des règles nous permettant de vivre dans la paix, l'amour et la compréhension. Les Gaijin sont *ici*, c'est tout. C'est ça qui vous agace, Paulis ? Ce désir infantile de ne pas assumer vos responsabilités…

Il la regarda bien en face.

— Vous racontez vraiment n'importe quoi, Meacher. Venez. Vous n'avez pas encore vu la vraie vedette de ce cirque.

Il la reconduisit à l'intérieur. Ils arrivèrent dans un autre coin, un autre secteur fermé réservé aux Gaijin.

— Nous l'appelons Gypsy Rose Lee, dit-il.

Un autre Gaijin se trouvait de l'autre côté du rideau. Mais il était en pièces. Le dodécaèdre central était intact, à l'exception de quelques panneaux, mais la plupart de ses splendides bras articulés gisaient sur le sol, à demi démontés. Le dernier membre encore attaché au corps cueillait des protubérances noueuses à la surface du dodécaèdre, une à une, avec des gestes réguliers. Des lentilles de diverses tailles étaient éparpillées sur le sol, comme des globes oculaires arrachés à leurs orbites.

Des chercheurs humains vêtus de combinaisons isolantes blanches se promenaient à genoux pour inspecter les gadgets extraterrestres.

— Mon Dieu, s'exclama Madeleine, il est en train de se démonter lui-même !

— Échange culturel en pleine action, expliqua Paulis d'un ton amer. Nous leur avons donné un cadavre humain à désassembler – celui d'un volontaire, soit dit en passant. En retour, nous avons eu ça. Les Gaijin sont des bestioles compliquées ; ça dure depuis six mois déjà.

Deux des chercheurs – de jeunes hommes à l'air sérieux – entendirent Paulis et se tournèrent vers eux.

— Mais nous en apprenons beaucoup, dit l'un d'eux. La question la plus basique à laquelle nous devons répondre est : *les Gaijin sont-ils vivants ?* Si l'on considère leur complexité, on aurait tendance à dire que oui. Mais ils ne semblent pas posséder le moindre mécanisme de transmission de l'hérédité, que nous considérons comme un prérequis à toute définition de ce qu'est un être vivant.

— C'est du moins ce que nous pensions au début. Mais voir comment cette chose est construite nous a fait réfléchir.

— Nous pensions que les Gaijin pouvaient être des machines de Von Neumann, des réplicateurs parfaits…

— Sauf que le principe d'une réplication parfaite est peut-être irréalisable. À cause de l'incertitude, du chaos…

— Ils vont dériver à chaque génération. Comme la dérive génétique. Et, là où il y a de la variation, il peut y avoir sélection, et donc évolution…

— Mais, ici, nous ne savons toujours pas quelles sont les *unités de base* de la réplication. Cela se passe peut-être à un niveau inférieur à celui du Gaijin individuel.

— Les sous-composants qui les constituent, peut-être. Les Gaijin pourraient être un genre de véhicule pour la réplication de leurs composants, de la même façon qu'on peut dire que nous autres humains sommes les véhicules qui permettent à nos gènes de se reproduire…

Des *machines* capables de se reproduire et d'évoluer ? Madeleine se rendit compte qu'elle frissonnait.

— À présent, vous comprenez, dit Paulis. Nous avons affaire à quelque chose qui n'est vraiment pas humain, Madeleine. Ils pérorent peut-être en latin avec leurs voix synthétiques, mais ils ne sont *pas comme nous*. Ils viennent d'un endroit que nous ne pouvons même pas imaginer et nous ne savons pas où ils vont. Et nous n'avons pas la moindre fichue idée de ce qu'ils cherchent ici, sur Terre. C'est pour ça que nous devons trouver un moyen de traiter avec eux. Allez-y. Et ouvrez grands vos yeux.

Le Gaijin ôta de son propre flanc un délicat panneau d'un métal mou semblable à de l'aluminium ; il se sépara de lui avec un bruit délicat d'aspiration et de déchirure, dévoilant des entrailles semblables à des pierres précieuses. Peut-être allait-il continuer ainsi jusqu'à ce qu'il ne reste plus que la main robot, se dit Madeleine. Ensuite, la main se démonterait également elle-même, un doigt étincelant après l'autre, jusqu'à ce qu'il ne subsiste plus rien qui puisse bouger.

CHAPITRE 9
L'ÉTÉ DE LA FUSION

Sally Brind rédigea des contrats. Madeleine mit de l'ordre dans ses affaires ; se préparer à franchir un fossé de trente-six ans au minimum avait un parfum d'irrévocabilité. Elle dit au revoir à sa mère en larmes, loua son appartement et vendit sa voiture. Elle encaissa son salaire d'avance et l'investit du mieux qu'elle le put avec l'aide de Paulis.

Elle décida de donner un nom de code à sa petite capsule : *Friendship-7.*

Et avant qu'elle n'ait pu se rendre compte de quoi que ce soit, avant d'être ne fût-ce que vaguement prête pour cette petite mort relativiste, le jour du lancement arriva.

La coiffe protectrice de *Friendship-7* s'ouvrit. La lumière bleue de la Terre inonda la cabine. Madeleine voyait des fragments de glace qui se détachaient de la coque du booster ; ils étincelaient sous elle comme un tapis aussi lumineux que les cieux des tropiques. Le décollage à bord de l'antique fusée Proton avait été mémorable. Mais elle était – enfin – en orbite, et son moral remonta en flèche. Que les Gaijin, Brind et Paulis aillent au diable ! Quoi qu'il lui arrive désormais, ils ne pourraient jamais lui enlever ce souvenir.

Elle effectua une unique révolution autour de la Terre. Des bancs de nuages épais s'empilaient à l'équateur. Les continents de la face nocturne étaient soulignés par des colliers de lumières citadines.

Même d'ici, en orbite, elle pouvait voir les emplacements des grandes initiatives de réhabilitation écologique. Les projets de reboisement apparaissaient sous la forme de grandes bandes d'un vert vif sur les continents de l'hémisphère Nord. Ceux du Sud étaient envahis par d'immenses déserts bruns, et leurs côtes soulignées du gris des incrustations urbaines. Dans les mers, près des côtes, des taches grises désignaient les endroits où des tentatives pour pomper du dioxyde de carbone dans les profondeurs de l'océan avaient tourné au désastre. Au-dessus de l'Antarctique, des installations de lasers rougeoyaient en essayant de détruire les chlorofluorocarbones. Le Golfe n'était qu'une tache de suie noyée dans un smog pétrochimique. Et ce n'était pas tout…

De là où elle se trouvait, elle voyait la vérité dérangeante : l'espace n'apportait strictement rien de bon à l'humanité. On était à une époque où il existait des colonies ailleurs que sur la Terre et où l'on commerçait avec des voyageurs interstellaires, mais les efforts de la planète consistaient en grande partie à réparer une écologie endommagée et limitée, ou se dissipaient dans des problèmes d'une économie fermée : des batailles pour des ressources qui se raréfiaient dans les océans, et autour des déserts en pleine croissance.

Elle se demanda, non sans malaise, ce qu'elle trouverait en revenant, trente-six ans plus tard.

Madeleine allait vivre dans un ancien laboratoire de la navette – une minuscule station spatiale réutilisable vieille de soixante-dix ans qui n'était allée que deux fois en orbite. On l'avait sortie des entrepôts du KSC, puis démontée et remontée. Son petit compartiment pressurisé se trouvait à l'avant et comportait deux plates-formes d'instruments destinés à être déployés quand elle arriverait devant l'étoile à neutrons : des coronographes, des spectrohéliographes, des télescopes spectrographiques.

Brind lui avait donné un puissant processeur pour lui permettre de communiquer, dans une certaine mesure, avec ses hôtes gaijin. C'était un bioprocesseur, une petite unité cubique. La biopuce, qui relevait de la haute technologie, était le seul poste où ils avaient dépensé une bonne quantité de l'argent de Paulis. Et elle avait été conçue par des êtres humains, pas par des Gaijin. Madeleine la trouvait fascinante. Elle passa des heures à en lire les spécifications. Elle était basée sur des amphiphiles, de longues molécules possédant des têtes aqueuses et des queues lipidiques qui nageaient en formant des couches connues sous le nom de pellicules de Langmuir-Blodgett. Les molécules actives utilisaient les interactions faibles – les liens hydrogène, les forces de van der Walls et la reconnaissance hydrophobique – pour s'assembler en une structure tridimensionnelle, un réseau supramoléculaire long de milliers de molécules.

Jouer avec la biopuce valait mieux que penser à ce qui était en train de lui arriver, et vers où elle allait.

Elle fut néanmoins agacée de découvrir, lorsque qu'elle s'en servit pour la première fois, que son interface humaine était une représentation en deux dimensions du visage tanné de Frank Paulis.

— Paulis, vous n'êtes qu'un gros con égotiste !

— Je veux simplement que vous vous sentiez chez vous.

L'image vacilla un peu et sa peau se divisa en pixels, mettant en évidence son origine numérique. Il – hum – se révéla basé sur un logiciel complexe, interactif et heuristique. Il pouvait réagir à ce que Madeleine lui disait, apprendre et se développer.

Il lui tiendrait compagnie, en quelque sorte.

— Êtes-vous en contact avec les Gaijin ?

Il hésita.

— Oui. En un sens. De toute façon, je vous tiens au courant. En attendant, le mieux que vous puissiez faire est de suivre votre programme d'étude.

— Vous plaisantez, j'espère.

— Vous n'avez pas fini d'apprendre à vous servir de l'équipement, dit le Paulis virtuel.

— Génial. Et dois-je aussi étudier les étoiles à neutrons, les pulsars, ou je ne sais quoi ?

— Je préférerais que non. Je veux des réactions brutes de votre part. N'oubliez pas que vous allez procéder à vos observations au nom de toute l'humanité. C'est peut-être la seule occasion que nous aurons jamais de faire ça. Bon. Nous pouvons peut-être commencer avec la procédure de déploiement du spectrohéliographe.

Lorsqu'elle survola de nouveau la côte Est scintillante de l'Amérique du Nord, le vaisseau Gaijin l'attendait.

Il paraissait moins spectaculaire ici, en orbite autour de la Terre. Il ressemblait vaguement à un calmar d'un kilomètre de long ciselé dans de l'argent. Le gros segment principal pouvait être la « tête » ; un fouillis de tentacules flottait à l'arrière.

Des dodécaèdres argentés et anonymes se détachèrent des câbles et se rassemblèrent autour du vieux vaisseau, qui fut hissé à l'intérieur du fouillis de filaments argentés. Des fils adhérèrent à sa coque jusqu'à emplir le champ de vision de Madeleine. Il faisait désormais partie intégrante de la structure du navire gaijin. Elle sentit une vague de claustrophobie monter en elle pendant cette opération d'union avec le vaisseau extraterrestre. Comment Malenfant avait-il pu supporter tout ça ?

Le vaisseau-fleur déplia alors ses pétales. Ils formaient un collecteur électromagnétique d'un millier de kilomètres de large, dont le bord inférieur frôlait l'atmosphère terrestre ; des étincelles de plasma jaillirent.

Madeleine sentit son souffle se faire plus court. C'est réel, se dit-elle. Ces extraterrestres cinglés vont réellement le faire. Et je suis vraiment *ici*.

Elle résista à une vague de panique.

Après avoir effectué quelques boucles de plus en plus larges autour de la planète, Madeleine quitta son orbite et fut projetée dans un univers d'étrangeté.

Le vaisseau-fleur, qui se nourrissait d'hydrogène interplanétaire, mit cent quatre-vingt-dix-huit jours pour se rendre au Point Selle du pulsar, à huit cents unités astronomiques du Soleil.

Les portes des Points Selles doivent détruire les objets qu'elles transportent.

Pendant dix-huit ans, un signal voyagea dans l'espace en direction d'une porte de réception que l'on avait transportée jusqu'au système du pulsar. Pendant dix-huit ans, Madeleine n'eut plus aucune existence. Physiquement (mais pas légalement), elle était morte.

Voilà comment Madeleine Meacher traversa les espaces interstellaires.

Elle n'eut pas la sensation de s'éveiller – *est-ce terminé ?* – elle était juste *là*, et les systèmes du laboratoire spatial vrombissaient et cliquetaient autour d'elle ainsi qu'à l'ordinaire, comme une petite cuisine très occupée. Son cœur battait, de la même manière qu'une seconde auparavant – dix-huit ans auparavant.

Tout était pareil. Et pourtant…

— Meacher. (C'était la voix du Paulis virtuel.) Vous allez bien ?

Non. Elle se sentait en pleine forme : renouvelée, revivifiée. Elle se souvenait de chaque instant, de cette explosion de douleur aiguë, de la sensation de se réassembler, de *pétiller.* Était-il possible qu'elle eût conservé, elle ne savait comment, une forme de conscience au cours de la transition ?

Mon Dieu, se dit-elle, ce truc pourrait devenir addictif.

Une lumière nouvelle, complexe, glissait sur le dos de sa main. Elle se souvint brusquement de l'endroit où elle se trouvait. Elle se dirigea vers le périscope.

Elle avait quitté la périphérie désolée et mal éclairée du Système solaire pour un endroit encombré. En fait, elle voguait à la surface d'une étoile.

La photosphère, qui se trouvait dix mille kilomètres sous elle à peine, s'étendait à l'infini, comme une plaine incrustée de granules tous assez vastes pour avaler la Terre. La chromosphère – la couche extérieure de l'atmosphère épaisse d'un millier de kilomètres – formait une brume légère par-dessus le tout. Les filtres polarisants du hublot atténuaient sa lumière orange. Pendant qu'elle regardait, un granule explosa, la matière qui le constituait jaillit à la surface de l'étoile ; les granules voisins furent poussés de côté, si bien qu'une cicatrice de lumière déstructurée apparut sur la photosphère, une cicatrice qui fut lentement réparée par l'éruption de nouveaux granules.

Une sorte de cosse à instruments se déroula depuis l'intérieur emmêlé du vaisseau-fleur. Des instruments gaijin inspectèrent l'ombre d'une tache solaire située sous Madeleine.

— Meacher, voici une naine blanche de type F, expliqua Paulis. Une proche cousine du Soleil, l'étoile la plus importante de ce système binaire.

J'aurais pu ne pas venir ici, se dit-elle. Elle ressentit une étrange bouffée de panique rétrospective. Brind aurait pu choisir quelqu'un d'autre. J'aurais pu refuser. J'aurais pu mourir sans jamais imaginer que ceci était possible.

… Mais je viens juste de perdre dix-huit ans, songea-t-elle. Presque la moitié de ma vie. Comme ça. Elle tenta d'imaginer ce qui se passait sur Terre en ce moment même. En vain.

Le Paulis virtuel avait ses propres préoccupations.

— Remarquable, dit-il.

— Quoi donc ?

— Meacher, nous n'avons pas voulu trop insister sur ce point avant votre départ, dit Paulis sur un ton qui semblait nostalgique, mais vous êtes le premier être humain à être passé par un téléporteur situé à un Point Selle – à l'exception de Malenfant, qui n'a jamais donné de nouvelles. Nous ne savions pas ce qui allait se passer.

— J'aurais pu arriver ici sous forme de légume. Toutes les lumières allumées mais personne à la maison. C'est à ça que vous vous attendiez ?

— C'était une possibilité. Philosophique.

— Les Gaijin n'arrêtent pas de traverser ces portes.

— Ah, mais peut-être n'ont-ils pas d'âmes, comme nous.

— Une âme, Frank ? (Elle commençait à avoir des soupçons.) Vous n'êtes pas tout seul là-dedans, hein ? Je n'arrive pas à imaginer Frank Paulis discutant théologie.

— Je suis un composite. (Il lui décocha un sourire.) Mais c'est moi – Paulis, plutôt – qui a gagné la bataille pour devenir le porte-parole.

— Ah, voilà qui ressemble au Frank Paulis que je connais.

— Pendant des milliers d'années nous nous sommes posé des questions sur l'existence de l'âme. L'esprit émerge-t-il du corps, ou l'âme a-t-elle une existence séparée, couplée on ne sait comment au corps physique ? Faisons une expérience de pensée. Si je fabriquais une réplique exacte de vous-même, une copie exacte jusqu'au dernier proton, électron et état quantique, que je placerais à quelques mètres sur la gauche. Cette copie serait-elle *vous* ? Aurait-elle un esprit ? Serait-elle consciente ?

— Mais c'est pratiquement ce que nous avons fait, non ? Sauf qu'au lieu de quelques mètres…

— Dix-huit années-lumière… Oui. Et pourtant, pour autant que je puisse en juger, vous – je parle du vous intérieur – êtes réapparue intacte. Le mécanisme de la téléportation est purement physique. Il a transporté le mécanisme de votre corps – et pourtant votre âme semble être elle aussi arrivée intacte. Tout cela semble prouver qu'après tout nous ne sommes rien de plus que des machines – rien de plus que la somme de nos parties. Une sacrée quantité de croyances religieuses vont être mises au défi par ce simple fait.

Elle s'observa intérieurement.

— Je suis toujours Madeleine. Je suis toujours consciente. (Mais, songea-t-elle, c'est que je penserais dans la situation contraire, non ?) Il est possible que je ne sois pas vraiment consciente. Peut-être que je le pense, c'est tout.

Le collecteur en forme de fleur rencontra des poches de gaz richement ionisé et le vaisseau fit un bond. L'Univers mal élevé faisait intrusion dans la philosophie.

— Je ne comprends pas pourquoi le Point Selle ne se trouvait pas loin à la périphérie, comme dans le Système solaire.

— Meacher, la carte gravitationnelle de ce système binaire est complexe, bien plus que celle de Sol. Il y a un point focal solaire près de chacun de ses points d'équilibre gravitationnels. Nous avons émergé au point L4, le point de Lagrange stable qui précède l'étoile à neutrons sur son orbite, et c'est là que nous reviendrons.

— Il doit y avoir d'autres points focaux à la frontière du système. D'autres Points Selles qui seraient bien plus sûrs à utiliser.

— Certainement. (Le Frank virtuel sourit.) Mais les Gaijin ne sont pas humains, ne l'oubliez pas. Ils semblent avoir totalement confiance en leur technologie, leurs boucliers, la fiabilité et le contrôle de leurs statoréacteurs. Nous devons considérer qu'ils savent ce qu'ils font…

Madeleine se tourna vers les consoles. Bientôt, ses moniteurs montrèrent que des données commençaient à arriver. Émission d'hydrogène alpha, spectre linéaire ultraviolet, imagerie des ultraviolets et des rayons X, spectrographie des régions actives, lumière zodiacale, spectrohéliographie. Son entraînement et ses habitudes reprirent le dessus ; et, tandis qu'elle exécutait les tâches routinières, une partie de sa crainte respectueuse disparut.

— Meacher, regardez devant.

Elle revint au périscope et regarda de nouveau l'horizon qui approchait – et au-dessus duquel l'aube se levait. L'aube, sur une étoile ?

Un immense jaillissement de gaz arraché à la surface de l'étoile se précipita sur elle par-dessus l'horizon. Il retomba vers la surface en traçant des arcs gigantesques, les atomes malmenés, fouettés par le champ magnétique de l'étoile – et cela se reproduisit à nouveau, quelques secondes plus tard – et encore, à intervalles mortellement réguliers. Et les souffles de plasma devinrent plus violents.

— Mon Dieu, Frank…

— Le lever d'une étoile à neutrons, dit Paulis avec gentillesse. Regardez, c'est tout. Regardez et apprenez. Et *souvenez-vous*, pour nous tous.

L'étoile à neutrons montait au-dessus de l'horizon, survolant avec dédain la surface de sa compagne, dont elle n'était séparée que par un tiers de la distance Terre-Lune. La surface de la primaire se soulevait sur son passage en une marée pleine de désir. La colonne de gaz lumineux qui s'élevait en ondulant ne mesurait pas plus de quelques centaines de mètres de diamètre. De gros grumeaux de matière incandescente se détachèrent et tourbillonnèrent en direction d'un point central, un objet minuscule qui brillait tant que le périscope le recouvrit d'un masque sombre.

C'est alors que l'explosion se produisit.

L'obscurité.

Madeleine tressaillit.

— Bon sang, qu'est-ce que…

Le périscope intelligent ne montrait plus rien. L'obscurité se dissipa lentement, révélant un nuage de débris éparpillés que l'étoile à neutrons traversait en toute sérénité.

— Ça, c'est un pulsar, dit Paulis d'un ton sec.

Autour de l'étoile à neutrons, le voile de matière se reformait.

Éclair.

Le périscope devint de nouveau aveugle.

— Vous vous y habituerez, assura Paulis. Ça se produit toutes les quatorze secondes, aussi régulièrement qu'un battement de cœur. Un éclair de rayons X assez lumineux pour être vu de la Terre.

Elle étudia ses instruments. Les données se bousculaient, en un flot brut dépourvu de sens.

— Paulis, je ne suis pas une de vos grosses têtes. Dites-moi ce qui se passe. La matière de l'étoile primaire…

Éclair.

— … fond quand elle touche l'étoile à neutrons, c'est ça, n'est-ce pas ?

— Oui. L'hydrogène de la primaire fusionne avec l'hélium lorsqu'il afflue à la surface de l'étoile à neutrons. L'hélium se rassemble sur la croûte et forme un genre d'atmosphère de plusieurs mètres d'épaisseur en quelques secondes. Mais c'est une atmosphère transitoire qui fusionne en carbone, en oxygène et en d'autres molécules complexes encore plus brutalement…

Éclair.

— … et projette au loin l'hydrogène résiduel.

L'étoile à neutrons avançait en grondant vers le vaisseau-fleur, tirant derrière elle son énorme bosse de matière stellaire et…

Éclair.

… braillant ses cris de fusion. Les Gaijin replièrent un peu plus les pétales du vaisseau-fleur ; le cercle de la bouche du collecteur s'étrécit.

Un cercle qui plongea vers l'étoile à neutrons.

— Qu'est-ce qu'ils font ?

— Essayez de ne pas avoir peur, Meacher.

Le vaisseau-fleur piqua vers l'étoile primaire ; des vacuoles rouges fuyaient devant Madeleine tels des poissons se regroupant. Elle vola sous l'étoile à neutrons, faisant le tour de la bouche de feu qu'elle arrachait à la chair de la primaire.

Son corps décida qu'il était temps de s'offrir une bonne crise de syndrome d'adaptation à l'espace.

La Station de gestion des déchets datait elle aussi de l'époque de la navette spatiale ; son utilisation manquait de simplicité. Lorsqu'elle en sortit, Madeleine ouvrit sa trousse de secours et prit un comprimé de scopolamine/Dexidrine.

— Meacher, vous avez le droit d'être un peu malade. Grâce à vous, nous sommes en train d'obtenir une observation de première main d'une étoile à neutrons. Je suis fier de vous.

— Frank, je vole depuis vingt ans, dont quinze en tant que professionnelle. Je n'ai jamais rien vécu de tel.

— Bien sûr que non. Aucun humain n'a rien vécu de semblable, depuis le début de l'histoire.

— Sauf Reid Malenfant.

— Oui, sauf lui.

Elle plongea en elle-même et découvrit qu'en dépit de la nausée, elle était accro.

Peut-être ce qu'elle trouverait en rentrant chez elle n'avait-il pas d'importance. Peut-être choisirait-elle de continuer son voyage, tout comme Reid Malenfant. De se soumettre à la magnifique souffrance bleue, encore et encore. Et visiter d'autres endroits comme celui-ci…

— Écoutez, Meacher. Il va falloir que vous vous prépariez à la prochaine rencontre avec le pulsar. L'étoile à neutrons fait le tour de son parent en onze minutes tout juste.

Son image paraissait se disloquer.

— Frank, j'ai l'impression que je suis en train de vous perdre.

— Non. Je redirige une bonne partie de mes ressources de calcul… J'ai enregistré quelque chose de bizarre lorsque nous sommes passés près de l'étoile à neutrons. J'ai besoin de votre participation.

— De quel genre ?

— Une interprétation. Regardez ça.

Il afficha une image aux rayons X de l'étoile à neutrons. Il en sélectionna une partie et l'agrandit. Des stries de pixels balayèrent l'image, l'améliorant et l'agrandissant.

— Vous connaissez quelque chose aux étoiles à neutrons, Meacher ? Il s'agit d'un produit dérivé d'une supernova, résultat du violent effondrement terminal d'une étoile massive en fin de vie. Ce spécimen est aussi lourd que le Soleil, mais il n'a que vingt kilomètres de diamètre environ. La matière qui constitue l'intérieur est dégénérée, les enveloppes d'électrons de ses atomes se sont effondrées sous l'action de la pression. La gravité de surface est de plusieurs milliards de G, bien que la matière normale – qui tient grâce à des liaisons atomiques – puisse exister ici. En fait, la surface est rigide, c'est une croûte métallique.

Elle regarda l'image de plus près.

— On dirait qu'il y a des sortes de motifs à la surface de l'étoile à neutrons.

C'étaient des hexagones, à peine visibles.

— Ouaip, dit Paulis. Et, maintenant, regardez ça.

Il passa sur d'autres longueurs d'ondes. Les choses apparaissaient même dans le spectre visible : des structures composées d'hexagones réguliers d'un mètre de large environ. Une série de plans chronologiques lui montra que, en fait, ils s'étendaient, leur structure symétrique à six pans croissant sur la surface cristalline de l'étoile à neutrons.

Une croissance qui ressemblait beaucoup, pour l'esprit de Madeleine qui n'était pas celui d'une scientifique, à celle d'un virus. Ou d'une colonie de bactéries.

La vie, se dit-elle, fondant d'émerveillement.

— Les Gaijin n'ont pas l'air surpris, reprit le Frank virtuel.

— Vraiment ?

— La vie apparaît partout où elle en a la possibilité… Voilà ce qu'ils disent. Le métabolisme de ces créatures stellaires est basé sur des liens atomiques. Exactement comme le nôtre – le vôtre. Leur développement suit les lignes de flux du champ magnétique de l'étoile à neutrons, lequel est extrêmement puissant. Évidemment, les atomes lourds complexes déposés par le processus de fusion assistent et stimulent leur développement. Mais, au final…

— Je crois que j'ai deviné…

Les hexagones se divisaient et se multipliaient sur plusieurs écrans souples, formant des structures d'une complexité stupéfiante sans cesse en mouvement. Les images se brouillaient de plus en plus à mesure que l'atmosphère transitoire et rudimentaire de l'étoile se formait.

— Réfléchissez, Meacher, dit Paulis.

Son image était granuleuse, des nuées de pixels grossiers traversaient son visage tels des insectes ; la quasi-totalité de l'immense capacité de calcul de la biopuce était consacrée à l'interprétation des données concernant l'étoile à neutrons.

— L'air où ils se déplacent les trahit ; il devient trop épais et explose – balayant ces créatures de la surface de leur monde.

— Pas tout à fait, remarqua Meacher. Ils doivent survivre d'une manière ou d'une autre, pour le cycle suivant.

— Oui. J'imagine que l'équivalent de spores se dépose sur ou sous la surface de l'étoile. Elles doivent être sacrément rudimentaires pour survivre à des conflagrations globales qui ont lieu toutes les quatorze secondes. Pas plus complexes que des lichens. Je me demande ce que ces petites créatures frénétiques pourraient accomplir si l'on supprimait le cycle de fusion de leur monde…

Madeleine regarda les explosions de lichen condamné à la surface de l'étoile à neutrons ; le rythme du désastre qui s'abattait sur ce monde avait quelque chose d'hypnotique.

Elle sursauta. Fallait-il vraiment que ça se passe ainsi ?

— Meacher… dit Paulis.

— La ferme, Frank.

Peut-être n'allait-elle pas être un simple observateur passif dans cette mission. Mais elle doutait que John Glenn aurait approuvé le plan qu'elle était en train de concevoir.

Les Gaijin dirent à Paulis, par les moyens indirects dont ils se servaient, qu'ils comptaient rester deux jours de plus en orbite.

Madeleine appela Paulis.

— Nous avons une décision à prendre, annonça-t-elle.

— Une décision ?

— À propos du site d'installation de notre porte contrôlée par les Nations unies.

— Oui. On nous recommande de la placer en L5, le point de Lagrange stable.

— Non. Écoutez-moi, Frank. Ce système doit avoir un Point Selle situé sur la ligne entre l'étoile à neutrons et sa primaire – quelque part au milieu de la colonne d'hydrogène.

— Bien entendu. (Il lui jeta un regard soupçonneux.) Il y a un point d'équilibre gravitationnel à cet endroit, le point de Lagrange L1.

— C'est là que je veux qu'on mette la porte.

Paulis prit une expression pensive – ou, plutôt, toute expression quitta son visage, et elle imagina que des MIPS étaient redirigées vers le canal de données qui le reliait aux Gaijin.

— Mais le point L1 est instable. Il serait difficile de maintenir la porte à cet emplacement. Et, de toute façon, un flux d'hydrogène brûlant la traverserait et irait dans le transmetteur situé dans le Système solaire. Nous ne pourrions pas l'utiliser pour voyager dans les deux sens.

— Frank, pour l'amour de Dieu, peu importe ! Nous ne pouvons pas sortir du Système solaire sans que les Gaijin nous trimbalent jusqu'à la porte. Écoutez-moi. Vous m'avez envoyée ici pour que je tire un avantage de cette mission. Je crois que j'ai trouvé un moyen de le faire. Ayez confiance en moi.

Il l'étudia.

— D'accord. (Son visage perdit de nouveau toute expression.) Les Gaijin veulent des justifications supplémentaires.

— Très bien. Nous allons perturber le flux d'hydrogène qui va de la primaire à son compagnon. Quelles seront les conséquences pour l'étoile à neutrons ?

— En l'absence d'un flot régulier d'hydrogène en fusion à la surface, le cycle de croissance et d'explosion de la couche d'hélium s'interrompra. Le pulsar mourra.

— Mais les lichens survivront. N'est-ce pas ? Plus d'explosions et de fusions toutes les quatorze secondes.

Il réfléchit.

— Vous avez peut-être raison, Meacher. Et, une fois libérés de cette extinction périodique, ils pourraient évoluer. Mon Dieu, quel accomplissement ! Ce sera comme si nous avions engendré une espèce totalement nouvelle… Mais en quoi cela peut-il bénéficier aux Gaijin ?

— Ils disent qu'ils sont venus à nous pour avoir des réponses, dit-elle vivement. Peut-être en trouveront-ils ici. Avec une nouvelle espèce, de nouveaux esprits.

Quelque chose bougeait derrière ses hublots. Elle regarda au-dehors, pressant son nez contre le verre froid. Les Gaijin grouillaient tels des scarabées de métal sur la coque de leur vaisseau-fleur, leurs membres s'agitant en mouvements anguleux. Ils se fondaient les uns dans les autres, formant une monstrueuse mer métallique qui se tordait et ondulait.

— Ils ont l'air… intrigués, dit prudemment Paulis.

Elle attendit qu'il envoie son flux de données aux Gaijin.

— Ils sont d'accord, Meacher. J'espère que vous savez ce que vous faites.

— Moi aussi, Frank. Moi aussi.

Les Gaijin ouvrirent les pétales de leur vaisseau-fleur et, une fois de plus, Madeleine plongea en looping autour de la fine colonne de matière stellaire.

Les résultats furent extraordinaires dès l'établissement de la porte au Point Selle de l'ONU.

Elle fut installée à l'endroit le plus fin de la colonne d'hydrogène arraché à la primaire. La porte émit une intense lueur d'un bleu incandescent ; elle fonctionnait en continu. Selon Paulis, au moins cinquante pour cent de l'hydrogène de l'étoile principale disparaissaient dans la gueule du téléporteur. La colonne de matière paraissait coupée net par un jardinier cosmique, et recouverte d'une surface presque plate.

— Bien, dit Madeleine. Ça a marché. Nous nous déplaçons de nouveau.

Elle retourna à ses périscopes.

Le vaisseau s'approchait de l'étoile à neutrons. La surface rougeoyante de celle-ci étincelait doucement tandis que de la matière résiduelle retombait dans son puits d'attraction gravitationnelle. Les structures hexagonales élaborées se propagèrent à nouveau avec vigueur à la surface du pulsar – mais les lichens, étrangement, semblèrent marquer une pause après une douzaine de secondes environ, comme s'ils attendaient la destruction à venir.

Seulement, le feu de la fusion ne déferla pas, et les créatures s'élancèrent, comme soulagées, vers de nouvelles régions de leur monde.

Un cycle de quatorze secondes se maintenait, mais il fut bientôt englouti dans l'exubérante complexité de leur existence. Les lichens suivirent les lignes de flux magnétiques et transformèrent rapidement l'étoile qui était leur monde, d'importantes sections de sa surface changèrent de couleur et de texture.

Le spectacle était stupéfiant.

Une vague d'excitation s'empara de Madeleine. Elle allait rapporter assez de données pour occuper les scientifiques pendant des décennies. C'est peut-être ce que les grosses têtes ressentent au moment où elles font une découverte, se dit-elle.

Ou un dieu, lorsqu'il intervient.

… Et puis, soudain, le développement échoua.

Cela commença aux extrêmes ; les colonies de lichens commencèrent à rétrécir et à se rabattre sur l'intérieur de leurs terres. Puis les couleurs des structures se mirent à pâlir sur toute une série de longueurs d'ondes, et la structure hexagonale elle-même devint chaotique.

Le sens de tout cela était évident. La mort se répandait à la surface de l'étoile.

— Frank, que se passe-t-il ?

— Je m'y attendais, dit l'interface métaphorique.

— Vraiment ?

— Certaines de mes simulations l'avaient prévu, avec des probabilités variables. Meacher, les lichens ne peuvent pas survivre sans le cycle de fusion. Notre intervention a été plutôt grossière. Un peu anthropomorphique. Il est possible que les besoins de ces petites créatures ne soient pas aussi simples que nous l'avons imaginé. Et si, par un processus que nous ne comprenons pas, le cycle de fusion était nécessaire à leur développement et à leur existence ?

Le cycle créait des couches de molécules complexes à la surface de l'étoile. Peut-être le sol cristallin avait-il besoin de l'été de la fusion pour le nettoyer et le renouveler régulièrement. Après tout, sur Terre, des extinctions massives avaient conduit à une plus grande biodiversité dans les communautés d'êtres vivants descendant de ceux qui y avaient survécu.

Et Madeleine avait détruit tout cela.

La culpabilité lui mordit l'estomac.

— Ne le prenez pas trop mal, Madeleine, dit Paulis.

— N'importe quoi, répondit-elle. Je me suis mêlée de ce qui ne me regardait pas.

— Votre impulsion était honorable. Ça valait le coup d'essayer. (Il lui adressa un sourire virtuel.) Moi, je comprends pourquoi vous l'avez fait. Même si ça ne serait pas le cas du vrai Frank… Je crois que nous rentrons chez nous, Meacher. Nous serons d'ici une minute ou deux à la porte du point de Lagrange. Tenez-vous prête.

— Merci.

Dieu merci ! Emmenez-moi loin d'ici.

Une ou deux minutes, et dix-huit années dans le futur…

— Et, vous savez, reprit Paulis, il peut y avoir des questions plus profondes que nous n'avons pas posées.

(Voilà qui ne ressemblait pas à Frank Paulis, mais à l'un de ses comparses plus réfléchis. Peut-être une petite trace de Dorothy Chaum ?) Vous êtes le premier passager humain des Gaijin après Malenfant ; ils auraient pu vous emmener n'importe où. Pourquoi ici ? Pourquoi ont-ils choisi de vous montrer ça ? Rien de ce qu'ils font n'est dénué de signification. Ils ont des objectifs dissimulés derrière d'autres objectifs.

Elle songea au spectacle macabre du Gaijin en train de se démanteler lui-même, à Kefallinia, et un frisson la parcourut.

— Nous sommes peut-être ici parce que c'est la vérité, continua la personnalité composite de Paulis. La vérité sur l'Univers.

— Ça ?

Ce sinistre cycle de désastres, ces formes de vie sans défense broyées et renvoyées à la fange, encore et encore ?

— C'est peut-être la vérité pour nous tous, à un niveau symbolique.

— Je ne comprends pas, Frank.

— Ça vaut peut-être mieux.

La vérité ? Non, se dit-elle. Pour ces malheureuses créatures, sur cette bizarre relique d'étoile, peut-être. Pas pour nous ; pas pour les êtres humains, ou le Système solaire. Même si c'est la logique cruelle du cosmos, pourquoi faudrait-il que nous nous y soumettions ? Peut-être devrions-nous trouver un moyen d'arranger ça.

Il était possible que Reid Malenfant connût à présent la réponse à de telles questions – où qu'il fût, s'il était encore vivant. Elle se demanda s'il serait jamais possible de le retrouver.

… Mais rien de cela n'avait d'importance à présent, car la lumière bleu électrique l'enveloppait, comme celle de l'été de la fusion.

CHAPITRE 10
VOYAGES

Et, loin de chez lui, voilà Malenfant, tout seul avec un ciel rempli de Gaijin, en orbite autour d'une planète qui aurait pu être la Terre, faisant le tour d'une étoile qui aurait pu être le Soleil.

Il l'observait depuis de longues heures en utilisant son écran souple comme un télescope. Il aurait pu s'agir de la Terre, oui : un peu plus lourde, un peu plus chaude, néanmoins d'une familiarité attirante, avec un puzzle de continents gris-brun, des océans bleus, des traînées de nuages blancs et même des calottes polaires, le tout d'une insupportable luminosité. Cette verdure texturée était-elle vraiment une forêt ? Ces plaines équatoriales produisaient-elles vraiment quelque chose d'analogue à de l'herbe ? Et ces ombres qui filaient étaient-elles des grands troupeaux d'herbivores, les bisons et les rennes de ce lieu exotique ?

Toutefois, en dépit de tous ses efforts, il ne trouvait aucun signe de vie intelligente : pas de formes géométriques révélatrices de villes, pas de lumières artificielles, pas même un filet de fumée ou les lueurs éparses de feux allumés.

Cette planète n'était pas une vraie copie de la Terre. Bien sûr que non ; comment aurait-elle pu l'être ? Il savait qu'il n'y avait pas d'Afrique ici, pas d'Amérique, pas d'Australie ; ces étranges continents étrangers avaient dansé leur propre valse tectonique. Mais ces océans étaient effectivement composés d'eau liquide – en grande majorité, en tout cas – et l'air était constitué d'un mélange d'azote et d'oxygène un peu plus épais que celui de la Terre.

L'oxygène est instable. Laissé à lui-même, il aurait dû se combiner rapidement avec les roches de la planète. Quelque chose devait donc en injecter dans l'atmosphère : la présence d'oxygène libre était un signe certain de l'existence de la vie – une vie qui ne pouvait pas être trop dissemblable de la sienne.

Cette atmosphère semblait toutefois plus profonde, plus brumeuse que celle de la Terre. Le bleu des océans et le gris des terres avaient une nuance verdâtre. Et, s'il plongeait son regard dans l'atmosphère pour regarder le bord de la planète, Malenfant distinguait une coloration jaune-vert, une couleur maladive et peu plaisante. Ce vert signalait la présence de chlore.

Il tenta d'expliquer à sa compagne, Cassiopée, pourquoi il observait ce monde nouveau pendant des heures bien après avoir épuisé les possibilités analytiques de cet examen à l'œil nu.

— Regarde là.

Il montra un endroit du doigt, et imagina un logiciel d'interprétation alignant son doigt en fonction de la position de ses yeux.

C'EST UNE PÉNINSULE.

— Exact…

Comme un pendentif accroché à un grand continent, serti dans une mer équatoriale bleue et entouré des échos blanc-bleu de ses contours, des échos qui devaient être l'équivalent d'une barrière de corail.

— Elle me rappelle la Floride. Une région de l'Amérique…

JE CONNAIS LA FLORIDE. CETTE PÉNINSULE N'EST PAS LA FLORIDE.

L'anglais de Cassiopée s'était beaucoup amélioré au cours des mois (en temps subjectif) qu'ils avaient passés ensemble ; à présent, elle lui parlait en utilisant une voix humaine synthétisée relayée par le casque du vieil EMU de la navette.

— Mais elle ressemble à la Floride… En tout cas, assez pour que je ressente…

QUOI ?

Il soupira.

Il avait mis quarante ans pour venir ici depuis Alpha du Centaure – y compris six mois environ de temps subjectif pendant lesquels il avait navigué entre les portes des Points Selles de divers systèmes intérieurs. Un système après l'autre, un monde après l'autre. Six mois pendant lesquels il s'était efforcé d'apprendre à connaître les Gaijin, et où ils avaient tenté de mieux le connaître.

Ils semblaient attacher une grande importance au fait de comprendre comment il voyait l'Univers et ce qui le motivait. En ce qui le concernait, il savait que les humains n'avaient qu'une solution pour traiter avec ces étrangers venus du ciel dans le futur : les comprendre.

Mais c'était dur.

Cassiopée n'aurait jamais remarqué le fait que cette péninsule ressemblait par hasard à la Floride. Même si un programme cartographique l'avait fait pour elle, il y avait de grandes chances, pensait-il, que cela n'aurait rien signifié à ses yeux, sinon qu'il y avait là un exemple de processus géologiques convergents. Les Gaijin recherchaient l'existence de structures, bien entendu – il était difficile d'imaginer une science n'incluant pas des éléments de reconnaissance des schémas, de corrélation et d'analyse des tendances – mais elles ne les distrayaient pas, comme les humains.

Il ne faisait aucun doute que cela provenait d'origines évolutives différentes. Les Gaijin avaient évolué dans l'immobilité majestueuse de l'espace profond, où l'on a en général tout le temps d'examiner les choses en détail. Les humains avaient évolué dans un environnement encombré d'objets rapides, un environnement complexe sur le plan visuel, tout en mouchetures et en stries colorées, où il valait mieux être capable de plonger son regard dans les ombres d'un arbre et de voir le tigre, vite.

Mais, au final, il ne pouvait tout simplement pas faire comprendre à Cassiopée le plaisir que lui procurait de découvrir un élément analogue à la Floride sur la côte d'un continent sans nom, sur une planète située à des années-lumière de la Terre.

Cassiopée attendait toujours une réponse.

— Peu importe, dit-il.

Il opacifia la membrane et se prépara à dormir.

Parler aux non-humains.

Ne pas vraiment savoir à quoi, ou à qui il s'adressait ne l'aidait pas.

Il n'avait pas la moindre idée du niveau de complexité où se situait un Gaijin individuel. Cassiopée était-elle l'équivalent d'une voiture, d'une bactérie, d'une personne ou plus que ça ?

Et la question pouvait bien entendu ne pas avoir le moindre sens. Ce n'était pas parce qu'il communiquait avec une entité discrète, que lui appelait Cassiopée, que cela signifiait qu'il devait y avoir quelque chose ressemblant à une personne derrière ce qu'il projetait. Peut-être était-il en train de parler à un membre, ou à une main, ou à un doigt appartenant à un organisme plus vaste – une supercréature, ou quelque Internet mental plus vague encore.

Il avait néanmoins trouvé où commencer. Son premier point de contact avait été la navigation.

Cassiopée et lui étaient des créatures finies et discontinues incluses dans un univers plus vaste. Et cet univers comportait des catégories évidentes : l'espace, les étoiles, les mondes, toi, moi. Se mettre d'accord sur des étiquettes désignant Sol, la Terre et les étoiles voisines avait été simple, même si les Gaijin ne procédaient habituellement pas ainsi. Pour eux, chaque étoile était un point sur une carte dynamique à quatre dimensions, un point qu'ils ne définissaient pas par un nom, mais par son orientation comparée à une origine de coordonnées locales. Par conséquent, l'étiquette attribuée à Sol était quelque chose comme allez-à-Alpha-du-Centaure-puis-vers-la-gauche-pendant-quatre-années-lumière… sauf qu'Alpha du Centaure, le centre des opérations local pour les Gaijin, était elle-même désignée par une étiquette définie par comparaison à d'autres coordonnées, et ainsi de suite, à rebours, jusqu'à atteindre l'origine ultime : le point de départ, le foyer des Gaijin.

Et ce réseau récursif de coordonnées et d'étiquettes était bien entendu en mouvement constant tandis que les étoiles glissaient dans le ciel, changeant d'orientation les unes par rapport aux autres.

Ce système de pensée était logique, et de toute évidence utile à une espèce qui avait évolué pour naviguer d'étoile en étoile – bien plus que l'habitude qu'avaient les humains limités à la Terre de rechercher des structures dans les lampes suspendues au hasard dans les cieux, des structures nommées constellations qui bougeaient à cause de la perspective si l'on s'éloignait plus d'une ou deux années-lumière de la Terre. Mais aucun esprit humain n'avait la capacité de l'intégrer.

Il y avait un autre point de contact : Toi. Moi. Un. Deux. Dans cet univers, il semblait impossible de ne pas apprendre à compter.

Les connaissances mathématiques de Malenfant allaient jusqu'à inclure (avec difficulté) le calcul différentiel, l'outil de base utilisé par les mathématiciens pour modéliser la réalité. Il s'avéra que Cassiopée pensait effectivement le monde en termes similaires. Bien entendu, ses modèles mathématiques étaient plus futés que n'importe quel modèle humain. La clef de ce type de modélisation consistait à choisir les abstractions convenables dans un arrière-plan complexe : elles devaient être assez proches de la réalité pour fournir des réponses qui avaient du sens, pas trop détaillées pour ne pas saturer les calculs. Pour le Gaijin, les frontières de l'abstraction et de la simplification étaient beaucoup plus loin en arrière que celles de n'importe quel humain, et ses modèles bien plus riches.

Il y avait aussi des différences plus fondamentales entre Gaijin et humains. Cassiopée semblait bien plus apte à résoudre les équations que Malenfant, ou n'importe quel autre humain. Il réussit à lui montrer celles de la mécanique des fluides, l'une de ses spécialités pendant ses études universitaires. Elle parut les comprendre de manière qualitative : elle était capable de voir immédiatement comment ses équations, qui en elles-mêmes décrivaient tout simplement comment des filets d'eau mobiles interagissaient les uns avec les autres, impliquaient des phénomènes tels que turbulence et courant laminaire, des implications que les humains avaient mis des années à extraire – en s'aidant d'outils mathématiques et d'ordinateurs.

Cassiopée pouvait-elle regarder les équations de la relativité et voir l'univers d'étoiles, de planètes et de trous noirs qu'elles impliquaient ? Pouvait-elle lire les équations de la mécanique quantique et voir la chimie complexe des êtres vivants ?

Bien sûr, cette plus grande intelligence ne pouvait qu'entraîner un saut qualitatif dans la compréhension.

Un chimpanzé ne pensait pas au monde d'une façon plus simple que Malenfant ; il existait des concepts que celui-ci pouvait comprendre et pas le chimpanzé. Dans certains domaines, ce que pensait Cassiopée passait tout simplement au-dessus de la pauvre tête de Malenfant.

Cassiopée avait passé du temps à tenter de lui enseigner un phénomène qui se situait juste au-delà de son horizon mental – de la même façon que la théorie du chaos aurait pu l'être pour, mettons, un ingénieur des années cinquante. C'était en rapport avec l'émergence de la complexité. Les Gaijin semblaient capables de voir comment la complexité, et même la vie, émergeaient naturellement des prémisses les plus simples : non les lois fondamentales de la physique, mais quelque chose d'encore plus profond – pour autant qu'il pouvait le comprendre, il s'agissait de la logique mathématique essentielle qui sous-tendait l'Univers entier. Les scientifiques humains avaient entraperçu le phénomène. D'une manière ou d'une autre, son propre ADN contenait, dans ses quelques milliards de bases, assez d'informations pour générer un cerveau de trois billions de connections…

Mais, pour les Gaijin, ce principe allait plus loin. Comme si connaître la table des nombres premiers les rendait capables de déduire l'existence des atomes, des étoiles, des gens, en tant que conséquence nécessaire de leur existence. Et, puisque les nombres premiers existaient partout, il s'ensuivait qu'il y avait de la vie, les gens, les humains et les Gaijin partout où c'était possible.

La vie bourgeonnait partout, comme les mauvaises herbes dans un trottoir fendillé. C'était une pensée remarquable, qui donnait froid dans le dos.

— Emmenez-moi chez vous, avait-il dit un jour.

Cassiopée avait choisi Zéro-Zéro-Zéro-Zéro, l'origine des coordonnées de la grande carte du ciel, en guise d'étiquette humaine pour son lointain foyer.

JE SUIS LE SUCCESSEUR D'UNE CHAÎNE DE RÉPLICATION QUI A ÉMERGÉ LÀ. *Je descends d'émigrants ?* Pas exactement, car elle poursuivit : JE DÉTIENS DES DONNÉES SUR ZÉRO-ZÉRO-ZÉRO-ZÉRO. *Des souvenirs ?* Chaque Gaijin s'éveillait-il à la conscience avec des copies des souvenirs de ceux qui l'avaient porté – ou construit ? Dans ce cas, s'agissait-il bien de ses souvenirs, ou d'une simple copie ? IL EST POSSIBLE DE TRADUIRE ZÉRO-ZÉRO-ZÉRO-ZÉRO. IL N'Y A PAS DE BUT.

— J'aimerais le voir.

IL Y A DES ENREGISTREMENTS QUI...

— Ils ne me montrent votre monde qu'à travers vos yeux. Si nous devons jamais nous comprendre, il faut que vous me laissiez le voir par moi-même.

Cette remarque fut suivie d'une longue hésitation.

FINALEMENT.

— Quoi ?

IL Y A BEAUCOUP D'ENDROITS À VOIR. BEAUCOUP DE MONDES. AVANT ZÉRO-ZÉRO-ZÉRO-ZÉRO.

— Je comprends. Un jour...

UN JOUR.

Mais pas aujourd'hui, se dit Malenfant, en ouvrant les yeux à la lumière d'un soleil étranger. Pas aujourd'hui. Aujourd'hui, nous sommes tous les deux loin de chez nous.

Cassiopée lui fournit une combinaison, une ample salopette dont la matière ressemblait à un plastique de qualité supérieure. Il n'y avait pas de fermeture ; il apprit à la sceller en passant son pouce sur les joints ouverts. Il enfila un casque en forme de capuchon sur sa tête. La visière était transparente, avec un filtre légèrement opaque devant la bouche.

Il n'y avait pas de réserve d'oxygène, juste une couche de tissu. Ce qui était en contradiction avec l'idée que se faisait Malenfant sur la protection dont il aurait besoin pour se promener sur une autre planète. Mais Cassiopée lui assura que cela suffirait. De toute façon, la seule solution alternative était la vieille combinaison de son EMU, qu'il avait toujours, repliée dans un coin de l'atterrisseur, sa seule possession, qui avait de loin dépassé sa date limite.

— Ouvrez la porte. S'il vous plaît.

La porte en forme d'iris de l'atterrisseur se dilata. Au-delà, le monde était vert et noir.

Le plancher de la cabine se trouvait presque au niveau du sol ; Malenfant avança, pas à pas, testant la combinaison. La gravité était un peu plus forte que sur Terre, d'une familiarité réconfortante, et la pression de l'air était à peine plus élevée qu'au niveau de la mer sur sa planète natale.

Premières impressions.

Il se trouvait dans une zone boisée, comme un parc. Il y avait des objets tout à fait identifiables comme des arbres, environ de la taille de leurs équivalents terrestres, et ce qui semblait être de l'herbe sous ses pieds. Au-dessus de sa tête, un soleil voguait dans un ciel encombré, en altitude, de cirrus vaporeux.

Il ferma les yeux. Il entendait le vent siffler doucement dans l'herbe, ainsi qu'un trille lointain qui ressemblait à s'y méprendre à un chant d'oiseau et, lorsqu'il respirait, il remplissait ses poumons d'air propre et frais.

Il aurait pu s'agir de la Terre.

Mais, lorsqu'il ouvrit les yeux, il vit un ciel d'un jaune-vert criard. On aurait dit du smog industriel. La végétation était d'un vert très profond, presque noir.

Et il sentait l'odeur du chlore.

Son filtre ne laissait passer que quelques traces des composés chlorés qui polluaient l'atmosphère – y compris du phosgène, un truc toxique que les humains avaient employé pour se massacrer les uns les autres. Sans sa combinaison, ce monde à l'apparence accueillante aurait tôt fait de le tuer.

Le chlore : voilà ce qui faisait la grosse différence. L'essentiel de celui que l'on trouvait sur Terre était emprisonné dans les océans, sous forme d'un ion de chlore stable. Ce monde semblait avoir connu un départ globalement similaire à celui de la Terre. Mais quelque chose, un petit détail, avait été différent : ici, tout le chlore avait été recraché dans l'atmosphère.

Il avança sur l'herbe qui s'écrasait doucement sous ses pieds.

Il atteignit une vallée étroite, près d'un ruisseau au courant impétueux. Un bosquet d'arbres se dressait non loin de là. Le lit du ruisseau n'était composé que d'argile molle, sans trace de cailloux. L'eau était claire et incolore. Il s'agenouilla avec raideur et y plongea les doigts. Elle était froide, la pression qu'elle exerçait sur ses doigts gantés était douce.

AVERTISSEMENT. SOLUTION DE CHLORURE D'HYDROGÈNE. ACIDE CHLORHYDRIQUE.

Il retira vivement ses doigts. C'est comme dans une piscine, se dit-il, le chlore et l'eau donnent une solution d'acide et d'eau de Javel. L'action exercée par les intempéries sur les roches devait être brutale, pas étonnant que seules les argiles aient survécu.

Il se releva pour inspecter un arbre. Il toucha les branches, les feuilles, un tronc, et même des fleurs. Mais les feuilles paraissaient glissantes et savonneuses entre ses doigts gantés.

À peu près à hauteur de ses yeux, un petit visage le regardait depuis un creux dans un tronc d'arbre, peut-être de la taille et de la forme du museau d'une souris, mais avec au milieu une bouche entourée de trois yeux disposés de façon symétrique. La bouche s'ouvrit, montrant des surfaces plates destinées au broyage : la petite créature siffla et émit un nuage de gaz verdâtre. Puis elle replongea dans son trou, hors de vue.

Le tronc ne donnait pas l'impression d'être en bois. Il leva la main et coupa une brindille ; elle se cassa avec réticence. L'intérieur était élastique et fibreux. Les feuilles et le tronc de l'arbre étaient constitués d'une sorte de plastique naturel – peut-être une forme de polychlorure de vinyle, du PVC. S'il avait pu sentir la fleur, elle aurait sûrement autant pué que des déchets toxiques.

C'était comme une maquette d'arbre grotesque, une chose faite de plastique et de déchets industriels. Et pourtant la brise l'agitait de manière convaincante, et la lumière du soleil dessinait des taches sur l'herbe vert-noir.

Cassiopée commença à lui faire un cours de biochimie dans son oreille depuis sa position en orbite.

LES CHOSES VIVANTES DE CET ENDROIT SONT CONSTRUITES DE CELLULES – ANALOGUES AUX CHOSES VIVANTES SUR TERRE, POUR VOUS. LEUR MÉTABOLISME NE TOLÈRE PAS LE CHLORE, MAIS ELLES ONT DÉVELOPPÉ DES BOUCLIERS AU NIVEAU CELLULAIRE…

Il l'interrompit.

— Il y a des arbres ici, dit-il. De l'herbe. Des fleurs. Des animaux. Tu vois de la biochimie. Je vois une fleur.

Il y eut un long silence.

Voilà comment les Gaijin voyaient la réalité : des équations de la physique quantique jusqu'à la totalité du monde. Mais Malenfant ne pensait pas ainsi. Apparemment, les humains avaient une meilleure compréhension générale des choses que les Gaijin, ils étaient plus rapides quand il s'agissait de créer des systèmes abstraits simples à partir de la complexité. L'objet qui se trouvait devant Malenfant n'était pas un arbre ; les arbres ne poussaient que sur la Terre. Mais cela l'aidait de penser en ces termes, de chercher des structures et de les superposer à ce qu'il connaissait.

Lentement, les Gaijin apprenaient à singer sa façon de penser.

OUI, vint la réponse, IL Y A DES ARBRES.

— Cassiopée, pourquoi m'as-tu amené ici, dans cette décharge imbibée de chlore ?

POUR RECUEILLIR PLUS DE DONNÉES POSSIBLE, MALENFANT.

Il regarda le ciel en fronçant les sourcils.

Il semblait que les Gaijin essayaient de l'éduquer, dans un but connu d'eux seuls. Ils lui avaient montré des mondes, tous très différents, tous portant la vie. Tous couverts de cicatrices, d'une manière ou d'une autre.

Il commençait à penser que les Gaijin voyaient l'Univers comme un immense logiciel, un algorithme qui suscitait de la vie et, *a priori*, de l'intelligence partout, chaque fois qu'il en avait la possibilité.

Le problème c'est que le programme buguait.

— D'accord, grommela-t-il. Où vais-je à présent ? Comment ?

MARCHEZ UN KILOMÈTRE. VERS LE SOLEIL.

Il se remit en marche en marmonnant à voix basse et en sirotant de l'eau grâce à un tuyau qui se trouvait dans son capuchon pour dissiper le goût de piscine du chlore.

Et, bien avant avoir franchi la distance indiquée, il trouva des gens.

C'était une foule, une centaine de personnes ou plus, rassemblées autour de ce qui avait l'air d'une fosse dans le sol. Ils se déplaçaient en une sorte de danse, formant des chaînes qui serpentaient dans un murmure aussi doux qu'un souffle de vent.

La plupart des danseurs semblaient à peu près de sa taille. Peu d'entre eux étaient plus grands que lui, mais plusieurs étaient bien plus petits – des enfants ? Des vieillards, rabougris par les ans ?

Pas des humains, en tout cas. Mais des gens, ça, oui.

Il jeta un bref coup d'œil autour de lui, cherchant un endroit à couvert. Mais Cassiopée le rassura.

IL Y A UNE DYSFONCTION DE PERCEPTION, MALENFANT. *Ils ne peuvent pas vous voir.*

— Pourquoi ? Oh, le capitaine Cook…

COMMUNICATION DYSFONCTIONNELLE.

On racontait – l'anecdote étant probablement apocryphe – que, sur l'une des îles visitées par Cook, les indigènes n'avaient même pas pu voir ses grands vaisseaux d'exploration. Ils n'avaient jamais rencontré de grands artefacts flottants auparavant. C'était seulement lorsque l'équipage de Cook avait mis des canots à la mer pour rejoindre la plage qu'ils avaient réussi à comprendre.

Ainsi, Malenfant était tout simplement un élément trop étranger au monde des danseurs pour qu'ils perçoivent sa présence.

— … Peu importe. Les humains ont aussi des limites semblables.

Enhardi, il s'avança pour observer d'un peu plus près.

Il choisit l'un des danseurs. Elle (décida-t-il arbitrairement) se tenait debout. Elle avait un torse et une tête clairement définis, et deux ensembles de membres supérieurs et inférieurs. Mais elle possédait ceux-ci en trois exemplaires – trois bras, trois jambes – et leurs articulations se pliaient en avant et en arrière d'une manière complexe, gracieuse – et troublante. Elle ne marchait pas vraiment comme lui, en déplaçant son poids avec lourdeur d'un pied sur l'autre, mais en pivotant ; elle tourbillonnait en posant chaque pied avec légèreté sur le sol. Le mouvement était très rapide et difficile à suivre, comme lorsqu'on tente de comprendre le galop d'un cheval. Mais, après l'avoir regardée pendant quelques secondes, il semblait aisé et naturel.

Sa tête se trouvait au sommet du tronc, à peu près comme celle de Malenfant. Il vit trois yeux, quelque chose qui avait l'air d'une bouche, et d'autres orifices qui pouvaient être des oreilles et des narines. Elle paraissait nue, à l'exception d'une ceinture passée sur l'une de ses trois épaules, comme une écharpe. Des outils y étaient accrochés : un morceau de roche ressemblant à du quartz qui aurait pu être un marteau de poche, et un arc taillé dans le bois de plastique naturel. Une technologie de l'âge de pierre, se dit-il.

… Bien évidemment. La plupart des métaux ne pouvaient que se corroder dans cet endroit. L'or subsistait, mais essayez de fabriquer une hache utilisable avec. Le feu lui-même devait poser problème ; tout ce chlore inhibait vraisemblablement les flammes. Par exemple, il ne pouvait y avoir de céramiques.

Un accident biochimique avait coincé pour toujours des gens à l'âge de pierre. Et, comme la plupart des pierres devaient disparaître à cause de la corrosion, il n'y en avait même pas beaucoup.

Peut-être ces gens avaient-ils une culture riche, une tradition orale, la danse. Mais c'était tout ce qu'ils pourraient jamais avoir. Il regarda la chose féminine tourbillonner avec admiration, et avec pitié.

QUEL EST LE BUT DES SONS SANS STRUCTURE QU'ILS PRODUISENT ?

— Sans structure… (Malenfant sourit.) Perception non congruente, Cassiopée. Convertis tes données. Regarde les fréquences, le rapport de hauteur entre les tonalités… Nous en avons déjà parlé.

Les Gaijin analysaient les sons de manière numérique, pas avec des systèmes analogiques ressemblant à des micros comme l'oreille humaine. Il s'ensuivait que les structures qu'ils jugeaient agréables – ou du moins possédant une certaine valeur à leurs yeux – consistaient en constructions numériques complexes, pas en harmonies agréables à l'oreille humaine.

Il y eut un long silence.

C'EST UNE FORME DE MUSIQUE.

— Oui. Ils chantent, Cassiopée. Ils chantent, c'est tout.

La danse atteignait un pic d'intensité, tout comme les mugissements. L'un des danseurs sortit du groupe en tournant sur lui-même, tournoyant pour décrire une orbite qui le mena peu à peu près de la fosse autour de laquelle ils gravitaient tous.

Alors, dans un rapide mouvement des hanches, elle se mit à plat ventre et glissa avec grâce dans le trou.

Les autres continuèrent à danser, pendant trente secondes, une minute, deux, trois, quatre. Malenfant les regardait.

La spéléologue revint. Malenfant vit son trio de bras passer par-dessus le bord du trou. Elle semblait en difficulté. Quatre ou cinq danseurs quittèrent le groupe pour venir aider leur partenaire à sortir.

Elle gisait sur le dos, tremblante ; elle souffrait, c'était évident. Mais elle élevait quelque chose vers la lumière. C'était long, brun sombre, troué et fortement corrodé. Un os – plus grand que n'importe quel os humain, environ de la moitié de la taille de Malenfant, et doté d'une étrange excroissance à une extrémité – mais c'était bien un os, on ne pouvait pas s'y tromper.

— Que lui arrive-t-il, Cassiopée ?

EMPOISONNEMENT AU CHLORE. LE CHLORE EST UN GAZ LOURD. IL FORME DES FLAQUES DANS LES ENDROITS LES PLUS BAS.

— Comme ce trou dans le sol.

OUI.

— Et, donc, quand elle est descendue chercher cet os…

La danseuse s'était asphyxiée. Elle tolérait le chlore, mais ne pouvait pas le respirer.

La spéléologue donna l'os à quelqu'un d'autre. Malenfant vit qu'il était corrodé là où sa longue main en forme de nageoire s'était enroulée. Et, lorsque l'autre danseur le prit, la surface se mit à grésiller et fumer. Du sel d'acide carbonique, qui brûlait au contact de l'air.

C'est ce qui finirait par arriver à mes os, ici, lentement mais sûrement. Cet os ne peut pas avoir appartenu à une créature vivant maintenant, ici, sur cette planète imprégnée de chlore.

ELLE S'EST SACRIFIÉE.

— Pourquoi ? Dans quel but ?

Cassiopée parut hésiter.

NOUS ESPÉRIONS QUE VOUS POURRIEZ NOUS LE DIRE.

Malenfant tourna le dos aux danseurs qui chantaient et tourbillonnaient et retourna d'un pas lourd à sa navette.

Il se sentait exténué et déprimé.

— C'est endroit n'a pas toujours été une décharge de chlore. N'est-ce pas, Cassiopée ?

NON, répondit-elle.

Ce trou qui contenait des os était la clef du mystère. Avec la biosphère clairsemée.

En des temps reculés, ce monde était très semblable à la Terre, dont le chlore était emprisonné dans les océans. Puis il avait été… ensemencé. Il avait suffi d'une unique souche de microbes capables de fixer le chlore. Ils s'étaient retrouvés dans une atmosphère fade et accueillante, avec de grandes quantités de chlore flottant tout simplement dans l'océan, qui attendait qu'on s'en serve. C'était ainsi que tout avait commencé.

Cela s'était produit longtemps auparavant, cent millions d'années, voire plus. Assez longtemps pour que les formes de vie locales s'adaptent. Certaines avaient développé des défenses contre l'invasion du chlore. D'autres avaient appris à l'incorporer dans leurs cellules afin de se rendre immangeables pour quiconque voulait se nourrir d'eux. Certains utilisaient même le chlore comme gaz de combat contre les prédateurs ou les proies, comme la souris arboricole qui lui avait craché au visage. Et ainsi de suite. Et voilà comment était née une biosphère résistante au chlore.

Mais la fosse contenait des reliques de la vie indigène originelle, que le chlore avait menée à l'extinction. Ces fossiles devaient être piégés depuis des millions d'années sous une couche de grès ; mais celui-ci venait juste de se dissoudre sous une pluie semblable à de l'acide de batterie, les exposant.

Les Gaijin pensaient que la planète avait sans doute été délibérément ensemencée avec les bactéries capables de fixer le chlore.

NOUS AVONS DÉCOUVERT BEAUCOUP DE FAÇONS DE TUER UN MONDE, MALENFANT. C'EST LÀ L'UNE DES PLUS SUBTILES.

Subtile et déguisée ; les bactéries qui fixaient le chlore auraient pu évoluer naturellement et, après tant d'années écoulées, il aurait été difficile de prouver le contraire. Mais les Gaijin étaient déjà tombés sur ce *modus operandi*.

L'idée le choqua bien plus profondément qu'il l'aurait cru possible. Ce monde n'était pas naturel ; c'était un cadavre, on l'avait étranglé.

NOUS COMPRENONS COMMENT TUER UN MONDE, dit Cassiopée. NOUS COMPRENONS MÊME POURQUOI.

— Une compétition pour s'approprier des ressources ?

MAIS NOUS NE COMPRENONS PAS CE QUI POUSSE UN ÊTRE SENSIBLE À SACRIFIER DES MILLIARDS D'ANNÉES DE CONSCIENCE POUR UNE IDÉE.

— Bon Dieu, je suis incapable de vous dire ça.

POURTANT VOUS AVEZ FAIT LA MÊME CHOSE LORSQUE VOUS AVEZ TRAVERSÉ LA PORTE DE SOL. VOUS NE POUVIEZ PAS SAVOIR CE QUI SE TROUVAIT DE L'AUTRE CÔTÉ. VOUS DEVIEZ VOUS ATTENDRE À MOURIR.

— Qu'est-ce que tu me fais ? Un cours d'anthropologie pour les nuls ? C'est vraiment si important pour toi ?

La réponse le surprit.

MALENFANT, C'EST PEUT-ÊTRE LA CHOSE LA PLUS IMPORTANTE AU MONDE.

La planète s'éloignait, se réduisant à un point d'un bleu aqueux qui lui paraissait douloureusement familier.

Mais c'était le lieu d'un crime, un crime gigantesque, un biocide perpétré à une échelle que Malenfant pouvait à peine appréhender – et commis à une époque incroyablement reculée.

— C'est si étrange, murmura-t-il. Il n'y a rien de semblable sur la Terre et dans le Système solaire.

Les Gaijin ne voulurent pas répondre à cette remarque ; le trouble qu'il ressentit demeura.

Mais le Système solaire était originel. Ça se voyait.

Non ?

CHAPITRE 11
ANOMALIES

Carole Lerner traversa le sas en flottant.

Une série de mousquetons de métal la retenait à un câble de guidage, le long duquel elle se propulsait une main après l'autre. Le câble reliait son vaisseau à une petite lune. Il semblait fin et fragile, tendu entre deux objets flottant sans le moindre support dans un espace vide en trois dimensions.

Mais c'était un espace dominé par une immense sphère éblouissante, car Carole Lerner était en orbite autour de Vénus, la planète jumelle de la Terre. Nul ne savait que Vénus avait une lune. Sa mère, qui avait passé sa vie à étudier cette planète, n'avait jamais appris son existence, ni probablement rêvé de se retrouver ici, comme ça.

Sans éprouver la moindre sensation de mouvement, flottant dans l'espace, Carole tournait avec son vaisseau autour de Vénus, avançant dans l'ombre de celle-ci qui s'étrécissait jusqu'à devenir un croissant finement dessiné. Elle vit des formes indistinctes près du terminateur, la zone floue qui séparait le jour de la nuit : des bandes alternées de lumière pâle et d'ombre, des arches de brume. Et, près de l'équateur il semblait y avoir des points jaunâtres, un peu plus foncés que leur arrière-plan. Mais ces détails n'avaient rien à voir avec des caractéristiques de la surface de la planète. Ces volutes et ces fantômes étaient des artefacts nés de l'étrange structure complexe des grands bancs de nuages de Vénus – à moins qu'ils ne soient fabriqués par son imagination tandis qu'elle tentait d'y voir à travers cette épaisse couche d'air.

Et, à présent, à l'apogée de sa trajectoire en forme de boucle, elle s'enfonçait dans les ombres de la planète et le croissant s'étrécissait, devenait une ligne éblouissante qui se détachait sur l'obscurité. Il y eut un bref et surprenant coucher de soleil au moment où il toucha les nuages, dont elle distingua les strates superposées aux courbes lisses allant du blanc au jaune-orangé. Puis un anneau pâle et spectral s'illumina tout autour de la planète : l'atmosphère dense réfractait la lumière du soleil.

Tandis que ses yeux s'adaptaient à l'obscurité, Carole vit les étoiles apparaître une à une, encadrant ce cercle obscur et son anneau. Mais l'une d'elles, comme non conformiste, brillait d'un éclat d'un jaune orangé et se déplaçait, menaçante, le long de l'équateur du disque noir. C'était un vaisseau-fleur gaijin appartenant à la flottille qui l'avait suivie jusqu'ici depuis la Lune.

— Les couches supérieures des nuages de Vénus, murmura Nemoto, dont la voix était transformée en un crissement de feuilles d'automne sèches par la liaison radio de mauvaise qualité. Je vous envie, Carole.

Elle grogna.

— Encore un triomphe pour l'Homme dans l'Espace.

Elle attendit pendant de longues minutes pendant que ses mots, encodés en lumière laser, traversaient le système intérieur jusqu'à la Lune.

— Vous êtes facétieuse, finit par répondre Nemoto. Ce n'est pas opportun. J'ai grandi près d'une ligne de chemin de fer, vous savez, une importante voie de transport. J'étais couchée dans le petit appartement de mes parents et j'entendais les trompes des trains de fret qui passaient la nuit. Mes parents étaient des citadins, leurs vies avaient toujours été statiques, dépourvues de changement. Mais, toutes les nuits, les trains me rappelaient qu'il existait des véhicules capables de m'emmener loin, vers des montagnes, ou des forêts, ou à la mer.

« Les Gaijin me font peur. Pourtant, lorsque je vois leurs grands vaisseaux naviguer dans la nuit, le fantôme du désir de voyager dont je jouissais, ou souffrais, quand j'étais une fillette revient me tarauder. Je vous envie votre aventure, mon enfant…

Incroyable, se dit Carole. C'est tout juste si ce vieux fossile ratatiné m'a dit deux mots sur cent millions de kilomètres de voyage, et c'est maintenant qu'elle veut m'ouvrir son cœur…

Elle se retourna et regarda son vaisseau.

C'était un assemblage compliqué d'éléments – un cylindre, des réservoirs bombés, un cône, un parapluie géant, un bouclier de roche – le tout fixé à une vague structure de poutrelles en aluminium lunaire. Le bouclier était composé de roche arrachée à la Lune par des explosifs : gris, imposant, carbonisé et érodé, il avait protégé Carole lors de son arrivée, quand son vaisseau avait plongé tout droit dans les couches supérieures de l'atmosphère, transformant en friction sa vitesse interplanétaire. Le gros cylindre central était son module d'habitation, la boîte étriquée où elle avait subi le long voyage qui l'avait amenée ici. L'habitat remorquait un moteur de fusée – des tubes miroitants et des réservoirs autour d'une tuyère à la bouche évasée noircie – et des réservoirs d'hydrogène et d'oxygène aux parois rondes contenant le carburant qui allait lui permettre de quitter l'orbite de Vénus pour rentrer chez elle, sur la Lune. Un grand parapluie arachnéen était placé sur de longues poutrelles devant l'ensemble : étincelant de cellules photovoltaïques pareilles à des joyaux, il faisait également office de parasol, de collecteur d'énergie solaire et d'antenne à longue portée.

Son atterrisseur était collé au flanc du module d'habitation, un petit cône trapu doté d'un bouclier lourd et épais destiné à la protéger de la chaleur. Il avait la taille et l'allure d'un vieux module de commande Apollo. Ce petit engin sophistiqué allait lui faire traverser les nuages vénusiens jusqu'à la surface qu'ils dissimulaient, la maintenir en vie pendant quelques jours, et puis – après avoir extrait la plus grande partie de son carburant de l'atmosphère de la planète – la ramener en orbite.

Le petit vaisseau avait l'air d'une guimbarde rudimentaire et, comparé à l'élégance de la technologie gaijin, il était d'une origine manifestement humaine. Mais, après avoir voyagé si longtemps dans sa matrice, Carole ressentait une affection irrationnelle pour son engin. Après tout, ça n'avait pas été facile pour lui non plus. Les couches de tissu antimétéorite qui l'enveloppaient étaient jaunies et trouées d'impacts minuscules. Le Soleil avait jauni la peinture et les tuyères de contrôle l'avaient brûlée et couverte de cloques. Le grand parapluie ne s'était pas ouvert correctement – l'une des baleines s'était brisée en se dépliant – si bien que le vaisseau devait avoir recours à des manœuvres ingénieuses pour rester dans son ombre limitée.

Elle l'aimait bien, oui. Carole n'avait pas réussi à lui trouver un nom avant de quitter la Lune. Elle pensait que c'était sentimental, une habitude venant d'un passé dont elle ne faisait pas partie. Elle le regrettait à présent.

— … Pas étonnant que nous ayons raté la lune, disait Nemoto. Elle est petite, très légère, et elle suit une orbite encore plus large et elliptique que la vôtre, Carole. Et rétrograde, en plus. Et ses liens sont lâches ; sur le plan énergétique, elle n'est pas loin d'échapper complètement à l'attraction de Vénus.

Carole tourna son visage vers la petite lune qui flottait dans l'obscurité. C'était une sphère grossière de quelques centaines de mètres de diamètre, à la surface sombre et poussiéreuse criblée d'un semis de cratères.

Carole savait qu'elle n'avait pas le contrôle de cette mission, même pour la forme. Mais c'était elle qui était ici, en train d'effectuer des boucles extravagantes autour de Vénus.

— Êtes-vous sûre que ce soit bien nécessaire, Nemoto ? Je suis venue ici pour Vénus, pas pour ce machin.

Mais Nemoto, bien sûr, n'avait pas encore entendu sa question.

— … peut-être un astéroïde qui a été capturé ? Ça expliquerait son orbite. Mais sa forme me paraît trop régulière. Et il n'y a pas beaucoup de cratères. Quel âge peut-elle avoir ? Moins d'un milliard d'années, plus de cinq cent millions. Et la densité comporte une anomalie. Par conséquent… Ah. Mais qu'est-ce que la nécessité ? Vous avez une grosse réserve de carburant, Carole, même maintenant, plus qu'assez pour vous ramener à la maison. Et nous ne sommes pas ici pour faire de la science pure, mais pour rechercher des anomalies. Regardez cette chose, Carole. Cet objet est trop petit et trop symétrique pour être naturel. Et sa densité est si faible qu'il est forcément creux.

« Carole, c'est un artefact. Et il est ici, en orbite autour de Vénus, depuis des centaines de millions d'années. C'est ça, ce qu'il signifie.

Elle tendit les bras en avant vers la petite lune qui s'approchait d'elle.

Elle n'éprouvait aucune sensation de gravité. Elle n'avait pas l'impression de sauter vers la surface d'un monde, mais de dériver en direction d'un mur sombre et poussiéreux.

Lorsque ses gants le rencontrèrent, une fiche couche de poussière se compacta sous l'extrémité de ses doigts. La douce pression suffit à la ralentir, et elle trouva une strate de roche sous la poussière.

Des grains tourbillonnaient en scintillant autour de ses mains. Certains restaient accrochés à ses gants, laissant aussitôt des traces sur leur argent immaculé, d'autres dérivaient, la gravité ténue de cette étrange petite lune étant incapable de les retenir.

L'instant était étrangement émouvant. J'ai franchi cent millions de kilomètres, se dit-elle. Tout ce vide. Et, à présent, je suis arrivée. Je suis en train de toucher cette masse de débris. Peut-être tous les voyageurs ressentent-ils la même chose.

Il est temps de te mettre au boulot, Carole.

Elle prit un piton accroché à sa ceinture. Elle l'avait bricolé à la va-vite sur le vaisseau à partir de boulons du fuselage. Elle enfonça la pointe en tapant avec un marteau de géologue destiné à Vénus. Puis elle accrocha un câble au piton.

— On dirait de la poussière lunaire, rapporta-t-elle à la lointaine Nemoto.

Elle recueillit un échantillon de poussière et l'introduisit dans un petit laboratoire portatif pour une analyse rapide. Puis elle tint l'unité au-dessus du sol dénudé dont elle vaporisa une petite surface avec le laser pour voir si les couleurs produites par de la poussière de roche pouvaient en trahir la nature.

Et puis, un piton après l'autre, elle commença à tendre un câble à partir de son point d'ancrage, progressant en direction du pôle de la petite lune sur les plis et les crêtes du paysage bosselé et fortement incurvé. Nemoto lui dit qu'elle avait détecté quelque chose qui ressemblait à une dépression, un cratère trop profond pour son diamètre : une anomalie, ici, sur cette lune anormale.

Nemoto commença à réagir à ses premières impressions et images et se mit à chuchoter dans son oreille tel un insecte lointain.

— Du régolithe lunaire, oui. Et cette roche ressemble beaucoup à celles des plateaux lunaires : du feldspath plagioclase, à la base, un silicate de calcium et d'aluminium. Carole, on dirait que nous avons affaire à une bulle de roche de type lunaire – un morceau provenant d'un corps plus volumineux, peut-être une vraie lune vénusienne ? Qui pourrait avoir été détaché, fondu, et modelé avant d'être projeté en orbite… Mais pourquoi ? Et pourquoi cette trajectoire et sa boucle si large ?…

Elle continua à parler, à spéculer, à émettre des hypothèses. Carole avait cessé de l'écouter. Après tout, d'ici quelques minutes, elle allait savoir.

Elle avait atteint le creux. Il s'agissait d'un cratère d'environ deux mètres de diamètre, mais, contrairement à la plupart des autres qui, creusés par des impacts, ressemblaient à des soucoupes nettes et peu profondes, la profondeur de celui-ci était bien supérieure à sa largeur – peut-être de quatre ou cinq mètres.

Presque cylindrique.

Carole se rendit compte que son cœur cognait à tout rompre dans sa poitrine tandis qu'elle descendait dans cette fosse emplie d'une antique obscurité ; une vague de crainte superstitieuse la submergea.

En quelques gestes rapides, elle fixa un petit relais radio au bord de la fosse. Puis elle étira au-dessus de celle-ci une mince pellicule de plastique translucide destiné à piéger des gaz. Ainsi, elle s'enfermait dans ce trou dans le sol, bien entendu. C'était illogique, mais elle s'assura qu'elle pouvait déchirer la feuille de plastique d'un coup de poing avant d'achever de la mettre en place.

Elle vit quelque chose bouger au-dessus d'elle, dans le ciel. Elle haleta et chancela, soulevant un panache de poussière.

Un vaisseau-fleur croisait non loin de là, ses pétales électromagnétiques repliés, des Gaijin ressemblant à des pierres précieuses patrouillant sur ses flancs couverts de filaments.

Elle leva les yeux, les sourcils froncés.

— J'ai besoin de compagnie, dit-elle, mais tu ne comptes pas.

Elle se détourna et se laissa glisser jusqu'au fond de la fosse.

Elle atterrit les pieds en avant. Le sol paraissait solide, comme une couche de roche. Mais la poussière était plus épaisse ici, sans doute piégée par le puits. Lorsqu'elle leva les yeux, elle vit un cercle d'étoiles encadré de nuit occulté par une légère distorsion spectrale causée par le plastique.

Rien ne se produisit. Si elle s'était attendue à ce que cette « porte » s'ouvre par simple contact, elle était déçue.

Mais Nemoto ne fut pas surprise.

— Cet artefact – si c'en est bien un – pourrait dater d'avant les premiers mammifères, Carole. Vous ne vous attendez pas à ce que des équipements complexes continuent à fonctionner pendant si longtemps, non ? Mais il doit y avoir un mécanisme de secours. Et je parierais qu'il fonctionne encore, lui.

Carole se mit donc à quatre pattes en s'efforçant de ne pas s'écarter du sol, et gratta celui-ci ; ses mains gantées ne tardèrent pas à être crasseuses.

Elle découvrit une indentation.

Celle-ci mesurait environ cinquante centimètres. Il y avait une barre au milieu. Elle se trouvait à l'écart de la surface, fixée par une sorte d'articulation placée à l'une des extrémités.

Le cœur de Carole se remit à cogner et elle sentit une pulsation traverser son front. Jusqu'à cet instant, rien ne pouvait prouver, sans la moindre ambiguïté, que Nemoto avait raison d'affirmer que la petite lune était un objet artificiel. Mais il était impossible d'imaginer un processus naturel pouvant permettre à une lune de se faire pousser un levier et tout le mécanisme allant avec.

Elle l'entoura de ses deux mains et tira.

Rien ne se produisit. Il paraissait impossible de faire bouger le levier, comme s'il était solidement soudé à la lune rocheuse – ce qui pouvait très bien être le cas, après tout ce temps.

Elle planta un piton dans la « porte » pour s'attacher et poussa. Rien. Elle tourna le levier dans le sens des aiguilles d'une montre, sans succès.

Elle le tourna en sens contraire.

Le levier pivota en douceur. Elle sentit le cliquetis de lourds mécanismes enterrés – peut-être des pênes en train de se rétracter. Le sol se déroba sous ses pieds.

Elle lâcha aussitôt le levier et se retrouva en train de flotter dans l'air, entourée d'une nuée de poussière, suspendue au-dessus d'un puits obscur. Une sorte de nuage de vapeur étincelait en s'élargissant autour d'elle.

Elle s'assura que le piton tenait bon, se glissa entre des murs de roche et franchit la porte grande ouverte.

L'argumentation développée par Nemoto pour la recruter était simple : « Ce vol vous rendra riche », lui avait-elle promis.

Carole était sceptique. Après tout, elle irait jusqu'à Vénus, une promenade de santé en comparaison des voyages se comptant en années-lumière effectués par la poignée de voyageurs interstellaires qui avaient suivi Reid Malenfant en passant les grandes portes des Points Selles. Même si, vingt ans après le départ de Madeleine Meacher, la première d'entre eux, aucun n'était revenu.

Mais Nemoto avait raison. Le subtil sentiment de défiance qu'elle ressentait envers les Gaijin et leur embargo implicite sur Vénus avait de toute évidence réveillé quelque chose en elle, et la célébrité superficielle de Carole lui avait effectivement apporté des occasions de gagner de l'argent qu'elle n'avait pas eu honte d'exploiter.

Mais ce n'était pas l'argent qui l'avait convaincue de consacrer trois ans de sa vie à cette improbable excursion.

— Pensez à votre mère, avait murmuré Nemoto, son visage pareil à un masque tordu par un sourire. Vous savez que je l'ai rencontrée une fois, à l'occasion d'un séminaire à Washington. Reid Malenfant nous a présentées. Elle était fascinée par Vénus. Elle aurait adoré aller là-bas, sur un nouveau monde.

La culpabilité, bien entendu, était la plus grande force de motivation.

Mais Nemoto avait raison. La mère de Carole avait appris à aimer Vénus, la jumelle complexe et imparfaite de la Terre. Le soir, elle lui racontait de fantastiques histoires où elle décrivait à quoi ressemblerait de descendre à la base des titanesques nuages d'acide de la planète, de marcher sur Vénus elle-même, immergé dans un océan d'air.

Mais les études de sa mère étaient basées sur des données partielles fournies par une poignée de sondes automatiques qu'avaient envoyées les gouvernements humains au cours de la période oubliée qui avait précédé l'arrivée des Gaijin au siècle précédent. Lorsque ceux-ci étaient arrivés, tout cela s'était bien sûr interrompu.

À présent, les humains empruntaient les vaisseaux-fleurs des Gaijin pour aller sur Mars, sur Mercure et même jusqu'aux lunes de Jupiter. Des endroits où les Gaijin leur permettaient de se rendre jaillissaient des masses de données, et la connaissance humaine progressait rapidement. Mais il était d'une évidence criante que les Gaijin étaient aux commandes, ce qui causait beaucoup de frustration dans la communauté scientifique. Les chercheurs voulaient tout voir, pas seulement ce que les Gaijin choisissaient de leur montrer.

En outre, il y avait d'énormes trous dans ce que ces derniers leur offraient. Dont Vénus. Ils n'avaient transporté aucun humain jusque-là – bien qu'il fût flagrant, puisqu'on voyait l'activité des vaisseaux-fleurs dans les télescopes, que c'était pour eux un point d'observation majeur.

Peu s'en préoccupaient. Passer toute sa vie à peiner dans un recoin obscur de la science – alors qu'il était évident que les Gaijin en savaient déjà bien plus – était décourageant. Carole elle-même n'avait pas suivi la même voie que sa mère. Elle avait préféré choisir la théologie, l'une des nombreuses disciplines universitaires proches de la philosophie qui étaient en pleine expansion. Et sa mère avait été inhumée alors sans avoir réalisé ses ambitions, laissant à Carole le fardeau d'une obscure culpabilité.

Mais la vérité était que, pour Carole, ces problèmes – le déclin de la science, les activités et les ambitions mystérieuses des Gaijin – étaient des vieilleries poussiéreuses, les soucis d'un autre siècle et de générations disparues. On était en 2081 : soixante ans après la découverte des Gaijin par Nemoto. Carole avait grandi avec eux. Ils étaient là, ils seraient toujours là. Elle avait donc repoussé les assauts de la culpabilité, pour autant qu'un enfant puisse le faire quand il s'agit de sa mère.

Jusqu'à l'arrivée de Nemoto.

Nemoto : elle-même un étrange fossile déchiré par des obsessions presque incompréhensibles, qui se terrait sur la Lune, préservant son corps fragile à l'aide d'un ensemble de techniques antivieillissement plus exotiques les unes que les autres. Nemoto ne cessait de s'insurger contre la complaisance des gouvernements et des autres institutions, et leur attitude envers les Gaijin et leurs activités.

— Nous n'avons aucun sens de l'histoire, répétait-elle. Nous avons survécu au choc suscité par la découverte des Gaijin. Nous ne voyons pas les tendances qui apparaissent. Il est possible qu'ils comptent sur notre espérance de vie éphémère pour que notre scepticisme s'efface peu à peu. Mais ceux d'entre nous qui se souviennent de l'époque d'avant les Gaijin savent que quelque chose cloche…

Et Vénus inquiétait Nemoto.

S'il y avait une chose que l'on savait concernant les Gaijin, c'était que leur théâtre d'opération préféré se trouvait loin dans l'obscurité, parmi les astéroïdes, ou sur les majestueuses orbites des planètes géantes, ou dans le froid plus terrible encore des nuages de comètes situés bien au-delà. Ils ne semblaient pas apprécier le Système solaire à l'intérieur de l'orbite de la Terre, là où l'espace était encombré de poussière, d'astéroïdes égarés aux trajectoires complexes, et baigné par la chaleur et la lumière d'un soleil trop proche. Un lieu où le puits gravitationnel était si profond qu'un vaisseau devait dépenser d'énormes quantités d'énergie pour effectuer la plus simple des manœuvres.

Dans ce cas, pourquoi étaient-ils attirés à ce point par Vénus ?

Nemoto s'était mise à trouver des fonds auprès de sources plus ou moins définies afin de lancer une série de projets – tous plus ou moins anti-Gaijin, y compris celui-ci.

Voilà pourquoi la première astronaute humaine à aller sur Vénus était sous son contrôle : non point rattachée à un vaisseau-fleur gaijin, mais voyageant à bord d'un engin balourd et rudimentaire fabriqué par des humains, à peine plus sophistiqué qu'*Apollo 13* pour autant que Carole pût en juger, un vaisseau qui avait été expédié dans l'espace par un grand lanceur de fret électromagnétique situé sur la Lune.

Carole soupçonnait que les Gaijin auraient pu l'intercepter. Mais, alors qu'ils étaient restés sur ses talons pendant tout le trajet, ils n'avaient pas fait mine de vouloir lui faire directement obstacle. Plus tard, peut-être.

Ou alors, Carole et sa fragile embarcation n'avaient tout simplement aucune importance pour eux.

L'obscurité l'environnait ; la seule lumière provenait des voyants de son casque et du tableau de commandes sur sa poitrine. Au-dessus d'elle, l'ouverture contenait un champ d'étoiles encadré par la porte ouverte.

Nemoto, toujours décalée dans le temps, se mit à spéculer au sujet des vapeurs que la feuille de plastique transparent avait piégées.

— Beaucoup d'acide sulfurique, dit-elle. D'autres composés… des particules d'argile… un peu d'oxygène libre ! C'est vraiment étrange…

Carole avait des projecteurs miniatures à sa ceinture. Elle les alluma. Des ellipses de lumière éclaboussèrent les murs de la salle qui s'incurvaient autour d'elle. Elle distingua une surface intérieure inégale à la texture douce, et une sorte de structure qui enjambait l'espace enclos.

Elle fit son rapport à Nemoto.

— La lune est creuse. La salle est à peu près sphérique, même si les murs ne sont pas lisses. Cette chambre unique doit occuper pratiquement tout le volume de la lune. Les murs ne doivent pas mesurer plus de quelques mètres d'épaisseur sur toute la surface de la sphère…

Elle dirigea ses projecteurs sur le centre. Une masse sombre, d'environ la moitié de la taille d'une automobile, se trouvait là. Elle était maintenue en place par une série de barreaux qui sortaient, pareils aux rayons d'une roue, et venaient s'appuyer sur les murs de la salle au niveau de l'équateur de la petite lune. Les rayons paraissaient eux aussi faits de roc. Peut-être les avait-on juste laissés là quand on avait creusé la caverne.

Elle décrivit tout cela sans spéculer sur le but de ces structures. Puis elle actionna ses propulseurs et dériva vers le mur.

Il semblait sculpté. Elle vit des bassins, des vallées, de petites montagnes et des crêtes, le tout à l'échelle du mètre. Elle avait l'impression de survoler un paysage miniature dans un parc à thème.

— … la structure centrale est de toute évidence une source d'énergie, disait Nemoto. Il y a du deutérium là-dedans. Un processus de fusion, peut-être. Un soleil miniature, suspendu au centre de ce monde creux. Et, à voir la topographie de l'intérieur, on dirait que les bassins et les vallées de la lune ont été sculptés de manière à recueillir un liquide. De l'eau ? Un soleil miniature, des maquettes de fleuves et d'océans, ou du moins des lacs… Il est possible qu'on ait mis la lune en rotation pour créer une gravité artificielle. C'est un monde-bulle, Carole, conçu pour porter une forme de vie indépendamment du reste de l'Univers.

— Mais ça n'a pas de sens, dit Carole. Nous sommes en orbite autour de Vénus. Il y a un énorme soleil de l'autre côté de ce mur, qui balance toute l'énergie dont on peut avoir besoin. Pourquoi quelqu'un irait-il se cacher dans cette… grotte ?

Nemoto, décalée dans le temps, continuait à parler, ignorant ses questions.

Carole s'arrêta à environ un mètre du mur. Elle déplia son laboratoire portatif et darda un rayon laser sur la paroi.

Elle en caressa la surface. Sa texture était très différente de celle à l'extérieur, qui ressemblait à de la roche lunaire ou à du régolithe. À la place, il semblait y avoir une sous-couche de substances cristallines qui scintillaient de reflets, peut-être du quartz. Çà et là, s'accrochant au substrat cristallin, elle trouva une sorte d'argile. Bien que cette « boue » eût été desséchée par le vide, elle vit des tourbillons de couleur, des composés complexes mélangés au matériau de base. Cela lui rappela la vase pâteuse d'une source chaude volcanique.

Les premiers résultats d'analyses de son labo commencèrent à défiler sur ses écrans. Il y avait du quartz, oui, et du corindon – un oxyde d'aluminium. Et, partout, et en particulier dans l'argile, elle trouva des traces d'acide sulfurique.

Nemoto comprit immédiatement.

— … de l'acide sulfurique. Bien sûr. C'est la clef. Imaginez que ces lacs et ces fleuves artificiels aient jadis été remplis d'acide. L'existence d'une biosphère acide n'est pas aussi improbable qu'il y paraît. L'acide sulfurique reste liquide sur une échelle de températures trois fois plus étendue que celle de l'eau. Bien entendu, les acides dissolvent la plupart des composés organiques – avez-vous déjà vu un morceau de sucre que l'on fait tomber dans de l'acide ? Mais les alcanes – des chaînes simples d'hydrocarbures – peuvent subsister. À moins qu'il ne s'agisse d'une biochimie reposant sur le silicium, des molécules à longue chaîne basées sur des paires silicone-oxygène… Il n'y a que peu de minéraux ordinaires qui puissent résister à un environnement acide : le quartz, le corindon, quelques sulfates. Ces murs sont érodés. Votre mère aurait compris… Vénus est bourrée d'acide, voyez-vous. Les nuages sont pleins de gouttelettes d'acide en suspension. Un endroit merveilleux, si c'est d'acide dont on a besoin…

Carole plongea son regard dans les bassins des lacs vides et tenta d'imaginer des créatures dont les veines charriaient de l'acide. Mais ce monde miniature, avait dit Nemoto, était âgé de centaines de millions d'années.

Si certains de leurs descendants avaient survécu, le temps devait les avoir totalement transformés, et ils devaient être aussi différents des êtres qui avaient bâti cette lune minuscule que moi de mes ancêtres dépourvus d'esprit du mésozoïque, songea-t-elle.

Et, si nous les découvrions, un seul contact suffirait à nous détruire mutuellement.

— … ce monde en bulle n'était certainement pas destiné à rester ici, à dériver autour de Vénus pour l'éternité. On peut considérer qu'il ne s'agissait que d'un site de construction, et que Vénus servait de source de matières premières. La bulle est déjà presque sur une orbite de libération. Un petit peu plus d'énergie et elle aurait pu échapper complètement à Vénus – voire s'évader du champ gravitationnel du Soleil. Vous voyez ce que je veux dire ?

— Je crois.

— Cette lune errante pourrait aller jusqu'aux étoiles voisines en quelques siècles peut-être, et ses occupants seraient gardés bien au chaud par leur soleil intérieur miniature alors qu'à l'extérieur régnerait le froid interstellaire…

Des émigrants nés dans une lointaine mer d'acide étaient venus dans le Système solaire. Peut-être étaient-ils venus dans une unique et antique petite lune, une unique spore qui avait échoué ici, mais faisait partie d'une migration à plus grande échelle. En orbite autour de Vénus, ils avaient trouvé des matériaux bruts à démanteler et à travailler – peut-être une lune, ou des astéroïdes capturés. Ils avaient fabriqué de nouvelles bulles, les avaient remplies d'océans d'acide sulfurique trouvé dans les nuages de Vénus et les avaient lancées – des milliers, voire des millions de vaisseaux-lunes, la vague de colonisation suivante, qui avait prolongé la propagation régulière de leur espèce.

— C'est une méthode bien conçue, dit Nemoto.

Efficace, fiable. Une conquête de l'espace à basse technologie…

— Les Gaijin auraient-ils pu le faire ? demanda Carole.

— … mais comme ça a dû être pratique pour ces mangeurs de soufre, disait Nemoto, d'arriver dans le Système solaire et d'y trouver précisément ce dont ils avaient besoin : une planète comme Vénus, dont ils pouvaient exploiter les nuages pour leurs océans d'acide, une lune à démanteler, bien pratique. Et d'où est venue l'énergie pour faire tout cela ?… Oh, non, Carole, ce n'étaient pas les Gaijin. Quels que soient les secrets de cette biologie à base d'acide sulfurique, elle ne ressemble en rien à la nature des Gaijin. Et tout cela est bien plus ancien qu'eux.

Pas les Gaijin, songea Carole, traversée par un frisson glacé. Une vague d'immigration plus ancienne, des centaines de millions d'années dans le passé. Les Gaijin n'étaient même pas les premiers.

— Nous ne pouvons pas savoir pourquoi ils se sont arrêtés avant d'arriver au terme de leur projet, dit Nemoto d'une voix douce. Une guerre. Un cataclysme. Qui sait ? Peut-être trouverons-nous la réponse sur Vénus. Peut-être est-ce ce que les Gaijin cherchent à découvrir ici.

La génération de ma mère a grandi en pensant que le système solaire était originel – fondamentalement vierge de modifications apportées par une intelligence – avant que nous ne sortions de la mare. Et voilà que maintenant, nous avons à peine commencé à y jeter un coup d'œil et nous avons trouvé ça : les ruines d'un titanesque projet de colonisation et d'immigration, déjà ancien longtemps, très longtemps avant qu'il y ait des humains sur la Terre.

— Vous vous y attendiez, remarqua Carole avec lenteur. N'est-ce pas, Nemoto ?

— … bien entendu, reconnut enfin celle-ci. En toute logique, il était inévitable que nous trouvions quelque chose de ce genre – pas dans les détails, mais dans son essence, quelque part dans le Système solaire. La violation. Et ce sont les activités cachées des Gaijin qui m'ont attirée ici, pour l'y découvrir.

« Encore une chose, murmura Nemoto. Vos données m'ont permis de faire une meilleure estimation de l'âge de l'artefact. Il a huit cents millions d'années. (Nemoto eut un petit rire.) Oui. Bien sûr.

Carole fronça les sourcils.

— Je ne comprends pas. Qu'est-ce que cela signifie ?

— Votre mère l'aurait su, dit Nemoto.

CHAPITRE 12

PLANÈTE SŒUR

À quatre cents kilomètres d'altitude, Carole tombait en direction de Vénus. L'atterrisseur n'avait pas de hublots ; les conditions qu'il devait affronter étaient bien trop dures. Mais ses parois internes étaient tapissées d'écrans souples, de manière à montrer à Carole ce qui se trouvait au-delà du métal alvéolé qui l'enveloppait. Ainsi, la capsule était une cage fragile, dotée de fenêtres et emplie de lumière, et son univers était divisé en deux : les étoiles au-dessus et la planète lumineuse en dessous.

Sa descente serait jalonnée de sauts, de bonds et de longues glissades à mesure qu'elle se débarrasserait de son énergie orbitale. La sensation était si douce, le panorama si élémentaire que l'expérience ressemblait presque à une simulation virtuelle réalisée sur la Terre. Mais ce n'était pas un jeu, ce n'était pas une simulation ; Carole était réellement ici, toute seule dans cette capsule aux minces parois, comme un caillou lancé dans l'immense océan d'air de Vénus, à une centaine de millions de kilomètres du premier poste de secours.

Elle tombait toujours. Sous elle, les bancs de nuages demeuraient dépourvus de traits distincts, mais ils s'aplatissaient en une plaine parfaite, comme pour une démonstration de géométrie. Lorsqu'elle levait les yeux, elle voyait un immense cône de plasma lumineux s'étirer derrière son atterrisseur tandis qu'il fendait les couches élevées de l'atmosphère. Elle s'imagina qu'elle se voyait depuis l'espace, météorite factice brillant sur la surface lisse de Vénus.

L'air s'épaississait à mesure qu'elle perdait de l'altitude, les à-coups dus à la décélération se firent plus secs et plus forts, et elle fut brutalement secouée. Le bruit commença, un hurlement suraigu d'air torturé, de molécules disloquées par la chaleur de la descente. Des éclairs de plasma illuminèrent ses fenêtres virtuelles, comme des flashs d'appareil photo. La température de l'air raréfié à l'extérieur monta à des niveaux comparables à ceux de la Terre, vingt à trente degrés Celsius.

Mais l'air ne ressemblait pas à celui de la Terre. De l'acide sulfurique se formait déjà autour d'elle, sous forme de minuscules gouttelettes, de l'acide créé par l'action de la lumière solaire sur des dérivés du soufre et des traces d'oxygène qui filtraient de la couche d'air inférieure.

À soixante-dix kilomètres d'altitude, elle tomba dans les premiers nuages.

Les étoiles disparurent soudain et une épaisse brume jaune se referma autour d'elle. Bientôt, le soleil lui-même pâlit de façon perceptible, se décolora, comme si elle le voyait à travers une couche de nuages d'altitude, en hiver sur la Terre. Et, pourtant, la plus grande partie de l'océan d'air de Vénus s'étendait sous elle. Mais elle était déjà dans la couche principale de nuages, épaisse de vingt kilomètres, la couverture opaque qui avait caché la surface de Vénus aux yeux des humains jusqu'à l'époque des sondes spatiales.

Elle fut de plus en plus ballottée. Mais sa capsule s'enfonçait dans cet air raréfié furieux, et elle ne fut bientôt plus souffletée par les super-tempêtes d'altitude.

Lorsque son parachute principal se déploya, elle fut pendant quelques secondes plaquée au fond de son siège, puis sa descente ralentit encore. De petites sondes automatisées jaillirent dans un bruit de castagnettes de la carapace de la capsule, avant de s'éloigner, poursuivant leur propre destin.

La visibilité était meilleure qu'elle ne s'y était attendue : elle s'étendait peut-être jusqu'à un kilomètre, voire deux. Et Carole distinguait des strates de brume qu'elle traversait l'une après l'autre.

Quelque chose crépita sur la coque : c'était doux, presque comme de la grêle, à peine audible sous les gémissements du vent. Elle aperçut des particules qui s'écrasaient sur le hublot : de longs cristaux, comme des éclats de quartz. Des cristaux d'acide sulfurique ? Était-ce possible ?

La grêle passa vite. Et, encore à cinquante kilomètres d'altitude, elle jaillit de la couche de nuages et se retrouva dans une atmosphère dégagée.

Elle leva les yeux vers le gréement des gigantesques parachutes orange. La capsule, qui y était suspendue, se balançait très lentement. Au-dessus d'elle, les nuages étaient épais et compacts, denses, composés de cumulus aux structures complexes, à la base renflée, pareils à des lustres de brume et presque semblables à ceux de la Terre. Le soleil était invisible et la lumière très fortement teintée de jaune tirait sur l'orange en direction de l'horizon brouillé, comme si Carole tombait vers la nuit. Mais il n'y avait toujours pas de signe de la présence du sol au-dessous d'elle, rien qu'un brouillard serré et lumineux.

Les parachutes se détachèrent dans un crépitement de boulons explosifs et ondulèrent telles des méduses avant de disparaître. Elle tomba encore, plongeant dans une brume qui s'épaississait. Les couches basses de l'atmosphère étaient si denses que sa chute ressemblait presque à une descente vers le fond d'un océan : Vénus n'était pas faite pour les parachutes.

La lumière diminuait et rougissait de plus en plus.

Des voyants s'allumèrent quand les systèmes de protection de la capsule se mirent en marche. La température extérieure montait en flèche ; elle dépassait déjà le point d'ébullition de l'eau – bien que Carole se trouvât encore à une altitude deux fois supérieure à celle des plus hauts cirrus sur Terre. Ses parois alvéolées étaient assez solides pour résister à des pressions extérieures pouvant frôler la centaine d'atmosphères. Et elle contenait des systèmes de refroidissement, des réserves de produits chimiques comme des hydrates de nitrate de lithium qui, en s'évaporant, pouvaient absorber une grande partie du féroce afflux d'énergie calorifique. Mais la véritable déperdition de chaleur était assurée par un laser réfrigérant ; il tirait à l'horizontale à intervalles de quelques minutes, suscitant des températures bien plus élevées que celles de l'atmosphère de Vénus.

Je flotte dans une mer d'acide, se dit-elle, à l'intérieur d'un réfrigérateur mobile. Cela semblait absurde, un système composé de gadgets maladroits. Difficile de croire que les Gaijin auraient procédé ainsi.

Et pourtant, tout ça était merveilleux, en un sens.

De nouveau, quelque chose crépita sur la coque. Encore de la grêle ? Non, de la pluie, d'énormes gouttes qui s'écrasaient contre ses murs virtuels, dégoulinaient et se rejoignaient, brouillant son champ de vision. Elle eut peur, l'espace d'un instant, de dériver ainsi dans ce ciel tempétueux.

Mais la pluie cessa aussi vite qu'elle avait commencé. Il faisait désormais si chaud qu'elle s'évaporait. Un peu plus bas, cette chaleur intense allait détruire les molécules d'acide elles-mêmes et laisser une brume d'oxyde de soufre et d'eau.

Le brouillard s'éclaircit subitement sous elle. Elle distingua la structure qui se trouvait en dessous, comme si elle découvrait le fond d'une mer orange : des formes qui se dressaient, des ombres, quelque chose qui ressemblait au lit d'un fleuve.

Des terres.

Suspendue à un ballon, elle dérivait au-dessus d'un continent.

— C'est Aphrodite, murmurait Nemoto depuis la lointaine Lune. De la taille de l'Afrique. En forme de scorpion – regardez la carte, Carole, voyez-vous les pinces à l'ouest, la queue venimeuse à l'est ? Mais c'est un scorpion de quatorze mille kilomètres de long, qui s'étend sur près de la moitié de la planète…

Carole – toujours en altitude dans son atterrisseur réfrigéré suspendu à un ballon – dérivait vers l'ouest, survolant les pinces du scorpion. Elle vit un plateau d'une taille monstrueuse : près de trois mille kilomètres de large, apprit-elle, à trois kilomètres au-dessus des plaines qui l'entouraient, vers lesquelles il descendait en pente abrupte. Mais sa surface était loin d'être lisse. Carole distingua des crêtes, des creux et des dômes, une variété époustouflante de caractéristiques géographiques, toutes entassées dans un paysage rude et grossier, bousculé, traversé d'arêtes et de sillons entrecroisés.

— On dirait que les terres se sont craquelées, dit-elle, puis réassemblées. Comme un parquet.

— … Oui, murmura enfin Nemoto. C'est le plus vieux paysage de Vénus. Il montre un passé marqué par une chaleur élevée et des cataclysmes. Nous allons voir beaucoup de violence géologique par ici.

Partout où Carole posait le regard, le monde, en haut comme en bas, était d'un rouge sombre, immobile et sans vent. Le ciel ressemblait à un ciel couvert de la Terre, la lumière était rouge sombre, comme un coucher de soleil foncé – plus lumineux qu'elle ne s'y attendait, mais plus martien, estima-t-elle, que terrestre. Le soleil lui-même était invisible, à l'exception d'un éclat mal défini, bas sur l'horizon. Ici, le « jour » durait plus d'une centaine de jours terrestres et résultait d'une élégante combinaison entre la révolution de Vénus autour du Soleil et sa lente rotation sur elle-même – ici, le « jour » était en fait plus long que l'année vénusienne.

Après le grand plateau, elle traversa une région de hautes terres creusées d'immenses vallées – un paysage spectaculaire, stupéfiant, et pourtant dissimulé à jamais par les kilomètres de nuages qui se trouvaient au-dessus, caché sur cette planète dévastée, là où nul regard ne pouvait la voir. La partie la plus orientale d'Aphrodite consistait en un large dôme allongé, de toute évidence volcanique, avec des crevasses, des coulées de lave et de grands boucliers volcaniques. Mais le plus spectaculaire était une gigantesque formation volcanique appelée le Maat Mons : le plus grand volcan de Vénus, de trois cents kilomètres de large et huit kilomètres de haut. C'était le jumeau du Mauna Loa, son équivalent terrestre, sauf qu'il n'était pas dissimulé par un océan.

C'était un monde volcanique. Les vastes plaines étaient couvertes de coulées basaltiques – des lacs de lave gelée, comme les mers lunaires – et crevées par des milliers de petits volcans en forme de bouclier construits par des épanchements de lave successifs. Mais il y avait quelques structures en forme de bouclier, comme pour les volcans hawaïens, comme pour le Maat Mons, qui s'élevaient, couvertes de coulées de laves, jusqu'à une altitude située entre cinq et huit kilomètres au-dessus des plaines.

Tandis qu'elle dérivait un peu plus vers l'est, quittant Aphrodite et arrivant au-dessus de basses terres de basalte lisse, Carole apprit à distinguer des caractéristiques qui n'avaient pas de contrepartie sur Terre. Des dômes au sommet plat et aux pentes raides formés par de la lave collante qui montait de défauts dans la croûte. Des volcans aux flancs ravinés par de gigantesques glissements de terrain qui n'avaient laissé derrière eux que des crêtes semblables à des pattes d'insectes en saillie. Des volcans dont les coulées ressemblaient à des pétales s'étendant sur les plaines.

Et, le plus spectaculaire de tout, des couronnes : des anneaux de crêtes et de fractures qui étaient tout sauf terrestres. Certains mesuraient plusieurs milliers de kilomètres de diamètre, des caractéristiques géographiques assez vastes pour couvrir la plus grande partie des États-Unis. Elles avaient peut-être été formées par des bulles de magma qui montaient et soulevaient la croûte avant de s'étaler, permettant au centre d'imploser comme un gâteau raté. Aux yeux de Carole, les anneaux de croûte gonflée, tordue et brisée ressemblaient à une éruption d'immenses bactéries chtoniennes issues des profondeurs de Vénus.

Il y avait même des rivières.

Son ballon dériva au-dessus de vallées fluviales larges de plusieurs kilomètres et longues de plusieurs milliers, d'improbables Amazones avec leurs plaines inondables, leurs deltas, leurs méandres et leurs barres, ici, sur un monde où aucune eau liquide ne pouvait avoir coulé depuis des milliards d'années – si elle avait jamais coulé. L'une d'elles, appelée Baltis Vallis, plus longue que le Nil, était donc le plus long lit fluvial du Système solaire. Peut-être ces fleuves avaient-ils été créés par une forme exotique de lave – formée, par exemple, d'une roche riche en carbone et salée nommée carbonatite, qui aurait pu couler à des époques plus chaudes encore dans le passé de Vénus.

Suspendue à son ballon, Carole allait dériver pendant une semaine au-dessus de ce monde nu, tandis que son regard et les senseurs de l'atterrisseur examinaient les étranges paysages qui se trouvaient sous eux. Ensuite, peut-être, elle se poserait.

Elle était enchantée malgré elle. Vénus ne possédait ni eau, ni vie, et pourtant elle voyait que c'était un jardin, un jardin de volcans et de roche sculptée. Ma mère aurait compris tout cela, se disait Carole qui ressentait comme un écho de sa culpabilité persistante. Seulement, ce n'est pas ma mère qui est là. C'est moi.

Mais Nemoto lui demanda froidement de rechercher des structures.

— Vous n'êtes pas là pour faire du tourisme. Regardez au-delà du spectacle, Carole. Que voyez-vous ?

Carole voyait des rides et des cratères.

Des rides : le sol était couvert d'arêtes et de fissures, dont certaines couraient sur des centaines de kilomètres, comme si la planète entière était un abricot laissé trop longtemps au soleil.

Et des cratères : il y en avait partout, des centaines, distribués de manière égale sur la totalité de la surface planétaire. Il y en avait peu de très grands, et également peu de très petits. Quasiment aucun de moins de cinq ou dix kilomètres de diamètre.

— … la violence, voyez-vous, disait Nemoto. À l'échelle du globe. Ces rides sur les terres basses, comme les fissures en tesselle des hautes terres, sont la preuve que la totalité de la lithosphère, la croûte extérieure de la planète, a été étirée ou compressée – tout ça en même temps. Qu'est-ce qui a bien pu faire une chose pareille ?

« Quant aux cratères, Carole, le vent les a peu érodés. L'air qui se trouve au fond de cet océan de gaz boursouflé est très calme, aussi sont-ils demeurés aussi nets qu'au moment de leur formation. Peu sont petits, car l'air épais filtre les plus petites météorites en les détruisant avant qu'elles n'atteignent le sol. Mais, inversement, il y a peu de grands cratères. Aucun d'eux ne peut être comparé aux bassins géants de la Lune, c'est certain. Mais les immenses bassins lunaires remontent aux premiers jours du Système solaire, lorsque le ciel était plein d'énormes planétésimaux égarés. Donc, vous voyez, nous pouvons dire que…

— … que ces cratères sont tous jeunes, compléta Carole.

— … qu'aucun de ces cratères n'a beaucoup plus de huit cents millions d'années, dit Nemoto, qui ne l'avait pas encore entendue. En fait, aucun trait physique de la surface de cette planète ne paraît plus vieux. Huit cents millions d'années : cela peut vous sembler très ancien, mais les planètes sont cinq fois plus âgées. Quelque chose est arrivé à Vénus il y a huit cents millions d'années, Carole. Quelque chose qui a déformé la totalité de la surface, effacé toutes les formations géographiques plus anciennes et détruit quatre milliards d'années d'héritage géologique. Nous ne pourrons jamais savoir ce qui a été perdu, quelles traces de continents et de mers ont été fondues avec brutalité…

Huit cents millions d'années, songea Carole. Le même âge que les artefacts de la petite lune. C'était ça, la signification que voyait Nemoto. Elle avait la chair de poule.

Qu'avait-on fait à Vénus huit cents millions d'années auparavant ?

Elle glissa dans la longue nuit de la planète. Mais la grande couverture d'air redistribuait la chaleur dont rien ne venait soulager la brûlure. À minuit, l'air n'était que quelques degrés plus froid qu'à midi.

Elle apprit que les sondes automatiques de Nemoto avaient trouvé de la vie sur Vénus, ici, dans cette fournaise immobile.

Ou plutôt des traces de vie.

Comme les microbes thermophiles qui vivaient près des sources chaudes dans les profondeurs des océans de la Terre, ces créatures avaient jadis nagé dans une mer d'eau chaude et salée. Carole apprit que les scientifiques humains s'attendaient depuis longtemps à trouver de tels organismes ici : des organismes qui devaient s'être éteints partout ailleurs, leur potentiel à jamais perdu, détruit par la chaleur catastrophique de la planète. Il n'en restait que des fossiles microscopiques dans les plus vieilles roches…

La couleur du ciel franchit trois degrés de plus dans les pourpres les plus profonds. Comme ses yeux s'adaptaient à l'obscurité, Carole vit qu'il y avait encore de la lumière ici – mais aucune lueur venant des étoiles ne pouvait traverser l'immense colonne d'air qui se trouvait au-dessus. C'était le sol lui-même qui brillait : elle distingua des plis, des crêtes et des cônes volcaniques qui se dressaient, mystérieux, dans la nuit.

Sur Vénus, même la nuit, la roche était si chaude qu'elle brillait.

Mais cette faible lueur ne lui paraissait pas infernale. C'était comme dériver au-dessus d'un royaume féerique, à demi irréel, et l'inversion de la perspective – l'obscurité au-dessus, la lumière au-dessous – paraissait vraiment très étrange.

Lorsqu'elle atteignit le terminateur de l'aube, un changement long et subtil se produisit, la lueur du sol migrant vers le ciel, et le monde redevint normal.

Nemoto lui dit de se préparer pour l'atterrissage. Elle était à l'évidence excitée et agitée. Elle ordonna à Carole de se diriger vers les montagnes. Nemoto avait trouvé quelque chose grâce à ses sondes, une cible digne de leur seule et unique tentative.

Ishtar Terra était un continent de la taille de l'Australie qui s'élevait en hauteur au-dessus des plaines couvrant le globe. Carole arriva de l'ouest, survolant un plateau appelé Lakshmi Planum : deux fois plus vaste que le Tibet, il était recouvert de gigantesques écoulements de lave. Sa périphérie était composée de rudes chaînes de montagnes – de longues crêtes incurvées séparées par de profonds sillons, un terrain qui rappela à Carole les Appalaches vues du ciel. Au sud se trouvait une sorte de falaise : trois kilomètres de haut, une pente de plus de vingt degrés et d'immenses flancs marqués par des glissements de terrain.

À l'est le sol commençait à monter vers la haute et immense chaîne des monts Maxwell. Carole dériva vers le sud au-dessus d'un grand sommet. Il culminait à onze kilomètres, une fois et demie la taille de l'Everest, et son flanc était crevé par un gigantesque cratère d'impact. Elle descendit vers le sud-ouest du massif.

L'atterrissage se fit en douceur, sans la moindre erreur.

Elle était le premier être humain sur Vénus. Maman, c'est maintenant que tu devrais me voir.

Carole avançait entre des plaques rocheuses éparpillées. Il n'y avait aucun bruit de vent. Mais lorsque son pied botté de métal crissait sur des roches éparses, la résonance était nette et perçante ; le son, semblait-il, portait loin dans cet air dense et élastique.

Le monde était rouge.

Le ciel formait un vaste dôme d'un rouge terne et diffus. L'air épais résistait à ses gestes, comme un fluide, comme si elle était immergée dans une mer – mais il était clair et immobile. Les rochers ressemblaient à des plaques cramoisies. Un genre de givre les recouvrait, qui jetait des éclats ternes çà et là. Comment était-ce possible ?

Elle s'approcha. Elle tenta de décrire le sol comme une vraie géologue.

— La plaine comporte beaucoup de détails fins : des alvéoles, de petites crêtes, des fissures. Elle est parsemée de plaques de roches plates d'un ou deux mètres de large comme une plaine rocheuse désertique sur Terre.

Elle s'agenouilla pour examiner un rocher de plus près.

Les multiplicateurs de son exosquelette accompagnèrent ses membres, l'aidant à positionner le lourd scaphandre.

— Je vois des strates dans cette roche. On dirait de la roche volcanique terrestre, peut-être du gabbro, mais elle semble avoir été formée par de multiples coulées de laves, sur une longue période de temps. Elle est mouchetée de taches sombres. On dirait de petites marques d'érosion. Elles sont remplies de terre. Il y a quelque chose qui ressemble à du givre et qui scintille, un miroitement très léger, des grappes de cristaux.

Elle avait une unité d'analyse. Elle la pressa contre un rocher, en s'assurant qu'elle recueillait un peu de cette étrange couche de givre.

Avec précaution, elle tendit une main enfermée dans un gant de tungstène articulé qui ressemblait à une pince et toucha le rocher. La couche de givre se détacha lorsqu'elle la racla. À l'évidence, elle était très mince. Bien entendu, ça ne pouvait pas être du givre constitué de glace d'eau. Mais alors, qu'est-ce que c'était ?

Lorsqu'elle lui donna de petits coups, un morceau de roche de la taille de sa main se détacha horizontalement et se désagrégea en poussière et en fragments qui coulèrent lentement vers le sol.

Elle se redressa. En guise d'expérience, elle leva le pied et marcha sur un caillou. Il s'écrasa comme une meringue, se brisant le long de fissures qui plongeaient profondément dans la structure de la roche.

Érosion chimique. Il n'y avait pas d'eau ici qui pouvait user les rochers, pas de pluie pour les tremper, pas de gel pour les fissurer, pas de vents puissants pour les souffleter avec du sable. Mais l'atmosphère dense et corrosive s'insinuait dans la structure intime des roches et les rongeait de l'intérieur. Partout sur Vénus, se dit-elle, les rochers doivent tout simplement pourrir sur place, attendant le plus léger heurt pour tomber en poussière.

Elle regarda autour d'elle.

Elle se trouvait sur un plateau, ici, dans les monts Maxwell. Au sud, à un kilomètre de là tout au plus, une falaise menait aux plaines situées en contrebas. Au nord – au-delà de la silhouette trapue de l'atterrisseur posé sur ses pattes solides, elle voyait les grandes masses sombres des montagnes, des cônes d'un cramoisi plus sombre peints sur le ciel rouge.

Elle avait atterri à environ cinq kilomètres au-dessus du niveau moyen du sol (il n'y avait pas de niveau de la mer sur Vénus, faute de mer). Ici, dans les hauteurs au climat doux d'Ishtar Terra, il faisait quarante degrés de moins que sur les grandes plaines volcaniques – bien qu'à quatre cents degrés Celsius, cette différence n'aidât pas beaucoup son équipement – mais la pression atmosphérique n'atteignait qu'un tiers de sa valeur la plus élevée, mesurée sur les plaines les plus basses. Carole ne pouvait pas descendre plus profondément dans l'océan d'air de Vénus.

Son scaphandre était tout de même une monstrueuse carapace de tungstène, qui ressemblait à un équipement de scaphandrier plutôt qu'à une combinaison spatiale. Sur sa poitrine et dans son dos, elle portait des paquetages pleins de réserves et d'échangeurs de chaleur, de quoi la maintenir en vie pendant quelques heures. Mais, comme pour son vaisseau, l'élément de technologie réfrigérante était un ensemble de lasers qui se débarrassaient de l'excédent de chaleur dans les roches vénusiennes. La combinaison était ingénieuse, mais pas du tout confortable ; la gravité de Vénus représentant quatre-vingt dix pour cent de celle de la Terre, elle était donc lourde et Carole s'y sentait à l'étroit.

Elle pencha la tête en arrière et regarda le ciel.

Elle ne voyait pas le soleil ; la pâle lumière pourpre était uniforme, parfaitement répartie et dépourvue de source apparente. Mais le ciel n'était pas lisse. À travers la couche d'air inférieure et la brume, son regard portait jusqu'aux grands bancs de nuages, tout là-haut, à cinquante kilomètres d'altitude. On y distinguait des trous, des endroits où le ciel était plus lumineux, ce qui en faisait une grande étendue de lumière inégale. Et les taches se déplaçaient. Le ciel était plein de grandes masses de lumière et d'obscurité qui bougeaient, se reformaient et se dissolvaient, telles des bribes de cauchemar. Le mouvement, majestueux et silencieux, témoignait d'une titanesque violence atmosphérique bien éloignée de la flaque d'air immobile et sans trace de vent là où se trouvait Carole.

Stupéfiant, magnifique. Et personne, dans toute l'histoire de l'humanité, n'avait vu ça auparavant.

— … J'ai analysé votre givre, dit Nemoto d'une voix égale. C'est du tellure. Du métal presque pur. Sur Vénus, le tellure se vaporiserait à une altitude inférieure. Il en a donc neigé ici, de la même façon que l'eau tombe sous forme de neige au sommet de nos montagnes.

Une neige de métal. Remarquable, songea Carole.

— Maintenant, continua Nemoto d'un ton doucereux, le tellure est rare. Il ne constitue qu'un milliardième d'un pour cent de nos roches de surface, et il n'y a aucune raison de croire que celles de Vénus en diffèrent de manière sensible. Mais c'est un matériau très utile pour une société technologique. Nous nous en servons pour améliorer l'acier inoxydable, dans les procédés d'électrolyse et également en électronique, ainsi que comme catalyseur dans le raffinage du pétrole. Comment une telle quantité de tellure, un métal exotique et de haute technologie, a-t-elle pu se déposer sur Vénus ?…

Ce ne sont pas les indigènes qui l'ont fait, pensa Carole, pas ces malheureuses bactéries éteintes depuis belle lurette. Ce sont les visiteurs. Ceux qui sont venus avant nous, avant les Gaijin, il y a très longtemps. Peut-être ceux qui respiraient de l'acide et qui ont construit les petites lunes. Peut-être se sont-ils écrasés ici, et le tellure est-il une relique de leur vaisseau : tout ce qui subsiste d'eux après huit cents millions d'années, une mince pellicule de givre métallique sur les monts de Vénus.

Il y eut un éclair soudain, loin au-dessus d'elle. Plusieurs minutes plus tard, elle entendit quelque chose qui ressemblait à un roulement de tonnerre. De gigantesques tempêtes électriques faisaient rage dans les nuages d'altitude. Mais il n'y avait pas de pluie, bien entendu.

En extase, elle observa les nuages.

Elle progressa avec régularité en direction du sud-ouest, s'éloignant de l'atterrisseur. Elle ne tarda pas à approcher du bord du plateau. Elle ne pouvait pas voir le sol au-delà ; la pente était raide, c'était évident.

— … Laissez-moi vous dire ce que je pense, murmura Nemoto. Lorsque Vénus s'est formée, c'était effectivement une jumelle de la Terre. Je crois qu'elle tournait vite, de façon très semblable à la Terre, ou à Mars, et qu'elle ne mettait pas plus de quelques jours terrestres pour accomplir une rotation sur son axe ; pourquoi Vénus serait-elle différente des autres ? Je crois qu'elle avait une lune semblable à celle de la Terre. Et des océans, des océans d'eau liquide. Il n'y a pas de raison pour que Vénus ne soit pas formée avec autant d'eau que la Terre à sa surface. Il y avait des océans, et des marées…

Soudain, à sa grande surprise, Carole arriva au bord du plateau.

Une falaise dégringolait devant elle, marquée çà et là des écoulements en forme de lobes des glissements de terrain. Cette grande crête s'étirait sur des kilomètres de chaque côté, jusqu'à l'horizon et au-delà. Et la pente se poursuivait vers le bas – de plus en plus loin et de plus en plus bas, comme si Carole plongeait son regard par-dessus le bord d'un plateau continental dans les profondeurs d'un océan – jusque là où elle se fondait dans un plateau, loin au-dessous d'elle, puis dans la plaine volcanique faisant le tour de la planète.

C'était le bord de la région des monts Maxwell. Cette falaise accusait un dénivelé de six kilomètres sur une distance d'à peine huit, ce qui donnait une pente de trente-cinq degrés. Il n'existait rien de semblable, nulle part sur Terre.

Et Carole devait descendre au niveau de Lakshmi Planum, six kilomètres en contrebas, pour étudier l'énigme de Nemoto. Elles n'avaient pas prévu qu'il lui faudrait effectuer un voyage aussi long et aussi difficile à la surface ; elle n'avait pas de véhicule adapté, et l'atterrisseur n'avait pas assez de carburant et n'était pas en mesure de l'emmener plus profondément dans l'océan d'air. Il ne lui restait plus que la marche à pied.

Nemoto avait dit qu'elle devait à l'espèce humaine d'en accepter le risque, d'aller jusqu'au bout de sa mission. Carole pensait simplement qu'elle le devait à sa mère, qui n'aurait sans doute pas hésité.

— Bien entendu, Vénus est plus proche du Soleil ; même humide, ce n'était pas la jumelle parfaite de la Terre. L'atmosphère était dominée par le dioxyde de carbone. Les océans étaient chauds – une température allant peut-être jusqu'à deux cents degrés – et l'atmosphère humide, surchargée de nuages. Mais, grâce à l'eau, la tectonique des plaques a fonctionné et la plus grande partie du dioxyde de carbone restait enfermé dans des carbonates que les phénomènes de subduction entraînaient sous le manteau, exactement comme sur Terre.

« Vénus était une serre humide, où la vie s'épanouissait…

Elle trouva des talus en pente, des débris laissés par des rochers effrités. Elle allait devoir être prudente, mais ce type d'escalade ne lui était pas totalement étranger. Elle avait fait de la marche dans des régions qui ressemblaient beaucoup à celle-ci comme les montagnes Rocheuses, des endroits ou l'érosion chimique semblait dominer, même sur Terre. Mais descendre en altitude allait pousser son équipement dans ses derniers retranchements. Et, bien entendu, en cas de chute, il n'y avait personne pour l'aider à se relever. Elle fit donc attention à ne pas tomber.

Elle s'arrêta au bout de quelques kilomètres pour reprendre son souffle et regarda vers le bas. La pente raide s'étirait sur des kilomètres, jusqu'au Planum.

Il lui semblait voir quelque chose de nouveau émerger du brouillard : une longue ligne sombre, étrangement droite, qui disparaissait çà et là au milieu de plis rocheux pour émerger un peu plus loin. Comme si quelqu'un s'était penché, une règle plate à la main, et avait ouvert une profonde coupure sombre dans ces roches brûlantes.

Quelque chose se trouvait à côté de ce trait, trapu et noir, comme un scarabée. Carole eut l'impression que cela se déplaçait le long de la ligne. Mais c'était peut-être elle qui se l'imaginait.

Elle poursuivit sa descente prudente.

— … Mais alors, les visiteurs sont arrivés dans leurs petites lunes dérivant à travers les espaces interstellaires, continuait Nemoto. Et ils se fichaient complètement de Vénus et de ses formes de vie. Tout ce qu'ils voulaient, c'était voler sa lune, propager leurs spores rocheuses. Alors ils ont interrompu la rotation de Vénus.

Carole fit une pause de quelques minutes à la base de la falaise, le temps que les battements de son cœur reviennent à un rythme normal et pour boire un peu d'eau.

La ligne noire était un câble. Épais d'environ deux mètres, lisse et noir, il était maintenu à un mètre du sol par des pylônes de roche rudimentaires et solides.

— Comment arrête-t-on la rotation d'une planète ? murmurait Nemoto. Nous pouvons envisager plusieurs méthodes. On peut la bombarder d'astéroïdes, par exemple. Mais je crois que Vénus a été transformée en un gigantesque moteur de Dyson. J'ai vu des câbles comme celui-ci partout sur la planète, Carole, enroulés d'est en ouest. Ils sont fragmentaires, brisés – après tout, ils ont huit cents millions d'années – mais il en existe encore des bouts de centaines de kilomètres de long. Je parie que la surface de Vénus était autrefois enveloppée dans un réseau de câbles suivant les lignes de latitude, comme les légendes sur un globe terrestre dans une salle de classe…

Elle pressa la boîte de son laboratoire sur le câble. Elle passa même la main dessus, avec prudence, mais ne sentit rien à travers les épaisseurs de son scaphandre.

Elle se mit à marcher le long du câble. Certains des pylônes manquaient, d'autres étaient très érodés. Il était incroyable que ces trucs aient duré si longtemps, se dit-elle ; ils devaient être très résistants à l'air corrosif de Vénus.

— On faisait passer des courants électriques dans les câbles, murmurait Nemoto. En circulant, ils généraient un champ magnétique intense. Celui-ci était employé pour atteler la planète à sa lune – la lune a peut-être été tirée à l'intérieur de sa limite de Roche et délibérément anéantie à l'aide des forces de marées.

« Ils ont donc utilisé l'énergie de rotation de la planète pour briser la lune en morceaux.

« Ils ont employé les fragments pour construire leurs habitats, leurs bulles de roche. Les petites lunes étaient lancées hors du système, et chacune volait à Vénus un peu plus de son énergie de rotation. Je me demande combien de temps ça a pris – des milliers, des millions d'années ?… Et, pendant qu'ils s'affairaient, ils attendaient que Vénus se tue en se grillant elle-même.

« Le ralentissement de la rotation a déstabilisé le climat, voyez-vous, disait Nemoto. Il s'est réchauffé. Il a d'abord dû y avoir une pénurie de pluie, une terrible sécheresse, et puis plus du tout de pluie… Et, en fin de compte, les océans eux-mêmes ont commencé à s'évaporer.

« Après leur disparition – la vie devait déjà s'être éteinte – l'eau présente dans l'air a commencé à monter dans les couches supérieures de l'atmosphère. Là, elle a été décomposée par la lumière. L'hydrogène s'est échappé dans l'espace ; l'oxygène et ce qui subsistait d'eau ont fabriqué de l'acide sulfurique dans les nuages.

« Voilà ce que désiraient les constructeurs de lunes, voyez-vous. L'acide. Ils ont extrait l'acide de l'atmosphère ravagée, peut-être avec des vaisseaux semblables à nos lents accumulateurs de fluide de propulsion.

« C'est une méthode efficace, quand on y réfléchit. Tout ce dont on a besoin, c'est d'une grosse planète qui tourne vite, avec une lune, ce qui fournit une source de vaisseaux-lunes, un moyen de les lancer et même une mine d'acide sulfurique. Après avoir cessé de tourner, Vénus était en ruine. Mais, eux, ils s'en fichaient. Ils avaient ce qu'ils voulaient.

« Nous avons eu de la chance qu'ils n'aient pas choisi la Terre. Peut-être notre Lune était-elle trop grosse, trop distante ; peut-être le Soleil était-il trop éloigné…

Mais ils n'ont pas terminé leur travail, se dit Carole. Quelle immense catastrophe les a donc arrêtés, il y a huit cents millions d'années ? Certains des grands cratères d'impact de Vénus étaient-ils les blessures laissées par les restes de cette lune disparue lorsqu'ils étaient tombés du ciel, hors de contrôle – ou même les cicatrices d'une guerre dévastatrice ?… Car pour Vénus, disait Nemoto, les choses avaient encore empiré. La tectonique des plaques avait cessé de fonctionner lorsque toute l'eau eut disparu. Les continents qui dérivaient se grippèrent, comme un moteur à court d'huile. La chaleur interne de la planète, piégée, s'est accumulée jusqu'à être libérée de manière cataclysmique. Le volcanisme de masse est apparu. Il y a eu d'immenses coulées de lave, de nouveaux volcans géants. La plus grande partie de la surface s'est fracturée, s'est froissée, a fondu, et le dioxyde de carbone prisonnier des roches a commencé à s'échapper dans l'atmosphère, ce qui l'a un peu plus épaissie…

Quelque chose remuait juste devant elle.

C'était la chose ressemblant à un scarabée qu'elle avait observée depuis la falaise. Elle progressait le long du câble, qu'elle creusait à l'aide d'outils complexes que Carole ne pouvait distinguer, traçant un profond sillon.

La forme était gris sombre, de la taille d'une petite voiture. Elle était aussi haute que Carole, avec une surface dépourvue de caractéristique notable qui reflétait en scintillant le ciel complexe de Vénus. Et elle était basée sur un noyau en forme de dodécaèdre.

— Bonjour, dit Carole. Toi, ça ne fait pas huit cents millions d'années que tu es là.

— Technologie gaijin, murmura Nemoto lorsqu'elle découvrit l'image. Il est ici pour faire de la récupération. Cet antique câble est un supraconducteur, Carole, et il fonctionne aux températures vénusiennes. C'est remarquable. Même les Gaijin ne possèdent rien de semblable. Et qu'ont-ils l'intention d'en faire ? souffla-t-elle. Laquelle de nos planètes ou de nos lunes vont-ils emballer comme un cadeau de Noël ?

Une alarme tinta doucement dans le casque de Carole. Si elle voulait arriver au bout de la longue escalade qui la ramènerait saine et sauve à l'atterrisseur, elle allait devoir rentrer bientôt.

De là où elle se trouvait, elle voyait les plaines situées en contrebas, la véritable surface de Vénus, le grand océan de basalte qui couvrait la planète, des kilomètres plus bas encore. Elle avait vraiment très envie d'aller plus loin, de descendre et de l'explorer. Mais elle savait qu'il ne fallait pas. Ma mission est terminée, prit-elle conscience. Ici, à cet instant ; je suis allée aussi loin que possible, et je dois revenir en arrière.

Elle était surprise d'être aussi déçue. Elle allait se sentir très à l'étroit sur Terre après ça, en dépit de l'argent qu'elle espérait ratisser une fois célèbre. Elle leva les yeux vers les nuages qui se tordaient et palpitaient cinquante kilomètres plus haut. Mais aussi loin que j'aille, se dit-elle, je me souviendrai toujours de ça : de Vénus, où je suis la première à avoir posé le pied.

De ça, et du crime démesuré dont j'ai été témoin.

— ... Si c'est arrivé une fois, ça a dû se reproduire encore et encore, murmura Nemoto. Une vague de colons débarque dans un système solaire comme le nôtre. Ils prennent ce qui les intéresse, exploitent les ressources, ravagent tout et jettent ce qui reste. Et puis ils s'en vont un peu plus loin... ou sont stoppés, on ne sait comment. Plus tard, lorsque les planètes ont commencé à cicatriser, d'autres suivent, et le processus se répète. Encore et encore.

« Je prédis que c'est ce que nous allons trouver partout. Il est désormais impossible de penser qu'il y ait quoi que ce soit de vraiment originel dans le Système solaire. Nous ne savons pas encore où chercher, et les cicatrices doivent être profondément enterrées. Mais, ici, les marques du gâchis causé par leur insouciance sont manifestes...

Avec précaution, Carole passa derrière le scarabée gaijin qui poursuivait aveuglément son labeur et, fouillant patiemment le sol du regard à travers le brouillard rougeâtre, elle chercha des fragments de supraconducteur.

CHAPITRE 13

LES ROUTES DE L'EMPIRE

Des soleils tous différents, une gerbe de mondes : Malenfant dérivait parmi les étoiles, entre les éclairs bleus de la lumière du téléporteur.

C'était une étrange pensée que, les liaisons entre Points Selles étant très longues – elles couvraient dans certains cas des centaines d'années-lumière, avec des durées de transfert se mesurant en siècles –, il pouvait y avoir à tout moment des populations entières en transit, des populations conservées dans des transmissions entre Points Selles : des populations entières sous forme de données structurées et figées qui filaient entre les étoiles, dépourvues de toute pensée, de toute sensation, n'éprouvant ni peur ni espoir.

Et, progressivement, il apprenait quelque chose sur la nature du système des Points Selles lui-même.

Un réseau de portes de transport interstellaire était rentable sur le plan économique – c'était évident, sinon on ne l'aurait pas construit. La puissance des signaux émis aux Points Selles était minimale. Ils semblaient être pointés avec précision, comme par des lasers, et fonctionnaient à une fréquence tout juste supérieure à celle du fond diffus cosmologique, à des fréquences conçues pour éviter le bruit de quantification des photons. Et les portes étaient bien entendu situées aux points où s'exerçait l'effet de lentille gravitationnelle de manière à exploiter l'agrandissement d'un milliard de fois que l'on pouvait y obtenir. Il procéda à un calcul approximatif selon la méthode de Fermi et estima qu'avec de telles économies le transfert de l'information revenait au moins un milliard de fois moins cher que le transport physique équivalent, à l'aide de vaisseaux se traînant entre les étoiles.

C'était un système de transport interstellaire conçu pour des créatures comme les Gaijin, qui appréciaient le froid et l'obscurité de la périphérie des systèmes et travaillaient sous des températures et des énergies très basses, pratiquement sans perte. Pas étonnant que nous ayons eu tant de mal à les détecter, songea-t-il.

Mais la physique du réseau imposait un certain nombre de contraintes.

Chaque récepteur devait être dans un état d'intrication quantique avec un transmetteur. Les constructeurs avaient dû haler des portes réceptrices jusqu'aux étoiles par des moyens conventionnels, des navires allant plus lentement que la lumière comme les vaisseaux-fleurs. Mais ce réseau avait une durée de vie limitée. La réserve d'états intriqués de chaque porte diminuait à chaque téléportation effectuée, si bien que chaque liaison ne pouvait être utilisée qu'un nombre fini de fois.

Peut-être les Constructeurs existaient-ils encore, et avaient-ils conservé les motivations qui les avaient poussés à construire les portes ; donc, ils les entretenaient. Sinon, le réseau devait être en train de se fragmenter tandis que les maillons clefs, utilisés des quantités de fois, cessaient de fonctionner. Les sections les plus anciennes étaient peut-être déjà tombées en panne.

Les pivots du réseau, ses parties les plus vieilles,

étaient peut-être inaccessibles aux humains et aux Gaijin, et les Constructeurs isolés, à jamais inconnaissables.

Il se demanda si c'était important. Cela dépendait de l'intelligence des Constructeurs, supposa-t-il, de leur compréhension de ce qui pouvait bien se passer dans cet univers cruel. Il commençait à avoir l'impression que les Gaijin n'en savaient pas beaucoup plus que l'humanité : qu'ils cherchaient eux aussi leur chemin dans cette galaxie de ruines et de cicatrices de batailles, en essayant de comprendre pourquoi tout cela continuait à se produire.

La plupart du temps confiné dans les habitats que les Gaijin lui procuraient, Malenfant était virtuellement prisonnier. Au bout d'un certain temps – des années –, il comprit qu'il s'encroûtait, atteint d'un syndrome d'enfermement, qu'il dépendait trop des petits rituels qui lui permettaient d'arriver à la fin de chacune de ses journées.

Il s'attacha de manière obsessionnelle à son scaphandre, son EMU de la navette, son unique bien. Il passait des heures à le réparer, à l'entretenir et à le nettoyer. Il s'efforçait dans la mesure du possible de laisser sa photo animée d'Emma dans la poche où elle se trouvait depuis des années. Il en connaissait déjà chaque grain, chaque bribe de son et de mouvement, il ne supportait pas l'idée de l'user jusqu'à ce qu'elle se fonde dans un vide blanc; c'eût été comme perdre sa propre existence.

Après quelque temps, il lui sembla qu'il tombait malade. Il sentait qu'il s'affaiblissait. S'il se pinçait la joue – ou même s'il se coupait – cela ne lui faisait pas mal comme cela aurait dû.

Cela ne l'inquiétait pas, protégé qu'il était dans le cocon confiné de ses habitats.

Il découvrit que les Gaijin ne souffraient pas de tels problèmes.

La base même de leurs esprits était différente. Sa conscience à lui était basée sur des processus quantiques se déroulant dans son cerveau, raison pour laquelle la totalité de celui-ci – et de son corps, le système de support de son cerveau – devait être transportée et, par conséquent, quelque peu altérée chaque fois qu'il transitait par un Point Selle.

L'« esprit » de Cassiopée ressemblait plutôt à un logiciel. Il était purement composé d'information classique, que l'on pouvait copier et conserver à volonté, et que l'on n'avait pas à détruire pour la transmettre par un Point Selle. Lorsqu'elle traversait une porte, le logiciel de Cassiopée était tout simplement coupé. Ainsi, elle utilisait moins d'états intriqués contenus dans la réserve de la porte.

Il n'était pas assez philosophe pour dire si tout ça lui donnait accès à une conscience, ou une âme.

Il y avait d'autres différences entre Gaijin et humains.

Il observait périodiquement de grands rassemblements de milliers de Gaijin grouillant tels des criquets sur la coque d'un vaisseau-fleur. Ils fusionnaient tous ensemble, formant d'immenses étendues luisantes et cliquetantes, comme s'ils se fondaient les uns dans les autres pour se séparer ensuite, des Gaijin se reformant un à un comme s'ils tombaient goutte à goutte d'un soluté.

Ces grands parlements dissous semblaient servir au transfert de l'information, peut-être à la prise de décisions. Si c'était le cas, le système était efficace. Les Gaijin n'avaient pas besoin de se parler, comme les humains qui s'efforçaient de manière imparfaite de traduire les uns pour les autres le contenu de leurs esprits. Ils n'avaient certes pas besoin de discuter, ni de persuader qui que ce fût. Soit les données et les interprétations qu'ils partageaient étaient valides et de valeur, soit elles ne l'étaient pas.

Mais comment pouvait-on dire que ce Gaijin particulier, qui sortait du rassemblement, était le même individu que celui entré dans la fusion ? La question avait-elle même un sens ?

Pour les Gaijin, l'esprit et même l'identité étaient fluides et malléables. Pour eux, l'identité pouvait être copiée, morcelée, partagée, fusionnée ; peu importait la perte du soi, lui semblait-il, du moment qu'une continuité était maintenue de manière que chaque Gaijin, tel qu'il se manifestait en un instant donné, pût remonter le fil de ses souvenirs en suivant un chemin complexe menant au lieu lointain qui avait engendré les premiers d'entre eux.

Et de la même façon, supposait-il, ils pouvaient anticiper un futur sans limites, un futur d'intelligence, sinon d'identité. Une immortalité froide et mécanique.

Le blizzard de mondes que les Gaijin lui montraient l'intéressait de moins en moins. Même s'il se révélait que la vie jaillissait partout où l'on portait le regard. La vie, la guerre et la mort. Il s'efforça de comprendre ce que les Gaijin lui disaient – ce qu'ils voulaient qu'il fasse.

CHAPITRE 14

RÊVES DE POISSONS ANCESTRAUX

Madeleine Meacher prit l'avion de Floride à Kourou.

La porte de l'appareil s'ouvrit et une vague d'air chaud et humide l'engloutit. Elle était en Guyane orientale, un bout de la côte nord-est de l'Amérique du Sud. Tout ce qu'elle pouvait voir jusqu'à l'horizon, c'était de la verdure : une épaisse forêt pluviale équatoriale aux arbres serrés les uns contre les autres et des nuages d'insectes miroitant au-dessus des marais des mangroves.

Elle se sentait déjà oppressée par cette étouffante couche de vie, par l'air dense et humide. En fait, elle éprouva une bouffée de panique à l'idée que nul ne gérait cette énorme et pesante biosphère. Personne aux commandes. Madeleine soupçonnait qu'elle avait passé trop de temps dans des vaisseaux spatiaux.

Une sorte de camion – bon sang, il avait l'air de fonctionner à l'essence – avait traîné un escalier jusqu'à l'avion. Madeleine se rendit compte qu'elle allait devoir descendre par elle-même. On était en 2131 et, en utilisant les Points Selles, elle était allée jusqu'à vingt-sept années-lumière de Sol. Et ici, à soixante-dix ans de son époque, elle descendait une échelle de coupée, comme en 1931.

Ma nouvelle carrière ne prend pas un bon départ, se dit Madeleine, morose.

Un homme l'attendait au bas des marches. La trentaine environ, il était d'une tête plus petit que Madeleine, avec des cheveux noirs coupés court et un visage rond à la peau brune et épaisse. Il portait une sorte de toge blanche et décontractée.

Elle eut envie de toucher ce visage, d'en sentir la texture.

— Madeleine Meacher ?

— Oui.

Il lui tendit la main.

— Ben Roach. Je fais partie du projet Triton. Bienvenue au spatioport de l'Amérique du Sud.

Son accent était complexe – multinational – mais avec des racines australiennes.

Elle prit la main tendue. Elle était plus large que la sienne, avec une paume rose pâle ; la chair était tiède et sèche.

Ils marchèrent vers un terminal délabré parsemé de végétation : de l'herbe rare et jaunie et des palmiers affaissés. Le contraste avec l'étendue luxuriante qu'elle avait aperçue du haut des airs était frappant.

— Qu'est-il arrivé à la jungle par ici ?

Il sourit.

— Trop de tirs ratés. (Il baissa les yeux et lui reprit la main.) Oh, vous vous êtes blessée…

Il y avait une coupure profonde dans l'index de Madeleine, une blessure qu'elle s'était sans doute faite sur ce vieil escalier grinçant. Elle examina le doigt abîmé, le tirant de-ci, de-là comme un morceau de viande.

— C'est ma faute. Il faisait si chaud dans l'avion que j'ai enlevé les gants de ma biocombi.

Les gants, comme le reste de la combinaison qu'elle portait, se composaient d'un réseau semi-sentient de senseurs qui l'avertissaient lorsqu'elle s'endommageait.

— C'est la Discontinuité, dit Ben avec curiosité.

— Oui. Trop de téléportation nuit à la santé.

À force de jouer avec le doigt, elle finit par rouvrir la coupure qui avait commencé à sécher.

Ben regarda le sang frais couler, intrigué.

L'employeur de Madeleine avait installé un bureau dans le Centre technique du spatioport. On y trouvait un centre de contrôle de mission déglingué, un point presse, une zone d'accueil et un musée de l'espace fermé et poussiéreux : des maquettes de satellites oubliés en papier d'aluminium.

Le bureau lui-même était frais, clair et spacieux. Trop propre. Il y avait des nattes de paille de riz sur le sol et des estampes au mur, ainsi que des fleurs. Tout cela relevait de la tradition japonaise, quoique Madeleine pût voir que les « estampes » étaient des sortes d'écrans souples, et donc configurables.

Du bureau, on avait vue sur la maquette à l'échelle réelle d'*Ariane 5* qui s'élevait à l'extérieur de l'entrée du Centre technique. Posée sur sa table de lancement mobile, elle ressemblait un peu à aux vieilles navettes américaines, avec un gros propulseur central à carburant liquide (nommé l'EPC, l'Étage principal cryotechnique) flanqué par deux boosters amovibles à carburant solide plus petits. La table de lancement elle-même était bien plus élégante que les rampes datant de l'époque *Apollo* employées pour les navettes ; c'était une tour de métal et de béton mince et galbée comme une sculpture moderne que la fusée faisait paraître toute petite. Cette maquette doit bien avoir cent cinquante ans, se dit Madeleine. La peinture s'écaillait, les vieux logos de l'ASE étaient à peine visibles. Menant une lente et irréversible attaque végétale, les moisissures et les lianes s'accrochaient aux flancs de la maquette ; celle-ci était noyée dans la verdure, aussi antique et dénuée de sens que les ruines d'un temple maya.

L'employeur de Madeleine était assis en tailleur sur le sol devant un petit *butsudan*, une étagère destinée à une statue du Bouddha placée sous la fenêtre. C'était une vieille Japonaise ratatinée dont le visage implosé était couvert de rides dignes de la Vallis Marineris. Ce qui lui restait de cheveux, une poignée de mèches grises, s'accrochait à un cuir chevelu couvert de taches de vieillesse. Elle était née en 1990. Elle avait donc plus de cent quarante ans, ce qui était proche du record de longévité. Nul ne savait par quels moyens elle se maintenait en vie.

C'était Nemoto, bien entendu.

Elle toucha une sculpture.

— C'est un Bouddha, fait de régolithe fondu de la Mare ingenii, dit-elle. Il y a eu une époque où un artefact de ce type aurait paru très exotique. (Elle se leva avec raideur et s'approcha d'une cafetière.) Vous en voulez ? J'ai aussi du thé vert.

— Non. Je me brûle la bouche trop facilement.

— Ça, c'est un inconvénient.

— Ne m'en parlez pas.

De tous les handicaps causés par la Discontinuité, être incapable de boire du café noir bien chaud était celui que Madeleine ressentait le plus intensément.

Elle étudia Nemoto, cette figure légendaire du lointain passé, cherchant en elle-même une crainte respectueuse, ou même de la curiosité. Elle ne découvrit que de l'engourdissement et de l'impatience.

— Quand voulez-vous que je me mette au travail ?

Nemoto eut un mince sourire.

— Vous voulez passer directement aux choses sérieuses, Meacher ? Dès que possible. Les premiers lancements ont lieu dans un mois.

Madeleine avait été engagée pour préparer deux cents astronautes débutants à voler dans l'espace.

— Ce ne sont pas des astronautes, la corrigea Nemoto, mais des émigrants.

— Des émigrants pour Triton.

— Oui. Deux cents aborigènes venus du cœur de l'arrière-pays australien pour fonder une nation sur une lune de Neptune. N'est-ce pas une idée stimulante ?

Ou absurde, songea Madeleine.

— Tout ce que vous aurez à faire, c'est les familiariser avec la microgravité. Nous avons monté des installations pour l'entraînement sous l'eau, et tout le reste. Empêchez-les seulement de vomir ou de devenir cinglés avant que nous puissions les transférer dans le vaisseau de transport. Je vous ai affecté Ben Roach comme guide pour les premiers jours. C'est un petit futé, et il sait se rendre utile.

Madeleine tenta de se concentrer sur ce que disait Nemoto, sur les détails de son plan baroque. Triton ? Mais pourquoi, pour l'amour du ciel ? Plongée dans un monde étrange, anesthésiée par la Discontinuité, Madeleine avait du mal à s'intéresser à quoi que ce soit.

Nemoto la soupesa du regard.

— Vous vous sentez… désorientée. Nous voilà, assises ici : des images au miroir, des reliques du XXIe siècle, toutes les deux égarées dans un futur auquel nous ne nous attendions pas. La seule chose qui nous différencie est la manière dont nous sommes arrivées là. En effectuant votre saut relativiste, vous avez enjambé les années-lumière et les décennies. L'itinéraire touristique. (Elle sourit.) Et moi, j'ai pris la voie la plus difficile.

Madeleine remarqua que ses dents étaient noires.

— Mais nous avons toutes les deux été abîmées par l'expérience, chacune de manière différente.

Nemoto haussa les épaules.

— Moi, j'ai fini par avoir tout le pouvoir.

— Sur moi, en tout cas.

— Meacher, j'ai tout de même besoin d'un équipage pour le vaisseau de transport.

— Vous m'offrez un vol jusqu'à Triton ?

— Si ça vous intéresse. Votre Discontinuité ne sera pas un handicap sérieux si…

— Oubliez tout.

Madeleine se leva. Sa jambe gauche se plia sous elle et elle manqua tomber. Elle dut s'accrocher au-dessus du bureau. Comme si, d'elles deux, c'était Madeleine la vieille femme. Elle découvrit qu'elle avait trop pesé sur la jambe et que l'alimentation en sang avait été interrompue. Elle ne l'avait pas remarqué, bien entendu ; et sa biocombi ne détectait pas ce type de dégâts trop minimes.

Nemoto la regardait, et calculait, sans sympathie aucune.

— La colonie de Triton est cruciale, dit-elle. Stratégique.

C'était bien la Nemoto dont Madeleine avait entendu parler.

— Vous travaillez encore pour l'avenir de notre espèce, Nemoto.

— Oui, si vous insistez pour le savoir.

Madeleine se sentit découragée. Il allait être difficile d'avoir des relations basées sur la rationalité avec Nemoto. C'était toujours le cas avec les gens investis d'une mission.

Mais Nemoto était la seule qui voudrait jamais lui donner du travail.

À l'exception peut-être de Reid Malenfant – et, même après tout ce temps, nul ne savait ce qu'il était advenu de lui – Madeleine avait été le premier être humain à quitter le Système solaire. Ce qu'elle avait vécu sous la lumière d'autres étoiles était stupéfiant.

Son premier retour dans le Système solaire avait plus ou moins ressemblé à un triomphe – même si, y compris à ce moment-là, elle avait eu conscience d'être victime d'une dislocation historique, comme si l'on avait jeté une couche d'étrangeté sur le monde. Et elle avait été choquée par ce qui avait été pour elle la mort soudaine de sa mère et de la pauvre Sally Brind, et de beaucoup d'autres gens qu'elle avait connus.

Mais, au moins, le plan de Frank Paulis destiné à la rendre riche au ralenti avait fonctionné la première fois. Et elle y avait gagné un peu de notoriété. En dehors de Reid Malenfant, elle était le premier voyageur stellaire et cela lui avait valu une certaine renommée.

Mais elle n'avait pas regretté de repartir, de s'échapper vers la lumière propre et bleue des Points Selles, de remplacer le monde humain qui la déroutait par les froids mystères extérieurs des étoiles.

Les retours suivants avaient été moins agréables.

En fait, à mesure que les décennies passaient sur la Terre et que l'effet de nouveauté se dissipait, plus personne ne s'intéressait beaucoup aux voyageurs des étoiles – et peu de gens étaient préparés à protéger les intérêts de ces curiosités historiques. Si bien que, lors de son dernier retour, Madeleine avait découvert qu'une dévaluation du dollar ONU, la nouvelle monnaie mondiale, avait ôté quasiment toute valeur à ses économies. Puis les banques avaient décidé de fermer les comptes de plus en plus épais des voyageurs des étoiles, une démarche soutenue par des agences intergouvernementales, jusques et y compris l'ONU.

Pendant ce temps, aucune compagnie d'assurances ne voulait plus la toucher, ni toucher à quiconque avait emprunté les portes des Points Selles, depuis le diagnostic de la Discontinuité.

Pour toutes ces raisons, Madeleine avait besoin d'argent.

Nemoto n'appartenait à aucune organisation. Madeleine aurait été incapable de définir son rôle exact. Mais l'origine de son pouvoir était assez claire : elle était restée en vie.

Grâce à des traitements de prolongation de la vie, Nemoto et une poignée de privilégiés étaient devenus si vieux qu'ils constituaient une nouvelle espèce d'hommes et femmes de pouvoir. Leur influence provenait de contacts, de réseaux d'alliances, de dettes anciennes et de services rendus. Nemoto était une gérontocrate qui prenait exemple sur les antiques officiels communistes qui dirigeaient toujours la Chine.

Madeleine n'aurait pas été surprise de découvrir que Nemoto elle-même, ou les autres gérontocrates, étaient derrière toute cette arnaque. La fermeture des comptes des voyageurs des étoiles avait donné à Nemoto pas mal de pouvoir sur Madeleine et ceux qui l'avaient suivie. Et la manœuvre avait stoppé net les ambitions que les voyageurs auraient pu avoir d'utiliser leur propre longévité effective pour accroître leur pouvoir sur Terre.

Elle se demanda si l'existence des gérontocrates – des gens conservateurs, égoïstes, reclus et obsédés – était responsable du malaise plus général qui semblait, de son point de vue, avoir affecté ce monde en avance rapide dans le futur. Des changements s'étaient opérés – des modes nouvelles, des gadgets, de la terminologie – mais elle avait l'impression qu'il n'y avait pas eu de progrès. Elle ne voyait pas de signes d'innovation significative dans les sciences et les arts. Les nations de la Terre évoluaient, mais les diverses structures supranationales n'avaient pas changé depuis des dizaines d'années : les institutions politiques qui détenaient le pouvoir s'étaient ossifiées.

Et, pendant ce temps, le monde peinait toujours sous le joug des mêmes fardeaux : une écologie qui se modifiait rapidement, des ressources en diminution et des guerres mineures entre peuples divisés comme source constante d'irritation.

Nul n'avait résolu ces vieux problèmes. Pis, elle avait l'impression que plus personne n'essayait. Par exemple, on ne pouvait plus obtenir de statistiques fiables sur la population, ou l'apparition de maladies, ou la pauvreté. Comme si l'histoire s'était arrêtée avec l'arrivée des Gaijin.

… Mais peu importait. Elle ne regrettait rien. Ce qui comptait, c'était le voyage lui-même, le but de tout. Le reste était de l'histoire ancienne, même pour Madeleine.

Ben la conduisit à son appartement. Il dut lui montrer comment ouvrir la porte. En 2131, que Dieu lui vienne en aide, on faisait fonctionner les serrures en appuyant sur des boutons du bout du pied.

Construit par les Européens dans les années quatre-vingt, le spatioport de Guyane orientale s'étirait sur vingt kilomètres environ de côte atlantique, de Sinnamary à Kourou, qui était en fait un ancien village de pêcheurs. Il y avait des bâtiments pour le contrôle de mission, d'autres destinés à l'assemblage des fusées, d'autres encore pour les tests des boosters à carburant solide et des complexes de lancement, tous identifiés par des sigles français déroutants : BAF, BIL, BEAP, et reliés par des routes et des voies ferrées qui, de la fenêtre de Madeleine, ressemblaient à des entailles dans les frondaisons.

Les fusées *Ariane* avaient eu belle allure à leur époque, cent cinquante ans plus tôt. Leur technologie avait été supplantée par les nouvelles générations d'avions spatiaux avant même que les Gaijin se soient emparés de la plus grande partie des transports sol-orbite grâce à leurs atterrisseurs propres et parfaits. Mais, lorsque les Français avaient abandonné le contrôle politique de la Guyane orientale, le nouveau gouvernement avait décidé de remettre en état ce qui restait de Kourou.

La Guyane orientale, l'une des nations les plus petites et les plus pauvres de la planète, s'était donc retrouvée avec un programme spatial.

La fusée *Ariane* avait continué à voler pendant que l'histoire allait de l'avant, et que les nations, les entreprises et les alliances se faisaient et se défaisaient, laissant derrière elles de nouvelles configurations dont les noms mêmes déconcertaient Madeleine. Mais *Ariane* demeurait, ce vieux lanceur sale, de mauvaise réputation, peu fiable et employé par des agences n'ayant pas les moyens de s'offrir mieux.

Comme Nemoto.

Madeleine se dit qu'il n'était peut-être pas surprenant que Nemoto, elle-même relique de l'âge de l'espace, eût été attirée vers cet endroit.

Les quartiers résidentiels avaient été installés dans une usine de carburant solide désaffectée, un bâtiment qui datait d'avant la naissance de Madeleine. Le groupe de constructions se nommait toujours UPG, Usine de propergol de Guyane. C'était un fouillis de cubes blancs qui dégringolait au flanc d'une colline, comme un village méditerranéen. Les installations étaient clairsemées, mais l'endroit était plutôt confortable. Quatre cents personnes environ vivaient là : les émigrants aborigènes et le personnel technique et administratif permanent qui faisait fonctionner les installations automatiques. Autrefois, plus de vingt mille personnes avaient logé à Kourou, un cinquième de la population du pays. L'atmosphère de vide, d'ancienneté et d'abandon était surprenante.

Elle dormit quelques heures. Puis elle se promena dans l'appartement en essayant un peu tout.

La façon dont les gadgets de tous les jours changeaient souvent et beaucoup l'étonnait. Les toilettes, par exemple, consistaient en un simple trou dans le sol, et elle mit des siècles à comprendre comment faire fonctionner la chasse. La douche était tout aussi calamiteuse :

elle dut appeler Ben pour apprendre comment régler la température de l'eau, soit en mettant le doigt dans une sorte de petit évier qui lisait la température du corps.

Et ainsi de suite. Tous les autres avaient grandi avec ces trucs. C'était comme être à l'étranger partout où elle allait, même dans sa ville natale. Il y avait longtemps qu'elle était fatiguée que les gens ne prennent pas au sérieux ses demandes d'information simples. Et ça s'aggravait chaque fois qu'elle revenait d'une avance rapide einsteinienne.

En tout état de cause, sa peau se piquetait de sueur quelques minutes après sa douche.

Elle ne ressentait aucune gêne, bien entendu. Là où il aurait dû y avoir la douleur et la gêne, la Discontinuité lui apportait l'engourdissement. Comme si la réalité s'effaçait. Elle se sécha à nouveau, essayant de ne pas érafler sa peau.

Peut-être aurait-on dû s'y attendre. Avant qu'on ait démontré que la téléportation aux Points Selles était une réalité, certains doutaient déjà qu'on puisse jamais, même en théorie, télécharger, conserver et transmettre des esprits humains. Les données n'étaient pas enregistrées dans le cerveau de manière simple. Il semblait qu'un esprit humain était un processus dynamique, et aucun « instantané » statique, aussi sophistiquée que fût la technologie utilisée pour le réaliser, ne pouvait en capturer la richesse. Voilà ce qu'on affirmait.

Le fait que les premiers voyageurs, y compris Madeleine, aient survécu aux transitions par les Points Selles semblait démentir ce point de vue pessimiste. Mais il était possible qu'à long terme ces doutes aient été corroborés.

Elle savait qu'il existait des rumeurs concernant l'existence d'un traitement pour ceux qui étaient atteints de Discontinuité. Madeleine ne l'attendait pas en retenant son souffle : nul n'investissait vraiment d'argent pour résoudre le problème. Il n'y avait qu'une poignée de voyageurs stellaires, et personne ne se préoccupait beaucoup d'eux de toute façon. Madeleine devait donc porter une biocombi à senseurs où elle était à l'étroit, qui l'avertissait quand elle restait trop longtemps assise, ou quand sa peau était brûlée ou gelée, et qui la réveillait la nuit pour qu'elle se retourne.

Peut-être les Gaijin n'étaient-ils pas affectés de la même manière. Personne ne le savait.

Elle resta debout, nue, devant une fenêtre ouverte pour essayer de se rafraîchir. C'était le soir. Elle voyait des kilomètres de collines couvertes de vie foisonnante. La brise soulevait des feuilles assez haut pour qu'elles traversent le balcon. Mais elle ne faisait que pousser encore plus d'air humide sur son visage.

La couche de frondaisons qui recouvrait les collines situées autour des aires de lancement paraissait étiolée : les feuilles étaient jaunies, rabougries, les arbres malades et petits comparés à leurs voisins qui avaient poussé plus loin. Les feuilles tombées à ses pieds étaient jaunes et noires, et d'autres étaient trouées, comme brûlées.

Madeleine passa une robe ample et marcha un kilomètre jusqu'au cube où se trouvait l'appartement de Ben.

Elle aperçut des aborigènes : ses élèves, des hommes, des femmes et des enfants qui allaient et venaient en petits groupes, vaquant à leurs occupations qui leur étaient propres. Ils ne lui montrèrent aucun intérêt. C'étaient de gens aux membres agiles, dont beaucoup allaient pieds nus. Certaines femmes étaient obèses. Ils portaient des toges amples semblables à celle de Ben, mais dont le tissu sale était usé jusqu'à la trame. Leur visage était rond, d'un brun plus pâle que Madeleine ne s'y attendait, avec un nez épaté et des sourcils proéminents. Ils étaient nombreux à porter des masques respiratoires ou de la crème solaire, et à avoir la peau marquée par les cicatrices que laissait le cancer.

Pour Madeleine, c'étaient de complets étrangers, mais pas plus que la plupart des gens de 2131.

Ben l'accueillit et lui servit à manger. Un mélange de riz et de couscous au safran, des morceaux de tofu, un vin local léger.

Il lui parla de sa femme. Elle s'appelait Lena et, n'ayant que vingt ans, était de dix ans plus jeune que lui. Elle se trouvait en orbite, où elle travaillait sur les gros vaisseaux de transport que Nemoto était en train d'assembler. Il ne l'avait pas vue depuis des mois.

Madeleine se sentait à l'aise avec Ben. Il faisait même attention aux mots qu'il utilisait. La dérive linguistique paraissait remarquablement rapide. Moins d'un siècle après son époque, et même si elle connaissait le mot, elle ne pouvait pas toujours en reconnaître la prononciation, et se gardait de croire qu'elle en connaissait l'usage moderne. Mais Ben faisait en sorte qu'elle comprenne tout.

— C'est étrange de trouver des aborigènes ici, dit Madeleine. Si loin de chez eux.

— Pas si étrange que ça. Après tout, la Guyane orientale est une relique parmi tant d'autres de l'ère coloniale. Les Français ont voulu suivre l'exemple des Anglais en Australie en peuplant la Guyane de bagnards.

Il sourit. Ses dents étaient jeunes et blanches, et, dans l'esprit de Madeleine, contrastaient vivement avec la bouche ravagée de Nemoto.

— De toute façon, dit-il, maintenant, nous pouvons nous échapper à bord des pétards. (Il mima un lancement de fusée en joignant les mains comme pour prier.) *Whoosh !*

— Mais Ben, pourquoi Triton ? Je sais que Nemoto a ses propres objectifs. Mais pour vous…

— Nemoto a été la seule à nous proposer quelque chose. Nous n'avions aucun autre endroit où aller. Mais nous l'aurions suivie quand même. Elle est marginalisée, on se moque de ses idées – les amis des Gaijin sont les plus virulents. Mais elle a raison, au niveau le plus fondamental. Autrefois, nous pensions que nous étions seuls dans un univers primordial. Et, soudain, nous nous retrouvons dans un univers bondé et parsemé de ruines. Les gens ont eu peur, et ils ont ressenti une profonde colère lorsqu'ils ont découvert le viol de Vénus. Cette planète aurait pu être la sœur de la Terre, ou la Terre aurait pu être la victime. Avec le temps, la colère s'est éteinte, mais nous, qui appartenons à un peuple déjà dépossédé, nous nous souvenons.

D'autres feuilles tombèrent du ciel qui s'obscurcissait, des feuilles en morceaux, abîmées par les résidus de combustion des fusées.

Ben lui apprit qu'il était originaire du centre de l'Australie. Il était né au sein d'une tribu nommée les Yolgnu.

— Lorsque j'étais enfant, ma famille vivait près des berges d'une rivière, à l'ancienne mode. Mais les autorités, les Blancs, sont arrivées et nous ont déplacés dans un endroit du nom de Framlingham. Une rangée de cabanes et de maisons en tôle. Et puis, quand j'ai eu huit ans, d'autres Blancs m'ont envoyé dans un orphelinat. Des hommes du Bureau de protection des aborigènes. Quand ils ont considéré que j'étais assez civilisé, ils m'ont envoyé dans une famille d'accueil à Melbourne. Des Blancs, les Nash. Ils étaient riches et gentils. C'était la politique adoptée par le gouvernement afin de résoudre une fois pour toutes le problème aborigène : faire de moi un Blanc.

Tout cela la stupéfia et l'embarrassa.

— Tu dois les haïr, dit-elle.

— Ils avaient déjà essayé, fit-il en souriant. Ils ont toujours eu peur, d'abord des Japonais, puis des Indonésiens et des Chinois qui venaient du nord, le regard fixé sur les grands espaces vides de l'Australie et sur ses immenses gisements de minerais. Maintenant, ils ont peut-être peur des Gaijin qui sont venus prendre leurs terres. Et, chaque fois, ils exorcisent leurs peurs en se servant de nous. Je ne les hais pas. Je les comprends.

Madeleine découvrit à sa grande surprise que Ben était titulaire d'un doctorat en physique des trous noirs. Mais, comme d'autres personnes de sa génération, il s'était senti poussé à revenir à Framlingham. Lentement, ils avaient élaboré le rêve d'une nouvelle vie. Presque tous ceux qui s'échappaient pour Triton étaient originaires de là-bas, lui apprit-il.

— C'était un déchirement de quitter les anciennes terres. Mais nous allons en trouver de nouvelles, construire notre propre monde.

Ben lui servit de la sambuca, une liqueur italienne. La dernière mode, apparemment. C'était une boisson transparente et anisée. Il fit flotter des grains de café brésilien dans son verre et y mit le feu. L'alcool brûla avec une flamme bleue dans la lumière déclinante. L'espace libre au-dessus du liquide formait comme une coupe ; les grains de café sifflèrent et explosèrent. Les flammes étaient censées libérer les huiles qu'ils contenaient, expliqua Ben, et imprégner la boisson de leur saveur.

Il éteignit les flammes et but quelques gorgées prudentes dans son verre, en testant la température de manière que Madeleine ne se brûle pas les lèvres. Le liquide chaud avait un goût prononcé, assez fort pour faire reculer les limites de sa Discontinuité.

Ils restèrent assis sous le ciel qui s'assombrissait ; les étoiles apparurent.

Ben lui indiqua des constellations et lui montra d'autres caractéristiques de la sphère céleste, la géographie du ciel.

Il y avait l'équateur céleste, une ligne invisible qui était une projection de l'équateur de la Terre sur le ciel. Là où ils se trouvaient, il passait juste au-dessus d'eux. Des lumières se déplaçaient le long de cette ligne, silencieuses, elles traversaient le ciel en douceur, comme des lucioles étrangement disciplinées. C'étaient des structures orbitales : des usines, des unités d'habitation et même des hôtels. Ben lui dit que la plupart étaient chinois ; les entreprises chinoises travaillaient en étroite collaboration avec les Gaijin. Puis il la perturba en lui montrant une autre ligne invisible appelée l'écliptique. Il s'agissait de l'équateur du Système solaire, le plan où se déplaçaient les planètes. Il était différent de celui de la Terre car l'axe de celle-ci était incliné d'environ vingt-trois degrés sur l'écliptique.

… Ou plutôt, celui-ci était invisible autrefois. Madeleine découvrit qu'il était à présent ponctué d'une fine ligne de nouvelles étoiles moyennement lumineuses, certaines blanches, mais d'autres d'un jaune orangé plus profond. Comme une rangée de lampadaires.

Madeleine apprit que ces lumières étaient des villes : les nouvelles communautés des Gaijin, creusées dans les rocs géants parsemant la ceinture des astéroïdes, qui répandaient la lumière de la fusion. Aucun être humain ne s'était approché à moins d'une unité astronomique de ces nouvelles lampes spatiales.

C'était splendide, glaçant et remarquable. Les gens de cette époque avaient grandi avec tout cela. Mais tout de même, songea-t-elle, le ciel est rempli de cités, et de gigantesques ruines incompréhensibles. Elle pouvait accepter de nouveaux styles de toilettes et de téléphones, mais le Système solaire lui-même avait changé pendant son absence, et qui aurait anticipé ça ?

Elle avait trop chaud et se sentait comme étourdie.

Elle envisagea de draguer Ben. Ça lui remonterait le moral.

Il parut réceptif.

— Et Lena ?

Il sourit.

— Elle n'est pas là. Je ne suis pas là-bas. Nous sommes des êtres humains. Nous sommes liés par le *gurrutu*, une affinité particulière qui nous attachera à jamais l'un à l'autre.

Considérant que c'était un assentiment, elle tendit la main dans le noir. Il réagit positivement.

Ils firent l'amour dans la chaleur équatoriale, une pellicule de sueur lubrifiant leurs corps. La peau de Ben ressemblait à une sculpture faite de plans fermes, et ses mains étaient chaudes et sûres d'elles. Il fut tendre, et la tint dans ses bras pour la réconforter. Il se dit fasciné par sa peau, celle d'une femme qui avait bronzé à la lumière d'autres étoiles.

Elle ne sentait rien lorsqu'il la touchait.

Madeleine dormit mal. Dans ses rêves, elle tourbillonnait à travers des anneaux de métal bleu pastel et rencontrait des visions de formes géométriques. Des triangles, des dodécaèdres, des icosaèdres. Lorsqu'elle cria, Ben la serra dans ses bras.

À un moment, elle vit que Ben, endormi, était sur le point de renverser la cafetière ; du liquide chaud s'apprêtait à lui couler sur la poitrine. Elle saisit le bec, reçut quelques éclaboussures et l'écarta. Elle ne sentit rien, bien entendu. Elle s'essuya la main avec de l'essuie-tout et attendit le sommeil.

Lorsqu'ils se réveillèrent, ils découvrirent que le café lui avait causé une grave brûlure.

Ben la soigna.

— L'absence de douleur, dit-il, est de toute évidence une bénédiction contradictoire.

Madeleine avait déjà entendu des remarques de ce genre, et elles l'agaçaient.

— La douleur est une relique de l'évolution. Elle sert de système d'avertissement initial, certes. Mais nous pouvons le remplacer, non ? Nous débarrasser des arêtes coupantes. Remplir le monde d'implants comme ma biocombi pour nous avertir et nous protéger.

Ben l'étudia.

— Sais-tu ce qu'est la formation réticulaire mésencéphalique ?

— Et si tu me le disais ?

— C'est une petite partie du cerveau. Lorsqu'on l'excite dans l'encéphale d'un humain normal, la perception de la douleur disparaît. Là se situent les dégâts causés par la Discontinuité. Je parle des qualia, des sensations internes, des aspects de la conscience. Objectivement, ta douleur existe encore, en termes de réactions de ton corps. C'est le quale correspondant qui a disparu, c'est-à-dire la perception que tu en as. Si on fait disparaître la gêne, on en finit avec les émotions liées à la douleur. La peur. Le chagrin. Le plaisir.

— Donc, ma vie intérieure est atténuée.

— Oui. On ne comprend pas bien le fonctionnement de la conscience, ni les liens entre le corps et l'esprit. Il est possible que d'autres qualia soient déformés ou détruits lors des transitions par les Points Selles.

Mais je rêve d'artefacts non humains, se dit Madeleine. Peut-être que mes qualia ne sont pas juste détruits. Peut-être qu'on les… remplace. Cette idée ne lui était jamais venue à l'esprit auparavant. Elle la repoussa résolument.

— Comment en sais-tu autant sur le sujet ?

— J'ai moi-même l'ambition de voyager dans les étoiles. De voir un trou noir avant de bâtir ma ferme sur Triton. Ça vaut le coup d'étudier ce qui m'arriverait… Madeleine, dit-il avec lenteur, il y a quelque chose que je devrais te dire. Même si Nemoto l'a interdit.

— Quoi ?

— Ce sont les Chinois qui l'ont découvert en premier, en traitant avec les Gaijin. Certains disent que ce sont eux qui le leur ont donné. Nemoto a fait en sorte que personne n'en sache rien. Mais je…

— Dis-le-moi, bon sang !

— Il existe un traitement pour la Discontinuité.

Ce fut comme une décharge électrique. Elle fut terrifiée.

— Tu sais, lui dit-il, le plus étonnant, dans tout ça, c'est que la formation réticulaire se trouve dans la partie la plus ancienne du cerveau. Nous la partageons avec nos plus vieux ancêtres. Madeleine, tu es revenue des étoiles, et tu en as été changée. Certains pensent que nous sommes en train de fabriquer une nouvelle espèce d'êtres humains, là-bas, au-delà des Points Selles. Mais nous nageons peut-être simplement dans les rêves de poissons ancestraux.

Il sourit et la prit de nouveau dans ses bras.

Elle se rua dans le bureau de Nemoto.

Celle-ci était occupée ; un lancement était imminent. Elle jeta un coup d'œil au pansement qui enveloppait la main de Madeleine.

— Vous devriez faire attention.

— Il existe un moyen de neutraliser la Discontinuité, n'est-ce pas ?

— … Oh… (Nemoto se leva et se tourna vers la fenêtre, d'où l'on voyait la maquette d'*Ariane 5*. Elle gardait les mains dans son dos d'un air très raide.) C'est le gamin qui se croit plus malin que tout le monde… Asseyez-vous, Madeleine.

— N'est-ce pas ?

— Je vous ai dit de vous asseoir.

Madeleine obéit. Elle eut du mal à trouver une position sur le mobilier de bureau de Nemoto.

— Oui, il existe quelque chose, confirma celle-ci. Si l'on reçoit le traitement approprié avant de franchir une porte, la transition peut-être utilisée pour inverser les dégâts causés par la Discontinuité.

— Dans ce cas, pourquoi le cachez-vous ? demanda Madeleine. Envoyez-moi à un Point Selle, ajouta-t-elle.

Dans son visage semblable à un masque, les yeux de Nemoto la regardaient.

— Vous êtes sûre que vous voulez retrouver tout ça ? La douleur, l'angoisse d'être humaine…

— Oui.

Nemoto se tourna et s'assit. Elle posa ses mains nichées l'une dans l'autre sur le dessus de la table, où elles ressemblèrent à des brindilles entrecroisées.

— Vous devez comprendre à quelle situation nous devons faire face, dit-elle. Pour la plupart, nous dormons. Mais certains pensent que nous sommes en guerre.

Elle parlait des Gaijin, bien entendu, de leurs grandes cités dans la ceinture, de leurs incursions en piqué dans le Système solaire intérieur – et des autres migrants qui les suivaient, qui se trouvaient encore à des décennies ou des siècles de là, mais qui progressaient en semant bruyamment le bras spirale de constructions.

— Vous devez bien voir ce qui se passe. Vous, quand vous revenez d'une de vos excursions dans les étoiles. Tout le monde est occupé, beaucoup trop occupé, par le court terme ; incapable de voir les grandes tendances. Il n'y a que nous, Madeleine, rien que nous, qui sommes égarées dans le temps.

Une connexion s'opéra dans l'esprit de Madeleine.

— … Oh… Voilà pourquoi vous êtes restée si discrète sur l'existence du remède.

— Voyez-vous pourquoi, Madeleine ? Nous avons besoin d'explorer toutes les options qui s'offrent à nous. D'avoir des soldats – des guerriers – libérés de la douleur…

— Libérés de la conscience elle-même.

— Peut-être. Si c'est nécessaire.

Madeleine se sentit dégoûtée. Souillée. La Discontinuité n'était, après tout, rien de moins que la restructuration de sa conscience par les transitions à travers les Points Selles. C'était vraiment typique de l'humanité de transformer en arme cette remarquable expérience. Et vraiment monstrueux.

Elle se renversa dans son siège.

— Faites-moi passer une porte.

— Sinon quoi ?

— Sinon, je révèle ce que vous avez fait. Dissimuler l'existence d'un traitement pour la Discontinuité.

Nemoto réfléchit.

— Le sujet est trop grave pour marchander avec quelqu'un comme vous, dit-elle. Mais je vous propose un échange.

— Un échange ?

— Je vais vous faire passer une porte. Seulement, ensuite, vous irez jusqu'à Triton avec les aborigènes. Nous voulons nous assurer que cette colonie réussira.

Madeleine secoua la tête.

— Il va me falloir des décennies pour faire l'aller-retour par une porte.

Nemoto eut un mince sourire.

— Ça n'a pas d'importance. Il faudra des années aux Yolgnu pour atteindre Neptune, et plus encore pour établir une colonie viable. Et nous jouons sur le long terme. Un jour, les Gaijin nous défieront ouvertement. Certains d'entre nous ne comprennent pas pourquoi ce n'est pas déjà arrivé. Nous devons être prêts lorsque cela se produira.

— Et Triton fait partie de ce plan ?

Nemoto ne répondit pas.

Mais c'était le cas, se dit Madeleine. Tout fait partie du grand dessein de Nemoto. Tout, et tout le monde : le fait que j'aie besoin d'argent et d'un traitement. Le fait que le peuple de Ben ait besoin d'un refuge – tous ces éléments ne sont que des leviers qu'elle peut actionner.

— Où ? demanda Nemoto.

— Où quoi ?

— Où voulez-vous aller, pour votre croisière de santé ?

— Je m'en moque. Qu'est-ce que ça peut faire ?

— … Il y a une destination qui vous conviendrait peut-être, finit par dire Nemoto. Il existe une autre espèce non humaine, ici, dans le système Terre-Lune. Vous étiez au courant ? Ils se nomment les Chaera. Leur système stellaire est inhabituel. Il comporte un trou noir miniature, qui… Eh bien… (Elle regarda Madeleine.) Votre ami Ben est spécialiste des trous noirs. Peut-être voudra-t-il venir avec vous. Comme c'est amusant…

Amusant. Encore une petite mort relativiste.

Il y eut un grondement. Elles se tournèrent vers la fenêtre. À des kilomètres de là, au-delà des mangroves, Madeleine vit le nez mince des boosters à carburant solide s'élever au-dessus des arbres, et la première lueur des moteurs. Leur lumière sembla passer par-dessus la forêt – une lumière de fusée d'une intensité surprenante qui ricochait sur l'étendue plate des marais comme sur un miroir – tandis qu'*Ariane* roulait sur son axe.

— Et voilà, dit Nemoto, vous m'avez fait rater le lancement.

CHAPITRE 15

COLONS

Six mois.

Une fois que Nemoto lui eut donné la date de sa mission, Madeleine fut incapable de penser à autre chose. Le reste de sa vie – son travail à Kourou et ailleurs, son combat juridique pour récupérer une partie de l'argent confisqué sur ses comptes, et même sa relation discrète avec Ben, qui se développait –, tout cela se fondait dans le même arrière-plan faiblement éclairé à côté de la perspective scintillante comme un diamant de passer une nouvelle porte à cette date déterminée du futur qui se rapprochait lentement.

Elle avait rencontré d'autres voyageurs qui revenaient d'un ou deux sauts dans les cieux en compagnie des Gaijin. Tous étaient déterminés à continuer. Elle imagina une nuée de voyageurs humains allant de plus en plus loin dans cet étrange cosmos, tandis que les liens qui les unissaient à une Terre brouillée et en avance rapide se distendaient et se relâchaient.

Il n'y avait pas que la Discontinuité. Elle n'était pas chez elle ici. Après tout, elle n'était même pas fichue de faire fonctionner les toilettes.

Elle ne désirait qu'une seule chose : partir.

L'atterrisseur construit par les Japonais toucha la Lune, ses fusées vomissant un nuage de poussière qui retomba aussitôt. Plusieurs artefacts reposaient à la surface du satellite, et Nemoto, l'araignée qui se trouvait au cœur de cette opération, les attendait, anonyme dans une combinaison noire.

Ben et Madeleine revêtirent leurs combinaisons avec soin. Elle s'assura qu'il suivait bien ses instructions ; après tout, c'était elle l'astronaute expérimentée.

Elle emprunta une petite échelle pour descendre à la surface. Elle dégringola les échelons dans la faible gravité. Elle sauta du dernier sur le régolithe, qui crissa comme de la neige sous son poids.

Elle s'éloigna de l'appareil.

Il n'y avait pas de couleurs vives sur la Lune : en fait, l'objet le plus coloré était leur atterrisseur à l'ossature d'aluminium de *Nishizaki Heavy Industries* qui, de loin, ressemblait à un petit insecte fragile peint en noir brillant, argent, orange et jaune. La mer de la Tranquillité était proche de l'équateur lunaire ; la Terre se trouvait donc au-dessus de la tête de Madeleine, et il lui était difficile avec sa combinaison pressurisée de se pencher en arrière pour la voir. Mais, lorsque Ben ira vivre sur Triton, pensa-t-elle, le Soleil sera un point brillant. Et la Terre rien de plus qu'un point de lumière bleu pâle, et le seul moyen de la rendre visible serait d'occulter le Soleil. Comme ça va être étrange.

Nemoto montrait à Ben les divers objets qu'elle avait assemblés. Madeleine vit un ensemble de cubes de métal d'où sortaient des câbles. Il s'agissait d'une paire de lasers à rayons X de forte puissance.

— Leur source d'énergie est une petite bombe à fission. Lorsqu'elle explose, il y a une émission de photons. Ils voyagent le long de barres de métal, ce qui génère un rayon intense. En fait, la puissance de la bombe a été concentrée…

Elle finit par comprendre qu'il s'agissait d'armes expérimentales datant de la fin du XXe siècle. Elles avaient été conçues pour fonctionner à partir de satellites, d'où elles auraient abattu des missiles balistiques intercontinentaux.

— Et qu'ont payé les Gaijin pour ces vieux gadgets obscènes ? demanda Madeleine.

— Ça ne vous regarde pas.

L'habitat qui allait les maintenir en vie était un chef-d'œuvre d'improvisation et d'économie, songea Madeleine, tout comme son *Friendship-7* dont elle se souvenait avec affection. Il était basé sur deux modules – le FBG, de construction russe, et le Module de service, de construction américaine. Ils avaient été récupérés sur la vieille Station spatiale internationale de la NASA. Le Module de service avait été amélioré par l'adjonction d'une plate-forme d'instruments d'astrophysique.

Madeleine glissa sa main gantée dans celle de Ben.

— Nous devrions baptiser notre magnifique vaisseau, dit-elle.

Ben réfléchit.

— L'*Ancêtre du Temps du Rêve*.

— Venez, vous allez faire la connaissance des Chaera, annonça Nemoto.

Le dernier artefact posé sur le régolithe était un réservoir, un cube de verre. Il contenait un disque translucide d'environ un mètre de diamètre qui nageait lentement dans un fluide bleu oxygène.

C'était un extraterrestre : un Chaera, un habitant du système au trou noir, l'objectif de cette mission. Après les Gaijin, les Chaera avaient été la deuxième espèce d'extraterrestres à débarquer dans le Système solaire.

Excepté tous ceux qui étaient venus par le passé, et qui étaient morts.

Ben fit un pas en avant. Il toucha de sa main gantée les parois de verre du réservoir. Le Chaera ondula; il ressemblait un peu à une raie pastenague. Madeleine se demanda s'il essayait de parler à Ben.

… Le Chaera avait des yeux : quatre, espacés régulièrement sur le pourtour du corps en forme de raie, avec des paupières qui s'ouvraient alternativement en se dilatant. Des yeux semblables à des yeux humains la regardaient, des yeux sur une créature venue d'une autre étoile. Elle frissonna.

À travers une fissure de l'épaisseur d'un cheveu, un fluide formait des bulles et s'évaporait en bouillant dans le vide.

— Vous devez comprendre que la nature de cette mission est un peu différente, dit Nemoto. Vous allez dans un système habité. Les Chaera possèdent une technologie, semble-t-il, mais pas le vol spatial. Les Gaijin sont entrés en contact avec eux et ont jeté les bases d'une relation commerciale. Les Chaera ont demandé des artefacts précis, que nous avons pu leur fournir. (Elle grogna.) Intéressant. On dirait que les Gaijin ont effectivement appris avec nous à avoir des relations commerciales rudimentaires. Avant, ils se contentaient peut-être de s'approprier ce qu'ils désiraient, ou de tuer pour l'avoir.

— Tuer ? fit Ben. Votre vision des Gaijin est bien dure, Nemoto.

— Et qu'est-ce que les Gaijin ont obtenu des Chaera en échange ? demanda Madeleine.

— Nous ne le savons pas. Les Chaera vivent paisiblement au service de leur dieu. Et il semblerait que ce qu'ils demandent est simple. Vous les aiderez à parler à leur dieu.

— Avec un laser à rayons X, répliqua sèchement Ben.

— Concentrez-vous sur l'aspect scientifique, ça suffira, conseilla Nemoto, dont la voix trahissait la lassitude. Apprenez des choses sur les trous noirs, et sur les Gaijin. C'est pour ça qu'on vous envoie là-bas. Ne vous inquiétez pas pour le reste.

Le Chaera nageait comme du verre en fusion et miroitait dans le clair de Terre.

Ben Roach sembla percevoir le sentiment d'urgence qui habitait Madeleine, le fait qu'elle désirait que le temps passe vite.

Il lui proposa de l'emmener en Australie, de lui montrer les lieux où il avait grandi.

— Tu devrais te reconnecter un peu. Peu importe jusqu'où tu vas, tu es toujours faite d'atomes de la Terre, de roc et d'eau.

— Philosophie aborigène ? demanda-t-elle, un peu dédaigneuse.

— Si tu veux. La Terre t'a donné la vie, le langage et l'intelligence, et te reprendra lorsque tu mourras. On raconte que des humains sont déjà morts là-bas parmi les étoiles. Leurs atomes à eux ne peuvent pas revenir sur Terre. Et inversement, il y a des Gaijin ici.

— Aucun Gaijin n'est mort ici. (C'était vrai. Les trois ambassadeurs qu'elle avait rencontrés à Kefallinia étaient toujours là et fonctionnaient encore, des décennies plus tard.) Peut-être qu'ils ne peuvent pas mourir.

— Mais s'ils meurent, alors leurs atomes, qui ne proviennent pas de la Terre, seront absorbés par ces pierres.

— C'est peut-être une transaction équitable, dit-elle. Nous devrions étendre ta philosophie. L'Univers est la Terre en plus vaste. L'Univers nous donne naissance et nous reprend lorsque nous mourons. Nous tous, les humains, les Gaijin, tout le monde.

— Oui. Qui plus est, il y a des leçons à apprendre.

— Es-tu en train d'essayer de m'éduquer, Ben ? Qu'y a-t-il à voir en Australie ?

— Viendras-tu ?

Ça ferait passer le temps.

— Oui, dit-elle.

Vue d'avion, l'Australie paraissait plate, couleur rouille et semée de dunes de sable ondulant sur tout un continent et de salants, reliques de mers mortes. Elle était érodée, très sèche, très ancienne ; Madeleine apprit que les dunes de sable elles-mêmes étaient âgées de trente mille ans. Les humains se limitaient à occuper la bande côtière et quelques colonies éparpillées à l'intérieur.

Ils se rendirent à Alice Spring, dans le cœur sec de l'île continent.

Madeleine distingua des installations modernes tandis qu'ils approchaient de l'aéroport : un énorme globe blanc et d'autres bâtiments. Elle vit les cônes luisants caractéristiques des atterrisseurs gaijin au milieu des constructions. Des barrières argentées neuves avaient été jetées dans le désert, elles s'étiraient sur des kilomètres autour des structures centrales.

La taille des terres des Gaijin, ici, au centre de l'Australie, l'étonna. L'époque où ils étaient retenus dans une enceinte bien gardée sur une île grecque était depuis longtemps révolue, semblait-il.

Ben fit une grimace.

— C'est une vieille base américaine d'observation des satellites qui s'appelle Pine Gap. Les gens du coin y ont longtemps été hostiles. On a même dit que le Premier ministre australien ignorait ce qui se passait là-bas. Et les communautés aborigènes locales ont été scandalisées lorsqu'on leur a pris leurs terres.

— Mais à présent, dit-elle d'un ton sec, les Américains sont partis. Nous n'observons plus rien dans l'espace parce que nous n'avons plus de programme spatial qui le nécessite.

— Non, murmura-t-il. Et, donc, ils ont donné Pine Gap aux Gaijin.

— Quand ?

Il haussa les épaules.

— Il y a quarante ans, je crois.

Avant sa naissance.

C'était partout pareil sur la planète, Madeleine le savait. Partout où ils atterrissaient, les Gaijin se répandaient : lentement, presque imperceptiblement, mais c'était à sens unique. Et, chaque année, il y avait encore plus de réfugiés humains épuisés forcés de fuir leur foyer.

Peu de gens protestaient vigoureusement parce qu'ils étaient rares à voir les grandes tendances à l'œuvre. Nemoto a raison, pensa-t-elle. Les Gaijin profitent de la brièveté de nos vies. Elle a raison d'essayer de survivre, d'allonger sa vie, de voir ce qu'on est en train de nous faire.

Mais Ben la surprit. Le fait d'être là, de voir ce qui se passait, le fit sortir de son détachement ; il devint malheureux, et se mit en colère.

— Les Gaijin se préoccupent encore moins de nous que les Européens. Mais nous étions ici avant eux, et longtemps avant les Européens. Pour nous, ce sont tous des Gaijin. Certains d'entre nous s'enfuient. Mais peut-être un jour seront-ils tous partis, tous les étrangers, et nous ôterons nos vêtements faits dans des usines et nous marcherons de nouveau dans le désert. Qu'est-ce que tu en dis ?…

L'avion se posa lourdement dans un nuage ondoyant de poussière rouge.

Alice Springs – que Ben appelait « l'Alice » – était une petite ville terne, une grille de rues où il faisait chaud comme dans un four. Son artère principale se nommait Todd Street, une morne bande d'asphalte datant de l'époque des chevaux et des poteaux pour les attacher. À présent, elle semblait avoir été transplantée depuis une petite ville américaine avec son mélange de bars, de distributeurs de soda et de magasins de souvenirs.

Madeleine jeta un vague coup d'œil aux vitrines. Elles regorgeaient de souvenirs australiens – des kangourous et des wallabies en peluche, des T-shirts animés, des livres et des disques de données – mais, avec la réserve de Pine Gap tout près, il fallait en profiter, et elle vit toute une gamme de souvenirs des Gaijin, des maquettes d'atterrisseurs et de vaisseaux-fleurs, et des jouets animés à l'effigie des Gaijin qui ressemblaient à des araignées allant et venant dans la vitrine avec d'étranges cliquetis. Mais il semblait n'y avoir que peu de touristes désormais. Cette industrie, déjà en récession avant que Madeleine effectue son premier voyage par un Point Selle, avait à présent pratiquement disparu.

Ils prirent une chambre dans un hôtel anonyme un peu à l'écart de Todd Street. À l'extérieur, un vieil eucalyptus très laid se frayait un chemin dans l'asphalte. Ses petites feuilles vert sombre paraissaient dures, et son écorce se détachait en longues bandes couleur cendre qui pendaient de son tronc.

— C'est un monument sacré, dit Ben avec douceur. Il se trouve sur le Rêve de la Chenille.

Elle ne savait pas ce que cela voulait dire. Des voitures autopilotées contournaient à grand-peine cette antique présence têtue ; autrefois, à l'époque où les gens conduisaient leurs voitures, l'arbre devait représenter un danger pour la circulation.

Deux enfants se promenaient – minces, élancés, la peau d'un noir profond tartinée de crème solaire. Ils regardèrent Ben et Madeleine contempler l'arbre. Ben parut étrangement mal à l'aise pendant qu'ils les dévisageaient.

C'est parce qu'il est lui aussi un étranger, se dit-elle. Il est parti trop longtemps, comme moi. Il n'est plus chez lui ici, plus tout à fait. Elle trouva que c'était triste, mais étrangement réconfortant. Il y a toujours quelqu'un qui s'en sort plus mal que vous.

Ils se reposèrent une nuit.

La Lune brillait à la fenêtre. De gros insectes grouillaient autour des lampes de l'hôtel, étincelant et grésillant. Il faisait si chaud qu'il était difficile de dormir. Elle regrettait l'espace clos, simple et contrôlable d'un vaisseau spatial.

Le matin suivant, ils se préparèrent à visiter le pays – à « sortir dans le bush » comme disait Ben. Il portait des bottes, un maillot de corps ample, un casque jaune et d'étroits shorts verts qu'il nommait des *stubbies*, un terme typiquement australien. Meacher portait un large poncho, un grand chapeau réfléchissant et une généreuse couche de crème solaire sur le visage et les mains. Après tout, si ce soleil féroce la brûlait, elle ne le sentirait même pas.

Ils avaient loué une voiture, un 4×4 aux énormes pneus déjà teints en rouge profond par la poussière. Ben embarqua de la nourriture – qu'il appela *tucker* ; plus il parlait avec les habitants, et plus il retrouvait son accent – et beaucoup d'eau, bien plus qu'elle n'avait imaginé qu'il leur en faudrait, dans de grands réservoirs réfrigérés nommés des Eskis, un dérivé d'Eskimos. En fait, la voiture autorisait le démarrage uniquement si ses senseurs internes lui disaient qu'il y avait beaucoup d'eau à bord.

La route, une bande rectiligne de tarmac noir, était probablement en béton intelligent, autoréparable et conçu pour durer des siècles sans être entretenu, se dit-elle. En dehors d'eux, il n'y avait aucune circulation.

Au début, elle aperçut des palissades, des éoliennes autour desquelles se rassemblait du bétail, et même quelques chameaux.

Ils passèrent devant un village aborigène entouré de grillage. Il n'y avait là que des cabanes au toit de tôle ondulée et quelques bâtiments centraux qui n'étaient que des boîtes marron sans air – une clinique, peut-être une église. Des enfants semblaient courir partout, bras et jambes découverts. Des ordures voletaient au ras du sol, où scintillaient des morceaux de verre.

Ils ne s'arrêtèrent pas. Ben jeta à peine un coup d'œil sur le côté de la route. Cette misère noire choquait Madeleine.

Ils ne tardèrent pas à se trouver loin de toute habitation humaine ; le sol pourpre était dépourvu d'arbres. Rien ne bougeait, sinon les ombres vaporeuses des nuages de haute altitude. Cette zone était trop aride pour être cultivée, ou même pour que du bétail y paisse.

— Un environnement cruel, dit-elle, inutilement.

— Tu parles, répliqua Ben, les yeux dissimulés par des lunettes noires. Et c'est de pire en pire. En fait, la population diminue. Mais nous, ça nous suffisait. Je suppose que nous traitions la terre avec douceur.

C'était vrai. Après des dizaines de milliers d'années de tâtonnements, les aborigènes avaient peu à peu constitué une tradition qui leur permettait de vivre ici, sur une terre pauvre en eau et en nutriments. Mais il n'y avait aucune place pour l'excès dans leur existence : ils n'avaient pas de structure sociale fixe, pas de prophètes ni de chefs, pas d'oisifs, et leurs mythes parlaient de migration. Et, avant l'arrivée des Européens, les faibles, les infirmes et les vieux étaient durement traités.

Ils n'étaient que trois cent mille sur un territoire grand comme les États-Unis. Mais les aborigènes avaient survécu là où cela semblait impossible.

Le sol commençait à monter ; Ben arrêta la voiture et sortit. Madeleine émergea dans la poussière brûlante qui collait à sa peau, la dense lumière horizontale et le paysage immobile.

Elle se retrouva en train de marcher sur un plateau couvert de collines de sable et de roches usées, fragmentées par les intempéries ; des roches d'un rouge orangé, comme sur Mars, se dit-elle, creusées de profonds ravins asséchés. Mais il y avait de l'herbe ici, par touffes jaunes et épineuses ; et même des arbres et des buissons, comme les petits *Acacias aneura* aux feuilles épineuses. Certains buissons avaient été brûlés récemment ; des pousses vertes hérissaient les souches noircies. Aux yeux de Madeleine, ces arbres épars et cette herbe semée un peu partout avaient une allure de parc, mais c'étaient le feu et l'aridité qui avaient façonné cette terre, et non une esthétique occidentale.

Se dégourdir les jambes, marcher les pouces passés dans les sangles d'un sac à dos semblait rendre Ben euphorique.

— L'Australie est un endroit pour des créatures qui marchent, dit-il. C'est à ça que nous autres humains sommes adaptés. Regarde notre corps de près à l'occasion. Chacun de ses éléments, de nos jambes allongées à notre colonne vertébrale verticale, est construit pour de longues, très longues marches à travers des territoires hostiles, de désert et de broussailles. L'Australie est exactement le genre de terre pour laquelle nous avons évolué.

— Donc, nous avons évolué pour devenir des réfugiés, conclut Madeleine d'un ton aigre.

— Si tu veux. Si l'on considère tous ces gens qui arrivent le long de notre bras galactique, c'est peut-être une bonne chose. Qu'en penses-tu ?

La marche, dit-il, était à la base du Temps du Rêve, la Genèse des aborigènes.

— Au commencement, il n'y avait que l'argile. Et les Ancêtres se sont créés eux-mêmes à partir de l'argile – des milliers d'entre eux, un pour chaque espèce totémique…

Chaque ancêtre totémique voyageait dans tout le pays en laissant derrière lui une piste faite de mots et de notes de musique qui suivait ses pas. Et ces pistes servaient de moyens de communication entre les tribus les plus éloignées les unes des autres.

Madeleine en avait entendu parler.

— Les lignes de chant ?

— L'appellation que nous utilisons signifie quelque chose comme « les pas des Ancêtres ». Et notre système de connaissance et de loi se nomme le Tjukurpa… Mais oui. La totalité du pays ressemble à une partition. Il n'y a pour ainsi dire pas un rocher ou une crique qui n'ait été chanté. Mon « clan » n'est pas ma tribu, mais tous les gens de mon Rêve, que ce soit de ce côté du continent ou de l'autre ; ma « terre » n'est pas un morceau de sol fixe, mais une route commerciale, un moyen de communication.

« Les principales lignes de chant semblent pénétrer en Australie par le nord ou le nord-ouest, peut-être d'au-delà du détroit de Torres, puis elles s'insinuent vers le sud en traversant le continent. Il est possible qu'elles représentent les itinéraires suivis par les tout premiers Australiens lorsque, venus d'Asie, ils se sont aventurés sur le détroit qui n'était pas large à l'époque glaciaire. Cela ferait des lignes les vestiges de pistes qui s'étirent bien plus loin dans le temps, sur une centaine de milliers d'années, à travers l'Asie et jusqu'en Afrique.

— De l'Afrique à Triton, dit-elle.

— Où personne n'a jamais chanté la terre. Oui.

Ils grimpèrent un peu plus loin, parmi des touffes de cette herbe blanc-jaune et fibreuse appelée pavonie à capsule épineuse. Elle tendit la main pour en toucher une, et ne sentit rien. Ben repoussa vivement sa main ; puis la retourna. Elle vit des épines hérisser sa paume.

Il les retira patiemment.

— Ici, tout a des épines. Tout essaie de survivre, de s'accrocher à sa provision d'eau. Ne l'oublie pas, c'est tout… Regarde.

Des craquements. Une femelle kangourou et un groupe de jeunes venaient de quitter le couvert des buissons.

Ils ressemblaient étrangement à des souris géantes, maladroites mais puissantes, avec des têtes de rongeurs et une fourrure épaisse. Leurs cuisses étaient blanches sur le fond rouge de la terre. Lorsque la grande femelle bougea, elle le fit dans un mouvement tournant que Madeleine n'avait jamais vu auparavant, en prenant appui sur sa queue et ses pattes antérieures pendant qu'elle se soulevait en avant sur ses grandes pattes arrière. Il y avait un petit dans sa poche ventrale – non, Ben dit qu'on les appelait des *joeys* – une petite tête qui sortait, curieuse, et qui broutait même la pavonie pendant que sa mère se déplaçait.

Vues de près, les créatures semblaient extraordinairement étrangères à Madeleine : des éléments issus d'une ingénierie biologique différente, comme si elle s'était égarée dans un monde parallèle. Les Chaera, se dit-elle, sont à peine moins exotiques.

Quelque chose fit sursauter les kangourous. Ils s'en allèrent à grands bonds efficaces.

— Mon premier kangourou, dit-elle en souriant.

— Tu ne comprends pas, fit Ben, tendu. Je crois que c'était un *procoptodon*. Un kangourou géant. Ils atteignent trois mètres de haut…

Madeleine ne connaissait rien aux kangourous.

— Et ça sort de l'ordinaire ?

— Madeleine, le procoptodon s'est éteint il y a dix mille ans. C'est ça qui sort de l'ordinaire.

Ils continuèrent à marcher en s'éloignant de la voiture, sirotant l'eau de leurs gourdes.

— Ce sont les Gaijin, dit-il. Bien sûr, ce sont eux. Ils sont en train de réintroduire des animaux géants qui ont disparu depuis longtemps d'ici. On a vu un *wanabe*, un serpent d'un mètre de diamètre sur sept de long, et un oiseau qui ne vole pas faisant deux fois la masse d'un émeu, le *genyornis*. On dirait que les Gaijin bricolent la structure génétique des espèces existantes et explorent ces formes archaïques et disparues.

Ils atteignirent une zone de roche nue parsemée d'os. Brisés et éparpillés, ceux-ci avaient apparemment été rongés. Peu de ces fragments étaient assez grands pour que Madeleine les identifiât. Celui-ci était-il une orbite, celui-là une mâchoire ?

— Nous pensons qu'ils utilisent l'analyse parcimonieuse, expliquait Ben. L'ADN se détériore avec le temps. Mais on peut déconstruire l'évolution d'un organisme si l'on a accès aux résultats de cette évolution. On revient en arrière pour retrouver le gène commun dont ceux-ci sont tous issus. Le principe consiste à rechercher le plus petit nombre d'embranchements à partir desquels une famille contemporaine pourrait avoir évolué. Et quand on a la structure, on peut recréer le gène ancien en introduisant des séquences synthétiques dans les gènes modernes. Tu comprends ? (Il s'arrêta ; il haletait un peu.) Madeleine, il me vient une idée. L'Australie a toujours été une île, sauf à certains moments où elle a été réunie à la terre, pendant les périodes glaciaires, sur une durée de cent millions d'années. La divergence génétique chez les humains modernes est plus grande entre les aborigènes et le reste de la population.

— Donc, si quelqu'un voulait réfléchir à la manière dont il pourrait déconstruire le génome humain…

— … commencer ici serait une bonne idée. (Elle songea au Gaijin qu'elle avait vu se démonter lui-même, des décennies auparavant, à Kefallinia.) Peut-être qu'ils nous démontent. Qu'ils démontent la biosphère, pour voir comment elle fonctionne.

— Peut-être. Tu sais, les humains ont toujours cru que lorsque les extraterrestres arriveraient, ils apporteraient la sagesse en provenance des étoiles. On dirait au contraire qu'ils sont venus sans rien d'autre que des questions. Et maintenant, ils ne sont plus satisfaits de nos réponses, et ils cherchent les leurs… Bien entendu, ça nous aiderait s'ils nous disaient ce qu'ils cherchent. Mais nous commençons à le deviner.

— Vraiment ?

Ils continuèrent à marcher lentement, économisant leur énergie.

Ben regarda Madeleine.

— Pour quelqu'un qui a été si loin, tu sembles parfois comprendre bien peu de choses. Permets-moi de te parler d'une autre théorie. Est-ce que tu vois un cactus, ici, dans notre désert ?

Il se trouvait que non. En fait, maintenant qu'elle y pensait, elle n'avait vu aucune des plantes du désert qu'elle avait l'habitude de voir aux États-Unis.

Ben lui expliqua que c'était à cause de la longue histoire de l'Australie. Autrefois, elle faisait partie d'un supercontinent géant, le Gondwana. Lorsqu'elle s'en était détachée, elle avait emporté une cargaison de plantes et d'animaux de la forêt tropicale qui avaient évolué en réponse à l'aridité grandissante pour devenir ce qu'elle voyait là.

Il frotta ses doigts dans la terre rouge.

— Les continents sont des radeaux de granit qui naviguent sur des courants de magma situés dans le manteau. Nous pensons qu'ils se fondent et se brisent, en allant çà et là, sous l'influence de changements dans ces courants.

— Très bien.

— Seulement, nous ne savons pas ce qui fait bouger ces courants de magma. Nous pensions que c'était une sorte de dynamique interne de la Terre.

— Mais à présent…

— À présent, nous n'en sommes plus si sûrs. (Il lui adressa un fin sourire.) Imagine une guerre de titans. Un bombardement depuis l'espace. Un coup majeur, un astéroïde ou une comète frappant l'océan. Il s'enfoncerait dans l'eau comme dans une flaque, sans même en remarquer la présence, et irait fissurer le fond de l'océan. (Ses lèvres se plissèrent.) Imagine de la saleté sur de l'eau. Maintenant, lance quelques cailloux. Imagine que les îlots de boue éclatent, se convulsent, tourbillonnent et se rassemblent à nouveau. Voilà à quoi ça a ressemblé. Si c'est arrivé, ça a forgé toute la destinée de la vie sur Terre. Les structures d'impact ne peuvent pas être faciles à détecter, puisque le fond de l'océan plonge sous les continents où il se liquéfie. Après deux cents millions d'années, il n'en reste rien. Il existe néanmoins des techniques…

Une guerre de titans. Des rochers lancés des cieux frappant la Terre. Il y a des dizaines de millions d'années.

Elle eut l'impression que le paysage brûlant et poussiéreux tournoyait autour d'elle.

On aurait dit une de ces délirantes théories du complot. Attribuer l'évolution de Vénus à des activités extraterrestres était une chose. Mais ça… Était-il possible que ce fût vrai, que tout ce qu'elle avait vu aujourd'hui – les animaux, cette terre ancienne – eût été modelé par une intelligence, par une guerre insouciante ?

— C'est pour ça que tu m'as emmenée en Australie ? Pour me dire ça ?

Il sourit.

— Sur la Terre comme au Ciel, Madeleine. Il semblerait que nous n'ayons pas de mal à parler de vagues d'envahisseurs non humains qui auraient remodelé de lointaines planètes rocheuses – même Vénus, notre jumelle. Mais pourquoi la Terre aurait-elle dû être épargnée ?

— Et c'est pour ça que tu suis Nemoto ?

— Si les Gaijin l'ont compris – s'ils ont compris que nous vivons dans un univers où règne une violence si épouvantable, ne crois-tu pas qu'ils devraient au minimum nous le dire… ? (Ben trouva un objet qui ressemblait à un morceau d'os de la cuisse.) Je ne suis pas un expert, dit-il, mais je crois que c'était un *Diprotodon*. Une créature semblable à un wombat de la taille d'un rhinocéros.

— Encore une expérience des Gaijin.

— Oui. (Il paraissait de nouveau en colère, à sa manière, contrôlée et introvertie.) Qui sait comment il est mort ? De faim, peut-être, ou de soif, ou d'un simple coup de soleil. Ce sont des animaux archaïques ; notre écologie n'est pas celle dans laquelle ils ont évolué.

— Et donc, ils meurent.

— Et donc, ils meurent.

Ils continuèrent à marcher, et découvrirent d'autres os d'animaux qui auraient dû être morts depuis dix mille ans, blanchis par le soleil implacable.

La porte du Point Selle était un simple anneau d'un matériau bleu pastel de trente mètres de diamètre, qui faisait face au Soleil. Madeleine se dit qu'il était d'une beauté classique. Élégant, parfait.

Tandis que le vaisseau-fleur s'en approchait, sa peur ne cessa de s'intensifier. Ben lui raconta des histoires du Temps du Rêve et elle s'accrocha à lui.

— Dis-moi…

Il n'y eut pas de décélération. Le vaisseau-fleur replia à la dernière minute ses pétales électromagnétiques et les fils d'argent s'enroulèrent contre ses flancs, le transformant en une lance qui plongea dans le disque obscur.

Une lumière bleue baigna le visage de Madeleine. Son intensité augmenta jusqu'à les aveugler.

Il y avait à chaque transition un unique instant de douleur atroce, insupportable.

… Mais cette fois, pour Madeleine, la douleur ne disparut pas.

Ben la serra dans ses bras tandis que la lumière froide de soleils différents se levait sur le vaisseau-fleur. Tandis qu'elle pleurait.

CHAPITRE 16

LE DIEU ICOSAÉDRIQUE

Le Point Selle du système d'origine des Chaera se situait à l'intérieur du disque d'accrétion du trou noir. Ben et Madeleine étaient collés aux hublots pendant qu'une lumière trouble se déversait sur les surfaces de plastique et de métal éraflées de l'habitat.

Le disque d'accrétion tourbillonnait sous le vaisseau telle l'écume à la surface d'une immense baratte. Madeleine apprit que le trou noir était énorme pour la catégorie à laquelle il appartenait – plusieurs mètres de large. La matière du disque d'accrétion y tombait en permanence ; des rayons X fusaient dans l'espace.

Le vaisseau-fleur traversa le disque. La vue était stupéfiante.

Le disque fut écrasé par la perspective. Ils se retrouvèrent dans des ombres d'un million de kilomètres de long.

Une bande cramoisie balaya le vaisseau-fleur en montant. Madeleine entraperçut quelques détails, une mer de débris sableux. Le disque s'effondra en une traînée granuleuse s'étirant sur l'arrière-plan des étoiles. Des boulettes de la taille d'un pois martelèrent la coque de l'*Ancêtre* en rebondissant dessus. Puis le vaisseau plongea sous le plan du disque.

Une étoile brillante luisait sous le plafond de gravats. De type G2, comme le Soleil, elle se trouvait à cinq unités astronomiques de là – environ la distance de Jupiter au Soleil. Le trou noir était en orbite autour d'elle, telle une planète ratatinée et crachotante.

Les moniteurs installés sur la plate-forme scientifique de l'*Ancêtre* ne tardèrent pas à collecter des données sur l'émission d'hydrogène alpha, le spectre linéaire ultraviolet et l'imagerie à rayons X, ainsi que sur la spectrographie des régions actives. Ben avait maintenant les choses en main ; l'entraînement et l'habitude prirent le dessus tandis qu'ils effectuaient les tâches de routine nécessaires à l'étude du trou noir et de son disque d'accrétion.

Nemoto avait accroché un puissant bioprocesseur au réservoir des Chaera. C'était une petite unité cubique qui allait permettre aux humains de communiquer, dans une certaine mesure, avec les Chaera et avec leurs hôtes gaijin. Lorsqu'ils le mirent en marche, un petit écran afficha la métaphore employée par l'interface humaine du processeur. C'était une représentation virtuelle grossière de Nemoto, mal synchronisée et en deux dimensions.

— Ces mégalomanes, tous aussi vaniteux, murmura Madeleine.

Ben ne comprit pas. L'image virtuelle de Nemoto sourit.

Ben et Madeleine planaient devant une fenêtre ouvrant sur le réservoir du Chaera.

Si Madeleine avait rencontré cette créature dans un aquarium consacré à la faune des abysses – et dans la mesure où elle n'était pas biologiste –, elle aurait pu ne pas la trouver terriblement étrange. Après tout, elle avait des yeux remarquables.

Ces derniers étaient bien entendu un exemple stupéfiant d'évolution convergente. Sur la Terre, avoir des yeux conférait un tel avantage en terme d'évolution qu'ils étaient apparus de façon indépendante une quarantaine de fois – alors que les ailes semblaient avoir été inventées trois ou quatre fois, et la roue pas du tout. Bien qu'il y eût des variations de détail – ceux des poissons, des insectes et des gens étaient très différents –, tous étaient d'une conception standardisée car ils avaient évolué dans le même but et obéissaient aux contraintes de la physique.

On aurait pu s'attendre à ce que les extraterrestres aient des yeux.

Les Chaera communiquaient à l'aide de mouvements ; leur surface ondulante envoyait des signaux acoustiques à basse fréquence dans le fluide où ils nageaient. À l'intérieur du réservoir, des lasers scannaient en permanence la surface du Chaera, recueillant les mouvements et proposant des interprétations.

En fait, la traduction inter-espèces devenait plus facile depuis la première expérience des humains avec les Gaijin. Une sorte de métalangage s'était constitué, une interface qui servait de tampon entre les langues des extraterrestres et celles des humains. Il était basé sur des concepts – l'espace, le temps, les nombres – qui devaient être communs à n'importe quelle espèce sentiente qui existait dans l'espace-temps tridimensionnel assujetti aux lois physiques ; il avait également des composants verbaux, mathématiques et schématiques ; à l'oreille de profane de Madeleine, ce métalangage ressemblait à un mélange de latin et de Lincos.

Madeleine se sentait étrangement proche de cette curieuse créature tournoyante, une créature qui aurait pu venir de la Terre, et bien plus sympathique que n'importe quel Gaijin. *Puisque nous vous avons trouvés si vite, peut-être rencontrerons-nous moins d'étrangeté là dehors que nous ne nous y attendons.*

— Que dit-il ? demanda Ben.

La Nemoto virtuelle traduisit.

— Le Chaera a vu le disque se déployer. « Quel spectacle ! Des générations m'envient… »

Madeleine apprit que les mini-trous noirs étaient en principe de la masse de Jupiter. Trop petits pour avoir été formés par des processus d'effondrement stellaire, ils avaient été créés un millionième de seconde après le Big Bang, forgés dans la boule de feu de l'Univers naissant.

Il semblait donc qu'on comprenait bien comment ils fonctionnaient. Ce qui était étrange, c'était d'en trouver un sur une orbite parfaitement circulaire autour de cette étoile ressemblant au Soleil.

— Et, la vraie surprise, continua la Nemoto virtuelle, c'est que les Gaijin ont découvert que la vie infestait le disque d'accrétion d'un mini-trou noir. Les Chaera. Il semblerait que ce soit leur dieu.

— Ils vénèrent un trou noir ? demanda Madeleine.

— De toute évidence, dit Nemoto avec impatience. Si les logiciels de traduction fonctionnent. S'il est possible de corréler des concepts tels que « dieu » et « vénérer » en franchissant la barrière des espèces.

Ben murmura quelque chose. Madeleine regarda pardessus son épaule.

Le trou noir était inséré dans une structure semblable à un filet qui commençait juste à l'extérieur de sa limite de Schwarzschild et s'étendait sur des kilomètres. C'était un solide régulier composé de vingt faces triangulaires.

— Un icosaèdre, dit Ben. Mon Dieu, ça crève les yeux qu'il est artificiel ! C'est le plus grand solide platonicien qui puisse exister. Le triomphe des trois dimensions.

Madeleine ne parvenait pas à distinguer de structure à l'intérieur de l'icosaèdre, ni de renfort sur les arêtes.

Il était composé de feuilles d'une pellicule presque transparente dont chaque triangle mesurait des centaines de mètres de côté. La lueur du collecteur affamé du vaisseau-fleur se reflétait en scintillant sur ses multiples facettes.

— Il doit être sacrément résistant pour conserver sa forme en dépit de la gravité du trou noir et de ses forces de marées, dit Ben. On dirait qu'il dirige le flux de matière provenant du disque d'accrétion vers l'horizon des événements…

Un écrin pour trou noir. Des deux, c'était Madeleine le vétéran de l'exploration spatiale, et elle était sidérée.

Le Chaera remua dans son réservoir.

— Il est temps de payer notre billet. Sommes-nous prêts à parler à Dieu ?

Madeleine se tourna vers Ben.

— Nous n'étions pas au courant de ça. Nous devrions peut-être réfléchir à ce qui se passe ici.

Il haussa les épaules.

— Nemoto a raison. Nous ne sommes pas là pour ça.

Il commença les manipulations qu'ils avaient répétées.

Avec réticence, Madeleine pianota sur une console pour sortir le premier des vieux lasers à rayons X ; les moniteurs montrèrent qu'il se déployait sur son support telle une fleur flétrie.

Le laser autocontrôlé pointa sur le cœur du système, s'orientant sur le plus court trajet jusqu'au trou noir.

— Trois, deux, un, murmura Ben.

Un éclair de pure lumière blanche jaillit ; elle afflua par les hublots du Module de service.

Divers instruments enregistrèrent des bouffées de particules et de radiations électromagnétiques. La bombe à fission qui constituait la source d'énergie du laser avait fonctionné. Le blindage de l'*Ancêtre* semblait convenir.

Le rayon X balaya la surface de « Dieu ». La structure bougea, pareille à un serpent endormi.

Le Chaera frémit.

Ben observait les images en fausses couleurs.

— Madeleine, regarde.

La surface de « Dieu » s'animait ; le réseau icosaédrique se resserrait autour d'un unique et sinistre point telle la peau se fripant autour d'un œil.

— Je peux vous fournir une traduction approximative de ce que dit le Chaera, dit Nemoto. « Elle nous a entendus. »

— Elle ? demanda Madeleine.

— Dieu, bien entendu. « Si j'ai réussi… Alors je serai le membre le plus honoré de mon espèce. J'aurai gloire, richesse, un choix de partenaires… »

— Et des aspirations spirituelles comblées, ironisa Madeleine avec un rire amer.

Ben surveillait un jaillissement de photons X et de particules à haute énergie en provenance du trou lorsque le noyau situé au centre du filet froissé explosa. Un pilier de radiations traversa tel un poing le disque d'accrétion.

Le Chaera allait et venait dans son réservoir en palpitant.

— « Dieu crie », traduisit Nemoto.

Elle les regardait depuis le moniteur du bioprocesseur, son visage virtuel plissé par le doute.

Le rayon s'éteignit soudain, laissant un sillage de débris tourbillonnants.

Le vaisseau-fleur se plaça sur une longue orbite propulsée qui allait l'éloigner pour un temps du trou noir et le rapprocher de la primaire et de son système intérieur. Madeleine et Ben regardèrent le trou noir et son énigmatique artefact s'éloigner jusqu'à se réduire à un jouet miroitant.

Les Chaera vivaient sur les plus gros fragments du disque d'accrétion.

Dans les images enregistrées par l'*Ancêtre*, ils étaient partout, tournoyant tels des frisbees à la surface de leurs petits mondes, bondissant d'un fragment à l'autre à travers la soupe de débris ou se dorant au soleil tels des lézards, leur face inférieure tournée vers le trou noir.

Le rayon de « Dieu » avait laissé un sillage de débris rougeoyants à travers le disque d'accrétion, comme de la chair carbonisée par un fer rouge. La trace se terminait par un nœud de morceaux plus volumineux.

Dans l'imageur optique, des corps de méduses dérivaient tels des flocons de suie.

— Que je comprenne bien ce qui se passe, dit Madeleine. Les Chaera ont évolué de manière à se nourrir des rayons X produits par le trou noir… par « Dieu ». C'est bien ça ?

— Ils ont évolué, oui, ou ils se sont adaptés, semble-t-il, répondit Nemoto d'un ton sec. « Dieu nous procure tout ce dont nous avons besoin. »

— Donc, conclut Ben, les Chaera essaient de pousser des cris vers leur dieu. Certains prient. D'autres construisent de grands artefacts pour projeter des lumières scintillantes dans Sa direction. C'est comme s'ils adoraient le Soleil et priaient pour que l'aube arrive. À la base, ils essaient de provoquer des bouffées de rayons X. Tout ce que les Gaijin ont fait, c'est leur vendre un moyen de communication plus efficace.

— Un meilleur moulin à prières, murmura Madeleine. Mais qu'est-ce qui intéresse les Gaijin ici ? L'artefact du trou noir ?

— Possible, admit Nemoto. Ou alors la religion des Chaera. Les Gaijin semblent éprouver une fascination malsaine pour ce genre de systèmes de croyances illogiques.

— Mais, dit Madeleine, ce laser à rayons X fournit bien plus d'énergie – plusieurs ordres de grandeur – à l'artefact que tout ce que les Chaera sont en mesure de faire. On dirait que le rayonnement qu'ils obtiennent en réaction est multiplié en proportion. Il est possible qu'ils ne comprennent pas ce à quoi ils ont affaire.

— « Le cri sacré de Dieu fracasse les mondes », traduisit Nemoto.

L'étoile principale du système ressemblait beaucoup au Soleil. Madeleine, l'esprit agité de doutes complexes sur sa mission, affamée de plaisirs physiques simples, pressa sa main contre le hublot pour tenter d'en sentir la chaleur.

Il n'y avait là qu'une seule planète. Un petit peu plus grosse que la Terre, elle suivait une trajectoire bien nette à l'intérieur de la zone habitable de l'étoile, là où une planète semblable à la Terre pouvait en faire le tour.

Mais, même de loin, ils pouvaient voir que ce n'était pas une Terre. La planète était silencieuse sur toutes les longueurs d'onde. Et elle brillait, presque autant qu'une étoile. Il devait y avoir des strates de nuages, comme sur Vénus.

Pendant une pause repos, Ben et Madeleine, se tenant l'un à l'autre, flottaient devant ce qu'ils avaient de plus proche d'une fenêtre panoramique. Madeleine cherchait des constellations reconnaissables, même si loin de chez eux, et se demandait s'il était possible de trouver Sol.

— Quelque chose cloche, murmura Ben.

— Toujours.

— Je suis sérieux. (Il traça une ligne sur le ciel obscur du bout des doigts.) Que vois-tu ?

Le soleil étant occulté par l'ombre du module FGB, elle observa le jeu subtil de la lumière. Il y avait cette planète brillante, et le disque de débris rouge pâle qui entourait le trou noir des Chaera, un point lumineux à peine visible de là où ils se trouvaient.

— Il y a un éclat autour de l'étoile elle-même, qui englobe l'orbite de cette unique planète, dit Ben. Tu vois ? (Madeleine distingua une lueur diffuse, un nuage aux bords déchiquetés.) C'est étrange en soi. Mais…

Elle comprit alors.

— Oh. Il n'y a pas de lumière zodiacale.

Dans le Système solaire, on donnait ce nom à une faible lueur apparaissant le long du plan de l'écliptique. Elle était parfois visible depuis la Terre. C'était la lumière solaire éparpillée par la poussière qui orbitait autour du Soleil dans le plan des planètes. La plus grande quantité de cette poussière se trouvait dans la ceinture des astéroïdes ou dans les parages de celle-ci, où elle était créée par des collisions. Et, dans le Système solaire moderne, la lumière zodiacale était intensifiée par celle des colonies des Gaijin.

— Et s'il n'y a pas de lumière zodiacale…

— Il n'y a pas d'astéroïdes ici, conclut Ben.

— Nemoto. Que leur est-il arrivé ?

— Je crois que vous le savez déjà, siffla la Nemoto virtuelle.

— L'exploitation minière les a fait disparaître, dit Ben en hochant la tête. Il y a sans doute très longtemps. Cet endroit est vraiment ancien, Madeleine.

Les pétales électromagnétiques affamés du vaisseau-fleur crépitèrent tandis qu'il traversait la riche poche de gaz qui se trouvait au cœur du système en avalant de grandes goulées, et les ombres projetées par le soleil – proche à présent, plein et rond, débordant de lumière – tournaient telles les aiguilles d'une horloge sur la surface complexe du vaisseau. Mais le nuage de gaz diffus était à présent assez dense pour obscurcir les étoiles plus lointaines.

Les données pénétraient en silence à l'intérieur du module FGB.

— On dirait un fragment de GMC – un nuage moléculaire géant. Composé en majorité d'hydrogène, avec de la poussière. Il est épais – en comparaison. Une centaine de milliers de molécules par centimètre cube… Le Soleil est né d'un nuage semblable, Madeleine.

— Mais sa chaleur a dispersé ce qui restait de notre nuage, non .. ? Pourquoi la même chose ne s'est-elle pas produite ici ?

— À moins, dit la Nemoto virtuelle sur un ton aigre, que la question ne soit : Comment se fait-il qu'on ait remis le nuage en place autour de cette étoile ?

Ils firent le tour du soleil. En dépit de protections élaborées, la lumière semblait remplir jusqu'au moindre recoin du module FGB. Madeleine se sentit soulagée lorsqu'ils commencèrent à s'éloigner vers le froid du système extérieur et son unique et mystérieuse planète.

Il leur fallut une journée pour y arriver.

Ils atteignirent la planète avec le soleil derrière eux, si bien qu'elle apparaissait comme un disque presque plein. Masse compacte de nuages d'un pôle à l'autre, lisse et aveuglante, elle brillait d'une intense lumière blanche. Et elle était enveloppée dans l'éclat nacré de l'hydrogène interstellaire comme par une immense atmosphère externe difforme.

Les pétales du vaisseau-fleur s'ouvrirent largement, les lasers fonctionnant à plein régime ; il décéléra en douceur pour se placer en orbite.

Ils ne voyaient rien de la surface. Leurs instruments révélaient un monde qui ressemblait effectivement à Vénus : son atmosphère, composée de dioxyde de carbone sur des kilomètres d'épaisseur, ne contenait pratiquement pas d'eau.

Il n'y avait bien entendu aucune vie de quelque genre que ce fût.

Les volutes effectuées par le Chaera tandis qu'il tournait dans son réservoir étaient dépourvues de signification.

Ben était troublé.

— Il n'y a aucune raison pour qu'une planète comme Vénus se soit formée si loin du Soleil. Ce monde devrait être tempéré. Comme la Terre.

— Pensez à ce que ce monde possède et que la Terre n'a pas, siffla Nemoto.

— Le nuage de gaz, dit Madeleine.

Ben acquiesça.

— Tout cet hydrogène interstellaire. Madeleine, nous sommes si loin du soleil à présent, et le nuage est si épais que l'hydrogène est neutre – il n'est pas ionisé par le rayonnement solaire.

— Et donc…

— Donc, la planète là-dessous est incapable de se défendre contre le gaz ; il faudrait qu'il soit chargé pour que son champ magnétique puisse le tenir à distance. Il pleut de l'hydrogène dans les hautes couches de l'atmosphère.

— Et, là, il se mélange avec l'oxygène, reprit Nemoto. Et de l'hydrogène plus de l'oxygène donnent…

— De l'eau, dit Madeleine.

— Beaucoup d'eau, répliqua Ben. Il a dû sacrément pleuvoir, pendant un million d'années. L'atmosphère a perdu tout son oxygène et s'est remplie de vapeur d'eau. Un effet de serre s'est mis en route.

— Tout ça à cause d'une bouffée de gaz ?

— Cette bouffée de gaz était une tueuse de planètes, murmura Nemoto.

— Mais pourquoi irait-on tuer une planète ?

— Logique de croissance, dit Nemoto. Cet endroit possède toutes les caractéristiques d'un système ancien, Meacher. Pris à l'arrière d'une vague de colonisation

– toutes ses matières premières utilisables ont été extraites et exploitées…

Madeleine fronça les sourcils.

— Je n'y crois pas. Il faudrait un sacré bout de temps pour grignoter un système solaire.

— Combien de temps, à votre avis ?

— Je ne sais pas. Peut-être des millions d'années.

— Écoutez-moi, grogna Nemoto. Sur la Terre, historiquement, le taux de croissance de la population humaine sur la Terre était de deux pour cent par an. Ça n'a pas l'air de grand-chose, n'est-ce pas ? Mais ça fonctionne comme des intérêts composés, ne l'oubliez pas. À ce taux, la population double tous les trente-cinq ans, et elle est donc multipliée par dix à chaque siècle. Bien entendu, après le XXe siècle, notre taux de croissance s'est effondré. Nous étions à court de ressources.

— Ah, dit Ben, et si l'accroissement s'était poursuivi ?

— Combien de gens la Terre pourrait-elle porter ? murmura Nemoto. Dix, vingt milliards ? Meacher, la totalité de l'intérieur du Système solaire, jusqu'à Mars, ne pourrait fournir assez d'eau que pour cinquante milliards d'êtres humains environ. Cela aurait pu nous prendre un siècle pour atteindre ce nombre. Il y a bien sûr beaucoup plus d'eau dans les astéroïdes et le système extérieur que dans les océans de la Terre, peut-être assez pour faire vivre dix mille billions d'humains.

— C'est énorme.

— Mais pas infini – et seulement à six puissance dix de dix milliards.

— Six ou sept siècles à peine, dit Ben.

— Et après, murmura Nemoto. Imaginez que nous nous mettions à coloniser, comme les Gaijin. La Terre deviendrait soudain le centre d'une sphère de colonisation en expansion dont le volume devrait continuer à augmenter à un taux de deux pour cent par an pour être à la hauteur de l'accroissement de la population. Ce qui signifie que le bord d'attaque, la vague colonisatrice, doit progresser de plus en plus vite, avalant des mondes et des étoiles puis passant au suivant, à cause de la pression derrière elle…

Ben calculait mentalement.

— Le bord d'attaque serait obligé de se déplacer à la vitesse de la lumière au bout de quelques siècles, pas plus.

— Imaginez à quoi cela ressemblerait, dit Nemoto, sinistre, d'habiter un monde situé sur le chemin d'une vague comme celle-là. L'exploitation des ressources serait rapide, impitoyable, cruelle, elle brûlerait les mondes comme le front d'un feu de forêt, ne laissant que ruines et mort derrière elle. Et, une fois les ressources épuisées à l'intérieur de la cage imposée par la vitesse de la lumière, l'effondrement se produit, inévitable. Souvenez-vous de Vénus. Souvenez-vous de la Polynésie.

— La Polynésie ?

— C'est ce que nous avons de plus proche de la colonisation interstellaire dans notre propre histoire, dit Ben. Les Polynésiens se sont répandus dans leurs îles du Pacifique pendant plus d'un millier d'années, sur une distance de trois mille kilomètres. Mais, vers l'an mille, le front de leur vague de colonisation était allé aussi loin qu'il le pouvait et ils avaient peuplé jusqu'à la plus petite parcelle de terre. Ils étaient isolés et entourés d'autres îles déjà habitées, ils n'avaient nulle part où aller.

« Sur l'île de Pâques, ils ont détruit l'écosystème local en quelques générations, laissé le sol s'éroder et coupé les forêts. À la fin, ils n'avaient même plus assez de bois pour construire suffisamment de canoës. Alors ils se sont mis à se battre pour ce qui restait. Quand les Européens sont arrivés, les Pascuans s'étaient pour ainsi dire éliminés eux-mêmes.

— Pensez-y, Meacher. La cage de la vitesse de la lumière. Imaginez ce système entièrement peuplé, loin derrière le front de colonisation local, et entouré par des systèmes tout aussi peuplés – et armés. Et ils commençaient à être à court de ressources. Il y avait sans doute plus de gens dans l'espace que sur les planètes, mais ils avaient déjà épuisé les ressources des astéroïdes et des comètes. Ceux de l'espace se sont tournés vers la planète. Ses habitants ont été étouffés, noyés, rôtis.

— Je n'y crois pas, dit Madeleine. Une société intelligente identifierait les dangers bien avant de mourir de surpopulation.

— Les Polynésiens ne l'ont pas fait, riposta Ben d'un ton sec.

Les pétales du vaisseau-fleur s'ouvrirent de nouveau et ils s'éloignèrent du cadavre de la planète en direction du calme de l'obscurité extérieure.

Il était temps de parler une nouvelle fois au dieu icosaédrique. Le deuxième laser à rayon X fut émis.

Après avoir étudié les données récoltées lors de leur rencontre précédente, Ben avait compris comment la configuration de l'artefact icosaédrique anticipait la direction du rayon produit. Madeleine était en train de regarder le noyau se plisser pour viser. Le rayon tueur allait de nouveau transpercer le disque d'accrétion – et, cette fois, droit sur l'un des plus grands mondes en réduction des Chaera.

Des millions d'entre eux allaient mourir. Madeleine les voyait infester leur disque d'accrétion, grouillant, vivant et aimant.

Dans son réservoir, leur passager flottait telle une montre de Dalí.

— Nemoto, nous ne pouvons pas procéder au deuxième tir, dit Madeleine.

— Mais ils en comprennent les conséquences, expliqua la Nemoto virtuelle, d'un ton affable. Les Chaera ont déjà dérangé l'artefact plusieurs fois dans le passé, avec leurs miroirs et leurs signaux de fumée. Chaque fois, certains d'entre eux ont été tués. Mais ils ont besoin des rayons X pour se nourrir… Meacher, l'avertit-elle, n'allez pas vous mêler de ce qui ne vous regarde pas comme pour le pulsar. Sinon, les Gaijin n'autoriseront plus de passagers humains à participer à des missions futures. Et nous ne pourrons plus rien apprendre de systèmes comme celui-ci. Nous n'aurons pas d'information ; nous ne pourrons plus faire de projets. … Qui plus est, le laser est déjà déployé. Vous n'y pouvez rien.

— Ce sont les Chaera qui ont choisi, Madeleine, rappela gentiment Ben. C'est leur culture. On dirait qu'ils sont prêts à mourir pour atteindre ce qu'ils croient être la perfection.

Nemoto cita les Chaera :

— Il sait que nous discutons. « Les prophéties prendront fin, les langues cesseront, la connaissance disparaîtra. Car nous connaissons en partie et nous prophétisons en partie, mais quand ce qui est parfait sera venu, ce qui est partiel disparaîtra. »

— C'est de quel philosophe ? demanda Madeleine d'un ton acide. Un grand esprit chaera du passé ?

— En fait, il citait saint Paul, répondit Ben en souriant.

Nemoto parut surprise, comme Madeleine.

— Mais il subsiste des mystères, ajouta Ben. Les Chaera semblent trop primitifs pour avoir construit cet artefact. Après tout, ils manipulent le puits de gravité d'un trou noir. Il est possible que leurs ancêtres l'aient réalisé. Ou une vague précédente de colonisateurs passée par ce système.

— Vous ne réfléchissez pas assez à tout ça, murmura la Nemoto virtuelle. Les Chaera ont des yeux remplis d'eau salée. Ils ont dû évoluer sur un monde possédant des océans. Ils ne peuvent pas avoir évolué ici.

— Dans ce cas, jeta Madeleine, pourquoi sont-ils ici ?

— Parce qu'ils n'avaient nulle part où aller, répliqua Nemoto. Ils ont fui jusqu'ici – peut-être même se sont-ils modifiés. Ils se sont tapis autour d'un objet abandonné par une vague de colonisation plus ancienne. Ils savaient que nul ne les suivrait dans une zone défavorisée aussi instable et dangereuse.

— Ce sont des réfugiés.

— Oui. Comme nous le deviendrons peut-être dans l'avenir.

— Des réfugiés de quoi ?

— De la guerre pour les ressources, dit Nemoto. De l'étouffement de leur monde par de l'hydrogène. Comme la Polynésie.

L'artefact trembla.

Et Nemoto parlait, parlait.

— Notre univers est un endroit limité, aux équations cruelles. La Galaxie doit être remplie de cages de la vitesse de la lumière comme celle-ci, des cages de quelques centaines d'années-lumière de large tout au plus, des pièges pour leurs populations en croissance exponentielle. Et puis, lorsque les mondes pillés ont été laissés en jachère et que les lents processus de la géologie et de la biologie les ont remis en état, ça recommence : défrichage et exploitation, défrichage et exploitation… C'est notre avenir, Meacher. Notre avenir et notre passé. Après tout, c'est une forme particulière d'équilibre : contact, exploitation ruineuse, effondrement, extinctions multiples – encore et encore. Et ça arrive à nouveau en ce moment : à nous. Les Gaijin sont déjà en train de dévorer notre ceinture d'astéroïdes. Vous voyez désormais contre quoi je lutte ?…

Madeleine se souvint du pulsar, du massacre des lichens stellaires quatorze fois par seconde. Elle se souvenait de Vénus et de l'Australie, des preuves que des guerres avaient eu lieu très loin dans le temps, y compris dans le Système solaire – des restes d'une bulle de colonisation précédente depuis longtemps épuisée.

Les choses devaient-elles se passer ainsi ?

Quelque chose en elle se rebella. Au diable les théories. Les Chaera étaient réels, et des millions d'entre eux allaient mourir.

Et elle pouvait faire quelque chose, prit-elle conscience en réfléchissant à toute vitesse.

— Oh, bon sang… Ben ! Aide-moi. Descends dans le module FGB. Sors-en tout ce que tu penses que nous devons conserver.

Ben réfléchit pendant de longues secondes. Puis il hocha la tête.

— J'ai confiance en ton instinct, Madeleine.

— Bien, dit-elle. À présent, j'ai quelques calculs à effectuer.

Elle se précipita sur les consoles des instruments.

Ben rassembla leur équipement de recherche : les échantillons médicaux et biologiques qu'ils avaient prélevés sur leurs corps, les cassettes et les disquettes de données, les cartouches de film, les carnets de notes, les résultats des expériences d'astrophysique auxquelles ils avaient procédé au voisinage du trou noir. Il y avait peu d'effets personnels car leurs quartiers privés se trouvaient dans le module de service. Il rassembla le tout dans un sac de couchage de rechange qu'il y hissa.

Madeleine baissa une dernière fois les yeux en direction de la baie vitrée du module FGB, où elle voyait la lumière trouble du disque d'accrétion. Le vaisseau-fleur effleura le flanc de « Dieu » ; le maillage ondoyait autour du noyau qui pulsait.

Le Chaera s'agita dans son réservoir.

Ben tira le lourd sas situé entre les deux modules – il n'avait pas été fermé depuis que le vaisseau-fleur les avait cueillis à la surface de la Lune – et le verrouilla soigneusement. Madeleine avait lancé un programme conçu à la va-vite.

— Tu te souviens de l'entraînement en cas de dépressurisation ?

— Bien entendu, mais…

— Trois, deux, un.

Les écrous explosifs pétaradèrent. Il y eut une secousse brutale.

— Je viens de larguer le FGB, annonça-t-elle. La décompression explosive devrait l'envoyer dans la bonne direction. J'espère. Je n'ai pas eu le temps de vérifier mes calculs, ni mes réglages…

Des bouffées de radiation jaillirent tels des javelots ; le cœur de l'artefact commençait à s'épanouir.

— Meacher, qu'est-ce que vous avez fait ? tonna Nemoto.

L'espace d'une ultime seconde, elle aperçut le module FGB, sa silhouette cabossée et rafistolée se dessinant devant la gigantesque joue de « Dieu ». Il était, à sa façon, magnifique à regarder, se dit-elle : un artefact humain trapu du XXe siècle en orbite autour d'un trou noir, à cinquante-quatre années-lumière de la Terre.

Le cœur de l'artefact s'ouvrit.

L'arrière du module FGB reçut le rayon laser de plein fouet. Des gouttelettes de métal éclaboussèrent l'espace… Mais l'énorme engin de construction russe résista assez longtemps pour protéger les petits mondes des Chaera.

Ce qui était exactement ce que Madeleine voulait faire.

Le cœur se referma. La surface du maillage redevint lisse. Le moignon en train de refroidir lentement du module FGB dérivait en suivant la courbure du trou noir. Madeleine le salua silencieusement.

— On va être serrés pour le voyage de retour, dit sèchement Ben.

La porte du Point Selle flottait devant eux, anonyme, éternelle, impossible à distinguer de ses copies dans le Système solaire, et visible uniquement grâce au reflet de la lumière du disque d'accrétion.

— Tu as sauvé un monde, Madeleine, dit Ben.

— Mais personne ne vous l'avait demandé, intervint la Nemoto virtuelle de sa voix métallique. Vous vous mêlez de ce qui ne vous regarde pas. Et vous êtes sentimentale. Vous l'avez toujours été. Les Chaera continuent toujours à protester.

« Pourquoi nous avez-vous caché Dieu ?… »

Ben haussa les épaules.

— Dieu est encore là. Je crois que tout ce que Madeleine a fait, c'est donner aux Chaera un petit peu plus de temps pour réfléchir au degré de perfection qu'ils veulent vraiment atteindre.

— Vous êtes vraiment une idiote, Meacher, dit Nemoto.

Peut-être. Mais Madeleine savait qu'elle n'oublierait pas ce qu'elle était en train d'apprendre, c'est-à-dire le secret stupide et sinistre de l'Univers. Et elle se demanda ce qu'elle trouverait cette fois en rentrant chez elle.

La lumière bleue de la transition l'engloutit, et il y eut un instant de douleur atroce et bienvenue.

CHAPITRE 17

LEÇONS

Un monde après l'autre après l'autre.

Il vit des mondes ressemblant à la Terre, mais aux océans d'ammoniaque, d'acide sulfurique ou d'hydrocarbones, à l'air de néon, d'azote ou de monoxyde de carbone. Tous vivants, bien entendu, d'une manière ou d'une autre.

Mais ce genre de planète assez semblable à la Terre relevait de l'exception.

On lui montra un monde géant couvert de nuages de six fois la masse de Jupiter. Les Gaijin pensaient que des créatures vivaient dans ces nuages, d'immenses baleines éthérées se nourrissant de composés organiques créés dans l'atmosphère par les radiations de l'étoile centrale. Mais des colons étaient venus ici, il y avait longtemps. À l'un des pôles se trouvait une immense structure, une sorte de complexe minier qui avait peut-être été bâti là pour extraire des composés organiques ou quelque autre composé volatil tel que l'hélium 3. L'installation, abandonnée, portait des traces de combat.

Près d'une étoile du nom d'Upsilon Andromedae, à quarante-neuf années-lumière de la Terre, il découvrit une planète de la taille de Jupiter qui orbitait plus près que Mercure autour de son soleil. La chaleur solaire avait fait disparaître la couche de nuages, laissant une gigantesque boule de roc aux canyons assez profonds pour avaler la Lune de la Terre. Malenfant vit des êtres ramper dans leurs ombres profondes, d'énormes créatures ressemblant à des scarabées. Leur solide carapace les protégeait de la chaleur du soleil et leurs pattes semblables à des troncs d'arbres leurs permettaient de soulever leur corps en dépit de la terrible gravité. Ils se nourrissaient peut-être de composés volatils piégés dans les ombres éternelles, ou qui suintaient des profondeurs de la planète. Ici, les batailles semblaient avoir eu lieu en surface; Malenfant vit une plaine couverte d'épaves de vaisseaux spatiaux.

Non loin de Procyon se trouvait un monde vagabond, un monde sans soleil lancé loin de son étoile par un accident gravitationnel. Il était bien entendu plongé dans l'obscurité la plus totale; c'était une boule noire qui dérivait, solitaire, dans l'espace. Mais il s'agissait d'une grosse planète à l'atmosphère riche en hydrogène; la chaleur émise par les éléments radioactifs de son noyau la réchauffait, et elle possédait des volcans, des tremblements de terre et une tectonique des plaques. Ainsi, sous un ciel sans lumière, coulaient des océans – et dans leurs profondeurs grouillait la vie, se nourrissant de minéraux provenant des roches chaudes situées à grande profondeur, un peu comme les animaux des abysses qui se rassemblaient autour des sources volcaniques dans les océans de la Terre. Mais ici, la vie était condamnée, car le cœur de ce monde se refroidissait inexorablement en perdant la chaleur présente au moment de sa formation.

Néanmoins, cette planète solitaire elle-même avait été victime d'une exploitation destructrice menée par des colons. Malenfant apprit qu'il y avait des traces de mines à ciel ouvert sur le fond des océans, d'énormes machines abandonnées, peut-être délibérément détruites.

Il avait appris que la vie était apparue partout. Mais chaque monde, chaque système avait été envahi par des vagues colonisatrices suivies par des effondrements ou des guerres destructrices – pas une fois, mais à de multiples reprises. Partout le ciel était rempli de constructions, et de ruines.

Et ce n'était que le début des mauvaises nouvelles. L'Univers lui-même pouvait se révéler un endroit mortel. On lui fit visiter une région d'une centaine d'années-lumière de large où les mondes, une planète après l'autre, étaient morts, terres et océans couverts des restes variés de formes de vie ayant évolué séparément.

Les Gaijin lui dirent qu'il y avait eu un sursaut gamma dans ce secteur : la collision de deux étoiles à neutrons avait provoqué une douche tridimensionnelle de radiations électromagnétiques et de particules lourdes à haute énergie qui avaient nettoyé les planètes à des années-lumière à la ronde. Un accident cosmique dû au hasard, qui se moquait de la culture, de l'ambition, de l'espoir, de l'amour et des rêves. Certaines formes de vie avaient survécu – sur la Terre, les créatures du fond de l'océan, peut-être celles des mares, des insectes auraient supporté ces pluies mortelles. Mais rien d'évolué n'aurait survécu, et certainement aucune créature proche d'être intelligente. Après l'accident, dont les effets auraient disparu en quelques semaines ou quelques mois, il faudrait une centaine de millions d'années de patiente évolution pour réparer l'accroc au tissu de la vie que cet endroit avait subi.

Malenfant apprit aussi que, si rien ne se faisait sans qu'il en coûte, rien non plus n'était sans bénéfice. L'intense pulsation d'énergie des sursauts gamma pouvait influencer l'évolution de jeunes systèmes solaires proches ; la poussière primordiale fondait en gouttelettes riches en fer qui retombaient rapidement au centre d'un nuage de poussière, accélérant ainsi la formation de planètes. Sans un sursaut gamma dans le voisinage, des systèmes comme le nôtre auraient pu ne jamais se former. La naissance, au milieu de la mort ; c'était ainsi que cela se passait dans l'Univers.

Peut-être. Mais cette froide logique ne pouvait réconforter Malenfant.

Les Gaijin semblaient déterminés à lui montrer autant que possible ce cimetière à l'échelle des étoiles afin qu'il en intègre bien la signification. Au bout d'un certain temps, cela devint intolérable ; la cruauté de la leçon la rendait aveuglante : si l'Univers n'a pas votre peau, ce sont d'autres créatures intelligentes qui l'auront.

Parfois, une étincelle de rébellion s'allumait en lui. Faut-il vraiment que ça se passe comme ça ? Ne pouvons-nous pas trouver autre chose ?

Mais il était très faible à présent, très seul, et très vieux.

Il se pelotonna dans son abri, les yeux fermés, tandis que passaient les années, celles de l'Univers et celles de sa vie, noyées dans la lumière bleue des Points Selles.

Tout bien considéré, il y a une limite à ce qu'un homme peut endurer.

III

Tranchées

2190-2340 après J.-C.

Les Gaijin avaient une philosophie plus ou moins mathématique. Malenfant trouvait qu'elle ressemblait de manière très suspecte à une religion.

Ils croyaient que l'Univers était fondamentalement compréhensible par des créatures semblables à eux – semblables aux humains et à Malenfant. En fait, ils pensaient possible l'existence d'une entité capable de comprendre l'Univers dans son ensemble d'une manière arbitrairement satisfaisante.

Et ils avaient un autre principe disant que, si un tel être pouvait exister, alors il devait exister.

Ils pensaient donc qu'une multiplicité d'univers était possible, dont celui-ci. Il pouvait donc ne pas exister dans cet univers.

Ça – il ou elle – était le but ultime de la quête des Gaijin.

Mais, jusqu'à ce que le dieu de la Multiplicité se montre, il n'y a que nous ici, songeait Malenfant. Et nous avons du pain sur la planche. Nous devons réparer les bugs de l'univers où nous sommes coincés. Et, donc, lancer un filet autour d'une étoile.

D'où mon sacrifice.

Mais, nous autres humains, nous nous sommes battus presque depuis le début.

Nous n'y comprenions pour ainsi dire goutte, et aucune de nos actions ne pouvait à elle seule faire la différence, et nous étions la plupart du temps entraînés par des forces historiques que nous parvenions à peine à comprendre, et encore moins à contrôler, comme cela avait pratiquement toujours été le cas. Nous ne savions même pas qui étaient les méchants dans cette histoire. Mais, bon Dieu, nous avons essayé.

Quel qu'en fût le prix.

CHAPITRE 18

PLUIE LUNAIRE

Il ne restait que quelques minutes avant que la comète ne tombe sur la Lune.

— Il vous faut vaincre le futur ! Ou c'est lui qui vous aura. Croyez-moi, je l'ai vu. Regarde autour de toi, mon pote. Vous avez tenu cent cinquante ans là-haut, dans vos serres et vos trous de taupes. Sacré exploit ! Mais la Lune ne peut pas vous faire vivre…

Xenia Makarova, dans un siège près d'un hublot, regardait à travers l'épaisse vitre ronde. Elle voyait le terrain d'atterrissage sous la coque de la navette, une plaine de verre faite de sol lunaire passé aux micro-ondes, ici, à la périphérie des dômes du Triangle de Copernic. Et, au-delà, s'étendait la surface originelle de la Lune avec ses subtiles nuances de gris aux courbes dessinées par un million d'années de douces pluies de météorites.

Et baignée, aujourd'hui, de lumière cométaire.

Xenia savait que Frank J. Paulis pensait que ce jour de cette année 2190 était le plus important dans l'histoire de la Lune habitée, sans parler de sa propre carrière. Et il était là, une pile d'écrans souples sur les genoux, et il empoisonnait le Japonais à l'air stupéfait assis dans le siège à côté de lui, alors même que le pilote de cette navette d'évacuation poussiéreuse et bondée procédait au compte à rebours.

Xenia avait écouté Frank parler auparavant. En fait, elle l'écoutait depuis quinze ans, ou cent cinquante, ça dépendait de la façon dont on prenait Albert Einstein en compte.

— … Vous savez quel est le minéral le plus commun sur la Lune ? Le feldspath. Et vous savez ce qu'on peut faire avec ? De la poudre à récurer. Super, hein ? Sur la Lune, il faut cuire les cailloux pour obtenir de l'air. On peut fabriquer d'autres trucs, bien entendu, du carburant pour fusée et du verre. Mais on ne trouve pas d'eau, pas d'azote, pas de carbone…

— Il y en a des traces dans le régolithe, dit le Japonais, un homme d'affaires.

— Oui, des traces, déposées là par le Soleil, sauf que *Nishizaki Heavy Industries* est en train de le vendre aux Gaijin. Ils achèvent de saigner la Lune, comme si elle ne l'était pas déjà suffisamment.

Un enfant pleurait. La navette n'était qu'un transport de fret modifié à la hâte pour aider à cette évacuation temporaire. Elle était bourrée de monde, des réfugiés de dernière minute, des hommes, des femmes et des enfants grands et maigres, silencieux et sérieux, assis tels des poulets en batterie dans des rangées de sièges baquets de toile.

C'étaient tous des Japonais de la Lune, sauf Frank et Xenia, qui étaient américains. En effet, pendant que ces derniers effectuaient un saut de cent cinquante ans jusqu'aux étoiles, et que l'Amérique se désintégrait, les Japonais de la Lune avaient colonisé celle-ci en silence.

— Vous avez besoin de composés volatils, disait maintenant Frank. C'est la clef du futur. Mais, maintenant que la Terre s'est effondrée, plus personne ne reconstitue les réserves. Vous vous contentez de recycler la même vieille merde. (Il rit.) Littéralement, en fait. Je vous donne cent ans de plus, maximum. Regardez autour de vous. Vous en êtes déjà au rationnement, et à un contrôle strict des naissances.

— On ne discute pas le fait que…

— De combien avez-vous besoin ? Je vais vous le dire. Assez pour garantir l'avenir de la Lune.

— Et vous pensez que les comètes peuvent fournir les composés volatils dont nous avons besoin pour ça ?

— Si j'y crois ? C'est le but du projet Prométhée. L'impact dû au hasard d'aujourd'hui, qui va à lui seul fournir un milliard de tonnes d'eau, est une chance. Il va plaider ma cause, mon pote. Et, lorsque nous nous mettrons à moissonner les bonnes grosses comètes du nuage d'Oort…

— Ah. (Le Japonais souriait.) Et celui qui contrôlera les composés volatils contenus dans les comètes…

— Cette personne pourra acheter la Lune. (Frank chercha un cigare, une habitude du XXe siècle depuis longtemps frustrée.) Mais c'est secondaire.

Seulement, Xenia savait que Frank mentait au sujet des comètes et de leur rôle dans l'avenir de la Lune. Le projet Prométhée était mort avant même que cette comète eût touché celle-ci.

Un mois plus tôt, Frank l'avait convoquée dans son antre.

Les pieds sur le bureau, il lisait sur un écran souple un long article universitaire, consacré aux composés volatils présents en profondeur sur la Terre. Elle tenta de lui parler des dossiers en cours, mais il était évident que ça ne l'intéressait pas. Et il ne faisait pas non plus avancer son principal projet, Prométhée.

Il alla droit au but.

— La comète, c'est du passé, ma jolie.

Elle ne comprit pas tout de suite.

— Je croyais qu'elle allait nous procurer des composés volatils à tous. Qu'elle allait nous fournir la démonstration dont nous avons besoin pour prouver que Prométhée était un investissement sain.

— Ouaip. Mais ça ne marche pas. (Frank tapota la surface de son bureau, qui s'illumina de chiffres et de graphiques.) Regardez les analyses. Nous allons obtenir quelques volatils, mais la violence de l'impact réexpédiera dans l'espace la plus grande partie de la masse du noyau. Les comètes font des feux d'artifice spectaculaires, mais ce ne sont pas des transports de fret efficaces. Peu importe comment on les guide vers leur point de chute, on perd la plus grande partie du matériau entrant. Selon mes calculs, il faudrait environ un millier d'impacts pour assurer un avenir à la Lune, lui donner une atmosphère stable, suffisamment épaisse pour persister assez longtemps avant de s'évaporer. Et nous ne les aurons jamais, pas avec ces putains de Gaijin partout. (L'espace d'un instant, il parut songeur.) Un détail, malgré tout. Saviez-vous que la Lune va effectivement se retrouver avec une atmosphère après ça ? Elle durera mille ans…

— *Iroonda*.

— Non, c'est vrai. Une atmosphère ténue, mais réelle, faite de vapeur de comète. Ça se produit chaque fois qu'il y en a une qui s'écrase. Du dioxyde de carbone, de l'eau et d'autres trucs. Qu'est-ce que vous dites de ça ? (Il secoua la tête.) De toute façon, ça ne nous servira à rien.

— Frank, comment se fait-il que personne n'ait compris ça avant ? Que personne n'ait remis en question tes projections ?

— Mais on l'a fait. (Il lui adressa un sourire.) Tu sais bien que je ne prête jamais une oreille amicale aux gens qui me disent que quelque chose est impossible. J'ai pensé qu'on avait le temps de s'en occuper, de trouver une solution.

À première vue, c'était apparemment un désastre,

Xenia le savait. Le projet Prométhée avait atteint le stade où l'on avait conçu des fusées à méthane capables de pousser les comètes du nuage d'Oort hors de leurs longues, lentes et lointaines orbites pour les amener jusqu'à la Lune. Le projet avait consumé toute l'énergie de Frank pendant des années, et coûté une fortune. Ce dernier, qui avait besoin d'investisseurs, espérait que cet impact de comète dû à un heureux hasard les lui amènerait en prouvant la validité du concept.

Et, à présent, il semblait qu'ils avaient fait tout ça pour rien.

— Je suis désolée, Frank.

— Hein ? Pourquoi ? dit-il, l'air intrigué.

— Si les comètes sont la seule source d'éléments volatils…

— Je le croyais encore hier. Mais regarde ça. (Il pianota sur son écran souple. Il parlait vite, sur un ton excité, enthousiaste, les idées se bousculaient manifestement dans son esprit.) Il y a là une femme qui pense qu'il y a tous les composés volatils que l'on veut, et cent fois plus – ici même, sur la Lune. Incroyable, non ?

— C'est impossible. Chacun sait qu'il n'y a pas plus sec que la Lune.

Frank sourit.

— C'est ce que tout le monde pense, en effet. Je veux que tu me trouves cette femme. L'auteur de l'article.

— Frank…

— Et des renseignements sur l'exploitation minière.

— L'exploitation minière.

— Aussi profond que possible. (Son sourire s'élargit.) Que dirais-tu d'un voyage au centre de la Lune, ma jolie ?

Et c'est ainsi que Xenia avait eu pour la première fois connaissance du nouveau projet de Frank, sa nouvelle obsession, sa toute dernière méthode pour réparer l'avenir.

Dix secondes. Cinq. Trois, deux, une.

Immobilité, l'espace d'une fraction de seconde. Puis la pétarade de boulons explosifs, un bruit d'explosion étouffé.

Xenia montait comme dans un ascenseur bondé, plaquée au fond de son siège baquet par un bon g peut-être. De l'autre côté de sa fenêtre, des filets de poussière éparpillée traversaient la surface vitreuse de l'aire d'atterrissage, et s'amoncelaient contre les camions de carburant et les pipelines.

Mais, à ce moment-là, la navette pivota brusquement, la faisant tourner à quatre-vingt-dix degrés. Elle entendit des gens qui haletaient, des enfants qui riaient. La navette pivota encore et encore sous les coups de ses contrôleurs d'assiette. Cette navette lunaire était petite, légère et rudimentaire. Comme les vieux modules lunaires *Apollo*, elle possédait un unique moteur de fusée fixe pour l'ascension et, à chaque angle, des réacteurs de contrôle d'assiette destinés à la faire tourner et à rectifier sa trajectoire. Viser, tourner, actionner les réacteurs – comme un personnage de dessin animé emporté dans les airs en s'accrochant à un tuyau d'arrosage hors de tout contrôle.

À trois cents mètres d'altitude, la navette pivota de nouveau, et Xenia découvrit qu'elle était penchée en avant et regardait la surface de la Lune, au-dessus de laquelle elle filait. Ils sortaient de la nuit lunaire et le terrain plongé dans l'ombre était sombre, illuminé çà et là par les lumières des installations humaines, telles des étoiles prisonnières sur les rochers sombres. Elle eut l'impression de tomber, comme si le moteur ascendant allait la planter tout droit dans le roc impitoyable. Et vlan. Lever de soleil.

Cela n'avait rien à voir avec la lente naissance de l'aube sur la Terre ; le Soleil passa au-dessus de l'horizon rocheux de la Lune, bannissant instantanément les étoiles dans les ténèbres d'un ciel noir. La lumière se répandit sur le paysage qui se déployait dessous, en doigts lumineux mêlés à des ombres d'encre opaque de centaines de kilomètres de long, les cratères les plus profonds demeurant des flaques obscures. Il était impossible de dire que la Lune était belle – elle était bien trop abîmée pour ça – mais son côté sauvage était irrésistible.

Xenia voyait toutefois le travail des humains partout : les traces immanquables des tracteurs, des lignes lisses sinuant sur le régolithe, et, çà et là, des tentes orange marquant l'emplacement de dépôts de secours, le tout recouvert par les fils d'argent étincelants des catapultes électromagnétiques.

La navette montait toujours. Les Japonais de la Lune assis autour de Xenia applaudirent ce lancement sans encombre.

À présent, la Terre se levait. Elle paraissait aussi bleue et belle que lorsque Frank et elle étaient partis pour les étoiles. Mais elle avait changé, bien sûr. Même d'ici, Xenia pouvait voir les vaisseaux-fleurs des Gaijin en orbite, les collecteurs géants des navires non humains ressemblant à de minuscules disques. Elle ressentit une bouffée d'un vieux ressentiment envers ces visiteurs puissants et silencieux qui avaient regardé l'humanité se déchirer.

Et à présent, alors que la navette s'inclinait pour se positionner sur l'orbite circumlunaire où elle allait rester deux heures, Xenia voyait quelque chose qu'aucun être humain n'avait vu à ce jour : un lever de comète, sur la Lune.

La chevelure, une masse diffuse de gaz et de fines particules était une sphère aussi grosse que la Terre, si proche à présent qu'elle occultait la moitié du ciel de son éclat évanescent. Dans la chevelure, d'énormes blocs éclairés par l'arrière projetaient des ombres dans le nuage gazeux, des lignes droites de milliers de kilomètres de long rayonnant dans sa direction. La comète sortait du Soleil et se dirigeait droit sur la Lune à soixante-dix mille kilomètres à l'heure. Xenia chercha le noyau, une boule de glace et de roche d'un milliard de tonnes. Mais il était trop petit et trop éloigné, même maintenant, quelques minutes avant l'impact. Et la queue, invisible d'ici, fuyait derrière Xenia, précédant la comète et s'étirant bien au-delà de la Lune, jusqu'à mi-chemin de Mars en fait.

Toute la navette fut soudain illuminée. Le petit vaisseau avait plongé dans la chevelure. Xenia eut l'impression de se trouver à l'intérieur d'un brouillard diffus et lumineux.

— *Vileekee bokh.*

Frank se pencha devant elle pour essayer de voir le spectacle. Physiologiquement, il avait soixante-dix ans ; son nez était une masse de chair informe. Petit et trapu, il avait des jambes épaisses et des muscles de boxeur professionnel faits pour la gravité terrestre, si bien qu'il avait toujours l'air d'une espèce de singe agité à demi évolué à côté des Japonais de la Lune, grands et minces.

— *Eta prikrasna*, murmura Xenia.

— Magnifique, oui. Et nous sommes les derniers à quitter la Lune, qu'est-ce que tu dis de ça ?

— Oh, non, dit-elle. Il reste une poignée de vieux fous qui ne veulent pas bouger, quoi qu'il arrive.

— Même une comète ?

— Takomi, par exemple. Il est encore là, dit-elle.

— Qui ça ?

— Il est célèbre.

— Je ne lis pas les bandes dessinées dans les journaux, rétorqua-t-il.

— Takomi est l'ermite qui habite dans les ruines d'Edo, sur la face cachée. De toute évidence, il vit de la terre. Il ne répond même pas aux appels radio.

Frank fronça les sourcils.

— On est sur la Lune, merde ! Comment peut-il vivre de la terre ? En suçant l'oxygène des rochers ?…

La lumière changea. Les gens entassés dans la navette laissèrent échapper des exclamations, comme à un feu d'artifice du 4 Juillet.

La comète était entrée en collision avec la Lune.

Un dôme de lumière blanche aveuglante s'éleva tel un nouveau soleil à la surface de celle-ci : les matériaux composant la comète s'étaient transformés en plasma mêlé de roche pulvérisée. Xenia crut voir une vague traverser l'épiderme rocheux de la Lune, une molle ondulation dans de la roche transformée en poudre, qui se ramassait et ralentissait.

Elle distinguait à présent une vague de lumière pâle qui s'étalait sur la surface grise et poussiéreuse. Elle sembla former des mares au fond des mers lunaires et des cratères les plus profonds, coulant en suivant les contours du terrain comme une brume matinale sur la Terre. C'était de l'air : des gaz provenant de la comète pulvérisée, une atmosphère évanescente formant des flaques sur la Lune.

Et, dans un cratère profond et empli d'ombre, elle vit une lumière flamboyer au moment du contact fantomatique de l'air.

Ce n'était qu'un éclat, une étincelle fugace entraperçue du coin de l'œil. Elle tendit le cou pour mieux voir. Il y avait peut-être un nœud de gaz ou de fumée plus dense sur le fond de ce cratère ; une traînée, une sorte de sillage sortant de l'atmosphère temporaire de la comète.

Il devait s'agir d'un sous-produit de l'impact. Mais on aurait dit que quelqu'un avait lancé une fusée depuis la surface de la Lune.

Le sillage s'était déjà dispersé dans l'air ténu et tourbillonnant de la comète.

Les passagers applaudirent de nouveau la beauté du spectacle, et aussi de soulagement parce qu'ils étaient encore en vie. Même Frank regardait.

Ce fut seulement après l'atterrissage qu'on annonça que le noyau de la comète était tombé pile sur le dôme du cratère de Fracastorius.

Situé sur le bord de la mer de Nectar, Fracastorius était l'une des plus grandes agglomérations hors du triangle originel Copernic-Landsberg-Kepler. Les Japonais de la Lune pleurèrent leurs morts. Il y avait eu peu de victimes, mais les dégâts sociaux et économiques étaient considérables, voire irréparables, en ces temps de vaches maigres où les habitants de la Lune tentaient de s'adapter pour vivre sans le cordon ombilical pluriséculaire qui les reliait à la Terre et à ses riches ressources.

Frank Paulis ne semblait pas concerné. Il se remit au travail avant même l'atterrissage. Et il s'attendait à ce que Xenia fasse comme lui.

Ils avaient tous les deux passé une année de leur vie sur un vaisseau-fleur gaijin, affrontant les dangers inconnus de plusieurs transitions à travers les cercles bleus des portes, et s'étaient retrouvés égarés dans un futur qu'ils n'avaient pas anticipé. En revenant du Point Selle, Frank et Xenia avaient commencé à se faire du souci lorsque personne dans le système intérieur n'avait répondu à leurs appels. Ils avaient fini par se brancher sur des chaînes d'informations à bas débit.

Les nouvelles semblaient exceptionnellement mauvaises.

La Terre avait sombré dans la guerre civile. Des batailles faisaient rage dans la zone équatoriale, au Sahara, au Brésil et en Extrême-Orient. Stupéfaits, Xenia et Frank écoutèrent des reportages saupoudrés de noms qu'ils ne connaissaient pas, des campagnes et des batailles, des généraux, des présidents et même des empereurs. Les nations impliquées semblaient elles-mêmes avoir changé, après des sécessions et des réunions. Il était même difficile de comprendre pourquoi ils se battaient, sinon toujours les raisons habituelles : les ressources en voie d'extinction d'une planète sur le déclin.

Une chose était sûre. Tout leur argent avait disparu ; il s'était évaporé telle une brume électronique. Lorsqu'ils avaient atterri sur la Lune, ils étaient des indigents, métaphoriquement nus.

La Lune se révéla être bondée, et possédée par d'autres personnes. Mais ils n'avaient nulle part où aller. Et, même sur la Lune, nul ne s'intéressait aux voyageurs des étoiles et à leurs histoires.

Frank s'était senti floué. Il avait commis une grosse erreur en allant dans les étoiles. Il était parti chercher des opportunités. Il en avait assez du lent effondrement de l'économie et de la structure sociale de la Terre bien avant que les guerres ne commencent, bien avant que les gens ne se mettent à mourir en grand nombre.

Non qu'il n'eût pas prospéré ici.

Car il était apparu que la Lune du XXIIe siècle avait beaucoup en commun avec la Terre du XXIe. Privée des lignes d'approvisionnement qui la reliaient à la planète mère, la Lune était surpeuplée : son économie fermée stagnait. Mais Frank avait déjà vu tout cela, et il savait que la vérité économique, dans ce genre de circonstances, prenait une forme étrange. Par exemple, il avait gagné beaucoup d'argent en réhabilitant une vieille technique employant le soufre lunaire et l'oxygène comme combustible. Avec les matières premières qui se raréfiaient de plus en plus, des procédés industriels jadis abandonnés parce qu'ils n'étaient pas rentables valaient soudain la peine d'être utilisés.

En cinq ans, Frank Paulis était devenu l'un des cent individus les plus riches de la Lune, et il avait entraîné Xenia avec lui.

Mais ça ne suffisait pas. Frank ne parvenait pas à pénétrer l'ancien réseau d'alliances commerciales des Japonais. En outre, selon Xenia, il se sentait à l'étroit sur la Lune.

En tout état de cause, voilà pourquoi cette comète avait tant d'importance pour lui. Il disait qu'elle allait tout ébranler. Changer les termes de l'équation.

Un point de vue admirable, pensait-elle, ou schizophrène.

Après toutes ces années – au cours desquelles elle avait été sa compagne, son amante, son employée et son thérapeute amateur – Xenia admettait ouvertement qu'elle ne comprenait toujours pas Frank. C'était un capitaliste invétéré, aucun doute là-dessus. Mais chaque gramme de son immense ambition était en permanence tourné vers un projet des plus titanesques. L'avenir d'un monde ! La destinée du genre humain ! Ce que Xenia n'arrivait pas à comprendre, c'était si Frank était un visionnaire qui se servait du capitalisme pour parvenir à ses fins – ou, après tout, juste un capitaliste sublimant son avidité et son ambition.

Mais, emportée par son énergie et son ambition, elle avait du mal à se concentrer sur de telles questions.

Baigné de lumière bleu océan, Frank Paulis arpentait la scène, pareil à une boule d'énergie et d'agressivité terrestres solidifiées, incongru sur la petite Lune délicate.

— Vous devez vaincre l'avenir, ou c'est lui qui vous aura ! Je le pensais déjà avant d'aller dans les étoiles, et je le crois maintenant. Je suis ici pour vous dire comment…

Pour le lancement de son nouveau projet, Frank, enfiévré par l'enthousiasme, avait loué le Grand Auditorium situé au cœur de Landsberg. Le dôme étendait son plafond bleu au-dessus de Xenia : c'était une double couche de quasiverre, maintenue par des câbles en toile d'araignée artificielle et remplie d'eau. Celle-ci protégeait les habitants des radiations, et servait à diffuser la lumière crue du soleil. Pendant le long jour lunaire, ici, dans Landsberg, le ciel bleu roi était plein de poissons rouges et de carpes. Même au bout de cinq ans, Xenia n'arrivait pas à s'y habituer.

Frank était debout devant un gigantesque dessin en trois dimensions, un globe lunaire ouvert pour montrer des couches géologiques arides et sans intérêt. Mariko Kashiwazaki, la jeune chercheuse dont l'article avait enflammé Frank, le lançant sur cette nouvelle piste, était assise à côté de lui. Elle semblait mince et peu sûre d'elle dans le tailleur neuf qu'il lui avait acheté.

Assise derrière les spectateurs, Xenia regardait des rangées de visages calmes : des politiciens et des hommes d'affaires. Ils étaient impassibles. Mais, bon, ils étaient venus, et ils écoutaient, et c'était tout ce qui importait à Frank pour l'instant.

— Ici, sur la Lune, nous avons besoin de composés volatils, disait-il. Pas seulement pour survivre, mais aussi pour nous développer. Pour que notre économie puisse croître. De l'eau. De l'hydrogène, de l'hélium. Du dioxyde de carbone. De l'azote. Peut-être des nitrates et des phosphates pour enrichir les cycles biologiques.

« Mais la Lune manque de tous les éléments essentiels à la vie. Ici, à la surface, une molécule d'eau ne dure que quelques heures avant d'être décomposée par la lumière solaire et perdue à jamais. L'atmosphère lunaire est si ténue que certaines des molécules sont en fait en orbite. Franchement, ça ne sert à rien.

C'était vrai. Tout cela était bien connu depuis le moment où le premier astronaute avait ramassé le premier morceau de roche lunaire ordinaire et découvert qu'il était aussi sec – plus sec, en réalité – qu'un os.

Pendant un temps, on avait espéré que certains profonds cratères plongés dans l'ombre près des pôles pourraient servir de réservoir de glace d'eau apportée par des chutes de comètes. Mais, à l'immense déception de certains rêveurs, on n'en avait jamais trouvé que des traces. De toute façon, comme l'avait montré celui de Fracastorius, de tels impacts ne déposaient que peu d'éléments volatils. Et, même si de la glace était piégée, elle ne restait pas là éternellement : l'axe de la Lune s'était révélé instable, si bien qu'elle s'inclinait de-ci, de-là sur une période de quelques centaines de millions d'années – un long laps de temps, assez court toutefois pour qu'aucun cratère ne demeure perpétuellement dans l'ombre.

Sèches ou pas, les roches lunaires n'étaient pas totalement inexploitables. En fait, l'oxygène composait quarante pour cent de leur poids. Elles contenaient d'autres éléments utiles : du silicium, dont on pouvait faire du verre, de la fibre de verre et des polymères ; de l'aluminium, du magnésium et du titane destiné à des machines, des câbles et des revêtements, du chrome et du magnésium pour les alliages métalliques.

Mais, pour l'essentiel, Frank avait raison. Si une mine terrestre avait produit le minerai lunaire de la meilleure qualité, on l'aurait considéré comme du déchet et on l'aurait écarté.

Pour cette raison, il avait lancé le projet Prométhée, son plan destiné à importer des éléments volatils et à déclencher la rotation de la Lune en la bombardant à l'aide d'une succession de comètes ou d'astéroïdes. Mais ça n'avait pas marché.

— Donc, vers quoi allons-nous nous tourner ? (Il soupesa son auditoire du regard. Il gardait toujours le contrôle de la situation, même devant ces Japonais de la Lune circonspects et quelque peu abasourdis.) Il faut que nous trouvions quelque chose, croyez-moi. La Lune, *votre* Lune, agonise. Nous ne sommes pas venus ici pour que nos enfants vivent dans une boîte, mais comme des êtres humains, libres et dignes. (Il leva les bras et inhala l'air recyclé.) Permettez-moi de vous parler de mon rêve. Un jour, avant de mourir, je veux ouvrir en grand ces fichues portes et sortir du dôme. Et je veux respirer l'air de la Lune. L'air que nous y aurons mis. (Il se mit à marcher de long en large, comme un prédicateur – ou un bonimenteur.) *Je veux voir la Lune terraformée.* Je veux voir une Lune où de l'air respirable couvrira la planète, où il y aura tant d'eau que les mers les plus profondes mériteront enfin leur nom, où des plantes et des arbres pousseront à l'air libre, et où un lac circulaire miroitera dans chaque cratère… C'est un rêve. Je ne vivrai peut-être pas assez longtemps pour voir tout ça. Mais je sais que c'est notre seul moyen d'avancer. Seul un *monde* – stable, avec d'importants réservoirs biologiques d'eau, de carbone et d'air – sera assez vaste pour permettre la vie humaine, ici, sur la Lune, au cours des siècles et des millénaires à venir. Bon Dieu, nous sommes ici pour longtemps, mes amis, et nous devons apprendre à penser à long terme parce que personne ne va venir nous aider. Ni la Terre, ni les Gaijin. Ils ne se préoccupent pas de savoir si nous sommes morts ou vivants. Nous sommes coincés dans une tranchée au milieu du champ de bataille et nous devons nous débrouiller tout seuls.

« Mais, pour faire de la Lune une jumelle de la Terre, nous aurons besoin d'éléments volatils, essentiellement de l'eau. La Lune n'en a pas, nous devons donc les importer. Exact ?

Il se pencha en avant, dans une attitude intimidante, un truc grossier mais efficace, songea froidement Xenia.

— Totalement faux. Je suis ici aujourd'hui pour vous offrir un nouveau paradigme. Pour vous dire que la Lune elle-même est riche en éléments volatils, d'une richesse presque inimaginable, suffisante pour nous faire vivre, nous et nos familles, pendant, bon Dieu, des millénaires. Et, incidemment, pour nous rendre riches comme Crésus au passage…

C'était le point culminant, le grand choc sur lequel comptait Frank. Mais Xenia vit que c'était à peine si un frisson d'intérêt traversait son auditoire. Trois siècles et la vie sur une autre planète n'avaient pas beaucoup changé les Japonais ; les barrières culturelles n'avaient pas disparu. Ils se méfiaient toujours de l'étranger bruyant qui se tenait devant eux et s'immisçait dans le système subtil d'alliances et de processus protocolaires régissant leur existence.

Frank se recula.

— Dites-leur, Mariko.

La mince scientifique japonaise née sur la Lune se leva, de toute évidence en proie au trac, et s'inclina très bas.

Le système Terre-Lune et les autres planètes – expliqua Mariko, avec l'aide de belles images projetées sur un écran souple – s'étaient condensés presque cinq milliards d'années auparavant à partir d'un nuage tourbillonnant de poussières et de gaz. Ce nuage primordial était riche en composés volatils : il contenait par exemple trois pour cent d'eau. On pouvait le déterminer à partir de la composition des astéroïdes, les fragments qui subsistaient de ce nuage.

Mais il y avait une anomalie. Toute l'eau qui se trouvait sur Terre, dans les océans, l'atmosphère et les calottes glaciaires, représentait moins d'un dixième de ces trois pour cent. Où était passé le reste ?

La croyance populaire soutenait qu'elle s'était évaporée à cause de la chaleur intense lors de la formation de la Terre. Mais Mariko pensait que la plus grande partie était encore là, que l'eau et les autres éléments volatils étaient piégés en profondeur à l'intérieur de la Terre : à quatre cents kilomètres de profondeur, loin dans le manteau. Cette eau ne se présentait pas sous la forme d'un ensemble d'immenses océans souterrains. Il s'agissait plutôt de gouttelettes éparpillées, certaines de la taille d'une seule molécule, et piégées à l'intérieur de réseaux cristallins de minéraux portant des noms tels que *wadsleyite* et *hydrous-D*. Ces formes particulières pouvaient capturer l'eau à l'intérieur de leur structure, pour l'essentiel en exploitant la forte pression pour contrebalancer la tendance de la température en augmentation à faire évaporer l'eau.

Certaines estimations affirmaient qu'il devait y avoir jusqu'à cinq fois plus d'eau enterrée à l'intérieur de la Terre que dans la totalité de ses océans, de son atmosphère et de ses calottes polaires.

Et ce qui était vrai de la Terre pouvait l'être de la Lune.

Selon Mariko, la Lune était essentiellement composée de matériaux semblables à celui du manteau de la Terre. On pensait que c'était dû au fait qu'elle avait pour origine la Terre elle-même, dont elle avait été arrachée par une gigantesque collision originelle, dont le nom familier était « la grande claque ». La Lune était plus petite que la Terre, plus froide et plus rigide, si bien que son cœur ressemblait aux couches du manteau terrestre situées à quelques centaines de kilomètres de profondeur. Et c'était précisément à cette distance, sur Terre, que l'on trouvait ces minéraux contenant de l'eau…

Frank observait son auditoire tel un faucon.

Son dessin de la Lune s'illumina soudain. Les pelures d'oignon des couches géologiques furent agrémentées d'un océan bleu vif qui clapotait d'une manière invraisemblable tout au centre. Xenia sourit. C'était typique de Frank : faux, mais séduisant.

— Écoutez, dit-il. Et si Mariko avait raison ? Et même si l'eau représentait à peine *un dixième de un pour cent* de la masse de la Lune ? Ça serait l'équivalent de cinq pour cent de l'eau à la surface de la Terre. Un véritable océan caché.

« Et ce n'est pas tout. Là où il y a de l'eau, il y aura d'autres éléments volatils : du dioxyde de carbone, de l'ammoniaque, du méthane et même des hydrocarbures. Tout ce qui nous reste à faire, c'est descendre les chercher.

« Et c'est à nous. Nous ne possédons pas le ciel ; tant que les Gaijin seront là, il ne sera peut-être jamais aux êtres humains. Mais nous autres, habitants de la Lune, nous sommes les propriétaires légitimes des rochers qui se trouvent sous nos pieds.

« Mes amis, je baptise cette nouvelle entreprise Le Dur-à-cuire. Si vous voulez savoir pourquoi, allez chercher le mot dans le dictionnaire. Je vous demande d'investir dedans. Vous prendrez un risque, bien sûr. Mais, si ça marche, nous aurons un moyen de contourner le goulet d'étranglement des ressources auquel nous devons faire face sur cette Lune. Et ça vous rendra plus riches que dans vos rêves les plus fous. (Il sourit.) Il y a un putain d'océan là-dessous, et il est temps que nous allions nous baigner à poil.

Un silence figé s'ensuivit, que Frank exploita en véritable expert.

Après la séance, Xenia alla se promener.

Sous le dôme, la surface de la Lune ressemblait à un parc. De l'herbe, dont une bonne partie poussait sur le régolithe nu, couvrait le sol. Il y avait même un bosquet de palmiers adultes de trente mètres de haut et des cerisiers éparpillés. Les gens vivaient dans les tours qui soutenaient le dôme, d'épaisses colonnes centrales d'où s'élançaient des plates-formes de béton lunaire. Les niveaux inférieurs étaient réservés aux usines, ateliers, écoles, magasins et autres lieux publics.

Loin au-dessus de sa tête, Xenia voyait une bande d'enfants en uniforme noir et blanc qui voletaient de-ci, de-là avec des ailes à la Léonard de Vinci, tout en se querellant comme des poules. Un beau spectacle. Mais qui servait à lui rappeler qu'il n'y avait pas d'oiseaux ici, sauf dans des cages pressurisées. Ils se fatiguaient trop vite dans l'air ténu ; sur la Lune, contrairement à ce que l'intuition suggérait, les oiseaux ne pouvaient pas voler.

De l'eau coulait dans des ruisseaux, des fontaines et des mares, humidifiant l'air.

Xénia passa devant le célèbre parc des sculptures liquides de Landsberg. De l'eau tombait avec lenteur d'une haute fontaine, formant de grandes sphères miroitantes que la tension de surface maintenait ensemble. Des doigts mécaniques leur donnaient des chiquenaudes, tirant l'eau, la tournant et la filant en cordes comme du sucre fondu, la transformant brièvement en sculptures splendides et éphémères, dont aucune ne ressemblait à la suivante. Elle voulait bien admettre que c'était fascinant, une forme d'art sous un sixième de la gravité terrestre qui n'aurait pas pu exister sur la Terre ; elle l'avait captivée dès son arrivée. Pendant qu'elle regardait, une troupe d'enfants entre huit et dix ans, aux jambes de Sélénites longues comme celles de girafes, traversa un bassin en courant, comme autant de Jésus, leurs pieds qui claquaient comme des gifles lorsqu'ils les posaient suffisant à les empêcher de couler tant qu'ils couraient assez vite.

Ici, l'eau était partout ; on n'avait pas de sensation de sécheresse, c'était un abri dans un désert desséché. Mais, au-dessus de la tête de Xenia, de grands ventilateurs tournaient en permanence, extrayant de l'air la moindre goutte d'humidité pour qu'elle soit nettoyée, stockée et réutilisée. Elle entendait toues sortes de bruits subtils : ventilateurs et pompes cliquetaient et vrombissaient, les aérateurs glougloutaient. Et, une fois les enfants partis, elle vit de minuscules robots chatoyants siffler dans l'air et attraper des gouttelettes éparses comme des papillons, sans en laisser une seule se perdre.

Landsberg était une machine géante qu'il fallait constamment faire fonctionner, gérer et entretenir. Ce n'était pas une solution à long terme. Les divers procédés de recyclage étaient d'une efficacité extraordinaire – ils en étaient au point de compter les molécules – mais il y avait toujours des pertes, les lois de la thermodynamique y veillaient. Et aucun moyen de les compenser.

On n'avait pas la sensation d'être sur un monde à l'agonie. En fait, Xenia se sentait de plus en plus chez elle sur cette petite planète délicate qui marchait au ralenti. Mais la Lune des humains était, lentement mais sûrement, en train de s'éteindre. Les plus petites habitations avaient déjà été abandonnées ; les écosphères de moindre taille revenaient trop cher. On pratiquait le rationnement. Il naissait un peu moins d'enfants qu'à la génération précédente, et l'humanité se blottissait dans les bulles lunaires restantes qui se flétrissaient.

Et il n'y avait nulle part ailleurs où aller.

Xenia avait l'intuition que la vision de Frank était juste, indépendamment de ses méthodes. Au moins, il se battait : il tentait de trouver un moyen pour que les humains survivent, ici, dans le système solaire qui leur avait donné naissance. Quelqu'un devait le faire. Il semblait clair que les non-humains, les tout-puissants Gaijin, n'étaient pas là pour apporter leur aide ; ils attendaient dans leurs vaisseaux silencieux, regardant l'histoire humaine qui se déroulait, et la Terre qui tombait en morceaux.

Si les humains ne trouvaient pas bientôt un moyen de se sauver eux-mêmes, ils n'en auraient peut-être plus l'occasion.

Et, si Frank pouvait gagner un peu d'argent au passage, elle n'allait pas être jalouse.

Eh bien, Frank réussit à convaincre assez de gens pour collecter de quoi démarrer ; jubilant, il se mit au travail.

Mais il apparut que réunir l'argent était le plus facile.

Il n'y avait jamais eu de véritable industrie minière sur la Lune. Tout ce qu'on y avait jamais fait, c'était creuser des mines à ciel ouvert dans le régolithe, dans les couches externes desséchées et fracassées de la Lune qui avaient déjà été pulvérisées par les météorites et ne nécessitaient pas qu'on les écrase et qu'on les broie. Et nul n'avait essayé – sauf à l'occasion d'études scientifiques – de creuser plus bas que quelques dizaines de mètres.

Frank et Xenia durent donc partir de zéro et réinventer non seulement un processus industriel, mais les rôles des humains qui allaient avec. Ils allaient avoir besoin d'un pétrophysicien et d'un géologue pour déterminer les endroits où ils étaient les plus susceptibles de trouver les réservoirs d'éléments volatils dont ils imaginaient l'existence. Il leur fallait des ingénieurs de réservoir, de forage et de production pour le gros œuvre de la tête de puits ; ils avaient besoin d'ingénieurs en bâtiment pour les opérations de surface et de support. Et ainsi de suite. Ils devaient décrire les emplois, recruter du personnel et le former de leur mieux.

Il fallut réinventer tout l'équipement. Faute d'air pour dissiper la chaleur, leur matériel avait besoin d'énormes ailerons de radiateur. Même l'enrichissement – la concentration de minerai pauvre pour obtenir un produit de meilleure qualité – était difficile, car ils ne pouvaient recourir aux méthodes traditionnelles comme la flottaison et la concentration par la gravité ; ils durent faire des essais avec des méthodes basées sur les forces électrostatiques. Il n'y avait pas d'eau, bien entendu – un véritable paradoxe, car ils découvrirent que la plupart des techniques minières élaborées sur Terre au cours des siècles dépendaient abondamment de l'emploi de l'eau pour refroidir, lubrifier, déplacer et séparer les matériaux, ainsi que pour dissoudre et précipiter les métaux. Ils tournaient en rond dans un piège cruel.

Ils rencontrèrent d'autres problèmes dès qu'ils commencèrent à tester l'équipement lourd dans l'ultravide qui enveloppait la Lune.

La friction était meurtrière. Dans une atmosphère, n'importe quelle surface se recouvrait d'une mince couche de vapeur d'eau et d'oxydes qui réduisait les frottements. Mais cela ne fonctionnait pas ici. Ils eurent même à subir des cas de soudure par le vide. Et ce n'était pas tout : la poussière omniprésente – les restes aussi durs que du verre d'antiques roches fracassées – collait partout où elle le pouvait, récurant et abrasant. Les choses s'usaient vite à la surface silencieuse de la Lune.

Mais ils s'obstinèrent et parvinrent à résoudre leurs problèmes, ou trouvèrent de vieilles références sur la manière dont on s'y était pris par le passé, lorsque les Japonais de la Lune étaient plus libres de travailler au-delà de leurs cités sous dôme. Ils apprirent à construire de façon modulaire, en employant des pièces pouvant être aisément remplacées par un type en scaphandre. Ils apprirent à recouvrir toutes les articulations mobiles de manchons de plastique flexible pour les protéger de la poussière. Après de nombreuses expérimentations, ils tranchèrent la question des lubrifiants et recouvrirent les surfaces de travail d'une substance que les ingénieurs japonais appelaient du quasiverre et qui était dure, dense et très lisse. Les lubrifiants traditionnels ne faisaient que s'évaporer en bouillant ou en gelant.

Leur travail ne tarda pas à les absorber totalement et Xenia s'y retrouva complètement immergée.

Après des générations passées sur la Lune, les Japonais s'étaient habitués à leurs dômes. Il leur était même difficile de l'imaginer sans toit. Mais, une fois engagés, ils apprirent vite, et vinrent à bout des problèmes avec une patience et une inventivité infinies. Xenia eut la sensation qu'il s'écoula très peu de temps entre le début du chantier et le jour où Frank lui annonça qu'il avait choisi son site de forage.

— Le cratère d'impact le plus profond et le plus large de tout ce putain de système solaire, plastronna-t-il. Neuf kilomètres sous la fichue altitude de référence, treize kilomètres plus bas que les pics bordant du cratère. Une fois au fond de ce truc on est déjà à mi-chemin. Et, le mieux, c'est qu'on peut l'acheter. Personne n'a vécu ici depuis qu'on a nettoyé ce qui restait de glace piégée par le froid.

Il parlait du pôle Sud de la Lune.

Enfermée dans un scaphandre en toile d'araignée, Xenia sortit du bondisseur.

Le pôle de la Lune était un endroit obscur. Une corne de croissant de Terre pointait au-dessus de l'horizon, maigre et pâle comme de la glace. Debout au fond du cratère Amundsen, Xenia pouvait vraiment voir le Soleil ; éclat de lumière perçant dans un espace entre les montagnes formant la bordure du cratère, il projetait de longues ombres dures sur le sol bosselé et incolore. Elle savait que, si elle restait là pendant un mois, la rotation glaciale de la Lune entraînerait ce point autour de l'horizon. Mais la lumière serait toujours plate et dure, comme pour une aube ou un coucher de soleil qui n'en finissait pas.

Et, au centre d'Amundsen, le complexe bâti par Frank, laid, animé et noir de monde, s'étalait en une éclaboussure de reflets.

Xenia n'avait jamais marché à la surface de la Lune auparavant, pas une seule fois. Très peu de gens le faisaient. On n'importait plus de tungstène et celui-ci était trop précieux pour être utilisé dans des combinaisons pour touristes. Enfiler et ôter un scaphandre impliquait un gaspillage d'eau et d'air bien trop important. Et ainsi de suite. Sur la Lune de 2190, les gens s'accrochaient à leurs bulles sous dômes, utilisaient des voitures scellées ou rampaient dans des tunnels, pendant que, de l'autre côté de leurs fenêtres, la vraie Lune était aussi inaccessible qu'avant *Apollo*.

En un sens, cette pensée – la proximité de ces limites – glaçait plus Xenia que le fait que la Terre s'était effondrée. Elle renforçait sa détermination de rester avec Frank, quels que puissent être ses doutes au sujet des objectifs et des méthodes de celui-ci.

Et voilà qu'il arrivait dans sa combinaison en toile d'araignée confectionnée par les Japonais et ornée d'un drapeau américain peint en couleurs vives.

— Je me demandais où tu étais, dit-il.

— J'ai eu de la paperasse à remplir, des autorisations de dernière minute à obtenir…

— Tu aurais pu rater le spectacle. (Il était tendu, nerveux, agité ; de l'autre côté de sa visière dorée, son regard ne cessait de balayer le paysage désolé.) Viens voir les installations.

Ils gagnèrent ensemble le centre du complexe à grandes enjambées, traversant le périmètre de gardes postés par Frank.

New Dallas, la ville-champignon de Frank, consistait en un assemblage grossier de bâtiments construits comme des maisons en adobe avec des blocs de béton lunaire. La lumière y brillait, car les rayons du soleil étaient déviés vers le cratère par des héliostats, des miroirs géants perchés sur les montagnes bordant le cratère ou sur des portiques d'une hauteur incroyable. Les hélios fonctionnaient comme des projecteurs géants, ce qui donnait à la ville une atmosphère incongrue de stade illuminé. L'essentiel de l'énergie provenait également du Soleil, au moyen de panneaux solaires que Frank avait fait placer sur les sommets des montagnes.

Elle reconnut des magasins, des entrepôts, des dortoirs, et des cafétérias ; il y avait un parc pour les véhicules à moteur, où des bondisseurs, des tracteurs et des engins lourds étaient groupés autour de réservoirs de carburant. Les bâtiments habités avaient été recouverts de quelques mètres de régolithe qui arrêtait les radiations. Et il y avait l'usine géothermique de Frank, prête à fonctionner avec ses cubes reliés par d'énormes conduits sinueux.

À des kilomètres à la ronde, le sol était aplati et entaillé par des empreintes de pas et de véhicules. On avait du mal à croire que rien de tout cela ne se trouvait là deux mois plus tôt, et que les seuls signes d'occupation humaine étaient alors les mines à ciel ouvert peu profondes et abandonnées dans les pièges à froid.

Et, au milieu se dressait le derrick lui-même, qui s'élevait à une telle hauteur au-dessus de la surface qu'il interceptait la lumière du soleil bas sur l'horizon ; il était en fait assez haut pour empiler trois ou quatre segments de tuyau en alliage d'aluminium à la fois. Il y en avait déjà un tas non loin de là, des kilomètres de tuyau constitué de minerai lunaire, le composant le meilleur marché de toute l'entreprise. Des abris et des magasins s'étalaient autour de la base du derrick, ainsi que des réservoirs d'aluminium et des moteurs à combustion. Des monticules de roche excavée lors de tests de forage entouraient le derrick telle une rangée de pyramides.

Ils atteignirent la dalle de forage. La table circulaire où allait passer le tuyau, et qui tournerait pour enfoncer le trépan dans le sol, se trouvait au centre. Il y avait des fonderies et des tambours destinés à fournir câbles et de tuyaux : des conduits pour l'énergie, de minces tuyaux de fibre optique, des tubes creux pour le passage de l'air, de l'eau et des échantillons.

Au-dessus d'elle, le derrick était immense et silencieux, comme la tour de lancement d'une fusée *Saturne V.* On voyait des étoiles à travers son squelette troué à claire-voie éclairé par le soleil. Et là, suspendue au bout des premiers tuyaux, se trouvait la tête de forage elle-même, ses dents de tungstène et de diamant luisant dans la lumière des héliostats.

Frank lui donnait des détails techniques qui ne l'intéressaient pas.

— Tu sais, on ne peut pas faire tourner un train de tige de forage de plus de quelques kilomètres de long. Nous devons donc utiliser une turbine au fond du trou…

— Frank, *eta ochin kraveeva.* C'est magnifique. Je ne sais pas pourquoi, mais à Landsberg, je n'ai jamais vraiment cru que c'était bien réel.

— Oh, c'est bien réel, dit Frank, la voix tendue. Tant que ça marche. (Il vérifia son chronomètre, un petit écran souple cousu dans le tissu de sa combinaison.) Il est presque l'heure.

Ils quittèrent l'espace public.

Le Dur-à-cuire était le plus grand événement public à se dérouler sur la Lune depuis une génération. Il devait y avoir une centaine de personnes ici, hommes, femmes et enfants se déplaçant dans leurs combinaisons de surface et leurs ponchos antiradiation aux couleurs vives ou dans de petits rovers recyclables en forme de bulle – de riches Japonais, encore capables de se permettre ce genre de luxe. Des caméras planaient partout. Xenia vit des Observateurs virtuels, des adultes et des enfants portant des combinaisons sensorielles dont la moindre sensation était transmise au reste de la Lune.

Frank avait même construit une sorte de parc à thème miniature, avec des maquettes de derricks que l'on pouvait escalader et un grand-huit vertigineux basé sur le réseau démodé d'une mine de charbon – il fallait de la hauteur ici, sur la Lune, pour obtenir quelque chose qui ressemble à une accélération respectable. L'attraction principale était le Bassin aux poissons de Frank, un petit cratère qu'il avait tapissé de céramique et rempli d'eau. La surface de celle-ci gelait et s'évaporait à un rythme régulier, bien entendu, mais l'eau contient beaucoup de chaleur, et il faudrait longtemps au Bassin avant de geler jusqu'au fond. Entre-temps, Frank y avait mis des poissons qui nageaient de long en large, des poissons rouges et de belles carpes koï, des créatures terrestres protégées du rude climat lunaire par quelques mètres d'eau à peine, un symbole élégant de son ambition.

Se retrouver à ciel ouvert terrifiait Xenia.

— Es-tu certain qu'il soit bien prudent d'avoir tant de gens ici ?

— Les gardes contiendront ces enfoirés de Gris.

Il s'agissait d'un groupe de pression qui avait commencé à faire campagne contre Frank, soutenant que c'était mal d'aller creuser des trous jusqu'au cœur de la Lune et d'arracher l'*uchujin*, la poussière cosmique qui s'y trouvait. Ils étaient bruyants, mais inoffensifs, pour autant que Xenia pouvait en juger.

— Je ne pensais pas à ça, dit-elle. Mais c'est tellement public. On dirait Disneyland.

— Xenia, grommela-t-il, tout ce qui reste de Disneyland, c'est un cratère qui brille la nuit. Tu ne piges pas ? Ce numéro de relations publiques est essentiel. Nous aurons de la chance si nous creusons plus de deux kilomètres par jour. Il nous faudra cinquante jours rien que pour traverser la croûte. Nous allons balancer un sacré paquet de fric dans ce trou avant de gagner le moindre centime. Il faut que ces investisseurs soient de notre côté, et qu'ils le restent sur le long terme. Ils doivent être ici, Xenia. Il faut qu'ils voient tout ça.

— Mais si quelque chose marche de travers…

— Alors on est foutus de toute façon. Qu'est-ce qu'on perd ?

Tout, se dit-elle, si quelqu'un se fait tuer, l'un de ces petits Japonais de cinq ans si mignons qui grimpent sur les maquettes de derricks, par exemple. Mais elle savait que Frank y avait déjà pensé, décidé de ne pas en tenir compte, et sans aucun doute pensé à un plan de repli.

Elle admirait ce genre de calcul, et elle en avait peur.

Frank leva les yeux vers le ciel.

— Eh bien, dit-il, on dirait que nous avons des spectateurs.

Un vaisseau-fleur gaijin voguait loin au-dessus de leur tête, les ailes déployées et étincelantes, comme un papillon de nuit bariolé.

— C'est à nous, murmura Frank en lui jetant un regard noir. Vous m'entendez, bande d'enfoirés ? À nous ! Vous pouvez vous faire du mouron mécanique.

Une alarme résonna dans les circuits ouverts de leurs casques, et les Japonais de la Lune, adultes et enfants, se mirent en rang en silence pour assister au spectacle. Xenia voyait la tête de forage s'abaisser en direction du régolithe, le tuyau descendait en se balançant à l'intérieur de la structure comme un muscle dans un fourreau de chair.

La mèche entama la Lune.

Une gerbe de poussière jaillit aussitôt du trou, d'antiques couches de régolithe que rien n'avait dérangées pendant un milliard d'années et qu'on envoyait à présent sans cérémonie dans l'espace. Au sommet de la fontaine parabolique, des fragments translucides étincelèrent dans la lumière du soleil. Mais, faute d'air où demeurer suspendus, les débris retombèrent immédiatement.

Au bout de quelques secondes, la poussière avait recouvert le derrick, colorant de gris sa peinture brillante ; il en pleuvait sur les spectateurs comme de la cendre volcanique.

Les gens s'agitaient autour de Xenia. Ils applaudissaient dans le silence le plus complet, unis par cet instant particulier. Peut-être Frank avait-il raison de les faire venir ici, après tout, peut-être avait-il raison au sujet du potentiel mythique de cet immense défi.

Frank avait le regard fixé sur la mèche.

— Vingt ou trente mètres, dit-il.

— Pardon ?

— L'épaisseur du régolithe ici. La poussière. Ensuite, on a le mégarégolithe, de la roche écrasée, fracassée, arrachée au sol et brassée par les impacts. Sans doute sur vingt ou trente kilomètres. Facile à pénétrer. Plus bas, la pression est si forte qu'elle referme n'importe quelle fissure. Nous devrions atteindre le lit d'anorthosite à la fin de la première journée, et puis…

Elle lui prit le bras. Même à travers les couches de tissu du scaphandre, elle sentait la tension de ses muscles.

— Hé ! Du calme !

— Quoi ? C'est moi le père du bébé.

— D'accord.

Il fit quelques petits pas de long en large ; sa silhouette trapue exprimait la frustration.

— Bon, on ne peut rien faire ici. Viens. Enlevons ces costumes de Buck Rogers et allons au bar.

— Entendu.

Xenia entendait la poussière crépiter sur son casque. Et les enfants couraient, tendant les mains sous la pluie grise de la Lune, témoins de cette nouvelle merveille.

CHAPITRE 19

RÊVES DE ROCHERS ET D'IMMOBILITÉ

Son monde était simple : la Terre en bas, l'Obscurité en haut, la Lumière qui coulait de l'Obscurité. Terre, Lumière, Obscurité. Cela, et elle.

Seule en dehors de Celui-qui-donne.

Pour elle, toutes choses venaient de Celui-qui-donne. Toute vie, en fait.

Ses premiers souvenirs étaient des souvenirs de Celui-qui-donne, à l'interface entre la Terre desséchée et la chaude Obscurité. Il la nourrissait, enfonçant de la substance riche, tiède et humide dans la Terre, et elle mangeait goulûment. Elle sentait ses racines plonger dans les profondeurs sèches de la Terre, en quête de la nourriture qui y était cachée. Et elle attirait le maigre sol en elle, le nourrissait de chaude Lumière, le transformait en une partie d'elle-même.

Elle connaissait l'avenir. Elle savait ce qu'il adviendrait d'elle et de ses enfants.

Ils attendraient les brèves Pluies pendant la longue période sombre de chaud et de froid. Puis viendrait pour eux le moment d'éclore et de saupoudrer de vie ce petit monde dur en fleurissant dans toute leur gloire. Et ses enfants survivraient avec elle à la longue immobilité pour assister à la Fusion elle-même, la merveille qui se trouvait à la fin des temps.

... Mais elle était la première, et Celui-qui-donne lui avait donné naissance. Rien n'aurait existé sans Celui-qui-donne.

Elle aurait aimé exprimer l'amour qu'elle éprouvait pour Lui. Elle savait que c'était impossible.

Elle sentit néanmoins qu'il était déjà au courant de toute façon.

Même submergée de travail comme elle l'était, Xenia ne pouvait chasser de son esprit le souvenir de l'impact de la comète. Car, au moment où la gigantesque collision avait eu lieu, elle avait aperçu un sillage – qui ressemblait à s'y méprendre à ce qu'elle aurait vu si quelqu'un, ou quelque chose, avait lancé une fusée depuis la surface de la Lune.

Mais qui, et pourquoi ?

Elle n'eut pas l'occasion de réfléchir à la question tandis que le projet Dur-à-cuire prenait son élan. Mais elle finit par se libérer de Frank pendant deux ou trois jours en plaidant l'épuisement. Elle était déterminée à utiliser ce délai pour résoudre l'énigme. Elle rentra chez elle pour la première fois après quantité de nuits passées dans les bureaux du projet Dur-à-cuire.

Elle prit un long bain chaud pour faire sortir de ses pores la poussière de lune granuleuse. L'eau clapotait comme du mercure dans sa petite baignoire. Des gouttes de condensation se formèrent au plafond, au-dessus d'elle, et bientôt les plus grosses y restèrent suspendues tels des lustres aqueux. L'eau colla à sa peau comme un fourreau lorsqu'elle se leva, et elle dut la racler avec les doigts et la déposer avec soin dans la baignoire. Elle prit alors un petit aspirateur pour récupérer toutes les gouttelettes égarées et les déposer dans le système d'évacuation, où l'eau serait nettoyée et restituée aux grands réservoirs en dôme de Landsberg.

Son appartement était une cellule aux murs de verre située dans les grandes catacombes de Landsberg. Il avait en fait été le *genkan*, l'entrée d'un bâtiment plus grand en des temps où l'on vivait mieux et moins à l'étroit, longtemps avant qu'elle ne revienne des étoiles ; il était si petit que son salon était aussi sa chambre. Le sol était couvert de tapis de paille de riz, mais elle avait un coussin *zabuton* pour Frank Paulis. Des œuvres d'art japonaises miniatures emplissaient la pièce d'espace et d'immobilité.

Elle n'avait eu aucun mal à adopter le style des habitants de cet endroit – contrairement à Frank, qui avait transformé son appartement en autel dédié aux souvenirs de l'Amérique. Elle trouvait extraordinaire que les Japonais se soient révélés si bien adaptés à la vie sur ce monde. Comme si les milliers d'années passées sur leurs petites îles surpeuplées les avaient préparés à cette expérience de plus grande envergure, cet enfermement progressif sur la Lune.

Elle se fit du café – un ersatz, bien sûr, et pas aussi chaud qu'elle l'aurait aimé. Elle régla les murs sur l'une de ses scènes préférées – une forêt d'érables tapissée de mousse d'un vert vif – et marcha, nue, jusqu'à sa console. Elle s'assit sur un tatami que la faible gravité rendait excessivement confortable et sirota sa boisson.

Ainsi qu'elle s'y attendait, il n'y avait pas de données enregistrées concernant ce tir de fusée effectué depuis la surface de la Lune. Il existait néanmoins une base de données substantielle sur l'état de celle-ci au moment de l'impact ; tous les senseurs que les Japonais avaient pu déployer étaient tournés vers elle et vers les événements de cette matinée capitale.

Elle trouva ce qu'elle voulait au bout de quelques minutes : un enregistrement d'un spectromètre à bord d'un satellite volant à basse altitude. Elle vit le sillage chaud et brillant qui traversait les débris éparpillés de la comète. Les résultats du spectromètre lui indiquaient qu'elle regardait les résidus de la combustion d'aluminium et d'oxygène.

C'était donc réel.

Elle élargit son champ de recherche.

Elle apprit que, oui, on pouvait utiliser de l'aluminium comme carburant pour fusées. En fait, il fournissait une impulsion spécifique de près de trois cents secondes, ce qui n'était pas autant que le meilleur carburant chimique, c'est-à-dire l'hydrogène, qui brûlait jusqu'à quatre cents – mais on l'employait. Et le mélange aluminium-oxygène pouvait même être fabriqué à partir du sol lunaire.

Oui, divers senseurs avaient enregistré ce jour-là la trace du fonctionnement d'autres fusées à aluminium-oxygène sur la Lune. D'autres sillages sinuant à sa surface en provenance d'un peu partout. Une douzaine en tout, peut-être plus dans certaines régions où les données n'étaient pas suffisamment détaillées.

Et elle découvrit que chacun de ces lancements avait été déclenché lorsque les projections de gaz cométaire avaient atteint la base de ces fusées.

Elle afficha un globe virtuel de la Lune et repéra les sites de lancement. Ils étaient dispersés un peu partout sur la surface : aussi bien les plateaux que sur les mers, sur la face visible et sur la face cachée. Aucun schéma d'ensemble ne se détachait.

Puis elle remonta les sillages en suivant les courbes de la Lune.

Ils convergeaient vers un unique site situé sur la face cachée : Edo. Là où vivait Takomi, l'ermite.

C'était la première Pluie.

Soudain, il y eut de l'air, ici, sur ce monde immobile. Au début ce ne fut qu'une trace imperceptible, une douce Pluie de comète qui se déposa avec hésitation sur ses larges feuilles étalées dans l'ombre. Mais elle la but avidement avant qu'elle ne s'évapore avec le retour de la Lumière, incorporant chaque molécule dans sa structure, sans en gaspiller une seule.

De plus en plus assurée, elle captura la Pluie et la Lumière et poursuivit avec patience la construction de ses graines et de la chose ardente qui leur donnerait naissance à partir de la poussière patiente.

Puis, tout à coup, le moment arriva.

Les graines jaillirent de sa structure en un unique spasme orgasmique. Une joie profonde l'inonda tandis qu'elle s'effondrait, épuisée.

Celui-qui-donne était toujours là avec elle, il profitait de la Pluie avec elle et la regardait fleurir. Elle en était heureuse.

Et puis, bien trop vite, il y eut une rafale de vent, les molécules d'air passèrent très vite sur son corps endommagé, et la comète retira sa substance et sauta loin de la Terre, entière et intacte, sa tâche accomplie. Le bruit de cette fuite dans l'Obscurité au-dessus d'elle lui parvint sous la forme d'un grand cri.

Peu après, Celui-qui-donne fut parti, Lui aussi.

Mais cela n'avait aucune importance. Car elle entendit bientôt les premiers grattements hésitants de ses enfants, transportés tels des murmures dans l'épaisseur dure et immobile de la roche tandis qu'ils creusaient sous la Terre à la recherche de nourriture. Ils n'avaient personne pour leur donner, personne pour les aider. Ils étaient trop loin pour qu'elle le fasse. Mais peu importait, elle savait qu'ils étaient forts, indépendants et pleins de ressources.

Certains mourraient, bien sûr. Mais la plupart survivraient en s'installant dans les profondeurs, où ils attendraient la prochaine Pluie cométaire.

Elle se replia sur elle-même, savourant le rythme géologique de ses pensées. Attendant la Pluie, et que d'autres comètes naissent de la poussière et jaillissent dans le ciel.

Xenia prit un bondisseur automatique, seule, jusqu'à la mer de la Nostalgie, sur la face cachée. Le voyage se déroula sans aucun problème, l'atterrissage fut imperceptible.

Elle enfila sa combinaison de toile d'araignée, la vérifia et avança dans le petit sas extensible du bondisseur. Elle attendit le sifflement de l'air qui s'échappait et, le cœur battant bizarrement, elle replia le sas autour d'elle et fit un pas à la surface de la Lune.

Une petite gerbe de poussière, d'antique roche pulvérisée, se souleva autour de ses pieds. Le ciel était noir, sauf, remarqua-t-elle, là où le plus léger des voiles blancs luisait dans la lumière horizontale. Des cristaux de glace étaient suspendus dans l'atmosphère résiduelle ténue laissée par l'impact de la comète. Des cirrus sur la Lune : les restes de la mort d'une comète. La surface de la mare ressemblait à la surface tranquille d'une véritable mer, un ensemble de courbes douces ondulant lentement et se superposant.

Elle aperçut, dressés côte à côte, deux cônes hauts et minces d'une perfection géométrique. Ils projetaient de longues ombres dans la lumière horizontale. Le paysage était à tel point dépourvu de repères visuels que Xenia était incapable de déterminer à quelle distance ils se trouvaient, ni quelle était leur taille. Ils étaient là, tout simplement, nus et anormaux.

Elle frissonna. Elle avança, effectuant aisément de grandes enjambées.

Elle atteignit un endroit où l'on avait ratissé le régolithe. Elle s'arrêta sur un sol intact.

En ratissant, on avait dessiné une série de sillons parallèles de six à huit centimètres de long et séparés de quelques centimètres, comme si l'on avait peigné le sol avec précision. Lorsqu'elle regardait sur sa droite ou sa gauche, le ratissage se poursuivait à l'infini, les lignes étaient nettes, d'une perfection géométrique. Et, lorsqu'elle regardait devant elle, elles s'éloignaient jusqu'à l'horizon, sans que rien de visible vînt troubler leur précision.

Les deux cônes s'élevaient côte à côte, presque comme des termitières. La lumière pauvre les éclairait avec grâce. Xenia vit que les lignes sur le sol s'incurvaient pour les contourner, semblables à un cours d'eau divergeant autour d'îles géométriques.

— Merci d'avoir respecté le jardin.

Elle sursauta en entendant soudain une voix et se retourna.

Il y avait une silhouette – homme ou femme ? Homme, décida-t-elle, plus petit et plus mince qu'elle, portant un scaphandre défraîchi et maintes fois réparé.

Il s'inclina.

— *Sumimasen*. Je ne voulais pas vous effrayer.

— Takomi ?

— Et vous êtes Xenia Makarova.

— Vous le savez ? Comment ?

Un léger haussement d'épaules.

— Je suis seul ici, mais pas isolé. Vous êtes la seule à avoir recherché et compilé des informations sur les fleurs de la Lune.

— Quelles fleurs ?

Il s'avança vers elle.

— Voici mon jardin, dit-il.

— Un jardin zen.

— Vous comprenez ? Bien. C'est un *kare sansui*, un jardin zen.

— Êtes-vous un moine ?

— Je suis un jardinier.

Elle réfléchit.

— La Lune était déjà un immense jardin zen avant l'arrivée des humains, un jardin de roc et de poussière.

— Vous êtes sage.

— C'est pour ça que vous êtes venu ici ? Que vous vivez ainsi, tout seul ?

— Peut-être. Je préfère le silence et la solitude de la Lune à l'agitation du monde humain. Vous êtes russe.

— Mes ancêtres l'étaient.

— Alors vous êtes seule ici, vous aussi. Certains des vôtres sont sur Mars.

— C'est ce qu'on m'a dit. Ils ne veulent pas répondre à mes appels.

— Non, fit-il. Ils ne veulent parler à personne. Confrontés à l'assaut des Gaijin, nous autres humains nous sommes effondrés en tribus éparses repliées sur elles-mêmes.

Assaut. Quel mot étrange, plus fort qu'elle ne s'y attendait. Cela lui rappela brièvement quelqu'un d'autre, une Japonaise recluse.

— Je comprends que les sillons représentent le courant, dit-elle en les désignant. Mais ça, ce sont des montagnes ? S'élèvent-elles au-dessus des nuages ou de la mer ? Ou diminuent-elles ?

— Cela a-t-il de l'importance ? Les cosmologistes nous disent qu'il y a quantité de flux temporels. Peut-être sont-ils à la fois en train de monter et de descendre. Vous êtes venue de loin pour me voir. Je vais vous offrir à boire et à manger.

Il se détourna et commença à traverser le paysage lunaire. Au bout de quelques instants, elle le suivit.

La base abandonnée d'Edo était composée d'un groupe d'éléments en béton – des modules d'habitation, des centrales d'énergie, des entrepôts, des unités de fabrication – à demi enterrés dans la plaine criblée de cratères. Il y avait des robots partout, mais ils se tenaient là en silence, de toute évidence désactivés.

Une lampe solitaire brillait de nouveau au centre du vieux complexe. Takomi vivait au cœur d'Edo, dans ce qui avait été autrefois, dit-il, un parc que l'on avait fait pousser à l'intérieur d'une grotte creusée dans le sol. Les bâtiments étaient sombres, éventrés et abandonnés. Il y avait même, bizarrement, un antique McDonald's démantelé aux enseignes en plastique rouge et jaune fissurées et décolorées. Un unique cerisier poussait là ; ses feuilles d'un vert vif, éclaboussure de couleur, se détachaient sur le gris terne du régolithe fondu.

Ils se trouvaient dans la première colonie développée par le gouvernement japonais, au cours du lointain XXIe siècle. Mais *Nishizaki Heavy Industries* s'était installé à Landsberg, à l'origine une mine à ciel ouvert. Évidé, Landsberg était désormais la capitale de la Lune, et Edo, étriqué et primitif, avait été abandonné.

Xenia s'extirpa de son scaphandre. Elle avait emporté de la poussière lunaire. Elle se mêlait à la sueur sur ses mains et ressemblait au plomb des crayons à papier, brillant sur ses doigts comme du graphite. Xenia savait qu'elle aurait du mal à l'enlever.

Il lui apporta du thé vert et du gâteau de riz.

Hors de son scaphandre, Takomi était un petit homme ratatiné. Il aurait pu avoir soixante ans, mais, en l'état des technologies de prolongement de la vie, son âge véritable était difficile à estimer. Son visage rond était une masse de rides et ses yeux étaient perdus au milieu du cuir de leurs plis. Il respirait bruyamment en parlant, comme s'il avait un peu d'asthme.

— Vous aimez cet arbre, devina-t-elle.

Il sourit.

— J'ai besoin d'un ami. Je regrette que vous ayez raté la floraison. Je peux célébrer *ichi-buzaki* ici. Nous autres Japonais aimons les cerisiers. Ils incarnent l'idée des samouraïs selon laquelle les fleurs symbolisent nos vies. Elles sont belles mais fragiles, et bien trop courtes.

— Je ne comprends pas comment vous pouvez vivre ici.

— La Lune est un monde, dit-il avec douceur. Elle peut faire vivre un homme.

Elle apprit que Takomi utilisait le sol lunaire comme bouclier antiradiation basique. Il le cuisait dans des fours à micro-ondes rudimentaires pour obtenir de la céramique et du verre. Il extrayait de l'oxygène de ce même sol par électrolyse à magma : il le faisait fondre en y concentrant la lumière du soleil, puis en y faisant passer un courant électrique pour libérer l'oxygène. L'usine à plasma, montée avec des matériaux de récupération vieux de dizaines d'années, était lente et consommait de l'énergie, mais le processus d'électrolyse utilisait le sol de manière efficace ; Takomi lui dit qu'il n'était pas à court de lumière solaire, mais que moins il avait de matériaux à charrier, mieux il se portait.

Il se servait de ce qu'il appelait un « grizzly », un véhicule automatique déjà vieux d'un siècle couvert d'une croûte de poussière si épaisse qu'il était de la même couleur que la Lune. Le grizzly fonctionnait à l'énergie solaire et peinait patiemment à la surface. Il raclait des matériaux et recrachait des panneaux de verre et de cellules solaires, quelques mètres carrés à peine par jour. Avec le temps, il avait construit une ferme solaire couvrant plusieurs kilomètres carrés qui produisait plusieurs mégawatts d'électricité.

— C'est stupéfiant, Takomi.

Il eut un rire caquetant.

— La Lune est généreuse, pour peu qu'on ne soit pas trop exigeant.

— Néanmoins, même ainsi, l'essentiel vous manque. C'est l'histoire éternelle de la Lune. Le carbone, l'azote, l'hydrogène...

Il lui sourit.

— Je triche, je l'admets. Le béton de cette ville abandonnée est gorgé d'eau.

— Vous exploitez le béton ?

— C'est mieux que de payer l'impôt sur l'eau.

— Mais combien d'humains la Lune pourrait-elle faire vivre de cette manière ?

— Ah. Pas beaucoup. Mais de combien d'humains la Lune a-t-elle besoin ? Ainsi, j'ai mon camp retranché.

Encore un vocabulaire étrange. Elle prit conscience qu'il y avait beaucoup de choses qu'elle ne comprenait pas au sujet de cet ermite.

Elle lui parla des sillages qu'elle avait vus, du fait qu'ils convergeaient vers cet endroit. Il éluda ses questions et se mit à parler d'autre chose.

— Je mène des recherches, vous savez. En quelque sorte. Non loin d'ici se trouve une station scientifique, équipée autrefois par *Nishizaki Heavy Industries*. Aujourd'hui, elle est abandonnée, bien sûr. C'est – c'était – un observatoire infrarouge. C'est ici qu'une chercheuse japonaise appelée Nemoto a pour la première fois découvert des preuves de l'activité des Gaijin dans le Système solaire, changeant ainsi le cours de l'histoire.

Le passe-temps que Takomi pratiquait dans un vieil observatoire n'intéressait pas Xenia. Mais quelque chose dans le ton de sa voix l'intrigua.

— Vous vous servez donc de cet équipement, suggéra-t-elle pour l'inciter à parler.

— J'ai observé l'approche de la comète. D'ici, certains aspects cachés depuis les stations de la face visible apparaissaient. La géométrie de l'orbite, par exemple. Et quelque chose d'autre.

— Quoi ?

— J'ai vu des preuves qu'il y a eu combustion de méthane, dit-il, près du noyau.

— Du méthane ?

— Une projection de résidus de combustion.

Une fusée. Xenia vit tout de suite ce que cela impliquait. Quelqu'un avait collé une fusée au méthane au flanc du noyau de la comète et employé le matériau même de celle-ci pour en dévier la trajectoire.

Pour l'éloigner de la Lune ? Ou l'en rapprocher ?

Et, dans les deux cas, qui ?

— … Pourquoi me dites-vous ça ?

Mais il ne voulut pas répondre, et le soupçon, froid et impitoyable, commença à nouer les tripes de Xenia.

Takomi lui trouva un lit, un matelas mince dans une école abandonnée. Des dessins d'enfants ornaient les murs, préservés sous une couche de verre. Les peintures représentaient des fleurs, des rochers et des gens qui flottaient tous dans un ciel d'encre.

Frank l'appela au milieu de la nuit, tout excité.

— Ça se passe mieux qu'on ne s'y attendait. Nous commençons juste à nous enfoncer. De toute façon, les images sont géniales. Insister pour laisser tomber les tuyaux en alliage d'aluminium et faire des murs transparents pour qu'on puisse voir les roches est la meilleure idée que j'aie jamais eue. Les meilleurs géologues de la Lune sont au fond de notre foutu puits, Xenia. On fait des études sismiques, de la géochimie, de la géophysique, la totale. Plus tôt nous trouverons un filon de minerai susceptible de rapporter quelque chose, mieux ce sera…

Le forage du Dur-à-cuire avait dépassé les couches basses de la croûte et se trouvait à présent dans le manteau. *Le manteau de la Lune* : soixante kilomètres d'épaisseur, un endroit qui ne ressemblait à rien de ce que l'humanité avait atteint jusque-là.

Il se révélait *beaucoup* plus facile de creuser en profondeur sur la Lune que sur la Terre car elle était vieille, silencieuse et immobile. La température montait d'environ dix degrés tous les kilomètres, quatre fois moins vite que sur Terre. Il en était de même pour la pression ; même à présent, l'équipement de Frank ne subissait que quelques milliers d'atmosphères, en dessous de ce qu'on était capable de reproduire en laboratoire. Étrangement, la densité de la Lune était à peu près la même partout à l'intérieur.

Mais Xenia savait que le projet n'en était qu'à ses débuts. Si Frank devait trouver l'eau et les autres éléments volatils qu'il recherchait, s'il devait atteindre les conditions de température et de pression permettant aux minéraux qui piégeaient l'eau de se former, cela ne pourrait être qu'à des profondeurs incroyables – probablement sous le manteau rigide, à un millier de kilomètres de profondeur, à quelques centaines de kilomètres à peine du centre de la Lune lui-même.

Elle tenta de lui poser des questions techniques, de découvrir comment ils prévoyaient de faire face aux pressions et aux températures extrêmes qu'ils allaient bientôt rencontrer. Elle savait que pour commencer, dans la couche supérieure de régolithe fracassé par les impacts de météorites, Frank avait pu utiliser des techniques de forage mécanique plutôt primitives, comme la percussion et la rotation. Mais, confronté aux roches au grain fin, dures et têtues, du manteau, il avait dû essayer des techniques plus sophistiquées : lasers, arcs électriques, techniques d'induction magnétique. Faire reculer les limites du possible.

Mais il ne voulait pas en parler.

— Ça n'a aucune importance, Xenia. Tu me connais. Je ne suis pas capable d'imaginer une machine plus compliquée qu'un tournevis. Et nos investisseurs non plus. Je n'ai pas *besoin* de savoir. Tout ce qu'il me faut, c'est trouver les bons techniciens, leur fournir un défi qu'ils ne pourront pas ne pas vouloir relever, et pointer le doigt vers le bas.

— Et les payer une misère.

Il sourit.

— C'est ça qui est merveilleux avec les gens qui ont une vocation. Doux Jésus, on pourrait même les faire payer pour travailler ici ! Non, le côté technique, c'est de la gnognotte. C'est le reste qui constitue un défi. Nous devons faire en sorte que le projet ne séduise pas que les gros investisseurs et les grandes entreprises. Xenia, ce chantier est la plus grande aventure lunaire depuis Neil et Buzz. La fête que nous avons organisée pour le premier trou n'était que le début. Je veux que tout le monde se sente impliqué, et que tout le monde paie. Maintenant que nous sommes dans le manteau, nous pouvons vendre les droits télévisuels…

— Ils n'ont plus de télé, Frank.

— Peu importe. Je veux que les mômes participent, tous ces gamins aux yeux noirs que je vois constamment voleter autour des palmiers et qui n'ont rien à faire. Je veux des jeux. Éducatifs. Des clubs où l'on peut s'inscrire et où l'on paye quelques yens pour avoir un badge et un genre de bon de participation. Je veux qu'il y ait des maquettes de derricks dans les paquets de céréales.

— Ils n'ont plus de céréales.

Il lui lança un regard noir.

— Aide-moi un peu, Xenia. Et je veux que leurs parents payent aussi. Des visites du puits, au moins des niveaux supérieurs. Xenia, pour la première fois les gens qui vivent sur cette fichue Lune vont entrevoir un avenir fait d'expansion. Une frontière, là, sous leurs pieds. Il faut qu'ils en veuillent. Y compris les mômes.

— Mais les Gris…

— Qu'ils aillent se faire foutre. Tout ce qu'ils ont, c'est des cailloux. Nous, on a les gosses.

Et ainsi de suite, sa voix d'insecte bourdonnait de projets, dans l'antique immobilité de la face cachée.

Le jour suivant, Takomi l'accompagna à son tracteur près du jardin zen.

Elle était restée vingt-quatre heures. Le soleil avait baissé vers l'horizon et les ombres étaient longues, le sol plus net, plus inhospitalier. Des nuages de glace de comète chatoyaient en altitude.

— J'ai quelque chose pour vous, dit Takomi.

Et il lui donna un objet ressemblant à une feuille de verre. Ovale, il mesurait cinquante centimètres de long environ. Ses arêtes étaient émoussées, comme si elles avaient fondu, et il était hérissé de poils. Un genre de formation géologique lunaire, songea-t-elle, relique d'un impact. Un joli souvenir. Peut-être Frank voudrait-il le mettre dans son bureau.

— Je n'ai rien à vous donner en retour, dit-elle.

— Oh, vous avez déjà fait votre *okurimono*.

— Vraiment ?

Il caqueta.

— Votre merde et votre pisse. Saines et sauves dans mes cuves de recyclage. Sur la Lune, la merde est plus précieuse que l'or…

Il s'inclina, une fois, puis se détourna et s'en alla, suivant le bord de son jardin de pierre.

Elle resta là, à regarder l'ovale de verre lunaire dans ses mains. Il ressemblait vraiment, songea-t-elle, à un pétale de fleur.

De retour à Landsberg, elle donna l'objet en forme de pétale au seul scientifique qu'elle connaissait, Mariko Kashiwasaki. Ce qui exaspéra celle-ci. En tant que directrice de l'équipe scientifique de Frank, elle subissait déjà, à mesure que Le Dur-à-cuire prenait son élan, une énorme pression. Mais elle accepta de transmettre le fascinant fragment à un collègue mieux qualifié. Xenia accepta, à condition qu'elle ne s'adresse qu'à des gens employés dans les entreprises de Frank.

Pendant ce temps – avec discrétion, de chez elle – Xenia refit le travail effectué par Takomi. Elle rechercha des preuves de la signature anormale montrant que du méthane avait brûlé dans le noyau. Elles avaient été enregistrées par de nombreux détecteurs, mais pas identifiées.

Takomi avait raison.

Il était clair que quelqu'un avait placé une fusée sur le côté du noyau de la comète pour la faire dévier de sa trajectoire. Il était également clair que la plus grande partie de la combustion avait eu lieu sur la face cachée de la Lune, où l'on savait qu'elle ne serait pas détectée. Xenia estima que le temps de combustion avait été assez long pour dérouter la comète et *provoquer* son impact avec la Lune. Si elle n'avait pas été déviée, elle serait sûrement passée près de la Lune, spectaculaire mais inoffensive.

Xenia procéda alors à quelques vérifications dans l'embrouillamini des comptes des entreprises de Frank. Elle trouva des endroits où des fonds avaient été détournés, des ressources dissimulées. Pour un montant d'une importance assez surprenante, plutôt bien caché.

Elle avait des soupçons depuis qu'elle était allée à Edo. Ils étaient à présent confirmés, et tout ce qu'elle ressentait envers la mesquine vérité, c'était de la déception.

Elle pressentait que Takomi n'allait pas révéler l'existence de la fusée placée sur la comète. Il n'était tout simplement pas assez engagé dans le monde des hommes pour y songer. Mais, l'attention publique étant toujours tournée vers Fracastorius, il ne demeurerait pas le seul observateur à remarquer les traces laissées par la fusée qui avait poussé la comète, ni à suivre le sillage des preuves.

La vérité serait dévoilée.

Sans prendre de décision quant à ce qu'elle ferait, elle retourna travailler avec Frank.

Xenia et Frank subissaient une pression énorme et implacable.

Après une terrible journée de vingt-quatre heures, Xenia coucha avec lui. Elle se dit que ça soulagerait la tension, pour eux deux. Et, bon, cela marcha, l'espace d'un bref instant de sentiment océanique. Mais ensuite, comme ils roulaient chacun de leur côté, tous leurs problèmes revinrent à l'assaut.

Frank gisait sur le dos, les yeux fixés sur le plafond, nerveux et tendu, les muscles des mâchoires contractés.

Plus tard, Mariko Kashiwazaki appela Xenia, qui prit l'appel dans son *tokonoma*, à l'insu de Frank.

Mariko avait reçu les résultats préliminaires des analyses de l'objet en verre d'Edo.

— Il est presque entièrement constitué de matériaux provenant de la surface de la Lune.

— Presque ?

— Il contient aussi des composés organiques complexes. Nous ne savons pas d'où ils viennent, ni à quoi ils servent. Il y a aussi de l'eau, enfermée dans des cellules à l'intérieur du verre. La structure elle-même se comporte comme une série de lentilles qui concentrent la lumière solaire. C'est d'une efficacité remarquable. Il semble y avoir une série de valves sur la face intérieure qui aspirent les particules de régolithe. Les grains s'évaporent et sont fondus par la lumière solaire concentrée de façon intense. Il s'agit d'un processus de pyrolyse similaire à…

— Qu'arrive-t-il aux matériaux vaporisés ?

— Il y a une série de pièges où débouchent les cellules qui concentrent la lumière. Ils sont maintenus à des températures différentes par des spicules – les fines aiguilles qui sortent de la surface supérieure – que nous soupçonnons également de servir à dévier la lumière solaire pendant le jour et, inversement, d'isolants pendant la longue nuit. Dans les pièges, divers métaux se condensent à des températures différentes. La structure semble destinée à recueillir de l'aluminium. Il y a également un piège à oxygène un peu plus loin.

De l'aluminium et de l'oxygène. *Du carburant pour fusées*, piégé à l'intérieur de la structure en verre, obtenu en fondant les roches lunaires avec la lumière du soleil.

Mariko consulta des notes sur un écran souple.

— Les composés organiques qui se trouvent à l'intérieur de cette structure ont de nombreux usages. On dirait qu'une usine chimique complexe est à l'œuvre. Il y a une sorte de photosynthèse, par exemple. On a la preuve de l'existence d'un genre de réseau de racines, qui fournit peut-être les éléments organiques, au début de la chaîne. Mais nous ne connaissons aucune source. Nous sommes sur la *Lune*. (Elle parut troublée.) N'oubliez pas que je suis géologue. Mes contacts travaillent avec des biochimistes et des biologistes, et ils sont très excités.

Des *biologistes* ?

— Vous feriez mieux de tout me dire.

— Xenia, ce que nous avons là, essentiellement, c'est une machine de réduction en phase vapeur à la réalisation d'une stupéfiante élégance. Il doit s'agir d'un artefact. Et, pourtant, on dirait…

— Quoi ?

— On dirait qu'elle a poussé sur le sol de la Lune. Et ce n'est pas la seule énigme, dit Mariko. La preuve de l'existence d'un réseau neural, par exemple…

— Vous êtes en train de me dire que cette chose a un système nerveux ?

Mariko haussa les épaules.

— Même s'il s'agit *effectivement* d'une espèce de plante lunaire primitive, pourquoi aurait-elle besoin d'un système nerveux ? Et même, peut-être, d'une conscience rudimentaire ? (Elle étudia Xenia.) Qu'est-ce que c'est que ce truc ?

— Je ne peux pas vous le dire.

— On a beaucoup spéculé sur la forme que pourrait prendre la vie sur la Lune. Elle pourrait avoir été semée par un transfert lors d'un impact de météorite venu de la Terre. Mais la déplétion des éléments volatils semble un obstacle incontournable. D'où tire-t-elle ses matériaux organiques ? Du réseau de racines, dans les profondeurs de la Lune ? Si c'est le cas, vous vous rendez sûrement compte que cela confirme mes hypothèses sur leur présence dans…

— Mariko, l'interrompit Xenia. Il ne faut pas que ça se répande. Les informations au sujet de cette… découverte. Pas encore. Et dites-le aussi à vos collègues.

Et, comme Xenia – avec une certitude imprégnée de lassitude – s'y attendait, Mariko parut choquée.

— Vous voulez *étouffer* ça ?

Cela fit hésiter Xenia. Jamais elle ne s'était considérée comme quelqu'un qui *étoufferait* un jour quelque chose. Mais elle savait, comme l'avaient appris tous ceux qui voyageaient entre les étoiles, que l'Univers était plein de vie : qu'elle émergeait partout où c'était possible – même si, tristement, elle n'avait la plupart du temps guère d'espoir de prospérer. Était-il vraiment si étrange de découvrir qu'un monde aussi vieux et stable que la Lune abritait sa propre forme de vie, silencieuse et immobile ?

La vie était de peu d'importance comparée aux besoins du projet.

— Nous ne faisons pas de la science, Mariko. Rien ne doit perturber Le Dur-à-cuire.

Mariko fit mine de protester à nouveau.

— Lisez votre contrat, jeta Xenia d'un ton sec. Vous devez faire ce que je vous demande.

Et elle coupa la communication.

Elle retourna se coucher. Frank semblait endormi.

Elle avait une décision à prendre. Pas à propos de la question du détournement de la comète ; d'autres qu'elle finiraient par démêler cette histoire, en temps voulu. À propos de Frank, et d'elle.

Il la fascinait. C'était un homme de son temps à elle, possédant une vigueur brute qu'elle ne trouvait pas chez les colons de la Lune. Il était son seul lien avec ses origines. Le seul être humain sur la Lune qui ne lui parlait pas en japonais.

Et c'était, pour autant qu'elle puisse dire, tout ce qu'elle ressentait.

En attendant, elle devait songer à sa conscience.

Allongée à côté de lui, elle prit sa décision. Elle ne le trahirait pas. Tant qu'il aurait besoin d'elle, elle le soutiendrait.

Mais elle ne le sauverait pas.

La vie était longue, lente, immuable.

Ses pensées elles-mêmes étaient lentes.

Dans les intervalles infinis entre le passage de deux comètes, sa croissance était chtonienne, sa patience égalait celle du roc lui-même. Lentement, lentement, elle reprenait ses forces. Des pièges à lumière afin d'initier le long processus d'extraction du feu pour les prochaines graines, des feuilles pour capter la Pluie cométaire qui allait revenir.

Elle parlait à ses enfants, dont les grattements subtils lui parvenaient à travers les roches froides et immobiles. Il était important de les éduquer : de leur apprendre comment croître, à partir des Pluies cométaires à venir, de leur parler de Celui-qui-donne au commencement des choses et de la Fusion tout à la fin.

Leurs conversations duraient un million d'années.

Les Pluies étaient spectaculaires, quoique rares. Mais, lorsqu'elles se produisaient, une ou deux fois par milliard d'années, son pouls s'accélérait, son métabolisme explosait tandis qu'elle buvait l'air ténu et temporaire et extrayait des rochers le feu dont elle avait besoin.

Et elle renaissait avec chaque Pluie, et les graines jaillissaient de son corps et s'éparpillaient sur la Terre.

Néanmoins, après la première fois, elle ne fut plus jamais seule. Elle sentait à travers les roches la pulsation joyeuse de ses enfants qui projetaient leurs propres graines dans le nuage d'air de la comète.

Ils furent bientôt si nombreux que c'était comme si leur naissance donnait vie à la Terre, dont le cœur rocheux résonnait de leurs cris de joie.

Et cependant, dans le lointain futur, la Fusion les attendait toujours.

Les comètes sautaient l'une après l'autre dans le ciel, emportant l'air avec elles, et elle retenait cette pensée en son corps épuisé, et elle la chérissait.

Ils avaient commencé huit jours plus tôt, et Frank creusait toujours au rythme de un ou deux kilomètres par jour qu'il s'était fixé. Mais les choses avaient commencé à devenir bien plus difficiles.

Ils étaient dans le *manteau*, après tout. Ils essuyaient des explosions. La roche ressemblait à du fil tendu et la pression était si forte qu'elle explosait lorsqu'on la mettait à nu. Ils avaient changé de régime. Il leur fallait de nouvelles techniques.

Les coûts d'exploitation montaient en flèche. La pression exercée sur Frank pour qu'il arrête tout était énorme.

Beaucoup de leurs investisseurs étaient déjà devenus extrêmement riches grâce au potentiel présent dans les filons découverts dans la partie inférieure de la croûte et les premières couches du manteau. On parlait d'ouvrir de nouveaux forages peu profonds ailleurs sur la Lune afin d'en rechercher d'autres. Frank avait démontré qu'il avait raison. Pourquoi aller plus loin, alors que Le Dur-à-cuire était déjà un succès commercial ?

Mais le but de Frank n'était pas de découvrir du minerai métallifère ; il n'allait pas s'arrêter maintenant.

… Alors survint le premier décès, à cent bons kilomètres sous la surface lunaire.

Xenia trouva Frank, Terrien en cage sur la Lune, qui marchait de long en large dans son bureau de New Dallas.

— Des omelettes et des œufs, dit-il. Des omelettes et des œufs.

— C'est un cliché, Frank.

— C'est sans doute ces putains de Gris.

— Il n'y a aucune preuve de sabotage.

Il arpenta la pièce.

— Écoute, nous sommes dans le *manteau de la Lune*.

— Tu n'as pas à te justifier devant moi, répondit-elle, mais il ne l'écoutait pas.

— Le manteau. Je le hais, tu sais. Mille kilomètres de saloperie sans valeur.

— C'est le passage au souterrain qui a provoqué le désastre. Non ?

Il passa la main sur ses cheveux gras.

— Si tu étais procureur et que nous étions dans un tribunal, j'objecterais à « provoqué ». L'accident s'est produit quand nous sommes passés au souterrain, oui.

Ils étaient déjà trop bas pour employer un coffrage d'alliage simple ou même le verre lunaire refroidi dont Frank s'était servi dans les strates supérieures. Pour traverser le manteau, ils utilisaient un tunnelier développé à partir d'une technologie de forage profond obsolète, une sonde qui avançait en faisant fondre la roche et en construisant derrière elle son propre coffrage, un tube de quasiverre dur dont le point de fusion est élevé.

Frank se mit à parler du quasiverre, à toute vitesse.

— C'est ce machin que les Japonais utilisent sur les tuyères de leurs fusées ; il a un point de fusion très élevé. C'est un matériau basé sur le diamant, mais les types des labos m'ont dit que c'est un quasicristal, à mi-chemin entre un cristal et du verre. Plus dur que du cristal ordinaire parce qu'il n'y a pas de plans nets qui permettent aux fissures et aux défauts de se propager. Et c'est un bon isolateur de chaleur pour les mêmes raisons. À côté de ça, nous soutenons le trou pour l'empêcher de s'effondrer sous l'action des contraintes. On tire des boulons d'ancrage à travers le coffrage et ils s'enfoncent dans la roche. Nous faisons tout ce que nous pouvons pour assurer l'intégrité de notre structure…

Elle réalisa qu'il était en train de rédiger le témoignage qu'il allait devoir faire devant les commissions d'enquête.

Lorsque le premier tunnelier avait démarré, il avait construit un coffrage comportant un défaut qui n'avait pas été détecté avant une centaine de mètres. Il y avait eu une implosion. Ils avaient perdu le tunnelier lui-même, un kilomètre de forage et une unique vie, celle d'un ingénieur en chef responsable de l'outillage.

— Nous avons déjà redémarré, annonça Frank. Encore deux jours et nous nous en serons remis.

— Frank, il ne s'agit pas d'être en retard ou non sur le planning, dit-elle. C'est l'impact de l'événement. Sa perception par le public. Allons, tu sais à quel point c'est important. Si nous ne nous y prenons pas bien, ils nous feront fermer.

Il parut avoir du mal à assimiler l'idée et demeura silencieux pendant quelques secondes.

Son humeur changea alors brusquement. Il se mit à marcher de long en large.

— Tu sais, nous pouvons rééquilibrer ça à notre avantage.

— Que veux-tu dire ?

— Il faut que nous transformions le type que nous avons perdu – c'était quoi son nom, déjà ? – en héros. (Il claqua des doigts.) Avait-il de la famille ? Une fille de dix ans, ça serait parfait, mais on fera avec ce qu'on aura. Que ses gosses viennent lancer des pétales de fleurs de cerisier dans le trou. Tu vois le truc ? Il faut faire passer le bon message. *Les gamins veulent qu'on termine le forage en hommage au courageux héros.*

— L'ingénieur était une femme, Frank.

— Et nous devrions penser aux Gris. Faire en sorte que l'un d'entre eux traite de criminel notre héroïque responsable de l'outillage.

— Frank…

Il se tourna vers elle.

— Tu penses que c'est immoral ? N'importe quoi ! Ce qui serait immoral, c'est de tout arrêter. Parce que sinon, crois-moi, tout le monde, absolument *tout le monde* sur cette Lune va mourir, à long terme. Pourquoi crois-tu que je t'aie demandé de créer les clubs ?

— Pour *ça* ?

— Oui, bon sang ! Certaines de ces poules mouillées d'investisseurs ont déjà essayé de se retirer de l'affaire. Donc, on se sert des mômes pour mettre tellement de pression que ça sera impossible de revenir en arrière. Si le gamin de ce responsable de l'outillage fait partie d'un de nos clubs, c'est parfait, en fait. (Il hésita, puis pointa un doigt boudiné en direction du visage de Xenia.) C'est le goulet d'étranglement. Tous les projets en passent par là. J'ai besoin de savoir si tu es de mon côté, Xenia.

Elle soutint son regard pendant quelques secondes, puis soupira.

— Tu sais bien que oui.

Il se radoucit et baissa les mains.

— Ouais. Je sais.

Mais elle se dit qu'il y avait quelque chose dans sa voix qui n'allait pas avec ses paroles. Une incertitude qui n'était pas là auparavant.

— Des omelettes et des œufs, marmotta-t-il. Peu importe. (Il battit des mains.) Bon. On a quoi, ensuite ?

Cette fois, Xenia ne se rendit pas directement à Edo. Elle programma le bondisseur pour une série d'orbites lentes autour de la base abandonnée.

Trouver le miroitement du verre, le reflet du Soleil étincelant sur une large surface qui en était couverte, au centre d'un vieux cratère érodé, lui prit une heure. Elle se posa à un kilomètre de là pour ne pas déranger les structures de la fleur. Elle enfila rapidement sa combinaison, sortit du bondisseur et partit à pied.

Elle progressa rapidement à travers ce paysage ancien et meurtri, seule la douce gravité de la Lune entravait ses mouvements. Le sol qui s'étendait devant elle ne tarda pas à s'illuminer et à chatoyer tel un étang. Elle ralentit et s'approcha avec précaution.

La fleur était plus grande qu'elle ne s'y attendait. Elle devait couvrir le quart, voire le tiers d'un hectare ; ses délicates feuilles de verre reposaient avec aisance sur le régolithe qui avait servi de matière première à leur fabrication, leurs aiguilles pointues hérissées. Il y avait également un autre genre de structure : de petits cylindres courtauds pointant vers le haut dans toutes les directions.

Des bouches de canons miniatures. Peut-être des rampes de lancement pour des fusées brûlant de l'aluminium et transportant des graines.

— … Je dois de nouveau vous faire sursauter.

Elle se retourna. C'était Takomi, bien sûr : les bras croisés dans le dos, dans son scaphandre usé et raccommodé. Il regardait la fleur.

— De la vie sur la Lune, dit-elle.

— Son cycle de vie est simple, vous savez. Elle pousse pendant les périodes où une comète fournit une atmosphère transitoire fournie – comme en ce moment – et demeure en sommeil entre elles. La fleur est exposée à la lumière du soleil pendant le long jour lunaire.

Chacune de ses feuilles est un collecteur de lumière. La fleur concentre la lumière sur le régolithe et décompose le sol en éléments dont elle a besoin pour fabriquer sa propre structure, ses graines et le carburant pour fusée basique qu'elle emploie pour les éparpiller à la surface.

« Puis, durant la nuit, les feuilles se comportent comme des pièges à froid. Elles absorbent le gel de comète qui tombe dessus, l'eau, le méthane et le dioxyde de carbone, et l'incorporent également à la substance de la fleur.

— Et les racines ?

— Elles mesurent des kilomètres de long. Elles puisent dans des réserves de nutriments, d'eau et de substances organiques. Loin à l'intérieur de la Lune.

Donc Frank avait raison quant à l'existence des éléments volatils, et elle le savait.

— J'imagine que vous méprisez Frank Paulis.

— Pourquoi donc ? dit-il d'un ton affable.

— Parce qu'il essaie de sortir du sol la nourriture de ces plantes. De l'arracher du cœur de la Lune. Êtes-vous un Gris, Takomi ?

Il haussa les épaules.

— Nos méthodes sont différentes. Vos ancêtres avaient un mot. *Mechta*.

— Rêve.

C'était le premier mot russe qu'elle entendait depuis de longs mois.

— C'était le nom que vos ingénieurs voulaient donner à la première sonde qu'ils ont envoyée sur la Lune. *Mechta*. Mais ceux qui décident de ce genre de choses ne les y ont pas autorisés. Eh bien, je vis un rêve, ici, sur la Lune, un rêve de roches et d'immobilité, ici, avec ma fleur lunaire. C'est en ces termes que vous devriez penser à moi.

Il sourit et s'en alla.

La terre était riche de vie à présent : ses enfants, ses descendants buvaient l'air et la Lumière. Leurs chants résonnaient dans le cœur de la terre, forts et puissants.

Mais cela n'allait pas durer, car l'heure de la Fusion était venue.

Il y eut d'abord une soudaine explosion de Pluies, trop pour qu'elle les compte, les comètes sautant du sol les unes après les autres.

Puis la terre elle-même entra en activité. De grandes plaques de roche devinrent liquides et se retirèrent à l'intérieur de la terre.

Beaucoup moururent, bien sûr. Mais ceux qui survécurent se reproduisirent frénétiquement. Ce fut une époque glorieuse, une époque de mort et de vie.

Le changement s'accéléra. Elle s'accrocha à la mince croûte qui contenait le monde. Elle sentait d'énormes masses se soulever et retomber loin sous elle. La terre se réchauffa avant de se dissoudre en un profond océan de roche liquide.

Puis la terre elle-même commença à se briser en énormes masses qui se précipitèrent dans le ciel.

Il y eut encore des morts.

Mais elle n'avait pas peur. C'était splendide ! Comme si la terre elle-même donnait naissance à des comètes, comme si la terre était semblable à elle et projetait ses enfants loin d'elle.

La fin arriva vite, bien plus vite qu'elle ne s'y attendait, dans une explosion de chaleur et de lumière qui se propagea à partir du cœur de la terre elle-même. La dernière et mince croûte fut déchirée et, soudain, il n'y eut plus de Terre, nul endroit où se cramponner avec ses racines.

C'était la Fusion, la fin de toutes choses, et c'était magnifique.

CHAPITRE 20

LE TUNNEL DANS LA LUNE

Empaquetés dans leur combinaison en toile d'araignée, Frank et Xenia se tenaient sur un mince pont d'aluminium. Ils se trouvaient sous le derrick du pôle Sud, suspendus au-dessus du tunnel creusé par Frank dans le cœur de la Lune.

La zone qui entourait le derrick avait depuis longtemps perdu son allure immaculée de parc à thème. Il y avait des piles de déchets liquides et solides et du minerai extrait d'un trou de plus en plus profond. Des LHD, des véhicules automatiques destinés au *load-haul-dump* – charger, transporter et déposer – se promenaient en continu sur tout le site. Scarabées d'aluminium baroques, ils exhibaient d'immenses ailerons destinés à dissiper la chaleur excédentaire – il n'y avait pas de conduction ou de convection sur la Lune – et la plupart de leurs éléments mobiles se trouvaient à deux mètres ou plus au-dessus du sol, où des éclaboussures de poussière abrasive ne pouvaient les atteindre. Xenia se rendit compte que les LHD avaient été conçus tout exprès pour la Lune.

Le puits qui s'enfonçait sous Xenia était un cylindre de verre lunaire étincelant. Le tunnel s'étirait vers le centre de la Lune, vers l'infini. On avait inséré des lampes tous les quelques mètres dans les parois, le puits était donc brillamment éclairé, telle une allée dans un centre commercial, de multiples reflets chatoyant sur les murs de verre. Des tuyaux destinés à la réfrigération et à d'autres usages sinuaient le long du conduit. Celui-ci était vertical, parfaitement symétrique, et ne contenait ni vapeur, ni poussière, ni rien qui aurait pu gêner la vue.

Un instant prise de vertige, Xenia fit un pas en arrière et ancra de nouveau ses pieds à la surface de la Lune.

Frank se frotta les mains.

— C'est merveilleux. Comme dans le temps. Des ingénieurs qui surmontent des obstacles et qui construisent des choses.

Il semblait étrangement nerveux ; son regard évitait celui de Xenia.

— Et, dit-elle, grâce à tous ces problèmes résolus, nous avons traversé le manteau.

— Bon sang, oui, on y est arrivé. Tu es restée trop longtemps loin du projet, chérie. (Il lui prit les mains. Elle voyait une silhouette trapue au visage invisible dans un scaphandre, mais il n'y avait pas le moindre doute : c'était bien toujours Frank Paulis.) Et maintenant, c'est notre tour.

Sans hésitation – il n'hésitait jamais – il avança jusqu'au bord de la délicate passerelle métallique.

Elle fit un unique pas avec lui. Elle fut arrêtée par un harnais de sécurité cousu, suspendu à des poulies en hauteur.

— Me suivras-tu ? demanda-t-il.

Elle prit une inspiration.

— Je t'ai toujours suivi.

— Alors viens.

Main dans la main, ils sautèrent du pont.

Aspirée par la gravité, Xenia tombait vers le cœur de la Lune aussi lentement qu'un flocon de neige. Le harnais lâche tirait doucement sur ses épaules et son entrejambe, ralentissant sa chute. Deux câbles en toile d'araignée tendus le long de l'axe du puits la guidaient ; elle entendait le chuintement des poulies à travers le tissu de sa combinaison.

Il n'y avait rien sous ses pieds, sinon un tunnel de lumière qui allait en diminuant. Xenia entendait son propre cœur battre. Frank riait.

Les marqueurs de profondeur placés sur les murs s'élevaient déjà derrière elle, chiffrant son accélération. Mais elle était suspendue là, dans le vide, comme en orbite ; elle n'éprouvait aucune sensation de vitesse ; les abysses sous ses pieds ne lui procuraient aucun vertige.

Ils prirent rapidement de la vitesse. Elle eut l'impression qu'ils avaient traversé en quelques secondes les minces couches de régolithe, l'épiderme extérieur pulvérisé de la Lune, et qu'ils descendaient à toute allure vers le mégarégolithe. De gigantesques morceaux de roches fracassées en profondeur se pressaient contre le tunnel de verre transparent tels des cadavres d'animaux enterrés là.

Le matériau qui se trouvait au-delà des murs devenait à présent gris et lisse. C'était le lit rocheux de la Lune, de l'anorthosite, enterrée si profondément qu'elle ne pouvait être ni pénétrée, ni pulvérisée par les gros impacteurs. Xenia savait qu'à la différence de la Terre, il n'y aurait pas de fossiles ici, pas de restes de vie dans les niveaux inférieurs, juste une douce succession minérale élaborée par la lente action de la géologie. À certains endroits, des galeries avaient été creusées à partir du forage d'exploration principal. Elles conduisaient à des zones d'extraction, des filons de roches riches en magnésium extrudées de l'intérieur gelé de la Lune, que les partenaires industriels de Frank exploitaient à présent. Tandis qu'elle tombait, elle voyait les chantiers, des masses indistinctes et complexes, qui se précipitaient vers le haut avant de disparaître telles des visions de rêve.

En dépit du fait que la température montait dans le tunnel, et malgré sa propre accélération, elle éprouvait une sensation de froid, d'ancienneté et d'immobilité.

Après une transition d'une netteté surprenante, ils entrèrent dans un nouveau domaine où les roches de l'autre côté des parois luisaient de leur propre lumière interne. Un gris rouge terne, qui rappelait de la lave en train de refroidir.

— Le manteau de la Lune, murmura Frank en lui prenant les mains. Du basalte. Ici, en haut, ce n'est pas si mal. Mais, plus bas, la roche est si molle qu'elle s'étire comme un bonbon au caramel quand on essaie de la percer. Un millier de kilomètres de bouillie, une vraie chierie.

Ils dépassèrent un endroit où les murs de verre étaient gravés, un dessin de fleurs avec de grands pétales lunaires. C'était là qu'un technicien avait été tué par une implosion. Le petit mémorial s'envola dans les airs et disparut dans la lumière. Frank ne dit rien.

La roche émettait à présent une lueur rose cerise et filait vers le haut devant eux. Xenia avait l'impression de tomber dans un immense tube de verre plein de gaz fluorescent. Elle sentait la chaleur en dépit des propriétés isolantes de sa combinaison et du fait que le tunnel était réfrigéré.

Ils tombaient, tombaient.

D'énormes tuyaux les entouraient désormais, ils s'élançaient d'un support à l'autre, encombrant le tunnel. Ces conduits transportaient de l'eau qui convoyait la chaleur des profondeurs de la Lune vers des usines hydrothermiques situées en surface. La lueur blanc-rose émise par les roches commençait à éblouir Xenia.

Le harnais la retint avec un à-coup et la ralentit. Elle baissa les yeux sur la forêt de tuyauterie et découvrit qu'ils approchaient de leur destination, une plate-forme de céramique terne et opaque qui bouchait le tunnel.

— Terminus, dit Frank. Il n'y a plus là-dessous que les bécanes du fond de trou, la machine à coffrer et d'autres trucs… Tu sais où nous sommes, Xenia ? À plus de mille kilomètres de profondeur, aux deux tiers du centre de la Lune.

Les poulies mordirent plus fort ; ils ralentirent, pour s'immobiliser en douceur un mètre au-dessus de la plate-forme. Frank aida Xenia à desserrer son harnais ; elle descendit sans difficulté sur la plate-forme où elle atterrit sur ses pieds, comme après un saut en parachute.

Elle jeta un coup d'œil à son patch-chronomètre. La chute avait pris vingt minutes.

Elle retrouva son équilibre et regarda autour d'elle. Ils étaient seuls.

La plate-forme était encombrée d'équipement scientifique, des boîtes grises et anonymes reliées par des câbles à des batteries et à des écrans souples. Des senseurs et des sondes enveloppées dans des chemises refroidies par eau étaient branchés sur des prises murales. Xenia voyait les données collectées défiler en clignotant sur les écrans, des mesures de porosité et de perméabilité, des données provenant de compteurs de gaz, de jauges de pression, de dynamomètres et de gravimètres. On voyait des preuves que des gens avaient travaillé ici, de petits abris gonflables, des sacs à dos de rechange, des blocs-notes – et même, incongrue, une tasse à café. Des traces de présence humaine, ici, au cœur de la Lune.

Elle marcha vers les parois. Ses pas étaient légers ; elle flottait presque. Il y avait des roches, pures et immaculées partout autour d'elle, au-delà des murs qui ressemblaient à des fenêtres, émettant une lueur rose.

— Les profondeurs de la Lune, dit Frank en la rejoignant.

Il passa sa main gantée sur le verre.

— Les géologues appellent ça le matériau primitif, ce qui subsiste de la formation du Système solaire. Il n'a jamais été fondu et ne s'est jamais différencié comme le manteau, il n'a jamais été bombardé comme la surface. Il est demeuré intact depuis que la Lune s'est détachée de la Terre elle-même.

— Je me sens aussi légère qu'une plume, dit-elle.

Et c'était un fait ; elle avait l'impression qu'elle aurait pu s'élever telle une bulle de savon dans le puits de forage.

Frank jeta un regard dans le tunnel ; des anneaux lumineux concentriques miroitèrent sur sa visière.

— Tout ce roc là-haut n'exerce aucune attraction sur nous. Il pourrait tout aussi bien y avoir des nuages, des nuages rocheux, sur des centaines de kilomètres.

— Je suppose qu'arrivé au centre, on ne pèse plus rien.

— J'imagine, oui.

Un bécher en verre couvert d'un film plastique transparent était posé sur un banc. Elle le prit. Elle le sentait à peine, tout petit dans ses épais gants rigides. Il contenait un liquide qui clapotait dans la faible gravité, un liquide d'un brun trouble.

Frank souriait. Elle comprit aussitôt.

— J'aimerais beaucoup que tu puisses la boire, dit-il. J'aimerais que nous puissions porter un toast. Tu sais ce que c'est ? *De l'eau*. De l'eau de la Lune, de l'eau tirée des roches lunaires. (Il prit le bécher et se tourna, en un mouvement de danse lent et pesant.) Elle est tout autour de nous. Exactement comme Mariko l'a prédit. Un putain d'océan. De la wadsleyite et de la majorite dont l'eau représente trois pour cent du poids… Incroyable. On a réussi, ma jolie !

— Tu avais raison, Frank. Je ne savais pas.

— J'ai gardé les résultats pour moi. Je voulais que tu sois la première à voir ça. À voir mon…

Il ne trouvait pas le bon mot.

— Affirmation de soi, dit-elle gentiment. C'est ton acte d'affirmation.

— Ouaip. Je suis un héros.

Elle savait que c'était vrai.

Tout se passerait comme Frank l'avait prévu. Dès que les implications de sa découverte seraient révélées – dès qu'on saurait qu'il y avait vraiment des océans enterrés là, à l'intérieur de la Lune – l'imagination des habitants de celle-ci ne tarderait pas à suivre sa vision. *Ceci*, après tout, ne consistait pas à se contenter de boucher des trous dans les boucles du système de maintien de l'environnement. Comme disait Frank, il y avait sûrement là assez de ressources pour assurer l'avenir de la Lune. Et l'instant était peut-être historique, un pivot, un moment où le long déclin de l'humanité était stoppé et où celle-ci trouvait un lieu où vivre dans un système qui ne lui appartenait déjà plus.

Ce n'était pas la première fois que Xenia devait admettre qu'il y avait une sorte de sagesse brutale dans la façon dont Frank traitait les gens, comment il les intimidait autant que nécessaire jusqu'à ce qu'ils n'aient plus d'autre choix que d'être d'accord avec lui.

Frank allait devenir l'homme le plus célèbre de la Lune.

Ce qui, pourtant, ne l'aiderait pas, songea-t-elle avec tristesse.

— Donc, dit-elle. Tu as démontré que tu avais raison. Vas-tu t'arrêter maintenant ?

— Arrêter le forage ? (Il parut choqué.) Bon Dieu, non ! On continue, on va jusqu'au cœur.

— Frank, les investisseurs sont déjà en train de partir.

— Des connards sans couilles ! Je continuerai même

si je dois payer moi-même. (Il posa le bécher.) Xenia, l'eau ne suffit pas. Ce n'est que la première étape. Nous devons continuer. *Trouver les autres éléments volatils.* On continue. Bon sang, Le Dur-à-cuire est mon projet !

— Non. Nous avons vendu tant d'actions pour traverser le manteau que tu n'as plus de majorité.

— Mais nous sommes de nouveau riches. (Il rit.) Nous rachèterons tout.

— Personne ne vend. Et surtout pas après l'annonce de cette découverte. Tu as trop de succès. Je suis désolée, Frank.

— Donc, les méchants nous encerclent, hein ? Bah, qu'ils aillent au diable ! Je trouverai bien un moyen de les avoir. J'en trouve toujours un. (Il saisit les mains gantées de Xenia.) Peu importe, pour l'instant. Écoute, je vais te dire pourquoi je t'ai amenée ici. *Je suis en train de gagner.* Je vais avoir tout ce que j'ai jamais voulu. Sauf une chose.

Elle était abasourdie.

— Quoi ?

— Je veux que nous nous mariions. Que nous ayons des enfants. Nous sommes venus ici ensemble, depuis le passé, et nous devrions avoir une vie à nous, sur cette Lune japonaise, dans ce futur.

Sa voix chargée d'émotion se brisait presque. Elle ne pouvait voir son visage dans la lumière émise par la roche.

Elle ne s'attendait pas à ça. Elle ne savait pas quoi répondre.

La voix de Frank était presque stridente.

— Tu ne dis rien.

— La comète, souffla-t-elle doucement.

Il demeura silencieux un instant ; il tenait toujours les mains de Xenia serrées dans les siennes.

— La fusée au méthane, dit-elle. Sur la comète. Elle a été détectée.

Elle vit qu'il songeait à nier toute connaissance des faits.

— Qui l'a découvert ?

— Takomi.

— Ce vieil enfoiré de buveur de pisse qui vit à Edo ?

— Oui

— Ça ne prouve toujours pas…

— J'ai vérifié les comptes. J'ai trouvé où tu as puisé les fonds, comment tu as construit la fusée, comment tu l'as lancée, comment tu l'as envoyée à la rencontre de la comète. Tout. (Elle soupira.) Tu n'as jamais été très malin à ce genre de jeu, Frank. Tu aurais dû me demander.

— M'aurais-tu aidé ?

— Non.

Il lui lâcha les mains.

— Je n'ai jamais voulu qu'elle tombe là. Sur Fracastorius.

— Je le sais. Néanmoins, c'est ce qui s'est passé.

Il prit le verre d'eau lunaire.

— Mais tu sais quoi ? Je l'aurais fait même si je l'avais su. J'avais besoin de cette putain de comète pour faire démarrer *ça*. C'était le seul moyen. On ne peut pas stagner. C'est la voie de l'extinction. Si j'avais donné le choix aux Japonais de la Lune, ils auraient sucé l'eau de leur vieux béton jusqu'à la fin des temps.

— Mais ils l'auraient choisi.

— Et c'est plus important que de ne pas mourir ?

Elle haussa les épaules.

— Ils vont bientôt tout savoir, c'est inévitable.

Il se tourna vers elle et elle sentit qu'il souriait de nouveau, incapable de s'en empêcher.

— J'ai au moins pu aller au bout de mon projet. Et devenir un héros… Épouse-moi, répéta-t-il.

— Non.

— Pourquoi ? Parce que je vais aller en taule ?

— Non, pas pour ça.

— Pourquoi, alors ?

— Parce que je ne resterai pas. Dans ton cœur. Tu passes toujours à autre chose, Frank.

— C'est faux, dit-il.

Mais il n'y avait aucune conviction dans sa voix.

— Donc, dit-il, pas de marche nuptiale. Pas de petits Américains de la Lune pour apprendre à ces Japonais comment jouer au football.

— Je suppose que non.

Il s'éloigna.

— Ça fait réfléchir, tout de même, dit-il, le dos tourné.

— Quoi donc ?

Il agita la main en direction des murs lumineux.

— Cette technologie n'est pas si avancée. Neil et Buzz n'auraient pas pu faire la même chose, mais nous aurions peut-être pu ouvrir un genre de mine en profondeur sur la Lune… disons, avant la fin du XXe siècle. Commencer à extraire l'eau, à vivre sur le terrain. Si seulement on avait su que c'était là, toute cette richesse, même la NASA aurait pu le faire. Et alors, il y aurait eu une Lune américaine, et qui sait quel tour l'histoire aurait pris ?

— Aucun de nous ne peut changer ces choses.

Il la regarda, le visage dissimulé par la lumière émanant des roches.

— Peu importe à quel point nous le désirons.

— Non.

— Combien de temps penses-tu qu'il me reste avant qu'ils ne ferment l'entreprise ?

— Je ne sais pas. Quelques semaines, pas plus.

— Dans ce cas, je vais devoir faire en sorte que ces semaines comptent.

Il lui montra comment accrocher le harnais de son scaphandre à un nouveau jeu de poulies et ils entamèrent la longue et lente remontée vers la surface de la Lune.

Abandonné sur son banc au fond du puits, elle voyait le bécher fermé et l'eau de la Lune à l'intérieur.

Après être descendue au cœur de la Lune, Xenia revint à Edo chercher de l'immobilité.

Ici, sur la face cachée, le monde sélénite était simple : en bas, du régolithe, en haut, la lumière solaire se déversant du ciel noir. Terre, lumière, obscurité. Et elle, seule. Lorsqu'elle regardait sa propre ombre, dans la direction opposée au soleil, la lumière renvoyée vers elle après avoir rebondi sur la poussière formait un halo autour de sa tête.

La fleur de Lune avait nettement diminué depuis sa dernière visite. De nombreux pétales extérieurs étaient détachés ou pulvérisés.

Takomi la rejoignit au bout d'un moment.

— On a déjà trouvé des preuves de l'existence des fleurs, dit-il.

— Vraiment ?

— J'ai étudié de vieilles données sur la surface de la Lune. Encore un héritage d'une époque plus prospère, lorsqu'on en a étudié la plus grande partie en détail. Mais ces explorateurs morts depuis longtemps ne savaient pas ce qu'ils avaient trouvé, bien entendu. Les restes étaient enterrés sous des couches de régolithe. Certains étaient âgés de milliards d'années. (Il soupira.) Les preuves sont parcellaires. Je suis néanmoins parvenu à établir un schéma.

— De quel genre ?

— C'est vrai, le dernier ensemencement a attiré les cosses *vers* ce site, avec une précision absolue. Comme vous avez pu le constater. Les cosses ont été intégrées dans la structure de la plante primaire, ici, et elle s'est flétrie depuis. L'ensemencement a de toute évidence été déclenché par l'arrivée de la comète, le fait que la Lune ait été enveloppée dans une atmosphère neuve et temporaire. Mais j'ai étudié le schéma d'ensemencements plus anciens…

— Déclenchés par des impacts de comètes.

— Oui. Tous ayant eu lieu bien avant que les humains s'installent ici. Un ou deux impacts par milliard d'années. De brèves pluies cométaires, des giclées d'air avant le retour du long hiver. Et chaque impact a déclenché un ensemencement.

— Ah. Je comprends. Ce sont des fleurs du désert, qui s'épanouissent lors de brèves pluies. Coquelicots, cistes, graminées, chénopodes.

— Exactement. Elles ont un cycle de vie rapide et se propagent aussi vigoureusement que possible pendant que l'air de la comète est là. Puis leurs graines restent en sommeil aussi longtemps que nécessaire, et attendent le hasard suivant, pendant un milliard d'années peut-être.

— J'imagine qu'elles se répandent, qu'elles essaient de recouvrir la Lune. De se propager le plus rapidement et le plus loin possible.

— Non, dit-il avec douceur.

— Alors quoi ?

— Les ensemencements *convergent* à chaque passage de comète. Exactement comme ici. Ces plantes fonctionnent à l'envers, Xenia.

« Il y a un milliard d'années, il existait un millier de sites semblables à celui-ci. Un grand ensemencement les a réduits à une petite centaine : ces quelques chanceux ont été bombardés de graines, alors que les sites d'origine dépérissaient. Plus tard, un autre ensemencement a réduit leur nombre à une douzaine environ. Et, finalement, à un seul. Celui-ci.

Xenia s'efforça de comprendre. Elle visualisa les petites cosses de graines qui convergeaient et dont le nombre diminuait.

— Ça n'a pas de sens.

— Pas pour nous autres ambassadeurs de la Terre. La vie terrestre s'étend, colonise, quand et partout où elle le peut. Mais cette vie est lunaire, Xenia. Et la Lune est un monde ancien qui se refroidit. Un monde qui se meurt. Ses jours les plus prospères ont été brefs, et remontent à longtemps dans le passé. La vie s'est donc adaptée à la situation. Vous comprenez ?

— Je crois que oui. Mais, à présent, ce sont vraiment les dernières ? La fin ?

— Oui. La fleur est déjà en train de mourir.

— Mais pourquoi ici ? Maintenant ?

Il haussa les épaules.

— Xenia, votre collègue, Frank Paulis, est déterminé à reconstruire la Lune de fond en comble. Même s'il échoue, d'autres suivront la voie qu'il a ouverte. Le calme de la Lune n'est plus. (Il renifla.) Mon propre jardin pourrait survivre, mais dans un parc, comme vos vieilles capsules *Apollo*, pour que les touristes puissent les regarder en ouvrant de grands yeux. C'est une… réduction. Et il en va de même pour les fleurs. Sur la nouvelle Lune, dans notre avenir, elles n'ont nulle part où survivre.

— Mais comment *savent*-elles qu'elles ne peuvent pas survivre ? Oh, mauvaise question. Elles ne savent rien du tout.

Il fit une pause et l'observa.

— En êtes-vous sûre ?

— Que voulez-vous dire ?

— Nous sommes intelligents, et agressifs. Nous pensons que l'intelligence provient de l'agressivité. C'est peut-être vrai. Mais il faut peut-être plus d'imagination pour concevoir l'immobilité que pour réagir au bruit, au vacarme de notre monde humain superficiel.

Elle fronça les sourcils en se souvenant que Mariko avait trouvé des preuves de l'existence de structures neurales dans les fleurs.

— Vous êtes en train de me dire que ces choses sont *conscientes* ?

— Je le crois. Ce serait difficile à prouver. Mais j'ai passé beaucoup de temps à méditer, ici. Et j'ai développé une sorte d'intuition. Une forme de sympathie, peut-être.

— Mais ça semble *cruel*. Quel genre de dieu irait concevoir une telle chose ? Réfléchissez. Une créature consciente, piégée à la surface de la Lune, dans cet environnement désolé et stérile. Et sa vie, qui s'étire peut-être sur des milliards d'années, a eu pour seul but de se réduire, de se préparer à cette extinction finale, cette mort, cette *smyert*. Quel est le but de la conscience si elle est confrontée à tant de désolation ?

— Mais peut-être cela ne se passe-t-il pas ainsi, dit-il gentiment. Les cosmologistes nous disent qu'il existe quantité de flux temporels. Dans notre direction, le futur de la Lune est peut-être désolé. Mais pas le passé. Alors pourquoi ne pas regarder dans *cette* direction ?

Elle parvenait tout juste à suivre son raisonnement. Mais elle se souvenait du *kare sansui*, du ruisseau sans eau tracé dans le régolithe. Il était impossible de dire si le courant coulait du passé vers l'avenir ou de l'avenir vers le passé, si les collines de régolithe montaient ou descendaient.

— Peut-être que, pour ces fleurs – *cette* fleur, la dernière, ou peut-être la première –, c'est un commencement, et non une fin.

— *Vileekee bokh*. Vous êtres en train de me dire que ces plantes vivent à l'envers dans le temps ? qu'elles se propagent non pas dans le futur, mais *dans le passé* ?

— Il n'y en a qu'une dans le présent. Dans le passé, il y en a eu beaucoup – des milliards, peut-être. Dans notre futur se trouve leur mort, dans notre passé la gloire. Alors pourquoi ne pas regarder dans cette direction ? (Il toucha la main gantée de Xenia.) Ce qui est important, c'est que vous ne pleuriez pas les fleurs. Elles ont leur rêve, leur *mechta*, un rêve d'une Lune plus belle, dans le lointain passé, ou le lointain futur. L'Univers n'est pas toujours cruel, Xenia Makarova. Et vous ne devez pas haïr Frank pour ce qu'il a fait.

— Je ne le hais pas.

— Il y a un point de vue selon lequel il ne *prend* pas des nutriments du cœur de la Lune, mais il les *donne*. Il pompe de l'eau et des éléments volatils pour remplir le cœur de la Lune, et lorsqu'il aura terminé, il remplira même le trou… Vous voyez ?

— Takomi.

Il ne bougea pas.

— Ce n'est pas votre vrai nom, n'est-ce pas ? Ce n'est pas votre véritable identité.

Il ne dit rien et garda le visage tourné.

— Je ne pense pas que vous soyez même un homme. Je crois que vous êtes Nemoto. Et vous vous cachez ici, sur la Lune, en attendant que les siècles passent.

Takomi demeura silencieux pendant de longues secondes.

— Mes plantes lunaires reculent dans un passé meilleur. Une possibilité que je n'ai pas. Je dois poursuivre mon chemin vers le déplaisant avenir. Mais ici, au moins, on me dérange rarement. J'espère que vous respecterez cela.

« Maintenant, venez, dit Takomi, ou Nemoto. J'ai du thé vert et du gâteau de riz, nous allons nous asseoir sous le cerisier pour y continuer notre conversation.

Xenia hocha machinalement la tête et le – la ? – laissa lui prendre la main. Ensemble, ils marchèrent sur l'antique sol soumis de la Lune.

Il y avait encore une cérémonie, ici, au pôle Sud de la Lune. C'était le jour ou le projet Dur-à-cuire devait tenir ses promesses en fournissant les premières livraisons à la surface d'eau commercialisable.

La foule était de nouveau dehors : les investisseurs et leurs invités, les familles et leurs enfants, des écrans géants drapés sur le matériel de forage, des Observateurs virtuels partout pour que chaque habitant de la Lune puisse partager tout ce qui se passait ici aujourd'hui. Les Gris eux-mêmes étaient là, dansant en formations élaborées pour célébrer la fin du projet.

La Terre flottait tel un fantôme au-dessus de l'horizon, ignorée de tous, étincelant de ses guerres vides de sens.

Cette fois, Xenia ne trouva pas Frank en train de se pavaner à la surface en distribuant des ordres dans son scaphandre orné de la bannière étoilée. Il avait dit qu'il savait dans quelle direction le vent soufflait, une grossière métaphore liée à la Terre qu'aucun Japonais né sur la Lune ne comprenait. Il s'était donc assigné lui-même à domicile, dans le nouveau *ryokan* qui s'était ouvert au sommet de l'une des montagnes les plus élevées du bord du cratère.

Il lui fit signe d'entrer lorsqu'elle arriva et lui tendit un verre qui contenait un excellent saké. La suite était un somptueux appartement en terrasse, décoré dans un style mêlant l'Occident et le Japon traditionnel. L'un des murs, qui faisait face au forage, était constitué d'un seul et immense panneau de verre lunaire anhydre. Elle vit un gobelet d'eau trouble fermé sur une table. De l'eau de la Lune, son seul trophée issu du projet Dur-à-cuire.

— Sacrée cage, dit-il, si c'est là qu'on doit être. (Il eut un rire sinistre.) Ils sont civilisés, hein, ces Japonais de la Lune ! Eh bien, nous verrons. (Il la regarda.) Et toi ? Vas-tu retourner dans les étoiles ?

Elle regarda les ondulations huileuses du contenu de son verre.

— Je ne pense pas. Je… je me plais bien ici. Je crois que ça me plairait de bâtir un monde.

Il émit un grognement.

— Tu vas te marier. Avoir des enfants. Des petits-enfants.

— Peut-être.

Il lui lança un regard noir.

— Souviens-toi de moi quand ce sera fait, moi qui ai tout rendu possible et qu'on a remercié en le mettant en taule. Souviens-toi de *ça*.

Il la conduisit jusqu'à la fenêtre.

Elle regarda à l'extérieur telle une déesse inspectant le déroulement des activités. Le site de forage se composait d'un ensemble de machines trapues, à présent colorées en gris profond par la poussière, le tout baigné de lumière artificielle. Les étoiles flottaient au-dessus de la plaine, nues et immobiles, des gens et leurs véhicules grouillaient sur l'antique plaine, semblables à des fourmis en combinaisons spatiales.

— Tu sais, c'est un grand jour, dit-elle. Ils sont en train de réaliser ton rêve.

— Mon rêve ? Tu parles ! (Il se servit une autre rasade de saké, qu'il buvait comme de la bière.) Ils me l'ont volé. Et ils vont vers l'intérieur. Voilà ce que Nishizaki et les autres envisagent à présent. J'ai vu leurs projets. De gigantesques cités dans la croûte, assez vastes pour loger des milliers, et même des centaines de milliers de gens, qui utiliseraient l'énergie thermique des roches. Dans cinquante ans, on pourrait avoir deux ou trois fois la population actuelle, qui s'activerait à se creuser des terriers.

Il jeta un coup d'œil nerveux à sa montre.

— Qu'est-ce que ça a de mal ?

— Ce n'était pas le *but*, bordel ! (Il leva un regard sombre vers la face marquée de cicatrices de la Terre.) Si nous nous enterrons, nous ne pourrons plus voir ça. Nous oublierons. Tu ne piges pas ?…

Mais, à présent, on s'activait autour du site de forage. Elle avança vers la fenêtre et mit ses mains en coupe pour masquer les lumières brillant dans la pièce.

Des gens s'éloignaient du centre du site en courant.

Il y eut un tremblement. Le bâtiment frissonna sous elle, un mouvement languide. Un tremblement de terre, ici, sur la Lune immobile et silencieuse ?

Frank vérifiait l'heure. Il donna un coup de poing dans l'air et fonça sur la fenêtre.

— Juste à temps. Enfer !

— Frank, qu'est-ce que tu as fait ?

Il y eut une autre secousse, plus forte. Une petite statue du Bouddha fut délogée de son piédestal et tomba doucement sur le sol moquetté. Xenia tenta de conserver son équilibre. Elle avait l'impression d'être dans un métro à l'heure de pointe.

— C'est très simple, dit Frank. Des charges modelées incorporées dans le coffrage, c'est tout. Elles ont creusé des trous droit dans la paroi du puits, jusque dans la roche qui se trouve autour pour permettre à l'eau et aux autres matériaux visqueux de couler directement dans le tuyau et de monter…

— Une explosion. Tu as déclenché une explosion !

— Si j'ai bien tout calculé, la totalité de l'intérieur de cette putain de Lune va jaillir de ce trou. Comme si on crevait un ballon. (Il lui prit les bras.) Écoute-moi. Nous serons en sécurité ici. J'ai tout prévu.

— Et les gens, en bas, dans le cratère ? Tes cadres et tes techniciens ? Les *enfants* ?

— Ils parleront de ce jour à leurs petits-enfants. (Il haussa les épaules en souriant, le front couvert de sueur.) Ils vont m'enfermer de toute façon. Là, au moins…

Mais, à présent, l'éruption provenait du centre des installations, et une tour de liquide qui gelait rapidement se frayait un chemin dans le derrick lui-même, fracassant les fragiles bâtiments qui coiffaient la tête de puits. Lorsque la fontaine parvint assez haut pour intercepter la lumière rasante qui se déversait par-dessus les montagnes, elle parut s'enflammer et des cristaux de glace scintillants dessinèrent de complexes trajectoires paraboliques avant de retomber sur le sol.

Frank donna un coup de poing dans le vide.

— Tu sais ce que c'est ? Du *kérogène*. Un truc goudronneux qu'on trouve dans les schistes bitumineux. Il contient du carbone, de l'oxygène, de l'hydrogène, du soufre, du potassium, du chlore et d'autres éléments… Quand les gars du labo m'ont dit ce qu'ils avaient trouvé là-dessous, je n'y ai pas cru. Selon Mariko, le kérogène est tellement utile que nous pourrions tout aussi bien avoir trouvé de la soupe au poulet dans le sol. (Il lâcha un rire caquetant.) De la soupe au poulet, en direct du nuage primordial. J'ai gagné, Xenia ! Avec cette explosion, je les ai empêchés de construire Trogloville. Je suis célèbre.

— Et les fleurs de Lune ?

Son expression était dure.

— Qui s'intéresse à elles, bon Dieu ? Je suis un être humain, Xenia. Je m'intéresse à la destinée de l'homme, pas à un tas de plantes sans valeur qu'on ne pouvait même pas *manger*. (Il agita la main en direction de la fontaine de glace.) Regarde dehors, Xenia. J'ai vaincu l'avenir. Je ne regrette rien. Je suis un grand homme. Je réalise de grandes choses.

Autour du derrick démoli, le sol commença à se fissurer, laissant échapper du gaz et des cristaux de glace. Et la profonde et antique richesse de la Lune retomba en pluie sur ses habitants.

— Et que peut-il bien y avoir de plus grand que ça ? murmura Frank Paulis.

Elle volait dans l'Obscurité telle l'une de ses propres graines. Elle était entourée de fragments de terre fracassés et de ses enfants.

Mais elle ne pouvait pas leur parler, bien entendu : contrairement à la terre, l'Obscurité était vide de toute roche, et ne portait pas ses pensées.

C'était un temps de solitude lancinante.

Mais cela ne dura pas longtemps.

Le nuage se ramassait déjà sur lui-même et s'effondrait, se transformant en une nouvelle et magnifique terre qui luisait au-dessous d'elle tel un océan de roche lumineux cent fois plus vaste que le petit endroit d'où elle était venue.

Et à la fin, elle vit la plus grosse de toutes les comètes s'extraire du cœur de cette terre, une boule de feu qui se rua dans le ciel et s'éloigna rapidement dans l'obscurité implacable.

Elle tomba en direction de cet océan de lumière, le cœur empli de joie par la Fusion des Terres…

Au dernier instant de sa vie, elle se souvint de Celui-qui-donne.

Elle était la première, et Celui-qui-donne lui avait donné naissance. Rien ne serait jamais arrivé sans le Donneur, qui nourrissait la terre.

Elle aurait aimé exprimer son amour pour Lui. Elle savait que c'était impossible.

Elle sentit cependant que, d'une manière ou d'une autre, Il était au courant.

CHAPITRE 21

RETOUR AU FOYER

Après leur voyage stellaire, Madeleine et Ben revinrent dans un système silencieux.

Plus d'un siècle s'était écoulé. Eux-mêmes avaient vieilli de moins d'un an. On était à présent, chose ahurissante, en 2240, une date futuriste inimaginable. Madeleine s'était préparée à affronter une dérive historique encore plus importante, à se retrouver encore plus isolée culturellement.

Elle ne s'était pas préparée au silence.

Comme les longues semaines du voyage qui les menait du Point Selle vers l'intérieur du Système solaire s'écoulaient, et que l'éclat des lumières mêlées les unes contre les autres s'accentuait, ils se sentirent tous les deux gagnés par l'appréhension. Ils finirent par se rapprocher suffisamment pour que les télescopes de l'*Ancêtre* obtiennent des images de la Terre d'une résolution suffisante. Ils se pelotonnèrent l'un contre l'autre devant leurs moniteurs.

Ils virent une Terre d'un blanc lumineux.

Les glaces s'étiraient depuis les deux pôles, gagnant du terrain vers l'équateur. Les contours des continents de l'hémisphère Nord étaient à peine visibles sous les immenses nappes gelées. Les couleurs de la vie, le brun, le vert et le bleu, avaient été repoussées sur une mince bande située autour de l'équateur. Çà et là, nettement visibles sur la face nocturne de la planète, Madeleine distingua les étincelles d'incendies et d'explosions. Des vaisseaux gaijin orbitaient autour de la Terre, d'un pôle à l'autre, leurs collecteurs projetant une lueur dorée qui chatoyait sur la glace et les océans ; ils cartographiaient et étudiaient, poursuivant toujours patiemment leurs objectifs démesurés.

Madeleine et Ben furent tous deux abasourdis. Ils étudièrent la Terre pendant des heures, parlant à peine, sautant des repas et des périodes de sommeil.

Ben, qui craignait pour sa femme et son peuple sur Triton, sombra dans un silence morbide et s'éloigna de Madeleine. Elle se sentit seule et eut du mal à le supporter. Lorsqu'elle dormait, ses rêves étaient vivaces et peuplés d'artefacts non humains qui flottaient dans les airs.

Le vaisseau-fleur gaijin les déposa en orbite autour de la Lune.

Nemoto vint enfin à leur rencontre. Elle apparut sous la forme d'une troisième silhouette dans le cadre usagé et étroit du Module de service de l'*Ancêtre du Temps du Rêve*, spectre numérique né de la fusion d'un nuage de pixels cubiques.

Son regard tomba sur Madeleine.

— Meacher. Vous êtes de retour. Vous étiez attendue. J'ai une mission à vous confier.

Elle sourit.

— Je ne crois pas que vous soyez encore en vie, dit Madeleine. Vous devez être une espèce de simulation virtuelle.

— Peu m'importe ce que vous pensez. De toute façon, vous ne connaîtrez jamais la vérité. (Nemoto était petite et racornie ; son visage ressemblait à un masque de cuir, comme si elle régressait vers une forme proto-humaine en vieillissant. Elle regarda autour d'elle.) Où est le module FGB ?… *Oh…*

De toute évidence, son homologue virtuel qui avait voyagé avec eux venait de lui transmettre un résumé de leur mission. Son regard s'assombrit.

— Il faut toujours que vous mettiez votre nez partout, hein, Meacher ?

Madeleine passa la main dans le corps de Nemoto. Les pixels se regroupèrent tels des papillons. Pour Madeleine, qui se retrouvait plus éloignée de son époque de dix décennies, la projection relevait d'une nouvelle technologie qui l'impressionnait. Il n'y avait aucun signe de décalage temporel. Nemoto – ou le projecteur – devait se trouver *ici*, sur la Lune ou en orbite, sans quoi ses réponses auraient été décalées de quelques secondes.

— Et Triton ? s'enquit Ben, la voix tendue.

Le visage de Nemoto était sans expression.

— Triton est silencieuse. Elle est sage de l'être. Mais votre femme est encore en vie.

Madeleine sentit un changement dans l'attitude de Ben, un radoucissement.

— Toutefois, disait à présent Nemoto, la colonie est menacée. Une flotte de vaisseaux-fleurs et d'usines gaijin est partie des astéroïdes. Ils sont déjà en orbite autour de Jupiter, de Saturne et même d'Uranus. Ils ont des projets là-bas, par exemple sur Io, la lune de Jupiter, des projets que nous ne comprenons pas. (Son visage parcouru de tics laissait voir son angoisse ; même après tout ce temps, son sens du territoire restait fort.) La Terre s'est effondrée, bien sûr. Et, même si les abrutis d'en bas ne le savent pas, des crises de ressources attendent la Lune à long terme, surtout en ce qui concerne les métaux. Et ainsi de suite. *Les Gaijin sont en train de gagner*, Meacher. Triton est la dernière tête de pont qui nous reste, à nous les humains, dans le Système solaire. La dernière tranchée. Nous ne pouvons pas laisser les Gaijin s'en emparer.

Et vous avez un plan, réalisa Madeleine, le cœur serré. Un plan dont je fais partie. Elle se retrouvait donc plongée sans attendre dans les intrigues et les manipulations de Nemoto.

Ben fronçait les sourcils. Il posa à Nemoto quelques questions précises sur sa présence, son influence, ses ressources. Quelle était la situation politique actuelle ? Qui la soutenait ? Qui la finançait ?

Elle ne voulut répondre à aucune de ses questions. Pas même leur dire où elle se trouvait physiquement, avant de disparaître en promettant – ou menaçant – de revenir.

Madeleine passa de longues heures devant les hublots à regarder la Lune.

Celle-ci était contrôlée par une structure fédérale solide qui semblait se fondre sans solution de continuité dans une série d'alliances entre entreprises ayant essentiellement évolué à partir des compagnies japonaises qui avaient financé les premières vagues de colonisation lunaire. Les autorités de la Lune avaient permis à l'*Ancêtre* de se stabiliser sur une large orbite de deux heures, mais ils ne voulaient pas autoriser Madeleine et Ben à se poser. Les choses étaient claires aux yeux de Madeleine : pour ces habitants de la Lune aux vies bien remplies, les voyageurs de retour des étoiles étaient hors sujet.

D'immenses vaisseaux-fleurs gaijin luminescents tournaient d'un pôle à l'autre.

Cette nouvelle Lune était illuminée de vert et de bleu, les couleurs de la vie et de l'humanité. Les Japonais avaient saupoudré les grands cratères – Copernicus, Eudoxus, Gassendi, Fracastorius, Tsiolkovsky, Verne, et bien d'autres – de dômes, emprisonnant une charge d'eau, d'air et de vie. Landsberg, la première grande colonie, était toujours la capitale. Les dômes étaient désormais gigantesques, le sommet de certains d'entre eux s'élevait à deux kilomètres au-dessus de l'antique régolithe, des charpentes de cellules hexagonales soutenues par d'énormes tours habitées. Des routes traversaient des quartiers linéaires, le tout couvert, et reliaient certains dômes entre eux, dessinant des lignes lumineuses sur les mers lunaires. Les Japonais prévoyaient d'étendre leurs structures jusqu'à ce que la totalité de la surface de la Lune soit couverte et forme une serre planétaire. Comme un immense arboretum, une biosphère gérée en permanence.

Tout cela, apprit Madeleine en se branchant sur le réseau d'information qui enveloppait cette nouvelle planète, était alimenté par des forages atteignant le cœur de la Lune que l'on appelait les mines de Paulis. Frank Paulis lui-même était encore en vie. Madeleine ressentit une pointe de fierté en apprenant qu'un représentant de sa génération de fossiles avait accompli quelque chose d'aussi grand. Mais, cinquante ans après son immense triomphe technique, Paulis était en disgrâce, tenu au secret.

La Nemoto virtuelle se matérialisa de nouveau.

Madeleine avait découvert qu'elle était encore en vie, pour autant qu'on le sût. Mais elle avait disparu de la vie publique depuis très longtemps. La rumeur disait qu'elle avait vécu en recluse sur la face cachée, encore peu habitée. Cette dépression avait duré des décennies. Nemoto ne voulait parler de rien, ni d'elle-même, ni de la période historique que Ben et Madeleine avaient enjambée. Elle ne voulait parler que de l'avenir, de ses projets, comme toujours.

— Bonne nouvelle.

Elle souriait, le visage semblable à un crâne.

— J'ai un vaisseau.

— Quel vaisseau ? demanda Ben.

— Le *Gurrutu*. L'un de mes transports de colons. Il a déjà fait deux allers-retours jusqu'à Neptune. Il se trouve en orbite haute autour de la Terre. (Son expression se fit nostalgique.) C'est plus sûr qu'autour de la Lune. Ici, on le démantèlerait pour en piller le métal. (Elle les étudia.) Vous devez aller sur Triton.

Ben hocha la tête.

— Naturellement.

Nemoto regarda Madeleine.

— Et vous aussi, Meacher.

Bien sûr que Ben devait y aller, se dit-elle. C'est son peuple qui lutte pour survivre là-bas dans le froid. C'est sa femme, encore en vie, comme c'est pratique, qui a franchi ces cent ans en prenant le plus long chemin. Mais – indépendamment des ambitions de Nemoto – ça n'a rien à voir avec moi.

Néanmoins, tandis qu'elle observait la frêle silhouette virtuelle de Nemoto, qui s'obstinait à survivre, à lutter, elle se sentit déchirée. Tu n'es peut-être pas aussi détachée de tout ça que tu l'as été, Madeleine.

— Même si nous parvenons à atteindre Triton, dit-elle, que sommes-nous censés faire une fois là-bas ? Que préparez-vous, Nemoto ?

— Arrêter les Gaijin et ceux qui les suivent, peu importe qui ils sont, dit Nemoto d'un ton sinistre. Qu'y a-t-il d'autre à faire ?

Ils allaient devoir passer un mois en orbite terrestre pour travailler sur le *Gurrutu*.

Le transport de colons était vieux de plusieurs dizaines d'années et cela se voyait. On l'avait improvisé à partir du propulseur central à combustible liquide d'une fusée *Ariane 12*. C'était un simple cylindre dont les réservoirs intérieurs avaient été refaits à neuf pour les rendre habitables. Le principal espace disponible du *Gurrutu* était un gros réservoir à hydrogène, complété par un réservoir à oxygène plus petit destiné au stockage. Un mât de pompiers courait sur toute la longueur du premier, traversant une série de cloisons grillagées jusqu'à une grappe d'instruments.

De grandes ailes couvertes de cellules solaires à l'allure fragile avaient été fixées à l'extérieur. Mais des réacteurs à fission rénovés fourniraient l'énergie lorsqu'ils seraient dans les lointaines régions peu éclairées du Système solaire extérieur. Une vieille technologie : de lourdes antiquités soviétiques, basées sur un concept du nom de Topaz. Chaque Topaz était un fouillis de tuyaux, de tubes et de tiges de commande installés sur un gros radiateur en forme de cône en tôle d'aluminium ondulé.

Il y avait un support d'arrimage et un module à instruments à un bout du réservoir central, et une grappe de propulseurs ioniques à l'autre. Ces derniers convenaient à des missions de longue durée, des missions vers les planètes extérieures et au-delà dont la durée se comptait en années. Et ils fonctionnaient. Ils avaient transporté les Yolgnu jusqu'à Triton. Mais les moteurs ioniques devaient être remis complètement à neuf. Et eux aussi relevaient d'une vieille technologie. Les derniers propulseurs à fusion fonctionnant à l'hélium-3 des Japonais de la Lune étaient bien plus efficaces, apprit Madeleine.

Le voyage jusqu'à Neptune ne s'annonçait pas confortable. Les toilettes ne semblaient jamais pouvoir se vider tout à fait. Un chœur de chocs, de soupirs et de cliquetis s'élevait lorsqu'ils tentaient de dormir. Les panneaux solaires étaient très dégradés, si bien qu'il n'y avait jamais assez d'énergie, même aussi près du Soleil. Madeleine se lassa vite des repas mal réchauffés, du café et des bains tièdes.

Mais quarante personnes avaient vécu dans ce bidonville en forme de caverne dépourvue de fenêtre pendant les cinq ans qu'il fallait au *Gurrutu* pour atteindre Neptune : ils avaient mangé des cultures hydroponiques, recyclé leurs déchets et s'étaient arrangés pour ne pas se rendre fous les uns les autres. Des hamacs et des couvertures pendaient un peu partout dans le réservoir, formant de petits nids où des êtres humains avaient recherché une intimité. Trois enfants étaient nés ici.

Sur une cloison en aluminium, Madeleine trouva des marques qui enregistraient la croissance d'un enfant et la photo d'un oncle préféré glissée au fond d'un placard.

Le vaisseau aurait pu être construit au XXIe siècle – et même au XXe. Les humains avaient pratiquement cessé de faire des recherches en ingénierie spatiale après l'arrivée des Gaijin. Madeleine pensait aux vaisseaux-fleurs qui l'avaient transportée à la distance où se trouvaient les Points Selles et au-delà : ornés de pierreries, parfaits, sans défaut.

Mais le *Gurrutu* était tout simplement ce que Nemoto pouvait faire de mieux. Il était donc héroïque. Nemoto avait atteint Neptune avec cet équipement – à trente fois la distance de la Terre au Soleil, dix fois plus loin que la ceinture des astéroïdes. Seul Malenfant lui-même était allé plus loin sans l'aide des Gaijin – et sa mission avait été l'exploit d'un seul homme. Nemoto avait envoyé deux cents colons.

Tandis qu'elle travaillait sur les systèmes temporaires, improvisant des réparations, Madeleine sentit croître son respect pour Nemoto.

… Et, tandis qu'elle travaillait, la Terre flottait devant les hublots du *Gurrutu*.

Madeleine apprit que les vieilles Cassandres écologistes avaient finalement eu raison. Le climat n'était vraiment que métastable. Au final, après avoir creusé, bâti et brûlé pendant quarante mille ans, les humains étaient parvenus à tout flanquer par terre, avant que le monde ne se stabilise à une vitesse stupéfiante dans ce nouvel état mortifère.

Madeleine vit des motifs sur la glace : des ondulations, des lignes de débris, des couleurs variées, là où elle avait coulé de ses forteresses des pôles et du sommet des montagnes. Il y avait peu de nuages au-dessus de grandes étendues de glace – juste les rubans de cirrus étirés par les vents qui tournoyaient en permanence autour des énormes anticyclones posés sur les pôles gelés.

La glace recouvrait la plus grande partie du Canada, une longue langue s'étendant loin dans le Midwest, plus au sud que les Grands Lacs – ou plutôt, que l'endroit où ils s'étaient trouvés autrefois. Chicago, Detroit, Toronto et les autres villes avaient disparu à présent, englouties. Les lobes familiers des Lacs eux-mêmes avaient été submergés par un nouvel océan miroitant qui s'étendait sur un millier de kilomètres à l'intérieur des terres à partir de la côte est. Et à l'ouest, un ruban d'eau s'étirait vers l'Alaska depuis Puget Sound. La terre elle-même était écrasée sous le poids de la glace ; l'eau de mer s'était empressée de couler dans les dépressions peu profondes ainsi formées.

Même au sud de la limite d'extension des glaces, la terre était gravement endommagée. Un désert s'étendait sur l'Oregon, l'Idaho, le Wyoming, le Nebraska et l'Iowa, une ceinture d'immenses dunes de sable ondulantes. Des vents violents y régnaient, car de l'air lourd et froid se déversait à partir de la glace sur les terres mises à nu ; Madeleine observa des tempêtes de sable géantes qui persistaient pendant des jours. La nuit, elle distingua des lueurs qui chatoyaient dans cette immensité, des étincelles vacillantes : juste des feux de camp allumés par les descendants des Américains du Midwest qui devaient en être réduits à vivre comme des Bédouins dans ce grand désert froid. À première vue, la Terre au sud de la glace semblait aussi tempérée et habitable qu'elle l'avait toujours été. Madeleine vit du vert dans les zones tropicales, des récifs de coraux, des vaisseaux allant et venant dans des mers chaudes libres de glace. Mais nul endroit n'était épargné. Les grandes forêts pluviales de l'Afrique équatoriale et du bassin de l'Amazone s'étaient réduites à des poches isolées entourées de bandes de ce qui ressemblait à de la savane. Le Sahara, au contraire, semblait devenir vert. Les formes des continents elles-mêmes avaient changé, et des plaques luisantes appartenant aux plateaux continentaux étaient dévoilées par l'abaissement du niveau de la mer.

Il subsistait encore des villes dans le sud des États-Unis, de grandes agglomérations d'un gris brumeux le long des côtes et des vallées des fleuves, de Baja California, le long de la frontière mexicaine et du golfe du Mexique, jusqu'en Floride. Mais La Nouvelle-Orléans semblait en feu, de grands incendies s'étendaient sur plusieurs pâtés de maisons, envoyant des panaches de fumée noire longs de centaines de kilomètres. Il semblait également qu'une petite guerre faisait rage autour d'Orlando ; Madeleine distingua ce qui ressemblait à des pistes de tanks ; de fréquentes explosions illuminaient la nuit.

Il était impossible de recueillir des informations directement. *A priori*, toutes les communications passaient soit par des lignes terrestres, soit par des liaisons laser point à point. Il semblait que les habitants de la Terre avaient appris tardivement qu'il était sage de ne pas diffuser leurs activités vers l'espace. Il apparut néanmoins que certaines de ces guerres avaient commencé avant le retour des glaces.

Le conflit le plus violent semblait se dérouler en Afrique du Nord, où la population de l'Eurasie – des centaines de millions de personnes – avait tenté de s'écouler dans les pays de l'Europe du Sud et les nouvelles savanes de l'Afrique du Nord. Mais toute tentative de réimplantation coordonnée s'était depuis longtemps effondrée. D'énormes cratères noirs défiguraient le Sahara, et certains d'entre eux miroitaient comme s'ils contenaient des flaques de verre. Et, une fois, Madeleine aperçut la silhouette caractéristique d'un nuage en forme de champignon, montant tel un jouet parfait d'un horizon africain couleur d'ocre.

Plus sinistre encore, elle voyait de nouvelles formes sur l'épiderme patient de la Terre. De grandes structures qui s'étalaient telles des araignées argentées : différentes des cités humaines, leur organisation était plus centralisée, leurs éléments étaient interconnectés, comme des constructions uniques s'étendant sur des dizaines de kilomètres. C'étaient des colonies gaijin dont beaucoup s'étaient installées au niveau des latitudes moyennes que la glace n'envahissait pas, et l'on ne voyait aucun signe d'occupation humaine dans le voisinage. Il y en avait même une poignée sur les plaines de glace elles-mêmes, des endroits où aucun humain ne pouvait survivre. Personne ne savait ce que les Gaijin faisaient à l'intérieur.

Elle sentit une rage froide l'envahir. Les Gaijin n'auraient-ils pas pu faire quelque chose pour arrêter ça, pour empêcher l'effondrement de son monde ? Qu'est-ce qu'ils fichaient là, sinon ?

Ben dit qu'il voulait aller une dernière fois sur Terre, en Australie, avant de partir pour toujours. L'idée décourageait Madeleine. *Ce n'est plus ma planète*. Mais elle ne désirait pas s'opposer à l'envie complexe de Ben.

Une navette sol-orbite automatisée monta les chercher. Nemoto avait trouvé quelqu'un qui était d'accord pour les héberger, même si c'était pour peu de temps.

Ils volèrent vers le sud de l'Australie dans la lumière du matin. Ils ne reçurent aucune demande d'identification ;

nul ne tentait de contrôler le trafic aérien, rien ne venait du sol. C'était comme approcher une planète inhabitée.

Ils glissèrent au-dessus de Sydney. La ville était encore habitée, ses banlieues portaient les marques des conflits, mais il n'y avait pas de port. Sydney s'était échouée dans l'intérieur du pays en train de se dessécher. Les déserts de poussière rouge du centre semblaient encore plus desséchés qu'avant. Cependant, Madeleine ne vit pas de signe de présence humaine. Alice Springs, par exemple, avait brûlé et n'était plus qu'une coquille vide ; rien n'y bougeait.

Ils planèrent à basse altitude au-dessus des monuments géologiques au sud d'Alice, Ayers Rock et les Olgas. Des blocs de grès dur, anciens et inflexibles qui jaillissaient du désert plat, profondément sculptés par des milliards d'années d'écoulement d'eau. Pour les aborigènes, les nomades de cet impitoyable paysage aussi plat qu'une table, ces formations avaient dû sembler aussi saisissantes que les cathédrales médiévales qui dominaient l'Europe. Les aborigènes les avaient donc transformées en lieux possédant une signification totémique et religieuse, et ils avaient tissé des histoires du Temps du Rêve à partir de leurs fissures et de leurs plis, jusqu'à ce que les roches deviennent une sorte de cinéma mythique, figé dans le temps géologique. Un triomphe de l'imagination, supposa-t-elle, sur une terre semblable à un caisson de privation sensorielle.

Cet endroit avait connu une brève carrière de centre touristique. Les touristes avaient disparu depuis longtemps, l'influence de l'Occident s'était évaporée en un instant, comme un rêve de fertilité et de prospérité. Mais les aborigènes étaient restés. Du ciel, elle vit de minces silhouettes avancer lentement dans le paysage, des visages ronds tournés vers son véhicule, comme douze mille ans auparavant – exactement ainsi que Ben l'avait prévu, se souvint-elle.

Ben regardait par son hublot, silencieux, replié sur lui-même.

À peut-être cent kilomètres au sud de l'Alice, ils virent une structure bleu vif, un point dans le désert. Une tente.

La navette plongea, tomba comme une brique et glissa sur ses patins d'atterrissage avant de s'arrêter à cinq cents mètres de la tente.

Personne ne vint à leur rencontre. Au bout de quelques minutes, ils descendirent à terre et se dirigèrent à pied vers la tente.

La terre était une immense table rouge-orangé, le ciel une toile bleu pâle. Il régnait un silence absolu : on n'entendait ni chants d'oiseaux, ni insectes. Le soleil était haut, féroce, la chaleur sèche et brûlante. N'étant pas habitués à la pesante gravité terrestre, ils marchaient avec précaution.

Madeleine se sentit submergée. En dehors de quelques marches dans l'espace, c'était la première fois depuis des années qu'elle sortait d'un module d'habitation confiné et se retrouvait à l'air libre.

Ben lui toucha le bras. Elle s'arrêta. Une forme bougeait dans la brume de chaleur à l'horizon, silencieuse et élégante.

— On dirait un lézard, murmura-t-elle. Un dragon de Komodo, peut-être. Mais…

— Mais il est énorme.

— Tu crois que c'est encore une expérience des Gaijin ?

— Je crois que nous ne devrions pas bouger.

Le lézard, un cauchemar sorti du mésozoïque, s'immobilisa durant de longues secondes, peut-être une minute ; une langue longue comme un fouet jaillit en direction d'une cible invisible. Puis il repartit, se détournant des humains.

Ils se hâtèrent de reprendre leur marche.

Leur hôte était une femme : une Américaine, petite, trapue, le visage sévère, son épaisse chevelure brune strictement tirée et attachée derrière la tête. Elle portait une combinaison argentée. Son nom était Carole Lerner.

Lerner les observa de haut en bas avec mépris.

— Nemoto m'a dit de m'attendre à votre visite. Elle ne m'a pas dit que vous aviez encore du lait qui vous coule du nez.

Elle les soupesa d'un regard durci par la suspicion.

— J'ai un trésor.

— Quoi ? dit Ben, fronçant les sourcils.

— Je n'ai certainement pas l'intention de vous dire où. Mes caches s'autodétruiront si je meurs.

Madeleine eut tôt fait de comprendre. La médecine s'était effondrée avec tout le reste quand la glace était apparue. Plus de traitements antivieillissement. Dont les stocks étaient devenus les biens les plus précieux de la planète. Elle leva les mains.

— Nous ne représentons pas une menace pour vous, Carole.

Lerner continuait à les observer.

L'air sombre, elle finit par les conduire dans la tente, dont l'air frais et humide était une bénédiction. Elle sortit deux combinaisons et leur fit signe de les mettre.

— Elles n'ont pas de prix. Littéralement. Ce sont des vêtements thermoréactifs pratiquement indestructibles. Plus personne n'en fabrique. Les gens se les transmettent comme un héritage, de mère à enfant. Faites-y attention.

— Comptez sur nous, dit Madeleine.

Il n'y avait pas de cloison dans la tente. Ben haussa les épaules, se déshabilla entièrement et se glissa dans sa combinaison. Madeleine l'imita.

Lerner fit bouillir de l'eau et leur donna à manger, une soupe réhydratée au goût impossible à identifier. Elle paraissait soixante ans environ. En fait, elle était bien plus âgée. Elle était *la* Carole Lerner, la femme qui était descendue – dans le cadre d'un des projets de Nemoto – dans les nuages de Vénus, devenant le premier, et aussi le dernier, être humain à avoir posé le pied sur ce monde.

Ben regarda autour de lui et vit des piles d'échantillons de roches, des disques de données et quelques livres en papier démodés, qui avaient été abondamment feuilletés, aux pages poussiéreuses et jaunies.

— Mes travaux, marmotta Lerner en le regardant. Je suis géologue. Aucune génération passée n'a traversé d'ère glaciaire.

— Y a-t-il encore des revues, des instituts scientifiques, des universités ?

— Pas sur Terre, dit Lerner en se renfrognant. Je dissimule mes échantillons et mes notes. Ils sont enterrés assez profond pour que les animaux ne les trouvent pas. Et j'envoie mes résultats et mes interprétations à la Lune et à Mars. (Elle lança un coup d'œil hostile à Madeleine.) Je sais ce que vous pensez. Je suis une vieille folle obsédée. La science n'a plus aucune importance. Vous me rendez malade, vous, les voyageurs des étoiles. Vous sautez et bondissez à travers l'histoire, et vous n'y voyez rien. Je vais vous dire un truc. Les Gaijin fonctionnent sur de très longues périodes de temps. Pour eux, nous sommes des éphémères. Et c'est pour ça que la science est importante à présent. Plus que jamais. Pour que nous puissions rester dans la course.

Madeleine leva les mains.

— Je n'ai pas…

Mais Lerner avait reporté son attention sur sa soupe, sa colère retombait. Ben toucha le bras de Madeleine, qui se tut.

Voilà une femme, se dit-elle, qui est restée *vraiment* longtemps seule.

Lerner avait une petite voiture, une bulle de plastique posée sur un cadre léger, alimentée par des batteries que de grands panneaux de cellules solaires maintenaient chargées et équipée d'un énorme réservoir d'eau sanglé sur le toit. Le lendemain, elle les entassa à l'intérieur et les conduisit vers l'ouest.

Au bout de quelques heures, ils atteignirent une zone qui semblait un peu moins aride. Madeleine vit de la végétation verte, des arbres, des touffes d'herbe, des oiseaux qui tournoyaient dans le ciel. Ils arrivèrent devant un torrent peu profond, dont le lit était à sec ; Lerner tourna pour le suivre. Ils passèrent devant ce qui ressemblait à une ferme abandonnée et brûlée.

Ils montèrent une pente légère, Lerner ralentit et la voiture continua à avancer presque sans bruit. Elle coupa le moteur lorsqu'ils arrivèrent près du sommet, laissant l'élan du véhicule l'entraîner en silence.

Le paysage se déploya devant Madeleine lorsqu'ils franchirent la crête.

Il y avait de l'eau, une grande mare calme qui s'étirait jusqu'à mi-distance de l'horizon, totalement inattendue dans ce vieux paysage sec. Et, en effet, elle percevait l'odeur de l'eau. Elle se sentit aussitôt mieux, comme si un vieil instinct se réveillait en elle.

Il lui fallut regarder pendant une bonne minute, laisser son regard s'accoutumer au paysage avant de voir les animaux.

Il y avait un troupeau de bêtes proches des rhinocéros, de lourds cylindres de chair qui se bousculaient avec maladresse au bord de l'eau. Mais ils n'avaient pas de cornes. L'un d'eux leva une tête massive où deux petits yeux noirs étaient incrustés tels des clous. Il était d'une laideur tout à fait spectaculaire. Il avait de petits pieds étrangement humains et trottinait avec délicatesse.

— Des *Diprotodons*, murmura Lerner. Très communs de nos jours.

Madeleine distingua des créatures semblables à des kangourous de toutes les tailles, des animaux bizarres et disproportionnés, certains si énormes qu'ils semblaient à peine capables de se soulever du sol – mais ils sautaient pourtant, par grands bonds maladroits. Il y avait des bêtes ressemblant à des paresseux terrestres, dont Lerner leur dit qu'il s'agissait d'une variété de wombats géants.

Il y avait aussi des prédateurs. Madeleine vit des hordes d'animaux voisins des loups qui tournaient avec prudence autour des herbivores en train de brouter et de boire. Certains ressemblaient à des chiens, d'autres à des chats.

— C'est comme ça partout, dit Lerner. La glace progresse, les savanes et les forêts des climats tempérés reculent et sont remplacées par la toundra, la steppe et les forêts d'épicéas.

— Des endroits où ces créatures reconstituées peuvent vivre, intervint Ben.

— Oui. Mais les Gaijin ne sont pas responsables de tout. En Asie, il y a des rennes, des bœufs musqués, des chevaux et des bisons. En Amérique du Nord, les loups et les ours, et même les lions des montagnes reviennent. (Elle sourit de nouveau.) Et j'ai entendu dire qu'il y a des mammouths laineux dans la vallée de la Tamise… *Ça*, c'est quelque chose que j'aimerais voir.

Ils restèrent assis très longtemps, à regarder d'antiques herbivores brouter.

Puis ils reprirent la route. Ils roulèrent pendant des heures.

Ce fut seulement après leur retour au campement de Lerner, où la navette les attendait patiemment, que Madeleine prit conscience qu'elle n'avait pas vu un être humain, pas un seul, ni aucun signe d'habitation humaine récente de toute la journée.

Ils restèrent trois jours. Lerner sembla apprendre peu à peu à tolérer leur présence.

À la fin du dernier jour, elle leur prépara un dernier repas. Tandis que le soleil plongeait vers l'horizon, ils s'assirent et sirotèrent de l'eau recyclée à l'ombre de la tente.

Ils échangèrent des histoires de marins. La géologue leur parla de Vénus. En retour, ils lui parlèrent des Chaera, pelotonnés dans la sinistre lueur d'un trou noir. Et ils évoquèrent les changements qui avaient touché l'humanité.

— Il y a eu beaucoup de mots, dit Lerner, amère. *Réfugié, réimplantation, discontinuité, famine, maladie, guerre*. La mort sur une échelle que nous n'avions plus connue depuis le XXe siècle. Et des hommes continuent à naître. Savez-vous quel est l'âge moyen des humains aujourd'hui ?

— Quoi ?

— Quinze ans. Seulement quinze ans. Pour la plupart des gens de cette planète, *ceci* est normal. (Elle agita la main, indiquant la ville dépeuplée, le climat transformé par la glace, les étranges animaux recréés, les vaisseaux-fleurs arachnéens qui traversaient les cieux.) Nous nous trouvons au milieu d'une putain de catastrophe historique, et les gens l'ont *oublié*.

Elle cracha dans la poussière et s'essuya la bouche du dos de la main. Ben se pencha en avant.

— Carole, pensez-vous que Nemoto a raison ? Que les Gaijin sont en train d'essayer de nous détruire ?

Lerner plissa les yeux.

— Je ne crois pas. Mais ils ne veulent pas nous sauver non plus. Ils… nous étudient.

— Qu'essaient-ils de découvrir ?

— Aucune idée. Mais ils ne comprendraient sans doute pas ce que, *moi*, je suis en train d'essayer de faire.

Au bout d'un moment, elle alla chercher autre chose à boire.

— Nous autres humains, nous ne semblons pas très bien vieillir, hein ? dit Madeleine, dans les bras de Ben.

— Non.

Mais, se dit-elle, les humains ne sont pas censés vivre si longtemps. Les Gaijin ont peut-être l'habitude de ce genre de perspective. Pas nous. Et le sentiment d'impuissance nous écrase. Pas étonnant que Lerner soit obsédée, ou que Nemoto soit une recluse.

Ben était silencieux.

— Tu penses à Lena, devina-t-elle. As-tu peur ?

— Pourquoi aurais-je peur ?

— Cent ans, c'est long, dit gentiment Madeleine.

— Mais nous sommes *yirritja* et *dhuway*, dit-il, nous allons ensemble.

Elle hésita.

— Et nous ?

Il se contenta d'un sourire absent.

Madeleine avait trop chaud. Elle regarda le ciel. Il y avait beaucoup de poussière en suspension dans l'atmosphère, elle occultait de nombreuses étoiles et la Lune, presque pleine, était d'un gris éclaboussé de vert vif. Elle pouvait néanmoins voir des vaisseaux-fleurs filer dans le ciel avec aisance. Des navires non humains en orbite autour de la Terre, inaperçus.

Et, au-delà des vaisseaux, elle vit des lueurs scintiller parmi les étoiles. Dans la direction de la grande constellation d'Orion, par exemple. Des étincelles, des explosions. Comme si les étoiles s'embrasaient et flamboyaient. Elle avait déjà remarqué le phénomène, sans y trouver d'explication. C'était étrange, ça donnait le frisson. Le ciel n'était pas censé *changer*.

Il était clair que quelque chose venait dans leur direction. Quelque chose qui s'étendait dans les étoiles, peut-être un front d'extraterrestres colonisateurs.

— Je n'aime pas cet endroit, dit-elle.

— L'Australie ?

— Non. La planète. Le ciel. Il n'est plus à nous.

— S'il l'a jamais été.

J'ai peur du ciel, songea Madeleine. Mais je ne peux pas fuir de nouveau. Je suis impliquée – exactement ce que Nemoto voulait.

Je dois aller sur Triton.

Pour quoi faire ? Suivre aveuglément le dernier plan insensé de Nemoto ?

Elle sourit intérieurement. Peut-être trouverai-je quelque chose quand nous y serons.

Lerner revint avec une bouteille d'un genre de gnôle ; elle avait un goût de vin fortifié.

Lerner leur adressa un sourire froid.

— J'ai entendu dire qu'en Espagne et en France, les gens sont retournés dans les grottes, là où l'art survit encore, l'art de la *dernière* glaciation. Et ils ajoutent de nouvelles couches, ils peignent les animaux qu'ils voient autour d'eux. Peut-être que ça n'a été qu'un rêve, qu'est-ce que vous en pensez ? La période chaude, l'ère interglaciaire, notre civilisation. Peut-être que, tout ce qui compte, c'est la glace, et la grotte.

Tandis que la lumière faiblissait, et que la Lune habitée s'illuminait, ils portèrent une série de toasts : à Vénus, aux Chaera, à la Terre, à la glace.

CHAPITRE 22

TRITON : LE TEMPS DU RÊVE

Avant même que Neptune n'apparût sous forme de disque, Madeleine vit qu'elle était bleue et Triton blanche. Planète bleue, lune blanche, sortant, brumeuses, de l'immensité obscure, se mouvant au ralenti tels des poissons des abysses exotiques.

Neptune grossit et devint un disque que le Soleil gros comme une tête d'épingle derrière elle rendait presque plein. La planète qui se dévoilait devant eux était peu brillante, et apparaissait au début seulement comme un trou bleu pâle sur fond d'étoiles qui, tandis que les yeux de Madeleine s'accoutumaient à l'obscurité, s'emplissait peu à peu de détails vaporeux, devenant une boule de bleus et de violets subtils, à la structure claire. Des bandes d'un bleu plus sombre encerclaient la planète, suivant les lignes de latitude. Il y avait de gros réseaux de tempêtes, des nœuds tourbillonnants semblables à la Tache rouge de Jupiter. Et aussi de minces rayures blanches, des nuages situés loin au-dessus du bleu qui se formaient et se dissipaient en quelques heures, à une vitesse surprenante. Parfois, lorsque l'angle du Soleil le permettait, Madeleine voyait ces nuages d'altitude projeter des ombres sur les couches plus profondes qui se trouvaient dessous.

Elle était vraiment *loin* de chez elle.

Il était même impossible d'appréhender les immenses échelles de distance qui s'appliquaient ici. Le Soleil ressemblait à une étoile très brillante, rien de plus, une étoile assez lumineuse pour projeter des ombres, grises mais aussi acérées que des lames de rasoir. La force de son champ gravitationnel était si faible que Neptune mettait cent fois plus longtemps que la Terre pour en faire le tour. Et elle était environnée d'un espace vide plus de dix fois plus large que l'orbite de la Terre autour du Soleil – un vide, oui, qui aurait pu contenir la totalité de l'orbite de Jupiter.

Les mondes qui avaient été engendrés là-bas, dans le froid, l'obscurité et l'immobilité, ne ressemblaient pas à la Terre. Ici, les planètes étaient devenues immenses, brumeuses, bourrées d'éléments légers comme l'hydrogène et l'hélium qui s'étaient vaporisés et éloignés des mondes intérieurs chauds et actifs. Le cœur rocheux de Neptune était enterré sous d'épaisses couches de gaz opaque ; c'était le méthane, et non l'eau, qui donnait cette couleur bleue ; ici, il n'y avait pas de continents ou de calottes polaires.

Mais Madeleine ne s'attendait pas à ce que Neptune ressemblât de façon aussi stupéfiante à la Terre. Elle ressentit des bouffées de nostalgie et de mal du pays ; car la Terre elle-même n'était bien entendu plus bleue, mais d'une pâleur maladive, le blanc de la glace envahissante.

Le dernier jour de son long vol, le *Gurrutu*, moteurs flamboyants, s'élança autour de l'orbe de Neptune. La manœuvre se déroula dans le silence le plus total, et, en observant l'énorme monde qui dérivait devant elle, Madeleine eut l'impression de traverser en volant une gigantesque cathédrale froide et sombre.

Triton apparut, d'une brillance déjà intense qui ne cessait de s'accentuer, perle blanc-rose flottant dans le vide.

L'approche finale était un défi pour les programmes de navigation. L'orbite de Triton, unique parmi les plus grosses lunes du système solaire, était rétrograde, en sens contraire à celui de la rotation de Neptune sur elle-même. Elle était également très inclinée, d'environ vingt degrés sur l'écliptique. On pensait que ces excentricités provenaient de son origine très particulière : la lune avait autrefois été un corps céleste indépendant, comme Pluton, mais elle avait été capturée par Neptune, peut-être à la suite d'un impact avec une autre lune ou après avoir effleuré l'atmosphère de la planète géante, une catastrophe qui avait provoqué une fusion globale avant que la lune n'ait appris à supporter son joug.

Le *Gurrutu* entama la boucle d'une longue orbite elliptique. Madeleine regarda une étendue de glace d'eau froissée et striée de rose se dérouler sous le vaisseau. Un unique signe humain de couleur jaune apparaissait dans le crépuscule brumeux de Triton : c'était le site de Kasyapa Township, là où le peuple de Ben Roach avait élu domicile. Ils n'étaient pas seuls en orbite autour de Triton. De nombreux transports de colons de conception semblable au *Gurrutu* volaient encore en orbite ici. D'autres avaient été amenés à la surface, où on les démantèlerait pour en récupérer les matériaux bruts.

Au bout d'une journée, une petite navette vint à leur rencontre. L'atmosphère de Triton, une vapeur d'azote mêlée à des hydrocarbures, était trop ténue pour porter le moindre véhicule aérien ; la navette allait atterrir debout sur ses fusées, comme les astronautes d'*Apollo* sur la Lune.

L'atterrisseur pivota, le sol glacé se déploya devant Madeleine. Il était blanc, mêlé de rose et, çà et là, de traînées plus sombres, comme de la poussière apportée par le vent. Les détails du paysage étaient innombrables, des crêtes, des fissures et des fosses dans la glace, comme si la peau de la planète s'était desséchée sous l'effet d'une impossible chaleur.

La navette se redressa et tomba tout droit, entrant dans la dernière phase de sa manœuvre d'atterrissage. L'horizon s'aplatit rapidement, et les détails jaillirent autour d'elle. Madeleine descendait vers une zone où s'entrecroisaient des sillons peu profonds, un dallage de plans et de fosses découpés dans la glace. Mais il y avait des traces d'activité humaine : deux longs sillons rectilignes tracés au milieu de cette géographie hasardeuse, deux routes aussi droites que des voies romaines, nettement dessinées par la fonte de la glace. Et à leur terminus, au centre de l'une des fosses aux murs gelés, elle vit un petit pas de tir octogonal qui semblait fait de béton, une grappe de réservoirs argentés et d'autres bâtiments non loin de là.

La fin de l'atterrissage se déroula en douceur. Madeleine et Ben enfilèrent leurs combinaisons et grimpèrent hors de l'atterrisseur.

Autour d'eux, la plaine était immobile, les réservoirs de carburant et les bâtiments de surface rudimentaires pâles et silencieux. Du givre recouvrant une roche plus dure et plus blanche crissait sous les bottes de Madeleine.

… Pas de la roche, se dit-elle. C'était de la glace, de la glace d'eau.

Elle la racla de sa botte. Elle était impénétrable, dure, et Madeleine ne put en entamer la surface ; on aurait dit de la roche compacte. Ici, dans le froid intense, la glace jouait le rôle des silicates sur la Terre. Elle était vaguement teintée de rose, une couleur presque trop pâle pour qu'on la distingue. Des éléments organiques produits par la lumière solaire, peut-être.

Elle fit un pas en avant, puis deux. Elle flottait et rebondissait, comme sur la Lune. Elle savait que la pesanteur de Triton représentait en fait à peine un peu plus de la moitié de celle de la Lune. Mais elle était un gros humain maladroit dont la perception de la gravité n'était pas très développée : du point de vue de son corps, Triton et la Lune pouvaient être mises ensemble dans une catégorie étiquetée « faible gravité ».

Elle leva les yeux vers un ciel noir. Elle n'avait pas la sensation qu'il y avait de l'air au-dessus, la lumière du Soleil ne subissait aucune dispersion : rien qu'un ciel noir, profond et empli d'étoiles, comme on peut en voir depuis le désert profond, mais dominé par un point brillant au milieu. Le Soleil était assez lumineux pour projeter des ombres, même si le résultat ne ressemblait pas à de la véritable lumière solaire, se dit-elle, plutôt à celle que prodiguait une planète très lumineuse, comme Vénus. La terre était une plaine blanc pâle, délicate, un paysage de minuit immobile dont les plans et les plis paraissaient diaphanes dans la faible lumière. On aurait dit une création de fumée et de brume, et non de la glace aussi dure que du roc.

Elle se pencha en arrière et plongea son regard vers le haut, là où Neptune flottait dans le ciel. La planète semblait aussi large que quinze pleines lunes terrestres suspendues côte à côte dans le ciel. Elle était à moitié pleine, lugubre, presque spectrale.

Elle vit du mouvement du coin de l'œil : quelques flocons d'un blanc pur qui tombaient autour d'elle.

— De la neige, sur Triton ?

— Je crois que c'est de l'azote.

Madeleine tenta d'attraper un flocon de neige d'azote sur son gant. Elle se demanda si les cristaux seraient différents de la Terre. Mais les flocons, trop fugaces, en trop petit nombre, ne tardaient pas à disparaître.

Ben lui tapota l'épaule et lui indiqua une autre région du ciel, plus proche de l'horizon. On voyait quelque chose qui ressemblait à une étoile, peut-être entourée d'un disque de lumière diffuse.

Un convoi industriel gaijin : des vaisseaux extraterrestres, faits de glace et de roc d'astéroïde, qui se dirigeaient vers Triton.

Les réfugiés yolgnu s'étaient établis dans la paroi d'une dépression circulaire peu profonde dénommée Kasyapa Cavus. Elle se trouvait sur le bord est de la Bubembe Regio, une zone de ce qu'on appelait du terrain cantaloup, le paysage complexe évoquant du parquet comme celui que Madeleine avait remarqué lors de l'atterrissage. Le sol de Cavus était lisse et en forme de bol, facile à traverser. Des tracteurs se déplaçaient, leurs énormes pneus ballons diaphanes ne laissant aucune trace sur le sol glacé. Les colons s'étaient enterrés loin dans la glace rocheuse, s'assurant ainsi qu'une couche de glace et de métal issu de la coque de vaisseaux spatiaux les protégeait du flux de radiations de la magnétosphère de Neptune, et de ce qui subsistait des rayons cosmiques en provenance de l'espace profond.

On lui donna une chambre, un cube grossier creusé dans la glace. Elle y transporta ses quelques effets personnels – des pucelivres, quelques vêtements, des enregistrements virtuels d'un quasar à rayons X et du disque d'accrétion d'un trou noir. Ses affaires semblaient tristes et vieillottes, déplacées. Les murs – en glace de Triton scellée et isolée par du plastique transparent – étaient lisses et durs sous la main de Madeleine. Après les espaces froids du système de Neptune, elle se sentit aussitôt envahie par la claustrophobie à Kasyapa.

Ben Roach fut englouti par la famille qu'il avait laissée derrière lui, deux nouvelles générations de neveux, de nièces et de petits-neveux et petites-nièces.

Et, bien entendu, Lena Roach était là. Elle était devenue une petite femme rigoureuse dont les silences suggéraient de grandes profondeurs intérieures. Elle n'avait pas vu son mari, Ben, depuis cent de ses années à elle, la plus grande partie de sa longue existence. Mais elle l'avait attendu, construisant un foyer dans le plus impitoyable des environnements.

Il apparut aussitôt qu'elle aimait toujours Ben, et qu'il l'aimait, en dépit du gouffre temporel qui les séparait. Madeleine observa leur réunion calme et intense avec de l'envie et une crainte mêlée de respect. C'était comme si une grand-mère accueillait un petit-fils, là où une femme retrouvait son mari, quelque chose de compliqué, avec beaucoup de sens cachés.

Déprimée, elle explora les lieux.

Il était évident que la colonie courait à l'échec.

Les habitants étaient maigres, leur peau blême. Ils souffraient de dénutrition, pareils à des spectres dans la pâle lumière du soleil. Ils se déplaçaient lentement en dépit de la douceur indulgente de la gravité. Il fallait conserver l'énergie.

L'atmosphère générale était celle d'une prison. Ces gens avaient autrefois vécu à ciel ouvert, ils étaient un peuple du désert, se rappela-t-elle. Désormais, ils étaient confinés ici, à l'intérieur de ce terrier glacé. Elle se dit qu'ils devaient en souffrir, peut-être sans s'en rendre compte.

Il y avait peu d'enfants.

Les gens de Kasyapa se montraient accueillants, mais elle découvrit qu'ils étaient prisonniers de liens familiaux très serrés. Elle serait toujours une étrangère ici.

Madeleine passa beaucoup de temps seule, enfermée dans sa boîte aux murs de glace. Elle se mit à avoir d'étranges conversations décalées dans le temps avec Nemoto. Comme il y avait un minimum de dix heures entre deux répliques, un commentaire et une réponse, cela ressemblait plutôt à des échanges de courriels. Elles parlaient néanmoins. Et, peu à peu, Nemoto révéla à Madeleine les plans secrets qu'elle avait concoctés à son intention.

— Ces gens meurent de faim, murmura Nemoto. Et, pourtant, ils vivent au-dessus d'un océan gelé…

Nemoto lui dit que Triton constituait probablement la réserve d'eau importante la plus éloignée et la plus accessible du Système solaire, du moins à l'intérieur de la ceinture de Kuiper. Elle lui dit que Robert Goddard, le pionnier américain de l'astronautique, avait proposé, dans un article intitulé « La dernière migration », qu'on utilise Triton comme base destinée à équiper et lancer des expéditions interstellaires.

— C'était en 1927.

— Goddard voyait loin, murmura Madeleine.

— … Même s'il s'est trompé, disait Nemoto – avait-elle dit, cinq heures plus tôt. Même si Triton doit en fin de compte être utilisée comme zone de transit pour des expéditions *venues* des étoiles. Et pas par nous : par des extraterrestres. Les Gaijin.

Mais l'océan qui se trouvait sous les pieds de Madeleine, profond de dizaines de kilomètres, n'était d'aucune utilité aux colons tant qu'il demeurait gelé et aussi dur que du roc.

— Imaginez que nous puissions faire fondre cet océan, dit Nemoto, dont le visage formait un masque sans expression.

Mais comment ? Le Soleil était trop loin. On pouvait bien entendu en recueillir la lumière, avec des miroirs et des lentilles. Mais de quelle taille ? Des milliers de kilomètres de large ? Plus ? Un tel projet paraissait absurde.

— Les humains ne fonctionnent pas comme ça, fit remarquer Madeleine, l'air sombre. Regardez les colons qui sont ici, ils creusent comme des fourmis. Nous sommes petits et faibles. Nous devons prendre les mondes tels qu'ils nous sont donnés, pas les reconstruire.

— … et pourtant, vint la réponse de Nemoto, bien des heures plus tard, c'est exactement ce que nous devons faire si nous devons l'emporter. Nous allons nous comporter en Gaijin plutôt qu'en humains.

Nemoto avait un plan. Il s'agissait de détourner une lune appelée Néréide et de l'envoyer sur Triton.

Madeleine fut aussitôt scandalisée. Ça, c'était de l'arrogance.

Mais elle laissa les données de Nemoto se télécharger jusqu'au bout.

Le plan était audacieux, et remarquable. Les moteurs de fusée que les colons avaient apportés ici seraient employés pour détourner une lune. Les calculs marchaient. Avec réticence, Madeleine prit conscience que c'était réalisable. En un an, pas plus.

C'était aussi, se dit-elle, un projet parfaitement insensé. Elle s'imagina Nemoto, égarée à des siècles de son époque, isolée, se cachant dans un recoin de la Lune, concoctant des plans déments pour jongler avec des lunes lointaines, une vieille femme combattant une invasion extraterrestre d'une seule main.

Et pourtant… Et pourtant…

Elle se plongea en elle-même. *Qu'est-ce que je veux vraiment ?*

Toute sa famille, les gens avec qui elle avait grandi, étaient perdus dans le passé, sur un monde gelé. Elle n'avait plus de racines. Et, pourtant, rien ne la poussait à rejoindre cette communauté étroite, elle n'avait pas envié Ben lorsque Lena l'avait *repris* à son arrivée. Sa vie était devenue une succession d'épisodes et elle avait dérivé d'une scène à l'autre dans une histoire presque incompréhensible. Était-il tout simplement possible de conserver une motivation cohérente, de désirer quelque chose ?

Oui, prit-elle conscience. Il n'est pas nécessaire de jouer les héros. Regarde Nemoto. *Elle* sait encore ce qu'elle veut, elle, comme elle l'a toujours su, après toutes ces années. La même chose s'appliquait sans doute à Reid Malenfant, où qu'il fût. C'était peut-être la raison pour laquelle Madeleine était attirée par les projets de Nemoto – non en raison de la valeur de l'action, mais à cause de sa force de caractère.

Elle en parla avec Ben. Sa première réaction fut la même que la sienne.

— Ce que vous suggérez est barbare, dit-il. Vous parlez de fracasser une lune contre une autre. Vous allez les détruire toutes les deux.

— Techniquement, c'est faisable. Les chiffres de Nemoto prouvent que dévier Néréide en utilisant les systèmes de propulsion des transports en orbite serait…

— Je ne parle pas de faisabilité. Beaucoup de choses sont faisables. Ça ne les rend pas justes. Une fois Triton transformée, ce sera pour toujours. Qui sait ce que des générations futures, plus sages que nous, auraient fait de ces ressources que nous dilapidons si imprudemment.

— *Mais les Gaijin arrivent.*

— Soit nous détruisons ce monde, soit ils le feront. C'est ça le choix que vous proposez ?

— Triton nous appartient, ce n'est pas à eux de décider.

Il réfléchit.

— J'admets que votre projet à un côté positif, finit-il par dire.

— Quoi ?

— Nous survivons à peine, ici. Les Yolgnu. Ça, au moins, c'est évident. Peut-être qu'avec ce que vous avez l'intention…

Elle acquiesça.

— Ça va marcher, Ben.

— Il y aura beaucoup d'opposition. Ces gens vivent ici depuis des générations. Ils sont chez eux. Tel que c'est.

— Je sais. Ça va être dur pour nous tous.

— Que vas-tu faire à présent ?

Elle réfléchit. Ses réflexions ne l'avaient pas menée aussi loin.

— Nous pouvons envoyer des sondes jusqu'à Néréide, dit-elle. Étudier les emplacements des unités de propulsion, voire commencer le travail. Ben, ces Gaijin arrivent, peu importe ce que nous faisons. Si nous attendons trop, nous ne pourrons peut-être plus faire quoi que ce soit de toute façon. (Elle plissa les yeux, regarda le toit de glace et imagina les vaisseaux abandonnés qui tournaient là-haut.) Nous pourrions même entamer le détournement, faire démarrer les propulseurs. Il faudra qu'ils fonctionnent en continu pendant un an avant de provoquer la collision. Mais je ne ferai rien d'irrévocable tant que tu n'auras pas l'accord de ton peuple.

— Tu as commencé ta carrière en transportant des armes. Et tu en transportes toujours, dit-il avec tristesse.

La réflexion agaça Madeleine.

— Écoute, il n'y a pas de vie sur Triton. Il n'y a rien ici, sinon nous, les humains, et ce que nous avons apporté.

Il la regarda.

— Tu en es sûre ?

Au bout de quelques mois, et à la surprise de Madeleine, Lena Roach l'invita à « faire un tour dans le désert », comme elle disait, pour aller voir un peu plus de Triton.

Madeleine ressentait une vague méfiance. Elle demeurait au centre de l'intense débat qui animait la colonie au sujet de son avenir. Peu de gens se montraient assez ouverts avec elle pour qu'une telle proposition ne soit pas soumise à condition.

Elle en parla à Ben.

Il rit.

— Eh bien, tu as raison. Tout le monde a un point de vue. Lena a sa propre opinion. Mais en quoi sortir voir de la glace peut-il poser problème ?

Madeleine y réfléchit pendant une journée.

Le projet Néréide avait été lancé. Ben lui avait prêté des ingénieurs de Kasyapa pour détacher les moteurs des coques des vaisseaux de transport en orbite autour de Triton et les reconfigurer pour qu'ils fonctionnent sur Néréide, improviser des dispositifs pour extraire du carburant du sol de la lune. Madeleine avait fait installer une petite station de surveillance dans sa cellule de glace, dont la télémétrie ainsi que des données visuelles lui montraient cette maigre rangée de moteurs fonctionnant vingt-quatre heures sur vingt-quatre, utilisant la substance même de Néréide comme carburant et combustible de réaction, poussant lentement, très lentement, la lune bosselée hors de son ellipse. C'était bon d'avoir un projet, d'être en mesure de se plonger dans les détails de sa réalisation technique.

Mais, même si le grand débat qui agitait Kasyapa se concluait par une acceptation du programme de Madeleine, elle allait devoir attendre un an. Ben, déchiré entre sa famille perdue et le travail sans fin exigé par la colonie, avait peu de temps à lui consacrer. Ils n'étaient pas nombreux, il n'y avait pas d'endroit où s'échapper, et pas grand-chose à faire. Elle passa encore beaucoup de son temps seule dans sa cellule de glace, plongée dans des programmes virtuels, rattrapant son retard en lisant des ouvrages sur la triste période de l'histoire qu'elle avait manquée.

Sortir serait une bonne chose. Elle accepta de partir avec Lena.

Elles grimpèrent à bord d'un tracteur de surface, une grosse bulle aux pneus en forme de ballon.

Au début, elles roulèrent en silence, le tracteur rebondissait en douceur. Madeleine avait l'impression de planer, quasiment nue, au-dessus du sol glacé de Triton. Le ciel était un dôme velouté rempli d'étoiles, la subtile silhouette brumeuse de Neptune flottait à la verticale de leur tête.

Lena était une petite femme à la silhouette compacte, aux gestes patients et précis. Elle n'avait que vingt ans lorsque Ben était parti pour le Point Selle. Elle en avait cent vingt à présent, mais, grâce aux traitements rajeunissants, elle n'en paraissait que quarante. Néanmoins, elle ne se comportait pas comme une quadragénaire, mais comme une vieille femme.

Le terrain était complexe. Les phares du tracteur montraient la glace teintée de rose, comme par des traces de sang ; il y avait des traînées d'un matériau plus sombre étalé à la surface. Mais, çà et là, la roche de glace d'eau était recouverte d'éclaboussures blanches qui scintillaient dans la lumière : de la neige d'azote fraîche.

Le sol devint plus inégal. Le tracteur monta sur une petite crête et Madeleine se retrouva dangereusement renversée en arrière dans son siège. Du sommet de la crête, elle aperçut un paysage grêlé d'énormes cratères, chacun d'une trentaine de kilomètres de diamètre ou plus. Mais ils ne ressemblaient pas à des cratères d'impact : beaucoup parmi eux étaient ovales.

Le tracteur plongea dans le plus proche. Le sol se divisa en fosses et en courants, comme de la boue gelée, et le véhicule se mit à effectuer de grands bonds flottants.

— C'est la plus ancienne surface de Triton, expliqua Lena. Elle couvre environ un tiers de sa surface. Vu en orbite, le sol ressemble à la surface d'un melon cantaloup, d'où son nom. Mais c'est un terrain difficile et dangereux. (Son accent était étrange, déformé par le passage du temps ; Madeleine le trouvait étranglé.) Ces « cratères » sont en fait des bulles incluses dans la glace qui se sont effondrées. Elles se sont formées quand ce monde a gelé… Vous savez que Triton a été liquide, jadis ?

— Après sa capture ?

— Oui.

— Neptune soulevait d'énormes marées à l'intérieur de Triton. Un océan de centaines de kilomètres de profondeur – recouvert d'une fine croûte de glace là où il était en contact avec le vide – est resté liquide et chaud pendant la moitié d'un milliard d'années, tandis que l'orbite devenait un cercle.

Madeleine lui jeta un regard soupçonneux.

— *La vie*. C'est de ça dont vous voulez me parler ? De la vie indigène, ici, sur Triton, dans la fonte provoquée par les marées ?

C'était exactement à ça que Ben avait fait allusion. Elle n'était pas surprise, et ça ne l'intéressait pas tellement. La vie était un lieu commun.

— Vous savez, dit Lena, après notre arrivée ici, nous nous sommes dispersés à partir de Kasyapa, tout autour de ce petit monde.

— Vous avez chanté Triton.

— Oui. (Lena sourit.) Nous avons tracé nos routes avec des lasers orbitaux, et nous avons baptisé les sillons du melon, les champs de neige et les cratères. Nous étions euphoriques sur ce monde désert. Nous étions les Ancêtres ! Mais nous nous sommes... découragés. Rien ne bouge ici, sinon des morceaux de glace, de la neige et du gaz. Rien ne vit, sauf nous. Il n'y a même pas trace d'os dans le sol. Nous n'avons pas tardé à être contraints de rationner la nourriture et l'énergie. Nous avons cartographié le terrain en orbite et envoyé des robots.

— Les robots ne chantent pas.

— Non. Mais il n'y a rien à chanter ici...

Une impulsion soudaine poussa Madeleine à recouvrir la main de Lena de la sienne.

— Un jour, peut-être. Et peut-être y a-t-il eu de la vie dans le lointain passé.

— Vous ne comprenez pas encore, dit Lena en fronçant les sourcils.

Elle pianota sur le clavier d'une console ; le moteur démarra.

Le tracteur suivit un itinéraire complexe le long des crêtes, s'éloignant régulièrement de Kasyapa.

Les deux femmes parlèrent à bâtons rompus, de formation des planètes, de la longue vie de Lena sur Triton, des étranges expériences vécues par Madeleine parmi les étoiles. Elles s'exploraient mutuellement, se dit Madeleine ; c'était peut-être le but de ce tour dans le désert.

Lena était bien entendu au courant de la relation de Ben avec Madeleine. Elles finirent par en parler, non sans hésitation.

Lena était au courant bien avant que Ben ne parte pour les étoiles. Elle savait que de tels événements étaient inévitables, et même nécessaires, durant une séparation qui embrassait plusieurs générations. Elle avait également eu des amants, et même un deuxième mari officieux, avec qui elle avait élevé des enfants. Les liens entre *galay* et *dhuway* étaient trop puissants, dit-elle, pour être brisés par des riens comme le temps et l'espace.

Madeleine réalisa qu'elle aimait bien Lena. Elle n'était toujours pas très certaine de lui envier les liens qu'elle partageait avec Ben. Être unis par des liens aussi puissants pour une vie d'une durée indéfinie lui donnait une sensation de claustrophobie. J'ai peut-être été isolée trop longtemps, se dit-elle.

Elles atteignirent une calotte polaire au bout de quelques heures. C'était une région de terrain cantaloup, où chaque dépression était remplie de neige d'azote. Elles campèrent là, près du pôle, à la lisière de l'espace interstellaire. Au-dessus de leurs têtes, Madeleine voyait des cirrus de cristaux de glace d'azote.

Il était dangereux de marcher dans la région polaire. Elle découvrit la preuve de l'existence de geysers : d'énormes fosses nettoyées de toute trace de neige et des traînées sombres de dizaines de kilomètres de long sur le sol, tels les restes de routes gigantesques. Tout cela dans la lumière brumeuse de Neptune, et dans celle, riche et éblouissante, des étoiles.

C'était un monde enchanteur. Madeleine se rendit compte, avec réticence, qu'elle était en train de tomber amoureuse de Triton.

Avec réticence, car elle commençait à comprendre qu'elle allait devoir le détruire.

Lena la mena à pied jusqu'à une petite base scientifique automatisée ; peinte en jaune, elle se détachait sur la neige rosâtre.

— Nous menons une étude sismologique, dit-elle. Il y a des stations semblables partout sur Triton. Chaque fois que nous faisons trembler la surface, ne serait-ce qu'avec un pas, des ondes traversent l'intérieur gelé de ce monde, et nous pouvons en déduire ce qui s'y trouve.

— … Et ?

— Vous avez compris que Triton est une boule de roche recouverte d'un océan – un océan gelé. Mais la glace n'est pas simple. (Lena en ramassa un fragment et le tint dans ses mains en coupe.) On appelle cette forme-ci de la glace I. C'est celle qui nous est familière et que l'on trouve à la surface de la Terre. (Elle rapprocha ses mains.) Mais si je l'écrasais, la structure cristalline finirait par s'effondrer et former un autre arrangement de molécules, plus serré.

— De la glace II.

— Oui. Mais ce n'est pas fini. Il existe toute une série de formes stables que l'on obtient avec l'augmentation de la pression, des formes où la structure cristalline s'éloigne de plus en plus du tétraèdre de la glace I. C'est ainsi qu'on trouve une série de couches à l'intérieur de Triton : de la glace I à la surface, où nous marchons, jusqu'à une coquille de glace VIII qui enrobe le cœur rocheux.

Madeleine, que cela n'intéressait guère, hocha la tête.

Il semblait y avoir des couches de neige. Plus elle creusait du bout de son orteil botté, plus les nuances de brun-violet des strates de sédiments qu'elle découvrait étaient riches. Cet hémisphère entrait dans son printemps long de quarante ans, et la calotte polaire était en train de s'évaporer ; de faibles vents d'azote allaient finir par emporter tout le matériau recouvrant la calotte polaire jusqu'à l'autre pôle, où il retomberait en neige.

Et, plus tard, lorsque ce serait l'automne ici, le flux s'inverserait. L'atmosphère de Triton n'était pas permanente : il s'agissait en fait des calottes polaires en transit, qui passaient d'un axe à l'autre.

Mais Lena continuait à parler.

— … une reconstruction à grande échelle de la planète revient au même que…

Madeleine leva les mains.

— Je ne vous suis plus. Qu'êtes-vous en train de me dire, Lena ?

— Que nous avons des preuves, ici, sur Triton d'une intervention à l'échelle planétaire dans le passé très lointain.

Madeleine sentir un frisson la traverser.

— Même ici ?

— Exactement comme sur Vénus. Comme sur Terre. Rien n'est originel. Tout a été modelé.

La couche interne de glace VIII n'était pas un sillon grossier de boue compressée. Elle était très pure. Et semblait avoir été sculptée.

De retour au tracteur, Lena montra à Madeleine des diagrammes et des cartes de l'activité sismique. Le cœur comportait des facettes – des triangles et des hexagones – de plusieurs kilomètres carrés chacun.

— Comme si l'on avait enveloppé le cœur dans un énorme joyau, dit-elle, et on a dû le faire avant que tout ne gèle.

— Quelqu'un est venu ici, dit lentement Madeleine, et, d'une manière ou d'une autre, ce quelqu'un a manipulé la température et la pression dans cet océan profond, et il a fabriqué cette cage de glace autour du lit de l'océan.

— Oui.

— Et les formes de vies qui s'y trouvaient…

— … ont été aussitôt détruites, bien sûr, privées de leur source de nourriture, leurs cellules déchirées par le gel. On peut voir leurs restes dans les échantillons recueillis en profondeur.

Madeleine sentit une profonde colère irrationnelle monter en elle.

— Pourquoi quelqu'un ferait-il cela ?

Lena haussa les épaules.

— Ce n'était peut-être pas mal intentionné. Il est possible que *ces gens* aient eu une mission – insensée, mais une mission tout de même. Peut-être pensaient-*ils* qu'ils aidaient ces bestioles primitives de Triton. Peut-être souhaitaient-*ils* leur épargner la douleur de la croissance, du changement, de l'évolution et de la mort. Cette grande structure cristalline encode très peu d'information. On n'a pas besoin de beaucoup de bits pour décrire sa composition – de la glace VIII pure – et sa structure régulière et répétitive. Elle est statique, parfaite, voire incorruptible. À l'opposé, la vie nécessite une profonde complexité. C'est cette complexité qui nous donne notre potentiel, et cause nos souffrances. Peut-être ont-ils eu pitié, voyez-vous.

Madeleine fronça les sourcils.

— Lena, Ben vous a-t-il encouragée à me montrer ça ? Tentez-vous de me convaincre de renoncer au projet Néréide ?

— Ben et moi n'avons pas le même vécu, dit Lena. Il a voyagé dans les étoiles et vu beaucoup de choses. J'ai travaillé ici. J'ai participé à la découverte de cette étrange et antique tragédie.

Oui. Il était inutile de voyager jusqu'aux étoiles, Madeleine le comprenait à présent. Tout était là, tout avait toujours été *là*, sur Vénus, sur Triton, et Dieu savait où encore, et même sur la Terre. Le mystère central et paradoxal de l'Univers. Partout, la vie avait émergé. Et partout la vie avait été écrasée. Et l'on ne savait pas expliquer *pourquoi* il fallait que ça soit ainsi. Encore et encore.

Sa colère enfla. Elle avait pris sa décision. Il ne s'agissait pas seulement de ce que voulait Nemoto. C'était devenu ce qu'elle voulait, *elle*. Et elle aimait la sensation que lui procurait ce désir ardent.

Lena sourit, sentencieuse et sage.

Lorsqu'elles rentrèrent à Kasyapa, les vaisseaux-fleurs avaient grossi dans le ciel de Triton et leur délicate structure en dentelle était presque visible à l'œil nu. Les mêmes foutus Gaijin qui avaient regardé la Terre plonger.

Elle se rendit en orbite, monta à bord du *Gurrutu* et mit le cap sur Néréide.

Madeleine observa pour la première fois Néréide au bout de dix jours de voyage. La lune grossit rapidement, de jour en jour, et à la fin d'heure en heure, jusqu'à ce que son flanc gris et accidenté remplît les hublots.

La manœuvre de rendez-vous avec ce bout de rocher fonçant dans l'espace fut difficile à exécuter. Le *Gurrutu* ne pouvait pas accélérer autant que nécessaire pour suivre l'orbite de collision de Néréide. Madeleine dut pousser à bout ses moteurs et recourir à des câbles pour harponner cette énorme baleine rocheuse lorsqu'elle passa devant elle, la laissant traîner son vaisseau. Le *Gurrutu* subit des dégâts considérables, mais rien qui fût assez important pour la faire abandonner.

Elle adopta une orbite lâche et lente, d'où elle inspecta la surface de la lune. Néréide n'avait aucun intérêt : ce n'était qu'une boule difforme de glace sale criblée de cratères. Elle était si petite qu'elle n'avait jamais fondu, sa substance ne s'était jamais différenciée en couches de roches et de glace comme Triton, et n'avait jamais eu de véritable activité géologique. Néréide était une relique du passé, une ruine en provenance du système de lunes plus ordonné qui avait été mis en pièces lors de la capture de Triton.

Mais, en dépit de sa petite taille, sa masse était de cinq pour cent de celle de Triton. Et alors que l'orbite de celle-ci, quoique rétrograde, dessinait un cercle net, celle de Néréide suivait une large ellipse plongeante, mettant presque une année terrestre pour accomplir un seul des ses « mois » autour de Neptune.

On pouvait lancer Néréide droit sur Triton. En tant que projectile, elle aurait son utilité.

Madeleine pilota en utilisant des traqueurs d'étoiles automatiques, des Doppler radio braqués sur Kasyapa et à l'œil nu, avec un sextant. Son but était de vérifier la trajectoire de la petite lune, de doubler les systèmes automatiques en observant la situation sur place, ce qui, même à présent, constituait l'un des systèmes de navigation les plus précis que l'on connaissait.

Néréide était pile au bon endroit. Mais ce jeu de billard interplanétaire se jouait sur une table gigantesque, et Triton était une petite cible. Même maintenant, si près, Néréide pouvait être détournée de sa trajectoire d'impact.

L'ampleur glacée du projet – faire entrer un monde en collision avec un autre – effrayait parfois Madeleine. C'est trop gros pour nous. C'est un projet pour des créatures arrogantes : les Gaijin, ou ceux qui ont étranglé Vénus et Triton.

Mais, lorsqu'elle fut assez proche, elle vit la lueur des moteurs sur la face cachée de Néréide : des moteurs construits par des humains, placés là par eux. Par *elle.* Elle se raccrocha à sa colère, y recherchant de la confiance en elle.

Même à présent, Ben était en train de débattre avec ceux de son peuple des problèmes éthiques posés par la situation. Ces gens étaient pour la plupart nés longtemps après l'émigration : venus au jour dans les cavernes de Kasyapa, ils avaient maintenant des enfants à eux. Pour eux, Madeleine et Ben étaient des intrus venus de la flaque de boue située au cœur du Système solaire, des envahisseurs d'un autre temps qui se proposaient de briser leur monde. La brièveté de la vie humaine, se dit-elle. C'est notre malédiction. Chaque génération s'imagine immortelle, croit qu'elle est née dans un monde qui n'a jamais changé et qui ne changera jamais.

Le compartiment où elle dormit était une boîte à peine plus grande qu'elle. Pourtant, à l'intérieur, bien installée dans son sac de couchage et la porte pliante tirée, elle se sentait à l'aise et en sécurité. Elle allait suivre Néréide aussi longtemps qu'elle le pourrait et la guider jusqu'à sa destination à moins qu'on ne lui donne l'ordre d'abandonner.

Elle reçut un certain nombre d'appels directs de Nemoto qu'elle n'accepta pas. Nemoto n'avait plus rien à voir avec ça.

Ben l'appela à la dernière minute.

Elle fut plutôt surprise d'entendre que les colons étaient d'accord pour que le projet se réalise. Ben allait organiser leur évacuation temporaire hors de Kasyapa ; ils iraient s'installer dans les coques des vieux vaisseaux de transport qui se trouvaient encore en orbite, dérivant sans leur moteurs.

— Lena est satisfaite, lui annonça-t-il.

— Satisfaite ?

— Par la façon dont tu as réagi en apprenant l'existence de la coque de cristal qui entoure le cœur de Triton. La glace VIII. Elle voulait te mettre en colère. Si le projet fonctionne, la coque de cristal sera détruite. Et la dernière trace de la vie indigène de cette planète sera sans doute détruite avec elle.

— *Je le sais*, Ben, marmonna Madeleine. Je l'ai toujours su. Les bestioles de Triton ont perdu leur guerre il y a longtemps, avant d'avoir même une chance de donner leur avis sur la question. Leur souvenir devrait nous pousser à agir, pas nous arrêter. Les constructeurs du cristal sont partis, mais les Gaijin sont en route, ici, maintenant. Eh bien, qu'ils aillent se faire foutre ! C'est ici que nous avons creusé notre tranchée, et nous n'allons pas la quitter.

— Si les Gaijin sont notre véritable ennemi, dit-il.

— Ils feront l'affaire, pour le moment.

Il eut un sourire triste.

— On dirait Nemoto.

— Aucun de nous ne vieillit bien. Pourquoi ne m'as-tu pas dit qu'il y avait des formes de vie locales, Ben ?

L'image virtuelle haussa les épaules.

— Tous ceux qui ont grandi ici ne sont pas au courant. La vie est déjà assez difficile ici, sans que les gens apprennent qu'un artefact non humain dont on ne connaît même pas l'ancienneté est enterré au cœur du monde.

Elle hocha la tête. Pourtant, il n'avait pas répondu à sa question. En dépit de tout ce que nous avons traversé ensemble – même en étant tous deux des réfugiés d'une autre époque, qui avons voyagé ensemble jusqu'aux étoiles – je ne suis pas assez proche de toi pour partager tes secrets.

À ce moment précis, elle sentit les liens qui les unissaient s'étirer et se briser. Maintenant, se dit-elle, je suis vraiment seule. J'ai perdu le seul compagnon du passé que j'avais. Ce qui était surprenant, c'est que cela ne lui faisait pas très mal.

— Il y a une autre possibilité, reprit Ben. Au-delà de l'éthique, au-delà de ce que tu perçois comme un conflit avec les Gaijin. Tu as besoin de te mêler de ce qui ne te regarde pas, de casser des choses, Madeleine. Tu ressembles à Néréide elle-même, un corps errant à la trajectoire rétrograde venu fracasser notre petite communauté. C'est peut-être pour ça que ce plan te paraît si séduisant.

— Peut-être, dit-elle, irritée. Tu vas devoir te faire toi-même une idée de mes motivations psychologiques.

Et elle pressa une touche d'un geste plein de colère, coupant la communication.

Seule à bord du *Gurrutu*, elle réalisa une projection virtuelle complexe de Triton, un globe en trois dimensions d'un mètre de diamètre. Elle regarda pour la dernière fois sa surface glacée et les subtiles nuances de rose, de blanc et de brun.

Elle changea de point de vue, se plaçant à l'équateur évacué de Triton. C'était comme si elle se trouvait à la surface de la lune.

Néréide était censée déclencher deux choses : la rotation de Triton sur elle-même et la fonte de ses antiques océans. Madeleine avait par conséquent guidé la lune pour qu'elle arrive sous un angle important et entre en collision en oblique avec l'équateur de Triton. Ainsi, lorsque Madeleine tournait sa tête virtuelle, Néréide planait-elle bas sur l'horizon : une lune grumeleuse et cabossée, visiblement tridimensionnelle, qui tournait sur elle-même et grandissait de minute en minute.

Dans un coin de son champ de vision, une icône enregistrait un décompte régulier. Elle l'effaça. Elle avait toujours détesté les comptes à rebours.

Ses réseaux visuels détectèrent des vaisseaux-fleurs gaijin en orbite basse autour de la lune, des étincelles dorées qui dessinaient des arcs çà et là. Elle sourit. Donc, les Gaijin étaient curieux, eux aussi. Qu'ils regardent. Après tout, ce serait le plus gros impact du Système solaire depuis la fin du bombardement primordial.

Un sacré spectacle. Et, pour une fois, ce seraient les humains qui illumineraient le ciel.

La fin, lorsqu'elle arriva, lui parut d'une rapidité brutale. Néréide apparut comme un point sombre, puis un caillou, puis une tache rocheuse de la taille de sa main, pour devenir, *doux Jésus*, un toit de roche sur le monde et puis…

Une lumière aveuglante. Elle haleta.

L'image revint brusquement à un plan d'ensemble de la lune. Madeleine avait l'impression d'être morte et revenue à la vie.

Un panache de fragments s'élevait à la verticale de la surface de Triton, tel un ultime et formidable geyser : des morceaux de roche rougeoyante, de la vapeur, de la glace scintillante, et d'autres plus gros qui filaient tels des boulets de canon.

Néréide avait disparu.

L'essentiel de la substance de la petite lune avait déjà dû disparaître, roche, glace et riches éléments volatils organiques transformés en vapeur par l'explosion dans la première seconde de l'impact : perdus pour toujours, perdus dans l'espace. Peut-être formeraient-ils un nouvel anneau temporaire autour de Neptune, peut-être qu'à la fin, dans des siècles, une partie retomberait en pluie sur Triton, ou sur une autre lune.

Le processus était d'une inefficacité stupéfiante, elle le savait, et celle-ci avait constitué l'une des objections clefs des factions de Kasyapa. *Faire brûler une lune vieille de quatre milliards d'années pour un gain si maigre est un crime.* Madeleine ne pouvait le nier.

Sinon pour dire qu'ils étaient en guerre.

Quelque chose émergeait à présent à la base du panache. Une onde de choc circulaire, un mur de glace pulvérisée semblable au bord d'un cratère qui labourait le sol sur son passage. Derrière elle, le terrain était fracassé, chaotique, et elle voyait l'eau liquide miroiter, bouillonnant furieusement dans le vide et dans le froid. La glace formait très vite des plaques de banquise, s'efforçant de recouvrir d'une surface plane l'eau exposée. Mais des échos de l'énorme choc déchiraient encore cette mer transitoire, et d'immenses plaques aussi blanches que du diamant décrivaient des courbes au-dessus de l'eau avant de retomber dans une bourrasque de fragments.

Dans cette zone dévastée par des cryovolcans larges de plusieurs kilomètres, des éléments volatils commençaient maintenant à se déverser depuis l'intérieur de Triton : azote, dioxyde de carbone, méthane, ammoniaque, vapeur d'eau. La chaleur de Néréide faisait son œuvre ; ce qui restait de la lune sœur devait s'enfoncer vers le cœur de Triton, brûlant, fondant, se vaporisant en un éclair. Bientôt, un champignon de nuages qui s'épaississait commença à obscurcir la surface fracassée et barattée par des remous. Certains des fragments les plus gros lancés dans les airs par le premier panache commencèrent à retomber de leurs orbites hautes, traçant des traînées brûlantes dans l'atmosphère transitoire de Triton. Lorsqu'ils rencontrèrent les eaux agitées qui se trouvaient dessous, ils créèrent des panaches secondaires, de nouvelles sources de destruction.

L'onde de choc progressait, haute de plusieurs kilomètres, submergeant les antiques terres glacées, des endroits où il restait encore du givre d'azote. Madeleine prit conscience qu'elle n'allait pas s'arrêter. L'onde de choc allait faire le tour de la lune, carbonisant tout sur son passage. Elle anéantirait toute la subtilité de Triton, baratterait les neiges d'azote du nord, les anciens dépôts d'éléments organiques du sud, changerait les lents processus climatiques de l'azote et détruirait pour toujours le vieux terrain cantaloup que l'on connaissait si mal. Elle se comporterait comme une grande gomme qui effacerait en quelques heures toutes les énigmes non résolues de Triton – quatre milliards d'années de géologie glaciaire.

Mais les nuages tourbillonnants des volcans de glace s'étendaient déjà en un grand voile qui dérivait autour de la lune, la vapeur atteignant des altitudes où elle pouvait dépasser la progression de la glace pulvérisée. Grâce à Dieu, au bout d'une heure, Triton fut recouverte, et la mort de la surface dissimulée sous une couche de nuages tourbillonnants, au sein desquels des éclairs jaillissaient presque en continu.

Ben lui apprit que les Yolgnu célébraient l'événement. C'était le vrai Temps du Rêve de Triton, le vrai Temps du Rêve, le moment où les géants donnaient sa forme au monde.

Trois heures plus tard, il y eut une nouvelle explosion, une nouvelle langue de feu et de glace partie de la face cachée de la lune. L'énorme onde de choc avait fait le tour de celle-ci et convergé en une explosion de glace pulvérisée aux antipodes de l'impact. Madeleine supposa qu'il y aurait des vagues secondaires, de grandes ondulations circulaires qui allaient faire l'aller-retour autour de Triton telles des vagues dans une baignoire, tandis que le nouvel océan bouillonnant recherchait son point d'équilibre.

Nemoto se matérialisa devant elle.

— Bonne improvisation, Madeleine.

— Ne me prenez pas de haut, Nemoto. J'ai été un bon petit soldat.

Mais Nemoto, à cinq heures de là, ne pouvait bien sûr pas l'entendre.

— … À présent, Triton ne peut plus servir à rien pour les Gaijin, qui ont besoin de glace et de roche solides pour leurs programmes de construction. Mais elle est loin d'être inutile pour les humains. Elle sera toujours un monde froid, une épaisse croûte de glace va se former. Néanmoins, grâce à la chaleur résiduelle de Néréide et aux généreuses marées de Neptune, cet océan devrait demeurer liquide pendant longtemps – peut-être des millions d'années. Et la vie terrestre serait capable d'y vivre. En étant légèrement modifiée : des créatures des abysses, qui pourraient profiter de la chaleur du cœur en mouvement de Triton, du plancton, des poissons, et même des baleines. Ici, à la lisière de l'espace interstellaire, Triton est devenue semblable à la Terre. Imaginez le futur qui attend ces aborigènes, dit Nemoto, tentant de la séduire. Triton était le fils de Poséidon et d'Aphrodite. N'est-ce pas approprié…

Madeleine songea que cet effort héroïque pour dévier

non seulement des mondes, mais le cours de l'histoire lui-même, était l'heure de gloire de Nemoto. Elle tenta de se raccrocher à son propre sentiment de triomphe, mais cela ne lui apporta qu'un bien mince réconfort solitaire.

— Encore une chose, Meacher. (La Nemoto virtuelle se pencha vers elle, concentrée et ratatinée.) J'ai encore une chose à vous dire…

Plus tard, elle appela Ben.

— Quand rentres-tu à la maison ? demanda-t-il.

— Je ne rentre pas.

Ben se rembrunit.

— C'est idiot.

— Non. Kasyapa est ton foyer et celui de Lena. Pas le mien.

— Où vas-tu, alors ? Sur Terre ? Sur la Lune ?

— Je suis à des siècles de mon époque, dit-elle. Non, pas là, non plus.

— Tu vas retourner aux Points Selles. Pourtant, tu détestes les Gaijin, comme Nemoto.

Elle haussa les épaules.

— Je m'oppose à leurs projets. Mais je voyagerai avec eux. Pourquoi pas ? Ils pilotent les seuls vaisseaux qui sortent du port.

— Qu'espères-tu apprendre là-bas ?

Elle ne répondit pas.

Ben souriait.

— Madeleine, j'ai toujours su que je te perdrais à cause de la lumière des étoiles.

Elle éprouvait des difficultés à se concentrer sur son visage, à écouter ses paroles. Elle voyait qu'il n'avait plus d'importance à présent. Elle coupa la communication.

Et elle repensa à la dernière chose que Nemoto lui avait dite. *Trouvez Malenfant. Il est en train de mourir…*

CHAPITRE 23

LE BOULET DE CANON

Il s'agissait sans doute de la planète la plus laide que Madeleine eût jamais vue.

Une boule de la taille de la Terre tournant lentement et éclairée par une banale étoile jaune. Le sol était un fouillis déformé et noirci de calderas de volcans, de traces de fissures et de compressions, et de cratères d'impacts qui semblaient avoir été creusés par des heurts sur un bloc de métal. Les mers, d'un jaune criard, formaient des flaques sur les côtes de continents tordus. Une brume ténue et jaunâtre parsemée en altitude de cirrus couleur moutarde flottait sur le paysage.

On ne voyait aucun signe flagrant de vie ou d'intelligence : pas de cité luisant sur la face obscure, pas de navires naviguant sur les horribles océans jaunes. Mais il y avait des vaisseaux-fleurs gaijin en orbite, celui de Madeleine et deux autres.

Aucun intérêt à ses yeux.

Tout ce que les Gaijin voulaient bien lui dire sur la planète était son nom – Zéro-Zéro-Zéro-Zéro – et la raison pour laquelle ils l'avaient conduite ici après un voyage d'une centaine d'années-lumière fait de différents sauts entre les portes de Points Selles situés dans une demi-douzaine de systèmes, le tout l'ayant amenée un siècle plus avant dans l'avenir : ils avaient besoin de son aide.

Malenfant est mourant.

À contrecœur – après une année passée en transit, elle s'était habituée à sa vie solitaire dans l'antique module d'habitation du *Gurrutu* – elle prépara ses affaires et monta à bord d'une navette gaijin.

Madeleine posa le pied à la surface d'un nouveau monde.

Les sillons du sol dur et froissé lui faisaient mal aux pieds. L'air était d'un gris trouble, mais plus ou moins transparent : elle voyait le soleil, un disque banal dont la lumière était estompée, comme par de hauts nuages d'hiver. Elle détesta aussitôt cet endroit. La gravité était forte – pas écrasante, mais assez forte pour rendre son pas pesant et transformer le paquetage de survie en un véritable fardeau.

Les chiffres qui défilaient sur sa visière lui apprirent que la gravité était supérieure de quarante pour cent à celle de la Terre. Comme ce monde avait à peu près la même taille, cela signifiait que sa densité était elle aussi de quarante pour cent plus élevée : plus proche de celle du fer pur.

La Terre était une boule de nickel-fer recouverte d'un épais manteau moins dense de silicates rocheux. La haute densité de *ce* monde devait signifier qu'il ne possédait pour ainsi dire pas de manteau. Du nickel-fer du cœur à la surface, comme si l'on avait arraché son manteau et sa croûte à un monde nettement plus volumineux, et que Madeleine marchait sur le cœur de fer subsistant.

Ce n'était pas si étrange. Cela pouvait se produire de diverses manières au cours des premiers moments tumultueux de la formation d'un système, lorsque de gigantesques planétésimaux errants continuaient à bombarder des planètes qui s'efforçaient de fusionner. Mercure, la plus à l'intérieur du système, avait subi un gigantesque impact originel qui n'avait laissé à ce petit monde que le plus fin des manteaux autour de son cœur géant.

Ou, du moins, les scientifiques humains avaient présumé qu'il était originel. Nul n'avait de certitude à ce sujet, désormais.

Elle balaya le ciel du regard. Elle se trouvait à cent années-lumière de chez elle, cent années-lumière plus près du centre de la Galaxie, plus ou moins sur une ligne qui aurait relié la Terre à Antarès, dans le Scorpion. Mais le ciel était sombre et lugubre.

Il n'y avait pas de ceinture d'astéroïdes, rien qu'une poignée de comètes oubliées sur leurs orbites périphériques, et deux géantes gazeuses qui, dépouillées de leurs éléments volatils, n'étaient plus que des boules de roc lisses. Elle se trouvait très loin à l'intérieur de la première vague du front de colonisation qui semblait se propager le long de leur bras spirale et se rapprochait de la Terre, cent années-lumière en arrière. Ce système était typique de ce qu'on trouvait après la vague : il avait été colonisé, ses ressources lui avaient été dérobées avec férocité par telle ou telle stratégie à courte vue et basse technologie, il avait été dévasté et abandonné.

Les étoiles elles-mêmes avaient été obscurcies, leur lumière volée par des masques de Dyson : des nuages denses d'habitants en orbite, et même des sphères solides, des planètes et des astéroïdes démantelés et transformés en pièges pour chaque photon égaré. Un spectacle déprimant : un ciel modelé par la technologie, un ciel rempli d'échafaudages et de ruines.

Le ciel terrestre était vierge, en comparaison. Celui-ci donnait à Madeleine un aperçu de ce que serait le futur pour la Terre.

Elle s'éloigna de la navette qui, derrière elle, ressemblait à un cône argenté. Elle se trouvait à quelques kilomètres de la côte de l'une des mers jaunes ; elle supposa que celle-ci s'étendait de l'autre côté d'une crête basse et plissée.

Elle atteignit la base de la crête et entama l'escalade. Sous cette gravité pesante, cela constituait une bonne séance d'exercice. Elle sentit sa température monter, et les multiplicateurs de l'exosquelette de son scaphandre intervenir discrètement pour lui donner un coup de main.

Elle haletait lorsqu'elle atteignit le sommet. Une plaine teintée de rouge et de blanc se déploya devant elle ; elle était parsemée de dunes de sable et de ce qui ressemblait à un énorme cratère d'impact très érodé. Et, oui, plus loin, en direction de l'horizon brumeux, elle apercevait cet océan jaune si particulier, au-dessus duquel planaient des spectres de brume verdâtre. C'était un paysage étrange et surréaliste, comme si toutes les couleurs de la Terre avaient été remplacées par leurs teintes complémentaires dans le spectre.

Et, à une centaine de mètres à peine de la base de la crête, elle vit deux navettes gaijin, des cônes argentés posés côte à côte, l'un et l'autre entourés de fins pinceaux de poussière projetés par des fusées d'atterrissage. Un Gaijin se tenait près de l'un d'eux, parfaitement immobile, semblable à une statue d'araignée. Près de l'autre se trouvait un humain portant un exoscaphandre qui n'avait pas l'air très différent de celui de Madeleine.

L'être humain la vit et agita la main.

Madeleine hésita pendant de longues secondes.

Tout à coup, le monde lui paraissait surpeuplé. Elle n'avait rencontré personne depuis qu'elle avait embrassé Ben pour la dernière fois, sur Triton. Et elle n'avait certes jamais rencontré un autre voyageur ainsi, parmi les étoiles. Mais les Gaijin avaient dû mettre des dizaines d'années, voire des siècles, pour organiser cet étrange rendez-vous.

Elle se mit à escalader la crête en direction des navettes, et laissa le scaphandre effectuer la plus grande partie du travail.

L'humain qui agitait la main était un prêtre catholique appelé Dorothy Chaum. Madeleine l'avait déjà rencontrée, des années subjectives auparavant. Et, à l'intérieur de l'une des navettes, se trouvait un autre être humain, quelqu'un qu'elle connaissait seulement de réputation.

Reid Malenfant. Et il était bien en train de mourir.

Malenfant était décharné. Il avait une tête de cadavre, on voyait le crâne à travers la peau fine, semblable à du papier, et sa calvitie était couverte de taches de vieillesse.

Dorothy et Madeleine lui firent enfiler un scaphandre et le hissèrent dans la navette de Dorothy. Avec la forte gravité, ce fut difficile, en dépit des multiplicateurs de leurs combinaisons. Mais la navette de Dorothy possédait un équipement médical plus complet que celle de Madeleine. Malenfant n'avait rien, sauf ce que les Gaijin avaient pu lui fournir.

Il avait vieilli et s'était refermé sur lui-même, comme une marée qui se retire, comme un océan qui recule. Il était parvenu à se maintenir en vie pendant pas mal d'années. Mais son équipement ne suffisait plus – et les Gaijin avec qui il voyageait étaient loin de connaître assez bien la biologie humaine pour faire des retouches. Et ce n'était pas tout : il souffrait de la Discontinuité.

Lorsqu'il avait commencé à mourir, les Gaijin avaient été stupéfaits.

— Alors, ils sont partis nous chercher, s'émerveilla Dorothy Chaum. Ils ont expédié des signaux partout dans le réseau des portes.

— Comment l'ont-ils maintenu en vie si longtemps ?

— Ce n'est pas ce qu'ils ont fait. Ils se sont contentés de le préserver. Ils ont fait rebondir son signal dans le réseau sans lui redonner une forme corporelle pendant plus de quelques secondes à la fois…

Madeleine étudia Malenfant. Avait-il eu conscience, en passant d'une transition, d'un éclair bleu à l'autre, des années-lumière et des décennies qui défilaient en quelques secondes ? Malenfant s'éveilla pendant qu'elles lui faisaient sa toilette au lit. Il était déshabillé, lavé et plongé dans un caisson médical. Il regarda Madeleine dans les yeux.

— Êtes-vous *qualifiée* pour me récurer les couilles ?

— Je suis ce que vous pourrez obtenir de mieux, mon pote.

Mais il dévisageait Chaum, et le col blanc emblématique autour de son cou.

— Qu'est-ce qui se passe ? Vous me donnez les derniers sacrements ou quoi ?

Il tenta de s'asseoir en s'aidant de bras épais comme des allumettes.

Madeleine le repoussa.

— Ça finira par arriver si vous ne coopérez pas.

Il fit tourner sa tête décharnée.

— Où est ma combinaison ?

Dorothy fronça les sourcils et désigna l'enveloppe fabriquée par les Gaijin qu'elles avaient mise en boule dans un coin.

— Là.

— Non, murmura-t-il. Ma *combinaison*.

Il parlait de son vieil EMU, celui de la navette et de l'époque de la NASA, un antique équipement dégoûtant qui avait presque autant dépassé la date limite imposée par sa conception que Malenfant lui-même. Il ne voulut pas se détendre tant que Madeleine n'eut pas enfilé sa combinaison, ne fut pas allée jusqu'à la navette qui l'avait amené jusqu'ici et n'eut pas récupéré le vieil

EMU. D'un autre côté, c'était la seule chose qu'il possédait au monde, ou aux mondes. Elle pouvait comprendre ce qu'il ressentait.

Il farfouilla dans ses poches jusqu'à ce qu'il trouve une photo passée et maintes fois pliée et dépliée représentant une femme souriante sur une plage.

Quand il fut dans le caisson, Madeleine passa un petit moment à travailler sur cette affreuse vieille combinaison. Elle pouvait réparer les courts-circuits dans le réseau électrique et les tubes du système de refroidissement qui fuyaient, polir les éraflures du casque en forme de bulle, recoudre le tissu. Mais elle ne pouvait pas le nettoyer à neuf, la poussière de quantité de mondes était trop profondément incrustée dans le tissu. Et la puanteur personnelle de Malenfant ne partirait pas non plus au lavage.

Pendant tout ce temps, visible à travers les hublots de la navette, le Gaijin resta à l'extérieur, aussi immobile qu'une statue, les regardant fixement, comme s'il attendait que Dorothy, ou Madeleine, commette une erreur.

Pendant que Malenfant se remettait en dormant de vingt années subjectives de voyage, Dorothy Chaum et Madeleine allèrent marcher dans la plaine de fer cabossée, vers la mer jaune.

Dorothy était une petite femme trapue qui aurait pu avoir été conçue pour cette gravité rude et écrasante. Elle semblait plus vieille que dans le souvenir de Madeleine. Le voyage qui l'avait amenée ici avait pris plus de temps de sa vie subjective que celui de Madeleine.

Elles passèrent devant la sentinelle gaijin solitaire.

— Malenfant l'appelle *Cassiopée*, murmura Dorothy. Il dit qu'elle l'accompagne depuis le Système solaire.

— Un gars et son Gaijin. C'est mignon.

La quête stellaire personnelle de Dorothy Chaum semblait être une quête de Dieu sublimée. Du moins, Madeleine en eut l'impression.

— J'ai étudié les Gaijin sur la Terre, dit Dorothy. (Madeleine la vit sourire.) À Kefallinia, vous vous en souvenez. C'était le pape qui m'avait nommée… Je ne sais même pas s'il y a encore un pape. Les Gaijin ont certaines choses en commun avec nous. Ce sont des créatures qui ressemblent beaucoup à des robots, c'est sûr, mais ils sont mortels, construits sur une échelle à peu près semblable à la nôtre, et ils semblent posséder au moins un peu d'individualité. Mais en dépit de leur similarité – ou peut-être à cause d'elle – j'ai tout de suite été fascinée par leur étrangeté. Et j'ai donc eu envie de les suivre dans les étoiles et de travailler avec eux.

— Et avez-vous découvert s'ils ont une âme ?

Dorothy ne sembla pas offensée.

— Je ne sais pas si cette question signifie quelque chose. Et inversement, voyez-vous, les Gaijin ont l'air fascinés par notre âme. Peut-être nous envient-ils…

Dorothy s'arrêta net et leva la main. Madeleine vit qu'une sorte de neige noire, ou peut-être une fine pluie de poussière, se posait sur la blancheur de son gant.

— C'est du carbone, dit-elle. De la suie. Qui tombe en pluie de l'air. C'est remarquable.

Peut-être, songea Madeleine.

Elles avancèrent dans cet air étrange et exotique.

— Vous avez donc voyagé avec les Gaijin pour tenter de comprendre, suggéra Madeleine.

— Oui. Et Malenfant aussi, je crois.

— Et vous avez réussi ?

— Je ne pense pas. Et, ce qui pourrait être plus grave, je n'ai pas l'impression que les Gaijin soient plus près de découvrir ce qu'ils cherchent, quoi que ce soit.

Elles atteignirent la plage. Elle était dure, vaguement saupoudrée de sable rouillé et noircie par la suie, qui semblait produite par l'érosion d'un gisement de charbon situé en mer.

L'océan était très jaune. Le liquide, ténu, semblait effervescent, comme s'il contenait du gaz carbonique. Plus loin, de lourds bancs d'une brume dense flottaient dans l'air. La vision de cette mer criarde qui s'éloignait vers un horizon d'un jaune vif était tout à fait étrange.

Elles firent un pas en avant et laissèrent le liquide clapoter sur leurs bottes. On aurait dit une écume légère, granuleuse et tiède. De la vapeur grésillait autour des pieds de Madeleine.

Dorothy trempa un doigt ganté dans la mer ; des données s'agitèrent sur sa visière.

— Du fer carbonyle, murmura-t-elle. Un composé de fer et de monoxyde de carbone. (Elle pointa le doigt vers la vapeur.) Et *ça*, c'est en majeure partie du nickel carbonyle. Dont le point d'ébullition est plus bas que le truc ferreux… (Elle soupira.) Des composés de fer, un monde de fer. Sur Terre, on utilisait ce genre de matériaux dans des processus industriels, comme la purification du nickel. Ici, on aurait pu nager dedans.

— Je me demande s'il y a de la vie ici.

— Oh, oui, dit Dorothy. Bien entendu qu'il y a de la vie. Ne savez-vous pas où nous sommes ?

Madeleine ne répondit pas.

— C'est la vie qui produit la suie et le dioxyde de carbone. Je crois qu'il se produit une sorte de photosynthèse, qui génère du monoxyde de carbone. Lequel réagit ensuite avec lui-même pour fabriquer du carbone libre et du dioxyde de carbone. Cette réaction produit de l'énergie…

— Que les animaux peuvent utiliser.

— Oui.

— Il y a de la vie partout où nous regardons, dit Madeleine.

— Oui. La vie semble émerger de la structure même de l'Univers qui nous contient, comme si elle était inscrite dans ses lois physiques. Et je suppose que l'intelligence est elle aussi un phénomène émergent. *Monisme émergent* : belle appellation. Même si nous ne pouvons vraiment pas prétendre comprendre…

Elles revinrent sur la plage et firent quelques pas sans enthousiasme sur la poussière rouillée.

C'est alors qu'elles distinguèrent un mouvement.

Quelque chose sortait de la mer en rampant. Comme un crabe. La chose, à peu près grande comme une table basse, était courte sur pattes et trapue, avec une douzaine de pattes grêles environ, peut-être plus, et ce qui ressemblait à des senseurs – des yeux ? des oreilles ? – de petites cosses surmontant des tiges minces qui s'agitaient dans l'air trouble. Le tout couleur rouille.

Et la chose avait un corps en forme de dodécaèdre.

Madeleine l'entendait respirer avec difficulté.

— Des poumons, murmura Dorothy. Il a des poumons. Mais… regardez ces fentes dans la carapace, là. Vous croyez que ce sont des branchies ?

— On dirait un dipneuste.

Le crabe était maladroit, comme s'il n'y voyait pas très bien, et ses membres n'arrêtaient pas de déraper sur la berge dure comme du fer. L'une des pattes grêles se coinça dans une fissure et se brisa. Le souffle haletant se fit plus bruyant et le crabe hésita, agitant un moignon.

Puis il repartit, avançant avec précaution sur la plage, comme s'il cherchait quelque chose.

Dorothy se pencha et, tâtonnant de ses doigts gantés, elle ramassa le membre cassé. Une chose simple : rien qu'un tube creux, une baguette. Mais la paroi intérieure avait une structure en nid d'abeille.

— Solidité et légèreté, dit-elle. Et c'est du fer. (Elle sourit.) Des os de fer. Des robots naturels. Nous avons toujours pensé que les Gaijin avaient dû être fabriqués par des créatures plus ou moins semblables à nous – la première génération, en tout cas. C'était difficile de prendre au sérieux l'idée que des animaux mécaniques aient pu évoluer naturellement. Mais c'est peut-être ce qui s'est produit…

— De quoi parlez-vous ?

Elle regarda Madeleine.

— Vous ne savez vraiment pas où vous vous trouvez ? Les Gaijin ne vous l'ont pas dit ?

Madeleine, qui détestait bavarder avec les Gaijin, garda son opinion pour elle.

— Ce monde de fer est Zéro-Zéro-Zéro-Zéro, Madeleine. L'origine de toutes les coordonnées des Gaijin, l'endroit d'où est partie leur propre bulle de colonisation. *Là d'où ils viennent.* Pas étonnant qu'ils aient amené Malenfant ici, s'ils pensaient qu'il allait mourir.

Madeleine ne ressentit ni surprise, ni émerveillement, ni curiosité. *Et alors ?*

— Mais, si c'est le cas, où sont-ils tous ?

Dorothy soupira.

— J'imagine que les Gaijin ne sont pas plus immunisés que nous contre les guerres pour les ressources et l'expansion prédatrice d'autrui.

— *Même eux ?*

L'idée que les puissants et énigmatiques Gaijin qui voyageaient entre les étoiles puissent être des victimes était profondément glaçante.

— Si cette chose est un dipneuste robot, dit Madeleine, il est possible que la vie locale ait été repoussée dans les océans par la dernière vague de visiteurs. Peut-être ce brave garçon essaie-t-il de reprendre possession de la terre, enfin.

La chose en forme de crabe semblait avoir atteint le but et le point le plus élevé de son expédition. Il demeura là, sur la plage rouillée, pendant de longues minutes, agitant dans l'air ses yeux pédonculés. Madeleine se demanda s'il savait qu'elles étaient là, s'il comprenait que les Gaijin étaient ses lointains descendants.

Puis il fit demi-tour et retourna en rampant dans l'océan jaune, un pas après l'autre, descendant dans le liquide trouble et effervescent au milieu d'un petit nuage de bulles.

— Les Gaijin ne nous ressemblent pas, murmura Malenfant.

Il était assis dans un fauteuil, soutenu par des coussins et enveloppé dans une couverture. On aurait dit un oiseau squelettique. Les deux femmes avaient dû le ramener dans sa navette ; après tant de temps passé seul il y était trop habitué, elle lui manquait trop.

— Cassiopée est constamment en mouvement, expliqua-t-il. Après tout, Cassiopée est seulement le nom que je lui ai donné. Celui qu'elle emploie pour se désigner ressemble à une liste de numéros d'un catalogue de pièces détachées – *avec* un décompte pour les sous-composants – et un historique documentant son histoire. C'est un numéro de série, pas vraiment un nom. Elle remplace en permanence ses différentes pièces, des panneaux, des composants internes, elle les échange sans cesse. Si bien que son nom change. Ainsi que son identité…

— *Vos* propres cellules s'usent, fit Dorothy avec gentillesse. Il y a un nouveau Malenfant toutes les quelques années.

— Mais ce n'est pas aussi rapide. Et c'est également ainsi qu'ils se reproduisent – si l'on peut employer ce terme. Deux d'entre eux, ou plus, donnent des pièces et commencent à les assembler jusqu'à ce qu'il y ait un nouveau Gaijin complet, qui va chercher au magasin les éléments dont il a besoin pour achever sa propre construction. Une personne toute neuve. D'où vient-elle, celle-là ? (Il soupira.) Ils ont une continuité mémorielle, une conscience, mais, pour eux, l'identité est fluide : on peut la diviser à l'infini, ou même la mélanger. On le voit lorsqu'ils discutent. Il n'y a pas de persuasion, aucun échange d'arguments. Ils *fusionnent* tous ensemble, c'est tout, et ils prennent une décision. Mais les Gaijin sont prudents, dit-il avec lenteur. Ils sont rationnels, ils étudient chaque aspect de chaque argument, et ils semblent parfois paralysés par l'indécision.

— Comme l'âne de Buridan, observa Dorothy en souriant. Il n'a pas pu choisir entre deux bottes de foin.

— Que s'est-il passé ? demanda Madeleine.

— Il est mort de faim.

Malenfant poursuivit comme s'il s'adressait à lui-même :

— Ils ne sont pas comme nous. Ils ne se jettent pas sur les idées nouvelles aussi vite que nous…

— Leurs esprits ne sont pas réceptifs aux mèmes, ajouta Dorothy. Ils n'ont pas de sentiment du moi…

— Mais ils *s'intéressent* à nous, dit Malenfant. Je ne sais pas pourquoi, mais c'est le cas. Et ils s'intéressent aussi à ceux qui nous ressemblent. Ceux qui ont des religions. Ceux qui partent pour des croisades, s'entretuent et même sacrifient leurs vies pour une idée.

Madeleine se souvint des Chaera, en orbite autour de leur dieu-trou noir, et de leur futile adoration. Peut-être Nemoto avait-elle raison, peut-être les Gaijin ne s'intéressaient-ils pas à la technologie liée au trou noir, mais aux Chaera eux-mêmes. Seulement… pourquoi ?

Dorothy se pencha en avant.

— Les Gaijin ont-ils jamais parlé de créatures qui nous ressemblent ? De ce qu'il advient de nous ?

— J'imagine que nous nous anéantissons nous-mêmes, pour la plupart. Ou que nous provoquons notre propre extinction à force de réfléchir. Les mèmes contre les gènes. Quand nous ne nous faisons pas avoir d'abord par une guerre de colonisation. (Il ouvrit ses yeux chassieux.) La Terre, le Système solaire pourraient être balayés par les colons qui arrivent. C'est déjà arrivé, et ça arrivera encore. *Mais ce n'est pas tout.* C'est impossible.

Dorothy hochait la tête.

— Équilibre. Uniformité. Les vieux arguments de Nemoto.

Madeleine ne comprenait pas.

Malenfant lui adressa un sourire édenté.

— *Pourquoi* les choses devraient-elles se passer ainsi ? La voilà, la question. Des vagues sans fin d'exploitation et de pillage, et tout le monde qui se retrouve relégué au niveau de la vie dans des flaques d'eau… On pourrait penser que quelqu'un en tirerait une leçon. Qu'est-ce qui les arrête tous ?

— Si c'était la guerre qui arrêtait les expansions, on devrait prendre pour hypothèse qu'il n'y a *aucun* survivant à une telle guerre – pas une seule espèce, pas une seule population capable de se reproduire. Ou, si les espèces intelligentes sont balayées par des catastrophes écologiques, on doit considérer que *toutes* les espèces se détruisent inévitablement de cette manière.

« Vous voyez le problème. On peut imaginer une centaine de façons dont une espèce peut se flanquer dans la panade. Mais, quel que soit le processus de destruction, il doit être efficace à *cent pour cent.* Si une seule espèce échappe au filet, vlan, elle occupe la Galaxie à une vitesse voisine de celle de la lumière.

— Mais ce n'est pas ce que nous observons. Ce que nous voyons, c'est une Galaxie qui se remplit d'espèces qui se querellent, et puis *bing* ! Un mécanisme inconnu les renvoie toutes à la mare originelle. Il doit y avoir autre chose, un autre mécanisme. Quelque chose qui les détruit toutes. Une réinitialisation.

— Une stérilisation à l'échelle de la Galaxie, murmura Madeleine.

— En outre, dit Chaum, ça explique l'équilibre du premier contact de Nemoto.

— Oui, reconnut Malenfant. C'est pour *ça* qu'ils arrivent tous à cloche-pied à travers la Galaxie avec des statopelles à la noix, des portes et le reste, une vague après l'autre. Voilà pourquoi personne n'est arrivé, par exemple, à faire la nique à la vitesse de la lumière, ou à fabriquer un trou de ver. Personne n'a duré assez longtemps. Personne n'a eu l'*occasion* de devenir assez malin.

Madeleine se leva et s'étira dans la pesante gravité de ce monde semblable à un boulet de canon. Elle regarda par la fenêtre le ciel lugubre modelé par la technologie.

Cela pouvait-il être vrai ? Y avait-il quelque part quelque chose de plus féroce que les non-humains qui pulvérisaient des mondes, quelque chose dont les humains n'avaient cessé de trouver les traces dans leur propre système ? Un dragon qui se réveillait toutes les quelques centaines de millions d'années et qui grondait si fort qu'il balayait toute vie évoluée de la Galaxie ?

Et combien de temps restait-il avant que le dragon ne se réveille une nouvelle fois ?

— Vous pensez que les Gaijin savent de qui il s'agit ? demanda Madeleine. Qu'ils tentent de faire quelque chose ?

— Je ne sais pas, dit Malenfant. Peut-être. Peut-être pas.

— S'ils ne sont que des victimes, comme nous, grommela Madeleine, pourquoi ne nous disent-ils pas ce qu'ils sont en train de faire ?

Malenfant ferma les yeux, comme si la question le décevait.

— Nous avons affaire à des non-humains, Madeleine. Ils ne voient pas l'Univers de la même façon que nous. Pas du tout. Ils ont leur propre approche des problèmes et leurs propres objectifs. Ce qui est stupéfiant, c'est que nous arrivions à communiquer tout court, quand on y réfléchit.

— Mais ils ne veulent pas subir de réinitialisation, dit Madeleine.

— Non, concéda-t-il. Je ne pense pas.

— C'est peut-être la prochaine étape dans l'émergence de la vie et de l'esprit, suggéra Dorothy. Des espèces œuvrant de concert pour se sauver. Nous avons besoin de la patience robotique inflexible des Gaijin, de la même façon qu'ils ont besoin de nous, de notre humanité…

— De notre foi ? demanda doucement Madeleine.

— Peut-être.

Malenfant éclata d'un rire cynique.

— Si les Gaijin savent quelque chose, ils ne m'en parlent pas. N'oubliez pas qu'ils sont venus *nous* voir pour obtenir des réponses.

Madeleine secoua la tête.

— Ça ne suffit pas, Malenfant. Pas de votre part. Vous représentez pour les Gaijin quelque chose de particulier. Vous avez été le premier à venir les affronter, vous êtes l'être humain qui a passé le plus de temps avec eux.

— Et ils vous ont sauvé la vie, lui rappela Dorothy. Ils nous ont amenées ici, pour vous sauver alors que vous étiez mourant.

— Je le suis toujours.

— Vous êtes important, Malenfant, peu importe pourquoi, dit Madeleine. Vous êtes la clef.

Et à ce moment, à cet instant précis, son intuition lui souffla que cela devait être vrai.

Mais la clef de quoi ?

Il leva ses mains squelettiques en un geste moqueur.

— Vous pensez qu'ils m'ont nommé sauveur de la Galaxie ? C'est n'importe quoi, avec tout le respect que je vous dois. (Il se frotta les yeux, s'installa de côté et tourna la tête vers le mur argenté de la navette.) Je ne suis qu'un vieux con qui ne sait pas passer la main.

Mais, songea Madeleine, c'est peut-être ce que les Gaijin apprécient. Ils cherchaient peut-être quelqu'un de trop bête pour qu'il meure de faim, comme ce fichu âne.

— Que voulez-vous *exactement*, Malenfant ? demanda Dorothy avec lenteur.

— Rentrer, dit-il, abrupt. Je veux rentrer chez moi.

Madeleine et Dorothy échangèrent un regard.

Malenfant était parti depuis longtemps. S'il le souhaitait, il pouvait rentrer dans le Système solaire, sur Terre. Mais elles savaient toutes deux qu'ils n'avaient les uns comme les autres plus de foyer.

IV

Mauvaises nouvelles des étoiles

3265-3793 après J.-C.

Au centre de la Galaxie se trouvait une cavité creusée par le vent féroce d'un trou noir monstrueux. Elle était remplie d'une dentelle de gaz et de poussière, des particules ionisées lancées à grande vitesse par les forces gravitationnelles et magnétiques furieuses à l'œuvre dans cette région de l'espace, si bien que des serpentins lumineux s'entrecroisaient dans la cavité en un élégant filigrane. Des étoiles étaient nées ici, notamment un amas de jeunes soleils bleus et chauds, à peu de distance du trou noir lui-même.

Et, çà et là des étoiles errantes tombaient dans la cavité – et elles traçaient des sillages brumeux qui luisaient telles des comètes longues de centaines d'années-lumière.

Des étoiles semblables à des comètes.

Il exultait. Moi, Reid Malenfant, je suis arrivé à voir *ça*, le cœur de la Galaxie lui-même, bon Dieu ! Il regretta que Cassiopée ne fût pas là, elle qui l'avait accompagné pendant tous ces voyages entre Points Selles, une étoile après l'autre. …

La colère enfla de nouveau en lui lorsqu'il pensa à Cassiopée.

Mais les Gaijin n'ont jamais été nos ennemis, enfin, pas vraiment. Ils ont appris la patience dans les étoiles. Ils essayaient juste de comprendre, pas à pas, à leur façon.

Mais c'était trop long pour nous.

Après tout, il s'est passé beaucoup de temps avant que nous découvrions simplement les autres, la grande vague de colonisateurs et de mineurs suivant les Gaijin qui arrivaient vers nous le long du bras de la Galaxie.

La vague destructrice.

CHAPITRE 24

LES ENFANTS DE KINTU

Un vaisseau-fleur gaijin replia ses ailes électromagnétiques à deux cents kilomètres au-dessus d'une Terre lumineuse. Des drones sortirent un module d'habitation éraflé de la structure filamenteuse du navire et le lancèrent sur une trajectoire lente et précise qui le menait en direction de l'Arbre.

À l'intérieur du module, Malenfant regardait l'Arbre approcher.

La masse de celui-ci, en orbite autour de la Terre, formait une boule verte et lumineuse de branches et de feuilles affairées à pratiquer la photosynthèse. Il traînait derrière lui un tronc évidé et scellé avec de la résine, qui abritait la plus grande partie de sa population. De longues racines flottaient dans la haute atmosphère : des collecteurs primitifs ramassant les matériaux bruts destinés à la croissance de l'Arbre, ainsi que des câbles dont Malenfant finit par apprendre qu'ils étaient constitués d'un supraconducteur et généraient de l'énergie quand on les laissait traîner dans la magnétosphère terrestre.

L'Arbre était un être vivant de vingt kilomètres de long enraciné dans l'air qui faisait le tour de la Terre sur son orbite circulaire inclinée, maintenant son altitude à l'aide de bouffées de gaz produit par ses déchets.

Malenfant songea que c'était ridicule et se détourna, indifférent.

Il avait quitté la Terre mille deux cents ans plus tôt pour revenir à la date impensable de 3265 après Jésus-Christ.

Malenfant était épuisé. Après tout, physiquement, il avait plus de cent ans. Et, à cause de la diminution du nombre de portes de Points Selles entre Zéro-Zéro-Zéro-Zéro et la Terre, il avait été forcé d'emprunter un itinéraire indirect pour revenir.

S'il était honnête, il devait reconnaître que tout ce qu'il voulait, c'était échapper à l'étrangeté de l'Univers : s'installer dans son ranch des années soixante, à Clear Lake, Houston, s'envoyer quelques bières et manger des chips devant des rediffusions de *La Quatrième Dimension*. Mais ici, alors qu'il regardait tout ce feuillage en orbite, il savait que c'était impossible, que ça n'arriverait jamais. C'était exactement ce que Dorothy Chaum avait tenté de lui expliquer avant qu'ils se disent au revoir, là-bas, sur le Boulet de Canon. C'était bien la Terre, là-dessous, mais ce n'était pas *sa* Terre.

Malenfant allait devoir vivre avec l'étrange et les étrangers pour ce qui lui restait de sa longue et improbable vie.

Au moins, la glace a disparu, malgré tout, se dit-il.

Sa capsule abîmée glissa et finit par s'arrêter, se logeant dans des branches, et Malenfant fut libéré.

Il n'y avait personne pour l'accueillir. Il trouva une pièce vide, avec une fenêtre. Des *feuilles* poussaient autour de sa fenêtre. *À l'extérieur*.

Ridicule. Il s'endormit.

Lorsque Malenfant s'éveilla, il portait une sorte de blouse d'hôpital.

Il se sentait différent. À l'aise et propre. Il n'avait ni faim ni soif. Même pas envie de pisser.

Il leva la main. La peau était plus lisse, les taches de vieillesse avaient pâli. Lorsqu'il plia les doigts, les articulations fonctionnèrent sans élancement.

Quelqu'un était passé par là et lui avait fait quelque chose. Je ne voulais pas, songea-t-il. Je n'ai rien demandé. Il se cramponna à son ressentiment.

Il se redressa pour regarder par son hublot et observa la Terre.

Il en voyait la silhouette, une courbe bleu et blanc se détachant sur le noir de l'espace. Il distingua une tranche d'étendue marine bleu pâle, une île formant une tache grise et brune irrégulière au milieu, et des nuages dispersés dessus comme du sucre glace. Il était si proche de l'épiderme de la planète qu'elle emplissait son hublot et glissait devant lui en un mouvement régulier.

La Terre *brillait*. Elle était plus lumineuse que dans son souvenir. Malenfant avait été pilote de navette spatiale : il savait à quoi ressemblait la Terre vue de l'espace, ou plutôt, à quoi elle avait ressemblé autrefois. La clarté de l'atmosphère, y compris au-dessus du cœur des continents, le stupéfiait. Il ne savait pas si c'était la Terre elle-même qui avait changé, ou ses souvenirs. Après tout, ses yeux étaient désormais ceux d'un vieil homme : chassieux et pleins de nostalgie.

Une chose était certaine, néanmoins. La Terre semblait vide.

Lorsqu'il survola des océans qui s'étiraient tels des coups de pinceau, il chercha des sillages de bateaux. Il n'en vit aucun. Il distingua des villes aux latitudes les plus basses, un patchwork gris et anguleux, une dentelle de routes. Mais pas de smog. Donc, pas d'industrie.

Au niveau des hautes latitudes, vers les pôles, il ne vit absolument aucun signe d'occupation humaine. Les terres semblaient à l'état brut, fraîches, récurées, les flancs de granit des montagnes exposées à l'air libre miroitaient comme du métal poli et les plaines étaient semées de blocs erratiques pareils aux jouets égarés par un enfant. Il avait toujours été nul en géographie, et ses connaissances avaient mille ans de retard à présent, mais il eut l'impression que le dessin des côtes n'avait pas changé.

Il se demanda qui, ou quoi, avait nettoyé la Terre des glaces. De toute façon, ça aurait pu être l'an 1000 là-dessous, pas 3265.

Deux personnes arrivèrent en flottant dans sa chambre. Nues, pratiquement identiques, des femmes, mais si minces qu'elles paraissent pratiquement dépourvues de sexe. Leurs cheveux flottaient autour d'elle, comme ceux de Jane Fonda dans *Barbarella*.

Elles étaient réunies au niveau des hanches par un tube de chair rose, comme des sœurs siamoises.

Elles n'avaient pas frappé, et il se rembrunit en les voyant.

— Qui êtes-vous ?

Elles s'adressèrent à lui dans toute une série de langues ; il en reconnut certaines, d'autres pas. Elles avaient des bras et des épaules épais et bien développés, comme des joueurs de tennis, mais elles gardaient repliées sous elles leurs jambes toutes minces. Elles étaient adaptées à la vie sous microgravité. Leurs cheveux étaient blonds, mais elles avaient des yeux en amande avec des plis de peau près du nez, comme les Chinois.

Elles finirent par choisir l'anglais, qu'elles parlèrent avec un fort accent.

« Vous devoir pardonner stupidité... » « Nous accueillir voyageurs de retour... » « de nombreuses époques, réparties sur un millénaire... » « remontant jusqu'à Reid Malenfant lui-même. »

Elles prenaient la parole à tour de rôle, comme si elles se lançaient une balle.

— En fait, je suis Reid Malenfant, dit-il.

Elles le regardèrent, et leurs deux têtes pivotèrent, si bien que deux paires d'yeux en amande insondables échangèrent un regard tandis que leurs chevelures se mélangeaient. Il se dit que ces deux-là devaient se faire des cheveux tous les jours.

— Vous devez comprendre le traitement que vous avez reçu, dit l'une.

— Je ne voulais pas de traitement, maugréa-t-il. Je n'ai pas signé de consentement.

« Mais votre vieillissement était… » « avancé. » « Nous n'avons pas de remède, bien entendu. » « Mais nous pouvons traiter les symptômes… » « fragilité osseuse, affaiblissement du système immunitaire, dégénérescence nerveuse. » « Accélérés, dans votre cas… » « Par l'exposition à la microgravité. » « Nous avons inversé les dégâts causés par les radicaux libres avec des vitamines antioxydantes. » « Nous avons ôté les amas de cellules sénescentes de votre épiderme et de votre derme. » « Nous avons inversé l'intrusion de qualias non humains dans votre sensorium, un effet secondaire des franchissements répétés de Points Selles. » « Nous avons ôté divers agents infectieux dormants que vous auriez pu rapporter sur Terre. » « Nous avons employé une thérapie pour vos télomères… »

— Ça suffit. Je vous crois. Je parie que je fais à peine plus de soixante-dix ans.

— Du travail de routine, dit l'une des Jumelles Qui Se Faisaient Des Cheveux. (Elles se turent. Puis demandèrent :) Êtes-vous vraiment Reid Malenfant ?

— Oui.

Les jumelles lui donnèrent à manger et à boire. Il ne reconnut aucun des liquides qu'elles lui proposèrent, qu'ils soient froids ou chauds. Ils ressemblaient pour l'essentiel à des tisanes très particulières de fruits ou de feuilles. Il se décida pour de l'eau, qui était propre, froide et pure. La nourriture était fade et informe, comme celle pour les bébés. Les Jumelles Qui Se Faisaient Des Cheveux lui dirent qu'il s'agissait d'algues relevées de verdure cultivée dans le vide qui provenait de l'Arbre lui-même.

Les jumelles le transportèrent avec grâce sous microgravité le long de tunnels ressemblant à des veines de bois qui se tordaient et s'incurvaient, où le seul éclairage était fourni par la luminescence du bois lui-même. Il se dit que cet endroit ressemblait à une copie en bois d'un vaisseau spatial fantaisiste.

Quelques douzaines de colons vivaient là, dans des bulles d'air situées au sein de la masse de l'arbre. Pour autant qu'il puisse le voir, ils étaient tous adaptés à la microgravité, et certains parmi eux étaient même plus évolués que les jumelles. Il repéra un type dont l'énorme crâne d'œuf surmontait un corps ratatiné, des membres comme des allumettes, un pénis comme une noisette et aucun poil pubien. Malenfant trouvait qu'il ressemblait à une véritable création de science-fiction, comme le chef des extraterrestres dans *Les Envahisseurs de la Planète rouge*.

Ces gens, aussi étranges qu'ils fussent, semblaient jeunes et en bonne santé aux yeux de Malenfant. Leur peau était lisse, sans rides ni autres marques que des tatouages ; son propre visage, qui ressemblait à un raisin sec, et dont les rides avaient été creusées par des années d'exposition au climat de la Terre, à ses ultraviolets et à sa forte gravité, était une source de curiosité ici, une marque d'exotisme.

Ils avaient tous des yeux en amande avec des plis de peau jaunes.

Pour autant que Malenfant pût comprendre, il se trouvait dans une sorte de colonie à l'envers établie par une population venue des astéroïdes proches de la Terre et qui avaient été peuplés par les descendants des Chinois. Apparemment, il y avait là-bas de grands habitats en forme de bulles où tout le monde vivait depuis des siècles sous gravité zéro.

Il avait parfois l'impression d'entendre un bourdonnement grave et de sentir une odeur d'ozone, et que l'électricité statique lui hérissait les poils, comme s'il était entouré par d'énormes champs électriques ou magnétiques qui taquinaient son corps. C'était peut-être le cas. On pouvait utiliser les champs magnétiques pour stimuler et contraindre les os et les muscles, voire pour contrecarrer la perte osseuse. La NASA avait expérimenté ces technologies. L'Arbre enveloppait peut-être d'électricité sa cargaison d'êtres humains, réparant leurs os, leurs muscles et leur chair.

À moins que de tels gadgets cliquetants ne fussent inutiles mille ans dans le futur. Après tout, l'environnement procuré par l'Arbre était plutôt sain, avec de l'air propre, de l'eau pure, de la nourriture sans toxines : pas d'agents polluants ou pathogènes ici, pas de poisons, et les dangers de la nature eux-mêmes – comme la radioactivité naturelle du sol et des roches terrestres – pouvaient être éliminés au stade de la conception. Si l'on donnait aux gens un endroit assez bon pour y vivre, c'était peut-être ce qu'ils devenaient, des êtres humains en bonne santé dotés d'une longue espérance de vie.

Quant à l'adaptation à la microgravité, cela venait peut-être aussi naturellement. Après tout, se souvint-il, les dauphins et les autres mammifères aquatiques n'avaient pas eu besoin de centrifugeuses ou d'électrostimulation pour conserver leurs muscles et leurs os dans l'environnement dépourvu de gravité où *ils* vivaient. Peut-être ces humains qui habitaient l'espace avaient-ils plus en commun avec les dauphins que ceux qui marchaient dans la poussière comme lui.

L'Arbre lui-même descendait d'ancêtres lunaires géants modifiés génétiquement. Les humains s'en servaient de diverses manières : port d'attache, plate-forme d'observation, station balnéaire. Mais son but était simplement de croître et de survivre, et rien ne semblait s'opposer à ce qu'il le fasse jusqu'à ce que le Soleil lui-même vacille et meure.

Il y avait plus d'un Arbre.

En 3665, la Terre était entourée d'un réseau végétal, composé d'Arbres voyageant dans l'espace et d'araignées aériennes, qui descendaient vers la Terre depuis l'espace. Et, lentement, des réseaux évoluaient dans la direction opposée. Un jour, une sorte d'improbable échelle biologique relierait peut-être la Terre à l'espace. Quelqu'un avait une stratégie visant à assurer l'accès à la Terre depuis l'orbite par des moyens biologiques stables. Mais nul ne pouvait dire de qui il s'agissait à Malenfant.

Les colons de cet Arbre semblaient s'occuper avec une sorte de charité distraite des voyageurs qui, comme lui, rentraient au bercail. Au-delà, les jumelles ne semblaient lui parler que poussées par une vague curiosité. Si ce n'était pas par politesse.

Les Jumelles Qui Se Faisaient Des Cheveux parlaient une forme d'anglais contenant un cinquième ou peut-être un quart de mots que Malenfant ne comprenait pas. Dérive linguistique, se dit-il. Mille ans s'étaient écoulés depuis son départ, après tout ; il était Chaucer rencontrant Neil Armstrong.

— Où êtes-vous allé ? lui demandèrent-elles.

— J'ai commencé par Alpha du Centaure. Après, je n'ai pas toujours su où j'étais. J'ai roulé ma bosse un peu partout.

— Qu'avez-vous trouvé ?

Il réfléchit.

— Je ne sais pas. Je n'ai pas compris grand-chose.

C'était vrai. Mais à présent – de la même façon que Madeleine Meacher et Dorothy Chaum étaient venues le chercher et lui avaient sauvé la vie sans lui en demander la permission sur la lointaine planète Boulet de Canon – les jumelles lui avaient donné une jeunesse importune. Il se sentait de nouveau *curieux*. Insatisfait. Il s'était habitué à être vieux, bon sang. C'était confortable.

Il n'y avait pas d'autres voyageurs ici.

Il s'ennuya bien vite de l'Arbre et des artefacts et activités incompréhensibles qu'il abritait. Victime d'un sentiment de solitude, désorienté, il tenta d'éveiller l'intérêt des jumelles, ses énigmatiques infirmières.

— Vous savez, je me souviens à quoi ressemblait la Terre lorsque j'ai volé pour la première fois à bord de *Columbia*, en 1993. À cette époque, il fallait utiliser de gros boosters à poudre pour aller en orbite, vous voyez, et puis, et puis…

Les jumelles l'écoutaient poliment pendant un moment. Mais elles se tournaient ensuite l'une vers l'autre, bouches accolées en un sceau imperméable, leurs petites mains glissant sur leur chair nue, leur chevelure flottant comme des nuées autour d'elles, le pont de chair qui les reliait plié et compressé, et Malenfant n'était plus qu'un lamentable vieux con qui les barbait avec ses souvenirs d'ancien combattant.

S'il devait revenir sur Terre, où était-il censé atterrir ?

Il demanda aux jumelles des encyclopédies et des livres d'histoire. Elles lui rirent pratiquement au nez. Les gens en 3265 avaient, semblait-il, oublié l'histoire. Les jumelles semblaient ne pas connaître grand-chose en dehors de leur spécialité, une forme limitée – mais néanmoins très avancée – de médecine. C'était… décevant. D'un autre côté, qu'avait-il jamais su, et s'était-il jamais intéressé à l'An Mille ?

La frustration l'envahit. Il s'emporta contre les jumelles. Elles se contentèrent de le regarder avec des yeux ronds.

Il allait devoir trouver les réponses lui-même.

Il possédait toujours le jeu de senseurs sous forme d'écran souple que Sally Brind lui avait donné des siècles auparavant, lorsqu'il était parti pour le Point Selle d'Alpha du Centaure. Il pouvait lui servir de détecteur à spectre multiple. Il était possible de le reconfigurer pour qu'il superpose des clichés en infrarouge et en ultraviolet, ainsi que des images radar, tout ce qu'il voulait, en fait, à des photos de la Terre. Il pouvait choisir de repérer les signatures des roches, la végétation, l'eau et des rejets industriels comme les métaux lourds et les agents polluants.

Tout seul, il trouva un hublot et étudia la planète.

La Terre était effectivement dépeuplée.

Des humains vivaient là-dessous, en communautés de quelques dizaines de milliers de personnes, pas plus. Pas de rejets industriels non plus, sauf quelques taches produites par des reliques du passé rassemblées autour des vieilles villes et semées le long des routes abandonnées. Il ne vit même pas de signes d'agriculture à grande échelle.

Malenfant étudia ce qui restait des villes de son époque, celles qui avaient, il ne savait comment, survécu à la glace. New York, par exemple.

En 3265, New York était verte. Il y poussait des bouleaux et des chênes, des taillis de sureaux. Il pouvait encore distinguer la forme des routes, des pâtés de maisons et des parkings, sous des rectangles de verdure couverts de mousses, de lichens et de plantes coriaces et destructrices comme le buddleia. Sur l'île de Manhattan, certains des immeubles en béton les plus massifs tenaient toujours debout, pareils à des ossements blancs dépassant au-dessus des arbres, mais ils n'avaient plus de fenêtres et leurs murs étaient noircis par des incendies. D'autres s'étaient affaissés et se réduisaient désormais à des monticules aux formes étranges cachés sous la végétation. Les ponts s'étaient effondrés, laissant des barrages peu élevés le long de la rivière. Il vit des renards, des chauves-souris et des loups mais aussi des créatures plus exotiques, peut-être les descendants d'animaux de zoos : des cerfs et des cochons sauvages.

Étrangement, certaines routes semblaient en bon état. Peut-être le béton intelligent que l'on avait commencé à utiliser un peu avant son départ avait-il continué à fonctionner. Mais les grandes autoroutes à plusieurs voies qui sortaient de Manhattan dessinaient un gribouillis insensé sur du béton recouvert d'herbe. Peut-être ne se contentait-il pas de se réparer lui-même, peut-être croissait-il vraiment, rampant tel un énorme ver à travers les banlieues désertées, grand-route semi-intelligente sur laquelle aucune voiture n'était passée depuis des siècles.

Une fois, Malenfant vit ce qui ressemblait fort à un groupe de chasseurs se frayer un chemin le long de la rive de l'Hudson qui s'était élargi, sur la piste d'une créature qui ressemblait à une antilope. Ils étaient grands, nus, avec une chevelure dorée. L'un d'eux leva les yeux vers le ciel, comme s'il regardait directement Malenfant. Il s'agissait d'une femme aux iris bleus et vides. Elle avait un cou de lanceur de poids. Il songea que son visage, d'une certaine façon, n'était même pas humain.

Lorsque Malenfant avait quitté la Terre, mille ans plus tôt, il n'avait laissé aucun descendant direct derrière lui. Sa femme, Emma, était morte avant qu'ils n'aient pu avoir des enfants. Mais il avait de la famille : un neveu, deux nièces.

À présent, il ne restait pratiquement plus personne sur la Terre. Malenfant se demanda si quelqu'un, en bas, portait encore une trace de ses propres gènes. Et si c'était le cas, ce que ces gens étaient devenus.

Il chercha la statue de la Liberté, pour des raisons sentimentales. Peut-être était-elle échouée sur la plage, comme dans *La Planète des singes*. Il ne trouva aucune trace de la vieille dame.

Mais il découvrit effectivement un autre monument : un artefact de plusieurs kilomètres de diamètre, un anneau monstrueux situé en plein centre de Manhattan. On aurait dit un accélérateur de particules. Peut-être cette chose avait-elle un rapport avec la bataille que la ville menait contre les glaces. Peu importait, elle n'avait pas l'air humain. Elle n'était pas à la bonne échelle.

D'autres preuves de l'existence de haute technologie étaient éparpillées un peu partout sur la planète. Mais elles ne semblaient pas avoir grand-chose avec les humains non plus. Par exemple, lorsque l'Arbre glissa au-dessus des Pyrénées, les montagnes situées sur le pli de terrain entre la France et l'Espagne, il vit des fils lumineux, de parfaites lignes droites de lumière couleur rubis qui reliaient les sommets comme une toile d'araignée. Son écran lui dit qu'il s'agissait de lumière cohérente : des lasers. Il y avait des installations similaires dans d'autres régions montagneuses, dispersées sur toute la planète. Les bancs de lasers fonctionnaient en permanence. Peut-être corrigeaient-ils l'atmosphère, par exemple en brûlant les CFC.

Il observa aussi des éclairs jaillissant de sites situés autour de l'équateur, dans l'hémisphère couvert d'eau de la Terre. Quelques minutes après chaque éclair, l'atmosphère devenait un peu plus brumeuse. Il estima qu'ils avaient lieu environ une fois par minute, sur tout le globe. Il se souvint qu'on avait envisagé au XXe siècle que de telles installations pouvaient servir à augmenter l'albédo de la Terre – pour accroître le pourcentage de lumière solaire reflété vers l'espace – en envoyant de la poussière aux grains plus petits que le micromètre dans la stratosphère : des canons de la marine auraient pu s'en charger. Le but était de diminuer le réchauffement de la planète. Mais la poussière finirait par retomber : il aurait fallu un tir toutes les quelques secondes pendant des années – des décennies, voire des siècles. On avait raillé cette idée. Mais de telles injections de poussière pouvaient expliquer l'accroissement de la luminosité globale qu'il lui avait semblé observer.

C'était de l'ingénierie planétaire. D'ici, il ne pouvait voir que les grandes lignes matérielles. Peut-être y avait-il autre chose à la surface : des ajustements nanotechnologiques, par exemple.

Quelqu'un était en train de réparer la Terre et Malenfant n'avait pas l'impression que ce quelqu'un était humain. Après tout, cela prendrait des siècles, peut-être des millénaires. Aucune civilisation humaine n'était capable de mener à bien des projets d'une telle durée, ni n'en aurait eu les moyens. Dans ce cas, pourquoi ne pas laisser quelqu'un d'autre s'en charger ?

Tous les changements n'étaient pas constructifs.

Il y avait un nouveau cratère impressionnant. Il évoquait une cicatrice dans la verdure couvrant la planète. Malenfant ignorait s'il s'agissait de l'empreinte laissée par une météorite ou d'une mine à ciel ouvert de plusieurs kilomètres de diamètre. Des machines rampaient sur les murs et le fond du cratère, de toute évidence elles mastiquaient la roche broyée d'où elles extrayaient des piles de minerai et de métaux. Vues de l'espace, elles ressemblaient à des araignées : des corps dodécaédriques d'environ cinquante mètres de large munis de huit à dix pattes articulées qui travaillaient sans relâche à l'intérieur de cette blessure ouverte dans l'épiderme la Terre.

Malenfant avait déjà vu des machines semblables. C'étaient des drones industriels gaijin conçus pour mâcher de la glace et du roc. Mais, à présent, ils n'étaient pas loin dans la ceinture d'astéroïdes, ni coincés quelque part à la froide périphérie du Système solaire, à des milliards de kilomètres. Les Gaijin étaient ici, à la surface de la Terre elle-même. Il se demanda ce qu'ils y faisaient.

Il poursuivit son enquête à la recherche de gens et de civilisation.

L'endroit le plus peuplé de la planète semblait être une sorte de communauté installée au sommet d'une montagne au cœur de l'Afrique. En Ouganda, pour autant qu'il pût se fier à ses connaissances géographiques.

La signature recueillie par les senseurs de son écran souple était curieuse. Il détecta la trajectoire de particules lourdes, des débris de ce qui ressemblait à des produits de fission à demi-vie courte provenant d'une source au centre de la communauté. Il y avait également des particules plus énergétiques : elles étaient presque semblables à des rayons cosmiques.

Mais elles provenaient d'une source profondément enterrée à l'intérieur de la Terre.

Les seules autres sources similaires dispersées sur la planète semblaient être des décharges de déchets radioactifs très profondes.

La communauté en Ouganda n'était pas la civilisation, mais c'était là que l'on trouvait la trace de technologie la plus avancée de la planète. Une population, et une énigme. Peut-être était-ce là qu'il devait se rendre.

Les Jumelles Qui Se Faisaient Des Cheveux lui montrèrent un vaisseau spatial en bois. C'était, Dieu le protège, la capsule à bord de laquelle il allait effectuer sa rentrée dans l'atmosphère. On aurait dit une graine, une sphère de bois aplatie d'environ deux mètres de large. Elle était équipée d'une couchette basique en tissu et d'un système de support vital – des filtres organiques rudimentaires censés durer quelques heures, assez longtemps pour le retour sur Terre. La capsule possédait même un hublot, qui avait en fait poussé avec le bois, une bulle d'un matériau clair ressemblant à l'ambre. Malenfant allait devoir grimper à l'intérieur par un diaphragme qui se scellerait derrière lui, comme pour une naissance à l'envers.

Il passa un certain temps à chercher le bouclier thermique de la capsule. Les jumelles le regardaient, intriguées.

Ils le gardèrent en orbite un mois supplémentaire environ, tout en le préparant à son retour à la gravité : de l'exercice, un accélérateur pour le calcium, une thérapie électromagnétique. Ils lui donnèrent une combinaison faite d'une sorte de matériau biocomposite, doux au toucher mais impossible à déchirer, et assez intelligent pour maintenir son corps à la bonne température. Il rangea son unique possession personnelle à l'intérieur de la sphère : son vieux scaphandre pressurisé de la navette, avec son drapeau américain fané et son logo de la NASA, celui qu'il portait en passant la première porte, à un millier d'unités astronomiques de chez lui. Et mille ans auparavant. Il était bon à jeter, mais c'était tout ce qu'il avait.

Il profita d'une ultime nuit de sommeil en apesanteur.

Lorsqu'il se réveilla, l'Arbre survolait l'Amérique du Sud. Malenfant vit l'eau douce de l'Amazone, bien plus pâle que celle, salée, de l'océan, et dont le courant était si fort qu'elles ne se mêlaient toujours pas à des centaines de kilomètres du rivage.

Il grimpa à l'intérieur de la capsule. Les jumelles l'embrassèrent, un visage à la peau douce pour chaque joue, et l'enfermèrent hermétiquement dans l'obscurité chaude et brune.

Malenfant fut catapulté hors de l'arbre par une branche souple. Il eut de nouveau, brièvement, la sensation de peser quelque chose, et il fut écrasé dans son siège. Une fois le lancement accompli, il cessa de sentir son poids.

Mais à présent la capsule ne se trouvait plus sur une orbite libre, elle tombait rapidement vers l'atmosphère.

Elle frissonna autour de lui lorsqu'ils abordèrent la couche supérieure. Il se rendit compte qu'il était très conscient de la légèreté et de la fragilité de cette coque de noix en bois dans laquelle il allait devoir tomber le cul en premier dans l'atmosphère.

La décélération causée par la friction commença à s'accumuler cinq minutes après la séparation d'avec l'arbre : un dixième, puis deux dixièmes de g. Elle augmenta rapidement, appuyant sur ses globes oculaires et l'enfonçant de plus en plus profondément dans son siège.

La capsule trembla violemment. Malenfant fut enveloppé par un grondement étouffé. Il se cramponna à sa couchette et essaya de ne pas s'en inquiéter.

Le bouclier thermique pénétra un peu plus profondément dans l'air et une coquille de plasma se forma autour de la coque. La noirceur de l'espace était masquée par un brun profond au-delà du hublot couleur d'ambre; il passa rapidement de l'orange au jaune ardent, puis à un blanc éblouissant. Des particules de suie se détachèrent de la coque carbonisée, laissant des traînées sur la fenêtre, lui masquant la vue. À présent, il ne pouvait plus voir que des jaillissements lumineux très puissants, comme si des boules de feu filaient près de son engin.

De la surface de la Terre, le vaisseau devait apparaître comme un météore brillant, visible même en plein jour. Il se demanda si quelqu'un, en bas, comprendrait ce qu'il voyait.

Les jumelles lui avaient dit que le bois semblable à du chêne faisait office de bouclier thermique naturel. Toute sa résine allait s'évaporer naturellement. Cette solution au problème était bien plus élégante que les gadgets mécaniques cliquetants de son époque. Peut-être, mais il était un type démodé ; il aurait préféré être entouré de quelques couches de bon vieux métal et de céramique.

La lueur commença à s'atténuer, et la décélération s'adoucit. La fenêtre était à présent complètement noircie par la suie, mais un écran se détacha avec un bruit d'explosion, révélant un disque de ciel bleu clair.

Il y eut un autre bruit de détonation lorsque le premier parachute se déploya. Il tira la capsule, lui infligeant un violent balancement latéral. Malenfant fut écrasé d'un côté, puis de l'autre, tandis que la cabine grinçait tout autour de lui ; il se sentit fragile, piégé dans son siège.

Deux parachutes stabilisateurs se déployèrent l'un après l'autre avec un claquement, suivis par le parachute principal. Il vit à travers sa fenêtre une énorme coupole d'un matériau vert et feuillu, semblable à un nuage végétal se dessinant sur le ciel bleu. En dépit de ses origines végétales, le parachute semblait intact, ce qui était rassurant ; le balancement s'atténua.

Malenfant aperçut le sol. Il pouvait même suivre sa progression à l'aide des cartes des senseurs de son écran souple. Il était arrivé au-dessus d'une île qui s'appelait autrefois Zanzibar, sur la côte orientale de l'Afrique. Maintenant, il dérivait vers l'intérieur des terres, vers le nord-ouest et le lac Victoria. Une forêt semblable à un tissu vert s'étendait sur des montagnes.

Malenfant sentit sa couchette se soulever sous lui. En se comprimant, des sacs envoyèrent du dioxyde de carbone dans la base de celle-ci, la préparant à servir d'absorbeur de chocs au cours de l'atterrissage. Il fut pressé contre le toit incurvé de sa capsule ; il ne restait plus qu'un petit espace entre le toit et ses genoux. Il se sentit encerclé, lourd et chaud. La gravité pesait sur lui de manière tangible.

La capsule heurta le sol.

Les parachutes la tirèrent en avant, si bien que Malenfant fut renversé visage en avant. La capsule commença à filer sur un terrain rocailleux, roulant et tanguant, tournoyant et raclant le sol. La tête de Malenfant rebondit contre l'appui-tête de la couchette.

La capsule finit par s'immobiliser à l'issue d'une ultime glissade.

Malenfant se retrouva suspendu sur le côté, la lumière du jour tombant à flots par le hublot situé derrière lui. L'absorbeur de choc le pressait encore contre le toit, si bien qu'il ne pouvait voir à l'extérieur. Il leva les mains vers son visage. Il avait du sang dans la bouche.

La paroi de la capsule se dilata et laissa entrer un flot d'air chauffé par le soleil si riche en oxygène et en odeurs végétales que Malenfant se mit à haleter.

Il entama la douloureuse manœuvre de sortie.

Sa capsule était tombée sur une plage de galets, qui sinuait en une ligne gris pâle entre la surface d'un gris plus sombre d'un lac et le vert éclatant d'un bosquet de bananiers. Tout ce qu'il voyait, du rivage aux plus hauts sommets des collines, c'était un tapis de teintes vertes contrastant les unes avec les autres.

Il se trouvait sur la côte nord du lac Victoria. C'était l'endroit le plus proche de ce centre de population à la bizarre signature radioactive où les jumelles avaient accepté de le déposer.

Une fois son équilibre trouvé, il n'eut aucun mal à marcher. Il n'éprouvait nul étourdissement, rien qu'une étrange impression de désorientation. Il sentait ses organes internes se déplacer tandis qu'ils cherchaient un nouvel équilibre à l'intérieur de son corps. Et il paraissait immunisé contre les coups de soleil.

Mais il trouva très étrange de marcher sans sa combinaison. Déconcertant. Et le sentiment d'espace et d'immensité qu'il éprouvait était surprenant. Après tous ses voyages, Malenfant était devenu un extraterrestre, mal à l'aise à la surface de son monde natal.

Il n'y avait aucune trace de présence humaine.

Il installa son campement dans la coque inerte et brûlée de sa capsule. Il se servit du casque de son vieux scaphandre pressurisé de la NASA pour prendre de l'eau dans un ruisseau, un peu plus loin vers l'intérieur des terres. Il mangea des figues et des bananes. Il se dit que s'il était coincé ici pour longtemps, il essaierait de pêcher dans le lac.

Les journées étaient courtes et chaudes, bien qu'il y eût habituellement quelques nuages dispersés dans le ciel bleu. Malenfant planta un morceau de bois dans le sable et regarda son ombre se déplacer et s'allonger au fil des heures. De cette façon, il détermina le midi local et put régler sa montre d'astronaute. S'il restait bloqué ici assez longtemps, il trouverait peut-être l'équinoxe et commencerait à dresser un calendrier.

Les couchers de soleil étaient spectaculaires. Il y avait tant de poussière micrométrique.

Les nuits étaient froides, et il s'enroulait dans les couches supérieures du tissu Béta de son scaphandre, là, sur la plage. Mais il demeurait de longues heures éveillé, et étudiait un ciel qui avait changé.

Le croissant de Lune était bleu.

Son bord était flouté par une bande de lumière qui s'étirait en partie sur la face cachée du satellite. Il y avait aussi une épaisse ceinture de nuages empilés au-dessus de l'équateur de la Lune. Du côté de la face sombre elle-même, on voyait des lignes lumineuses : des villes ou des cités, soulignant la silhouette de continents lunaires invisibles. La Lune avait une lumière jumelle, un miroir géant qui en faisait le tour avec lenteur, procurant de la clarté à son hémisphère plongé dans l'ombre, qui aurait sinon langui dans l'ombre quatorze jours de suite, ce qui suffisait sans doute pour que la nouvelle atmosphère si précieuse retombât en neige.

Un point lumineux éblouissant se trouvait au centre de l'hémisphère sombre qui faisait face à Malenfant. La source de cet éclat était la lumière de la Terre, qui se reflétait sur les océans lunaires.

Ce mince croissant de lune suffisait à inonder le ciel de lumière et à occulter les étoiles et les planètes. La vie sauvage utilisait cette lumière nouvelle : il entendit des amphibiens croasser et un félin gronder. Il ne douta pas que cette lune nouvelle avait un effet subtil sur l'évolution des espèces.

Elle était belle, merveilleuse, et sa terraformation représentait une sacrée réussite. Mais, pour Malenfant, elle était aussi inaccessible qu'avant l'époque d'*Apollo*, mille ans plus tôt. Et, même de là où il se trouvait, Malenfant pouvait voir des vaisseaux gaijin orbitant d'un pôle à l'autre de la Lune.

Lorsque celle-ci se couchait, emportant sa brillante lumière avec elle, l'étrangeté du ciel émergeait pleinement.

D'énormes objets vert et or se découpaient dans le ciel noir où ils planaient : des Arbres, des taches spectrales de vert éclatant, des vaisseaux-fleurs gaijin qui ressemblaient à des libellules avec leurs collecteurs ouverts et remplis de fils d'argent emmêlés. Une chaîne de lumière était regroupée autour du plan de l'écliptique, des nœuds et des amas d'étincelles qui ressemblaient presque à des rues vues depuis une orbite. C'étaient des villes gaijin de la ceinture d'astéroïdes.

La forme des constellations était pratiquement inchangée, la lente dérive des étoiles restait imperceptible dans l'infime laps de temps qu'avait duré son absence. Une jeune étoile brillante était apparue dans la constellation de Cassiopée, transformant en un zigzag son W caractéristique. Mais beaucoup d'autres étoiles avaient pâli, étaient devenues rouges, voire rouge vif, ou alors manquaient complètement à l'appel, occultées par de la vie. C'était le signe de la vague de colonisation qui palpitait le long des chemins stellaires de la Galaxie, de la consommation planifiée d'un système après l'autre, et elle venait dans leur direction.

Dans une région du ciel plus ou moins centrée sur la grande et ancienne constellation d'Orion, des étoiles vacillaient, brûlaient et crachaient leurs derniers feux avant de s'éteindre. C'était la preuve qu'on s'activait dans un but précis sur une distance se comptant en années-lumière, et cette idée faisait frissonner Malenfant. Peut-être la guerre qu'il craignait allait-elle s'abattre sur le Système solaire.

À l'heure la plus obscure de la nuit, il distingua une énorme et magnifique comète étalée au zénith. Même à l'œil nu, il vit l'étincelle lumineuse de son noyau et une queue qui s'étirait, duveteuse et incurvée, sur tout le dôme du ciel.

Les comètes venaient du nuage d'Oort. Il se demanda s'il y avait un lien entre cette visiteuse brillante qui traversait le cœur du Système solaire et les scintillements de la lointaine perturbation qu'il voyait par là-bas.

Un matin, il rampa hors de sa capsule, nu comme un ver.

Un homme se tenait là, debout, et le dévisageait.

Malenfant poussa un cri et plaqua ses mains sur ses testicules.

L'homme – qui n'était probablement qu'un jeune garçon – était grand, mesurant plus de deux mètres. Sa peau brun cuivré était couverte de poils couleur d'or pâle si épais qu'on aurait presque dit une fourrure, et ses yeux étaient bleus. Il avait une musculature d'athlète. Il était vêtu d'une sorte de pagne fait d'un tissu blanc grossier. Il portait un sac. Il avait une ceinture autour de la taille, faite d'une espèce de cuir. Elle contenait toute une série d'outils, tous en pierre, en os ou en bois : des haches rondes, des fendoirs, des grattoirs, un marteau de pierre.

Son cou épais ressemblait à celui d'un haltérophile. Son crâne, long et bas, comportait une sorte de crête osseuse sur l'arrière. Et il avait des sourcils proéminents, un front fuyant sous ses cheveux blonds. Sa grosse mâchoire était prognathe – il n'avait pas de menton – ses dents paraissaient solides et un lourd bourrelet sus-orbitaire protégeait ses yeux. Son nez plat ressemblait à celui d'un singe. Malenfant se dit qu'il n'avait pas l'air tout à fait humain.

Mais, malgré tout, le nouveau venu était beau, et le regard qu'il posait sur Malenfant était direct et clair.

Il sourit à celui-ci et vida le sac sur le sable. Il contenait des bananes, des patates douces et des œufs.

— Manger nourriture manger nourriture, dit-il.

Il avait une voix haut perchée et indistincte et ses consonnes ne sonnaient pas nettement.

Malenfant, sidéré, se contenta de rester debout et de le regarder fixement.

Le visiteur replia son sac, tourna les talons et s'en alla en courant sur le sable tel un éclair brun doré, laissant derrière lui sur la plage des empreintes de pieds à la Vendredi.

— Premier contact, grommela Malenfant. Bizarre autant qu'étrange.

Il se rendit à la lisière pour sa petite affaire du matin, puis revint manger. Ça le changeait des fruits et du poisson.

Il s'installa pour attendre. Vendredi et ses invisibles *compadres* ne lui voulaient certainement aucun mal. Mais il lui fut tout de même impossible de ne pas rester près de sa capsule, le regard fixé sur la lisière.

Il se demanda ce qu'il pouvait utiliser en guise d'arme. Discrètement, il collecta un tas des plus grosses pierres qu'il put trouver sur la plage.

Les visiteurs suivants arrivèrent par le lac. Il entendit d'abord leurs voix.

Six canoës remplis d'hommes et de femmes passèrent la pointe de la baie en miroitant. Malenfant plissa les paupières pour ajuster sa vision toute neuve.

L'équipage semblait composé de membres de toutes les races, des Aryens aux Noirs. Malenfant remarqua plusieurs magnifiques créatures aux cheveux dorés semblables à son Vendredi. Un homme qui paraissait être le chef, debout dans l'un des canoës, portait une coiffe de perles ornée de longues plumes blanches de coq, une peau de chèvre au poil long d'un blanc neigeux et une robe cramoisie tombant de ses épaules. Pour Malenfant, c'était une vision sortie de l'Âge de pierre. Mais il se tenait voûté, comme un homme malade.

Malenfant se rendit sur la plage pour les accueillir, les mains vides.

Les canoës raclèrent la berge ; le chef en descendit d'un bond et marcha pieds nus dans l'eau peu profonde jusqu'au sable sec. Malenfant vit qu'il chancelait sur des jambes enflées épaisses comme des troncs d'arbre. Son visage était noirci et des touffes de cheveux jaillissaient telles des mauvaises herbes de son cuir chevelu. Mais son regard était vif et inquisiteur.

Il tendit la main. Malenfant sentit une odeur de chair pourrie et dut faire tout ce qu'il pouvait pour ne pas reculer avec dégoût. Pour Malenfant, cet homme souffrait d'un empoisonnement par les radiations à un stade avancé. Il se passe quelque chose ici, songea-t-il.

Le chef ouvrit la bouche pour parler. Ses lèvres se séparèrent avec un doux *plop*, et Malenfant vit à quel point ses muqueuses étaient enflées. L'homme s'adressa à lui dans une langue qu'il ne put reconnaître. Peut-être du swahili ou du kiganda.

Malenfant leva les mains.

— Je suis désolé, je ne comprends pas.

Le chef eut l'air surpris.

— Mon Dieu, dit-il. Un Européen… Je ne m'attendais pas à voir un jour un autre Européen.

Il parlait anglais avec un fort accent.

— Pas Européen. Américain.

— Vous avez voyagé dans les profondeurs.

— Les profondeurs ?

— Du temps. Comme moi. J'ai quitté la Terre pour la première fois en 2191. Et vous ?

— Avant, dit Malenfant.

— Écoutez, je suis une espèce d'ambassadeur du Kabaka.

— Kabaka ?

— L'Empereur. J'accueille les voyageurs, entre autres tâches. Ce n'est pas qu'il y en ait beaucoup.

Il remarqua que Malenfant s'interrogeait sur son état. Il sourit, d'une bouche semblable à une sinistre balafre révélant des dents noires.

— Ne vous inquiétez pas. J'ai été en froid avec le Kabaka pendant quelque temps. Ça arrive pratiquement à tout le monde. Mon nom est Pierre de Bonneville. J'étais français. Je suis allé à Bellatrix avec les Gaijin : Gamma Orionis, à trois cent soixante années-lumière. Un voyage remarquable.

— Pourquoi ?

Bonneville rit.

— J'étais écrivain. Poète, en fait. Mon pays pensait qu'il fallait envoyer des artistes dans les étoiles : des yeux et des oreilles pour ramener la vérité chez nous, la vérité intérieure, vous voyez, sur ce qui se trouve là, dehors. J'ai emprunté l'une des dernières *Ariane*, depuis Kourou. Un truc énorme et bruyant ! Mais, lorsque je suis revenu, tout le monde était parti, ou mort. Il n'y avait nulle part où publier ce que j'avais observé, personne pour écouter mes comptes rendus.

— Je sais quel effet ça fait. Je m'appelle Malenfant.

Bonneville plissa les yeux. Il ne parut pas reconnaître son nom, ce qui convenait à Malenfant.

Les hommes d'équipage à la chevelure dorée retournaient avec curiosité la coquille calcinée de la capsule de Malenfant.

Bonneville sourit.

— Vous admirez mes hommes à la chevelure d'or. Les Dressés. Je les appelle les enfants de Kintu.

— Kintu ?

— … Mais nous sommes tous les enfants de Kintu, à présent. Pourquoi êtes-vous ici, Malenfant ?

Des voyageurs et des empereurs, l'histoire et la politique. Malenfant sentit son sang tout neuf pulser dans ses veines. Il avait passé trop de temps parmi des non-humains. Les affaires de l'humanité et toute leur riche complexité lui souhaitaient à nouveau la bienvenue.

Il sourit.

— Conduisez-moi à votre chef, dit-il.

CHAPITRE 25

LA TOMBE DE WANPAMBA

Pierre de Bonneville et son équipage d'humains et d'hominidés à la chevelure dorée passèrent la nuit sur la plage où Malenfant était tombé. Les humains mangèrent du poisson séché et des patates douces à la lumière du feu. Les Dressés servaient les humains, qui ne reconnaissaient pas leur présence, ni ne les remerciaient en aucune manière.

Bonneville se mit à boire une bière mousseuse à base grain fermenté qu'il appelait de la *pombe*. Au bout d'une heure, il avait l'œil trouble, la langue épaisse et la voix rauque.

Lorsqu'ils eurent accompli leurs tâches, les Dressés s'installèrent à l'écart des autres. Ils construisirent leur propre feu grossier et firent cuire quelque chose dont la graisse grésillait et éclatait ; Malenfant trouva que ça sentait le cochon.

Il apprit que le jeune garçon qu'il avait baptisé Vendredi s'appelait en fait Magassa.

Bonneville raconta à Malenfant qu'il était venu ici en remontant le cours du Nil depuis l'ancien emplacement du Caire. Comme Malenfant, il avait été attiré à son retour des étoiles vers ce que sa vieille planète avait de plus proche d'une métropole. Remonter le Nil semblait avoir relevé de l'exploit : en 3265, l'Afrique était redevenue sauvage.

— Écoutez-moi. Ici, le dirigeant s'appelle Mtesa. C'est le Kabaka de l'Ouganda, de l'Usogo, de l'Unyoro et du Karagwe : un empire de trois cents kilomètres de long sur cinquante de large, la plus grande entité politique de tout ce monde païen. Ici, sur Terre, les choses sont… revenues en arrière, Malenfant, pendant que nous regardions ailleurs. Les gens sont retournés à des modes de vie qu'ils appréciaient, ou supportaient, des siècles avant votre époque ou la mienne, avant que les Européens ne se répandent partout sur la planète. Vous et moi, nous sommes de véritables anachronismes. Vous comprenez ? *Ces gens ne nous ressemblent pas.* Ils n'ont aucune véritable perception de l'histoire. Aucun sens du changement, de la possibilité d'un avenir ou d'un passé différent. Selon votre calendrier et le mien, nous nous trouvons peut-être en 3265. Mais, à présent, la Terre est hors du temps.

Il toussa, se racla la gorge et expulsa un crachat mêlé de sang.

— Que vous est-il arrivé, Bonneville ?

Le Français sourit et détourna la question.

— Laissez-moi vous dire comment fonctionne ce pays. Nous ressemblons aux premiers explorateurs européens venus ici, dans les régions les plus obscures d'Afrique, au XIXe siècle. Et le Kabaka est un type coriace. Lorsqu'un voyageur pénètre pour la première fois dans son pays, son chemin semble semé de fleurs. Les cadeaux succèdent rapidement aux cadeaux, les pages et les courtisans s'agenouillent devant lui, son moindre désir est aussitôt exaucé. Tant que le voyageur reste une nouveauté, et tant que ses capacités ou sa valeur n'ont pas encore été évaluées, il est comme en vacances ici. Mais vient un temps où il doit rendre ce qu'on lui a donné. Vous me suivez ?

Malenfant réfléchit. Bonneville s'exprimait dans un style plus fleuri que ce dont il avait l'habitude. Mais il était né quelque deux cents ans après Malenfant ; beaucoup de choses pouvaient avoir changé durant ce laps de temps. Cependant, il pensait surtout que Bonneville s'était un petit peu trop plongé dans la politique locale – qui connaissait ce Kabaka ? –, sans parler du fait qu'il était devenu d'une amertume effroyable.

— Non, dit-il. Je ne sais pas de quoi vous parlez.

Bonneville parut frustré.

— En fin de compte, il faut payer le Kabaka pour son hospitalité. Si vous avez des armes, vous devez les donner, si vous avez des bagues, ou de bons vêtements, vous devez les donner. Et si vous ne le faites pas volontairement, on trouvera d'autres moyens de vous débarrasser de vos possessions superflues. Vos compagnons vous abandonnent, attirés par les récompenses de Mtesa. Et un jour, on se retrouve totalement dépouillé de la totalité de ses biens, et échoué ici, à un millier de kilomètres de la plus proche communauté indépendante.

— Et c'est ce qui vous est arrivé.

— Lorsque j'ai cessé de l'amuser, le Kabaka m'a traîné devant son tribunal. Où je l'ai… rendu encore plus mécontent… Et, avec la bénédiction du Katekiro – le bras droit de Mtesa – j'ai été condamné à passer un mois dans le Moteur de Kimera.

— Un moteur ?

— Une mine de *yellowcake*. On m'a mis avec les plus humbles des humbles, Malenfant. La peine m'a diminué, comme vous pouvez le voir. Lorsque j'ai été relâché, Mtesa, tel le chef à demi civilisé qu'il est, m'a trouvé un poste à la cour. Je suis comptable.

« Voilà qui va vous amuser. J'ai reconnu la méthode locale pour noter les chiffres grâce à ce que je savais de la culture inca. Elle ressemble au *quipu*, un système de notation basé sur l'emploi de cordes nouées. Le Kabaka s'est emparé de cette technologie. Tout citoyen de son royaume est enregistré à l'aide de nombres : sa date de naissance, ses relations par la naissance et le mariage, le contenu de ses greniers et de ses entrepôts. Je suis parvenu à concevoir un système comptable pour aider Mtesa à lever des impôts, ce dont il m'a été excessivement reconnaissant, et je suis redevenu un de ses favoris à la cour, quoique dans une fonction différente.

« Mais vous voyez l'ironie de la situation, Malenfant. Nous autres voyageurs, nous revenons des étoiles dans ce sinistre avenir post-technologique – un monde d'illettrés – et je me retrouve pourtant prisonnier d'un empire qui enregistre les actions de chaque citoyen au moyen de chiffres purs et sans fioritures. Cet endroit peut vous paraître paradisiaque, mais c'est en fait une effroyable métropole sans âme !

Les Dressés riaient entre eux. Malenfant les entendait baragouiner de leurs voix étrangement monotones.

— Leur discours est simple, dit Malenfant.

— Oui. Direct. Dépourvu d'abstraction. Délicieux, non ? Environ du niveau d'un enfant humain de six ans.

— Que sont-ils, Bonneville ?

— Vous ne devinez pas ? Ils me donnent le frisson. Physiquement, ils sont splendides, bien sûr. Les femmes sont parfois dociles... Tenez. Encore un peu de *pombe*.

— Non.

Ils restèrent assis dans la nuit qui se rafraîchissait, un vieil homme et un invalide, égarés en dehors du temps, tandis que les Dressés étaient regroupés loin d'eux autour de leur feu, élancés et élégants.

Malenfant accepta d'accompagner Pierre de Bonneville jusqu'à Usavara, le village de chasseurs du Kabaka, et de là jusqu'à la capitale, Rubaga, où se trouvait la source des anomalies que Malenfant avait observées du haut de l'orbite.

Le jour suivant, ils sortirent de la baie par le lac. Le canoë de Bonneville était superbe et Magassa, le Dressé, accompagnait au tambour le chant psalmodié par les rameurs.

Assis à la poupe, Malenfant avait l'impression de s'être égaré dans un parc à thème.

Sur la côte, à quelque deux kilomètres d'Usavara, le village de chasseurs, Malenfant vit quelque chose comme des milliers de Waganda – le nom, lui dit Bonneville, que cette nouvelle race se donnait. Ils étaient debout sur la plage, attendant les ordres, alignés sur deux rangs, au bout desquels se tenaient plusieurs hommes élégamment vêtus de pourpre, de noir et de blanc neigeux. Des flèches jaillirent vers le ciel lorsque les canoës s'approchèrent de la plage. Un concert de bouilloires et de tambours de cuivre les accueillit bruyamment, on agita des drapeaux et des banderoles.

Lorsqu'ils accostèrent, Bonneville conduisit Malenfant en haut de la plage. Une petite femme voûtée les accueillit. Elle portait une toge écarlate sur une robe de coton blanchi. Bonneville s'agenouilla devant elle et dit à Malenfant qu'elle était la Katekiro : une sorte de Premier ministre du Kabaka.

Le visage de la Katekiro était un masque parcheminé.

— Putain de merde ! *Nemoto*…

C'était elle : Malenfant n'avait aucun doute.

Lorsqu'elle le regarda de près, ses yeux s'agrandirent et elle se détourna. Elle refusa de croiser de nouveau son regard.

Bonneville les observa avec curiosité.

La Katekiro fit un geste de la main et Malenfant et Bonneville entrèrent à pied dans le village, entourés de la clameur des tambours.

Ils atteignirent un cercle de huttes au toit couvert d'herbe sèche autour d'une grande maison ; on dit à Malenfant que c'était là qu'il logerait. Ils allaient rester ici une nuit avant de poursuivre vers l'intérieur des terres. Nemoto se retira dès qu'elle le put, et Malenfant ne réussit pas à lui parler.

Lorsqu'il émergea de sa hutte, il trouva les cadeaux du Kabaka : des régimes de bananes, du lait, des patates douces, du maïs vert indien, du riz, des œufs frais et dix pichets de vin de *maramba*.

Reid Malenfant, qui serrait sous le bras son scaphandre de la NASA, se sentit totalement perdu. Et la présence de Nemoto, un être humain qu'il avait connu mille ans auparavant, ne faisait qu'augmenter son sentiment d'étrangeté.

Il rit, prit un pichet de vin et alla se coucher.

Le jour suivant, ils s'enfoncèrent dans l'intérieur du pays, en direction de la capitale.

Malenfant se retrouva en pleine randonnée dans une vallée herbue. La route était une bande unie de deux mètres de large qui tranchait dans la jungle et la savane. Elle semblait avoir été construite pour les excursions de chasse du Kabaka. Un peu plus loin se trouvait un petit lac aux eaux saumâtres, et au-delà une ligne de collines qui se transformaient en montagnes en s'élevant. La forêt enveloppait ses flancs. Les huttes rondes des Waganda étaient enfouies dans les profondeurs de bosquets de bananiers plantains – des feuilles plates et des fleurs vertes – qui emplissaient l'air de la puanteur écœurante des fruits trop mûrs.

Malenfant entendit un beuglement au loin.

Il vit à deux ou trois kilomètres de là des animaux qui traversaient la plaine au pas. Il aurait pu s'agir d'éléphants ; ils étaient gris et massifs, et des défenses blanches luisaient dans la lumière grise du ciel juste avant l'aube. Elles étaient tournées vers le bas, contrairement à celles des animaux de zoo dont Malenfant se souvenait.

Il interrogea Bonneville.

— Ce sont des *Deinotherium*, marmotta celui-ci. Un genre d'éléphants. De l'archéologie génétique.

Malenfant tenta de tout observer, de mémoriser leur itinéraire pour le retour sur la côte. Mais il s'aperçut qu'il avait du mal à se concentrer sur ce qu'il voyait.

Nemoto – bon Dieu ! Elle l'avait sans doute reconnu. Mais c'était à peine si elle avait pris en compte son existence, et il ne parvint pas à trouver de moyen de l'approcher pendant cette longue marche à travers l'Afrique.

Au bout de trois heures, ils arrivèrent en vue d'une colline au sommet plat qui projetait une ombre allongée sur la campagne environnante. Couronnée d'un groupe de grandes huttes d'herbes coniques, elle était entourée d'une palissade de canne à sucre. Bonneville expliqua que ce village au sommet d'une colline était Rubaga, la capitale ; la colline proprement dite portait le nom de Tombe de Wanpamba. Malenfant trouva l'endroit sinistre et menaçant, décalé dans cette campagne luxuriante sur laquelle il régnait.

Au centre du groupe de huttes s'élevait un bâtiment plus grand. De toute évidence, c'était là le palais impérial. Malenfant lui trouva une ressemblance avec une grange du Kansas. Autour du bâtiment central, de l'eau jaillissait de fontaines telles des poignées de diamants interceptant la lumière. Malenfant trouva cela bizarre. Des fontaines ? D'où venait l'énergie pour les faire fonctionner ?

De larges avenues rayonnaient vers le bas de la colline. Elles cédaient la place à des routes de moindre qualité qui s'enfonçaient dans la campagne. Malenfant remarqua que, le long de celles-ci, la circulation – des piétons et des chars à bœufs – partait de la capitale et se dirigeait vers elle.

Deux des plus grandes artères, orientées vers l'est et vers l'ouest, semblaient en moins bon état et creusées de plus d'ornières que les autres, comme si elles supportaient une circulation plus importante. La route de l'est ne montait pas sur la colline, mais pénétrait dans un tunnel taillé dans son flanc. Il semblait conçu pour qu'on puisse livrer des provisions dans une mine ou d'une carrière située à l'intérieur, ou peut-être pour en extraire du minerai. En fait, il vit une caravane constituée de plusieurs chariots lourds et couverts, tirés par des bœufs de labour, qui avançait avec lenteur vers la route de l'est. Malenfant pensa à un attelage de vingt mules sortant de la bauxite de la Vallée de la Mort.

Ils gravirent la colline par l'une des grandes avenues. Le sol était en argile rougeâtre. De hautes rangées de roseaux plantés avec régularité bordaient l'avenue.

Les avenues grouillaient de gens. Les Waganda portaient des robes brunes ou blanches, certains avec des peaux de chèvres par-dessus et d'autres avec des cordes enroulées en turban autour de la tête. Ils ne se montraient pas très curieux envers le groupe de Bonneville. Il était évident que, si l'arrivée d'un voyageur était un événement à Usavara, au fin fond de la campagne, ici, à la capitale, les gens étaient trop blasés pour y prêter attention.

Il n'y avait pas la moindre antenne de télévision, ni machine à Coca-Cola en vue.

Mais Bonneville surprit Malenfant en lui disant qu'ici les gens pouvaient vivre jusqu'à cent cinquante ans.

— Nous sommes allés dans les étoiles, et nous sommes revenus. Rubaga a peut-être l'air primitif, mais c'est trompeur. Nous vivons sur le dos d'un millier d'années de progrès scientifique et technologique. Plus ce que nous avons acheté aux Gaijin, et à d'autres. C'est invisible, tissé dans la trame du monde, mais c'est bien *là*. Beaucoup de maladies ont été éradiquées, par exemple. Et le vieillissement a été considérablement ralenti grâce au génie génétique.

— Et les Dressés ?

— Quoi ?

— Combien d'années vivent-ils ?

Bonneville parut agacé.

— Trente ou quarante ans, j'imagine. Qu'est-ce que ça peut faire, Malenfant ? C'est de l'*Homo sapiens* que je vous parle.

En dépit des prétentions au progrès de Bonneville, Malenfant ne tarda pas à remarquer que, mêlés aux citoyens propres, en bonne santé et promis à une longue vie, il s'en trouvait une poignée qui ne semblaient pas aussi bien lotis. Ces impurs étaient assez bien vêtus. Mais chacun d'eux, qu'il s'agît d'une femme, d'un homme ou d'un enfant, souffrait de maladies et de difformités. Malenfant dénombra leurs symptômes : lèvres enflées, plaies à vif, hommes et femmes dont la tête ressemblait à une boule de billard où s'accrochaient encore des poignées de cheveux. Beaucoup avaient la tête et les mains marbrées de noir. La peau de certains semblait s'écailler par poignées, d'autres avaient les bras, les jambes et le cou enflés si bien que leur épiderme tendu était lisse et nacré.

Bref, ils présentaient les mêmes symptômes que Pierre de Bonneville.

Celui-ci gratifia d'une grimace ses compagnons de souffrance.

— Le Souffle de Kimera, siffla-t-il. Une chose terrible, Malenfant.

Mais il ne voulut rien dire de plus.

Lorsque les infortunés se déplaçaient parmi la foule, les autres Waganda s'écartaient d'eux, comme s'ils étaient déterminés à ne pas même poser le regard sur les impurs.

Ils atteignirent la palissade qui entourait le village au sommet de la colline. Ils franchirent un portail et pénétrèrent dans l'enceinte centrale.

On conduisit Malenfant à la maison qui lui avait été attribuée. Elle s'élevait au centre d'un jardin de bananiers plantains et avait la forme d'une grande tente, avec un auvent au-dessus le seuil. Elle comportait deux appartements. Deux huttes rondes destinées aux serviteurs se dressaient non loin de là, ainsi que des espaces entourés de palissades pour ses bœufs et ses chèvres – lui dit-on.

Utile, songea-t-il.

De là, la perspective était impériale. Un paysage vert de début d'été, noyé de soleil. Une brise fraîche venait de la grande mer intérieure. Çà et là, des collines coniques jaillissaient de l'étendue plate telles des tables géantes au-dessus d'un tapis vert. Des lignes sombres et ondulées dessinaient le cours sinueux de profonds ravins remplis d'arbres que séparaient des pâturages ondoyants. Malenfant vit des jardins cultivés et des champs de céréales dans des dépressions plus larges. Plus haut, vers l'horizon, tous ces détails se fondaient dans les bleus du lointain.

C'était beau comme une carte postale, comme si les Européens n'étaient jamais venus ici. Mais il se demanda ce que cette campagne avait vu, quelle quantité de sang et de larmes avait dû imprégner la terre avant que les cicatrices de la colonisation se referment.

Ce n'était pas que ces terres n'étaient pas développées, elles l'étaient, et de façon plutôt intensive : il y avait un réseau de canaux et de rigoles d'irrigation qu'on voyait nettement de là-haut. À sa façon, le travail d'ingénierie était impressionnant. Malenfant se demanda comment le Kabaka et ses prédécesseurs étaient parvenus à ce résultat. Il lui semblait que la population n'était pas assez importante pour que l'on puisse se passer d'un grand nombre de travailleurs pour effectuer tout ce travail de terrassement.

Peut-être se servaient-ils des Dressés, quoi qu'ils fussent.

De toute façon, se dit-il avec amertume, l'idylle pastorale est fichue. Il semblait bien que l'*Homo sapiens* était de nouveau en mouvement, occupé à construire, à se reproduire et à se comporter en maître avec ses semblables comme avec les créatures qui l'entouraient, comme toujours.

Malenfant eut du mal à dormir dans cette biosphère non contrôlée, plongé dans une atmosphère trop dense, trop chaude et trop humide ; et, lorsqu'il y parvint, ce fut pour se réveiller avec mal à la tête et l'esprit embrouillé.

Il n'y avait pas moyen d'avoir du café, avec ou sans caféine.

L'après-midi suivant, Malenfant fut invité au palais.

La Katekiro – Nemoto – vint l'escorter ; parce qu'on le lui avait ordonné, c'était évident.

— Venez avec moi, dit-elle d'un ton brusque.

C'était la première fois qu'elle s'adressait directement à Malenfant.

— Nemoto. Je sais que c'est vous. Et vous me reconnaissez, n'est-ce pas ?

— Le Kabaka attend.

— Comment avez-vous échoué ici ? Depuis combien de temps êtes-vous là ? Y a-t-il d'autres voyageurs ici ?

Nemoto ne voulut pas répondre.

Ils approchaient de la haute palissade intérieure qui entourait le palais. Il n'était pas le seul visiteur ce jour-là, et une procession se forma. Les Waganda ordinaires n'avaient pas le droit d'aller au-delà de ce point, mais ils se rassemblèrent quand même autour des portes, bavardant et se pavanant.

On entendit un roulement de tambours, on tira le portail et ils avancèrent, les chefs, les soldats, les paysans et les voyageurs interstellaires, à l'intérieur d'un ensemble de cours intérieures.

Une large avenue s'étendait derrière la palissade et, aux quatre coins de celle-ci les spectaculaires fontaines jaillissaient dans les airs jusqu'à quinze mètres ou plus. L'eau émergeait de grossiers tuyaux d'argile sinuant dans le sol sous le palais. Peut-être y avait-il des pompes enterrées dans le flanc de la colline.

Malenfant s'approcha de la fontaine la plus proche. Il tendit la main pour toucher l'eau – bon Dieu, elle était *brûlante*, si brûlante qu'il en eut presque les doigts ébouillantés – et Nemoto lui tira le bras en arrière. La main qu'elle posa sur la sienne était chaude et parcheminée.

Les tambours résonnèrent de nouveau. Ils traversèrent une cour après l'autre jusqu'au palais lui-même.

Ce n'était qu'une hutte d'herbe. Mais elle était haute et spacieuse, emplie d'air et de lumière. Malenfant, qui avait eu l'occasion de visiter la Maison Blanche, avait connu des bâtiments officiels bien pires.

Le cœur du palais consistait en une salle de réception. C'était un hall étroit d'environ vingt mètres de long, au plafond soutenu par deux rangées de piliers. Les contre-allées étaient pleines de dignitaires et d'officiers. Un garde du roi, portant une longue cape rouge, un turban blanc orné de peau de singe, des pantalons blancs et une chemise noire, se tenait devant chaque pilier. Tous tenaient des lances. Mais il n'y avait pas de trône, et Mtesa lui-même n'était pas là. À la place, il y avait une fosse rectangulaire dans le sol, que Malenfant prit pour un puits.

Les tambours roulèrent et des bouffées de vapeur sortirent de la bouche de la fosse, suivis par un grincement mécanique. Une plate-forme s'éleva hors du puits, plutôt en douceur. Encore une fois, Malenfant se demanda d'où provenait l'énergie qui autorisait un numéro de cirque de ce genre. La plate-forme portait un trône – un siège ressemblait à un fauteuil de bureau – où était assis la mince silhouette de Mtesa en personne. Il avait la tête rasée de près, et portait un fez ; ses traits étaient lisses, polis et sans une ride, il aurait pu avoir n'importe quel âge entre vingt-cinq et trente-cinq ans. Ses grands yeux étincelants lui conféraient une beauté étrange ; Malenfant se demanda s'il n'avait du sang de Dressé. Mtesa transpirait, ses robes étaient un peu froissées, mais il arborait un large sourire.

Nemoto, en tant que Katekiro, ainsi que le vizir de Mtesa et les scribes, vinrent tous s'agenouiller à ses pieds. Certains embrassèrent les paumes et le dos de ses mains. D'autres se prosternèrent sur le sol. Malenfant trouva très étrange de voir Nemoto faire cela.

Une jeune fille se tenait à côté de Mtesa. Elle était grande et vêtue de blanc, avec des cheveux noirs, mais elle avait le large cou et le duvet de fourrure dorée d'un Dressé. Elle ne pouvait pas avoir plus de quinze ans. Elle bougeait comme un chat et – songea Reid Malenfant, voyageur des étoiles rabougri et centenaire – elle était sacrément sexy. Mais elle semblait préoccupée, comme un enfant qui a mauvaise conscience.

L'après-midi fut essentiellement consacré à un groupe de pétitionneurs et d'ambassadeurs, dont Mtesa traita les cas avec efficacité, ou brutalité lorsqu'il était mécontent. Dans ce dernier cas, on appelait les « Seigneurs de la corde » : de grands gardes musclés dont le travail consistait à emmener ceux qui avaient suscité le courroux de Mtesa en leur passant une corde autour du cou. Malenfant se dit que c'était là une technique de gestion saisissante.

Nemoto, en tant que Katekiro, était très impliquée dans tout le processus : présentation des affaires et des preuves, énoncé du verdict. Chaque fois qu'une sentence était prononcée, Nemoto déposait un sec baiser sur la joue de la victime terrifiée – un baiser de mort donné par une femme âgée de mille ans, songea Malenfant avec un frisson.

Mtesa se tourna enfin vers lui. Le Kabaka lui posa des questions par le truchement d'un interprète, un petit courtisan desséché. Il fit preuve d'une curiosité enfantine envers l'histoire de Malenfant : où et quand il était né, les endroits qu'il avait vus au cours de ses voyages.

Au bout d'un moment, celui-ci commença à apprécier la situation. Pour la première fois depuis mille ans, Reid Malenfant avait trouvé quelqu'un qui *voulait* réellement entendre ses anecdotes sur les débuts du programme spatial des États-Unis.

Mtesa connaissait l'existence des Gaijin, des portes des Points Selles et il était au courant des grandes lignes de l'éparpillement de l'humanité au cours des mille dernières années. L'idée que Malenfant était né un millénaire plus tôt ne le mettait pas mal à l'aise. Mais comme les Gaijin n'intervenaient pas dans les affaires humaines – en tout cas pas ouvertement – tout cela relevait pour lui de l'abstraction ; ce qui l'intéressait vraiment, c'était le profit qu'il pouvait retirer de cette aubaine.

Malenfant se souvint que les gens se préoccupaient surtout de leur époque ; Mtesa était un homme de son temps, qui n'avait rien à voir avec lui. Pourtant, Malenfant se demandait combien de générations se succéderaient avant que seuls les rois et les courtisans connaissent la vraie histoire de l'humanité, tandis que le reste de la population, retournant à une ignorance médiévale, se mettrait à prendre les vaisseaux-fleurs des Gaijin pour des dieux célestes et à les adorer.

Mtesa offrit de nombreux cadeaux à Malenfant, ainsi qu'une invitation à rester aussi longtemps qu'il le désirait, puis il le congédia.

La Katekiro, Nemoto, s'éloigna de Malenfant dès qu'elle en eut la possibilité.

Ce soir-là, seul dans sa villa, il commença à se sentir malade.

Il ne parvenait pas à digérer ce qu'il avait mangé. Il avait l'impression d'avoir de la fièvre. Et sa main le faisait souffrir : une sensation de brûlure située en profondeur dans sa chair, là où l'eau de la fontaine l'avait éclaboussée.

Il étudia son reflet dans le casque de son EMU. Il n'avait pas l'air si mal. Les yeux un peu vitreux, peut-être. Ça pouvait venir de la nourriture.

Il se coucha tôt et s'efforça de ne plus y penser.

Il poursuivit la Katekiro, Nemoto. Il mit en œuvre toutes les idées qui lui vinrent à l'esprit pour arriver jusqu'à elle.

À la fin, Nemoto accepta de lui accorder un peu de temps. Elle vint le voir dans sa hutte et ils s'assirent sur le sol en bois de la large véranda à la lumière d'une petite lampe à huile et de la lune bleue.

Elle apporta un bouddha avec elle, une sculpture laide et trapue. Elle lui dit qu'elle était en régolithe fondu de la mer de l'Ingénuité : de la roche lunaire polie par le temps. La petite Japonaise rabougrie leva les yeux vers la lune bleu-vert.

— Et, à présent, le régolithe est enterré sous des mètres de terre, et de gros lombrics qui ont évolué sous la gravité lunaire rampent à l'intérieur. Avoir survécu nous a conduits à être témoins de temps étranges, Malenfant.

— Ouaip.

Ils parlèrent, mais Nemoto n'avait rien d'un cicérone. Le seul moyen de lui soutirer des informations consistait à lui laisser rabâcher ses obsessions au sujet des Gaijin – sans parler de *Nishizaki Heavy Industries*, ses anciens employeurs, dont elle pensait qu'ils avaient trahi l'espèce humaine.

Il fut stupéfait d'apprendre qu'elle était arrivée jusque-là, franchissant un millier d'années d'histoire par la voie la plus longue : non pas en sautant d'une époque à l'autre comme les autres voyageurs et lui, mais tout simplement en évitant de mourir. Elle ne lui donna aucun indice sur le type de technologie employée pour dépasser à ce point l'espérance de vie d'un être humain ordinaire.

Un millier d'années de conscience : ce dont Cassiopée et ses sœurs mécaniques étaient capables réduisait cette performance à presque rien, mais une telle durée de vie semblait insupportable à l'échelle humaine. Malenfant se demanda dans quelle mesure Nemoto était capable d'aller chercher les souvenirs de son lointain passé personnel, de sa première rencontre avec lui sur la Lune, par exemple. Peut-être avait-elle été contrainte de recourir à la technologie pour réorganiser et optimiser son immense mémoire. Et, en l'écoutant, il se demanda ce qui avait survécu de la santé mentale et de la personnalité de Nemoto au cours des épreuves de cette vie. Elle fit allusion aux âges sombres qu'elle avait traversés, plongée dans la pauvreté et l'impuissance, et même une période – des siècles – où elle avait vécu en recluse sur la face cachée de la Lune.

Cependant, même si le temps avait causé des dégâts, elle avait conservé une chose intacte et transparente comme du cristal : sa haine des Gaijin et des extraterrestres qui les suivaient.

— Quand j'ai découvert les Gaijin, j'imaginais que nous allions vers une guerre de mille ans. Mais, à présent, un millier d'années se sont écoulées et la guerre continue. Malenfant, quand j'avais encore de l'influence, je me suis battue pour entraver l'influence des Gaijin. J'ai recruté des gens, les Yolgnu. J'ai fondé Kasyapa Township…

— Sur Triton.

— Oui. C'était une tête de pont, destinée à empêcher les Gaijin d'étendre leurs activités industrielles dans le système extérieur. J'ai échoué. De nos jours, il ne reste plus qu'une poignée de colonies humaines hors de la Terre. Il y en a une sur Mercure, blottie près du Soleil, hors d'atteinte des Gaijin… Si elle survit, ce sera peut-être notre ultime foyer. *Parce que les Gaijin sont ici.*

Un papillon de nuit se cognait contre la lampe. Elle tendit la main et saisit l'insecte dans ses doigts noueux. Elle montra les fragments écrasés à Malenfant.

Des fragments d'une aile de mica. Le chatoiement du plastique. Une tache d'une substance ressemblant à une huile à moteur de qualité.

— *Les Gaijin*, dit Nemoto. Ils sont ici, Malenfant. Ils sont partout, ils se mêlent de tout, ils construisent. Et ceux qui les suivent sont pires. (Elle désigna les étoiles, dans un ciel rendu trouble par la lumière de la lune basse sur l'horizon. C'était à peine s'il pouvait distinguer Orion.) Vous avez dû voir les novae.

— C'est de ça qu'il s'agit ?

— Oui. Il y a eu une éruption de novae, d'explosions stellaires mineures, comme une infection qui s'est répandue le long du bras spirale. Cela dure depuis des siècles.

— Mon Dieu.

Elle eut un sourire lugubre.

— Vous m'avez manqué, Malenfant. Vous voyez tout de suite les implications d'une situation. C'est délibéré, bien entendu, une stratégie employée par une intelligence. *Quelqu'un allume les étoiles*, les fait exploser comme des pétards. Les astres choisis ressemblent au Soleil – plus ou moins. Nous avons vu l'intervention sur Castor et Pollux, dans les Gémeaux. Castor est un système binaire composé de deux étoiles de type A, à quarante-cinq années-lumière d'ici environ. Pollux est une étoile de type K située à trente-cinq années-lumière.

Puis ç'a été Procyon, une type F à onze années-lumière de nous et, plus récemment, Sirius…

— À neuf années-lumière à peine.

— Oui.

— Pourquoi quelqu'un ferait-il exploser des étoiles ?

Elle haussa les épaules.

— Pour exploiter leurs composants bruts ? Peut-être pour lancer une flotte de vaisseaux à voile solaire. Qui sait ? Je les appelle les Incendiaires, dit-elle d'une voix sombre. C'est approprié, non ? Le phénomène s'étend de manière irrégulière, diffuse.

— Mais ils viennent par ici.

— Oui. Ils viennent par ici.

— Les Gaijin nous défendront peut-être.

Elle eut un reniflement de mépris.

— Les Gaijin poursuivent leurs propres objectifs. Nous ne comptons pas, nous ne sommes qu'une espèce avec quelques décennies de retard sur le développement général, des victimes sur le point d'être éliminées dans une guerre interstellaire entre colons.

Exactement ce que Malenfant avait vu dans les étoiles. Encore et encore. Et, à présent, c'était ici que ça se passait.

… Mais il restait encore des mystères, se dit-il. Il y avait toujours la question de la Réinitialisation, le cataclysme à plus grande échelle qui semblait menacer l'ensemble de la Galaxie et de ses espèces querelleuses.

Que fabriquaient *réellement* les Gaijin, ici, dans le Système Solaire ? Malenfant, qui avait appris à mieux les connaître, trouvait simpliste l'antagonisme brutal de Nemoto. On ne pouvait les considérer comme les amis de l'humanité, mais ils n'étaient pas non plus ses ennemis mortels. C'étaient juste des *Gaijin* et ils suivaient leur propre étoile.

Mais Nemoto parlait toujours – résignée, fataliste.

— Je suis une vieille femme. J'étais déjà une vieille femme il y a mille ans. Tout ce que je peux faire, désormais, c'est survivre, ici, dans cet absurde petit royaume.

Peut-être. Mais si elle avait décidé de prendre sa retraite, elle l'aurait fait ailleurs, songea-t-il. Elle n'était pas obligée de venir *ici*, dans ce sinistre empire féodal, et de servir son dirigeant bouffi de suffisance. La métropole couverte d'herbe – et les radiations, la trace de l'existence de technologie – l'avait attirée ici, tout comme lui.

— J'ai un scaphandre qui fonctionne, lui dit-il pour la tester.

Elle bougea à peine, comme pour tenter de dissimuler sa réaction. Elle ressemblait à une statue, un bouddha de roche lunaire de plus haute taille.

Il prit conscience qu'elle lui cachait quelque chose. Quelque chose d'important.

On le réveilla avant l'aube.

Le visage ravagé de Bonneville apparut au-dessus de lui telle une lune noire, l'haleine chargée de l'odeur sucrée du *pombe*.

— Malenfant, venez. Ils chassent.

— Qui ?

— Vous verrez.

La chaleur humide et collante s'abattit sur Malenfant dès qu'il sortit de sa hutte. Il descendit la large colline en suivant Bonneville à travers une succession de sentiers plus petits et plus sinueux, jusqu'à ce qu'il y ait sous ses pieds l'herbe longue et humide de rosée de la savane. Des Waganda des deux sexes les suivaient en parlant à voix basse ; certains riaient.

La lune bleue s'était couchée depuis longtemps. Il y avait encore des étoiles dans le ciel. Malenfant vit une lueur diffuse, d'un vert distinct, qui passait dans le ciel au sud : un Arbre, un satellite vivant peuplé de post-humains survolant ce paysage africain primitif.

Bonneville réfléchit, puis tendit le doigt.

— Il y a une piste, dit-il. Là où l'herbe a été piétinée, vous voyez ? Elle conduit vers le lac. Venez. Nous allons marcher.

Et, sans attendre l'acquiescement de Malenfant, il se retourna et conduisit la marche, boitant et haletant, ses douleurs de toute évidence oubliées tant il était impatient d'assister au spectacle.

Ils dépassèrent une troupe de pseudo-éléphants, les *Deinotheriums*, qui semblaient inconscients de la présence des humains. Dans un bouquet d'arbres, il vit la mine renfrognée d'un félin, peut-être un lion, pourvu de longues dents de sabre sortant de sa mâchoire inférieure. Bonneville lui dit que c'était un *Megantereon*. Et il manqua trébucher sur un lézard caché à ses pieds dans les broussailles ; l'animal mesurait un mètre de long et trois cornes pointues jaillissaient de sa crête. Il détala et alla s'asseoir dans l'herbe, ses yeux énormes fixés sur Malenfant.

Ils passèrent devant un crâne aux os blanchis, peut-être celui d'une antilope. Il avait été ouvert par un éclat de pierre – à peine plus qu'un galet taillé – encore enfoncé dans une cavité. Malenfant se pencha et le prit. Avait-il était fabriqué par les Dressés ? Il semblait trop primitif.

Bonneville lui saisit le bras.

— Là, murmura-t-il.

À cinq cents mètres d'eux environ, un groupe d'individus semblables à des grands singes – musclés, velus, avec un gros cerveau – était réuni autour d'une carcasse. Malenfant vit des cornes incurvées ; peut-être une autre antilope.

Les hominidés travaillaient de concert dans la lumière de l'aube avec des objets ressemblant à des outils de pierre manuels ; ils dépiautaient la carcasse. Quelques-uns montaient la garde en lisière du groupe, lançant des cailloux aux hyènes qui tournaient autour d'eux.

— Ce sont les chasseurs que vous m'avez amené voir ? demanda Malenfant.

Bonneville renifla avec mépris.

— Ceux-là ? Non. Ce ne sont même pas des chasseurs. Ils ont attendu que les hyènes et les chacals tuent ce *Sivatherium* et, maintenant, ils le volent… Ah. Regardez, Malenfant.

À la gauche de celui-ci, des silhouettes avançaient à croupetons dans l'herbe. Malenfant distingua des peaux dorées et des éclairs de tissu blanc dans la lumière grise. C'étaient Magassa et d'autres gens de son peuple, qui progressaient en direction des charognards.

— Maintenant, siffla Bonneville, c'est maintenant qu'il va y avoir du sport.

— Que sont ces créatures, Bonneville ?

Il sourit.

— Lorsque les glaces se sont retirées, la Terre s'est retrouvée vide. Diverses… expériences, ont été faites pour la repeupler. Mais pas comme avant.

— Avec des formes de vie plus anciennes.

— D'animaux et d'hominidés, nous. Oui.

— Donc, Magassa…

— … est un hominidé autrefois éteint, recréé ici, en l'an 3265. Magassa est un *Homo erectus*. Et il y a de nouveau des tigres en Inde, et des mammouths dans le nord de l'Europe, et, partout dans les prairies d'Amérique du Nord, on trouve beaucoup d'espèces de la mégafaune détruites par les colons de la région à l'Âge de pierre… C'est quelque chose, non, Malenfant ? Je suis sûr que vous ne vous attendiez pas à trouver ça à votre retour sur Terre : les espèces perdues du passé, recréées pour parcourir la planète déserte, ici, à la fin des temps.

Pour Malenfant, cela ressemblait à du bricolage

caractéristique des Gaijin. Tout comme ils avaient tripatouillé le climat de la Terre, sa biosphère et ses cycles géophysiques, ils semblaient déterminés à explorer les possibilités inhérentes de l'ADN, le trésor de la vie passée. Une quête sans fin, au cours de laquelle ils cherchaient des réponses à leurs questions muettes. Mais, tout de même, un groupe de chasseurs *Homo erectus*, bon Dieu, sillonnant sans problèmes les plaines d'Afrique de l'an 3625…

— Est-ce que quelqu'un les étudie ?

Bonneville lui jeta un drôle de regard.

— Peut-être n'avez-vous pas compris. *La science est morte*, Malenfant. Ce ne sont que des Dressés, mais… (Son expression se fit plus songeuse.) Je me demande parfois si Magassa a une âme. Il peut parler, vous savez, dans une certaine mesure. Son appareil de phonation est plus proche de celui des primates non humains. Mais il peut se faire comprendre. Regardez dans les yeux de Magassa, Malenfant, et vous y verrez une véritable conscience – bien plus développée que celle de n'importe quel animal – mais c'est une conscience à laquelle il manque beaucoup de la complexité et des aspects sombres et confus de la nôtre. Y a-t-il encore un pape, ou un mollah, quelque part sur la Terre ou sur la Lune, qui se préoccupe de tels problèmes, et qui pourrait proclamer que Magassa est une abomination, même à présent ? Mais Magassa lui-même ne formulerait pas de telles questions ; sans la conscience interne complète qui est la nôtre, il n'a pas la capacité d'attribuer une conscience à d'autres êtres vivants, et ne peut par conséquent envisager que des animaux non humains et d'autres créatures vivantes le soient. Ce qui signifie qu'il ne serait pas capable d'imaginer Dieu.

— Vous l'enviez, dit Malenfant.

— Oui. Oui, j'envie à Magassa sa folie paisible. Bon. Ils font de bons paysans. Et les femmes… Attendez. Regardez ça.

Magassa se dressa brusquement, poussa un cri et brandit une torche qui s'enflamma. Les autres Dressés se levèrent avec lui et poussèrent des hurlements. Leurs voix claires et haut perchées portèrent jusqu'à Malenfant sur la plaine herbeuse, tels des cris de mouettes.

En entendant le bruit, les hominidés primitifs en train de découper la carcasse firent un bond de surprise. Abandonnant l'antilope, ils s'éloignèrent à toutes jambes des Dressés et de leur feu en poussant des cris chevrotants. L'une des femelles des hominidés se montra un peu plus courageuse ; elle revint arracher un dernier lambeau de chair à la carcasse avant de s'enfuir avec les autres, ses seins plats ballottant au rythme de sa course.

Mais d'autres Dressés jaillissaient de l'herbe devant les fuyards. Le piège était simple, mais de toute évidence au-delà des capacités de compréhension de ces hominidés plus primitifs.

Les charognards hésitèrent face à ce nouvel obstacle, comme des moutons effarouchés. Puis ils se rassemblèrent et continuèrent à courir. Ils foncèrent droit à travers le groupe de Dressés qui les bombardèrent de cailloux et de lances à pointe d'os. Certaines armes atteignirent leur cible, avec une violence et des craquements d'os brisés qui surprirent Malenfant. Mais, pour autant qu'il pût voir, tous les hominidés étaient passés.

Tous sauf un : la femelle restée en arrière qui se trouvait maintenant à quelques douzaines de mètres derrière les autres.

Les Dressés l'entourèrent. Elle lutta – elle semblait serrer un caillou dans son poing – mais elle fut submergée. Ils lui tombèrent dessus, et elle s'effondra sous une forêt de bras qui s'abattaient sur elle.

Ses compagnons en fuite ne regardèrent pas en arrière.

Bonneville se leva, son visage noirci luisant de transpiration, la respiration haletante.

Magassa sortit de la horde, un cadavre jeté sur l'épaule. Il y avait du sang sur ses dents et sur la fourrure dorée de sa poitrine.

Le corps qu'il portait – de la taille d'un enfant de douze ans environ, estima Malenfant – était couvert d'une fine fourrure noire. Ses bras étaient longs, mais ses mains et ses pieds ressemblaient à ceux d'un humain moderne. La boîte crânienne était écrasée en bouillie sanglante, mais le visage était proéminent : un bourrelet sus-orbitaire, un nez plat comme celui d'un grand singe, une mâchoire prognathe, de grandes dents antérieures. La femelle serrait encore son outil dans la main : un galet de lave grossièrement taillé.

Lorsqu'elle était en vie, cette créature tenait la tête levée. Elle marchait debout.

Magassa laissa tomber le cadavre aux pieds de Bonneville et poussa un hurlement de triomphe.

— Et qu'est-ce que c'est que *ça*, Bonneville ?

— Une autre reconstruction. L'« Homme habile », disparu depuis deux millions d'années. Moins intelligent, et possédant encore moins de conscience de soi que nos amis les Dressés.

— *Homo habilis*.

— Toutes les espèces d'hominidés éteints sont représentées sur ce grand territoire spacieux qui est le nôtre, Malenfant. J'ai été satisfait de voir que, ce matin les proies étaient des *habilis*. Les australopithèques sont bons à la course, mais ils sont trop stupides pour que ça soit vraiment du sport. …

— Sortez-moi de là, Bonneville.

Les yeux ravagés de Bonneville se plissèrent.

— Quelle chochotte ! Hypocrite ! Écoutez-moi, Malenfant. *C'est comme ça que nous vivions*. Parfois, ils violent avant de tuer. Pensez-y, Malenfant ! Vous et moi, nous avons voyagé jusqu'aux étoiles, et pourtant nous emportions les Anciens Hommes avec nous, endormis dans nos os, attendant d'être réveillés…

Le Dressé prit un caillou à sa ceinture et se mit à marteler la nuque du mort. Il plongea les doigts dans le trou qu'il avait fait, en tira un matériau grisâtre imprégné de sang qu'il fourra dans sa bouche.

Reid Malenfant comprit enfin qu'il était vraiment rentré chez lui. Il se détourna du cadavre de l'*Homo habilis*.

CHAPITRE 26
LE SOUFFLE DE KIMERA

Bonneville disparut peu après la chasse des Dressés. Nemoto avertit Malenfant qu'il ne devait pas poser trop de questions.

Il se promena seul dans la cour, dans les rues à l'extérieur, et même dans la campagne. Mais il n'apprit pas grand-chose.

Il avait du mal à établir des contacts humains. Les Waganda étaient indifférents – même envers la combinaison en tissu biocomposite lisse donnée par les jumelles, un artefact qui avait des centaines d'années d'avance technologique sur tout ce qui existait ici.

Il n'était définitivement pas à sa place dans cet endroit. Madeleine Meacher l'avait prévenu qu'il en serait ainsi.

De toute façon, il se fatiguait vite, et sa main lui faisait toujours mal. Les jumelles n'avaient peut-être pas aussi bien travaillé qu'elles le croyaient.

Les jours passèrent, et son esprit ne cessait de revenir à Bonneville. À bien y réfléchir, même si Pierre de Bonneville était un enfoiré, c'était la seule personne dans ce monde sans issue qui avait essayé de l'aider, de lui donner des informations. En outre, il s'agissait d'un voyageur des étoiles comme lui, qui avait peut-être des ennuis dans cette époque étrangère.

Il entama donc une campagne auprès du Kabaka et de Nemoto dans le rôle du Katekiro, pour obtenir la permission de voir Bonneville.

Au bout de quelques jours, Nemoto convoqua Malenfant. Impatiente et réticente, elle lui dit qu'on lui avait ordonné d'escorter Malenfant jusqu'à Bonneville. Il était détenu dans le Moteur de Kimera, le mystérieux artefact enterré dans la colline au cœur de cette capitale de huttes d'herbe.

— Je ne le vous conseille pas, Malenfant.

— Pourquoi ? Parce que c'est dangereux ? J'ai vu Bonneville. Je sais à quel point il est malade…

— Il n'y a pas que ça. Qu'espérez-vous parvenir à faire ? (Ses yeux étaient deux éclats de lave ; elle semblait avoir succombé à l'amertume et au désespoir.) Je survis du mieux que je peux. C'est ce que vous devez faire. Vous trouver une place ici, une niche que vous pouvez défendre. Qu'y a-t-il d'autre à faire ? Vos mille ans passés à faire des sauts de puce ne vous ont pas appris ça ?

— Pourquoi voulez-vous mon scaphandre si c'est ce que vous croyez ?

Elle toussa dans un mouchoir ; il vit que le tissu était moucheté de sang.

— Malenfant…

— Emmenez-moi voir Bonneville.

Accompagnée de quelques gardes, Nemoto conduisit Malenfant du palais jusqu'à Rubaga. Ils suivirent des sentiers poussiéreux sinuant entre les huttes d'herbe.

Au bout d'un moment, celles-ci se raréfièrent, jusqu'à ce qu'ils atteignent un endroit où il n'y avait pas de routes bien définies, ni de constructions. Le centre du plateau – un espace bordé de huttes d'un kilomètre de diamètre environ – était désert : des roches nues et un sol sans vie, sans herbe, sans buisson, sans insecte ni chant d'oiseau. Même la brise qui venait du lac Victoria semblait être tombée.

Comme si une bombe à neutrons avait explosé.

Ils avancèrent sur ce terrain sinistre. Nemoto était silencieuse, on sentait la rancœur dans chacun de ses gestes et de ses pas.

Malenfant avait été malade pendant la nuit et il n'avait pas beaucoup dormi. Il se sentait nauséeux et fébrile. Et le paysage n'aidait pas. Le sol de cet endroit avait tout d'une petite île de mort au milieu d'un océan de vie africaine.

Ils finirent par atteindre le cœur de la plaine centrale où un large puits était creusé dans le sol. Des marches taillées dans la roche descendaient en spirale autour de la paroi intérieure cylindrique de ce puits. Dans la faible lumière du matin, Malenfant voyait les degrés sur les cinquante premiers mètres environ, et uniquement de l'obscurité au-delà.

Nemoto commença à descendre les escaliers, non sans difficulté. Elle marchait telle la vieille femme aux articulations raidies qu'elle était devenue, son plumage criard de courtisan semblait incongru au sein des ombres. Malenfant la suivait, plus lentement.

Il regretta de ne pas avoir d'arme.

Ils descendirent d'une trentaine de mètres en quelques minutes – l'ouverture du puits formait un disque de ciel bleu semé de nuages d'altitude. Nemoto frappa à une porte de bois dans le mur.

La porte s'ouvrit. Au-delà, Malenfant aperçut une salle illuminée, un cube grossier creusé dans la roche qu'éclairaient des torches de jonc. L'un des gardes du roi se tenait devant la porte. C'était une colonne d'os et de muscles recouverts de graisse et d'une peau semblable à du cuir. Nemoto lui adressa quelques mots et le garde les laissa passer, non sans avoir inspecté Malenfant d'un air hostile.

La salle était d'une taille surprenante. Il y régnait une chaleur intense, et la fumée produite par les torches placées sur les parois était épaisse en dépit de bouches d'aération creusées dans les murs. Mais elle ne pouvait masquer la puanteur sucrée du vomi et de la chair corrompue en décomposition. Malenfant sortit un mouchoir de sa poche et le plaça sur son visage.

Des grabats de bois et de paille jonchés de couvertures crasseuses s'alignaient sur le sol ; Malenfant dut marcher entre eux pour progresser. La moitié environ étaient occupés. Dans les regards que croisa Malenfant ne palpitait que la plus morne des curiosités.

Les invalides semblaient tous atteints, à un degré plus ou moins élevé, de la maladie qui affectait Bonneville. Des portions de leur peau étaient noircies et brûlées, et certains n'avaient quasiment plus de peau du tout. Malenfant vit des têtes dépourvues de cheveux – y compris les cils et les sourcils, qui semblaient avoir brûlé –, des membres gonflés de monstres de cirque et des bouches et des narines déformées et sanglantes. Il y avait des gardiens dans cet endroit, mais, pour autant que Malenfant pût en juger, c'étaient tous des Dressés, des *Homo erectus*, des fossiles génétiques reconstitués, grands, nus et couverts de fourrure dorée, qui se déplaçaient parmi les malades et les mourants. Il ne semblait pas y avoir de véritable présence médicale, mais les Dressés distribuaient de l'eau et de la nourriture – une espèce de soupe claire – et murmuraient des paroles de réconfort aux malades de leurs voix fluettes où les consonnes étaient absentes.

L'endroit ressemblait à un hôpital de campagne. Seulement, il n'y avait pas eu de guerre : et il s'y trouvait des femmes et des enfants.

Malenfant finit par découvrir Bonneville. Effondré sur un grabat, il leva les yeux vers son visiteur, le visage enflé et brûlé au-delà de toute expression.

— Malenfant ? C'est vous ? Vous avez de la bière ?

Il leva une main pareille à une serre.

Malenfant s'efforça de ne pas s'écarter de lui.

— Je vous en apporterai. Vous allez plus mal, Bonneville. Cet endroit est-il un hôpital ?

Bonneville émit un son affreux qui aurait pu être un rire.

— C'est un… dortoir, Malenfant. Pour les ouvriers, moi y compris, qui servent le *yellowcake*.

— Le *yellowcake* ?

— La substance qui sert de combustible au Moteur de Kimera…

Il toussa, la douleur que lui causait sa bouche ravagée le fit grimacer ; il changea de position sur son grabat.

— Qu'est-ce qui vous arrive ? C'est contagieux ?

— Non. Vous n'avez pas à avoir peur, Malenfant.

— Je n'ai pas peur.

Bonneville rit de nouveau.

— Bien sûr que non. Et vous ne devriez pas, en fait. La maladie apparaît au contact du *yellowcake* lui-même. Lorsque de nouveaux ouvriers arrivent ici, ils sont en aussi bonne santé que vous. Comme cet enfant, là-bas. Mais, au bout de quelques semaines, ou de quelques mois – cela dépend des individus, semble-t-il, et avoir la meilleure des constitutions n'est pas en soi une protection – les symptômes apparaissent.

— Pourquoi vous ont-ils renvoyé ici, Bonneville ?

— J'ai une certaine tendance à offenser le Kabaka, Malenfant, de manière très efficace et en un minimum de temps. Et, donc, je me retrouve de nouveau ici.

— Vous êtes prisonnier ?

— En un sens. Les gardes font en sorte que les ouvriers restent ici jusqu'à ce que la maladie de Kimera s'empare de leurs membres et de leur teint. Ensuite, on est libre de se promener dans la ville sans qu'on vous en empêche.

Il tâta ses joues noircies ; un centimètre carré de peau se détacha sous ses doigts, et il contempla cette nouvelle horreur sans paraître le moins du monde choqué.

— Les stigmates de la punition de Kimera ne sont que trop évidents, dit-il. Personne ne s'approche d'un ouvrier du *yellowcake* et, surtout, personne ne le nourrit ou ne lui porte secours. Il n'y a donc pas d'autre possibilité, voyez-vous, que de revenir au Moteur, où l'on vous fournit au moins de la nourriture et un abri, pour y servir pendant le peu de temps qui vous reste à vivre…

— Qui est Kimera ?

— Ah, Kimera ! dit-il en rejetant sa tête ravagée en arrière.

Il s'agissait d'une figure légendaire : un géant venu du passé de l'Ouganda, si grand que ses pieds avaient laissé des empreintes dans les rochers.

— C'était l'arrière-petit-fils de Kintu, le fondateur de l'Ouganda, qui est arrivé ici du nord ; et c'est Wanpamba, l'arrière-arrière-petit-fils de Kimera, qui a creusé pour la première fois la colline de Rubaga pour y enterrer l'âme de Kimera…

Et ainsi de suite : beaucoup de poésie et de mythe, mais peu de faits.

— Vous savez, ils ont dû reconstruire ces vieilles légendes à partir des dernières encyclopédies, à l'intention des gens qui les avaient oubliées – mais que le Kabaka ne vous entende pas le dire…

Les yeux de Bonneville se fermèrent, et il se recoucha en soupirant.

Nemoto tira sur la manche de Malenfant d'un geste nerveux. La signification en était évidente. Son temps de visite était épuisé ; il fallait qu'ils s'en aillent, l'endroit n'était pas sain.

Malenfant vit qu'il n'avait pas le choix. Pendant tout le temps de la remontée, il sentit le regard de Bonneville fixé sur son dos.

Une fois sorti de l'horrible dortoir, Malenfant plongea son regard dans les profondeurs obscures du puits.

— *Qu'y a-t-il en bas*, Nemoto ?

— Le danger. La mort. Nous devons partir, Malenfant.

— C'est le Moteur de Kimera, quel que soit ce foutu truc. Vous le savez, non ? Ou vous croyez que vous le savez. Rubaga possède la seule et unique signature radioactive sur la Terre…

Le visage de Nemoto était aussi dépourvu d'expression que son bouddha de roche lunaire.

— Si vous voulez faire griller votre lamentable carcasse, Malenfant, vous pouvez le faire tout seul.

Elle se détourna et s'en alla en le laissant avec le garde.

Celui-ci le regarda d'un air narquois. Malenfant haussa les épaules et pointa le doigt vers le bas.

Il marcha jusqu'au bord du surplomb – un à-pic plongeant dans l'obscurité sans aucune rambarde protectrice – et se pencha. Il eut l'impression qu'une brise soufflait du haut vers le bas, sifflant sur sa nuque et plongeant dans la fosse, comme si le monde fuyait, là-bas, tout en bas. Ce qui était incompréhensible à ses yeux. Où allait cet air ? Y avait-il un tunnel, une sorte de gros extracteur d'air ?

Les flammes des torches de jonc qui vacillaient dans la brise soufflant vers le bas représentaient la seule source de lumière, et Malenfant comprit lentement ce qu'il avait sous les yeux.

Il distingua une grosse pile de minerai pulvérisé, à l'intérieur d'une salle à ciel ouvert creusée dans la roche. Ce minerai était le *yellowcake* dont lui avait parlé Bonneville. De longues lances d'une matière qui ressemblait à du charbon – on aurait dit des troncs d'arbres carbonisés – jaillissaient partout autour du tas. L'eau était amenée par des rigoles creusées dans le roc et des tuyaux d'argile, et déversée au cœur du monticule. Malenfant estima qu'il devait contenir une centaine de tonnes de *yellowcake* ; il était hérissé de quarante troncs calcinés au moins.

La salle était bondée.

Il y avait beaucoup de grands Dressés, beaucoup d'*Homo habilis* trapus, et quelques Waganda : des hommes, des femmes et des enfants qui boitaient obstinément dans l'obscurité, la chaleur intense et la vapeur qui s'agitait, servant le monticule comme s'il était une espèce d'horrible dieu. Ils tiraient sur les troncs charbonneux, les extirpant du *yellowcake* ou les enfonçant plus profondément à l'intérieur. Ou bien ils allaient et venaient avec de simples brouettes pleines de poudre de minerai qu'ils rajoutaient sans cesse sur le monticule. On voyait clairement qu'ils étaient malades, même à cette distance. D'en haut, c'était comme regarder une grotesque fourmilière en mouvement.

Le monticule émettait une chaleur intense – Malenfant sentait qu'elle brûlait son visage – et l'eau émergeait de la base du monticule sous forme de vapeur qui s'évacuait en grondant par une autre série de tuyaux. Il y avait néanmoins beaucoup de déperdition, et de la vapeur enveloppait les affreux contours du monticule.

Le principe était évident. Le tas de *yellowcake* était une source d'énergie. La vapeur produite devait, grâce à de simples pompes et autres engins hydrauliques, fournir l'énergie aux divers gadgets qu'il avait vus fonctionner : le trône mobile de Mtesa et les fontaines. L'eau qui passait à travers le réseau était peut-être pompée dans une nappe phréatique plus profonde grâce à l'énergie motrice de la vapeur.

Il devait néanmoins y avoir beaucoup d'énergie en surplus.

Il distinguait à présent une silhouette différente des autres qui émergeait d'une chambre plus profonde située à la base de la fosse. Une femme. Avec son gros squelette, son cou épais, et sa tête projetée en avant, elle semblait résulter d'un croisement entre un *habilis* et un Dressé. Elle portait une combinaison de plastique translucide qui enveloppait son corps, ses mains et sa tête. Elle était familière à Malenfant, parce qu'il l'avait vue dans des centaines d'émissions de télé et des reconstitutions dans des livres d'école. C'était une Néandertalienne : un autre cousin perdu de l'humanité.

Putain de Dieu ! se dit-il.

Produit par une source invisible, un éclair lumineux jaillit de la salle cachée.

Il était bleu, d'une nuance qu'il connaissait bien.

Des Néandertaliens, des scaphandres, une lumière bleu électrique. Une peur irrationnelle le transperça.

Il quitta cet endroit aussi vite que possible.

Le lendemain, Malenfant retourna rendre visite à Bonneville. Il lui apporta une petite bouteille de *pombe* sur laquelle Bonneville se jeta avec avidité, la dissimulant jalousement aux autres prisonniers. Malenfant voulait l'interroger sur le Moteur, mais il avait une histoire personnelle à raconter.

— Écoutez, Malenfant. Laissez-moi vous dire comment j'ai échoué dans cette impasse. Tout a commencé bien avant votre arrivée…

Bonneville lui raconta qu'un jour, un cadeau destiné à Mtesa, l'empereur, avait été envoyé par Lukongeh, le roi du royaume voisin de l'Ukewere. Il y avait cinq défenses d'ivoire, du très beau fil de fer, six peaux de singe blanc, un canoë assez grand pour cinquante hommes – et Mazuri, une fille dressée, une belle vierge de quatorze ans, une femme qui pouvait convenir au Kabaka.

— Il y a cinq cents femmes dans le harem de Mtesa. Il peut se servir sur une grande surface de territoire, et beaucoup de femmes de son harem sont, je peux en témoigner, d'une beauté des plus extraordinaires. Mais Mazuri était la plus belle de toutes.

— Je crois que je l'ai vue au palais. Mtesa l'apprécie.

— Elle a… (Bonneville tenta de suggérer la sensualité en agitant ses mains rongées par la pourriture.) Elle a cette qualité *animale* des Dressés. Cette intensité. Quand elle vous regarde droit dans les yeux, on voit directement l'intérieur de son âme primitive. Vous voyez ce que veux dire, Malenfant.

— Oui. Mais je suis centenaire, dit Malenfant avec nostalgie.

— Mazuri était jeune, impétueuse, son mariage avec Mtesa, un homme bien plus âgé qu'elle, à qui manquait la vigueur des siens, l'avait rendue impatiente…

Bonneville se tut, plongé dans une rêverie de malade.

— Parlez-moi du Moteur.

— Les Waganda disent que le *yellowcake* est imprégné du Souffle de Kimera, dit Bonneville avec dédain. C'est le Souffle qui fournit la chaleur. Mais une quantité donnée de *yellowcake* finit par être à court de Souffle, aussi devons-nous continuellement extraire et remplacer le minerai.

— Et les troncs d'arbre ?

— Il faut les insérer et les extraire suivant les instructions du… (Il employa un terme que Malenfant ne connaissait pas, de toute évidence une sorte de contremaître.) Le Souffle est invisible et trop rapide pour avoir beaucoup d'effet – sauf apparemment sur le corps humain, qu'il ravage ! Les troncs d'arbres sont insérés pour ralentir le Souffle qui vient du cœur du monticule – vous voyez ? Alors il agit sur le reste du *yellowcake*. Ce qui encourage celui-ci à produire son propre Souffle, par réaction. C'est comme une cascade, vous voyez. Mais les Waganda peuvent contrôler le phénomène en retirant leurs troncs brûlés ; cela permet au Souffle d'aller plus vite et de s'échapper du monticule sans causer de dégâts…

Une cascade, oui, se dit Malenfant. Une réaction en chaîne.

— Et l'eau ? À quoi sert-elle ?

— L'émission du Souffle est associée à une grande chaleur – voilà à quoi le Moteur est destiné. L'eau coule dans la colline, à travers le *yellowcake*. L'eau est un agent refroidissant qui emporte cette chaleur avant qu'elle ne provoque des dégâts dans le Moteur. Et, bien entendu, la chaleur transforme l'eau en vapeur, qui est à son tour utilisée pour faire fonctionner les divers gadgets et colifichets de Mtesa…

Malenfant remarqua que Bonneville parlait plus lentement en disant cela, comme si une nouvelle idée lui venait à l'esprit.

Pour Malenfant, tout était clair.

Les centrales nucléaires à fission du XXe siècle étaient des engins au fonctionnement simple. Rien que des tas de matériau radioactif, comme l'uranium, où l'on enfonçait des modérateurs de réactions, des tiges de carbone par exemple. Les choses devenaient compliquées sur le plan technique uniquement si l'on se préoccupait de la sécurité des êtres humains : des blindages, des mécanismes robotisés destinés au contrôle des modérateurs, un processus d'extraction des déchets, et ainsi de suite. Mais, si l'on ne se souciait *pas* de gaspiller des vies humaines, il était beaucoup plus simple de fabriquer un réacteur nucléaire.

Avec un peu d'instruction, une tribu de Néandertaliens pouvait en faire fonctionner un. Une bande de gamins pouvait le faire. *Surtout* si l'on se fichait de la sécurité.

— C'est le Souffle qui vous rend malade, dit-il.

— En effet.

— Pourquoi pas les autres ? Pourquoi pas Mtesa lui-même ?

— Le Souffle est contenu par les centaines de mètres de roche qui abrite le Moteur. Mais, bien qu'on n'en parle pas, il y a beaucoup de maladies dans l'ensemble de la population ; et il existe des tabous sophistiqués concernant une trop grande proximité avec les produits issus du Moteur – on n'est pas censé boire l'eau qui a circulé dans le *yellowcake*, par exemple.

Malenfant se souvint que Nemoto lui avait dit de ne pas mettre les mains dans les fontaines de Mtesa. Il sentit sa propre peau abîmée le démanger de nouveau.

Bonneville agita ses mains noueuses.

— Le Moteur est très ancien, Malenfant, c'est évident. La légende des Waganda dit qu'il a été construit par un vieux roi, dix-sept générations avant notre glorieux Mtesa. Il me semble qu'ils n'ont pas appris à contrôler leur engin rudimentaire à partir d'une somme de connaissances établies comme *vous et moi* aurions pu le faire, mais en tâtonnant pendant des générations – un tâtonnement coûteux, qui plus est, coûteux en vies humaines, je veux dire…

Mais il était fatigué, et cela ne l'intéressait plus.

— Je voudrais vous parler de Mazuri…

— Vous avez baisé la femme préférée du roi. Vous êtes un enfoiré, Bonneville.

— J'ai tenté de la repousser lorsque j'ai quitté Rubaga pour aller à votre rencontre. Mais, lorsque je suis revenu, plein de *pombe* et de l'excitation de la chasse, elle était là… Ah, Malenfant, ces yeux, cette peau, cette bouche…

On l'avait découvert. La colère de Mtesa avait été incendiaire. Chassé de la cour, Bonneville avait été tiré, une corde autour du cou, par les enthousiastes Seigneurs de la corde de Mtesa, et puni de cinquante coups de bâton, un châtiment assez sévère pour le rendre infirme. Puis on l'avait relégué au rang le plus bas de la société de Rubaga : ouvrier dans le Moteur du *yellowcake*, profondément enterré dans le flanc de la colline.

Bonneville saisit le bras de Malenfant de ses mains dévastées, en forme de serre.

— C'était un piège, Malenfant. On accumule si facilement des ennemis dans un endroit pareil ! Et je… j'ai toujours été plus impétueux que prudent… On m'a tendu un piège, et j'ai été détruit ! Vous voir à présent, vous qui êtes un voyageur comme moi, me fait comprendre à nouveau ce que ces sauvages du futur m'ont volé. Mais…

— Oui ?

Ses yeux bleus luisaient dans son visage ravagé et noirci.

— Mais Bonneville se vengera, Malenfant. Oh, oui ! Sa détermination est belle et pure…

Malenfant affronta Nemoto.

— Nemoto, vous savez ce qu'est ce Moteur, non ? C'est une pile atomique. Une putain de pile atomique.

Nemoto haussa les épaules.

— C'est juste un tas de minerai. Environ cent tonnes de « *yellowcake* » – un minerai d'uranium – et des troncs d'arbres brûlés en guise de modérateurs au graphite. Un accident géologique : des filons de *yellowcake* dans cette montagne creuse, et un ruisseau coulant naturellement sur la pile, qui la refroidit…

Des réacteurs nucléaires s'étaient déjà formés en divers endroits de la planète, lorsque les conditions géologiques étaient réunies. Il fallait une concentration de minerai d'uranium, et un genre quelconque de modérateur. Le rôle de celui-ci est de ralentir les neutrons, les particules lourdes émises par les atomes d'uranium qui se désintègrent. Un neutron ralenti entre en collision avec un autre noyau atomique et provoque *sa* désintégration – et le neutron produit par cet événement en cause d'autres – et ainsi de suite, une cascade de noyaux atomiques qui s'effondrent, ce que les physiciens appellent une réaction en chaîne.

Sous la montagne de Rubaga, l'eau avait coulé et emporté l'uranium contenu dans la roche, lui permettant de se déposer sous forme de veines au fond d'une mer peu profonde. Il avait été ensuite recouvert par du sable inerte, les roches avaient été compressées et soulevées par les forces tectoniques, et l'uranium s'était encore plus concentré lorsque l'action de l'air avait oxydé la roche environnante. Ainsi s'étaient créés des filons d'uranium, de grands dépôts lenticulaires épais de deux ou trois mètres d'épaisseur et environ dix fois plus larges, juste là, sous leurs pieds.

La réaction en chaîne n'avait pas démarré tout de suite. Mais, plus tard, de l'eau et de la matière organique s'étaient infiltrées dans des fissures, et avaient agi comme des modérateurs primitifs, ralentissant suffisamment les neutrons pour que le processus de réaction s'enclenche.

— La réaction a probablement commencé par une série de foyers dispersés dans des concentrations de minerai d'uranium, murmura Nemoto. Elle s'est ensuite étendue à des zones proches moins riches. Elle se contrôlait elle-même. L'eau qui bouillait sous l'action de la chaleur était expulsée de la roche – ce qui amortissait la réaction jusqu'à ce que de l'eau se remette à filtrer des couches de surface. Alors elle recommençait. (Elle eut un mince sourire.) Et c'est ce que la communauté locale de Néandertaliens a découvert. Cela leur a pris quelques siècles, mais ils ont appris à agir sur le processus en insérant du bois brûlé – du graphite – comme modérateur secondaire…

Les ouvriers de la pile l'entretenaient à mains nues. Ils devaient tantôt transporter des piles de *yellowcake* d'un point de la pile à un autre, ou bien mélanger le minerai – à la main – avec d'autres composés modérateurs. Ou bien ils nettoyaient les tuyaux où circulait l'eau qui refroidissait la pile – les enfants et leurs doigts menus étaient bien adaptés à cette tâche particulière. Et, en plus du fonctionnement normal de la pile, ils devaient aussi affronter les accidents ; il en existait plusieurs sortes, dont Nemoto lui donna la liste dans la langue locale : *fuites, débordements, effondrements, éclaboussures, foyers d'incendie.*

— Pourquoi les Néandertaliens ont-ils dû faire ça ?

— À cause de nous. Les *Homo sapiens.* Pendant quelque temps, après le retrait des glaces, la Terre est restée vide. Les Gaijin ont implanté leurs petites poches de préhumains reconstitués. Mais nous sommes arrivés, et tout s'est passé comme avant, il y a trente ou quarante mille ans. Vous avez vu comment les gens d'ici traitent les Dressés et les *Habilis.*

— Oui.

— C'était pareil avec les Néandertaliens. Sauf *ici.* Ils avaient leur uranium, leur radioactivité. Ils en mettaient dans les réserves d'eau. Ils faisaient des pointes de lances… Ça leur permettait de contenir les humains, jusqu'à ce qu'un chef intelligent, l'un des prédécesseurs de Mtesa, arrive et passe un accord.

— Donc, Mtesa fournit des esclaves humains aux Néandertaliens. Pour qu'ils entretiennent la pile.

— Pour l'essentiel. Ça fait réfléchir, hein, Malenfant ? Si seulement les *vrais* Néandertaliens, ceux de notre lointain passé, avaient découvert une telle ressource. Peut-être nous auraient-ils tenus en respect, peut-être auraient-ils survécu jusqu'à l'époque moderne – la *nôtre*, je veux dire.

Malenfant fronça les sourcils.

— Ça n'a pas l'air très stable. Une pile atomique ne fait pas une très bonne arme. … Les soldats de Mtesa pourraient vaincre les Néandertaliens, prendre ce qu'ils veulent et les chasser. Et la radioactivité… nous vivons tous au sommet d'une pile atomique nue, ici. Même ceux qui ne sont pas forcés de travailler dans ce trou vont être contaminés.

— Vous n'êtes plus à Clear Lake, Malenfant, dit Nemoto avec une grimace. Ces gens acceptent des choses que nous n'aurions pas tolérées. Les Waganda ont bâti une société stable autour de leur Moteur. Ils maintiennent la pureté relative de leurs lignées en stigmatisant tout individu qui montre des signes de mutation ou de maladie des rayons. C'est une sorte de symbiose. Les Waganda utilisent l'énergie du Moteur. Mais le Moteur se maintient en empoisonnant une partie de la population waganda. Ils utilisent surtout des Dressés et des *Habilis*, de toute façon. Parmi les humains, seules les victimes de Mtesa finissent dans le Moteur.

— Les jouets de Mtesa, dit Malenfant, les fontaines, et le trône truqué du palais de César, ne peuvent absorber qu'un infime pourcentage de l'énergie produite par la pile… Le reste fait fonctionner la porte du Point Selle. C'est bien *ça*, Nemoto ? La voilà, la véritable raison d'être de cet endroit. *Il s'agit d'un des grands projets gaijin.*

— Je ne suis pas guide touristique, Reid Malenfant. Je ne sais rien. (Elle détourna le regard.) Laissez-moi seule maintenant.

Malenfant avait du mal à dormir. Il se sentait malade, et parfois il succombait presque à la peur.

Il avait entraperçu une porte enterrée dans les profondeurs de cette colline africaine. Là allait toute l'énergie. Et cette brise qui soufflait vers le bas était de l'air qui la traversait, une fuite dans le tissu du monde.

Il se sentait attiré par la porte, comme par un champ gravitationnel.

Ce n'est pas ça que je désire, se dit-il. Je voulais juste courir jusqu'à la maison. Mais j'ai fait en sorte de me retrouver ici. *J'ai* choisi de venir dans cet endroit, et j'ai remué ciel et terre jusqu'à ce que je trouve *ça*, le centre de tout. Un moyen de revenir dans la partie. Exactement comme Nemoto.

Un moyen d'accomplir la mission que les Gaijin semblaient avoir préparée pour moi, quelle qu'elle soit.

Je ne peux pas faire ça. Pas une fois de plus. Je veux seulement qu'on me laisse tranquille. Je ne suis pas *obligé* de suivre ce chemin, ni de faire quoi que ce soit.

Mais la logique de sa vie semblait affirmer le contraire.

Épargnez-moi, pensa-t-il. Il aurait aimé croire en un dieu qui écoutait ses prières.

Malenfant fut réveillé brutalement par son grabat qui tremblait. Il ouvrit les yeux dans le noir et il aspira l'air chaud de l'Afrique. L'espace d'une seconde, il se crut en orbite : *une explosion dans la navette, une micrométéorite qui a traversé le Hublot Numéro 2…*

Il était seul dans sa villa, et le toit d'herbe était intact. Il repoussa sa couverture et essaya de se tenir debout.

Le sol remua de nouveau ; il y eut un profond gémissement souterrain, un rugissement de roches soumises à une pression. Un tremblement de terre, alors ?

Un éclair jaillit par les fenêtres dépourvues de vitres de la villa. Il vit une boule de lumière informe et incandescente fuser au-dessus des toits de Rubaga dans un éclaboussement de flammes. Des huttes d'herbe prirent feu lorsque des langues de terre rougeoyante revinrent lécher et enflammer les frêles constructions.

Malenfant vit tout de suite que cette fontaine de

flammes provenait du cœur de la ville, du puits de Kimera, de la fosse de ce monstrueux Moteur.

Bonneville. Ça ne pouvait être que lui. D'une manière ou d'une autre, il avait exécuté sa menace imprécise.

Le tremblement s'atténua ; Malenfant parvint à rester debout. Il enfila sa combinaison biocomposite et sortit de la villa.

Toute la population de Rubaga semblait rassemblée dans les rues étroites : courtisans, paysans, courtisanes et chefs, et ils couraient tous, terrorisés. Les grandes portes de la palissade de roseaux qui entouraient la capitale avaient été ouvertes ; Malenfant vit que les avenues étaient déjà noires de gens qui couraient en direction de l'obscurité verte de la campagne.

Malenfant entreprit de traverser la capitale en direction du centre du plateau. Il dut se frayer un chemin à travers les hordes de Waganda en proie à la panique qui le dépassaient telles des apparitions vaporeuses.

Lorsqu'il arriva au cœur mort du sommet de la colline, le grand palais d'herbe de Mtesa lui-même était en feu.

Malenfant se dépêcha d'atteindre la plaine centrale, à l'écart de la chaleur des huttes en flammes. Il atteignit la zone contaminée avec soulagement ; il parvint à respirer à fond pour la première fois depuis de nombreuses minutes.

Le feu de Kimera jaillissait de la terre devant Malenfant, gigantesque, furieux et mortel ; celui-ci voyait tout autour du bord de la plaine la lueur des huttes de Rubaga en train de brûler. Doux Jésus ! il se trouvait au milieu d'un Tchernobyl en miniature. Et il était mort de trouille parce qu'il se disait qu'il n'y avait personne ici, absolument *personne* qui comprenait ce qui se passait, personne aux commandes.

Il avança, le pas lourd, la poitrine et le visage cuisant dans la chaleur qui s'intensifiait, ses mains brûlées le démangeaient ; la lumière du feu brillait devant lui. Il ne voyait pas comment il pouvait aller plus près. Il commença à faire le tour de l'incendie. Il tituba à plusieurs reprises, ses yeux étaient secs et douloureux.

Je suis foutrement trop vieux pour faire ça, se dit-il.

C'est alors qu'il vit quelque chose ressemblant à un animal tombé à terre, inerte sur le sol. Protégeant sa tête de ses bras, il brava le feu et s'approcha.

C'était Bonneville. Il gisait face contre terre sur le sol stérile de Rubaga. En voyant des griffures dans la terre, Malenfant devina qu'il était sorti du puits en marchant jusqu'à qu'il n'en soit plus capable, puis qu'il avait rampé, et qu'à la fin il s'était traîné sur le sol en s'aidant de ses doigts en lambeaux.

Malenfant s'agenouilla et prit dans ses bras le torse difforme de Bonneville. Celui-ci était d'une légèreté déconcertante, comme un enfant ; Malenfant réussit à le retourner et posa sur ses genoux sa tête semblable à un ballon.

Les yeux bleus de Bonneville s'ouvrirent en papillotant.

— Bon Dieu… Malenfant. Vous avez de la bière ?

— Non. Je suis désolé, Bonneville.

— Vous devez partir d'ici. Malenfant, si vous affrontez le Souffle de Kimera, vous le payerez de votre vie… (Ses yeux se fermèrent.) Je l'ai fait. *J'ai…*

— Le Moteur ?

— C'était l'eau, dit-il d'une voix rêveuse. C'était simple, Malenfant, une fois que j'avais décidé d'agir. J'ai bouché les tuyaux, c'est tout, là où ils amènent l'eau dans le puits.

— Vous avez bloqué la circulation du liquide refroidisseur ?

— Toute cette chaleur sans nulle part où aller… Vous savez, ça n'a pris que quelques minutes. Je les ai entendus pleurer et hurler pendant que le *yellowcake* explosait et carbonisait leurs corps alors qu'ils enfonçaient leurs troncs d'arbres dans le monticule. Ça n'a pris que quelques minutes, Malenfant…

Bonneville, boitant sur ses jambes déjà endommagées, s'était échappé du puits quelques minutes avant l'embrasement final et l'explosion.

— Et ça valait le coup ? demanda Malenfant. Vous êtes revenu des étoiles pour faire ça ?

— Oh, oui, dit Bonneville, dont les yeux papillotaient et se fermaient. Il m'avait détruit. *Mtesa.* Si je meurs, son empire mourra avec moi… Et bien plus.

Il tenta de se lécher les lèvres, mais sa bouche n'était plus qu'une masse d'abcès en train d'éclater.

— *C'est vous*, Malenfant. Vous, un héros revenu du lointain passé ! D'une époque où les humains, nous, les Occidentaux, nous cherchions à faire autre chose que survivre dans un monde abandonné aux Gaijin. Mon Dieu, nous avons construit des mondes entiers. Vous me l'avez rappelé. J'ai donc résolu de bâtir le mien…

Il se tut et son corps s'affaissa.

La lumière de l'aube qui venait de l'est se répandait ; Malenfant vit un énorme nuage de fumée noire s'élever dans le ciel.

« C'est vous », avait dit Bonneville. C'est ma faute, se dit-il. Tout est ma faute. J'étais probablement destiné à mourir là-bas, dans les étoiles. Ça aurait dû se passer ainsi. Pas comme ça.

Il berça le corps de Bonneville dans la lumière de l'aube jusqu'à ce que sa respiration haletante cesse de le tourmenter.

Malenfant fut arrêté le lendemain matin de l'explosion.

Deux gardes le traînèrent devant la cour temporaire de Mtesa, dans une hutte spacieuse à quelques kilomètres de la Tombe de Wanpamba, et le jetèrent dans la poussière devant le Kabaka.

Son procès fut bref, efficace, ponctué de beaucoup de cris et de doigts pointés vers lui. On ne lui accorda pas de traducteur. Mais il apprit, grâce aux bribes de langage local qu'il avait comprises, qu'il avait été accusé d'avoir provoqué l'explosion, le plus grand crime de ce temps.

Nemoto était debout derrière le Kabaka, silencieuse, pendant toute la scène sortie d'une parodie d'opéra-comique. C'est elle, songea-t-il. Elle m'a piégé.

Tout ça semblait laisser Mtesa sceptique, ce qui était tout à son crédit, et la procédure paraissait également l'irriter. Comme s'il s'était attaché à Malenfant, et assez rusé pour comprendre qu'il s'agissait là d'une obscure querelle entre le Katekiro et Malenfant. *Pourquoi me mêlez-vous à tout ça ? Vous ne pouvez pas régler ça vous-mêmes ?*

Mais nul ne douta un seul instant du verdict.

Lorsque ce fut fini, les Seigneurs de la corde s'approchèrent de Malenfant. Ils enroulèrent une corde autour de son cou, et tirèrent dessus pour le forcer à se lever.

Nemoto s'avança, toute courbée, et s'arrêta devant lui.

— On va être clément avec vous, Malenfant, dit-elle en anglais. Vous ne travaillerez pas pour le Moteur. Vous allez être jeté…

— Dans le puits. (Il comprit soudain.) La porte. Vous me poussez vers le portail. C'est ça, le but, hein ?

— *Vous avez vu la lumière*, Malenfant. Si je pensais que votre scaphandre pouvait m'aller, je vous le prendrais. Je pénétrerais dans le Moteur de Kimera et j'affronterais l'énigme qui se trouve en son cœur, je suivrais les mystérieux voyageurs qui vont et viennent… Mais je ne peux pas. Mon destin est de rester ici, à amuser le Kabaka, jusqu'à ce que les traitements antivieillissement n'aient plus d'effet et que je meure.

« Il fallait que je le fasse, Malenfant. J'ai vu que vous hésitiez à avancer – même si vous avez fait *en sorte* de venir ici – au cœur des choses.

— Alors vous m'avez poussé. Mais pourquoi, pour l'amour de Dieu ? Pourquoi faites-vous tout ça ?

— Pas pour l'amour de Dieu. Pour l'histoire. Regardez autour de vous, Malenfant. Voyez comme cette Terre du futur est immensément étrange. L'arrivée des extraterrestres a changé notre histoire, c'est sûr – et les étoiles qui explosent dans le ciel nous parlent d'autres changements à venir. Mais aucun être humain n'a jamais été aux commandes des grandes forces qui font un monde, ni contrôlé l'histoire, le climat et la géologie. Seule une poignée d'entre nous ont été témoins de ces changements.

— Si aucun de nous ne peut changer l'histoire, vous êtes en train de me tuer pour rien.

— Ah. (Elle sourit.) Mais il est arrivé que des individus la *changent*, Malenfant – pas de la manière dont j'ai essayé de le faire, avec des intrigues, des plans et des projets – mais en entrant dans les flammes, en faisant don d'eux-mêmes. Vous comprenez ? C'est *ça*, votre destin.

— Vous êtes un monstre, Nemoto. Vous jouez avec la vie des gens. Être le bras droit d'un despote de l'Âge de pierre vous convient parfaitement.

Elle leva un poignet osseux et essuya la salive mêlée de sang qui se trouvait sur son menton comme si elle ne l'entendait pas.

La peur et la colère envahirent Malenfant.

— Nemoto. Épargnez-moi.

Elle se pencha et l'embrassa sur la joue. Ses lèvres étaient aussi sèches que des feuilles d'automne et son haleine sentait le sang.

— Au revoir, Malenfant.

Les cordes se tendirent autour de son cou, on l'entraîna à l'extérieur.

La suite se déroula avec une logique implacable. Prisonnier, condamné, Malenfant n'avait pas le choix, pas de volonté véritable. Il lui était facile de se soumettre au processus, de s'en détacher, de laisser sa peur s'envoler.

Il fut effectivement traité avec clémence. Il eut la permission de revenir à sa hutte. Il récupéra son EMU, son antique combinaison pressurisée dans son sac de toile.

On l'amena au bord du cercle central de désolation.

Un petit groupe les attendait : des gardes et deux autres prisonniers, deux jeunes femmes vêtues d'un pagne. Les deux prisonnières lui adressèrent un regard morne. Malenfant vit qu'elles avaient toutes deux été battues assez durement pour leur déchirer la peau le long de la colonne vertébrale.

Je suis venu de loin pour ça, se dit Malenfant : marcher vers l'enfer avec deux des damnés.

Il descendit de nouveau le grossier escalier en spirale.

Ils ne tardèrent pas à arriver à une profondeur telle que le cercle de ciel ouvert au sommet du puits était réduit à un disque bleu plus petit qu'une pièce de monnaie, loin au-dessus de lui. La seule lumière provenait de torches de jonc placées à intervalles irréguliers. Les marches des escaliers elles-mêmes étaient grossièrement taillées et trop éloignées les unes des autres pour que la descente soit facile. Bientôt, Malenfant eut chaud et ses jambes lui firent mal.

Les visages aux traits tirés par la peur des prisonnières luisaient.

Ils dépassèrent deux grandes issues creusées dans le mur de roche, une de chaque côté du puits cylindrique. L'air provenant de ces sorties sentait moins le renfermé qu'ailleurs. Peut-être conduisaient-elles aux grandes avenues de l'est et de l'ouest qu'il avait remarquées depuis l'extérieur, des tunnels qui menaient à l'intérieur de la colline elle-même.

À une centaine de mètres de profondeur, de l'eau coulait de fontaines d'argile aux formes élaborées, placées sur les murs. L'eau, chaque goutte pour ainsi dire, était recueillie par des rigoles qui s'enroulaient en spirale autour du puits, parallèlement à l'escalier en colimaçon. Les fontaines coulaient plus fort à mesure qu'ils descendaient – la pression de l'eau, se dit Malenfant – et, bientôt, les rigoles furent remplies de liquide qui bouillonnait et écumait, ce qui rafraîchissait l'air immobile du puits. Mais les fontaines et les rigoles, très endommagées par l'incendie, n'avaient été que grossièrement réparées. Fissurées, elles laissaient échapper de l'eau en permanence.

Malenfant avait déjà chaud, et se sentait étourdi ; une conséquence de la dose de radiations qu'il avait déjà encaissée, peut-être. Il tendit la main vers une rigole pour prendre de l'eau dans le creux de sa paume. Mais une main sombre et osseuse jaillit de l'obscurité pour l'en écarter. C'était l'une des prisonnières, les yeux écarquillés dans l'ombre.

Malenfant regarda ses menues épaules en sang tandis qu'elle descendait devant lui. Elle était là, cette gamine, s'enfonçant vers l'enfer, et pourtant elle avait tendu la main pour empêcher un étranger de se blesser.

De plus en plus bas. Il ne restait désormais plus trace de lumière naturelle.

Ils arrivèrent à un endroit où les deux prisonnières furent envoyées dans un dortoir creusé dans le roc, sans doute pour être mises au travail plus tard. Elles plongèrent un regard plein de peur et de haine dans la fosse avant d'être poussées à l'intérieur. C'était là, après tout, que se trouvait le Moteur qui serait leur bourreau.

Et Malenfant continua, encore plus bas. Les gardes lui donnaient de petits coups dans le dos pour le faire avancer.

La pente finit par devenir moins raide. Malenfant supposa qu'ils approchaient du cœur de la montagne creuse. Ils s'arrêtèrent à environ quinze mètres au-dessus du fond du puits. Dès lors, Malenfant devait continuer seul.

À la lumière d'une torche fumante, il demanda par gestes une faveur aux gardes. Ils haussèrent les épaules, indifférents, pas mécontents de faire une pause.

Malenfant sortit de son sac son vieux scaphandre cabossé de la NASA.

Il souleva le LTA, le bas de son EMU, un pantalon et des bottes d'un seul tenant, et il se glissa à l'intérieur en se tortillant. Puis il fit de même avec l'UTS. Il attacha sa cagoule de Snoopy et souleva au-dessus son casque rayé et éraflé. Il le tourna pour le visser sur le joint entourant son cou.

Les gardes l'observaient d'un air morne.

Il se regarda. Madeleine Meacher avait passé du temps à lui raccommoder cette combinaison à la lumière d'une autre étoile. L'EMU demeurait d'un blanc respectable, et le drapeau américain décorait toujours fièrement sa manche.

… Mais alors, le petit rituel du scaphandre accompli, les événements l'enveloppèrent de nouveau dans leur logique.

C'était donc tout ? Après tous ses voyages, sa longue vie, allait-il mourir maintenant, tout seul, ici ?

Quelque part, il n'arrivait pas à y croire. Il rassembla son courage.

Laissant les gardes ahuris derrière lui, il descendit quelques marches grossières de l'escalier, se rapprochant du feu. La visière de son vieux casque cabossé et étoilé faisait danser et scintiller les flammes ; c'était plutôt joli. Sa respiration résonnait à l'intérieur de son casque fermé ; il avait chaud, il se sentait déjà en manque d'oxygène, mais c'était sans doute juste son imagination. Son paquetage dorsal était inerte – pas de sifflement d'oxygène, pas de ventilateur vrombissant – et formait une masse pesante dans son dos. Mais la combinaison le protégerait peut-être un peu plus longtemps.

Il allait juste continuer à marcher, à descendre ces marches dans le noir aussi longtemps qu'il en aurait la force. Il ne voyait pas ce qu'il pouvait faire d'autre.

Il se passa néanmoins peu de temps, lui sembla-t-il, avant que la chaleur et le manque d'air ne viennent à bout de lui ; le monde vira au gris, il bascula en avant. Il leva les mains pour protéger son casque et roula sur le dos comme une tortue.

Il ne put se relever. Peut-être fallait-il qu'il rampe, comme Bonneville, mais il ne semblait même pas capable d'arriver à faire ça.

Il était centenaire, après tout.

Il ferma les yeux.

Il eut l'impression d'avoir dormi un peu. Il fut plutôt surpris de se réveiller.

Il vit un visage au-dessus de lui. Un visage sombre et épais. Était-ce Bonneville ? Non. Bonneville était mort.

Des bourrelets épais autour des yeux. Des orbites enfoncées. Un front de singe, à l'intérieur d'une sorte de casque translucide.

On le transportait. Vers le bas, toujours vers le bas. Encore plus loin dans les profondeurs de la montagne de Kimera. Des bras robustes le soutenaient.

Des bras qui n'étaient pas humains.

Alors il y eut une autre lumière. Une lueur bleue.

Il sourit. Il la connaissait.

Bercé par des bras inhumains, emporté à travers la porte, Reid Malenfant fut soulagé de ressentir la douleur de la transition.

Il y eut un éclair de lumière bleu électrique.

CHAPITRE 27
LE VISAGE DE KINTU

Il y a longtemps, très très longtemps.

Kintu le géant vint du nord.

Rien.

Pas de terres, pas d'étoiles, pas de gens. Kintu triste. Kintu seul. Très seul. Rien rien rien.

Kintu inspire. Inspire quoi ? Inspire rien.

Poitrine enfle, grosse grosse grosse. Ronde. Bouche de Kintu là, nombril de Kintu ici. Inspire, grand grand grand, engloutit tout ce rien.

Peau éclate, pop pop pop. Mondes. Étoiles. Gens. Jaillissent de la peau en éclatant, pop pop pop. Inspire encore, inspire, inspire, inspire, grand grand grand.

Voilà. Maintenant. Le Visage de Kintu. Ici. Voyez comme la peau éclate, pop pop pop pop, des mondes nouveau-nés, de la vie nouvelle, des choses à manger. Nous vivons ici, sur le Visage de Kintu.

Le Bâton de Kintu. Les gens meurent, les gens ne meurent pas. À l'intérieur du Bâton de Kintu. Heureux heureux heureux. Vivent combien, longtemps, longtemps, longtemps, pour toujours.

Dans l'avenir, longtemps. Kintu lance le Bâton, loin très loin. Lance le Bâton où, dans le Nombril de Kintu. Les gens vivent sur le ventre de Kintu, longtemps longtemps longtemps, loin très loin, heureux comment, heureux heureux heureux.

Quoi tous les autres ? Morts.

La douleur de la transition se dissipa comme du givre qui s'évapore. Il sentit les bras durs et gonflés qui le portaient, la force d'acier des biceps.

Il avait la tête rejetée en arrière. Il vit le dessous blanc et charnu d'un petit menton dépourvu de barbe. Au-delà, il ne pouvait distinguer qu'un ciel obscur. Quelque chose comme des nuages d'altitude vaporeux, verdâtres. Une aurore qui ondulait.

Son poids n'était plus le même. Il était aussi léger qu'un nourrisson, qu'une brindille desséchée.

Pas sur la Terre, donc.

Il pouvait se trouver n'importe où. Encodé en un flux de bits, il avait pu être envoyé à un millier d'années-lumière de chez lui. Et, comme les signaux des Points Selles ne voyageaient qu'à la vitesse de la lumière, il lui faudrait peut-être un millier d'années pour rentrer. Même l'énigmatique Terre où il était revenu, la Terre de 3265, pouvait être aussi lointaine que les Âges sombres où il était né.

Ou pas.

Un visage apparaissait à présent au-dessus de lui, aussi large et lisse que la Lune, contenu dans un casque de scaphandre grossier qui n'était pas grand-chose de plus qu'un sac translucide. De toute évidence un hominidé. Mais le visage avait de gros bourrelets sus-orbitaux, un grand nez plat protubérant et des cheveux implantés bas. Des sourcils noirs et épais, comme un Slave, de grands yeux sombres. Les bourrelets donnaient à la femme une expression de surprise perpétuelle.

La femme. Oui, c'était une femme. Jeune ? Sa peau semblait lisse, mais Malenfant n'avait pas de point de comparaison.

Elle lui sourit. C'était une Néandertalienne, bien entendu.

Son champ de vision était cerclé de noir.

Il était en train de manquer d'air. Son scaphandre était une antiquité hors d'usage. C'était tout ce qu'il avait. Mais, à présent, il allait le tuer.

Une inquiétude évidente plissa le visage de la jeune fille. Elle leva la main – elle le tenait à présent d'un *seul* bras, pour l'amour de Dieu – et commença à agiter sa main droite de haut en bas devant son propre corps. Ses épais sourcils russes descendirent, lui donnant un air bizarre.

Elle me parle par gestes, se dit-il. *Douleur ?*

— Oui, ça fait mal.

Sa radio ne fonctionnait pas et la femme ne semblait pas disposer du moindre récepteur. Elle ne savait probablement pas parler anglais, bien sûr, ce qui serait un problème pour lui. Il était américain et, à son époque, les Américains n'avaient pas besoin d'apprendre les langues. Peut-être pouvait-elle lire sur les lèvres.

— Aidez-moi. Je ne peux pas respirer.

Il continua pendant quelques secondes, jusqu'à ce que l'expression de la femme tourne à la perplexité.

Elle commença à l'emporter à grands pas, comme sur la Lune. Sa tête se mit à rebondir dans son casque, cognant avec un bruit sourd contre le verre.

À présent, il entrevoyait le paysage, par bribes oscillantes.

Une plaine où se détachaient des cratères récents. Le sol était rouge, mais recouvert de traînées jaunes, marron, orange, vertes et d'un noir profond. Il avait l'air boueux et couvert d'une croûte, comme une vieille pizza. Il était en grand partie gelé. Malenfant vit un panache de gaz au-delà de l'horizon proche bleuir en s'élevant, et étinceler dans la lumière d'un lointain soleil. Le panache retomba droit sur le sol comme s'il provenait d'un système d'arrosage dans un jardin.

Et il y avait un objet dans le ciel, énorme et brillant. Une assiette de lumière boueuse, très bas, près de l'horizon, un gros plat de bandes nuageuses roses, violettes et brunes. Malenfant distingua de fines lignes de turbulences là où elles se rencontraient, des boucles et des tourbillons, une aquarelle démente. C'était peut-être une lune. Mais, dans ce cas, elle était sacrément grosse, trente ou quarante fois plus que la Lune dans le ciel de la Terre.

Ses poumons se fatiguaient dans l'air en train de se vicier. Une odeur chaude se répandait, celle de la peur, du gaz carbonique et de la condensation. Il tenta de se contrôler, mais ne put s'empêcher de se débattre faiblement.

Jupiter. Réfléchis, Malenfant. Cette grosse « lune » devait être Jupiter.

Et si c'était bien un panache de volcan qu'il avait vu, il était sur Io.

Un soulagement intense et illogique l'envahit, bien qu'il souffrît de claustrophobie. Il était resté dans le Système solaire, alors. Peut-être allait-il y mourir. Mais au moins, il ne se trouvait pas à une distance impossible de chez lui. Ça avait quelque chose d'obscurément réconfortant.

Mais… *Io*, bon Dieu… Il y avait donc des Néandertaliens, reconstitués à partir de résidus génétiques trouvés chez les humains, et qui vivaient sur Io. Bon sang, il lui restait toujours à y comprendre quelque chose.

L'obscurité se referma sur son champ de vision, comme un rideau au théâtre.

Il reprit conscience.

Il reposait dans une sorte de tente. Elle s'élevait au-dessus de lui, en forme de cône, comme un tipi. Il ne pouvait pas voir à travers les murs. La lumière venait de lampes à incandescence, peut-être des reliques d'un passé technologiquement avancé.

Il était allongé, nu. Il n'avait même pas la combinaison que les jumelles lui avaient donnée en orbite autour de la Terre. Il posa ses mains sur son entrejambe, avec un geste dépourvu de force. Il avait franchi un millénaire et voyagé sur des dizaines d'années-lumière, mais il ne pouvait toujours pas se débarrasser de son éducation presbytérienne.

Des gens allaient et venaient autour de lui. *Des Néandertaliens*. Ils se débarrassaient de leur scaphandre en entrant dans la tente, le posaient sur la pile dans un coin et se promenaient nus.

Il glissa dans le sommeil.

Plus tard, la jeune fille qui l'avait transporté jusqu'à Io même par la porte du Point Selle le soigna. Ou, du moins, elle lui donna de l'eau et une espèce de soupe boueuse qui ressemblait à du yaourt chaud, et un bouillon maigre, comme de la soupe au poulet très claire.

Il savait qu'il était très malade.

Il avait été irradié au cœur de cette pile atomique. Les muqueuses de sa bouche étaient endommagées, de même que son œsophage et son estomac ; les couches supérieures des muqueuses se détachaient l'une après l'autre. C'était à peine s'il pouvait manger l'espèce de yaourt. Il avait la courante en permanence, vingt-cinq ou trente fois par jour ; son infirmière néandertalienne le nettoyait patiemment, mais il voyait bien qu'il y avait du sang dans le liquide. Son mollet droit enfla, puis devint roide et douloureux ; la peau était bleu violet, gonflée et lisse au toucher. Il eut des cloques sur les fesses. Il sentait que tous les poils de son corps tombaient, de ses sourcils, de son entrejambe, de sa poitrine.

Il était hypersensible au bruit ; si les Néandertaliens en faisaient trop, cela déclenchait sa diarrhée. Ça ne leur arrivait pas souvent, en fait ; ils poussaient parfois des grognements aigus, mais ils semblaient parler la plupart du temps par signes, en faisant des grimaces et en remuant les doigts.

Il dormait mal. Peut-être délirait-il. Il supposait qu'il allait mourir.

Son infirmière néandertalienne n'était pas grande, mais très costaud. Le milieu de son corps et sa poitrine étaient larges – ses seins étaient plats – et les muscles de ses avant-bras paraissaient aussi épais que ceux des cuisses de Malenfant. Elle dégageait une aura de force palpable ; elle était bien plus physique que tous les humains que Malenfant avait jamais rencontrés.

Mais le plus frappant était son visage.

Trop grand, avec des yeux trop écartés, un nez aplati et des traits trop étalés, comme s'il avait été tiré ; une mâchoire épaisse, un menton mince et fuyant, comme s'il avait été coupé. Une énorme arcade sourcilière gonflait son front, un bourrelet osseux comme une tumeur. Il écrasait le visage qu'il surmontait, et donnait l'impression que les yeux étaient enfoncés dans leurs immenses orbites osseuses ; son infirmière avait l'air d'un reflet déformé, comme celui d'un embryon dans un bocal. Un gonflement situé derrière sa tête contrebalançait son poids, mais il faisait pencher sa tête vers le bas, si bien que son menton reposait presque sur sa poitrine et son cou massif était projeté vers l'avant.

Mais ses yeux étaient clairs et humains.

Il baptisa son infirmière Valentina à cause de ses sourcils russes : d'après Valentina Tereshkova, la première femme dans l'espace, qu'il avait rencontrée une fois à Paris, lors d'un meeting aérien.

Valentina était plus humaine que n'importe quel singe ; pourtant, elle n'était pas humaine. Et cette proximité ambiguë troublait Malenfant.

Il s'endormit puis se réveilla. Des jours passèrent, peut-être ; il n'avait aucun repère.

Il se sentit déprimé.

Et effrayé. Il maudit Nemoto pour l'avoir envoyé dans ce nouvel exil.

Il serra son vieux scaphandre hors d'usage contre sa poitrine et passa ses mains douloureuses sur son badge de mission et sur le drapeau des États-Unis décoloré par la lumière brutale d'Alpha du Centaure. Il regarda longuement son petit morceau d'Emma, le seul visage humain qu'il y avait ici, et il pleura comme un bébé.

Valentina supporta tout.

Et, lentement, à sa propre surprise, il commença à aller mieux. Au bout de quelque temps, il fut même capable de s'asseoir et de se nourrir.

Valentina, une Néandertalienne crasseuse au cul nu, le guérissait de la maladie des rayons. Il ne comprenait pas, bien qu'il en fût reconnaissant. Peut-être des nanomachines étaient-elles en train de réparer les dégâts qu'il avait subis au niveau cellulaire, et même moléculaire. Il avait déjà vu des preuves de la présence sur Terre d'antiques machines venues d'au-delà des Points Selles, des étoiles.

Ou c'était peut-être la soupe.

Malenfant fut bientôt capable de marcher, d'un pas raide.

La plupart des Néandertaliens l'ignoraient. Ils l'enjambaient ou le contournaient comme s'ils ne le voyaient même pas.

Lui, il les regardait, stupéfait.

Il compta une trentaine de personnes entassées dans ce tipi : des adultes, de vieilles personnes fragiles et des enfants de tous les âges, parmi lesquels des nourrissons. Mais il sentait que parvenir à les connaître assez bien pour distinguer les individus allait lui prendre du temps. Il était l'archétype du voyageur dans un pays étranger, pour qui tout le monde se ressemblait.

Les femmes semblaient aussi robustes que les hommes. Même les enfants, musclés comme des lanceurs de poids aux jeux Olympiques, participaient aux travaux domestiques. Ils se servaient de leurs dents et de leurs mâchoires puissantes, ainsi que de leurs outils de pierre pour couper la viande et gratter les peaux – de la viande qu'on avait dû apporter depuis la Terre par la porte du Point Selle qu'il avait lui-même empruntée. Ils en faisaient cuire une partie sur des foyers, si l'on pouvait les appeler ainsi, car ce n'étaient que des creux dans le sol tapissés de cailloux chauffés par le feu et recouverts de terre. Mais la viande la plus tendre allait aux enfants – et, incidemment, à Malenfant, *via* Valentina. Les adultes mangeaient leur viande crue, pour l'essentiel ; leurs larges mâchoires mastiquaient la chair coriace, la broyant et la déchirant de manière à pouvoir l'avaler.

L'un des plus âgés montrait une certaine curiosité envers Malenfant. C'était un vieux schnock qui marchait en boitant très bas, si courbé que son ventre pendait par-dessus son pénis recroquevillé. Malenfant décida de l'appeler Ésaü. D'après La Genèse, si sa mémoire était bonne : *Voici, Ésaü, mon frère, est velu, et je n'ai point de poil.*

Malenfant plongea son regard dans celui d'Ésaü et se demanda ce qu'il pensait. *Comment* il pensait.

Voilà mon cousin, mais il est assez éloigné pour représenter une espèce étrangère, une conscience non humaine. La première chose que mes lointains ancêtres ont faite en sortant d'Afrique a été l'expérience d'une rencontre du troisième type avec des étrangers des profondeurs du passé : le véritable premier contact. Et, pendant que le dernier des Néandertaliens agonisait quelque part dans une forteresse rocheuse, en France, ou en Espagne, ou en Chine, il a dû y avoir eu une ultime rencontre : la dernière que nous ayons eue en trente mille ans, jusqu'à l'apparition des Gaijin dans la ceinture d'astéroïdes.

Un drôle de truc, d'être restés seuls si longtemps.

Les Néandertaliens avaient un Point Selle portable. Lorsqu'ils l'installèrent et le mirent en marche, Malenfant ouvrit des yeux ronds.

C'était un grand anneau bleu d'environ trois mètres de haut. Ils pouvaient le traverser, accompagnés de l'éclair bleu caractéristique, et disparaître de la surface d'Io. Ils réapparaissaient plus tard avec des sacs pleins pour l'essentiel de cailloux, de viande et de bouteilles en métal qui contenaient peut-être de l'oxygène. Il devait s'agir de leur lien avec la Terre et la mine de Kimera – le chemin par où on l'avait amené ici.

Il joua avec l'idée de rentrer, d'essayer de retourner sur Terre. De s'échapper. Mais cela n'aurait fait que le conduire dans le Moteur de Kimera, qui le tuerait. Ou, s'il en réchappait, dans les griffes de Mtesa.

Peut-être un dernier recours. Pour l'instant, il était coincé ici

Que savait-il des Néandertaliens ? Que dalle. Mais il se souvenait qu'ils n'étaient pas censés pouvoir parler. Leur palais n'avait pas la bonne conformation, ou quelque chose comme ça. Il les avait vus parler par signes ; ils étaient intelligents, c'était clair. Mais la parole, disaient les théories dont il se souvenait, avait été l'avantage clef des *Homo sapiens*. Et donc, voilà, il était l'homme qui parle au pays des muets.

Peut-être Reid Malenfant pouvait-il apprendre à parler aux Néandertaliens. Peut-être pouvait-il les civiliser. Une bouffée d'enthousiasme s'empara de lui.

Il pointa le doigt sur Ésaü. « Toi. » Puis sur lui. « Moi.

Toi. Dis-le. Toi, toi, toi. Moi. Malenfant. Mon nom. Malen-fant. Essaie. »

Ésaü étudia Malenfant pendant un moment, puis il lui flanqua une gifle. Une bonne. Qui l'expédia à terre.

Malenfant se remit debout. Sa joue le cuisait. Ésaü était sacrément costaud.

Ésaü se mit à jacasser par signes à toute vitesse : il pointa deux doigts vers lui, vers son front, puis un poing vers le front de Malenfant. Il ne paraissait pas en colère : il tentait plutôt d'apprendre quelque chose à Malenfant. *Montrer. Poing vers la tête. Montrer. Poing.*

— Oh. (Malenfant se montra lui-même, puis il fit le signe avec son poing.) J'ai pigé. C'est le nom que tu me donnes. Un mot sous forme de signe.

Ésaü lui donna une autre gifle. Il n'y mettait pas de méchanceté, mais Malenfant se retrouva de nouveau par terre.

Cette fois, lorsqu'il se releva, il fit les signes, *montrer*, *poing fermé*, sans parler.

Et c'est ainsi que cela se passa. S'il prononçait plus de quelques syllabes, Ésaü lui donnait une claque.

Son vocabulaire de signes commença à s'enrichir : dix mots, une douzaine, deux douzaines.

Il observa les mères et leurs enfants. Eux aussi recevaient des gifles s'ils faisaient trop de bruit. Il commença à interpréter les signes complexes que les adultes échangeaient lorsqu'ils communiquaient entre eux avec les doigts, en un flot plein de fluidité et de tension. Il comprenait environ un signe sur cent.

Tant pis pour l'homme doué de parole au pays des muets. Pour ces gens, il n'était qu'un enfant.

Il s'écoula pas mal de temps avant qu'il ne découvre que le signe où l'on portait le poing à sa tête, son nom, signifiait *stupide*.

Un jour, lorsqu'il se réveilla, tout le monde était en train d'enfiler les combinaisons pressurisées transparentes : les hommes, les femmes, les enfants, et même les bébés dans de petits porte-bébés ressemblant à des sacs. Quelques adultes s'activaient sur le tipi, tirant les piquets qui le maintenaient en place, repliant le tapis de sol.

Il était apparemment temps de partir.

Son casque devant ses organes génitaux, Malenfant se pelotonna contre le mur du tipi en train de s'effondrer, nu et effrayé, tandis que le démontage se déroulait paisiblement autour de lui. Malenfant n'avait pas de combinaison : juste l'antiquité de la NASA qu'il portait déjà en arrivant ici. Et si les Néandertaliens croyaient qu'il fonctionnait encore ? S'il mettait le pied à la surface d'Io, le scaphandre le tuerait en quinze minutes.

Valentina vint le voir. Elle portait sa combinaison, le casque mou déjà fermé. Elle en tenait une autre à la main, on aurait dit une peau d'écorché.

Malenfant la prit avec gratitude. Valentina lui montra comment y entrer et comment sceller hermétiquement les fermetures avec l'ongle. Elle était trop courte et trop large pour lui, mais semblait pouvoir s'étirer.

Et elle *puait* : l'urine, les fèces, une odeur ancienne rappelant celle du lait. L'odeur d'Ésaü, d'un vieux croûton de Néandertalien.

Quelqu'un était mort dans cette combinaison.

Lorsqu'il le comprit, il faillit régurgiter son petit déjeuner et tenta d'écarter la combinaison de sa chair. Mais Valentina lui donna une claque, plus forte que toutes celles qu'il avait reçues depuis longtemps. On ne pouvait pas se tromper sur les ordres donnés par signes péremptoires : *Mets-la. Maintenant.*

Bon, se dit-il, tu n'es pas au Bâtiment de contrôle des vols spatiaux habités, à cap Canaveral. Les choses sont différentes ici. Accepte-le, si tu veux continuer à respirer.

Il acheva d'enfiler la combinaison et la ferma avec soin. Puis il se leva en s'efforçant de ne pas vomir dans la puanteur claustrophobe tandis que les Néandertaliens démontaient leur campement et que la lumière de Jupiter les éclairait.

Le matin sur Io :

Des aurores boréales se tordaient au-dessus de leurs têtes, d'immenses rideaux de lumière qui ondulaient.

Le soleil ressemblait à un disque rétréci, bas sur l'horizon, plus brillant que n'importe quelle étoile dans le ciel. Il projetait de longues ombres sur le sol pareil à de la pizza brûlée. Jupiter était au-dessus de l'horizon, comme avant, semblable à un gros ballon de football peint de lignes roses. Mais la phase lunaire était différente : Jupiter était un croissant au terminateur brouillé par des couches atmosphériques, la face cachée semblable à une forme découpée à l'emporte-pièce dans l'arrière-plan étoilé, une plaque de nuit qu'incendiaient les crépitements d'orages électriques plus vastes que la Terre, pareils à des ampoules géantes explosant à l'intérieur de nuages roses.

Les Néandertaliens se déplaçaient à la lueur rouge et vert d'une aurore boréale, rangeant leur tipi et leurs autres possessions et les chargeant sur de gros véhicules semblables à des traîneaux sans cesser d'échanger des signes, l'air affairé. Malenfant ramassa son unique possession, ce qui restait de son scaphandre de la NASA, le roula en boule et l'empila à l'arrière d'un traîneau.

Une fois le chargement effectué, les Néandertaliens adultes commencèrent à se sangler à l'avant des traîneaux, dans de simples harnais faits du plastique transparent qu'on trouvait partout. Ils ne tardèrent pas à être tous attelés, à l'exception des plus jeunes enfants, qui voyageraient au sommet des traîneaux chargés.

Nul ne dit quoi faire à Malenfant. Il chercha Valentina et fit en sorte de se retrouver à une place à côté d'elle. Elle l'aida à mettre un harnais ; il s'ajustait avec des boucles très simples.

Et ils commencèrent à tirer.

Les Néandertaliens se penchaient simplement dans les harnais, pareils à des chevaux de trait trapus. Et ils se mirent à tracter les traîneaux sur la surface croûteuse d'Io, à la lumière de Jupiter. Celui de Malenfant était un peu plus difficile à déplacer que les autres, si bien que son attelage dut tirer plus fort tout en échangeant des signes brefs, jusqu'à ce que les patins se dégagent avec une secousse du rocher qui retenait le traîneau.

Valentina n'avait pas… la même allure lorsqu'elle marchait. Elle se penchait en avant, comme si son centre de gravité se trouvait au-dessus de l'articulation de ses hanches plutôt qu'un peu plus bas, comme celui de Malenfant. Et, quand elle avançait, tout son poids semblait porter sur ses hanches à chaque pas. C'était maladroit, presque comme la démarche d'un singe, et il s'agissait de la moins humaine de ses caractéristiques physiques pour autant que Malenfant pût en juger.

Valentina n'était pas faite pour marcher sur de longues distances, comme Malenfant. Peut-être les Néandertaliens avaient-ils évolué dans la sédentarité.

Malenfant fit de son mieux pour tirer avec les autres. Il ne savait pas très bien pourquoi on le gardait en vie, sinon parce que Valentina obéissait à quelque vague impulsion altruiste. Mais il voulait qu'on le voie en train de travailler pour gagner son repas du soir, ça oui. Aussi ajoutait-il sa faible force d'*Homo sapiens* à celle des Néandertaliens.

Et c'est ainsi que des hominidés de la Terre peinaient à la surface d'Io.

Le sol était pour l'essentiel composé de roches : des silicates, de gros morceaux saupoudrés de bulles sous ses pieds. C'était du basalte, de la roche volcanique projetée depuis l'intérieur d'Io. De grandes plaques de soufre la recouvraient, crissant sous les pieds de Malenfant. Io était un monde rocheux, et non une boule de glace comme la plupart des lunes du système extérieur. Avec sa taille qui la plaçait entre la Lune et Mars, Io était une planète terrestre perdue là-bas en orbite autour de Jupiter.

Jupiter qui changeait constamment, spectacle hypnotique et grandiose.

Il se souvint que, Io étant verrouillée par les forces de marée avec son parent géant, elle présentait tout le temps la même face à Jupiter. Mais la lune faisait également le tour de Jupiter toutes les quarante-deux heures, si bien que la géante gazeuse passait par toutes ses phases en moins de deux jours. Et, pendant ce temps, Jupiter tournait sur son propre axe toutes les dix heures environ. Il n'avait pas besoin de la regarder bien longtemps pour voir bouger les bancs de nuages, ces bandes et ces chaînes de petits globules blancs qui se poursuivaient le long des rayures. Mais la Grande Tache rouge avait disparu, ce qui le déçut lorsqu'il le découvrit ; la tempête qui avait duré des siècles s'était épuisée pendant son absence d'un millénaire.

Jupiter avait une magnétosphère puissante à l'intérieur de laquelle Io orbitait, une ceinture de radiations faite d'électrons et d'ions liés à la planète géante. La rotation rapide de celle-ci fouettait cette magnétosphère comme une tempête invisible entourant son satellite. C'était elle qui suscitait les immenses aurores qui crépitaient en permanence au-dessus de la tête de Malenfant, des particules énergétiques qui percutaient l'air ténu de cette lune oubliée, lui arrachant une tonne d'atmosphère à chaque seconde. Malenfant, nu dans la combinaison du vieil homme, frissonna en pensant que cette grêle ténue de particules énergétiques à haute vélocité s'abattait du ciel et bombardait sa chair en ce moment même.

Mais cela ne préoccupait pas les Néandertaliens. Ils tiraient des heures durant, et les traces des trois traîneaux filaient telles des flèches à travers le paysage plat, droit sur Jupiter. Et Malenfant, centenaire et pas encore remis de son irradiation, ne pouvait pas faire grand-chose de plus que de se pencher dans le harnais et se laisser entraîner par les autres.

Les Néandertaliens travaillaient dur. Ils se servaient de leurs grands corps de gorilles de la façon dont des *Homo sapiens* auraient utilisé des outils. Leurs organismes subissaient en permanence une pression physique intense. Malenfant remarqua que celui d'Ésaü, par exemple, portait les traces de vieilles blessures, des cicatrices et des fractures mal ressoudées. Comme s'ils escaladaient une montagne ou couraient un marathon chaque jour de leur vie.

Mais les Néandertaliens l'acceptaient, comme si ça faisait partie des risques du métier.

Pour compenser, ils avaient la nature physique même de leurs vies. Ils vivaient immergés dans leur monde. Ils étaient vigoureux, et intensément *vivants*. Comparé à eux, Malenfant, le seul échantillon disponible de l'espèce *Homo sapiens*, se sentait faible, vague, comme s'il tâtonnait maladroitement dans la brume. Il découvrit qu'il les enviait.

Les Néandertaliens chantaient en tirant leurs traîneaux – chantaient en signes, en fait. Une chanson sur le Visage de Kintu. Kintu faisait partie des rares mots qu'ils vocalisaient, et c'était, Malenfant s'en souvenait, le nom d'un dieu de l'Ouganda, le grand-père de Kimera. La chanson racontait comment Kintu inspirait jusqu'à exploser, faisant jaillir des mondes de son corps, comme des volcans sur Io. Kintu était Dieu et l'Univers pour les Néandertaliens, et le Visage de Kintu – il mit un moment à le comprendre – le nom qu'ils donnaient à Io elle-même.

Les signes avaient une fonction utilitaire pour les Néandertaliens : leurs combinaisons magiques n'étaient pas équipées de radios. Mais leur langage était plus que cela. Il était beau, surtout lorsqu'on parvenait à suivre un peu ce qu'ils disaient, comme un mélange de danse et de paroles.

On dut lui montrer comment se soulager dans sa combinaison magique. En gros, il suffisait de se laisser aller. Le plastique absorbait les déchets, liquides et solides. Ils disparaissaient tout simplement dans la paroi translucide, comme s'ils se dissolvaient. La plus grande partie, en tout cas. Comme ils se déplaçaient, Malenfant n'avait pas d'occasion d'ouvrir cette coquille qu'il devait partager avec la puanteur d'un vieil homme mort, et désormais avec ses déjections personnelles. Il était évident que l'hygiène personnelle n'était pas une obsession pour les Néandertaliens. Ainsi, au bout de quelques jours, Malenfant se mit à rêver d'une douche.

Au bout de quelque temps, la neige se mit à tomber autour des Néandertaliens, de fins petits cristaux bleus qui se déposaient sur la tête et les épaules de Malenfant et rendaient craquant le sol de basalte.

Valentina lui donna un coup de coude et désigna quelque chose. Un geyser jaillissait au-dessus de l'horizon. La neige venait de là.

Le panache étincelant se ventilait dans l'espace, à des dizaines de kilomètres d'altitude. Il était bleu, comme du dioxyde de soufre. La glace chatoyait à son sommet : les fragments moléculaires ionisés par les vents magnétiques de Jupiter chatoyaient d'énergie, créant une aurore miniature. De la lave s'écoulait à la base du panache. Peut-être du soufre liquide. Quand elle émergeait, elle coulait lentement en un flot lent, comme de la mélasse, mais elle devenait plus liquide en se refroidissant et finissait par se répandre comme de l'huile de moteur le long des faibles pentes du geyser.

Un panache volcanique qui luisait dans le noir. Comme un gigantesque tube fluorescent tordu : inhabituel, étrange et spectaculaire. Le cœur de Malenfant se gonfla, comme lorsqu'il avait contemplé Alpha du Centaure pour la première fois. Il ne comprenait peut-être pas tout ce qu'il voyait. Mais, il le pensait maintenant, ça *valait le coup* d'être venu ici – ça valait le coup d'explorer, de subir toutes ces incompréhensibles saloperies, tous ces chocs culturels sans fin, et même de se faire gifler par des Néandertaliens – ça valait le coup à cause de visions comme celle-ci.

Ils dévièrent de leur chemin pour contourner la caldera du geyser.

Le groupe commença bientôt à obliquer vers un secteur où une sorte de givre couvrait le sol en une épaisse couche bleu-vert, sans doute du dioxyde de soufre. Le sol commença à se refroidir de façon sensible sous les pieds de Malenfant, qui se mit à frissonner.

Le groupe s'éloigna du givre à la recherche d'un terrain plus chaud.

Il se rendit compte qu'ils étaient en train de marcher sur des points chauds. Mais ils devaient se déplacer. Victime du volcanisme, serrée par la pompe des marées de Jupiter comme une balle en caoutchouc par un poing, Io voyait en permanence des coulées de laves renouveler sa surface.

Les Néandertaliens devaient donc se déplacer, errer à la surface d'Io, en quête de la chaleur du sol.

Tu parles d'un mode de vie. Mais ils avaient l'air heureux.

La caravane s'arrêtait environ deux fois par jour local.

Les Néandertaliens ne montaient pas toujours leur camp. Ils déchargeaient des appareils éraflés et abîmés, des boîtes de la taille de réfrigérateurs ou de machines à laver. Ils branchaient leurs combinaisons magiques dessus quelques heures par jour, au niveau des hanches et de la bouche. L'ouverture située au niveau de celle-ci fournissait de la nourriture, une bouillie comestible et sans saveur.

Malenfant ne savait pas comment sa combinaison pouvait lui procurer de l'oxygène en permanence. Il ne transportait pas de bouteille. La combinaison devait décomposer l'air du dioxyde de soufre et débarrasser ses poumons du dioxyde de carbone. La prise située au niveau des hanches extrayait peut-être les déchets qu'elle avait emmagasinés, le dioxyde de carbone, l'urine et la matière fécale, pour les recycler. Peu importait, il semblait bien que les boîtes rechargeaient les combinaisons magiques, les rendant utilisables pour dix ou douze heures supplémentaires.

Elles fonctionnaient, sans problème. Mais les Néandertaliens n'en possédaient qu'une quantité limitée, et ils semblaient n'avoir aucun moyen d'en fabriquer d'autres. Si un malheureux vieillard n'était pas mort, il n'y aurait pas eu de combinaison magique pour Malenfant. Et alors ? L'auraient-ils abandonné ? Ils ne l'avaient pas invité.

Il n'avait aucune idée de l'âge de cet équipement. Il lui paraissait clair que quelqu'un avait installé cette communauté de Néandertaliens sur Io. *Quelqu'un*. Les Gaijin, bien entendu. Qui d'autre ?

Mais il n'avait toujours pas déterminé sa raison d'être.

À chaque halte, les Néandertaliens vérifiaient le Bâton de Kintu.

C'était une barre métallique à peu près de la taille d'un témoin de relais. Elle semblait être leur bien le plus précieux. Ce n'était qu'un tuyau de cinquante centimètres de long, fait d'un métal semblable à l'aluminium, et qui semblait léger. Assis sur le sol gelé d'Io, les adultes se passaient le Bâton de main gantée en main gantée, vérifiant son poids, le caressant, dessinant des signes au-dessus. Les chansons sur le souffle de Kintu qu'ils chantaient parlaient du Bâton. C'était peut-être un genre de totem religieux. Mais partir du principe que quelque chose qu'on ne comprend pas doit avoir une signification religieuse est trop facile. Il y avait peut-être autre chose.

Malenfant les enviait de former une communauté. Ignoré même par les enfants, il se sentait mis à l'écart, et seul. Il avait vraiment très envie d'apprendre à parler.

Malenfant observait leurs signes, les copiait et les répétait à Valentina.

Au début, il n'avait pu saisir que des noms ou des adjectifs simples et concrets : une main levée vers la bouche pour dire « nourriture », par exemple, ou frottant l'estomac pour « affamé ». Mais, plus lentement, il apprit à reconnaître l'expression de pensées plus abstraites. Deux index joints en un geste harmonieux semblaient signifier « pareil » ou « comme » ; deux doigts tapant l'un contre l'autre signifiait « discussion » ou « querelle ». Le mouvement des mains et leur position par rapport au corps semblaient avoir une signification, ainsi que des éléments non manuels, comme le langage corporel, la posture et l'expression du visage. Et l'ordre des signes semblait dicté par des règles de grammaire. Il suffisait de faire une erreur sur l'un des éléments pour que le signe n'eût plus de sens, ou qu'il en eût un autre.

Il avait l'impression qu'on pouvait transmettre plusieurs signes en même temps en utilisant des morceaux de divers mots. Les Néandertaliens n'étaient pas contraints de parler de manière linéaire, un mot à la fois, comme lui. Ils pouvaient transmettre des blocs d'informations simultanées à un taux supérieur à celui des humains. Et, se dit-il, ces nouveaux Néandertaliens reconstruits avaient dû fabriquer ce langage riche et complexe à partir de rien, en quelques générations à peine. Après tout, ils n'avaient aucun moyen de retrouver le langage perdu de leurs prédécesseurs génétiques, les vrais Néandertaliens.

C'était un mode de communication d'une richesse merveilleuse.

Il essaya d'éviter de recevoir des gifles. Mais il se faisait punir s'il se trompait trop dans les signes.

— Tu ne mesures pas ta force. Je suis un vieil homme, bon sang !

Une gifle.

Lorsque les Néandertaliens se couchaient pour dormir, à l'air libre, c'était dans leurs combinaisons magiques, là dehors, sur le sol nu d'Io.

Malenfant trouva les constellations – et la pâle traînée d'une autre comète, gigantesque, dont la double queue s'étirait sur toute la largeur du ciel. Quelque chose de nouveau scintillait dans la direction d'Orion : des points lumineux, comme des explosions lointaines éparpillées sur une zone du ciel en forme de bouclier. Un feu d'artifice silencieux sans fin : comme si une bataille faisait rage, là-bas, aux confins du Système solaire, un siège pour se défendre contre un envahisseur.

Peut-être une guerre dans le nuage d'Oort. Les Gaijin étaient-ils en train de se battre à la périphérie du système, en train de défendre Sol contre les extraterrestres de Nemoto qui faisaient exploser les étoiles ? Et si c'était le cas, pourquoi ? La motivation des Gaijin n'avait certainement pas grand-chose à voir avec l'humanité. S'ils se battaient, c'était pour protéger leurs propres intérêts, leurs projets personnels.

Et, bien entendu, une guerre bousculant les comètes dans le nuage d'Oort impliquait une chose effrayante : les Incendiaires n'étaient plus là-bas, autour de Procyon ou de Sirius – ils étaient ici.

Le sommeil avait du mal à venir sous un ciel aussi encombré et plein de dangers. Cherchant l'obscurité, il finit par se pelotonner sous son gros EMU.

Au bout d'une semaine environ, et à l'immense soulagement de Malenfant, ils montèrent à nouveau le campement. Le site avait déjà été utilisé auparavant : c'était un cercle approximatif de sol retourné marqué par les foyers.

Les Néandertaliens se déshabillèrent dès qu'ils furent à l'intérieur du tipi. Ils avaient passé une semaine enfermés dans les combinaisons, et la puanteur de leurs corps assomma presque Malenfant.

Il y eut une grande fête des corps spontanée. Les enfants se battirent, les adultes s'accouplèrent. Malenfant vit une jeune fille poursuivre un homme plus vieux – le poursuivre vraiment, la vulve gonflée et rouge vif – jusqu'à ce qu'elle puisse le coincer et lui grimper dessus. Ils dormirent ensuite tous ensemble, formant de grands tas de chair poilus et puants. Pas de sentinelle. On pouvait supposer qu'il n'y avait pas de prédateurs sur Io, pas d'ennemis.

Malenfant s'accroupit dans un coin, où on l'ignora la plupart du temps, même si Valentina et Ésaü lui apportaient à manger.

Parfois, lorsqu'il y avait peu de lumière, lorsqu'il apercevait une femme ou un enfant du coin de l'œil, il les considérait comme ses semblables, comme des gens. Mais ce n'étaient pas des gens. Ils n'étaient ni pires ni meilleurs que les humains. Simplement différents. Une forme différente de conscience.

Il avait l'impression que les Néandertaliens vivaient plus près du monde que lui. Leur intense vie physique était la clé de ce phénomène. Leur conscience était dispersée à la périphérie de leur être, dans leurs corps et dans les gens et les choses qui occupaient leur monde. Lorsque deux d'entre eux étaient assis ensemble

– échangeant des signes ou travaillant dans un silence paisible – ils semblaient se mouvoir comme un seul être, en une lente et maladroite chorégraphie, comme si leurs identités floues s'étaient fondues en une seule, en une forme ultime d'intimité. Malenfant avait l'impression de pouvoir voir le flot de leurs consciences s'écouler comme de profonds torrents que ne troublaient ni les turbulences ni le côté réflexif de sa propre nature.

Chaque jour était le premier jour de leur vie, et un plaisir intense.

Malenfant se demandait comment ces gens, qui étaient intelligents, complexes et vibrants de vie, avaient pu s'éteindre.

Extinction : un mot brutal, définitif. L'extinction faisait de la mort un mur encore plus dur et froid parce qu'il s'agissait de celle d'une espèce. Peu importait, en vérité, la complexité du langage des signes des Néandertaliens, ou qu'ils aient été capables de parler comme les humains, ou que leur conscience profondément implantée ait été si riche ou pas. Tout avait disparu.

Les Néandertaliens avaient été ramenés à la vie pour servir les objectifs des Gaijin l'espace d'un bref été indien. Mais cela n'avait rien changé au fait qu'ils étaient éteints, parce que ces Néandertaliens n'étaient *pas* ceux qui avaient existé autrefois. Ils n'avaient aucun souvenir de leurs ancêtres, il n'y avait pas de continuité entre eux. L'extinction des Néandertaliens, dans le lointain passé de la Terre, avait balayé tout espoir et tout souvenir, déconnecté le passé de l'avenir.

Et, à présent, Malenfant craignait que le moment d'une autre extinction, à une échelle encore plus massive, ne fût en train d'approcher, une extinction se produisant sur de multiples systèmes solaires, si totale qu'il ne resterait même pas des os et des outils à étudier pour un archéologue.

Valentina lui donna un coup pour le réveiller. Elle lui fit signe de venir, un geste universel, et lui donna sa combinaison.

Il s'habilla, encore mal réveillé et la suivit hors du tipi.

Une fois à l'extérieur, il se soulagea et regarda autour de lui. Io était éclipsée à ce moment-là, si bien que le point brillant du soleil était caché par Jupiter. L'ombre de la planète géante obscurcissait le ciel, la seule lumière était celle des étoiles par un reflet d'aurore provenant de Jupiter, laquelle n'était par ailleurs qu'un trou dans le ciel.

Pendant que le liquide chaud dégoulinait désagréablement le long de sa jambe, il suivit d'un pas mal assuré Valentina, qui marchait déjà sur la plaine croûteuse.

Outre Malenfant, leur groupe comprenait cinq Néandertaliens. Ils étaient tous porteurs de sacs contenant des outils. Ils allaient au petit trop, à grands pas souples que Malenfant n'arrivait pour ainsi dire pas à suivre, en dépit de la faiblesse de la gravité.

Cela dura une heure environ, peut-être plus. Puis ils s'arrêtèrent brusquement. Malenfant se pencha et prit appui sur ses genoux en haletant.

Il y avait quelque chose ici. Une ligne qui courait sur le sol, couleur d'argent à la lumière des étoiles. Elle pointait droit sur la face gonflée de Jupiter.

Malenfant en reconnut la texture. Il s'agissait du même matériau qu'il avait vu pendre sous les racines de l'Arbre, en orbite : un matériau découvert à la surface de Vénus.

C'était un câble supraconducteur.

Les Néandertaliens pressèrent un gadget contre le câble en échangeant vivement quantité de signes. Malenfant ne voyait pas ce qu'ils faisaient. Peut-être était-ce une sorte d'appareil destiné à effectuer des diagnostics. Au bout de quelques minutes, ils se redressèrent et repartirent.

L'éclipse s'acheva pendant qu'ils trottaient. Le soleil commença à apparaître derrière l'orbe de Jupiter, disque rabougri s'élevant à travers des couches nuageuses; une lumière jaune orangé perça les bancs de nuages en mouvement, projetant des ombres plus longues que le diamètre de la Terre.

La lumière de l'aube rencontra le tube de flux d'Io. Une gigantesque tornade évanescente se déployait au-dessus de la tête de Malenfant. Le tube en question était un flux vaporeux de particules chargées, projetées par les volcans en éruption permanente sur Io, qui balayait la planète géante en courbes élégantes suivant les champs magnétiques. Une explosion continue se produisait là où le tube rencontrait les hautes couches de l'atmosphère de Jupiter, des centaines de kilomètres au-dessus des nuages : des gaz chauffés à une température plus élevée que la surface du Soleil étaient balayés autour de la planète à une vitesse orbitale, formant des draperies d'aurores boréales ondoyantes de centaines de kilomètres de largeur.

Io était un corps de la taille d'une planète qui se frayait un chemin comme un générateur électrique géant dans la magnétosphère de Jupiter. Sur la totalité du diamètre de la lune, la différence de potentiel était de centaines de milliers de volts, et des courants de plusieurs millions d'ampères coulaient dans l'ionosphère.

Debout en cet endroit, Malenfant plongea son regard dans le tube lui-même et ressentit l'énergie de manière physique; il avait envie de se faire tout petit, de se protéger de la grêle de particules à haute énergie qui devait se déverser du ciel. Mais il resta, faisant face à ce jeu d'énergie quasi divin. Pas devant les Néandertaliens, se dit-il.

Ils atteignirent bientôt un endroit où le câble était enterré sous une coulée de lave sulfureuse, gelée en une masse solide. Les Néandertaliens échangèrent un tourbillon de signes, déballèrent de simples pelles et des piolets, et s'attaquèrent à la lave pour dégager le câble.

Malenfant avait surtout envie de se reposer. D'épouvantables crampes paralysaient ses jambes, dont les muscles douloureux étaient durs comme des cailloux. Mais il pensait qu'il devait gagner son pain. Il se massa les jambes, puis alla rejoindre les autres. Il prit un piolet et cassa la lave, puis il les aida à enlever les gravats.

Il lui semblait impossible que ce morceau de supraconducteur fût le seul sur Io. Il se représenta la totalité de cette fichue lune emballée dans un filet fait de ce matériau, enveloppant la surface mouvante comme des lignes de longitude. Peut-être le câble avait-il été récupéré sur Vénus, cet antique projet avorté, et apporté ici pour servir à quelque obscur projet des Gaijin.

Le travail des Néandertaliens consistait à entretenir le réseau de câbles supraconducteurs, à le maintenir à l'air libre. Sinon, le remaniement du sol de cette petite lune sauvage l'aurait enterré en quelques siècles. Leur travail ne pouvait être qu'hasardeux, dans la mesure où ils étaient obligés d'aller là où les points chauds le permettaient. Mais avec le temps, ils pouvaient couvrir la surface de toute la lune.

Pas bête, comme arrangement, se dit-il. Il fournissait aux Néandertaliens un monde à eux, éloigné des *Homo sapiens* prédateurs. Et il procurait aux constructeurs du filet – les Gaijin, *a priori* – une source de main-d'œuvre fiable et bon marché pour l'entretenir.

Les Néandertaliens étaient patients et obstinés. Sur Terre, ils avaient survécu, pour ainsi dire inchangés, pendant soixante mille ans avec une technologie qui leur convenait. Ils étaient peut-être là, sur Io, depuis des siècles déjà. Avec eux, les Gaijin s'étaient trouvé une source de main-d'œuvre aussi intelligente que les humains, et qui, les limitations de ressources étant ce qu'elles étaient ici, ne risquaient pas de s'autodétruire par surpopulation. Et ils ne souffraient pas des angoisses existentielles et des problèmes qui allaient de pair avec une main-d'œuvre d'*Homo sapiens* typiques.

Bonne affaire pour les Gaijin.

Tout ce qui lui restait à faire, à présent, c'était comprendre le but du filet lui-même, cet énorme projet gaijin de toute évidence destiné à capter les gigantesques flux d'énergie naturelle de Io. Qu'étaient-ils en train de construire ici ?

Sans dire un mot à Malenfant, les Néandertaliens se remirent en marche le long du câble, vers Jupiter.

Malenfant les suivit, la respiration sifflante.

Lorsqu'ils revinrent au tipi, ils découvrirent qu'Ésaü était mort.

Valentina éprouva un désespoir inhabituel. Elle s'accroupit dans un coin de la tente, son corps massif secoué de sanglots. Ésaü devait être très proche d'elle, peut-être son père, ou son frère.

Personne ne parut vouloir la réconforter.

Malenfant s'accroupit devant elle. Il prit sa mâchoire sans menton dans le creux de sa main et tenta de relever son énorme tête.

Au début, Valentina resta recroquevillée sur elle-même. Puis – avec réticence et maladresse, et sans le regarder – elle leva sa grosse main et lui caressa la nuque.

Surprise, elle leva les yeux. Ses doigts robustes et durs trouvèrent une protubérance osseuse. Malenfant savait qu'on appelait ça un chignon occipital, une relique de ses lointains ancêtres français. Elle lui saisit la main et l'attira sur sa propre nuque. Il y avait une protubérance similaire, sous ses longs cheveux noirs. Un endroit où, en tout cas, ils se ressemblaient. Peut-être son propre chignon occipital était-il une relique de ses ancêtres néandertaliens, une trace fantomatique d'une romance entre les espèces enfouies des millénaires dans le passé.

Valentina le regarda, un éclair de curiosité nouvelle dans ses yeux humains sous le bourrelet sus-orbitaire. Ses seins étaient plats, sa taille épaisse, et elle était bâtie comme un homme. Son visage était projeté en avant, avec un grand nez saillant, des pommettes rebondies, et une longue mâchoire sans menton. Mais il ne la trouvait pas laide. Elle était même belle.

L'instant dura. À être si proche d'elle, et si immobile, Malenfant prit conscience d'une raideur inconfortable dans son entrejambe.

Maudites jumelles ! Il n'avait jamais demandé à bénéficier de ce genre de complication.

Il tenta d'imaginer Valentina se comportant de manière provocatrice : détournant un regard aguichant, peut-être, levant le menton, regardant par-dessus son épaule, entrouvrant la bouche, des signaux communs aux femmes de son espèce partout dans le monde, à son époque.

Mais les femmes néandertaliennes ne se comportaient pas ainsi. Elles ne jouaient pas les vierges effarouchées.

De toute façon, les humains et les Néandertaliens ne pouvaient peut-être pas se croiser. Et il était évident que quelques centaines de millénaires d'évolution séparée leur avaient fourni un stock de signaux sexuels différents. Il commença à comprendre comment les choses avaient pu se dérouler dans le lointain passé : comment deux espèces humaines, toutes deux douées, pleines de ressources, communicatives, curieuses et émotionnellement riches avaient pu être entassées dans un unique espace physique – et se préoccuper aussi peu l'une de l'autre que deux espèces d'oiseaux au fond de son jardin. C'était glaçant, et poignant.

Il imagina les énormes mains de Valentina en train de lui saisir les couilles, et ce qui subsistait de son érection s'évanouit.

Les Néandertaliens firent une cérémonie.

Ils enlevèrent le tapis, dévoilant un sol rouge brique. Le tipi se remplit d'une puanteur âpre, semblable à celle de l'eau de Javel : du dioxyde de soufre.

Les Néandertaliens s'activèrent à creuser la tombe. À mains nues, de leurs doigts solides, travaillant ensemble avec efficacité et coopération. Arrivés à un mètre de profondeur environ ils commencèrent à extraire de la terre colorée en orange et en bleu vif.

Malenfant l'examina avec curiosité : c'était le sol d'Io, après tout. La terre ressemblait à n'importe quelle roche broyée, mais des traînées jaunes, orange et vertes s'y mêlaient : des composés de soufre, supposa-t-il, qui avaient filtré dans la roche. Quelques grains de soufre natif, des cristaux jaunes, s'effritaient.

En profondeur, la terre semblait polluée par du lichen.

Une partie était d'un gris terne et sans couleur, et l'autre vert et violet. Malenfant n'avait jamais été biologiste, mais il savait que, sur Terre, certaines bactéries prospéraient dans des environnements semblables : des endroits acides, riches en soufre et dépourvus d'oxygène, comme les fumeurs noirs. Peut-être une forme de photosynthèse était-elle à l'œuvre ici. Ou alors tout était-il basé sur une chimie plus exotique. Il pouvait exister des réservoirs souterrains où certaines plantes stockaient de l'énergie en liant le dioxyde de soufre avec un composé moins stable, comme le trioxyde de soufre. Et peut-être y avait-il même des organismes simples qui le respiraient et brûlaient du soufre élémentaire pour fabriquer leur énergie…

Ça devait être intéressant, d'un point de vue scientifique. Mais il ne le saurait jamais. Et il n'était pas là pour la science, pas plus que les Néandertaliens.

Et, de toute façon, Malenfant, la vie est courante dans l'Univers. Et la mort aussi, semble-t-il.

Une fois la tombe creusée, ils y déposèrent le corps d'Ésaü. Valentina y descendit avec lui pour le replier en position plus ou moins fœtale. La jeune femme entoura le vieil homme de quelques objets, peut-être des choses qui avaient compté pour lui : une flûte, par exemple, sculptée dans un os ressemblant à un fémur.

Et Valentina glissa la barre totem, le Bâton de Kintu, dans la main morte d'Ésaü.

Ensuite, Valentina demeura un long, très long moment avec le cadavre. Il y eut de nombreux échanges de signes ; Malenfant ne parvenait pas à comprendre beaucoup de mots, mais il en discerna le rythme. Ils étaient sans doute en train de chanter.

Quand Valentina grimpa hors de la fosse, Malenfant sentit son humeur morbide commencer à se dissiper. Les Néandertaliens se mirent à lancer de la terre d'Io dans la tombe.

Et puis – juste avant que la fosse ne soit refermée, Ésaü tourna sa tête émaciée et leva un bras squelettique.

Ouvrit des yeux aux paupières collantes.

Les Néandertaliens continuèrent à lancer de la terre d'Io.

… Mais il était toujours en vie.

Malenfant se figea sur place, sans savoir ce qu'il devait dire ou faire.

Occupe-toi de tes affaires, Malenfant. Sois reconnaissant qu'ils ne t'aient pas fait la même chose.

Après ça, il eut du mal à trouver le sommeil. Il ne cessait d'entendre gratter et griffer le sol sous lui.

Quelque chose le réveilla en sursaut.

Une lueur bleu électrique provenant d'en dessous du tapis de sol filtrait dans l'espace conique du tipi. Une lueur émanant de la tombe du vieil homme.

Malenfant avait déjà vu cette lueur : à mille unités astronomiques de la Terre, et à la lumière d'autres soleils, et aussi au cœur d'une montagne africaine, et même ici, sur Io. C'était celle des portes des Points Selles.

Il tenta de poser des questions à Valentina et aux autres. Mais il n'avait pas le bon vocabulaire et ils le repoussèrent à coups de gifles.

Plus tard – un ou deux jours environ – les Néandertaliens relevèrent le tapis et se mirent à creuser la tombe.

Malenfant fut soulagé de constater que l'odeur n'était pas trop épouvantable, et qu'elle était masquée par celle du dioxyde de soufre. Les bactéries qui vivent dans le sol ne sont sans doute pas les bonnes, se dit-il.

Valentina plongea la main dans la tombe et en sortit le Bâton de métal. Elle ne montrait aucun des signes de désespoir qu'elle avait manifestés auparavant.

Sans beaucoup d'embarras ni de cérémonie, les Néandertaliens commencèrent à combler la tombe.

Malenfant s'en approcha assez pour regarder à l'intérieur. *Elle était vide*. Il sentit sa peau se hérisser, comme un gamin à Halloween.

Il tenta de voir le Bâton de près. C'était peut-être ce qui avait causé l'apparition de la lueur bleue et la disparition du cadavre. Mais la fille le dissimula.

Un groupe auquel appartenaient Valentina et Malenfant repartit le long des câbles. Malenfant restait seul, ignorant le fantastique paysage, ignorant jusqu'aux douleurs de son corps reconstruit.

Sa cervelle semblait recommencer à fonctionner, bien qu'avec réticence. Et lentement, pas à pas, il commença à comprendre où résidait le piège.

L'arrangement avec les Gaijin fonctionnait dans les deux sens. Il semblait que la récompense des Néandertaliens allait un peu au-delà de l'octroi de cette lointaine lune.

Il pensa à l'éclair de lumière bleu électrique issu de la tombe d'Ésaü. Les portes de Points Selles fonctionnaient en détruisant les corps pour enregistrer leur structure quantique. Chaque passage à travers une porte était de toute façon une petite mort. Le Bâton de Kintu, ce petit artefact de métal, avait peut-être enregistré une sorte de structure du vieil homme en train de mourir.

Ésaü, et peut-être tous les ancêtres des Néandertaliens depuis des siècles, étaient-ils toujours *vivants*, en un sens, leurs signaux de Points Selles conservés à l'intérieur du Bâton ? Pas étonnant qu'ils en prennent un tel soin. C'était peut-être leur récompense : vivre dans le Bâton jusqu'à…

Jusqu'à quoi ?

Jusqu'à, se dit-il, qu'ils aient stocké assez d'énergie avec les énormes moteurs qui enveloppaient Io. Jusqu'à ce que Kintu soit prêt à lancer son Bâton jusqu'à son nombril. Comme dans les chansons.

Il sourit. Il avait trouvé. Ce Bâton qui se promenait dans le sac d'un Néandertalien n'était pas un totem. C'était un putain de *vaisseau spatial*.

Et *voilà* pourquoi ils produisaient toute cette énergie à partir de la dynamo que constituait Io.

Malenfant saisit le bras de Valentina, tout excité.

— Écoute-moi.

Elle leva une main pour lui donner une gifle.

Il recula et essaya de faire des signes.

— Attends. Dis-moi. Dis-moi. *Bâton de Kintu, Nombril. Vous aller Nombril, dans Bâton. Nombril quel Nombril, quoi quoi quoi ?* Oh bon Dieu ! Qu'est-ce que les Gaijin fabriquent ici ? De l'antimatière ? C'est quoi, le Nombril ? Est-ce là que les Gaijin vont aller ? (Elle le gifla, le repoussant en arrière, mais il poursuivit.) *Nombril*. Kintu a ventre, ventre, Nombril… J'ai raison, non ? *Parle vrai savoir vrai*. Je…

Elle se prépara à le gifler de nouveau.

La surface lui parut soudain chaude sous ses pieds. Comme s'il était debout sur une plaque chauffante. Il recula instinctivement, jusqu'à un endroit où le sol granuleux était plus frais.

Valentina n'avait pas bougé. Elle regardait par terre, décontenancée. Le sol commençait à s'assombrir, le rouge omniprésent passant par des nuances de plus en plus profondes. Du gaz bleu jaillit autour des pieds de Valentina, comme pour un effet spécial au théâtre.

Un panache volcanique était en train de s'ouvrir juste sous elle.

Malenfant ne réfléchit même pas lorsque le sol commença à se désagréger. Il plongea, les poings en avant. Il lui sembla qu'il mettait une éternité à décrire un arc dans la faible gravité d'Io.

Il frappa Valentina aux épaules aussi fort que possible. En dépit de sa masse plus importante et de son centre de gravité plus bas, elle bascula en arrière et tomba de l'ouverture en direction d'une zone de terrain plus solide. Elle était en sécurité.

Malenfant, lui, était impuissant.

Il tombait désespérément au ralenti dans la faible gravité, les bras écartés, doit vers le centre de l'orifice qui venait de s'ouvrir sur un trou bouillonnant rempli de soufre fondu de couleur sombre. Il sentait l'épiderme de sa poitrine et de son visage se couvrir de cloques, et former des bulles, comme le sol sulfureux. Sa combinaison magique n'allait pas pouvoir le protéger cette fois, c'était évident.

Il rit. C'est donc ici que ça se termine. Au moins, il avait réussi à comprendre. En partie, en tout cas.

Il y avait de pires façons de mourir.

Le soufre bouillonnant le recouvrit et la douleur le submergea.

Mais une main solide entourait son cou…

Ensuite, il n'y eut que des bribes de conscience.

Étendu sur le dos. Aucune sensation nulle part.

Des étoiles au-dessus de lui. Des images qui tressautent. Un œil fonctionne encore ? On le transporte ?

Des murs autour de lui, qui s'élèvent, un cercle de visages aux fronts épais.

Oh. Une tombe. C'était *lui* le vieux croûton, à présent. Il tenta de rire, mais rien ne semblait fonctionner.

Une pluie d'obscurité tombant sur lui. De la terre. Elle éclaboussa sa poitrine et son visage. La douleur le transperçait lorsqu'elle touchait la chair à vif. Des mains travaillaient au-dessus de lui, de grandes mains puissantes comme des pelles qui prenaient de la terre pour la lancer sur lui. Les mains de Valentina, et d'autres.

La terre tomba dans ses yeux et dans sa bouche. Elle avait un goût de Javel.

Je suis vivant. Ils m'enterrent. Je suis vivant !

Il essaya de pousser un cri, mais sa gorge était obstruée par la terre. Il tenta de se lever, mais ses membres n'avaient plus de force, comme s'il était emmailloté dans des bandages.

La terre se déversait sur son visage telle une grêle de soufre noir. Il ne pouvait même pas bouger.

Il y avait quelque chose à la périphérie de son champ de vision. Un éclat métallique.

Un éclair bleu électrique.

CHAPITRE 28

DES GENS SONT VENUS DE LA TERRE

Xenia Makarova quitta son domicile un peu avant l'aube et s'avança dans la lumière argentée. L'air se transformait en givre blanc en sortant de son nez, et le froid profond de la Lune transperçait sa chair parcheminée jusqu'à ses os filiformes.

La lumière gris argent venait de la Terre et du Miroir dans le ciel : des sphères jumelles, l'une un nuage laiteux, l'autre un dur reflet du soleil. Mais cette lumière était encore assez faible pour lui permettre de voir les étoiles, transformées et colonisées, ainsi que les traînées plus pâles des comètes qui pleuvaient à travers le Système solaire, l'une après l'autre, faisant écho à la guerre de titans qui se déroulait à la périphérie.

Et au-delà des comètes se trouvait la nouvelle supernova – l'épanouissement destructeur de l'étoile que les astronomes d'autrefois appelaient Phi Cassiopeiae. Elle brillait encore, peut-être autant que Vénus, bien que son éclat fût en train de diminuer. Lorsque Xenia était née, un tel spectacle, une supernova située à neuf mille années-lumière à peine, aurait provoqué un immense intérêt de la part du public et des scientifiques. Mais ce n'était pas le cas aujourd'hui, en cette année 3480.

Le soleil lui-même pointait au-dessus de l'horizon, éclipsant la supernova elle-même. Des gouttes de lumière semblables à des étoiles prises au piège marquaient le sommet des montagnes entourant Tycho, et une lueur d'un profond rouge sanglant se frayait un chemin, très haut dans le ciel immense. Chaque souffle d'air qui s'y trouvait avait été extrait du cœur de la Lune grâce aux grandes mines de Paulis. Mais elles étaient fermées, désormais, les réserves du centre de la Lune étaient épuisées, et Xenia avait l'impression de pouvoir distinguer le couvercle du ciel, et l'air lunaire qui se dissipait dans l'espace.

Elle descendit l'allée menant à la mer circulaire. Il y avait du givre partout, bien sûr, mais le sol lunaire de cette allée, patiemment ratissé dans sa jeunesse, était accueillant et s'accrochait à ses sandales. Sur le rivage, l'eau noire et huileuse clapotait doucement. Un peu plus loin, elle voyait le reflet gris de la banquise, bien que l'horizon proche lui cachât la plus grande partie de la mer. Des pinceaux de lumière s'étiraient sur la glace et une vapeur gris et or miroitait au-dessus de l'eau.

La glace se soulevait et retombait sur les épaules puissantes de la mer, causant un tumulte de grognements et de craquements. L'eau ne gelait jamais à la périphérie de Tycho et, à l'opposé, elle ne fondait jamais au centre, si bien qu'un gros tore de glace flottait autour des montagnes centrales. Comme si les côtes de cet océan artificiel s'efforçaient d'imiter les mers liquides de la Terre qui avait porté ses créateurs.

Il lui sembla entendre un aboiement, là-bas sur la banquise. Peut-être un phoque. Et une cloche sonna : un bateau de pêche matinal quittait le port ; le son rond et réconfortant portait aisément dans l'air dense et immobile. Elle chercha les lumières du bateau, mais ses yeux chassieux et brûlants à cause du froid la trahirent.

Elle se concentra sur ce corps qui grinçait : les douleurs dans ses os trop minces, trop longs, en manque de calcium, les obscures pointes de douleur dans son système urinaire, sa peau piquetée de taches de vieillesse qui la démangeait bizarrement. Elle avait déjà trop froid. Le Miroir renvoyait assez de chaleur dans la longue nuit de la Lune pour empêcher les mers de geler et l'air de tomber sous forme de neige. Mais elle aurait apprécié un peu plus de confort.

Elle fit demi-tour et entreprit de gravir son allée de régolithe pour rentrer chez elle.

Lorsqu'elle arriva, Berge, son petit-fils, l'attendait. Bien entendu, en cet instant, elle ne savait pas qu'il ne survivrait pas au nouveau Jour.

Il était impatient de parler de Léonard de Vinci.

Berge avait ôté ses ailes et les avait posées contre le mur de béton de la maison. À présent, elle pouvait voir qu'elles étaient recouvertes d'une épaisse couche de givre si dense que le jeu des plumes de papier devait avoir été minime. Il haletait encore, même de longues minutes après avoir atterri, et sa tête, lisse et rasée de garçon à la mode, si nue qu'on voyait les gouttes de transpiration crasseuse qui constellaient son crâne en forme de bulle d'humain né sur la Lune.

Elle le gronda pendant qu'elle le ramenait au chaud et lui préparait de la soupe chaude et du thé dans ses bouilloires pressurisées.

— Tu es aussi stupide que ton père, dit-elle. (Son père était bien entendu le fils de Xenia.) J'étais avec lui quand il est tombé du ciel et t'a laissé orphelin. Tu sais à quel point c'est dangereux de voler dans les turbulences qui précèdent l'aube.

— Ah, mais ces grands courants ascendants sont si puissants, Xenia, dit-il en prenant la soupe. Je peux monter à des kilomètres d'altitude sans le moindre effort.

Berge était le seul à l'appeler Xenia.

Elle aurait pu le gronder encore plus ; c'était une des prérogatives du grand âge. Mais elle n'en eut pas le cœur. Il était là, devant elle, passionné, et d'une minceur qui vous brisait le cœur. Berge avait toujours été mince, même en comparaison d'autres habitants décharnés de la Lune ; mais, à présent, il était visiblement affaibli.

Et, ce qui était plus inquiétant, une lueur cireuse et dorée semblait flotter sur sa peau. Xenia n'avait absolument pas envie d'en parler – pas ici, pas maintenant, pas tant qu'elle ne serait pas certaine de ce que cela signifiait et que ce n'étaient pas ses yeux jaunis par l'âge qui la trompaient.

Alors, elle garda ses réflexions pour elle.

Ils procédèrent à leur hommage rituel – murmurèrent des paroles où il s'agissait de consacrer leurs os et leur chair à sauver le monde – et finirent leur soupe.

Puis, avec son enthousiasme juvénile, Berge se lança dans la conférence qu'il brûlait de faire sur Léonard de Vinci, citoyen mort depuis longtemps d'une planète qui l'était tout autant. Il posa abruptement les assiettes de soupe sur le sol, sortit des feuilles de sa veste et les étala devant elle. Jaunes et constellées de taches, elles étaient couvertes d'une écriture brouillonne et indéchiffrable, entrecoupée de croquis de gadgets, d'eau qui coulait ou de figures géométriques.

Elle choisit un magnifique dessin lumineux d'un croissant de Terre…

— Non, Xenia, dit patiemment Berge. Pas de Terre. Réfléchis. Ça devait être un croissant de *Lune*. (Il avait raison bien entendu ; elle avait trop longtemps vécu sur la Lune.) Tu vois, Léonard comprenait le phénomène que nous nommons Lune cendrée, équivalent à notre Terre cendrée, le fait que la vieille Terre soit visible dans les bras de la nouvelle. Il avait cent ans d'avance sur son temps quand il a dessiné *ça*.

Son document avait reçu beaucoup de noms au cours de sa longue histoire, mais le plus familier était le *Codex Leicester*. L'exemplaire de Berge avait été imprimé en toute hâte pendant la Coupure, ces heures de frénésie au cours desquelles les librairies agonisantes de la Lune avaient vomi des avalanches de papier blanc dans une ultime tentative désespérée de transférer leur sagesse électronique avant qu'il n'y ait plus de courant. C'était un traité organisé autour de ce que Léonard appelait le « corps de la Terre » mais avec des digressions sur des sujets tels que les travaux hydrauliques, la géométrie de la Terre et de la Lune ou l'origine des fossiles.

La question des fossiles excitait particulièrement Berge. Léonard était très préoccupé par la présence de fossiles de créatures marines – des poissons, des huîtres et des coraux – en altitude dans les montagnes d'Italie. Ne connaissant rien de la tectonique des plaques, il s'était efforcé d'expliquer comment ils avaient pu être déposés là par une succession d'inondations globales.

En cet instant, cela lui rappelait comment, lorsque Berge était petit, elle avait dû lui expliquer ce qu'était un « fossile ». Il n'y en avait pas sur la Lune : pas d'os dans le sol, sauf ceux que les humains y avaient mis. Mais à présent, bien entendu, Berge s'intéressait bien plus aux paroles de Léonard, mort depuis longtemps, qu'à celles de sa grand-mère.

— Pense au monde où vivait Léonard, dit-il. Les anciens paradigmes demeuraient : une Terre stationnaire, un ciel surchargé de sphères, une protophysique rudimentaire et aristotélicienne. Mais l'instinct de Léonard le poussait à aller de l'observation à la théorie – et il a observé beaucoup de phénomènes qui n'entraient pas dans la vision du monde dominante…

— Comme les fossiles au sommet des montagnes.

— Oui. Il s'est efforcé de trouver des explications, en travaillant seul. Et certains de ses raisonnements étaient, eh bien, étranges.

— Étranges ?

— Prescients.

Ses yeux saupoudrés d'or brillaient. Le jeune garçon tourna d'avant en arrière les pages du *Codex*, montrant des images évoquant une araignée de la Terre, de la Lune et du Soleil, des cercles bien nets reliés par des dessins arachniformes représentant les rayons lumineux.

— N'oublie pas qu'on pensait que la Lune était une sphère de cristal. Ce qui intriguait Léonard, c'était la raison pour laquelle elle n'était pas beaucoup plus brillante dans le ciel de la Terre. S'il s'agissait vraiment d'une sphère de cristal, à la réflexion parfaite, elle aurait dû être aussi brillante que le soleil.

— Comme le Miroir.

— Oui. Alors Léonard a supposé qu'elle devait être couverte d'océans. (Il trouva un diagramme montrant une Lune recouverte d'une houle disproportionnée et baignée de rayons de soleil dessinant une araignée.) Léonard disait que les vagues des océans de la Lune devaient dévier la plus grande partie de la lumière réfléchie et la détourner de la Terre. Il pensait que les taches sombres visibles à la surface devaient indiquer la présence sur la Lune de grandes vagues dressées, ou même de tempêtes.

— Il avait tort, dit-elle. À l'époque de Léonard, la Lune était une boule de roche. Les zones sombres n'étaient que des coulées de lave.

— Oui, bien sûr. Mais à présent, continua Berge, enthousiaste, la Lune est principalement couverte d'eau. Tu vois ? Et *il y a* bien de grandes tempêtes, des crêtes de vagues longues de centaines de kilomètres, visibles depuis la Terre – enfin, qui le seraient s'il restait quelqu'un pour les voir…

Ils parlèrent des heures durant.

Lorsqu'il s'en alla, elle l'accompagna jusqu'à la porte pour lui dire au revoir de la main.

Le Jour était peu avancé, les rayons du soleil étaient encore rares à ratisser la glace et le Miroir brillait toujours dans le ciel. Un nouvel écho de Léonard dans le futur, se dit-elle soudain, mais elle préféra ne pas en parler à son petit-fils, déjà surexcité : en ces temps lointains, il y avait *vraiment* des sphères de cristal en orbite autour de la Terre. La différence étant qu'elles avaient été placées là par des gens.

Elle entendit des oies cancaner quand elle ferma la porte, un grand vol qui fuyait la lumière trop vive du Jour.

Des orages éclataient chaque matin, lorsque le soleil grimpait dans le ciel. D'énormes nuages épais couraient dans les airs et de l'eau tombait en averses, creusant de nouveaux sillons et cratères dans le sol ancien, transformant la glace du bord de Tycho en une mince couche fragile de boue grise.

En ce dernier Jour, les orages persistèrent tandis que Midi approchait, et elle se rendit avec Berge à la cérémonie de la phytomine qui devait avoir lieu sur les pentes les plus basses de Maginus.

Ils passèrent devant de grands champs labourés en employant la force musculaire d'humains et d'animaux, de maigres cultures qui s'efforçaient de monter vers le ciel, des abris antigel ouverts sur la chaleur moite. Ils se joignirent à des colonnes de vieilles carrioles se dirigeant toutes vers Maginus. Les gens qui les entouraient déprimaient Xenia : les adultes filiformes et leurs enfants aux yeux creux – même le bétail, les chevaux et les mules étaient maigres et avaient la respiration sifflante. Le sol de la Lune était pauvre, et les gens comme les animaux étaient bien sûr tous en train de s'empoisonner lentement.

La plupart des gens choisirent de s'abriter de la pluie. Mais, pour Xenia, c'était un plaisir. Ici, les gouttes d'eau étaient de grosses sphères chatoyantes de la taille de son pouce. Elles tombaient du ciel en flottant et s'aplatissaient doucement contre la résistance de l'air épais, puis dégringolaient sur sa tête et dans son dos ; leurs impacts étaient si doux qu'ils ressemblaient presque à des caresses, et l'eau collait à sa chair en grandes plaques et en globes qu'elle devait enlever en les grattant avec ses doigts. Leur chute depuis les nuages en altitude avait été si longue et si lente que les gouttes étaient souvent chaudes, et l'air épais, humide et lourd. Elle aimait s'imaginer debout au milieu de la bande d'orages qui encerclait la totalité de la Lune en lente rotation.

Cela lui rappela le jour du triomphe final de Frank Paulis.

Elle se souvenait de la première heure où il avait été possible de sortir des dômes – la première heure où des gens sans protection avaient pu survivre sur la Lune, enveloppés pour ainsi dire par l'air extrait des grandes mines qui portaient le nom de Paulis – l'heure de remercier Frank pour son ingéniosité, son courage, sa détermination, son absolue malhonnêteté et son manque total de scrupules. Frank, par son obstination, avait réussi à vivre assez longtemps pour voir ce jour, et les autorités avaient levé son assignation à résidence pour ce jour précis uniquement. Ils lui refusèrent d'être le premier à sortir d'un dôme sans masque – ils furent incapables de se résoudre à se montrer *aussi* généreux. Mais il fut l'un des premiers. Et cela suffit peut-être. Elle se souvenait comment il avait marché dans l'air frais, trapu et provocant, inspirant à pleins poumons l'air qu'il avait fabriqué ; et il riait tandis que l'eau dégoulinait dans sa bouche édentée en grosses gouttes de pluie lunaire.

Il était mort peu après.

Xenia était partie pour les étoiles avec les Gaijin.

À son retour, elle avait découvert que mille trois cents ans d'histoire avaient passé : la Terre en ruine était couverte de nuages, le Système solaire était menacé par une guerre interstellaire et les derniers humains s'efforçaient de survivre sur Mercure et sur la Lune. Personne ne se souvenait d'elle, ni de grand-chose du passé : comme si ce présent affaibli et instable était tout ce qu'il y avait jamais eu et tout ce qu'il y aurait jamais. Elle avait donc renoncé à son ancienne identité et s'était installée dans cette communauté.

Grâce à la modification de son organisme, un cadeau des avenirs qu'elle avait visités, elle était demeurée jeune, du moins sur le plan physique. Assez jeune, même, pour porter des enfants. Mais, en dépit des modifications invisibles de sa chair, elle était à présent en train de mourir lentement, comme tout le monde, comme la Lune.

La vie de la Lune habitée avait été aussi brève que la sienne ; comme c'était étrange, sa vie et sa mort coïncidaient avec celles de ce petit monde, et ses os rocailleux crèveraient bientôt son épiderme d'air et d'eau, tout comme les siens perceraient sa chair pourrissante.

Ils approchaient enfin de Maginus.

C'était un ancien complexe dans un cratère érodé au sud-est de Tycho. Ses vieilles parois chatoyaient de lacs et de glaciers en forme de croissant. À l'abri des vents du Matin et du Soir, Maginus était un centre vital, et elle aperçut le sommet des arbres géants se dresser à l'horizon bien avant d'atteindre les contreforts, lorsque les gouttes de pluie épaisse se clairsemèrent. Il lui sembla que des créatures sautaient entre les branches. Peut-être des lémuriens, ou même des chauves-souris, ou encore des cerfs-volants maniés par des enfants ambitieux.

Berge fut ravi lorsqu'ils traversèrent les nombreux cours d'eau, il lui montra les éléments de technologie dont Léonard avait anticipé l'existence, des barrages, des ponts, des canaux et ainsi de suite, dont certains avaient même été construits après la Coupure. Mais cela ne réconforta pas beaucoup Xenia ; elle se sentait oppressée par toutes ces preuves de l'échec de l'humanité. Ils progressèrent par exemple sur une route de verre lunaire aussi lisse que de la glace et totalement insensible à l'érosion ; elle avait été sculptée longtemps auparavant dans le régolithe par d'immenses moteurs spatiaux. Mais ils empruntèrent cette merveille de technologie dans une carriole en bois tirée par une mule boiteuse aux pattes maigres.

Ce type de contraste ne cessait de surprendre Xénia, voyageuse temporelle égarée. Mais, se disait-elle avec une sinistre ironie, toute la technologie qui se trouvait autour d'eux aurait paru plus familière au héros de Berge, Léonard. Tous ces gadgets, sous forme de leviers, de poulies et d'engrenages dont les dents en bois ne cessaient de tomber ; des tourillons, des engins qui servaient à construire des cathédrales de béton local. On avait même mené de pathétiques guerres lunaires avec des catapultes et des arbalètes, une « artillerie » capable de lancer des morceaux de rochers à quelques kilomètres de distance.

Mais, jadis, les gens avaient creusé des mines jusqu'au centre de la Lune. Ceux d'aujourd'hui étaient au courant, car ils n'auraient jamais pu survivre ici sans elles. *Elle* savait que c'était vrai parce qu'elle s'en souvenait.

Tandis qu'ils s'approchaient de la phytomine, les flots de circulation convergèrent en une grande réunion de gens et d'animaux. Les retrouvailles entre amis et familles étaient nombreuses et un riche vacarme humain se répandait dans l'air.

Lorsque la foule se fit trop dense, Xenia et Berge abandonnèrent leur chariot pour aller à pied. Berge, généreux sans en avoir conscience, la soutint d'une main entourant son bras et la guida dans le maelström humain.

Des enfants surgirent devant elle, si vite qu'il lui était impossible de croire qu'*elle* avait pu être aussi jeune, aussi rapide, aussi compacte ; elle sentit un masque de vieille femme irritable se poser sur son visage. Mais à sept, huit ou neuf ans, beaucoup d'enfants étaient déjà plus grands qu'elle. Les filles avaient des regards languides et le maintien délicat de girafes. La constante majeure dans l'évolution de l'homme sur la Lune était que les enfants s'étiraient, toujours plus langoureux, dans la faible gravité. Mais à la fin de leur vie, ils en payaient durement le prix : des os friables manquant de calcium.

Berge ne voulait parler que d'une chose, Léonard de Vinci.

— Léonard essayait de comprendre les cycles de la Terre. Par exemple, la façon dont l'eau pouvait être renvoyée au sommet des montagnes. Écoute ça.

Il feuilleta maladroitement son manuscrit écorné d'une main.

— « *Nous pourrions dire que la Terre est animée d'un esprit de croissance, et que sa chair est le sol ; ses os sont les strates successives de roche qui forment les montagnes ; son cartilage est le tuf ; son sang les veines de ses eaux… Et la chaleur vitale du monde est le feu partout présent dans la Terre, et la demeure de l'esprit de croissance se trouve dans les feux, qui en divers lieux de la Terre sont exhalés dans des bains et des mines de soufre…* » Tu comprends ce qu'il dit ? Il essayait d'expliquer les cycles de la Terre par analogie avec le corps humain.

— Il se trompait.

— Mais il avait plus raison que tort, grand-mère ! Tu ne vois pas ? C'était des siècles avant qu'on formalise la géologie, avant que la matière et les cycles énergétiques soient compris. Léonard avait trouvé la bonne idée, on ne sait où. Le seul problème était qu'il ne possédait pas l'infrastructure intellectuelle nécessaire pour la formuler…

Et ainsi de suite. Rien de tout cela n'intéressait beaucoup Xenia. À mesure qu'ils avançaient, elle avait l'impression que c'était *son* poids à lui le plus lourd, comme si c'était elle, la vieille idiote, qui était contrainte de le soutenir, lui, le jeune mâle. Il s'étiolait de plus en plus vite, c'était évident, et il semblait que ceux qui les entouraient le remarquaient également et s'écartaient devant eux, en un flot de sympathie involontaire.

Ils finirent par atteindre la plantation. Ils durent se joindre aux queues plus ou moins ordonnées qui s'étaient déjà formées. Il y avait du bruit, les gens bavardaient, excités. Pour beaucoup d'entre eux, ces visites constituaient le point culminant de chaque lent jour lunaire.

Séparée de la foule par une rangée de piquets en bois et quelques mètres de sol nu se trouvait une étendue de verdure en train de croître. Il s'agissait surtout de plants de moutarde. Choisies pour leur croissance rapide et leur masse, toutes ces plantes avaient poussé à partir de graines et de pousses depuis la dernière Aube lunaire. Les plantes étaient denses, leurs feuilles duveteuses brillantes, mais beaucoup d'entre elles s'étiolaient et jaunissaient déjà.

La barrière était supervisée par un gardien peu souriant qui, pour montrer aux gens que leur sacrifice avait vraiment un but, portait des objets d'une valeur inimaginable, comme des boucles d'oreilles, des broches et des bracelets de cuivre, de nickel et de bronze pur.

Il leur expliqua, au cours d'un discours tout prêt énoncé sur un ton monocorde, que la mine de Maginus était la plus célèbre et la plus exotique de toutes : car, ici, on extrayait de l'or, qui demeurait le plus désirable des métaux. Les plants de moutarde poussaient dans un sol où de l'or séparé de la roche par du thiocyanate d'ammonium atteignait une concentration de quatre cents parts pour un million. Les plantes l'extrayaient du sol pendant leur brève existence.

Les phytomines, où des métaux étaient lentement concentrés par des choses vivantes, constituaient peut-être la plus importante industrie qui subsistait sur la Lune.

Ainsi que Frank Paulis l'avait compris des siècles plus tôt, le sol lunaire était pauvre et peu généreux. Et pourtant, maintenant que la Terre était détruite et que les vaisseaux spatiaux ne venaient plus, la Lune était tout ce qui restait aux gens.

Les habitants de la Lune n'avaient ni les moyens ni la volonté d'arracher les cent premiers mètres de sol de leur monde pour y trouver les précieux métaux dont ils avaient besoin. Leurs énergies et leurs outils étant épuisés, ils avaient dû se montrer plus subtils.

D'où les phytomines.

La technologie était ancienne – plus ancienne que la Lune humaine, plus ancienne que le vol spatial lui-même. Les Vikings, les pillards des âges sombres de la Terre, extrayaient leur fer de « minerai des marécages », des nodules de pierre riches en fer déposés près de la surface des marécages par des bactéries qui y proliféraient : des mineurs miniatures que les Vikings, qui brûlaient leurs petits cadavres pour fabriquer leurs clous, leurs épées, leurs casseroles et leurs chaudrons, ne voyaient même pas.

Voilà comment les choses se passaient sur cette petite planète cabossée et desséchée, une hiérarchie de bactéries, de plantes, d'insectes, d'animaux et d'oiseaux collectait l'or, l'argent, le nickel, le cuivre et le bronze ;

leurs corps évanescents abritaient un lent goutte-à-goutte de molécules éparpillées qu'ils rassemblaient et stockaient dans leur chair et dans leurs os, tout cela pour la génération future qui devait un jour sauver la Lune.

Berge et Xenia posèrent solennellement des morceaux rituels de feuilles de moutarde sur leur langue, et les avalèrent, comme le voulait le cérémonial. La langue de vieille femme de Xenia pouvait à peine sentir l'acidité de la moutarde. Il n'y avait pas d'abri antigel ici parce que ces pauvres moutardes ne survivaient pas au coucher du soleil : elles mouraient en un Jour lunaire, empoisonnées par le cyanure.

Berge rencontra des amis et se fondit dans la foule.

Xenia rentra seule chez elle ; elle était d'une humeur massacrante.

Elle découvrit que sa famille de phoques était sortie de l'océan et avait maladroitement atteint la côte. Ils venaient souvent lui rendre visite. À Midi, lorsqu'il faisait chaud, ils se doraient au soleil pendant des heures – mâles, femelles et enfants enroulés les uns autour des autres dans un confortable abandon – pendant si longtemps que la zone de régolithe où ils vivaient était trempée et puante à cause de leurs excréments. Les phoques étaient les seules créatures venues de la Terre qui ne s'étaient pas adaptées de façon apparente aux conditions existant sur la Lune. Ils auraient sans doute pu exécuter des sauts périlleux en utilisant leurs nageoires. Mais ils avaient choisi de ne pas le faire ; ils se doraient au soleil, tout comme leurs ancêtres autrefois sur les plages lointaines de l'Arctique.

Xenia ne savait pas pourquoi. Peut-être les phoques étaient-ils tout simplement plus sages que les humains rêveurs et batailleurs.

Le long Après-midi s'enfonça dans une douce chaleur. La lueur jaune-rouge rasante du soleil se diffusa jusqu'au plus haut du ciel.

On voyait très bien la Terre, enveloppée de nuages jaunes – des nuages de poussière, de débris rocheux et d'eau vaporisée soulevés par le grand impact qui avait eu lieu cent ans auparavant – des nuages qui, disaient les scientifiques, allaient mettre des siècles à se dissiper. À présent, on ne regardait même pas la Terre, comme si, maintenant qu'elle ne pouvait plus se porter au secours de son satellite bleu, elle était devenue taboue, et ses gigantesques blessures relevaient en quelque sorte de l'impolitesse. Mais Xenia distinguait un pâle nuage de verdure autour de la planète : une forêt en orbite, des Arbres qui avaient survécu à la collision et tiraient leur nourriture de l'air trouble grâce à leurs racines supraconductrices.

L'impact de la comète avait été plutôt mineur, à l'échelle cosmique de ce type d'événements. Mais elle avait suffi à imposer le silence à la Terre ; sur la Lune, nul ne savait qui, ou quoi, avait survécu à la surface. Xenia se demandait si les Arbres eux-mêmes allaient pouvoir survivre aux impacts plus importants et plus fréquents dont beaucoup prédisaient qu'ils étaient la conséquence logique du conflit qui faisait rage dans le nuage d'Oort, dans la mesure où les Incendiaires menaçaient d'enfoncer les lignes des Gaijin et où, siècle après siècle, des extraterrestres en guerre expédiaient d'énormes objets errants droit sur le cœur encombré du système.

De telles réflexions ne détournaient pas ses pensées de la maladie de Berge, qui progressait sans pitié. Elle fut touchée lorsqu'il décida de venir habiter chez elle, « en attendant que ça passe », avait-il dit.

Il n'était pas difficile de comprendre pourquoi elle appréciait Berge. Sa fille était morte en lui donnant naissance. Ce n'était pas rare ; des bassins qui avaient évolué dans la pesante gravité de la Terre avaient du mal à libérer les gros crânes fragiles des enfants naissant sur la Lune – et les gènes de Xenia venaient bien entendu directement de la Terre, du lointain passé.

Aussi s'était-elle réjouie lorsque Berge était né, engendré par son natif de la Lune de fils ; elle s'était consolée en se disant qu'au moins ses gènes qui provenaient d'océans primordiaux à présent dissous dans le ciel allaient voyager vers le très lointain futur. Mais, à présent, il semblait qu'elle allait perdre jusqu'à cette consolation.

Néanmoins, elle n'avait pas d'importance, et le futur n'en avait pas non plus, pas plus que son passé complexe. Tout ce qui comptait, c'était Berge, ici et maintenant, et elle déversait toute sa force et son amour sur lui.

Berge dépensait son énergie faiblissante dans une activité fébrile. Mais il était toujours obsédé par Léonard. Il lui montra des images de machines incroyables, très en avance sur la technologie de son époque : des cardans et des engrenages destinés à générer d'énormes quantités de chaleur, un appareil de plongée sous-marine, un « char automoteur ». Le célèbre hélicoptère intriguait particulièrement Berge. Il construisit beaucoup de maquettes en forme d'hélice avec du bambou et du papier ; elles s'élevaient dans l'air épais, défiant aisément la gravité lunaire, reflétant la lumière de plus en plus rouge.

Elle n'était pas vraiment certaine qu'il se sût en train de mourir.

Aux heures les plus sombres – assise près de son petit-fils qui tentait de s'endormir, ou allongée, écoutant les gargouillis sinistres et mystérieux de son propre corps défaillant et peu à peu empoisonné, déchiré par les étranges distorsions que provoquait la gravité lunaire – elle se demandait jusqu'à quel point les humains pouvaient tomber plus bas.

Les molécules lourdes de l'épaisse atmosphère se déplaçaient trop vite pour être retenues par la gravité de la Lune. L'air allait manquer d'ici quelques milliers d'années : une longue période, mais pas impossible à appréhender. Les gens devraient reconquérir ce monde qu'ils avaient construit bien avant, sinon ils mourraient.

Aussi recueillaient-ils les métaux, une molécule après l'autre.

D'autre part, ils auraient besoin de connaissances.

La Lune était devenue un monde de moines patients, qui passaient leur temps à retranscrire les grands textes du passé et à graver dans le cerveau de leur malheureuse jeunesse la sagesse qui s'effritait des millénaires enfuis. Xenia pensait qu'il était essentiel qu'ils ne se dispersent pas, en tant que peuple et par rapport à leur mémoire. Mais elle avait peur que ce fût impossible. Sur le plan technologique, ils étaient déjà redescendus au niveau des fermiers du néolithique ; le travail brisait les jeunes en train de s'instruire.

Elle avait vécu assez longtemps pour comprendre qu'ils étaient en train de perdre ce qu'ils avaient su, bribe par bribe.

S'il y avait un message simple qu'elle voulait transmettre aux générations futures, une chose dont elles devaient se souvenir pour ne pas sombrer dans la sauvagerie, c'était celle-ci : *les gens sont venus de la Terre*. Voilà : la cosmologie, l'histoire de leur espèce et la promesse de l'avenir en une unique phrase, déconcertante et héroïque. Elle la répétait à tous ceux qu'elle rencontrait. Peut-être des penseurs du futur en décoderaient-ils le sens et comprendraient-ils ce qu'ils devaient faire.

La santé de Berge déclina en même temps que le soleil se couchait, l'horloge de l'Univers reflétait sa condition avec une ironie maladroite, quoique dénuée d'intention. Elle s'assit près de lui pendant les dernières heures, pour lire et discuter dans le calme, réagissant à ses réflexions philosophiques de presque adolescent avec sa brusquerie accoutumée, à laquelle elle faisait attention de ne rien changer en cette dernière heure.

— … Mais t'es-tu jamais demandé pourquoi nous sommes *ici et maintenant* ? murmurait-il, son teint doré de malade mis en relief par le soleil couchant. Combien sommes-nous ? Quelques millions, éparpillés sur toute la Lune dans nos villes et nos fermes. Que sommes-nous comparés aux *milliards* d'hommes qui habitaient la Terre à la grande époque ? Pourquoi suis-je vivant maintenant plutôt qu'à ce moment-là ? C'est tellement improbable… (Il tourna sa grosse tête d'homme de la Lune.) Est-ce que tu as parfois l'impression de ne pas être née au bon moment, comme si tu t'étais égarée dans la mauvaise époque, comme un voyageur temporel *inconscient* de sa nature ?

Elle lui aurait bien avoué qu'elle avait souvent cette impression, mais il continua à murmurer.

— Imagine qu'un humain moderne – ou venu des grandes époques de l'histoire de la Terre – se soit perdu au XVIe siècle, à l'époque de Léonard. Imagine qu'il ait tout oublié de sa culture, de sa science et de ses connaissances…

— Pourquoi ? Comment ?

— Je n'en sais rien, moi… Mais, si c'était le cas, et si son inconscient conservait la plus infime trace de ses connaissances qu'il aurait oubliées, ne ferait-il pas précisément ce qu'a fait Léonard ? Être obsédé par l'étude, essayer d'intégrer des faits inopportuns dans les paradigmes dominants qui ne le satisfaisaient pas, tâtonner à la recherche des vérités plus profondes qu'il avait perdues ? Tu ne vois pas ? Léonard se conduisait *exactement* comme un voyageur temporel.

— Ah.

Elle pensait avoir compris, mais c'était faux, bien entendu. Et, à sa manière, c'est-à-dire sans réfléchir, elle se lança dans un long discours pompeux sur les sensations de dislocation : comment tout adolescent se sentait perdu dans un corps et une culture adulte, mal préparé…

Berge ne l'écoutait pas. Il se détourna et se remit à contempler l'énorme soleil.

— Je crois que tu devrais manger encore un peu de soupe, dit-elle.

Mais il n'en avait plus besoin.

Le Jour sembla finir trop vite et le froid commença à reprendre possession des terres ; de grandes crêpes de glace fraîche se rassemblèrent le long des côtes de la mer de Tycho.

Xenia appela les amis et les professeurs de Berge, et tous ceux qui l'avaient aimé.

Elle s'accrochait à un but qui les dépassait : le fait que les atomes d'or, de nickel et de zinc qui avaient coulé dans le sang et les os de Berge, le tuant de la même façon que les moutardes de Maginus – les tuant tous, en fait, plus ou moins vite – allaient maintenant se concentrer un peu plus dans le corps de ceux qui viendraient après eux. Au moins, une fois extraite, cette minuscule et pathétique quantité d'or et de nickel qui avait coûté sa vie au pauvre Berge allait boucler la boucle qui arracherait les premiers vaisseaux à coque de céramique à l'atmosphère épaisse et mortifère de la Lune.

Peut-être. C'était une piètre consolation. Mais ils mangèrent tout de même la soupe où étaient dissous les os et la chair de Berge dans un silence solennel. Ils prirent le seul don de sa vie, concentrant les traces de métal pour le lointain avenir et raccourcissant leurs propres existences comme il avait lui aussi raccourci la sienne avant eux.

Xenia n'avait jamais été une hôtesse accomplie. Les jeunes gens se dispersèrent dès qu'ils le purent. Elle parla avec les professeurs de Berge, mais ils n'avaient pas grand-chose à se dire ; elle n'était que sa grand-mère, après tout. Elle n'éprouva aucun regret quand ils la laissèrent seule.

Les vents tournèrent avant qu'elle ne dormît, et avant même que la face enflée du soleil eût glissé sous l'horizon déchiqueté. L'air chaud fuyait, le traître, à la suite du soleil en train de disparaître. Les premiers tourbillons de neige vinrent crépiter sur la surface noire et houleuse de la mer de Tycho.

Ses phoques se glissèrent de nouveau dans l'eau pour aller y chercher les richesses ou les dangers qui les attendaient sous la glace de la Lune.

CHAPITRE 29

MAUVAISES NOUVELLES DES ÉTOILES

À son retour dans le Système solaire – quelques instants à peine après avoir subi la douloureuse transition par un Point Selle – Madeleine Meacher fut stupéfaite de trouver Nemoto en train de se matérialiser au milieu de son petit module d'habitation.

— Nemoto. *Vous*. Que… Comment…

Nemoto était petite et voûtée ; son visage était un masque d'amertume. Il s'agissait d'une projection virtuelle, bien entendu, et plutôt de mauvaise qualité ; Nemoto, qui n'était pas très bien alignée avec le sol, flottait dans les airs.

Nemoto regarda autour d'elle comme si elle était surprise de se trouver là.

— Meacher. C'est vous. En quelle année sommes-nous ?

Madeleine dut chercher la date.

— 3793 après Jésus-Christ.

Nemoto eut un rire creux.

— C'est vraiment absurde.

Elle ne percevait pas de délai de transmission. Ce qui signifiait que l'émetteur devait être proche. Mais

Nemoto n'avait aucun moyen de savoir de quelle porte elle allait sortir.

— Nemoto, qu'êtes-*vous* exactement ?

— Une projection à l'intelligence limitée. J'attends le retour des voyageurs célestes. J'ai saupoudré le système à la distance où se trouvent les Points Selles. Avec des moniteurs, des sondes, des transmetteurs. La technologie a progressé, Meacher. Renseignez-vous. Pour l'importance que ça a… Écoutez ce que j'ai à vous dire.

— Nemoto…

— *Écoutez-moi*, bon sang ! Les Gaijin combattent les Incendiaires à la périphérie du système.

— Je le sais…

— La guerre dure depuis cinq siècles, peut-être plus. Le nuage d'Oort est vaste, Meacher, c'est une tranchée profonde. Mais, désormais, la guerre est perdue.

Madeleine fut choquée par la simplicité et la brutalité déconcertante de l'affirmation.

— Vous en êtes sûre ?

Nemoto éclata de rire.

— Les Gaijin sont en train de se retirer du Système solaire. Ils ne prennent pas la peine de nous le cacher. De la même façon que la plupart des gens ne prennent pas la peine de lever les yeux et de regarder ce qui se passe dans le ciel… Oh, il reste beaucoup de Gaijin. Des éclaireurs, des observateurs, des vaisseaux en transit comme *celui-ci*. Mais l'essentiel de leur flotte – en grande partie construite avec des ressources volées au Système solaire, à nos astéroïdes –, a commencé à se replier vers les Points Selles. La Guerre du système extérieur est terminée.

— Et les Incendiaires… ?

— Sont en route pour le système intérieur. Ils ont déjà atteint l'héliopause, la limite du vent solaire. (La projection virtuelle vacilla, devint grossière, presque transparente.) La dernière partie approche.

— Que dois-je faire, Nemoto ?

— Allez sur Mercure. Trouvez-*moi*. (Elle baissa les yeux pour se regarder, comme si elle se souvenait de quelque chose.) Trouvez Nemoto, je veux dire.

— Et *vous* ? Qu'est-ce qu'une *projection à l'intelligence limitée*, Nemoto ?

Nemoto leva la main ; elle se fragmenta en petits éclats lumineux. Elle paraissait intriguée, comme si elle le découvrait tout en parlant.

— Je suis autonome, heuristique, sentiente. Je suis née il y a soixante secondes pour vous transmettre ce message. Mais j'ai rempli ma fonction. Je suis en train de mourir.

Elle regarda Madeleine comme si cela lui causait un choc d'en prendre conscience et tendit la main. Madeleine fit de même, mais ses doigts traversèrent un nuage de lumière.

La projection virtuelle de Nemoto se délita avec un gémissement perçant.

Pendant son voyage depuis la périphérie du Système solaire, Madeleine eut recours à la technologie des Gaijin pour étudier l'étrange époque nouvelle où elle avait été projetée.

Comme la Nemoto virtuelle l'avait dit, peu de vaisseaux gaijin circulaient.

Madeleine détecta toutefois les signatures de vaisseaux inconnus – des voiles solaires, semblait-il, composant de grandes flottes, une gigantesque coquille qui entourait le système. Ils se trouvaient encore au milieu des orbites lointaines des comètes, mais ils convergeaient vers le système intérieur, semblables à un poing se refermant sur sa riche chaleur.

Les flottes des Incendiaires, venues tripatouiller le Soleil.

La Terre semblait morte. La Lune était d'un bleu passé, et silencieuse. On trouvait des noyaux d'activité humaine dans les astéroïdes, sur Mars – et sur Triton. Elle découvrit également des signes émanant de flottes de réfugiés, des humains fuyant vers l'intérieur, vers le cœur du système et Mercure. Mais aucun vaisseau n'atteignait ni ne quittait la lointaine Triton.

Elle sut où elle devait se rendre en premier.

Le vaisseau-fleur gaijin faisait route autour de Triton, la lueur de ses moteurs à fusion illuminant des plaines de glace lisse. Ce monde était couvert d'un océan gelé, comme l'Arctique sur la Terre ; il n'y avait pas le moindre fragment de terre solide, mais la mince croûte de glace se brisait aisément sous l'action des lentes palpitations des marées de cette petite lune, exposant de grandes voies d'une eau noire qui bouillonnait et fumait avec vigueur en tentant de s'évaporer et de remplir la totalité de l'espace vide.

Il y avait six établissements humains.

Ils ressemblent à des grappes de bulles à la surface d'une mare, se dit Madeleine. Des étendues de constructions modulaires, étalées au hasard, non pas rigides, mais de toute évidence conçues pour bouger avec les marées. Cinq des colonies semblaient abandonnées – pas de lumière, pas de traces d'énergie, ni de température interne sensiblement plus élevée que celle de l'environnement. Et la sixième paraissait elle-même en grande partie déserte ; on ne voyait qu'une poignée de lueurs au centre de la grappe de bulles, et la périphérie avait été abandonnée au froid.

Elle demanda par radio des autorisations et des instructions pour atterrir. La seule réponse vint de balises automatiques. La voix était humaine, mais parlait une langue qu'elle ne reconnut pas. Et le programme de traduction inclus dans son équipement fut incapable d'en faire quoi que ce soit. Elle demanda aux Gaijin de la déposer sur ce qui ressemblait à une zone d'atterrissage, près d'une série de sas.

Une fois son scaphandre enfilé, elle sortit de l'atterrisseur conique.

Toutes les surfaces étaient couvertes de givre. Mais il était granuleux et aussi dur que du sable. N'oublie pas, Madeleine : sur Triton, c'est de la glace d'eau qui tient lieu de roche.

Elle s'avança prudemment jusqu'au bord de la plateforme et regarda au-delà des limites de la cité de bulles. Un soleil réduit à un point projetait sa lueur blafarde sur des champs de glace lisse. Neptune montait au-dessus de l'horizon, boule pâle et brumeuse, donnant à la lumière qui tombait sur la glace profondeur, subtilité et complexité. Beauté vaine, se dit-elle. Elle se détourna.

Elle trouva une porte assez large pour laisser passer un humain en scaphandre. Elle ne parvint pas à comprendre les inscriptions compliquées sur le côté du panneau de contrôle. Mais elle trouva un ustensile dont la destination était claire : un gros bouton rouge. *Appuyez ici.* Elle lui donna un coup de poing.

De la friture. La porte coulissa sur le côté, laissant échapper une bouffée d'air qui se cristallisa aussitôt. Madeleine se hâta d'entrer dans le petit sas vivement éclairé. La porte claqua en se refermant et le sas se repressurisa aussitôt.

Elle dévissa son casque. L'air s'échappa de sa combinaison dans un soupir et ses oreilles se débouchèrent avec un *pop*. L'air était d'un froid mordant. L'atmosphère semblait confinée.

Elle appuya sur un panneau qui ouvrait la porte intérieure et se retrouva à l'extrémité d'un long couloir dépourvu de toute ornementation qui disparaissait derrière un tournant.

Elle erra dans les couloirs, son casque à la main, et finit par rencontrer une femme. Un flic, c'était évident : sa silhouette longiligne paraissait fragile après quinze cents ans d'adaptation à la faible gravité, mais elle portait un ustensile à l'aspect peu engageant qui ne pouvait être qu'une arme de poing.

Elle accompagna Madeleine et ses bagages jusqu'au centre-ville. Sa peau était d'un noir d'encre. Le programme de traduction ne parvint pas à interpréter ce qu'elle disait.

Madeleine aperçut des couloirs abandonnés ; des machines gigantesques et complexes se trouvaient au cœur de tout ce qu'elle voyait. Dans un secteur, elle marcha sur un sol transparent sous lequel de l'eau ondoyait, noire et profonde. Elle vit que quelque chose nageait là, une silhouette lustrée, blanche et véloce qui disparut rapidement dans les profondeurs obscures.

La femme flic la conduisit dans une série de bureaux encombrés. Madeleine s'assit dans une salle d'attente et attendit qu'on s'intéresse à elle. C'est peut-être le bureau du maire, se dit-elle, ou le conseil municipal. Il n'y avait aucun signe de l'origine aborigène de la colonie à l'exception d'une œuvre d'art sur le mur : un mètre carré environ, des points de différentes nuances de rouge cobalt. Peut-être une représentation du Temps du Rêve.

Madeleine commençait à comprendre. Triton était une petite fille perdue dans les marges de l'espace interstellaire. Les habitants n'avaient pas l'habitude des visiteurs ; ils ne les intéressaient pas beaucoup non plus.

Un officiel à l'air surmené – encore une femme, dont les cheveux crépus attachés serrés dégageaient le front – finit par entrer dans la pièce. Elle étudia Madeleine d'un air consterné.

Madeleine s'obligea à sourire.

— Enchantée de faire votre connaissance. Qui êtes-vous ? Le maire ?

La femme fronça les sourcils et jacassa avec impatience.

Mais Madeleine sourit, hocha la tête et tapota son casque.

— C'est ça, continuez à parler. Je m'appelle Madeleine Meacher. Je suis venue des étoiles…

Son programme traducteur était gaijin pour l'essentiel. Dix-sept siècles après l'arrivée inopinée des extraterrestres dans la ceinture d'astéroïdes, les humains avaient besoin d'une technologie non humaine pour se parler.

Le traducteur finit par murmurer quelques mots.

— Enfin. Merci pour votre patience. Je…

— Et je suis très occupée, murmura le traducteur, faisant écho aux paroles de la femme. Nous devrions progresser sur ce problème, le problème de votre arrivée ici.

— Je m'appelle Meacher…

Elle lui donna un résumé de son CV.

La femme s'appelait Sheela Dell-Cope. Elle était assistante administrative du cabinet du Chef – quoique, pour autant que Madeleine puisse comprendre, le Chef fût en fait une Cheftaine.

— J'ai une mission, dit Madeleine. De mauvaises nouvelles à annoncer. De mauvaises nouvelles des étoiles.

La femme lui intima de se taire en levant la main.

— Nous devons régler le problème de votre lieu de résidence, y compris le tarif approprié…

Madeleine fut obligée de rester assise à écouter une liste longue et élaborée de règles concernant les résidences temporaires. Pour Dell-Cope, Madeleine Meacher était étrange, incompréhensible, une visiteuse d'un autre temps, d'un autre lieu. À présent, c'est *moi* le Gaijin, songea Madeleine.

Elle allait devoir effectuer une demande pour obtenir l'équivalent d'un visa. Et il lui faudrait payer pour chaque jour où elle resterait, ou bien travailler pour l'air qu'elle respirerait. Ce monde était marginal et replié sur lui-même, on devait payer pour chaque souffle.

— Le travail n'est pas agréable, dit Dell-Cope. Il s'agit d'entretenir l'otec. Ou de travailler avec les Flips, par exemple.

Ce qui ne signifiait rien pour Madeleine, mais elle avait compris le message.

— Je vais payer.

Elle possédait de nombreux gadgets gaijin qui pouvaient être employés comme moyen de paiement. De toute façon, et indépendamment de la manière dont les choses allaient tourner, elle n'avait pas l'intention de rester longtemps ici.

La peinture accrochée au mur était une représentation d'une ancienne œuvre d'art aborigène : le Rêve d'une créature de l'arrière-pays australien, la fourmi à miel. Mais c'était une copie d'une copie d'une copie réalisée avec de la teinture d'algues. Et Madeleine était prête à parier que, de toute façon, personne sur Triton ne savait ce qu'était une fourmi à miel.

On lui donna une chambre dans une zone résidentielle. Il semblait ne pas y avoir d'hôtel.

La pièce n'était qu'un cube creusé dans le béton. Elle comportait un lit, des meubles éparpillés et bizarres – des chaises aux formes effilées, adaptées à la faible gravité – une petite cuisine et une station de communication pourvue d'une interface humaine tout à fait déroutante.

La cuisine n'était pas si facile à utiliser non plus. Elle l'injuria et lui donna des coups, ce qui était sa méthode préférée d'interaction avec les technologies nouvelles, jusqu'à trouver un moyen de lui faire décanter un liquide chaud, un genre de thé.

Il n'y avait pas de fenêtres. La pièce n'était qu'une boîte en béton, un sarcophage, une grotte. Ici, dans le vide aux frontières de l'espace interstellaire, les humains se cachaient du ciel.

Qu'est-ce que tu fabriques ici, Meacher ?

Qu'était-elle *censée* faire ? Se contenter de balancer ce qu'elle savait – qu'une flotte d'envahisseurs extraterrestres s'était massée à la périphérie du Système solaire, qu'elle allait certainement se déployer bientôt dans la région de l'orbite de Neptune, qu'elle était ici, avec ses amis les Gaijin, pour aider ces gens à partir pour des mondes que leurs ancêtres avaient quittés un millier d'années plus tôt ? Ça avait l'air absurde. Mélodramatique.

Elle s'attaqua à la console de communication et s'efforça d'en obtenir ce qu'elle voulait. Quelle étrange ironie, se dit-elle, que les équipements de communication, dont le but est après tout de réunir les gens, soient toujours ceux qui sont conçus de la façon la plus déroutante et présentent les plus grands défis aux voyageurs temporels égarés.

Elle tenta de prendre rendez-vous avec le Chef, mais on l'en empêcha. Elle fit d'autres tentatives un peu plus bas dans la hiérarchie locale, du moins ce qu'elle en comprit, mais cela ne la mena nulle part non plus.

Nul ne s'intéressait à elle.

Frustrée, elle décida sur un coup de tête de partir à la chasse des descendants des colons qu'elle avait connus. Aidée de son traducteur, elle demanda à la console de communication de lui trouver des gens dont le nom de famille comportait « Roach ».

La plupart des noms qui défilèrent devant elle, écrits phonétiquement, lui étaient inconnus. Mais il y avait quelques familles dont les noms étaient composés, l'un des éléments étant « Rush ».

Et au coin de la rue, dans la même bulle flottante que cette pièce, en fait, se trouvait un homme – qui semblait vivre seul – dont le nom était Rush-Bayley.

Elle passa une heure, frustrante, à tenter de persuader la console de lui laisser un message.

Elle se promena longuement dans la ville déserte. Les lumières s'allumaient et s'éteignaient toutes seules lorsqu'elle passait, si bien qu'elle marchait dans une flaque de lumière mouvante.

Elle progressa de bulle flottante en bulle flottante en empruntant des ponts constitués d'un matériau qui ressemblait à de la céramique ; ces interfaces produisaient des grincements sinistres lorsque les bulles s'entrechoquaient. Elle rencontra peu de gens. Ses pas renvoyaient des échos comme si elle marchait dans d'immenses hangars.

Madeleine s'imagina que cet endroit avait été conçu pour une population dix ou vingt fois supérieure à celle qu'il abritait maintenant. Et elle songea aux autres colonies, abandonnées sur les eaux de Triton.

Rien – sinon quelques souvenirs sentimentaux tels que des tableaux – ne subsistait de la culture aborigène amenée là par les gens de la génération de Ben. Après tout, même quinze cents années sur Triton n'étaient rien à côté de soixante *mille* en Australie. Mais il semblait bien que les légendes du Temps du Rêve n'avaient pas survécu à leur déplacement des anciens déserts d'Australie à ces bulles hi-tech hermétiques.

Elle atteignit le centre de la colonie, qui devait mesurer quelques kilomètres. Ici, une grande structure s'élevait au-dessus de la mer encroûtée de glace, visible par des baies panoramiques. Elle reposait sur une tige et s'élevait jusqu'à une carapace en forme de dôme, à quelques centaines de mètres au-dessus de la glace. Elle ressemblait un peu à un château d'eau. Madeleine distingua des installations industrielles : des évaporateurs, des dispositifs antibuée, des générateurs, des turbines, des tuyaux de condensation. Madeleine apprit que cette tour était construite sur une racine qui descendait dans les profondeurs de l'océan, à des kilomètres, en fait.

C'était l'otec. Le nom venait du vieil anglais *Ocean Thermal Energy Converter* – Convertisseur océanique d'énergie thermique. La machine servait à extraire de l'énergie de la différence de température existant entre les eaux profondes de l'océan, à peine quatre degrés plus élevé que leur point de congélation, et la glace de surface, qui se trouvait à plus d'une centaine de degrés au-dessus de celui-ci. L'otec était la principale source d'énergie de la colonie. Il avait quinze cents ans, le même âge qu'elle ; les colons l'entretenaient avec une dévotion et une assiduité de moines. Il existait d'autres sources d'énergie, des centrales à fusion, par exemple. Mais les colons manquaient de métal ; après tout, le corps rocheux le plus proche était le cœur de silicates de Triton, noyé sous des centaines de kilomètres d'eau. Les colons parvenaient à réparer l'otec, même si c'était une machine rudimentaire, avec des matériaux extraits des eaux environnantes.

Après quelques jours durant lesquels rien ne se passa, elle découvrit que sa console de communication émettait une lueur verte. Elle pianota, essayant de comprendre pourquoi.

Elle avait un message de Rush-Bayley.

Adamm Rush-Bayley était grand, mince et brun. Il portait une sorte de blouse ; ses jambes maigres étaient nues. La blouse était peinte de couleurs vibrantes, rouge, bleu et vert, qui contrastaient avec les teintes ternes de l'environnement.

Il avait soixante-dix ans, même s'il ne les faisait pas.

Il ne ressemblait absolument pas à Ben, bien entendu, ni à Lena. Madeleine avait-elle espéré retrouver quelque chose de Ben et de son propre passé enfui ? Comment cet homme aurait-il pu lui ressembler, après soixante générations ?

Sa famille avait pourtant gardé l'histoire de Ben en vie, et son nom, et le récit de l'impact de Néréide. Il la considéra, vaguement curieux.

— Vous êtes la *même* Madeleine Meacher qui…

— Oui.

— Comme c'est étrange. Nous en avons des traces, bien entendu. (Il sourit.) Des archives publiques. Et ma famille a conservé ses souvenirs personnels. Vous aimeriez peut-être les voir.

— J'étais là pour le direct, ne l'oubliez pas.

— Oui. Vous devez avoir des histoires fascinantes à raconter.

Mais Madeleine trouvait qu'il n'avait pas l'air si fasciné que ça ; il était clair qu'il aurait préféré lui montrer les archives que sa famille avait chéries qu'entendre son témoignage sur l'histoire. Le passé était quelque chose que l'on possédait, que l'on enfermait dans des boîtes et des archives, pas quelque chose que l'on explorait.

Ce n'était pas la première fois qu'elle rencontrait une telle réaction.

Il lui prépara un repas chez lui, une grotte composée de plusieurs pièces.

Ils mangèrent des fruits de mer, avec un accompagnement constitué, semblait-il, d'algues transformées. Ils mangèrent dans des assiettes faites d'un genre de papier. Il n'était pas à base de cellulose, mais de chitine extraite de carapaces de homards.

Les vêtements d'Adamm étaient faits d'algues – ou, plus précisément, d'une substance extraite de celles-ci dénommée algine. On pouvait la filer comme de la soie et on l'utilisait pour pratiquement tous les habits et autres tissus des colons, ainsi que de divers produits comme des films, des gels, des vernis et des peintures. Il y avait même des additifs à base d'algine dans sa nourriture.

Ils firent de leur mieux pour discuter tout en mangeant.

Adamm gagnait sa vie, pas très bien, en fabriquant des objets en perles. Il lui en montra une de la taille de son poing, ouverte et creusée pour en faire une boîte destinée à contenir une poudre légèrement enivrante qui ressemblait à du tabac à priser. La perle était splendide, la facture moyenne.

La plupart de ses réalisations étaient destinées à des entreprises. Ici, le luxe était rare. Après tout, il ne pouvait vendre ses œuvres qu'à ses concitoyens. Il apparut à Madeleine que personne n'était riche, ni terriblement pauvre. Mais Adamm était chez lui ici, et il était habitué à ces conditions de vie.

Elle apprit qu'en fait, les gens étaient pour la plupart plus âgés qu'elle n'en avait l'impression. Dans l'environnement à faible gravité de Triton, avec l'aide de mécanismes antivieillissement inclus des siècles plus tôt dans le génome humain, l'espérance de vie était d'environ deux siècles. Et elle aurait été plus longue si la colonie n'avait pas eu de problèmes avec ses systèmes de support vital.

— Nous avons des pannes et des invasions d'algues et de moisissures, des maladies, des produits toxiques dans l'environnement…

Leur biosphère était trop petite, tout simplement.

En ce moment, Adamm vivait seul. Il avait un enfant d'un mariage précédent. Il songeait à se remarier, et à essayer d'avoir d'autres enfants. Mais il y avait des quotas.

Il l'écouta parler de la guerre interstellaire sans faire de commentaire. Madeleine eut l'impression qu'il était juste poli envers quelqu'un qui avait peut-être connu ses ancêtres.

Elle sentit qu'elle se déconcentrait, submergée par l'apathie culturelle d'Adamm.

Ils allèrent se promener après le repas.

Il la conduisit dans un lieu ressemblant à un atrium. L'endroit était entouré d'un mur et couvert d'un toit, le sol était transparent et, pour une fois, elle n'eut pas l'impression d'être enfermée. Autour d'elle, et jusqu'à l'horizon étroit et à la forte courbure, s'étendait la glace. Le globe pâle de Neptune se trouvait au-dessus de sa tête, il montait lentement tandis que Triton accomplissait sa longue journée artificielle ; elle voyait l'océan sous ses pieds et des silhouettes blanc pâle nageaient près de la surface.

— Je me souviens du temps où Neptune était suspendue dans le ciel, sans bouger. La voir se lever ainsi est… bizarre. Mais j'imagine que ça rend Triton plus semblable à la Terre.

Une expression hostile passa sur le visage d'Adamm.

— Des voyageurs comme vous sont déjà revenus, dit-il, toute émotion ôtée de sa voix par le filtre du programme traducteur. Quelle importance si Triton *ressemble ou non* à la Terre ? Je n'ai jamais vu la Terre, Madeleine. Pourquoi voudrais-je la voir ?

Ce petit accrochage la déprima. Il a raison, bien sûr, se dit-elle ; l'idée d'une planète « terrestre » doit sembler aussi étrangère à Adamm que, pour moi, le disque d'accrétion où vivaient les Chaera. Quinze cents ans ; cinquante, soixante générations… Nous autres humains ne sommes tout simplement pas capables de conserver notre identité culturelle, même sur un laps de temps aussi bref.

Pendant que les Gaijin poursuivent leur objectif.

Comme sur commande, un éclair traversa le ciel, quelque part au-delà de l'orbe bleu de Neptune.

Elle saisit la main d'Adamm ; il eut un geste de recul.

— Là-bas. Vous avez vu ?

— … Non.

Il n'y avait rien à voir à présent, pas de lueur résiduelle, pas de deuxième représentation. Elle eut l'impression d'être un gamin qui a aperçu une météorite dans le ciel du désert, un éclair que personne d'autre n'a vu.

— Ce n'est pas qu'une lumière, dit-elle, sur la défensive. Une lune de glace, ou un noyau de comète a peut-être été détruit…

— Et c'est ça, votre guerre ? demanda Adamm avec circonspection.

— Adamm, la guerre ne m'appartient pas. Mais elle est bien *réelle*…

Une élégante forme blanche fendit les eaux sous ses pieds. Elle recula, surprise. Elle vit une tête lisse et hydrodynamique, des yeux fermés, une petite bouche – une sorte de dauphin, se dit-elle. La créature ouvrit la bouche et émit un cri aigu et complexe, semblable au grincement d'une porte qui se ferme.

Puis elle sauta en arrière et disparut hors de la vue de Madeleine, laissant celle-ci troublée et stupéfaite.

— *La guerre*, dit Adamm d'un ton aigre. (Il soupira.) J'imagine que vos intentions sont bonnes. Mais ça semble si… lointain.

— Ça ne l'est pas, croyez-moi. Adamm, je vais avoir besoin de votre aide. Le Chef ne veut pas me rencontrer. Il faut que vous m'aidiez à convaincre les gens.

Il rit, sans méchanceté. Il désigna l'eau noire.

— Commencez avec eux.

— Qui ?

— Les Flips. Essayez de les convaincre. Ce sont des gens, eux aussi.

Elle plongea son regard dans l'eau, abasourdie.

Il s'en alla. Elle n'avait pas d'autre choix que de le suivre.

Le cabinet du Chef lui prêta un scaphandre à coquille rigide bourré d'appareils intelligents et d'éléments chauffants. Elle descendit dans l'eau par un trou nettement découpé dans la glace d'une baie située à la périphérie de la ville de bulles.

Elle tomba lentement dans une obscurité de plus en plus épaisse. Elle fit quelques essais de mouvements. Elle ne sentait pas le froid, et la pression de l'eau était plutôt basse sur cette petite lune, mais le liquide opposait une résistance à ses mouvements. Lorsque le trou dans la glace ne fut plus qu'un point de lumière bleue au-dessus d'elle, elle alluma les lampes de son casque. Les rais lumineux ne s'enfoncèrent que de quelques mètres dans l'obscurité. Elle vérifia d'un coup d'œil le bon fonctionnement de ses appareils puis leva le regard pour voir son câble, son lien physique avec, tout là-haut, le monde de l'air et de la lumière, s'enrouler de façon rassurante vers la surface.

De la plongée sur Triton. Elle n'avait jamais aimé nager, même sur une vraie planète.

Elle était seule. Les colons n'aimaient pas beaucoup l'eau. Leur océan et ses profondeurs n'étaient qu'une ressource, une mine, pas un endroit à explorer et encore moins voué au loisir.

Quelque chose se tortilla en passant devant sa visière.

Elle eut un mouvement de recul. Son menton se coinça contre l'admission d'air ; la pression baissa brutalement. Ses oreilles se débouchèrent avec un bruit alarmant.

Elle s'obligea à se calmer. Ce n'était qu'un poisson. Elle n'avait pas reconnu l'espèce – native de la Terre, ou génétiquement modifiée pour cet environnement particulier ?

Sa descente s'accéléra.

La poussière trouble s'épaissit. Probablement des débris organiques ; on l'avait prévenue : des organismes décomposés flottaient vers le fond lointain de l'océan.

Des bestioles et des plantes dérivèrent devant elle : des filaments d'algues, des animaux ressemblant à de minuscules crevettes, d'autres poissons de toutes formes et de toutes tailles, et même une créature ressemblant à un hippocampe.

Il y avait toute une biosphère là-dessous, des créatures terrestres génétiquement modifiées. Peu de photosynthèse, faute d'une quantité de lumière suffisante. La plus grande partie de l'énergie employée par les êtres vivants provenait de la chaleur issue de l'intérieur de Triton. La chaîne alimentaire prenait naissance dans des communautés de bestioles exotiques regroupées autour de fumeurs chargés en minéraux, des fissures situées dans le lit de l'océan à des centaines de kilomètres de la lumière.

… Avant de voir quoi que ce fût, elle sentit quelque chose effleurer ses jambes, un contact doux, chaud et curieux. Elle pivota sur elle-même dans l'eau, son câble formant des boucles.

Ça ressemblait à un dauphin, oui : un petit dauphin au corps élancé d'environ deux mètres de long, couvert d'une élégante fourrure d'un blanc immaculé, avec une queue puissante et des nageoires courtes et épaisses. Mais ça, non, *il* – il y avait un pénis totalement opérationnel là, en bas, sous le ventre lisse – avait un visage qui n'avait que peu en commun avec celui d'un dauphin : rond et aplati, avec une large bouche fendue et un nez écrasé dont les narines s'étiraient en deux fentes. Un flot de bulles sortait d'un évent situé au sommet de sa tête. Et ses yeux étaient fermés ; elle ne distingua ni sourcils ni paupières.

Pas d'yeux, réalisa-t-elle. Mais quelle utilité des yeux auraient-ils dans cette profonde obscurité ?

C'était un humain, bien entendu. Ou plutôt, un posthumain, modifié génétiquement en fonction de cet environnement, le cœur profond et authentique de Triton, loin sous les foules froides et affaiblies de la surface.

Il nagea autour d'elle avec aisance, effleurant ses jambes, ses pieds, ses bras, sa poitrine. Elle entendit un claquement qui pulsait, peut-être un genre de sonar…

Il roula sur le dos.

Assez d'analyse, Madeleine.

Sans réfléchir, elle tendit sa main gantée et gratta le ventre plissé d'un gris métallique d'arme à feu. Elle ne sentait pas la texture de sa fourrure. Mais les cliquètements et les bruits secs qu'il émettait s'accentuèrent, semblant indiquer de la satisfaction.

— Pouvez-vous m'entendre ? Me comprendre ?…

Êtes-vous un Roach, vous aussi ? Un lointain enfant de Ben et de Lena, métamorphosé ?

En guise de réponse, il s'éloigna d'une torsion de son corps et resta là, à flotter juste hors de portée de Madeleine.

Elle dut descendre encore un peu pour le toucher de nouveau. Il la laissa le caresser pendant quelques minutes de plus, puis s'éloigna encore. Et il lui fallut aller encore plus bas et tendre de nouveau le bras pour l'atteindre.

Et encore, et encore.

Il me teste, comprit-elle peu à peu. Il joue à une espèce de jeu. De la psychologie. Il est encore assez humain pour ça.

Et, en découvrant comment son impressionnant pénis était gonflé, elle comprit que ça lui faisait de l'effet.

Elle remonta un peu et croisa les bras.

Lorsqu'il vit qu'elle ne jouait plus, il roula sur le ventre et battit l'eau de ses nageoires, apparemment frustré. Mais il lui pardonna vite et commença à tourner autour de ses jambes, en les reniflant et leur donnant de petits coups.

Il y avait d'autres ombres dans l'eau : deux, trois, quatre Flips. Ils se rapprochaient avec curiosité. Elle se demanda si son premier compagnon les avait appelés sans qu'elle puisse le détecter. Elle essaya de ne pas tressaillir chaque fois que leurs corps puissants effleuraient l'équipement qui la maintenait en vie ; ils ne paraissaient pas mal intentionnés, juste poussés par une sorte de curiosité affectueuse – et, de toute façon, son matériel était sans doute conçu pour résister à de telles rencontres.

À présent, l'un d'eux – peut-être son premier ami, c'était impossible à dire – commençait à émettre un nouveau type de son. Une sorte de sifflement bien plus pur que les cliquetis de sonar ou les grognements de porte qui grince qu'elle avait déjà entendus.

Un deuxième se joignit à lui, produisant un sifflement qui hésita un peu plus avant de se caler sur la même note que le premier. Et, maintenant, Madeleine entendait une pulsation superposée sur leur chant simple composé de tons purs. Des harmonies, se dit-elle, l'interférence d'un ton avec un autre.

D'autres Flips se joignirent à eux, chantant leurs propres notes, produisant d'autres lignes mélodiques. Le morceau de musique était simple, juste un ensemble de tons purs composant entre eux une harmonie simple. Mais les harmonies étaient plus complexes, structure de pulsations changeantes et insaisissables qui sautaient d'une fréquence à une autre, parfois trop vite pour qu'elle puisse suivre.

Sans réfléchir, elle activa une liaison avec sa grotte de béton, là-haut dans la colonie, à la surface, pour que le programme de traduction puisse enregistrer les chants. Puis elle ferma les yeux et se laissa dériver, immergée dans le chant, oubliant jusqu'aux doux frôlements des Flips qui nageaient autour d'elle.

… Les Flips se dispersèrent soudain, comme pris de panique, et disparurent dans l'obscurité, la laissant seule. Ce fut un choc ; elle ressentit un étrange désespoir, sans le chant, le monde paraissait vide.

Mais, à présent, elle entendait un bruit nouveau : un bourdonnement profond et régulier. Quelque chose s'approchait dans l'eau, devant elle, quelque chose d'énorme, une structure étendue dans l'océan.

C'était un filet.

Elle marchait de long en large dans le salon d'Adamm.

— Mais quelle sorte de gens êtes-vous ? Ces Flips sont vos…

— Enfants ? (Il eut un sourire languide ; il sirotait une sorte de vin dont les algues étaient le principal ingrédient) Des cousins ? Des frères, des sœurs ? Ne soyez pas absurde. Ils appartiennent à une espèce différente de la nôtre. Ils ont choisi de devenir ainsi. Au début, lorsqu'ils sont allés dans la mer, ils ont pris des outils, des moyens d'extraire du métal. Ils se sont débarrassés de tout, peu à peu. Ils ont même abandonné leurs mains, et leurs yeux, tout ce qui nous rend humains. Ils ont *choisi* de revenir en arrière, voyez-vous, de revenir… à l'absence d'esprit. C'était un choix idéologique.

Elle se demanda ce qui était vrai dans tout ça. S'il y avait quelque chose de vrai…

— Mais les chasser…

Il l'étudiait avec curiosité.

— Êtes-vous en train de vous imaginer que nous les *mangeons* ? Vous n'avez pas une très haute opinion de nous, hein ? Les Flips sont une nuisance, c'est tout. Ils gênent l'écologie. Ils interfèrent avec les systèmes vitaux de la cité, les valves filtrantes par exemple…

Peut-être, se dit-elle.

Le programme de traduction avait analysé le chant des Flips.

Il était impossible d'obtenir une traduction fidèle en l'absence de référence. Mais il était évident que le chant était très structuré. Le programme identifia des motifs dans le choix des fréquences, la façon dont les harmonies étaient manipulées, dans leurs intervalles, leur rythme, leur intonation et leur hauteur… Le programme estima qu'une heure de ce chant pouvait encoder un million de bits. Ce qui était, pour prendre un point de comparaison, environ la quantité d'information contenue dans l'*Odyssée* d'Homère.

Les Flips ne parvenaient pas à égaler la richesse des chants des baleines de la Terre. Pas pour l'instant. Mais encore quelques siècles, se dit-elle, et ça y serait.

Après tout, le Chant se poursuivait donc, ici, dans ce désert liquide, ce lieu encore plus élémentaire que l'arrière-pays australien.

Adamm parlait toujours.

— … Et inutile de vous imaginer qu'ils sont mignons, comme des sortes d'animaux de compagnie. Certains sont devenus des prédateurs. Ils se mangent *entre eux*. Écoutez, ce ne sont que des Flips. Ils ne comptent pas.

— Pas plus que vos ancêtres ne comptaient dans l'Australie des Blancs.

Son visage se durcit.

— Vous avez créé ce monde, j'imagine, avec vos numéros de cirque, en lançant des lunes les unes contre les autres. Et, maintenant, vous voulez le détruire, évacuer des milliers de gens. (Il sourit.) L'histoire se souvient de vous comme de quelqu'un qui se mêle des affaires des autres. Grandiose. Avec des idées qui dépassent vos capacités.

Mais même en lui parlant, il semblait distant, comme incapable de croire qu'il était en train de défier cette figure historique – comme s'il affrontait Christophe Colomb, ou Jules César. Il plongea son regard dans les profondeurs interstellaires, les marges du système.

— Si ces extraterrestres sont aussi puissants que vous le dites, peut-être devrions-nous nous contenter d'accepter ce qui va se produire. Comme pour la mort. On ne peut pas se battre contre ça.

— Non, gronda-t-elle, mais on peut la retarder. (Elle se leva.) L'opinion, ou l'analyse que vous faites de moi ne m'intéresse pas. Je vais voir le Chef, que ça lui plaise ou non. Je vais faire ce que je peux pour organiser l'évacuation de tous ceux qui le désirent vers le système intérieur. Même les Flips.

Il la regarda sans un mot ; quelque chose disait à Madeleine que ce lointain descendant de Ben et de Lena n'irait nulle part, avec ou sans elle.

— Au revoir, Adamm.

Au revoir, au revoir.

CHAPITRE 30
REFUGE

La trajectoire du puissant vaisseau-fleur gaijin le menait avec efficacité vers le cœur encombré du Système solaire. L'éclat du Soleil s'intensifia, effaçant les subtilités du ciel rempli d'étoiles, sa lumière aveuglante dominant de plus en plus l'Univers.

Madeleine avait une impression déraisonnable et illogique de claustrophobie. Il n'y avait pas de murs ici, et il y avait assez de place pour que des planètes entières flottent dans l'obscurité. Et, pourtant, cet endroit l'oppressait, elle se sentait enfermée, comme au cœur d'une ville. Pour ne pas voir la lueur blanc-jaune, elle passa beaucoup de temps derrière les fenêtres opacifiées de l'atterrisseur, dérivant sous une Neptune froide, austère et virtuelle.

Les Gaijin refusèrent de rapprocher Madeleine en deçà de l'orbite de la Terre. Elle allait devoir continuer son voyage dans un atterrisseur essentiellement conçu pour faire la navette entre la surface d'une planète et son orbite.

Les quelques centaines de réfugiés de Triton qui l'avaient suivie jusqu'au cœur du système devraient supporter les mêmes conditions rigoureuses. Le transfert à bord des atterrisseurs eut lieu dans une ambiance maussade et chaotique.

Convaincre les habitants des grands fonds aquatiques qu'il fallait les évacuer s'était révélé impossible. Madeleine avait dû abandonner ces posthumains au sort mystérieux qui les attendait, quel qu'il puisse être, et elle ne saurait même pas un jour s'ils avaient compris ce qui leur arrivait.

De la même façon que, peut-être, les Gaijin en train de battre en retraite s'étonnaient de ce qu'elle faisait.

Comme elle regardait leur vaisseau-fleur repartir en direction des ténèbres de l'extérieur du système, elle ressentit une impression soudaine et totalement inattendue de solitude, d'abandon.

Elle avait toujours soupçonné que le fait que Malenfant eût donné un nom à son compagnon gaijin – et l'eût traité comme un équivalent d'un individu humain – ne relevait de rien d'autre que de l'anthropomorphisme, du laisser-aller sentimental. Mais, en fait, elle appréciait *vraiment* ces Gaijin distants, élégants et rationnels, bien plus qu'elle n'avait aimé certains humains – les colons racistes qu'elle avait rencontrés sur Triton, entre autres. Les Gaijin étaient une espèce ancienne, ils avaient beaucoup voyagé et enduré des expériences inimaginables pour la plupart des humains. Pour eux, un être humain unique à la vie éphémère et ses préoccupations devaient sembler aussi évanescents, aussi vains – et néanmoins peut-être aussi beaux – qu'une boucle dans une volute de fumée ou l'éclaboussure d'une seule goutte de pluie.

Dix jours après le départ des Gaijin, la planète Mercure entra enfin dans son champ de vision. Madeleine s'en approchait de biais depuis la face nocturne, et la planète ressemblait à un croissant couleur d'os posé sur un fond noir et qui grandissait peu à peu ; ses nombreux cratères étaient visibles même de très loin.

Elle se glissa sur une orbite, où elle fut retenue pendant qu'une bureaucratie électronique – dirigée par un gouvernement dénommé la Coalition – traitait sa demande d'atterrissage : des machines séparées par des siècles de développement social et technique cherchant un moyen de se parler.

Mercure semblait être la sœur aînée de la Lune, une boule de roc à la surface pâle criblée de cratères. Mais il n'y avait pas d'équivalent mercurien des grandes mers lunaires de lave figée ; les processus qui avaient conduit à leur apparition n'avaient pas eu lieu ici. Certaines caractéristiques géologiques ne ressemblaient à rien de ce qu'on pouvait voir sur la Lune : des zones froissées, des crêtes, des plis et des fissures rappelant la peau ridée d'une tomate séchée, comme si la planète avait rétréci après sa formation.

La structure la plus remarquable était un immense cratère d'impact situé à environ trente degrés au nord de l'équateur. Madeleine survola un anneau de montagnes déchiquetées – pas un simple rebord, mais une structure complète, les montagnes les plus hautes se trouvant au centre et les contreforts moins élevés à l'extérieur. À l'intérieur de l'anneau, le sol était relativement lisse, marqué par des crêtes, des plis et des failles qui dessinaient des motifs à peu près concentriques, comme un vernis sur une vieille assiette. Le panorama – des montagnes assez grandes pour contenir la région des Grands Lacs – était extraordinaire, et elle passa de longues minutes à planer au-dessus lors de son premier passage.

Et, dans les ombres profondes au centre précis de l'immense cratère, elle vit des lumières, l'esquisse d'un ordre, de bâtiments et de pistes. Une colonie humaine, ici, dans la cicatrice la plus profonde de la planète la plus inhospitalière du Système solaire. Le spectacle aurait dû l'enthousiasmer. Mais la présence de cette minuscule étincelle au milieu de cette désolation hostile lui parut simplement absurde.

Il y avait beaucoup de circulation dans le ciel.

Les vaisseaux étaient humains ; pour la plupart propulsés par des voiles solaires, légères et splendides ; des silhouettes éthérées qui louvoyaient devant la face rocheuse et impassible de Mercure.

Ces vaisseaux employaient la grêle de photons provenant de l'énorme soleil voisin, un moyen de transport bien plus efficace ici qu'en orbite terrestre et au-delà.

Il fut tout de suite évident aux yeux de Madeleine qu'il arrivait plus de vaisseaux qu'il n'en repartait. Mais les humains n'avaient nul autre endroit où aller, dans ce Système solaire de l'an 3793 ; Mercure était un égout où tombaient les gens, pas une source dont ils jaillissaient.

Elle vit un type de paysage qu'elle n'avait jamais rencontré auparavant sur la face cachée de Mercure : un paysage ravagé, chaotique, presque fracassé. Elle calcula qu'il se situait précisément aux antipodes de la structure d'impact géante ; il s'agissait donc du point de rencontre d'ondes de choc sphériques convergentes qui avaient dû faire le tour de la planète ; des forces énergétiques capables d'écraser des rochers s'étaient concentrées ici et avaient plié le sol, l'avaient fait se désagréger et bouillonner.

Autrefois, Madeleine avait lancé des lunes dans le système solaire extérieur. À présent, elle éprouvait de la terreur et du respect, elle ressentait de l'humilité face à la preuve de l'existence de telles forces. Submergée par un sentiment d'impuissance.

On la fit atterrir près de la principale colonie humaine. Un large cratère, le Chao Meng-Fu, une autre structure issue d'un impact géant, qui cette fois recouvrait presque le pôle Sud.

La force de la gravité la surprit : deux fois celle de la Lune. Étrange sur une si petite planète, en fait à peine plus grosse que celle-ci. Mercure était très dense, un boulet de canon de plus.

Madeleine enfila sa combinaison. Une manœuvre simple et évidente : contrairement aux unités de communication et aux machines à café, les équipements essentiels à la vie comme les combinaisons pressurisées et les sas étaient restés facile à faire fonctionner.

Elle sortit du tracteur. Je pose une fois de plus le pied sur un nouveau monde, songea-t-elle. Est-ce que je détiens le record ?

On trouvait des centrales d'énergies et des robots mineurs dans Chao Meng-Fu. En surface, les infrastructures se pelotonnaient dans les ombres des montagnes du bord du cratère, évitant un soleil qui les aveuglait pendant cent soixante-dix jours terrestres d'affilée – un chiffre surprenant. La période de « jour » de Mercure, fixée par les effets de marée, représentait les deux tiers du jour de l'année de la petite planète, longue de quatre-vingt-huit jours terrestres ; son calendrier était une mécanique complexe.

Madeleine leva les yeux vers le soleil bas sur l'horizon. Son casque possédait des filtres qui occultaient le disque lui-même, mais c'était un monstre boursouflé trois fois plus grand que vu depuis la Terre.

Elle ne distingua aucun être humain en surface.

Des programmes virtuels rudimentaires prirent en charge son arrivée à Chao City. Ces logiciels avaient été conçus pour s'occuper de locuteurs parlant des langages incompréhensibles venus de toutes les régions du Système solaire. Leur humanité avait été estompée ; ils la guidèrent sans un mot, uniquement avec des gestes. Chao City était un dédale de couloirs et de tunnels taillés à la hâte dans le substrat rocheux. Une douzaine d'espèces différentes s'y entassaient, la suspicion et l'instinct territorial y régnaient.

On lui attribua une chambre minuscule, encore une grotte semblable à celle qu'elle avait supportée sur Triton – même si cette fois, au moins, elle était creusée dans des silicates plutôt que de la glace d'eau. Les humains, quel que fût le monde où ils s'installaient d'un bout à l'autre du Système solaire, étaient contraints de s'enfouir dans le sol comme des taupes, c'était vraiment étrange.

Elle batailla non sans lassitude avec l'interface de communication dans la pièce, de conception évidemment très différente de celle de Triton. Elle finit par trouver un moyen de donner à l'équivalent contemporain d'un traqueur de données l'ordre de trouver Nemoto – pour autant qu'elle se trouvât effectivement sur Mercure.

La console de communication commença à émettre un doux tintement. Au bout de trente minutes de tâtonnements, pas moins, Madeleine découvrit que le son signifiait qu'un message l'attendait. *Venez me voir. En ce moment, je vis dans un cratère du nom de Bernini. Ce n'est pas loin de Chao. La vue vous plaira.*

Il y avait un lieu et une heure.

Le message était de Dorothy Chaum.

On la fit attendre vingt-quatre heures supplémentaires. Puis on l'emmena voir une personne portant le titre d'Officier de l'immigration. Encore des bureaucrates, se dit-elle, découragée. Exactement comme sur Triton ; une caractéristique humaine universelle.

L'Officier de l'immigration essaya véritablement de lui parler en latin. *Quo vadis ? Quo animo ?* Où allez-vous ? Dans quel but ? Elle avait amené le casque de sa combinaison et son programme de traduction ; le bureau possédait le même type d'équipement ; elle attendit patiemment qu'il fonctionne.

L'officier s'appelait Carl ap Przibram. Né sur un astéroïde, il était grand, avec un long crâne ovoïde couvert d'une épaisse chevelure et de fins doigts osseux, le vrai cliché du pianiste. Sa carnation était pâle, ses traits lisses, comme si sa peau était étirée. Il avait peut-être des plis autour des yeux, des traces d'ancêtres asiatiques, mais tous ses antécédents ethniques originaires de la Terre avaient été mélangés et brouillés depuis longtemps. Il paraissait extrêmement mal à l'aise, ce qui n'avait rien de surprenant, songea Madeleine, dans la mesure où il agissait sous une gravité multiple de celle dont il avait l'habitude.

Quand ils furent en mesure de communiquer, il nota son nom et lui demanda divers numéros d'identification qu'elle ne possédait pas, puis un résumé biographique. Elle dressa la liste de ses voyages interstellaires. Il consulta une console encastrée dans son bureau et trouva, dans elle ne savait quelle gigantesque base de données, des archives la concernant, des rapports rédigés sur plusieurs siècles. Ap Przibram semblait plongé dans son travail, cette documentation et ces procédures, et parfaitement indifférent à la réalité de ce fossile exotique assis devant lui. C'était une réaction qu'elle avait déjà rencontrée sur Triton, et à bien d'autres reprises auparavant.

Il lui demanda de faire un don d'ADN. C'était logique – un moyen de renouveler la petite réserve génétique isolée. Mais elle avait entendu parler de voyageurs qui avaient été à la base d'un marché noir florissant de matériel génétique, notamment du sperme. La légende contemporaine, enrichie par certains d'entre eux, laissait entendre que les bons produits de ces grossiers quasi-barbares d'il y a mille ans étaient plus vigoureux et plus puissants que le crû étiolé de l'homme moderne.

Il finit par lui donner un morceau de plastique contenant des codes d'identité temporaires, en attendant un implant complet. Elle le prit avec gravité.

— Vous êtes la bienvenue ici, lui dit-il.

— Merci.

Elle aborda la question de ses compagnons venus de Triton.

— Leur candidature sera traitée aussi vite que possible.

Il retomba dans le silence, son visage aux traits tirés impassible.

Elle tapota le bureau. Elle avait du mal à déchiffrer le langage corporel et les expressions d'ap Przibram.

— Ils ont traversé tout le système, trente unités astronomiques, dans des atterrisseurs conçus pour des sauts orbitaux de quelques centaines de kilomètres. Des cabinets volants. Nous avons des enfants, des vieillards, des infirmes, des malades…

— Nous traitons leurs demandes. Je ne peux rien faire tant que ce n'est pas terminé.

Ses yeux étaient creux. Cet homme est épuisé, se dit-elle. Il est submergé, comme Mercure, et me voilà qui arrive avec d'autres réfugiés, des navires entiers bourrés d'habitants des glaces de Triton pleins de ressentiment. Dans de telles circonstances, la bureaucratie est un moyen de communication civilisé. Au moins, il ne m'a pas jetée dehors.

Elle décida de faire preuve de patience.

Elle partit à la rencontre de Dorothy à l'heure prévue. Un monorail reliait Chao City à Bernini – il était lent et inconfortable, il cahotait, du vrai matériel de pionniers. Elle dut ensuite emprunter un tracteur, une chose énorme avec des roues grillagées roulant sur le sol peu encombré de Mercure.

Elle arriva dans un endroit que Dorothy avait appelé une ferme solaire.

Une fois sortie du tracteur, elle observa le ciel.

Elle voyait peu d'étoiles. Des vaisseaux à voile solaire traversaient le ciel comme des étincelles dans un feu, à peine visibles, grouillant autour de l'équateur de Mercure, amenant d'autres réfugiés. Mais un brouillard couvrait le ciel, une brume entourait le disque trop large du soleil, et plus loin, on voyait une traînée pâle, comme une Voie lactée dépourvue d'étoiles. Elle voyait l'atmosphère ténue du Soleil, rendue perceptible par l'occultation artificielle de l'étoile centrale. Et la ceinture plate de clarté qui se trouvait plus loin était la lumière zodiacale, les particules, les météorites et les astéroïdes brillant dans le plan de l'écliptique. Autrefois, des cités gaijin avaient jeté leurs feux là-bas ; désormais, la ceinture d'astéroïdes était de nouveau déserte.

Lorsqu'elle mettait ses mains en coupe autour de sa visière, elle pouvait voir la queue d'une comète géante, une de plus, une trace laiteuse sur le dôme noir du ciel. Pas de vaisseaux incendiaires, bien sûr, pas encore – même si le bruit courait qu'ils avaient franchi l'orbite de Neptune.

Lorsque la guerre dans le nuage d'Oort avait tourné au vinaigre, Mercure avait été annexée par une coalition de nations originaires des colonies des astéroïdes : des géocroiseurs, de ceux de la ceinture, et même de quelques Troyens sur l'orbite de Jupiter. On pouvait à peine parler d'occupation : il n'y avait personne, à part quelques ermites qui vivaient déjà là de toute façon. L'arrangement qui régnait ici était tout juste démocratique – une situation qui, il fallait bien le leur accorder, semblait troubler le gouvernement d'urgence, la Coalition. Mais elle fonctionnait.

Les colons avaient adapté des technologies autrefois utilisées pour la colonisation de la Lune : une fois de plus, les humains étaient contraints de cuire des cailloux récalcitrants pour en extraire leur air. Mais ils faisaient des plans à long terme : une mine Paulis à Caloris

Planitia, le cratère d'impact géant qu'elle avait vu en orbite. Seulement, on n'était pas sur la Lune. Mercure était entièrement composée de minerai de fer entouré d'une pelure de roche. Un monde différent, des défis différents.

Elle repéra une étoile binaire, un double point de lumière dont l'un des compagnons était d'un bleu remarquable et l'autre d'un blanc gris pâle…

— La Terre, bien sûr.

Dorothy était debout à côté d'elle, dans un scaphandre recouvert d'une telle couche de poussière mercurienne qu'il en était presque invisible malgré la lumière vive du soleil. Son casque comportait des protections importantes et ressemblait à une bulle dorée ; Madeleine ne pouvait voir son visage.

Elles échangèrent quelques phrases polies et vides, maladroites. Il n'existait pas de code de conduite pour une relation comme la leur.

Puis Dorothy s'élança à grands pas lourds sur la plaine poussiéreuse. Madeleine la suivit à contrecœur.

Le régolithe crissait sous ses pieds, elle entendait clairement le bruit transmis par sa combinaison. Elle laissait des empreintes de pas aussi nettes que dans la poussière vierge de la Lune ; celle qu'elle soulevait s'accrochait au tissu de la combinaison. Mais ses pas étaient pesants, dans cette gravité deux fois plus élevée. Pas de sauts de lapin lunaire ici.

Ça ressemblait à la Lune, oui – mêmes ondulations du sol fortement érodé, cratère sur cratère, si bien que la surface évoquait une mer de vagues poussiéreuses.

Mais, à défaut d'autre chose, l'érosion était plus forte ici. Il y avait des collines – Madeleine se trouvait près du bord du cratère Bernini –, mais elles étaient rondes et couvertes de régolithe. Les plus petits des cratères n'étaient rien de plus que des ombres d'eux-mêmes, des palimpsestes dont les caractéristiques géologiques avaient été effacées.

Elle n'avait pas revu Dorothy depuis leur rencontre avec Malenfant sur le monde d'origine des Gaijin. Ils étaient revenus dans le Système solaire chacun par un itinéraire différent. Madeleine trouva Dorothy changée : plus renfermée, secrète, obsédée par quelque chose peut-être. Plus âgée, d'une certaine façon.

Dorothy s'arrêta et désigna un trou dans le sol.

— C'est là que je vis. Un abri souterrain. Ce n'est pas si mal. Pas si l'on a déjà passé des années de temps subjectif dans des modules d'habitation de vaisseaux spatiaux.

Il y avait un bloc de pierre aplati aux pieds de Madeleine ; sa face exposée avait été lissée par l'érosion, comme une lentille. Elle se pencha avec raideur, chassa la poussière et extirpa le caillou du sol. L'essentiel était en fait caché, comme pour un iceberg. La partie enterrée était celle d'une pierre aux arêtes tranchantes et déchiquetées.

— Cela fait sans doute un milliard d'années qu'il est tombé là, dit Dorothy, projeté par un impact à travers la moitié de la planète. Et depuis, tout ce qui dépassait a été érodé et poli, à l'endroit même de sa chute, une couche de pierre après l'autre.

— Des impacts de micrométéorites ? demanda Madeleine en fronçant les sourcils.

— Pas essentiellement. À midi, la chaleur est suffisante pour faire fondre du plomb. Et la nuit, qui dure près de six mois, il fait assez froid pour liquéfier l'oxygène.

— Contraintes thermiques, alors ?

— Oui. Voilà ce qui a créé ce paysage. C'est la malédiction de l'ingénieur, sur ce petit monde chaud. Venez. Je vais vous montrer comment je gagne ma vie…

Elles traversèrent à pas vifs un cratère peu profond couvert de débris de verre.

Ce fut du moins ce que Madeleine crut voir au premier coup d'œil. Il était entouré de délicates feuilles de verre posées sur le régolithe et hérissées d'épines. Une autre structure était également présente : de petits cylindres courts pointés vers le ciel, inclinés dans toutes les directions comme des gueules de canon miniatures. On aurait dit un parc de sculptures.

Dorothy ne s'arrêta pas un instant. Certaines des plaques en forme de pétales s'écrasèrent sous ses pas insouciants, Madeleine prit un peu plus de précautions.

— En fait, nous pouvons faire pousser des voiles solaires directement à partir du rocher, dit Dorothy. Ces choses sont les descendantes modifiées génétiquement des fleurs du vide de la Lune. Je suis devenue une sorte d'experte dans le domaine. C'est bien d'avoir un métier, surtout sur un monde où l'on doit payer l'air qu'on respire, non ?

Elle pencha la tête en arrière, le visage dans l'obscurité.

— La prochaine fois que vous verrez un vaisseau solaire, pensez à cet endroit, à la façon dont ces voiles vaporeuses naissent, en sortant des rochers qui se trouvent sous vos pieds. C'est beau, non ?

Elles se remirent en marche. Madeleine lui demanda des nouvelles de Malenfant.

Dorothy haussa les épaules.

— Je suis revenue vingt ans avant vous. S'il est rentré directement dans le système après notre séparation, comme il l'a dit, il a pu arriver ici des siècles plus tôt. Je ne sais pas ce qu'il est devenu.

Madeleine l'étudia.

— Vous êtes troublée. Le temps que nous avons passé sur le Boulet de Canon…

— Pas troublée. Coupable, peut-être. (Elle rit.) La culpabilité : le premier brevet déposé par l'Église catholique.

— Et c'est pour ça que vous travaillez si dur ici.

— Vous m'analysez, à présent, Madeleine ? répliqua sèchement Dorothy. Je travaille aussi pour vivre, comme nous devons tous le faire… Mais, c'est vrai, j'ai failli à ma mission envers Malenfant, là-bas, sur le Boulet de Canon. J'étais prête, autrefois. Et s'il y a jamais eu une âme tourmentée, à sa façon silencieuse et solitaire, c'est bien Reid Malenfant. Et je n'ai pas réussi à trouver un moyen de l'aider.

Agacée, Madeleine se renfrogna.

— Ce qui s'est passé sur le Boulet de Canon concernait Malenfant, pas vous et votre culpabilité, Dorothy. Malenfant était une victime. Les Gaijin l'ont utilisé, traîné d'un bout à l'autre de la Galaxie, ils l'ont impliqué dans des plans dont nous ne savons toujours rien. Pourquoi supporterait-il tout ça ?

— Parce qu'il savait, ou soupçonnait, que c'était ce qu'il devait faire si les Gaijin voulaient avoir le moindre espoir de changer… (elle agita une main gantée vers le ciel blessé) … ça. Les vagues de colonisation voraces, les guerres, les pillages de planètes, les extinctions. S'il y avait eu ne serait-ce qu'une possibilité de faire pencher la balance, ça aurait pu valoir le coup pour Malenfant de se sacrifier.

— Mais ce n'est qu'un homme, un être humain. Pourquoi devrait-il se livrer ? Vous le feriez, vous ?

Dorothy soupira.

— Ce n'est plus à moi qu'il faut poser cette question. Et *vous* ?

— Je ne sais pas, dit Madeleine, parcourue par un frisson glacé. Pauvre Malenfant.

— Où qu'il se trouve, et quoi qu'il puisse lui arriver, j'espère qu'il n'est pas seul. Même le Christ avait sa famille pour le réconforter au pied de la Croix. Vous avez amené des réfugiés ici, n'est-ce pas ?

— On m'a dit qu'ici chacun est un réfugié, grommela Madeleine. Mais nous sommes autant en sécurité que n'importe où ailleurs.

Dorothy éclata de rire.

— Vous n'avez toujours rien compris, hein ? Et vous n'avez pas encore parlé à Nemoto, c'est évident. Elle est encore en vie, *elle*. Vous étiez au courant ? Elle est plusieurs fois centenaire... Et de tous les endroits où elle pouvait aller, c'est *ici* qu'elle se trouve, sur Mercure, le dernier refuge de l'humanité. *Ça ne colle pas.*

— Mercure se situe très loin à l'intérieur du système. Si près du Soleil que les Gaijin ne veulent pas venir ici.

— Mais les Gaijin ne sont pas nos ennemis, siffla Dorothy. Réfléchissez à la situation, Madeleine. Nous pensons savoir comment s'y prennent les Incendiaires. Ils manipulent leur étoile cible et la transforment en nova... (Une nova : une explosion stellaire qui libère autant d'énergie en quelques jours que l'étoile en aurait consommé en dix mille ans.) Les Incendiaires se nourrissent de la pulsation lumineuse, voyez-vous, dit Dorothy. Ils s'embarquent à bord de leurs voiliers solaires et font route vers d'autres étoiles, ils se dispersent comme les spores d'un champignon qui éclate et passent devant des planètes ravagées et en ruine. Nous pensions que les novae étaient naturelles. Un problème dans le processus de fusion d'une étoile peut-être provoqué par un apport de matériau provenant d'une compagne dans un système binaire. Aujourd'hui, nous nous demandons si au cours de l'histoire nous avons observé une *seule* nova naturelle. Il est possible qu'elles aient *toutes* été, partout dans le ciel, créées par les Incendiaires – ou par d'autres espèces épouvantables qui leur ressemblent.

Madeleine commençait à comprendre.

— Comment transforme-t-on une étoile en nova ?

— C'est simple. En théorie. On place une chaîne de puissants accélérateurs de particules en orbite autour de l'étoile cible. Ils créent des courants de particules chargées qui suscitent autour de l'étoile un puissant champ magnétique, qu'on peut alors manipuler.

— … Ah. Mais il faut des ressources pour fabriquer ces milliers ou ces millions de machines. Et un endroit pour construire la nouvelle génération de vaisseaux à voile solaire.

— Oui. Madeleine, quel serait l'endroit *idéal* où installer une mine de ce type dans le Système solaire ?

Une planète rocheuse à l'orbite proche de l'étoile centrale, et donc très pratique. Un énorme cœur de fer et de nickel qui ne demanderait qu'à être extrait, broyé et exploité sans qu'il y ait même une pellicule de roche à traverser pour l'atteindre…

— Mercure, murmura Madeleine. Que devons-nous faire ? Faut-il évacuer ?

— *Pour où ?* dit Dorothy, sur un ton plutôt gentil. N'oubliez pas où vous vous trouvez, Meacher. Nous avons déjà perdu le Système solaire. Nous sommes dans le dernier terrier. Tout ce que nous pouvons faire, c'est creuser profond, très profond, aussi profond que possible.

Quelque chose dans l'insistance avec laquelle Dorothy prononça ces paroles poussa Madeleine à lui jeter un regard inquisiteur, mais son visage demeurait dans l'ombre.

— Que faites-vous ici, Dorothy ? Vous préparez quelque chose, n'est-ce pas ? (Les pensées défilaient dans son esprit.) Un moyen de contre-attaquer ? C'est de ça qu'il s'agit ? *Vous travaillez avec Nemoto ?*

Mais Dorothy éluda la question.

— Que pouvons-nous faire, *nous* ? Les Incendiaires ont déjà mis en fuite les Gaijin, une espèce bien plus vieille, sage et puissante que *nous*. Nous ne sommes que de la vermine qui infeste une parcelle de terrain de première qualité.

— Si vous pensez que nous sommes de la vermine, dit Madeleine avec froideur, vous avez vraiment perdu la foi.

— Et, à côté des Gaijin, et même des Incendiaires, quel autre terme voudriez-vous utiliser ? (Elle plongea son regard dans le ciel, le visage caché par du verre éraflé.) N'oubliez pas, Madeleine. *Dites-leur de creuser profond.* C'est vital. Aussi profond que possible…

Elle revint voir Carl ap Przibram pour parler avec lui du problème des aborigènes. Guerre interstellaire ou pas, *ils* n'avaient aucun autre endroit où aller.

— Soyez franc avec moi, s'il vous plaît. J'apprécie que vous essayiez de nous aider. Je ne veux pas vous offenser, ni impliquer…

— … que je suis un salaud sans morale, dit-il, d'une voix tendue.

L'emploi de ce terme archaïque la surprit. Elle se demanda quel juron du XXXVIIIe siècle se trouvait de l'autre côté de leurs programmes de traduction si bavards.

— Ce n'est pas un travail facile, dit-il. Les gens ont toujours du mal à accepter ce que je suis contraint de leur dire.

— Je comprends. Mais j'ai besoin de votre aide. Je suis très loin de chez moi et de mon époque. J'ai beaucoup de mal à comprendre ce qui se passe ici, pour faire avancer la situation. (Elle indiqua le plafond.) Il y a deux cents personnes là-haut. Elles sont venues de Triton, à la périphérie du Système solaire, et elles n'ont absolument aucun endroit où aller. Ces gens dépendent totalement de vous, ce sont des réfugiés.

— *Nous sommes tous des réfugiés.*

— C'est le mantra de base par ici, hein ? grogna-t-elle.

— Mais c'est vrai, répondit-il en se renfrognant. Et je ne sais pas si vous comprenez à quel point c'est important. Je n'ai jamais rencontré de voyageur auparavant, Madeleine Meacher. Mais j'ai lu des choses sur les gens comme vous.

— Les gens comme moi ?

— Vous êtes née sur la Terre, n'est-ce pas ? À une époque où il n'y avait pas de colonies hors de la planète mère.

— Ce n'est pas tout à fait vrai…

— Vous nous considérez, nous autres habitants de l'espace, comme des créatures exotiques, qui se trouvent quelque part au-delà de l'humanité avec laquelle vous avez grandi. Mais ce n'est pas ça du tout. La société d'où je viens, celle de Vesta, avait quinze siècles d'existence. Mes ancêtres ont passé tout ce temps à rendre cet astéroïde habitable. Des siècles à vivre dans des tunnels, des tubes et des grottes de lave, à se protéger des radiations, à savoir qu'une seule erreur pouvait tuer tous ceux qu'ils aimaient… Nous sommes des gens profondément conservateurs, Madeleine Meacher. Nous n'avons pas l'habitude des voyages. Nous ne sommes pas des bâtisseurs de mondes. Et, nous aussi, nous sommes loin de chez nous.

— Vous êtes arrivés ici les premiers, dit Madeleine. Et maintenant, vous refoulez tous les autres.

Il secoua la tête.

— Ce n'est pas ça. Si nous n'étions pas là, *ceci* – ce coin habitable de Mercure – n'existerait même pas.

Elle se leva.

— Je sais que vous ferez votre travail, Carl ap Przibram.

Il hocha la tête.

— J'apprécie votre courtoisie. Mais vous devez comprendre que cela ne garantit pas que je pourrai laisser votre groupe atterrir ici. Si nous ne pouvons pas les nourrir… (Il joignit ses longs doigts.) À long terme, dit-il, ça ne fait de toute façon aucune différence. Vous comprenez ?

Si les Incendiaires gagnent, s'ils viennent jusqu'ici. C'est *ça* qu'il veut dire.

Il étudia le visage de Madeleine, comme pour implorer son aide, sa compréhension.

Tout le monde fait de son mieux, songea-t-elle avec tristesse. Si peu que ça puisse signifier.

CHAPITRE 31

FIN DE PARTIE

Les événements se déroulèrent à une vitesse choquante pendant les derniers mois. La grande vague sphérique de vaisseaux incendiaires fit route vers l'intérieur du système, traversant les immenses orbites vides des planètes extérieures, dépassant les astéroïdes abandonnés et pénétrant enfin dans son cœur chaud et profond.

Un à un, partout dans le système, des émetteurs se turent : sur Triton, dans les astéroïdes, sur Mars, les histoires humaines se conclurent sans témoin, dans le froid et l'obscurité.

Les traqueurs de données trouvèrent Nemoto – ou plutôt, celle-ci consentit peut-être à ce qu'on la trouve, se dit Madeleine.

Nemoto s'était tenue à l'écart des colonies souterraines. Elle travaillait à la surface, dans une base scientifique abandonnée dans un grand cratère au sol lisse dénommé Back, à quelques milliers de kilomètres au nord de Chao City.

Madeleine emprunta le monorail pour s'y rendre. Il fonctionnait encore, pour le moment ; les vaisseaux des Incendiaires n'avaient encore eu aucune interaction matérielle avec Mercure. Néanmoins, aucun humain ne se trouvait en surface, il n'y avait personne au milieu des robots qui s'activaient aveuglément, creusant et grattant le sol. Et partout, soignées ou non par les robots, Madeleine vit le miroitement des fleurs de voiles solaires.

Nemoto travaillait dans une plaine de régolithe labouré à l'ombre d'un bord de cratère poli par l'érosion. Ici, l'une des structures aux feuilles de verre s'était répandue sur le sol dévasté par la chaleur. Courbée, pareille à un moine, Nemoto évoquait la vieillesse tandis qu'elle soignait ses plantes de verre et de lumière.

À cette latitude plus septentrionale, le soleil était plus haut dans le ciel et semblable à une boule furieuse ; le costume d'argent miroitant de Madeleine la prévenait fréquemment que la température était trop élevée.

— Nemoto…

Celle-ci se redressa avec raideur et, intimant d'un geste le silence à Madeleine, lui fit signe d'avancer dans l'ombre et pointa un doigt vers le haut.

Madeleine leva sa visière. Peu à peu, tandis que ses yeux s'adaptaient, les étoiles apparurent. Une partie du ciel était engloutie par l'immense lueur émise par la couronne solaire.

Mais les étoiles ne servaient plus que de toile de fond à une marée de vaisseaux.

Ils entouraient Mercure à présent, occupant tout l'espace tridimensionnel, comme un immense et profond nuage de libellules figées en plein vol. Des groupes indéfinis étaient déjà en orbite autour de la planète, dessinant des boucles à l'est et à l'ouest, au nord et au sud, recueillant la lumière dans la coupe de leurs voiles. Et encore plus loin, un essaim aux contours irréguliers avançait, s'étirant jusqu'au soleil encore invisible autour duquel ces envahisseurs vaporeux avaient fait route.

Leurs fines ailes argentées étaient pliées ou tordues, améliorant leur position pour intercepter la lumière du soleil. L'immense envergure de ces ailes arachnéennes se comptait, pour certaines, en milliers de kilomètres. Ces vaisseaux n'avaient rien à voir avec les caboteurs ordinaires, destinés à naviguer à l'intérieur du système, que les humains avaient construits et qui étaient conçus pour naviguer dans les vents de lumière dense à proximité du Soleil; c'étaient des goélettes interstellaires géantes, capables de franchir des distances se comptant en années-lumière, de traverser des espaces où les étoiles les plus grosses et les plus brillantes étaient réduites à des points lumineux.

Pas des libellules, se dit-elle. Des criquets. Car aucun de ces vaisseaux n'était d'origine humaine, ni gaijin, et Madeleine le savait. Rien que des Incendiaires.

— C'est un spectacle remarquable, souffla Nemoto. Quand on les observe sur plusieurs heures, ou jours, je veux dire. Simplement en étant là à les regarder. On les voit déployer leurs voiles, vous savez. La lumière du soleil exerce sa pression à partir de celui-ci, bien entendu. Mais ils font route vers lui en louvoyant dans la lumière : ils perdent un peu de vitesse orbitale, puis ils reviennent vers l'intérieur, c'est tout. Cependant, manœuvrer des vaisseaux de cette taille est très lent. Ils ont dû calculer leurs trajectoires depuis leur entrée dans le nuage d'Oort.

— Je me demande de quoi sont faites ces voiles, dit Madeleine.

— De quelque chose que nous n'avons jamais été capables de fabriquer, grommela Nemoto. Les Gaijin le sauraient peut-être. Il n'y a que des fibres de diamant pour être assez solides pour le gréement. Quant aux voiles, le mieux que nous sachions faire, c'est la toile d'araignée aluminisée. Trop épaisse et trop lourde pour des vaisseaux de cette taille. Il est possible qu'ils fassent pousser les voiles grâce à une sorte de dépôt sous vide, une molécule après l'autre. À moins qu'ils ne soient passés maîtres dans l'utilisation de la nanotechnologie.

— Ils arrivent vraiment, n'est-ce pas, Nemoto ?

Nemoto se tourna, le visage invisible.

— Bien entendu. Nous sommes toutes trop vieilles pour entretenir des illusions, Meacher. Ce sont des guêpes autour d'un pot de miel : le cœur riche en fer de Mercure.

Elles firent ensemble le tour du propriétaire, fleurs de verre déployées qui reflétaient la lumière étincelante des étoiles et des vaisseaux extraterrestres.

Madeleine tenta de parler à Nemoto, de la faire sortir d'elle-même. Après tout, elles se connaissaient – sans avoir jamais été amies – depuis *mille six cents ans*, depuis leur rencontre dans ce bureau moite à Kourou, avec son réservoir de Chaera tourbillonnants sur la Lune d'avant Frank Paulis. Mais Nemoto ne voulait pas évoquer sa vie et son passé. Elle ne consentait à parler que des grands problèmes du présent : Mercure, les Incendiaires et l'immense vague de colonisation extraterrestre qui les entourait, impersonnelle.

Madeleine se demanda si c'était normal.

Mais, pour l'amour de Dieu, il n'y avait rien de *normal* chez une femme qui avait vécu dix-sept siècles. Nemoto était sans doute l'être humain le plus vieux qui avait jamais existé ; pour survivre, elle avait sans doute dû se soumettre à une reconstruction perpétuelle, tant de son corps que de son esprit. Et contrairement aux autres voyageurs solitaires, elle avait traversé toutes ces années sur des mondes très peuplés : la Terre, la Lune, Mercure. Sa biographie devait courir tel un fil jamais coupé à travers la tapisserie embrouillée d'un millénaire et demi d'histoire humaine.

Pourtant, Madeleine ne savait vraiment pas grand-chose sur cette vieille femme énigmatique. S'était-elle jamais mariée, était-elle jamais tombée amoureuse ? Avait-elle eu des enfants ? Et, si c'était le cas, étaient-ils *vivants*, ou avait-elle survécu à une génération après l'autre de descendants ? Peut-être nul ne le savait-il, sauf Nemoto elle-même. Et elle refusait de parler de tout cela, refusait de sortir d'elle-même tandis qu'elle prenait soin de ses plantes de verre.

Mais, à sa manière lente de femme âgée, elle semblait concentrée, se dit Madeleine. Déterminée et vigoureuse. Presque heureuse. Comme si elle avait une mission.

Madeleine décida de la défier.

Elle avança au milieu des plantes de verre et se pencha avec maladresse pour cueillir une feuille miroitante qui se détacha aisément. Elle était très fine, fragile. Lorsque Madeleine l'écrasa, avec nonchalance, elle tomba en poussière.

Nemoto eut un mouvement dans sa direction, comme un avertissement silencieux.

Madeleine laissa délibérément tomber la feuille.

— J'ai fait des recherches, dit-elle.

— Vraiment ?

— Sur vous. Sur votre, hum, carrière. (Elle agita la main en direction des feuilles.) Je crois que je sais ce que vous êtes en train de faire ici.

— Allez-y.

— Les fleurs de Lune. Vous les avez amenées ici, sur Mercure. Il ne s'agit pas seulement de faire pousser des voiles solaires. Il y a des fleurs lunaires partout sur cette fichue planète. Vous les avez semées, n'est-ce pas ?

Nemoto s'accroupit et étudia la plante qui se trouvait devant elle.

— Elles poussent bien ici. Grâce à la lumière. Je les ai modifiées génétiquement – si l'on peut dire ; le matériel génétique de ces fleurs est stocké dans un substrat cristallin très différent de notre biochimie. Bon. J'ai supprimé quelques caractéristiques inutiles.

— Inutiles ?

— Le système nerveux rudimentaire. Les traces de conscience.

— Mais *pourquoi*, Nemoto ? Est-ce que Mercure va devenir un jardin à l'occasion de sa mort ?

— Qu'en pensez-vous, Meacher ?

— J'en pense que vous prévoyez de répliquer. Contre les Incendiaires. Vous êtes une femme remarquable, Nemoto. Même maintenant, même ici, vous continuez à vous battre... Et ces fleurs ont un rôle à jouer.

Nemoto était aussi immobile que les fleurs dont les délicats pétales se reflétaient sur sa visière.

— Je me demande comment ils ont commencé. Les Incendiaires. Comment a débuté cette immense odyssée destructrice. Y avez-vous jamais pensé ? Au départ, aucune espèce ne désire devenir des criquets interstellaires rapaces. Peut-être étaient-ils des colons, à bord d'un navire géant, une arche stellaire à basse technologie. Mais, lorsqu'ils ont atteint leur destination, ils étaient trop habitués à l'espace. Alors ils ont construit d'autres vaisseaux et ils ont continué... Peut-être ont-ils trouvé leur truc – faire exploser leur soleil cible pour obtenir une poussée supplémentaire – plus tard. Et, une fois qu'ils avaient compris comment s'y prendre, et après avoir récolté le butin, ils n'ont pas pu s'empêcher de s'en resservir. Encore et encore.

— Ce genre de stratégie ne risquait pas de les rendre populaires.

— Tout ce qui compte, dans notre galaxie darwinienne, c'est l'efficacité à court terme. Peu importe combien de soleils vous détruisez, combien de mondes vous ravagez... Personne n'a le temps d'avoir des remords à ce sujet, c'est tout. Et c'est ainsi que vont les choses, et la Galaxie tourne, indifférente aux petites créatures qui se battent et meurent en son sein...

Elle poursuivit sa promenade, prenant soin de son jardin ; Madeleine la suivit.

— Vous devez nous aider, dit Carl ap Przibram.

Madeleine était assise, mal à l'aise, et se demandait comment réagir. Ce bureau la rendait claustrophobe, comme si les strates de roches mercuriennes qui se trouvaient au-dessus de sa tête l'écrasaient, de même que la proximité menaçante du Soleil. Elle avait l'impression de sentir son énorme poids, en quelque sorte, la façon dont il courbait l'espace.

— Mon peuple vit de cette façon depuis quinze siècles, dit-il en se penchant en avant. (Il leva les bras, montrant les murs de roche si proches les uns des autres.) Dans des environnements clos. Fragiles. En partageant. (Un nuage de colère passa sur son visage.) Nous n'avions pas les moyens d'être… agressifs. De faire la guerre.

Elle commençait à comprendre.

— Pas comme *nous*, sur la Terre primitive. C'est ça que vous pensez ? Mais mon monde à moi était également petit. *Nous* aurions pu déclencher une guerre qui aurait rendu la planète inhabitable.

— C'est vrai. (Il pointa dans sa direction un doigt qui aurait pu appartenir à Chopin.) Mais ce n'est pas ce que vous pensiez à l'époque, non ? *Vous*, Madeleine Meacher, vous transportiez des armes d'une zone de guerre à une autre. C'était votre boulot, vous gagniez votre vie de cette façon.

« Vous venez d'une époque unique. Nous nous en souvenons, même maintenant ; on nous en parle à l'école. Unique par son gaspillage. Vous aviez encore d'énormes ressources énergétiques, celle des anciennes réserves de la Terre. Vous avez trouvé le moyen de poser un orteil sur d'autres mondes, comme la Lune. Mais vous avez dilapidé votre héritage – vous l'avez transformé en poison, en fait, et détruit le climat de votre planète.

Elle se leva.

— J'ai déjà entendu ça.

C'était vrai ; l'amertume que certains ressentaient envers la prodigalité, bien documentée, de son « époque d'opulence », s'était à peine atténuée au cours des siècles suivants, et les voyageurs, ces réfugiés égarés dans le temps, constituaient de belles cibles sur qui déverser bile et préjugés. Mais quelle importance cela avait-il *maintenant* ?

— Dites-moi ce que vous attendez de moi, Carl ap Przibram.

— On m'a autorisé à traiter avec vous. À vous offrir ce que nous pouvons…

C'était en fait très simple et inattendu. Impossible. La Coalition voulait lui confier la défense de Mercure : réunir des armes et des forces de combat, les entraîner, concevoir des tactiques. Faire la guerre aux Incendiaires.

Elle rit ; ap Przibram parut offensé.

— Vous me prenez pour une espèce de guerrière barbare, dit-elle. Venue du passé pour vous sauver grâce à mes instincts primitifs.

Il lui lança un regard noir.

— Vous êtes plus proche d'une guerrière – et d'une barbare – que je ne le serai jamais.

— C'est absurde. J'ignore tout de vos ressources, de votre technologie, de votre culture. Comment pourrais-je être votre chef ? (Elle le regarda bien en face, avec curiosité.) Ou y a-t-il autre chose là-dessous ? Quel jeu jouez-vous ? Vous cherchez un bouc émissaire ? C'est ça ?

La traduction sembla le faire réfléchir. Puis il se rembrunit.

— Vous plaisantez, ou vous êtes stupide. Si nous ne parvenons pas à nous défendre, il n'y aura pas de bouc émissaire. Au pire, il ne restera *personne*, à blâmer ou non. Nous vous le demandons parce que…

Parce que, songea-t-elle, ces gens longilignes nés sur des astéroïdes, ces gens adorables sont désespérés. Désespérés et terrifiés face à cet assaut darwinien venu des étoiles.

— Je vous aiderai dans la mesure de mes possibilités, dit-elle. Mais je ne peux pas être votre général. Je suis désolée, ajouta-t-elle.

Il ferma les yeux et réunit le bout de ses doigts.

— Vos amis, les réfugiés de Triton, sont toujours en orbite.

— Je le sais, rétorqua-t-elle d'un ton sec.

Il se tut.

— Oh, dit-elle. (Elle avait compris.) Vous essayez de marchander avec moi. (Elle se pencha sur le bureau.) Je relève le défi. Vous ne les avez pas laissés mourir de faim jusqu'à présent. Vous ne les laisserez pas mourir. Vous les ferez venir quand vous en aurez la possibilité. Vos menaces ne sont pas sérieuses.

La gêne déforma son visage étroit.

— Ce n'est pas moi qui ai eu cette idée, Madeleine Meacher.

— Je le sais, répondit-elle, plus gentiment.

— En fin de compte, dit-il, rien de tout ça n'a d'importance. Les Incendiaires ne s'intéressent pas à notre histoire, ni à nos disputes, ni à nos intrigues.

— C'est vrai. Ils nous considèrent comme de la vermine.

Et à cette idée, au mot qu'avait utilisé Dorothy, la colère flamba en elle.

Mais c'est vrai, se dit-elle.

Ici, sur Mercure, se trouve peut-être la plus grande concentration d'êtres humains qui subsiste dans l'Univers.

Si les Incendiaires parviennent à atteindre leur objectif, ce sera la fin de l'humanité. Rien de notre art ou de notre histoire, de nos vies, de nos espoirs et de nos amours n'aura d'importance. Nous ne serons qu'une espèce oubliée et vaincue de plus, une nouvelle couche de débris organiques dans la longue et sinistre histoire d'un système solaire dont les ressources auront été épuisées.

Je ne peux laisser ça se produire, se dit-elle. Et puis : il faut que je revoie Nemoto.

À la surface de Mercure, Nemoto soupira.

— Vous savez, la tactique des Incendiaires – transformer les soleils en novae – n'est pas si futée que ça. L'étoile que vous avez bousculée commence à rapetisser et à se transformer en un point alors qu'on se trouve à peine à quelques diamètres d'elle, et l'intensité du vent solaire diminue rapidement. Mais si l'on prend une *grosse* étoile – une géante rouge, par exemple – on avance avec un mur de lumière dans le dos, et on obtient un effet d'évasion ; le vent met *beaucoup* plus longtemps à tomber. Vous comprenez ?

— Et donc…

— Donc, pour les Incendiaires, la meilleure stratégie devrait consister à modifier l'évolution du Soleil. À le faire vieillir avant l'heure, à le gonfler pour en faire une géante rouge qui atteindrait l'orbite de la Terre et à voguer sur ce vent épais et écarlate. Mais les Incendiaires ne sont pas assez intelligents pour faire ça. Aucun des extraterrestres qui nous entourent ne sont *vraiment* malins, vous savez.

— Les Incendiaires travaillent peut-être sur une nouvelle version, suggéra sèchement Madeleine.

— Oh, je n'en doute pas, répondit Nemoto, comme si c'était évident. La question est de savoir s'ils auront le temps de trouver comment faire avant que leur tour ne soit venu.

— Pourquoi n'avez-vous pas dit aux réfugiés ce que vous trafiquez, Nemoto ?

— Meacher, les gens qui vivent sur cette boule de fer sont conservateurs. Et divisés : il y a beaucoup de factions différentes ici. Certains croient qu'on peut négocier avec les Incendiaires. Qu'ils vont juste partir d'eux-mêmes.

— C'est ridicule. Ils ne peuvent *pas* partir. Ils sont *obligés* de démanteler le Soleil pour poursuivre leur expansion.

— Il n'empêche que certains partagent cette opinion. Et si ces factions avaient connaissance de mon projet, elles tenteraient de me faire tout arrêter.

— Dans ce cas, qu'allons-nous faire ?

— Les colons doivent descendre aussi bas que possible, à l'intérieur.

Exactement ce que Dorothy Chaum lui avait dit.

— Quand ?

— Quand les vaisseaux des Incendiaires seront là. Quand toutes les guêpes grouilleront autour du pot de miel.

— J'essaierai. Mais, et vous, Nemoto ?

Elle se contenta de rire.

Madeleine se pencha.

— Dites-moi ce qui est arrivé à Malenfant.

Nemoto refusa de rencontrer son regard.

Elle raconta à Madeleine des bribes de ce qui semblait être un long récit compliqué qui faisait partie de l'histoire récente et torturée de la Terre. Il y était question d'un Point Selle au cœur d'une montagne en Afrique. Son récit était froid, logique, dépourvu d'émotion.

— Donc, il est reparti, dit Madeleine. Aux Points Selles, vers les Gaijin, finalement.

— Vous ne comprenez pas, répondit Nemoto sans aucune émotion dans la voix. Il n'avait pas le choix.

C'est *moi* qui l'ai renvoyé. J'ai manipulé la situation pour y parvenir…

Madeleine recouvrit de la sienne la main froide de Nemoto.

— … de la même manière que j'ai manipulé la moitié de l'humanité, semble-t-il. J'ai expédié Malenfant en exil contre sa volonté. Meacher, je crois que je l'ai envoyé à la mort, dit-elle brusquement. Mais, si c'est un crime, il sera justifié – si cette mort peut être utile aux Gaijin.

— C'est ce qu'il faut que vous croyiez, j'imagine, murmura Madeleine.

— Oui. Oui, il le faut.

Son attitude était étrange – même pour Nemoto – trop froide, trop logique ; trop intelligente, se dit Madeleine.

Elle savait qu'aucun humain ne pouvait survivre plus d'un millier d'années sans débarrasser sa cervelle encombrée d'une partie de sa mémoire. Nemoto *devait* avoir trouvé un moyen d'éditer ses souvenirs, de les réorganiser et même de les effacer, un processus qui impliquait bien entendu de modifier également sa personnalité.

Peut-être avait-elle tenté de nettoyer sa mémoire, d'en ôter les souvenirs de Malenfant, parmi lesquels la culpabilité qu'elle ressentait pour l'avoir trahi. C'était ainsi qu'elle avait pu réussir à prendre une telle distance.

Mais, si c'est le cas, son succès n'a été que partiel. Car Madeleine prit conscience que, quoi qu'elle eût décidé de tenter contre les Incendiaires, elle allait en mourir.

Et elle l'acceptait.

Madeleine travailla au corps Carl ap Przibram pour qu'il prenne au sérieux le conseil de Nemoto. Ce ne fut pas facile, étant donné qu'elle ne connaissait pas les détails de ce que celle-ci allait tenter. Mais il finit par céder et par lui obtenir un temps de parole devant le grand conseil de la Coalition.

La séance ne fut pas facile. Elle eut lieu dans une grotte étouffante où s'entassaient une centaine de délégués de factions différentes, dont aucune n'était composée de natifs de Mercure, que l'on avait coincés là, dans les entrailles de la planète. Ils présentaient un éventail de types physiques qui étaient presque tous des variations sur la silhouette élancée et squelettique de ceux vivant dans un environnement à faible pesanteur. Mais un certain nombre de ces délégués étaient adaptés à la vie sous gravité zéro, voire à des atmosphères exotiques ; ils étaient dans des caissons environnementaux, des fauteuils roulants et d'autres appareils de soutien.

Elle fit face à des visages qui exprimaient le soupçon, la peur, l'égoïsme et même le mépris. Ça n'allait pas être évident. Mais elle reconnut, présente ici, dans la principale institution gouvernementale, l'une des femmes venues à bord d'un des vaisseaux de Triton qui avaient enfin été autorisés à atterrir. Ces gens étaient susceptibles, maladroits, superstitieux et craintifs. Mais, y compris dans cette situation difficile, ils accueillaient les réfugiés et leur donnaient même une place à la table principale.

Ce qui emplissait Madeleine d'une obscure fierté. C'est *ça* que les Gaijin auraient dû étudier, se dit-elle. Pas les plis de notre génome. *Ça* : même dans cet ultime refuge, nous refusons d'abandonner, et nous accueillons toujours les étrangers.

Elle se lança dans sa présentation. Elle demeura debout une bonne heure tandis qu'un délégué après l'autre la harcelait de questions. Elle n'avait pas toujours de réponse, mais elle tint bon, tentant de les convaincre par la fermeté de sa foi et sa détermination inébranlable.

Tout le monde ne fut pas convaincu. Il était impossible d'y parvenir. Toutefois, au final, des factions qui représentaient au moins soixante pour cent de la population de la planète se mirent d'accord pour suivre le conseil de Nemoto.

Infiniment soulagée, Madeleine retourna dans sa chambre et dormit douze heures.

L'évacuation finale se déroula rapidement.

Ce qui restait de l'humanité avait fui vers l'intérieur du système, vers Mercure. Et, à présent, les gens convergeaient encore, de plus en plus serrés, se déversant à la surface de Mercure dans des monorails, des tracteurs, des navettes suborbitales à court rayon d'action, se rassemblant dans le grand bassin de Caloris Planitia : la zone dévastée où, sous le soleil implacable brillant haut dans le ciel, les humains s'étaient enterrés à la recherche de l'eau.

Et, pendant ce temps, les derniers vaisseaux de la gigantesque flotte interstellaire des Incendiaires se positionnaient autour de Mercure, prenant place sur des orbites denses et complexes telles des guêpes autour du miel, exactement comme l'avait dit Nemoto. Des flots de données circulaient entre les vaisseaux des Incendiaires, faciles à repérer, et même à espionner par les humains blottis dans leurs cachettes. Il était évident que, maintenant que les Gaijin s'étaient retirés, ces extraterrestres ne craignaient pas qu'on vienne les déranger.

Ils allaient peut-être mettre un millier d'années à préparer leur grand projet d'explosion. Ou un millier de jours, ou un millier d'heures. Nul n'en savait rien.

Madeleine passa quelque temps avec Carl ap Przibram, qui était ce qu'elle avait de plus proche d'un ami.

Ils dînèrent ensemble dans l'appartement de celui-ci, très guindés. Les circuits de recyclage étaient très courts ; cela avait beau être illogique, elle avait du mal à manger de la nourriture qui devait être déjà passée plusieurs fois, au moins, par le corps de Carl. Elle avait décidé en venant de lui proposer de faire l'amour. Mais c'était plus par politesse que parce qu'elle le désirait ; il refusa, très poliment lui aussi, et elle soupçonna qu'ils en furent tous deux secrètement soulagés.

Madeleine passa son dernier jour sur Mercure dans la mine de Paulis, à Caloris Planitia. Un tube large de cinq cents mètres, aux parois transparentes derrière lesquelles luisaient des roches orange et brûlantes. C'était le grand frère du premier et antique puits, celui que Frank Paulis avait creusé sur la Lune. Cette mine-là n'avait jamais été achevée, et ne le serait peut-être jamais. Mais, à présent, elle remplissait une autre fonction en offrant un abri profond aux restants de l'humanité.

D'immenses planchers temporaires de fil d'araignée et d'aluminium avaient été tendus en travers du puits ; des conduits *energy ducts*, des câbles et un mât de pompiers géant où s'accrochaient des ascenseurs ouverts. Ici, à l'abri des radiations, de la chaleur du soleil et du froid de l'ombre, la moitié de la population de Mercure, un million de personnes, était logée dans de fragiles bulles de fil d'araignée et d'aluminium. Le tunnel de Paulis n'étant évidemment pas pressurisé, d'immenses passerelles flexibles couraient entre les bulles. Les sols étaient vaporeux et translucides, de même que les modules d'habitation ; lorsqu'elle plongea son regard dans ce puits d'humanité, Madeleine vit des gens éparpillés, un étage après l'autre, se déplaçant de bulle en bulle tels des microbes dans des gouttes d'eau, rapetissant à mesure qu'ils s'éloignaient dans le lointain brumeux et empli de lumière, à l'infini.

Tous savaient qu'elle avait prévu de partir aujourd'hui. Dans les niveaux supérieurs, de nombreux visages étaient tournés vers elle, elle les voyait, de simples points pâles. Elle avait toujours été isolée, surtout au cours de ce dernier saut où elle rejoignait le courant de l'histoire de l'humanité. Peut-être se faisait-elle trop vieille, trop détachée de cette époque. En fait, elle soupçonnait les colons déplacés de Triton de ne pas l'aimer beaucoup – comme si, en les guidant jusqu'ici, elle était devenue responsable du désastre qui avait touché leur monde d'origine.

En tout état de cause, elle avait fait ce qu'elle avait à faire. Elle tourna le dos à l'intérieur miroitant de la mine de Paulis, à sa cachette pour êtres humains, et retourna en surface.

Elle quitta Mercure, traversant un nuage de vaisseaux incendiaires.

De grandes voiles l'entouraient. Même roulées, elles étaient immenses et couvraient des dizaines de kilomètres, comme des morceaux de paysages impalpables déchirés et jetés dans le ciel. Certaines n'avaient pas été roulées, mais rendues transparentes, si bien que la vive lumière du soleil transperçait de minces structures de fils étincelants. La morphologie de ces ailes était complexe, et chacune d'elles se déformait, se tordait et s'enroulait, *a priori* en réaction à la densité de la lumière qui tombait dessus et des ombres légères de ses voisines.

Les vaisseaux des Incendiaires naviguaient près les uns des autres : ils formaient d'immenses strates, se superposant, parfois séparés par cinq cents mètres à peine, ce qui était minuscule en comparaison de la superficie des ailes. Mais Madeleine ne les vit jamais se toucher ; leur coordination était stupéfiante.

Elle traversa tout cela, se contenta de se frayer un chemin en fonçant dans la petite navette trapue des Gaijin. Les ailes merveilleuses se repliaient simplement pour la laisser passer.

Lorsqu'elle eut parcouru une distance équivalente à dix fois le diamètre de Mercure, elle regarda en arrière.

La planète était une boule de roc environ de la taille de la paume de sa main quand elle tendait le bras. On avait l'impression qu'elle était enveloppée dans du papier argenté, d'immenses couches mobiles, tel un gigantesque cadeau de Noël – ou comme si d'immenses guêpes d'argent grouillaient dessus. Un spectacle d'une beauté remarquable, se dit-elle. Mais, songea-t-elle avec amertume, s'il y avait une chose qu'elle avait apprise au cours de sa longue et douteuse carrière, c'était que la beauté s'associait aussi bien aux objets de mort, de douleur et d'horreur qu'aux objets bénéfiques. C'était le cas ici.

Elle s'étira, en apesanteur. Elle se sentait profondément – bien qu'avec un peu de honte – soulagée d'être de nouveau seule, de contrôler sa propre destinée, sans les complications apportées par les gens autour d'elle.

Nemoto l'appela depuis la surface.

— Je suis surprise qu'ils vous aient laissée passer comme ça. Les Incendiaires. Vous êtes à bord d'un vaisseau gaijin, après tout.

— Mais les Gaijin sont partis. Les Incendiaires ne les considèrent plus comme une menace, c'est clair. Et ils ne semblent même pas nous avoir remarqués, nous autres humains.

Les Incendiaires sont tout simplement en train de donner un coup de pied dans la fourmilière, se dit-elle, sans même regarder ce qui se trouvait dedans.

— À quelle distance êtes-vous, Meacher ?

— Dix diamètres.

— Ça devrait suffire, siffla Nemoto.

— Pour quoi ?… Peu importe. Nemoto, comment pouvez-vous choisir la mort ? Vous avez vécu si longtemps, vu tant de choses.

— J'en ai assez vu.

— Et maintenant, vous voulez vous reposer.

— Non. Quelle sorte de repos y a-t-il dans la mort ? Je veux seulement agir.

— Sauver une fois de plus notre espèce ?

— Peut-être. Mais la bataille n'est jamais finie, Meacher. Plus longue est notre vie, plus profondément nous regardons, plus nous découvrirons de couches de tromperie, de manipulation et de destruction… Prenez Mercure, par exemple, qui est peut-être condamnée à devenir une mine pour les Incendiaires destructeurs de soleils. Eh bien, si j'étais soupçonneuse, si j'avais un penchant pour les théories du complot, je pourrais penser que c'est un peu *bizarre* qu'il y ait une boule de fer géante dépourvue de croûte *exactement* au bon endroit, là où les Incendiaires en ont besoin. Qu'en pensez-vous ? Des prédécesseurs des Incendiaires – ou même leurs ancêtres – auraient-ils pu *organiser* l'impact géant qui a arraché la croûte et le manteau de Mercure, et laisser cette boule de rouille derrière eux ?

Cette aggravation du grand viol du Système solaire stupéfia Madeleine. Mais elle secoua la tête, délibérément.

— Même si c'est vrai, qu'est-ce que ça change ?

Nemoto hurla de rire.

— Rien du tout. Vous avez raison. Une chose à la fois. Vous avez toujours eu l'esprit pratique, Meacher. Et ensuite ? Qu'allez-vous faire ? Rester avec les autres, vous tapir dans les grottes de Mercure ?

— Je ne suis pas très douée pour me planquer, Nemoto. Qui plus est, je ne fais pas partie de cette communauté.

— Les gens comme nous n'ont pas de « communauté ».

— Malenfant, dit Madeleine. Où qu'il soit, quoi qu'il doive affronter, il est seul. Je vais essayer de le trouver.

— Ah, murmura Nemoto. Malenfant, oui. C'est peut-être lui le plus important d'entre nous. Au revoir, Meacher.

— Nemoto ?…

Mercure explosa.

Elle dut tout revoir, se repasser les enregistrements, encore et encore, avant de comprendre.

Cela s'était produit en un instant. Comme si les deux mètres supérieurs de la surface de Mercure s'étaient soulevés et avaient jailli vers le ciel sous forme de grêle dans le ciel.

Partout sur Mercure – des profondeurs de Caloris Planitia jusqu'aux terres froissées des antipodes, de Chao City au pôle Sud jusqu'aux colonies abandonnées du Nord – des bouches de canon miniatures avaient sorti leur museau du régolithe et tiré vers le ciel. Les balles n'étaient pas intelligentes : ce n'étaient que des morceaux de roche et de poussière extraites des profondeurs du régolithe. Mais elles se déplaçaient rapidement, bien plus rapidement que la vitesse de libération nécessaire sur Mercure.

Les Incendiaires n'avaient pas la moindre chance. Les roches de Mercure déchirèrent les ailes arachnéennes, saturant les dispositifs autoréparateurs. Tels des papillons sous une tempête de grêle à l'envers, les vaisseaux des Incendiaires furent déchiquetés. Ils entrèrent en collision, ou plongèrent vers la surface de Mercure, ou dérivèrent dans l'espace, impuissants, trop loin pour être aidés.

Les fleurs de Lune, bien entendu : c'étaient elles la clef – ou plutôt leurs stupides descendantes modifiées génétiquement et transplantées sur Mercure par Nemoto, une Johnny Appleseed interplanétaire toute ratatinée. Les fleurs de Lune pouvaient fabriquer un explosif à base d'aluminium et d'oxygène à partir des roches lunaires, ou mercuriennes, un carburant à fusée chimique des plus pratiques qui servait à propulser leurs graines. Nemoto avait modifié leurs descendantes pour en faire des armes.

Les Incendiaires n'avaient même pas quelqu'un sur qui tirer, aucun moyen d'éviter la tempête de cailloux et de poussière qui se levait. Pour autant qu'on le sût, un unique survivant aurait pu suffire pour qu'ils poursuivent leur mission. Mais il n'y eut pas de survivants. Les Incendiaires avaient mis mille ans pour atteindre Mercure, pour faire route depuis Procyon et combattre une coquille protectrice de vaisseaux gaijin. Il avait fallu aux humains – de la vermine de planète rocheuse, ignorée avec mépris – un millier de secondes pour les détruire.

En regardant le nuage de poudre de roche se soulever du sol et transpercer les vaisseaux arachnéens, les engloutissant un à un avant de faire irruption dans l'espace, Madeleine poussa des cris et des hurlements de joie.

Le nuage de débris continua à grossir, puis s'étira derrière Mercure et sa lente course autour du Soleil. Il intercepta la lumière vive comme de la pluie au soleil. Peut-être que Mercure aura des anneaux, se dit-elle, des anneaux qui étincelleront comme des routes dans le ciel. Un beau monument commémoratif. Les caractéristiques principales de la surface avaient survécu, bien entendu, il fallait plus qu'une fusée d'arrière-cour pour rayer Caloris Planitia de la carte. Mais chaque mètre carré de surface avait été retourné.

Elle contacta la Coalition.

Tous les humains de Mercure avaient survécu – même ceux qui n'avaient pas suivi les recommandations de Nemoto. Ils réémergeaient déjà, clignant des yeux, sous un ciel poussiéreux et plein d'étoiles.

Tous les humains, sauf Nemoto, bien entendu.

Au moins, nous avons de quoi respirer : du temps pour reconstruire, peut-être nous reproduire un peu, nous étendre, avant que la prochaine horde d'enfoirés d'extraterrestres viennent donner un coup de dent dans le Système solaire. Bien joué, Nemoto. Vous avez fait de votre mieux. Bon travail.

Quant à moi… c'est par ici que ça se passe, Madeleine. Il est temps que tu affrontes à nouveau l'Univers.

Et c'est ainsi que Madeleine Meacher s'élança devant la grêle de débris venus de Mercure – qui continuait à gonfler, nuage sombre et menaçant où miroitaient des fragments de vaisseaux incendiaires – à la recherche des Gaijin et de Reid Malenfant.

La croisade des enfants

8800 après J.-C., et au-delà

De multiples lobes de lumière se déployaient près de l'étoile à neutrons. Malenfant trouvait qu'ils ressemblaient à des éruptions solaires : d'interminables tempêtes géantes qui naissaient à sa surface. Un peu plus loin encore, les fontaines de gaz perdaient leur structure, devenaient pâles et diffuses. Elles se fondaient en un plus grand nuage de débris qui semblait fuir l'étoile, comme un vent solaire vigoureux. Et, tout ce qu'il y avait au-delà, c'étaient les étoiles du centre de la Galaxie, attentives, silencieuses et immobiles, qui semblaient observer avec désapprobation ce monstre bruyant et crachotant.

C'était un pulsar. On pouvait détecter ses ondes radio depuis la Terre.

Malenfant avait grandi avec l'histoire de la première fois où l'on avait détecté un pulsar. Des astronomes du temps d'avant les Gaijin avaient capté un signal radio inhabituel : une pulsation, un tic-tac régulier, précis au millionième de seconde près. Stupéfaits de ce qu'ils observaient, les scientifiques avaient d'abord joué avec l'idée qu'ils avaient peut-être affaire à un signe d'intelligence lançant un appel depuis les étoiles.

En fait, lorsque des envoyés venus des étoiles avaient commencé à faire connaître leur présence, ce ne fut pas sous la forme d'un doux tic-tac radio mais sous celle d'une vague d'exploitation destructrice qui dispersa l'humanité et faillit engloutir la totalité du Système solaire – ce qui s'était déjà produit ailleurs à de multiples reprises.

On s'est foutrement bien battus, tout de même, songea-t-il. Nous avons même remporté quelques victoires, tout petits et confus que soient nos moyens. Mais en fin de compte, ça ne représentait rien.

Voilà qui est ironique, songea-t-il, sardonique. Ces antiques observateurs d'étoiles antérieurs à l'arrivée des Gaijin avaient pris le premier pulsar pour un signal envoyé par les Petits Hommes verts.

Alors qu'il s'agissait en fait d'un tueur de Petits Hommes verts.

CHAPITRE 32
SAVANE

Elle s'éveilla avec le mouvement de l'air : le bruissement du vent dans les arbres, peut-être le chuintement de l'herbe, une brise douce sur son visage, une odeur de rosée, de feu de bois. Elle était allongée sur le dos, les yeux fermés. Elle sentait quelque chose lui chatouiller le cou, des feuilles glissantes sous ses paumes. Des criquets chantaient quelque part.

Elle ouvrit les yeux. Elle regardait les branches d'un arbre se dessinant sur un ciel bleu-noir.

Et la voûte céleste remplie d'étoiles. Une immense rivière de lumière coulait d'un horizon à l'autre. Elle était parsemée de nuages lumineux d'un blanc rosé, serrés les uns contre les autres, splendides.

Elle se souvint.

Io. Elle était déjà allée sur Io.

Ses guides gaijin l'avaient conduite sur une tombe : celle de Reid Malenfant, avaient-ils dit, creusée par les mains robustes des Néandertaliens. L'espace d'un instant, elle avait perdu tout espoir ; elle avait trop tardé à accomplir la mission qu'elle s'était fixée ; il était mort seul, en fin de compte, et loin de chez lui.

Les Gaijin avaient paru comprendre.

Puis il y avait eu un éclair bleu, un instant de douleur…

Et maintenant, *ça*. Où était-elle, bon Dieu ? Elle s'assit, soudain effrayée.

Elle découvrit un feu qui dansait, une silhouette accroupie à côté. Un homme. Elle vit qu'il tenait quelque chose au bout d'un bâton, peut-être un poisson. Il était debout à présent et marchait vers elle, décontracté.

Elle sentit qu'elle se tendait un peu plus.

La tête de l'homme se détachait sur la multitude d'étoiles ; il était chauve avec une peau aussi lisse que du cuir. C'était Reid Malenfant.

Elle gémit et se recroquevilla sur elle-même.

— *Vous êtes mort.*

Il s'accroupit devant elle et lui prit la main. Il paraissait chaud, réel, calme.

— Allez-y doucement, Madeleine.

— Ils vous ont mis dans un trou dans le sol, sur Io. Doux Jésus…

— Ne posez pas de questions, dit-il d'une voix égale. Pas encore. Concentrez-vous sur l'ici et maintenant. Comment vous *sentez*-vous ? Êtes-vous malade, avez-vous chaud, froid ?…

Elle réfléchit.

— Je vais bien. Je crois.

Elle agita la main et les doigts de pied, tourna la tête d'un côté, puis de l'autre. Tout était intact et mobile, rien ne lui faisait mal, elle n'avait même pas de torticolis. Elle cessa peu à peu de trembler, apaisée par un impitoyable blizzard de détails, de normalité. Ici et maintenant, oui.

C'était bien Reid Malenfant. Il était vêtu d'une combinaison bleu pâle et de pantoufles blanches. Lorsqu'elle baissa les yeux, elle découvrit qu'elle portait les mêmes vêtements neutres.

Il était en train de l'étudier.

— Vous étiez dans les vapes. Je me suis dit qu'il valait mieux que je vous laisse tranquille. On dirait qu'il n'y a ici aucune fourniture médicale.

L'odeur du poisson atteignit Madeleine.

— J'ai faim, dit-elle, surprise. Vous avez *pêché* ?

— Pourquoi pas ? J'ai recyclé mon vieux scaphandre. Ce n'est pas la première fois. Un fil, un hameçon confectionné à partir d'une fermeture Éclair. J'avais l'impression d'être Tom Sawyer.

… Peu importe le poisson. Ce type est *mort.*

— Malenfant, ils vous ont enterré. Vos brûlures…

Mais les souvenirs affluaient. Les Néandertaliens avaient ouvert la tombe. Elle était vide.

— Contentez-vous de me regarder à présent. (Il l'imita, en serrant les poings et détournant la tête.) Je ne me suis pas senti aussi bien depuis que les jumelles m'ont mis le grappin dessus.

— Qui ça ?

— C'est une longue histoire. Bon, vous voulez du poisson ou pas ?

Il revint vers le foyer à grands pas souples, prit une autre branche sur laquelle était embroché un deuxième poisson, et le plaça au-dessus de son feu de broussailles.

Elle se leva et le suivit.

Le ciel dispensait une lumière douce, peut-être aussi brillante que celle d'un quartier de lune. Les étoiles étaient nombreuses et rapprochées, même loin de la grande rivière *traînée* galactique. Près du zénith, un groupe de brillants soleils dessinait une boîte, ou peut-être un cerf-volant ; et un autre motif était facile à voir un peu plus haut, six étoiles formant une grossière ellipse écrasée. Elle ne reconnut néanmoins aucune constellation.

La plaine herbeuse se déroulait vers l'horizon, semée

d'arbres rares, la végétation était colorée de noir et d'argent par la lumière des étoiles. Mais, là où le feu de Malenfant fournissait plus de lumière, Madeleine pouvait voir que l'herbe était d'un vert authentique.

La gravité est pratiquement identique à celle de la Terre, nota-t-elle distraitement.

Il lui sembla voir un mouvement, une ombre passant devant un bouquet d'arbres. Elle attendit un peu, immobile. Il n'y avait pas de bruit, pas même un craquement provoqué par un pas dans les broussailles.

Elle s'accroupit à côté de Malenfant, accepta la moitié d'un poisson et mordit dedans. Il était tendre mais n'avait pas de goût.

— Je n'ai jamais beaucoup aimé le poisson, dit-elle.

— Désolé.

— Où est le ruisseau ?

Il hocha la tête vers un point au-delà du feu.

— Par là-bas. Je me suis baladé.

— Pendant la journée ?

— Non. (Il pencha la tête en arrière.) Il faisait nuit lorsque je me suis réveillé, comme maintenant. (Il jeta un nouveau coup d'œil au ciel, repérant un ensemble de nuages lumineux.) Qu'est-ce que vous dites de la vue ?

Le plus grand des nuages ressemblait à une corolle de lumière rose au cœur éclaboussé de vifs éclats lumineux – des étoiles ? Il était entouré par une zone d'obscurité plus profonde, veloutée, où aucune étoile ne brillait. C'était beau et étrange.

— C'est une nébuleuse, une pépinière stellaire, expliqua-t-il. Elle est probablement bien plus grande que ce que nous voyons : une bulle illuminée par une poignée de jeunes étoiles situées au centre – vous voyez cette lueur presque sphérique ? Les radiations émises par l'étoile font briller les gaz, et la lumière va le plus loin possible avant d'être absorbée. Mais on voit d'autres étoiles, plus jeunes, qui émergent des bords de la bulle.

Cette portion plus sombre autour de la zone lumineuse qui occulte les étoiles situées derrière elle nous laisse entrevoir la vraie nébuleuse, des nuages denses de poussière et d'hydrogène contenant probablement des proto-étoiles qui n'ont pas encore commencé à briller… Madeleine, j'ai fait un peu d'astronomie en amateur quand j'étais gamin. Je *reconnais* ce truc ; on le voit de la Terre. Nous l'appelons la nébuleuse du Lagon. Et son compagnon, là, c'est la nébuleuse Triffide. Le Lagon contient des étoiles si jeunes et si brillantes qu'on peut les distinguer à l'œil nu depuis la Terre.

Madeleine n'avait jamais rien vu de semblable, même au cours de ses voyages dans le réseau des Points Selles.

— Ah, dit Malenfant, lorsqu'elle lui en fit part. Mais nous avons dépassé tout *cela*, bien entendu.

Elle frissonna : elle avait soudain très envie de lumière diurne.

— Malenfant, je crois que j'ai vu quelque chose, dans les arbres, là-bas…

— Il y a des Néandertaliens ici, dit-il vivement. Inutile d'en avoir peur. Je pense qu'ils viennent d'Io. Certains sont peut-être originaires de la Terre. Je crois qu'on les a amenés ici alors qu'ils étaient sur le point de mourir. Je n'en ai reconnu aucun. Je connaissais vaguement un vieux type. Je l'appelais Ésaü. Il est mort. Il doit être quelque part ici.

Elle tenta de le suivre. Il ne semblait ni concerné ni troublé par la situation. Elle réalisa qu'il avait beaucoup de choses à lui dire.

— Nous ne sommes plus sur Io, n'est-ce pas ?

— Non. (Il montra les étoiles avec son poisson à demi mangé.) Rien à voir avec le ciel de la Terre. Ni même celui d'Io.

Madeleine sentit quelque chose se briser en elle.

— *Malenfant…*

— Hé ! (Il s'approcha d'elle et la prit par les épaules ; il paraissait très grand dans l'obscurité.) Doucement.

— Je suis désolée. C'est juste que…

— Nous sommes loin de chez nous. Je sais.

— J'ai beaucoup de choses à vous raconter.

Et, sans réfléchir, elle se lança dans un récit de tout ce qu'elle avait vu depuis que, Malenfant, Dorothy Chaum et elle-même étaient revenus dans le Système solaire au départ du Boulet de Canon, le monde d'origine des Gaijin : la guerre interstellaire, la grêle de comètes dans le creuset du Soleil, les Incendiaires.

Il l'écouta avec attention. Il exprima du regret en apprenant les dégâts causés à la Terre, et la fin de tant d'histoires. Il sourit lorsqu'elle parla de Nemoto. Mais, après un temps, comme les détails coulaient de sa bouche les uns après les autres, il la prit à nouveau par les épaules.

— Madeleine.

Elle leva les yeux vers lui ; les siens étaient des puits d'ombre dans la lumière des étoiles.

— *Rien de tout ça n'a d'importance*. Regardez autour de vous, Madeleine. Nous sommes loin de tout ça. Désormais, nous ne pouvons plus rien faire pour avoir une quelconque influence là-dessus…

— À quelle distance…

— Vous poserez des questions plus tard, dit-il avec gentillesse. Moi, la première chose que j'ai faite quand je me suis réveillé, c'est aller derrière ces buissons pour chier un bon coup.

Elle éclata de rire malgré elle.

Lorsqu'ils eurent mangé encore du poisson, et des fruits ressemblant à des yams que Malenfant avait trouvés, il faisait encore nuit, et il n'y avait aucun signe avant-coureur de l'arrivée de l'aube. Madeleine rassembla un grabat de feuilles et d'herbes sèches, glissa ses mains dans sa combinaison et s'endormit rapidement.

Il faisait encore nuit lorsqu'elle se réveilla.

Malenfant était accroupi près d'un bouquet d'arbres. Il semblait dessiner quelque chose sur le sol avec un bâton tout en regardant le ciel. Derrière lui se trouvait un groupe de silhouettes indistinctes sous la lumière des étoiles. Des Néandertaliens ?

Rien n'annonçait l'aube, ni la présence d'une lune : pas d'autre lumière que celle des étoiles, de quelque côté que Madeleine se tournât. Et, pourtant, il y avait quelque chose de changé. Les étoiles étaient-elles un peu plus brillantes ? La lueur de cette Voie lactée proche de l'horizon semblait plus intense. Et elle avait l'impression que les étoiles avaient un peu bougé dans le ciel. Elle chercha les motifs qu'elle avait remarqués lorsqu'elle s'était réveillée pour la première fois – la boîte au-dessus de sa tête, l'ellipse. Étaient-ils un peu tordus, un peu écrasés les uns contre les autres ?

Elle alla rejoindre Malenfant. Il lui tendit un morceau de fruit et elle s'assit à côté de lui.

Les Néandertaliens semblaient constituer une famille, cinq ou six adultes, environ autant d'enfants. Ils ne semblaient pas s'intéresser aux observations de Malenfant. Ils étaient poilus, trapus et nus : des hommes-singes de dessin animé. Et deux des enfants se battaient, avec brutalité, se culbutant encore et encore, comme s'ils étaient plus proches des gorilles que des humains.

— Pourquoi êtes-vous venue ici, Madeleine ? demanda Malenfant avec lenteur et en évitant son regard.

Il semblait mal à l'aise ; elle se sentait gênée, comme si elle avait fait une bêtise, agi impulsivement.

— Je me suis portée volontaire. Les Gaijin m'ont aidée. Je voulais vous trouver.

— Pourquoi ?

— J'ai appris à vous connaître, sur le Boulet de Canon. Je n'aimais pas penser que vous seriez seul quand…

— Quand quoi ?

Elle hésita.

— Et vous, savez-*vous* pourquoi vous êtes ici ?

— N'oubliez pas, continua-t-il froidement, que je ne vous ai pas demandé de me suivre.

Il continua à dessiner dans la poussière ; il était en colère.

Elle recula et se tendit, troublée, perdue ; elle se sentait plus loin de chez elle que jamais.

Elle étudia les dessins de Malenfant. Il les avait grossièrement griffonnés de la pointe de sa branche. Mais elle reconnut la boîte et l'ellipse.

— C'est une carte du ciel, dit-elle.

— Ouaip. Plutôt basique. Un certain nombre d'étoiles les plus brillantes. Mais regardez ici, et là…

Certains des points étaient dédoublés.

— Les étoiles ont bougé.

— Voilà où celle-ci se trouvait hier – ou avant que nous dormions, en tout cas. Et voilà où elle se trouve à présent. (Il haussa les épaules.) Le changement est minime – il est difficile d'être précis sans instruments – mais je pense qu'il est réel.

— Je l'avais remarqué moi aussi.

— Il n'y a pas que le mouvement. Il y a d'autres modifications. Je crois qu'on voit *plus* d'étoiles qu'hier. Elles ont l'air plus brillantes. Et elles glissent dans le ciel (il balaya l'air des bras au-dessus de sa tête, en direction de la traînée brillante de la Voie lactée qui s'étirait à l'horizon) par là.

— Pourquoi par là ?

Il leva les yeux vers elle.

— Parce que c'est là que nous allons. Venez voir.

Il se leva, la prit par la main, la releva et la conduisit devant un bouquet d'arbres.

Elle voyait à présent la totalité du bandeau galactique : un fleuve d'étoiles, oui, mais des étoiles variées, jaune, bleu et orange, et le fleuve débordait d'objets exotiques, de sombres nuages géants et d'étincelantes nébuleuses.

— On dirait la Voie lactée, remarqua-t-elle, mais…

— Je sais. Ce n'est pas comme ça depuis chez nous… Je crois que nous sommes en train de regarder le bras spirale du Sagittaire.

— Qui n'est pas celui où se trouve le Soleil, dit-elle lentement.

— Bon sang, non ! Ce n'est qu'un bardeau, un petit arc. *Ce* monstre, là, c'est le bras suivant, celui qui va jusqu'au centre de la Galaxie. (Il balaya le fleuve stellaire d'un grand geste de la main.) Regardez ces nébuleuses… vous les voyez ? la nébuleuse de l'Aigle, celle de l'Oméga, la nébuleuse Triffide et celle du Lagon – une immense pépinière, l'une des plus grandes de la Galaxie, de gigantesques nuages de gaz et de poussière capables de produire des millions d'étoiles chacun. Le Sagittaire est l'un des deux bras principaux de la Galaxie, un énorme tourbillon de matière qui part du centre et en fait le tour complet jusqu'au bord. C'est ce qu'on voit lorsqu'on se dirige vers le centre galactique à partir du Soleil.

Madeleine se sentit petite et humble sous le ciel immense et surpeuplé.

— Nous avons fait du chemin, n'est-ce pas Malenfant ?

— Je crois que nous sommes sortis du réseau des Points Selles. Nous savons qu'il ne mesure pas plus d'un millier d'années-lumière et qu'il n'occupe qu'une fraction de la distance nous séparant du centre de la Galaxie. Nous avons dû atteindre un point où les Points Selles cessent de fonctionner. Ce qui pose un problème si l'on veut aller plus loin… Je crois que ce n'est que le début du véritable voyage.

Il parlait avec calme, d'un ton égal, comme pour préparer une randonnée dans le parc de Yosemite. Madeleine sentit qu'elle avait à nouveau du mal à se contrôler. Mais elle ne voulait pas paraître faible devant Malenfant, cet homme froid et exigeant.

— Et où va nous conduire le *véritable voyage*? demanda-t-elle.

Il haussa les épaules.

— Peut-être jusqu'au centre de la Galaxie.

Il l'étudia, peut-être pour voir comment elle accusait le coup face à toutes ces informations. Puis il pointa le doigt vers le ciel.

— Écoutez, Madeleine, la nébuleuse du Lagon, là-haut, se trouve à cinq mille années-lumière de la Terre.

Et donc, par conséquent, nous sommes à peu près en 8800 après Jésus-Christ. Le chiffre ne signifiait absolument rien pour elle. Même si elle faisait demi-tour à présent et repartait chez elle, si c'était encore possible, il lui faudrait cinq mille ans supplémentaires pour revenir sur la Terre.

Mais le centre de la Galaxie se trouvait à vingt-cinq mille années-lumière du Soleil. Même à la vitesse de la lumière, il faudrait cinquante mille ans pour faire l'aller-retour. *Cinquante mille ans*. Rien à voir avec un voyage ordinaire, ni même un saut de puce entre Points Selles qui vous arrache à l'histoire; l'espèce humaine elle-même n'était âgée que de cent mille ans…

Il la regardait toujours.

— J'ai eu le temps de m'y habituer.

— Ça va.

— Madeleine…

— Vraiment, jeta-t-elle.

Elle se leva, lui tourna le dos et s'éloigna. Elle trouva un ruisseau, but et s'éclaboussa d'eau le visage, puis resta seule quelques minutes, les yeux fermés, en respirant profondément.

C'est peut-être tout aussi bien que nous autres humains ne soyons pas capables de comprendre les immensités que nous avons commencé à parcourir. Si nous étions un peu plus malins, nous deviendrions fous.

Souviens-toi de la raison pour laquelle tu es venue ici, Madeleine. Pour Malenfant. Qu'il l'apprécie ou pas, l'enfoiré. Malenfant est fort. Mais peut-être que le simple fait que je sois là l'aide. Il a quelqu'un à aider.

Elle revint à Malenfant et à sa veille patiente.

L'une des Néandertaliennes travaillait une pierre pour en faire des outils. Elle tenait un morceau de pierre ressemblant à de l'obsidienne, une roche volcanique vitreuse. Elle donna un coup sec au noyau ; un fragment s'en détacha. Quelques coups légers le long de l'arrête et le fragment était devenu une lame en forme de larme, semblable à une pointe de flèche. La femme, souriant de travers, donna le couteau à l'un des mâles en faisait des signes rapides.

— Elle lui dit qu'il doit faire attention à l'arête, murmura Malenfant.

— Je ne comprends pas comment ces gens sont arrivés ici, dit-elle en fronçant les sourcils.

Il lui expliqua qu'il avait observé les rituels funéraires des Néandertaliens : le mystérieux Bâton de Kintu.

— Donc, vous pensez que les Gaijin récompensaient les Néandertaliens mourants pour tout leur travail en leur donnant ceci – un Paradis sirupeux.

— Si c'est le cas, ce sont les premiers dieux de l'histoire à avoir tenu leurs promesses de vie dans l'au-delà, dit-il en riant.

Elle se mit à marcher de long en large ; elle sentait la texture de l'herbe sous ses pieds, la brise sur son visage.

— Pourquoi est-ce que ça ressemble à *ça* ? Des arbres, de l'herbe, des ruisseaux – on dirait l'Afrique. Mais ce n'est pas l'Afrique, n'est-ce pas ?

— Non. Seulement, si vous demandez à pratiquement

tous les humains, partout dans le monde, quel type de paysage ils préfèrent, la réponse ressemblera à ça. Une étendue d'herbe, quelques arbres au sommet plat. Même Clear Lake, Houston, entre dans ce cadre : de l'herbe devant la maison, un arbre ou deux. Et on ne met jamais l'arbre devant la fenêtre : on doit pouvoir voir arriver les prédateurs. Les Gaijin nous connaissent bien ; ils ont passé mille ans à nous décortiquer. Nous et nos cousins de Neandertal. Nous sommes à cent mille ans de l'Afrique, Madeleine, et à cinq mille années-lumière de la Terre. (Il tapota sa poitrine.) Mais c'est toujours là, en nous.

— Vous êtes en train de me dire qu'ils nous ont donné un environnement qui nous convient. Un parc à thème néandertalien.

Il hocha la tête.

— Je pense que très peu de ce que nous voyons est réel. (Il montra le ciel.) Mais *ça*, ça l'est.

— En quoi ?

— Parce que ça change.

Elle dormit et s'éveilla de nouveau.

Et le ciel, une fois de plus, avait radicalement changé. Elle était allongée sur le dos à côté de Malenfant et observait l'évolution de la voûte céleste.

Il commença à raconter comment il était arrivé jusqu'ici.

— Ils m'ont fait effectuer toute une série de sauts à travers les portes, j'ai traversé toute la Galaxie… En me dirigeant vers le Scorpion pour commencer. Notre soleil se trouve au milieu d'une bulle d'espace qui mesure des centaines d'années-lumière – vous le saviez ? – un vide créé par une antique explosion de supernova. Mais les sauts d'un Point Selle à l'autre sont devenus de plus en plus longs…

Il ne voyait déjà plus le Soleil quand on l'avait fait sortir de la bulle locale et transporté dans une zone de vide que les astronomes appelaient Loop 1.

— J'ai vu Antarès, dans le brouillard, dit-il, une pierre d'un rouge lumineux sur un fond de ciel étincelant, une explosion de jeunes étoiles qu'on appelle les nuages de Rho Ophiuchi. Un sacré spectacle ! J'ai regardé en arrière pour voir le Soleil. Je n'ai pas pu le trouver. Mais j'ai vu un grand rideau de jeunes étoiles qui coupe le plan galactique juste devant Sol. Ça s'appelle la Ceinture de Gould, et j'ai su que, chez moi, c'était par *là-bas*.

« Et, lorsque j'ai de nouveau regardé devant moi, il y avait une traînée sombre. J'approchais de la limite intérieure de notre bras galactique, et je regardais en direction de l'espace entre les bras, dans les nuages denses. Et alors, au-delà de la faille, je suis arrivé ici, dans cet endroit, avec les Néandertaliens…

— Et les étoiles.

— Oui.

Elles avaient poursuivi leur migration pendant que Madeleine dormait. À présent, elles étaient *toutes* remontées vers l'horizon du bras du Sagittaire, comme dans la description de Malenfant. Le côté opposé paraissait sombre : toutes les étoiles l'avaient fui. En fait, toutes les étoiles du ciel s'étaient rassemblées à l'intérieur d'un disque centré sur un point situé un peu au-dessus de l'horizon le plus lumineux – elle supposait en tout cas que c'était un disque, car une partie se trouvait sous sa propre ligne d'horizon. Et les couleurs avaient changé ; les étoiles étaient devenues vertes, jaunes et bleues.

Dans quelle situation fallait-il s'attendre à voir les étoiles nager dans le ciel comme des poissons ?

— C'est un phénomène d'aberration de la lumière stellaire, n'est-ce pas, Malenfant ? La distorsion de l'univers visible qu'on observe lorsqu'on…

— Lorsqu'on voyage extrêmement vite. Oui, murmura-t-il.

Elle comprenait le principe. C'était comme courir sous la pluie, une pluie de lumière céleste. Plus vite elle courait, plus la pluie la frappait durement, sur le visage et le corps. Et, si elle courait vraiment très vite, la pluie paraîtrait presque horizontale…

— Nous sommes à bord d'un vaisseau spatial, souffla-t-elle.

— Oui. Nous allons si vite que la plupart des étoiles que nous voyons là en face doivent être des géantes rouges, des sources infrarouges que nous ne pourrions pas distinguer en temps normal. Toutes les étoiles ordinaires, on a vu leur lumière se déplacer vers le bleu et devenir invisible. Où que nous allions, nous voyageons à l'ancienne : dans un vaisseau lancé à une vitesse relativiste. Et nous continuons à accélérer.

Elle s'assit et enfonça ses doigts dans l'herbe.

— Mais on n'a pas l'impression d'être à bord d'un vaisseau. Où est l'équipage ? Où allons-nous ? Que va-t-il se passer lorsque nous arriverons à destination ?

— Lorsque je vous ai trouvée, j'espérais que c'était *vous* qui alliez me le dire. (Il se leva.) Que devrions-nous faire à présent, à votre avis ?

Elle haussa les épaules.

— Marcher ? Il n'y a rien d'intéressant ici.

— D'accord. Dans quelle direction ?

Elle indiqua le lumineux bras du Sagittaire à l'horizon, l'endroit vers lequel les étoiles fuyaient, leur destination supposée.

Il sourit.

— Et ajouter quelques kilomètres à l'heure à notre vitesse de quatre-vingts pour cent de celle de la lumière ? Pourquoi pas ? Nous sommes des animaux marcheurs, nous autres humains.

Malenfant ramassa un sac, qui se trouvait contenir son antique scaphandre, l'épave qu'elle avait passé des heures à réparer sur le Boulet de Canon. Obéissant à un obscur besoin de propreté, il balaya de la main sa carte stellaire tracée dans la terre. Puis ils se mirent en marche.

Ils dépassèrent la famille de Néandertaliens ; ils étaient assis exactement au même endroit que la veille.

Lorsque Madeleine regarda en arrière, les Néandertaliens étaient toujours là, immobiles, tandis que les humains s'éloignaient et que les étoiles coulaient devant eux.

Lorsqu'elle se réveilla de nouveau, il n'y avait plus qu'une seule source de lumière dans le ciel. Un petit disque plus brillant qu'une pleine Lune mais moins que le Soleil vu de la Terre, et tirant nettement vers le bleu.

Le ciel sans nuage était par ailleurs tout à fait vide.

Debout devant elle, Malenfant regardait le ciel. Un peu plus loin, elle vit une famille de Néandertaliens, debout eux aussi, en train de contempler la lumière, leurs têtes dépourvues d'élégance penchées en arrière. La lumière projetait des ombres – de gens et d'arbres, solides et sombres.

Elle rejoignit Malenfant.

— Qu'est-ce que c'est ? Des étoiles ?

Il secoua la tête.

— Les étoiles sont toutes invisibles, décalées vers le bleu.

— Alors qu'est-ce que…

— Je crois que c'est la lumière rémanente.

Le fond diffus cosmologique, ce qui restait du Big Bang, étiré jusqu'à quelques degrés au-dessus du zéro absolu.

— Nous allons si vite, à présent, à une vitesse tout juste inférieure à celle de la lumière, que le bruit de fond lui-même est écrasé par l'aberration lumineuse, compressé en un disque minuscule. Un fichu spectacle, non ?…

Il leva la main devant eux pour occulter l'univers-soleil, dont elle vit l'ombre sur son visage.

— Vous savez, je me souviens de la première fois où j'ai quitté la Terre pour rejoindre le Point Selle. J'ai regardé derrière moi et vu la Terre diminuer et devenir un point de lumière plus petit que ça. Tout ce que j'avais jamais connu – cinq milliards d'années de géologie et de biologie, de dérive des continents, d'océans, de plantes, de dinosaures et de gens – tout ça était comprimé dans un éclat de lumière entouré par le néant. Et maintenant, c'est la totalité de ce putain d'*Univers*, les étoiles, les galaxies, les extraterrestres querelleurs et tout le reste qui est tassé dans cette petite tache…

Il pensait qu'ils voyageaient à bord d'une fusée à antimatière.

— … Ça explique ce que faisaient les Gaijin sur Io. Ils pompaient l'énergie de la magnétosphère de Jupiter. Ils ont sans doute transformé la totalité de la lune en une machine à broyer les atomes, et extrait l'antimatière des débris.

« La fusée appartenait peut-être à la catégorie des propulseurs à annihilation matière/antimatière conjectura-t-il. Le principe est simple. Il suffit d'avoir des réservoirs d'atomes et d'antiatomes – d'hydrogène, sans doute, l'antimachin étant retenu par un piège magnétique. On les envoie dans une tuyère et on les laisse exploser. Les électrons créent des rayons gamma et les noyaux donnent des pions, des trucs à haute énergie, et certains pions sont chargés, et on les balance par la tuyère… Il y a d'autres façons de s'y prendre. Je ne pense pas que les Gaijin aient conçu quelque chose de très sophistiqué.

— Ça a dû leur demander longtemps pour réunir l'antimatière, c'est un projet colossal.

— Oh, oui. Et charrier tous ces câbles supraconducteurs depuis Vénus, et tout le reste. Un fichu boulot d'ingénierie...

— Mais, insista Madeleine, il est parfaitement impossible de propulser tout ça (elle montra la plaine et les arbres) un vaisseau de la taille d'une petite *lune*, à des vitesses relativistes et jusqu'au cœur de la Galaxie. N'est-ce pas ?

Il leva les yeux vers le ciel.

— J'ai lu une étude démontrant qu'il faudrait une tonne d'antimatière pour propulser ne serait-ce qu'un minable astronaute jusqu'à Proxima du Centaure. À l'époque, nos plus gros broyeurs d'atomes auraient mis deux siècles pour produire ne fût-ce qu'un milligramme d'antimatière. Ça m'étonnerait que ce que les Gaijin ont construit sur Io ait été beaucoup plus sophistiqué que ça. Donc, non, Madeleine. On ne pourrait pas propulser une petite lune.

Elle étudia sa main et la pinça. Ça lui fit mal.

— *Que sommes-nous*, Malenfant ? Croyez-vous que nous sommes des espèces de simulations qui tournent dans un ordinateur géant ?

— C'est possible. (Il dit ça sur un ton indifférent, comme si ça n'avait pas d'importance.) Encoder un être humain ne nécessite qu'un nombre fini de bits. À cause du principe d'incertitude, de la granularité de la nature... Si ce n'était pas le cas, les portes ne pourraient pas exister du tout. D'un autre côté... (Il fouilla le sol jusqu'à trouver un caillou de la taille de l'ongle de son pouce.) Si l'Univers avait la taille de ce caillou, chaque étoile aurait la taille d'un quark. Il existe des ordres de grandeur d'échelle et de structure en dessous du niveau où vivent les humains. Nous sommes peut-être réels, mais en quelque sorte rétrécis. Il y a beaucoup de place en bas.

Elle sentit une pulsation à l'intérieur de son crâne, une sorte de pression.

— Mais, dit-elle, si nous ne sommes que des simulations dans un vaisseau miniature, nous sommes morts. Je veux dire, nous ne sommes plus nous. Comment pouvons-nous exister ?

Il la regarda.

— Vous n'étiez plus vous dès le moment où vous avez franchi votre première porte. Chaque transition est une mort et une renaissance. Pourquoi croyez-vous que ça fait si mal ?

Elle se sentit défaillir, comme si elle ne sentait plus ses jambes. Elle s'assit sur l'herbe avec maintes précautions et plongea les mains dans la texture riche et fraîche du sol.

Il s'agenouilla près d'elle et lui prit la main.

— Écoutez, je ne voulais pas être si dur avec vous. Je n'en sais pas plus que vous. Je ne fais qu'essayer de comprendre, moi aussi. J'ai eu plus de temps que vous pour m'habituer à tout ça, c'est tout. (Il poursuivit, non sans difficulté.) Je sais que vous êtes venue pour m'aider. Je me souviens de la façon dont vous avez réparé mon scaphandre sur le Boulet de Canon. Vous avez été... gentille.

Elle ne dit rien.

— C'est juste que je ne pense pas que vous puissiez m'aider. (Son visage se durcissait de nouveau.) Ou que vous *allez* m'aider.

Cette brutale fin de non-recevoir la glaça.

— Vous aider à *quoi* faire, Malenfant ? Pourquoi les Gaijin se sont-ils donné tant de mal, pourquoi ont-ils formé les Néandertaliens à fabriquer de l'antimatière sur Io et construit un vaisseau spatial qu'ils ont lancé dans les étoiles ?

Cette question parut troubler Malenfant.

— Je crois… J'ai une horrible impression, un soupçon… que le but de tout cela, c'est *moi*. Une gigantesque conspiration extraterrestre entièrement conçue pour m'offrir un voyage à travers la Galaxie. (Il l'étudia, et il n'y avait plus que de l'émerveillement sur son visage.) Ou bien suis-je paranoïaque, ou mégalomane ? Pensez-vous que je sois fou, Madeleine ?

Elle distingua une nouvelle ombre, derrière lui, à cinq cents mètres de là environ : elle était anguleuse, décharnée, nette et précise devant l'arrière-plan lumineux du cosmos.

C'était un Gaijin.

— Nous n'allons peut-être pas tarder à le savoir, dit-elle.

Ils s'approchèrent du Gaijin, qui se contentait d'être posé là, impassible et silencieux. Madeleine vit que les cônes gros comme des crayons à l'extrémité de ses jambes étaient tachés de vert par l'herbe écrasée et qu'un peu de poussière simili-africaine s'était déposée sur les surfaces de sa carapace.

Malenfant dit qu'il le reconnaissait. C'était le Gaijin qu'il avait baptisé Cassiopée.

— Oh, vraiment ? Et comment le savez-vous, Malenfant ? Les Gaijin ne sont que des robots araignées. Ne se ressemblent-ils pas tous ?…

Il n'essaya pas de répondre.

Madeleine finit par trouver exaspérant le silence mécanique du Gaijin. Elle se pencha et ramassa une poignée de terre qu'elle lui lança dessus. La terre rebondit sur le flanc impassible avec un tintement métallique sans faire ne fût-ce qu'une rayure.

— Toi, le robot de l'espace, tu joues avec nous depuis que tes copains et toi avez pointé votre nez dans notre ceinture d'astéroïdes. Je me fiche que tu ne sois pas humain. J'en ai marre de tes putains de *jeux*…

Malenfant parut choqué de l'entendre jurer. Elle trouva ça amusant, dans un recoin de son esprit. Malenfant était vraiment un homme de son temps : ils étaient en train de s'éloigner de la Terre à une vitesse tout juste inférieure à celle de la lumière, réduits à l'état de copies de la taille de quarks ou piégés dans une réalité virtuelle extraterrestre – et, lui, il était choqué d'entendre une femme jurer. Mais il se contenta de la laisser déverser ce qu'elle avait sur le cœur. En guise de thérapie pour avoir absorbé une succession de chocs.

Vidée de son énergie, elle s'écroula dans l'herbe, engourdie par la fatigue.

Le Gaijin bougea, semblable à la tourelle d'un tank qui pivote. Madeleine eut l'impression d'entendre des mécanismes hydrauliques, peut-être le grincement du métal sur du métal. Le Gaijin parla, sa voix tonnante imitant plutôt bien celle d'un humain – une voix de femme, en fait, avec une trace d'accent semblable à celui de Malenfant.

J'IMAGINE QUE VOUS VOUS DEMANDEZ POURQUOI JE VOUS AI FAIT VENIR ICI AUJOURD'HUI, dit-elle.

Le silence se prolongea. Malenfant leva les yeux vers le Gaijin, l'air incertain.

— Elle plaisantait, dit lentement Madeleine. Ce ridicule robot non humain nous a fait une blague.

Malenfant regardait Madeleine avec des yeux ronds. Puis il leva les mains en l'air et s'effondra dans l'herbe en riant.

Madeleine ne tarda pas à l'imiter. Le rire sembla partir de son ventre, et jaillit de sa gorge et de sa bouche en dépit de tous ses efforts pour le contenir.

Et donc, ils rirent, sans s'arrêter, pendant que le Gaijin les attendait.

Le vaisseau spatial de dix centimètres de long fonçait avec son précieux chargement d'esprits, d'espoirs et de peurs vers le cœur de la Galaxie, vers son destin.

CHAPITRE 33

LE PARADOXE DE FERMI

Ils burent au ruisseau, mangèrent des fruits et s'allongèrent dans l'herbe ; la tension se dissipa. Madeleine dormit sans doute un moment, sur l'herbe, recroquevillée contre Malenfant, comme deux enfants épuisés.

Et puis – une fois qu'ils furent réveillés et assis devant Cassiopée –, le Gaijin agita un membre de métal arachnéen, et le monde s'évanouit. Il se délita comme une image qui devient floue : l'herbe, la boue, les arbres, les ruisseaux, tout se mélangea, sauf eux trois, deux humains, un Gaijin et cet étrange univers-soleil, si bien qu'ils semblaient flotter dans l'obscurité la plus profonde que Madeleine eût jamais connue.

Elle prit le bras de Malenfant. Il était chaud et solide. Elle pouvait le voir, les plis de sa combinaison reflétaient la lueur cosmique. Elle plongea les doigts de son autre main dans le sol limoneux qui se trouvait sous elle. Il était toujours là, frais et friable, invisible ou pas. Elle s'accrocha à sa texture, à la force d'attraction qui la collait au sol de ce monde factice.

Mais Malenfant levait les yeux vers le ciel, au-delà des épaules de métal du Gaijin.

— *Regardez*-moi ça. Bordel de merde !

Elle leva les yeux à contrecœur, hésitant à affronter de nouvelles merveilles.

Au-dessus de leur tête, un plafond de lumière coagulée occupait tout le ciel. Une galaxie.

Un disque d'étoiles plus plat et plus mince que Madeleine ne s'y serait attendue, pas plus épais que quelques feuilles de papier. Elle pouvait y distinguer des strates, des couches structurées, une feuille centrale pullulant d'étoiles bleues et des allées de poussière prises en sandwich entre des étoiles plus vieilles et moins lumineuses. Le cœur bombé dépassait du plan du disque tel un jaune d'œuf, une masse compacte de lumière jaunâtre, mais il n'était pas sphérique, plutôt nettement elliptique. Les bras de la spirale, fragmentés, étaient d'un bleu délicat veiné de nébuleuses rubis et mouchetés de blanc, une lumière granuleuse, et d'allées sombres entre chaque bras. Elle vit des éclats de lumière éparpillés et des bulles de gaz. Peut-être des explosions de supernovae qui créaient des bulles de plasma chaud larges de centaines d'années-lumière.

Mais le disque familier – le cœur lumineux et les bras en spirale – était inséré dans une sphère plus vaste d'étoiles rouges et ternes. Ces lucioles cramoisies formaient de grands amas dont chacun devait en contenir des millions.

Le Gaijin planait devant l'image, sa silhouette d'araignée rappelant un projecteur au centre d'un planétarium.

— Une galaxie, dit Madeleine. *La nôtre ?*

— Je crois, répondit Malenfant. Ça correspond aux cartes radio que j'ai vues. (Il lui montra des structures du bout du doigt.) Regardez. Ça doit être le Bras du Sagittaire. L'autre grande structure s'appelle le Bras extérieur.

Les deux bras principaux émergeaient du cœur elliptique définissant la forme de la Galaxie, chacun d'eux s'enroulait autour du cœur avant de se déliter à ses marges dans une brume d'étoiles éclatantes, de nébuleuses brillantes et de sinistres nuages noirs. Les autres « bras » n'étaient en fait que des morceaux épars – la structure en spirale de la Galaxie était bien plus confuse que Madeleine ne s'y attendait – mais, songea-t-elle, le Soleil est tout de même quelque part dans l'un des ces « fragments » dispersés.

L'image de la Galaxie commença à tourner lentement.

— Un jour galactique, souffla Malenfant. Il lui faut deux cent millions d'années pour effectuer un tour complet…

Madeleine voyait le grouillement des étoiles suivant chacune sa propre orbite autour du cœur de la Galaxie tel un banc de poissons étincelants. Les bras évoluaient eux aussi, crêtes de lumière étincelant de jeunes étoiles, avançant en brassant l'espace à l'intérieur du disque galactique. Mais ce n'étaient que des vagues de compression, comme pour un embouteillage, et des étoiles isolées traversaient les régions les plus denses.

Madeleine vit qu'une nouvelle phase évolutive se déroulait à l'intérieur du disque. Comme pour les bulles palpitantes des supernovae, chaque changement était une vague qui commençait au niveau d'une étoile avant de se répandre dans une petite partie du disque. Les étoiles disparaissaient à l'intérieur de chaque vague de front, ou devenaient rouges, voire vertes ; parfois, elles éclataient, flamboyaient, pétillaient de lumière.

— De la vie, fit-elle. Des sphères de Dyson. Des Incendiaires d'étoiles…

— Oui, dit Malenfant, sur un ton sinistre. Des bulles de colonisation. Exactement comme celle dans laquelle nous avons été pris…

C'EST CE QUE NOUS AVONS APPRIS, révéla le Gaijin d'un ton sombre.

La vie – poursuivit Cassiopée – était partout un phénomène émergent. Les planètes en étaient le creuset. La vie s'installait et évoluait dans tous les coins et recoins qu'elle pouvait trouver dans la grande nurserie constituée par la Galaxie.

La vie mettait des centaines de millions d'années à accumuler la complexité dont elle avait besoin pour commencer à manipuler son environnement à grande échelle. Sur Terre, elle en était restée au stade unicellulaire pendant des milliards d'années, c'est-à-dire la plus grande partie de son histoire. Et pourtant, sur un monde après l'autre, la complexité émergeait, l'intelligence apparaissait, et des civilisations naissaient.

La plupart de ces cultures atteignaient elles-mêmes leurs propres limites.

Certaines étaient sédentaires. Certaines – celles de créatures aquatiques comme les Flips – n'avaient pas accès aux métaux et au feu. Certaines se détruisaient elles-mêmes, d'une manière où d'une autre, dans des guerres, des accidents ou d'obscures crises philosophiques, ou bien par leur incompétence pure et simple – ce qui aurait pu être le destin ultime de l'humanité si elle était demeurée isolée.

Une culture sur mille environ échappait à ces goulets d'étranglement.

Ces heureux élus développaient des colonies autonomes hors de leur planète d'origine, et – ainsi protégés pour toujours des accidents de type « tous les œufs dans le même panier » qui peuvent affecter une espèce attachée à un seul monde – commençaient à se répandre. Ou alors ils fabriquaient des machines, des robots capables de transformer des mondes et se reconstruire eux-mêmes, et les envoyaient dans l'espace, où elles se diffusaient à leur tour.

D'une façon ou d'une autre, une vague de colonisation commençait son expansion à partir d'un monde habitable sur mille.

Il existait beaucoup de stratégies différentes. Parfois, des générations de colons se diffusaient lentement d'étoile en étoile, comme un fluide polluant qui se répandait dans un liquide dense. Parfois le phénomène était plus rapide, comme avec un gaz dans le vide. Parfois on assistait à une sorte de percolation, une structure d'exploitation dont la dentelle fractale laissait d'immenses vides intacts derrière elle.

Le processus était brutal. Les espèces inférieures – y compris celles qui se trouvaient tout juste un peu en arrière dans la course à la complexité et au pouvoir – étaient tout simplement balayées, leurs mondes et leurs étoiles consommées. Et si la bulle de colonisation d'une espèce en rencontrait une autre, des guerres terribles éclataient souvent.

— On a du mal à croire que toutes les espèces de cette fichue Galaxie se conduisent si mal, dit Madeleine, amère.

— Pourquoi ? fit Malenfant en souriant. C'est ainsi que *nous* sommes. Et n'oubliez pas que ceux qui vont dans les étoiles se sélectionnent eux-mêmes. Ils se développent, ils consomment, ils ne sont pas très doués pour se restreindre parce que c'est dans leur *nature*. Ceux qui ne sont *pas* des prédateurs expansionnistes impitoyables restent chez eux, ou se font manger.

En tout état de cause, les détails du phénomène d'expansion ne semblaient pas avoir d'importance. Dans chaque cas, des conflits apparaissaient après quelques générations de colonisation. Les ressources qui diminuaient à l'intérieur de la bulle de colonisation créaient des pressions sur les colonies de la périphérie. Ou bien les colons, que les conditions de la frontière où l'on bâtissait des mondes avaient menés à la pointe de l'avant-garde technologique, se retournaient vers l'intérieur et leurs riches cousins sédentaires. D'une façon ou d'une autre, les colons de l'avant-garde étaient repoussés vers l'extérieur, de plus en plus loin et de plus en plus vite.

La frontière de colonisation ne tardait pas à se développer pratiquement à la vitesse de la lumière, et la région intérieure, de plus en plus pauvre en ressources et dont les habitants n'avaient nulle part où aller, était déchirée par des guerres et des crises économiques.

Et cela se poursuivait pendant des millénaires, des millions d'années peut-être.

Ensuite venait l'effondrement.

Et cela se répétait, encore et encore. Aucune des bulles ne devenait jamais très grande – elles ne dépassaient jamais quelques centaines d'années-lumière de diamètre – avant de simplement se flétrir et disparaître, telles des colonies de bactéries grillant sous la lampe d'un stérilisateur. Et, une à une les étoiles réapparaissaient, brillant d'une lumière bien propre, tandis que le rouge et le vert de la technologie se dissipaient.

— Le syndrome polynésien, fit Madeleine, l'air sinistre.

— Mais ça ne devrait pas se passer *tout le temps* comme ça, grommela Malenfant. Tôt ou tard, une de ces espèces au moins devrait gagner la guerre locale, vaincre ses démons intérieurs et conquérir la Galaxie. Mais nous savons que pas *une seule* d'entre elles n'y est jamais parvenue au cours des milliards d'années d'existence de la Voie lactée. Et c'est *là* que réside le vrai paradoxe de Fermi.

OUI, dit Cassiopée. MAIS LA GALAXIE N'EST PAS TOUJOURS UN ENDROIT AUSSI HOSPITALIER.

Une nouvelle image se superposa sur celle de la Galaxie en train de tourner : une étincelle flamboya, une fleur de lumière d'un bleu pâle provenant d'un point proche du cœur surpeuplé d'étoiles. Elle illumina ses voisines sur environ un huitième de la surface du disque galactique. Puis, tandis que la Galaxie tournait lentement, il y eut une autre étincelle – et une autre, et une autre encore et encore. La plupart de ces explosions avaient lieu près du cœur de la Voie lactée ; il y avait donc un rapport avec la densité stellaire. Quelques étincelles, plus rares, provenaient de plus loin – du disque, ou même le pâle halo d'étoiles en orbite autour de la Galaxie proprement dite.

Chacune de ces étincelles dévastait toutes les bulles de colonisation qui se trouvaient à proximité : l'expansion cessait, la lumière des étoiles était rétablie.

La mort, à une échelle interstellaire.

Leur point de vue virtuel se modifia soudain ; ils plongèrent à l'intérieur du plan galactique. Les bras se déployèrent au-dessus de Madeleine avant de se dissoudre en étoiles individuelles qui s'éparpillèrent, puis disparurent. Elle poussa un cri et s'accrocha à Malenfant. Ils plongeaient vers le cœur de la Galaxie, et elle entrevit une structure au-delà des tourbillons d'étoiles, des sculptures de gaz, de lumière et d'énergie.

Son attention finit par s'arrêter sur une paire d'étoiles – petites, farouches, furieuses. Elles étaient proches, séparées par une distance de quelques dizaines de fois leur propre diamètre à peine. Les deux étoiles tournaient l'une autour de l'autre sur des trajectoires elliptiques furieuses, une révolution dont la durée ne dépassait pas quelques secondes – comme des hirondelles qui se font la cour, songea Madeleine – mais ces orbites se modifiaient rapidement, dégénérant devant ses yeux, évoluant en ellipses moins aplaties, puis en cercles.

Quelques volutes de gaz encerclaient les deux étoiles. Chacune d'elles semblait émettre une lueur bleue, mais le gaz qui les entourait était rougeâtre. Plus loin, elle distingua un voile de dentelle colorée, du gaz impalpable s'enroulant sur l'arrière-plan de nuages d'étoiles denses.

— Des étoiles à neutrons, dit Malenfant. Une étoile à neutrons binaire, en fait. Cette lueur bleue provient de radiations de synchrotron, Madeleine. Des électrons entraînés à des vitesses incroyables par les puissants champs magnétiques des étoiles…

ENVIRON CINQUANTE POUR CENT DE TOUTES LES ÉTOILES DE LA GALAXIE SONT PRISONNIÈRES D'UN SYSTÈME MULTIPLE, dit le Gaijin. DES SYSTÈMES COMPOSÉS DE DEUX ÉTOILES, PARFOIS PLUS. ET CERTAINES DE CES ÉTOILES SONT DES GÉANTES CONDAMNÉES À SUBIR UNE ÉVOLUTION RAPIDE.

— Des supernovae, grommela Malenfant.

LA PLUPART DE CES EXPLOSIONS SÉPARENT LES RÉSIDUS STELLAIRES QUI EN RÉSULTENT. UNE PAIRE SUR CENT DEMEURE LIÉE, MÊME APRÈS UNE EXPLOSION DE SUPERNOVA. DANS UN SYSTÈME CONSTITUÉ DE DEUX ÉTOILES À NEUTRONS, ELLES TOURNENT TRÈS RAPIDEMENT L'UNE AUTOUR DE L'AUTRE. LEUR ÉNERGIE SE DISSIPE SOUS FORME DE RADIATIONS GRAVITATIONNELLES – DES VAGUES DANS L'ESPACE-TEMPS.

Les deux étoiles se rapprochaient à présent, leur énergie se tarissait. Elles tournaient plus vite, si vite que Madeleine ne les distinguait plus. Lorsque la distance entre elles se réduisit à un diamètre, elles commencèrent à être perturbées. D'immenses langues de matériau lumineux furent arrachées à la surface de chaque étoile et éjectées pour former un gigantesque disque de lumière qui occulta son champ de vision.

Elles finirent par se toucher. Et implosèrent dans un éclair lumineux.

Une onde de choc parcourut les débris, brassant et éparpillant leur matière telle une fontaine d'énergie furieuse. Mais le disque s'effondra de nouveau et se replia presque aussitôt sur le lieu de l'impact, en quelques secondes en fait, à l'exception de quelques volutes qui se dispersèrent avec lenteur en se refroidissant.

— Ça va sans doute former un trou noir, marmonna Malenfant. Deux étoiles à neutrons... c'est trop massif pour donner quelque chose de plus petit. C'est un pulsar à rayons gamma. On en a observé partout dans le ciel depuis les années soixante. On avait envoyé des sondes pour surveiller les essais d'armes nucléaires illégaux en dehors de l'atmosphère. Et, à la place, c'est ça qu'on a vu.

IL S'AGIT EFFECTIVEMENT D'UN SURSAUT DE RAYONS GAMMA – DES PHOTONS À TRÈS HAUTE ÉNERGIE. PUIS VIENT UNE ÉMISSION DE PARTICULES À HAUTE ÉNERGIE, DES RAYONS COSMIQUES PROJETÉS HORS DU DISQUE DE MATIÈRE EN TRAIN DE S'EFFONDRER, QUI SUIT LES RAYONS GAMMA À UNE VITESSE LÉGÈREMENT INFÉRIEURE À CELLE DE LA LUMIÈRE.

CES ÉVÉNEMENTS SONT EXTRÊMEMENT DESTRUCTEURS.

UNE PLANÈTE PROCHE RECEVRAIT – EN QUELQUES SECONDES, ESSENTIELLEMENT SOUS LA FORME DE RAYONS GAMMA – UN DIXIÈME DE L'ÉNERGIE QU'ELLE REÇOIT CHAQUE ANNÉE DE SON SOLEIL. MAIS LA PLUIE DE RAYONS GAMMA N'EST QUE LE PRÉCURSEUR DE CASCADES DE RAYONS COSMIQUES QUI PEUVENT DURER DES MOIS. CES RAYONS, EN S'ATTAQUANT À L'ATMOSPHÈRE, CRÉENT UNE PLUIE DE MUONS – DES PARTICULES SUBATOMIQUES À HAUTE ÉNERGIE. LES MUONS ONT UNE GRANDE PUISSANCE DE PÉNÉTRATION. DES CENTAINES DE MÈTRES D'EAU OU DE ROCHER NE CONSTITUENT MÊME PAS UN BOUCLIER EFFICACE.

— J'ai vu ce que ces choses peuvent faire, Madeleine, dit Malenfant. Ce serait comme si une supernova explosait dans le voisinage. La couche d'ozone serait complètement fichue en l'air. Les structures des protéines se briseraient. Il y aurait des pluies acides. La biosphère serait bouleversée…

UN EFFONDREMENT SUFFIT SOUVENT À STÉRILISER UNE RÉGION D'ENVIRON MILLE ANNÉES DE LUMIÈRE DE DIAMÈTRE. DANS NOTRE GALAXIE, NOUS NOUS ATTENDONS À VOIR UN ÉVÉNEMENT DE CE TYPE TOUS LES QUELQUE DIX MILLE ANS, LA PLUPART DU TEMPS DANS LE CŒUR ENCOMBRÉ DE LA GALAXIE.

L'image de la Voie lactée fut rétablie, et Madeleine regarda des explosions se déclencher dans son noyau surpeuplé.

Malenfant observait ce ciel empli de danger d'un œil noir.

— Cassiopée, es-tu en train de me dire que ces effondrements constituent le grand secret – la cause de la Réinitialisation, de l'extinction à l'échelle de la Galaxie ?

Madeleine secoua la tête.

— Comment est-ce possible, si l'action de chacune d'elles se limite à un millier d'années-lumière ? La Galaxie est cent fois plus grande que ça. Voir un truc pareil exploser dans son arrière-cour ne doit rien avoir de réjouissant, mais…

MAIS, dit Cassiopée, CERTAINS DE CES ÉVÉNEMENTS SONT… EXCEPTIONNELS.

On leur montra une réaction en chaîne, une image après l'autre, une explosion après l'autre.

Certains effondrements concernaient des objets particulièrement massifs. D'autres étaient des collisions impliquant trois, quatre, et même cinq objets. D'autres encore causaient des dégâts en raison de leur orientation, la plus grande partie de la puissante énergie ainsi libérée étant, fruit du hasard ou de la dynamique des collisions, dirigée vers le plan de la Galaxie, là où les étoiles étaient proches les unes des autres. Et ainsi de suite.

Certains de ces événements étaient effectivement nuisibles.

LA VAGUE D'EXTINCTION SE PROPAGE À LA VITESSE DE LA LUMIÈRE À PARTIR DES PLUS GRAVES DE CES ÉVÉNEMENTS. ELLE ENGLOUTIT TOUTE LA GALAXIE ET SES HABITANTS JUSQU'À LA PÉRIPHÉRIE ET MÊME JUSQU'AUX AMAS DU HALO. IL EST IMPOSSIBLE DE S'EN PROTÉGER. AUCUN ORGANISME COMPLEXE, AUCUNE ARCHIVE DE DONNÉES ORGANISÉE NE PEUT SUBSISTER. TOUTES SORTES DE BIOSPHÈRES SONT DÉTRUITES...

Et voilà comment ça se termine, se dit Madeleine, l'évolution, la colonisation, les guerres, les tâtonnements sur le chemin de la connaissance : tout ça est interrompu, oblitéré en un éclair, un accident de billard cosmique. Ce n'était qu'une question de hasard, de manque de chance. Mais il y avait suffisamment de collisions d'étoiles à neutrons pour qu'un événement assez important, ou assez bien dirigé, se produise tous les quelque cent millions d'années et nettoie la totalité de la Galaxie.

Cela s'était déjà produit, encore et encore. Et cela se reproduirait. Encore et encore, le roulement de tambour de l'extinction. Voilà ce que les Gaijin ont appris.

— Pour nous, gronda Malenfant, c'est retour à la case départ : la mare originelle, chaque fois... Voilà pour le paradoxe de Fermi. Nemoto avait raison. C'est ça, l'état d'équilibre en ce qui concerne la vie et l'intelligence : une Galaxie remplie d'espèces nouvelles s'efforçant de quitter leur monde d'origine, rongées par la peur et la haine, dévastant tout sur le chemin qui les mène aux étoiles les plus proches et piétinant les débris de leurs prédécesseurs oubliés.

... Et c'est ce que les Gaijin ont tenté de me montrer, se souvint Madeleine, lors de ma première excursion à travers un Point Selle, lorsque je suis allée dans le système du pulsar : les lichens stellaires, des formes de vie à l'évolution rapide qu'une anomalie balayait toutes les quatorze secondes. C'était une image fractale de ça, de la vérité à grande échelle.

L'image de la Galaxie s'éloigna brutalement, les bras, le cœur et le halo qui les entouraient implosèrent, tel un ballon qui vient d'éclater. La subite illusion de mouvement fit pousser un petit cri à Madeleine. Le monde se figea autour d'elle : l'herbe, les arbres et le ciel noir, le tout illuminé par une éclatante lumière cosmique. Un intense soulagement, une sensation physique, s'empara d'elle, comme si elle pouvait de nouveau respirer.

Mais son esprit s'était emballé.

— Il doit y avoir un moyen d'arrêter ça. Il suffit d'échapper à un effondrement, un seul, et de gagner du temps pour mettre de côté les guerres et les destructions pour devenir un petit peu plus malins et apprendre à gérer correctement la Galaxie. Nous ne sommes pas obligés de subir cette merde.

— Nemoto vous a toujours considérée comme quelqu'un qui fourre son nez partout, dit Malenfant avec un sourire.

MAIS VOUS AVEZ RAISON. CERTAINS D'ENTRE NOUS SONT EN TRAIN D'ESSAYER...

Elle vit un groupe de Néandertaliens devant eux. Ils dansaient et échangeaient force signes, tout en sautillant dans la lumière cosmique. Quelque chose changeait dans le ciel.

Elle regarda dans cette direction. Le point de lumière cosmique semblait grossir.

Le ciel qui se déployait était rempli d'étoiles. C'était le centre de la Galaxie.

— Cassiopée, murmura Malenfant, faisant face au Gaijin, qu'est-ce que tout ça a à voir avec moi ?

VOUS ÊTRE NOTRE MEILLEUR ESPOIR, MALENFANT, dit le Gaijin.

Et il se détourna dans un grincement métallique et un doux sifflement, tandis que ses pieds s'enfonçaient un peu plus dans l'humus.

ELLE SE LÈVE.

Cassiopée se détourna et commença à progresser sur la prairie de sa démarche, pleine de grâce raide, de créature à trois pattes, en s'éloignant du bouquet d'arbres. Madeleine vit que les Néandertaliens la suivaient, un groupe indistinct dont la lumière stellaire soulignait les corps musclés.

Malenfant lui prit la main.

Ils traversèrent la prairie. L'herbe était humide et fraîche sous leurs pieds, la rosée étincelait, image morcelée du ciel et des étoiles.

En ce lieu où chaque recoin du ciel luisait avec autant d'éclat que la surface de la Lune, une lumière diffuse qui ne projetait aucune ombre les baignait. Elle était argentée, toutes les couleurs étaient délavées, l'herbe était vert sombre, les feuilles des arbres d'un noir profond. Madeleine se demanda plus ou moins s'il y avait assez d'éléments nutritifs dans cette lumière galactique pour alimenter la photosynthèse, si la vie pouvait survivre sur une planète errante et sans soleil, en ne se nourrissant que de la dense lumière des étoiles.

Ils atteignirent le sommet d'une crête ; à leurs pieds s'étendait une large vallée peu profonde. Elle était parsemée d'arbres et de l'eau stagnait à l'air libre, des rubans et des flaques bleu argent, le tout immobile et quelque peu surnaturel dans la lumière diffuse des étoiles.

Les Gaijin et Cassiopée s'étaient arrêtés là, au sommet. Les Néandertaliens s'étaient regroupés un peu plus loin, le long de la crête ; ils contemplaient la vallée.

Mais, à présent, l'un d'entre eux s'approchait de Malenfant de cette démarche traînante, maladroite et manquant d'efficacité qui était la leur. C'était un homme aux épaules voûtées, la chair qui recouvrait ses côtes était douce et pendante. Son dos était en sueur. Son grand front tirait son visage vers le bas, si bien que son menton reposait sur sa poitrine.

— Salut, Ésaü, dit Malenfant.

Ésaü lui donna une claque et se mit à parler à toute vitesse avec les doigts et à se donner des coups de poing sur le front.

Malenfant sourit et traduisit :

— *Salut, idiot.*

Malenfant paraissait sincèrement content de revoir ce vieux schnock.

Mais Cassiopée avait bougé, et Madeleine le saisit par le bras.

— Malenfant, regardez. Merde, alors !

Une nouvelle étoile se levait au-dessus de la vallée et de l'horizon tout neuf, plus brillante que l'arrière-plan illuminé.

C'était une étoile à neutrons, un point éclatant de lumière écarlate. De multiples lobes lumineux étaient visibles près d'elle. Les structures qu'ils contenaient, veines et serpentins, leur donnait un air de ressemblance avec les ailes d'un papillon déployée autour d'un corps nain de créature féroce. Ils irradiaient une clarté rose et bleue, surnaturelle, peut-être créée par les radiations de synchrotron d'électrons accélérés.

Et il y avait quelque chose près de l'étoile. Ça ressemblait à un filet – en forme de cuillère, comme un gant de baseball, qui faisait face à l'étoile, comme pour tenter de la saisir.

Un objet artificiel, de toute évidence.

NOTRE VOYAGE N'EST PAS ENCORE TERMINÉ, MALENFANT, dit Cassiopée, NOUS DEVONS PÉNÉTRER À L'INTÉRIEUR DU CENTRE MÊME DE LA GALAXIE. VOILÀ CE QUE NOUS CHERCHERONS.

— Il y a un pulsar gamma à cet endroit. Le lieu futur d'une Réinitialisation. J'ai raison, n'est-ce pas, Cassiopée ?

LE COMPAGNON DE L'ÉTOILE SE TROUVE ENCORE À UNE CERTAINE DISTANCE – DES MILLIARDS DE KILOMÈTRES, EN FAIT, TROP LOIN POUR QU'ON LE VOIE. ET POURTANT LA CONVERGENCE A COMMENCÉ. LA COLLISION EST INÉVITABLE. À MOINS QUE...

— À moins que quelqu'un ne fasse quelque chose, murmura Madeleine.

L'étrange artefact continua à s'élever dans le ciel telle une lune complexe et impalpable. Un filet lancé dans les étoiles. Il devait s'étendre sur des milliers de kilomètres.

Madeleine n'arrivait pas à croire qu'il ne se trouvait pas à quelques mètres au-dessus de sa tête, presque assez près pour qu'elle puisse tendre le bras et le toucher. L'esprit humain n'était tout simplement pas programmé pour voir des objets qui englobaient des planètes dans le ciel. Pense à une aurore boréale, se dit-elle, avec des draperies de lumière ondulant loin au-dessus de l'air que tu respires. Et, à présent, imagine *ceci* : cet objet va demeurer ici, suspendu dans l'espace, plus longtemps que n'importe quelle aurore, peut-être plus longtemps que la Lune elle-même...

Mais quelque chose clochait : le filet était de toute évidence inachevé, et de grands trous en déchiraient la trame.

— Il est cassé, remarqua Malenfant.

VOUS L'APPELLERIEZ UNE VOILE DE SHKADOV...

Un artefact constitué de matière et d'énergie, de gréements arachnéens et de champs magnétiques : un écran destiné à intercepter les radiations du pulsar et le vent solaire. Mais il était lié à l'étoile par les cordes invisibles de la gravité.

— Ah, dit Madeleine. Vous perturbez la symétrie du vent solaire. Vous voyez ce que je veux dire, Malenfant ?

Le vent de l'étoile pousse la voile. Mais la voile ne va nulle part, par rapport à l'étoile, à cause de la gravité. Et donc le vent va dans l'autre sens…

— C'est une fusée stellaire, dit Malenfant. Qui utilise le vent solaire pour écarter l'étoile.

C'EST LE BUT DE LA CHOSE. LORSQUE CE SERA TERMINÉ, IL Y AURA UN DISQUE DE CENT MILLE KILOMÈTRES DE LARGE, ENTIÈREMENT INTELLIGENT, UN OBJET DYNAMIQUE, CAPABLE DE MODELER LE VENT SOLAIRE, DE RÉAGIR À SES COURANTS COMPLEXES.

Malenfant eut un grand sourire.

— Foutu bordel ! Il y a vraiment quelqu'un qui veut se battre, là.

— Qui est en train de construire cette chose ? demanda Madeleine. Vous ?

PAS TOUT SEULS. BEAUCOUP D'ESPÈCES SONT VENUES ICI, ET ELLES ONT COOPÉRÉ À LA CONSTRUCTION DE LA VOILE. IL SEMBLE QU'ELLE SOIT UNE RELIQUE PROVENANT D'UN CYCLE PASSÉ, D'AVANT UNE RÉINITIALISATION ANTÉRIEURE.

— Comme le réseau des Points Selles.

Madeleine étudiait d'un œil soupçonneux l'énorme et improbable structure.

— Comment une voile de ce type peut-elle déplacer une étoile à neutrons, un objet plus massif que le Soleil ?

LA POUSSÉE EST INFIME. L'ACCÉLÉRATION MINUSCULE. MAIS SUR DES PÉRIODES ASSEZ LONGUES, DE PETITES POUSSÉES SUFFISENT À DÉPLACER DES MONDES. MÊME DES ÉTOILES.

— Cela suffira-t-il à empêcher le système binaire de s'effondrer ? À empêcher la réinitialisation ?

PAS À L'EMPÊCHER. À LA REPOUSSER ÉNORMÉMENT, DE PLUSIEURS ORDRES DE GRANDEUR. SI NOUS PARVENIONS À RETARDER CETTE STÉRILISATION…

— Nous pourrions gagner du temps, dit Malenfant.

— Et c'est *vraiment* la meilleure option ? dit Madeleine, défiant le Gaijin. Vous n'avez rien trouvé de plus malin ?

— Comme quoi ? demanda Malenfant en la regardant bien en face.

— Bon Dieu, je n'en sais rien ! On pourrait utiliser l'antigravité. La constante cosmologique d'Einstein, la force qui provoque l'expansion de l'Univers. Ou alors interférer avec les constantes fondamentales de la physique. Il existe une particule nommée le boson de Higgs, par exemple, c'est lui qui donne sa masse à la matière. Si l'on pouvait le séparer du reste, et le rendre inopérant, on pourrait alléger les étoiles et les écarter. En fait, on pourrait soustraire toute leur masse et elles s'envoleraient à la vitesse de la lumière. Facile. Donnez-moi un levier et je soulèverai le monde…

NOUS NE POSSÉDONS PAS DE TELS POUVOIRS, dit Cassiopée, et Madeleine eut l'impression d'entendre de la tristesse dans sa voix synthétique. NOUS AVONS FAIT DES RECHERCHES. IL N'Y A PAS DE CIVILISATION SENSIBLEMENT PLUS AVANCÉE QUE LA NÔTRE – MÊME HORS DE LA GALAXIE.

C'EST LA MÊME CHOSE QUE POUR VOTRE PARADOXE DE FERMI. S'ILS EXISTAIENT, NOUS LES VERRIONS. IMAGINEZ UNE GALAXIE DONT TOUTES LES ÉTOILES SERAIENT EXPLOITÉES, ENTOURÉES DE SPHÈRES DE DYSON, LEURS PROPRIÉTÉS PHYSIQUES ALTÉRÉES POUR QUE LEUR DURÉE DE VIE SOIT PLUS LONGUE. IMAGINEZ QUE LA GALAXIE ELLE-MÊME SOIT INCLUSE À L'INTÉRIEUR D'UNE STRUCTURE DE DYSON. ET AINSI DE SUITE. À UNE TELLE ÉCHELLE, MÊME DES CONSTRUCTIONS AUSSI MALADROITES SERAIENT VISIBLES. NOUS NE VOYONS RIEN DE TEL, AUSSI LOIN QUE NOUS REGARDIONS DANS LE TEMPS ET DANS L'ESPACE.

Cela n'avait rien de surprenant, songea Madeleine. Combien de temps fallait-il à une civilisation galactique pour se développer – même en supposant que quelqu'un puisse survivre aux guerres et autres spoliations ? À cause de la vitesse de la lumière, un message mettrait cent mille ans pour traverser la Galaxie, ne fût-ce qu'une *seule fois*. Combien d'échanges faudrait-il pour homogénéiser une culture partagée par mille espèces, nées près des étoiles différentes, possédant des biochimies différentes, des créatures de chair, de métal, de roche et de gaz ? Mille traversées de la Galaxie, au minimum ?

Soit une centaine de millions d'années ; d'ici là, le prochain pulsar aurait explosé et la Réinitialisation suivante aurait renvoyé tout le monde au stade d'écume dans un étang.

Ce filet rudimentaire était donc peut-être vraiment ce que l'on pouvait faire de mieux. Mais les bonnes intentions ne suffisaient quand même pas.

— Des dizaines de millions d'années, dit-elle. Il faudrait entretenir ce truc sur des *dizaines de millions d'années* pour avoir une action quelconque. Comment une espèce qui nous ressemblerait de loin, ou même *vous*, pourrait-elle conserver le même but pendant des ères entières ? Aucun de nous n'*existait* même pas sous sa forme actuelle à une époque aussi reculée.

… MAIS, dit lentement Cassiopée, NOUS DEVONS ESSAYER.

— *Nous ?* s'étonna Malenfant.

VOUS DEVEZ VOUS JOINDRE À NOUS, MALENFANT.

Madeleine serra la main de Malenfant. Il la repoussa. Elle leva les yeux vers lui. Son visage était pincé, ses yeux réduits à des fentes. Elle comprit qu'il commençait à avoir peur, à se sentir attiré, comme si la chose dans le ciel l'aspirait vers l'espace, vers le zénith.

Parce que, prit-elle conscience, c'était son destin.

Malenfant se tenait debout devant la silhouette du robot qui se détachait devant la luminosité du cœur de la Galaxie. Il paraissait désespérément faible, se dit Madeleine, un voyou face à un représentant d'un pouvoir galactique froid et incommensurablement ancien.

Et pourtant, c'était Cassiopée qui suppliait Malenfant, l'humain.

— Vous n'y arriverez pas, dit-il, ébahi. Vous ne pouvez pas achever ce projet. Il… vous manque quelque chose.

IL Y A DES CONTROVERSES, admit Cassiopée.

Madeleine étudia la structure arachnéenne. Le filet comportait des trous où l'on aurait pu faire passer une petite planète, des endroits où des fils de milliers de kilomètres de long semblaient avoir brûlé, fondu ou s'être déformés. *Controverse.*

— Il y a eu des guerres ici, dit Malenfant sans ménagement.

LES ESPÈCES QUI PEUPLENT LA GALAXIE DIVERGENT BEAUCOUP. L'UNITÉ SE DÉLITE. LES CONFLITS SONT FRÉQUENTS. PARFOIS UNE ESPÈCE CHERCHE À S'EMPARER DE CETTE TECHNOLOGIE POUR S'EN SERVIR À SES PROPRES FINS ; LES AUTRES DOIVENT MONTER UNE COALITION POUR ARRÊTER LE TRUBLION. PARFOIS UNE ESPÈCE TENTE TOUT SIMPLEMENT D'IMPOSER SA VOLONTÉ AUX AUTRES. CELA S'ACHÈVE EN GÉNÉRAL PAR UN CONFLIT ET PAR L'EXPULSION OU L'EXTERMINATION DE L'AMBITIEUX.

— Des dissensions internes ! s'esclaffa Malenfant. Comme pour tous les projets de construction sur lesquels j'ai travaillé.

NOUS AVONS DES DIVERGENCES.

Madeleine leva les yeux, surprise.

— Même entre Gaijin, c'est ça que vous voulez dire ?

CERTAINES FACTIONS PRÉTENDENT QUE NOUS DEVRIONS ABANDONNER LE PROJET À D'AUTRES RACES, SELON LEURS CALCULS…

— Les autres, grogna Malenfant, finiront le travail à votre place – sans que vous en supportiez le coût. Ils parient sur l'altruisme des autres tout en se comportant de façon égoïste. Théorie des jeux.

D'AUTRES RECHERCHENT UNE SYMÉTRIE TEMPORELLE…

L'idée sembla déconcerter Malenfant, mais Madeleine pensait avoir compris :

— Comme les fleurs de Lune, Malenfant. Si les Gaijin pouvaient apprendre à penser à rebrousse-temps, ils n'auraient plus besoin d'affronter ce… terminus, dans le futur.

Malenfant éclata d'un rire moqueur.

Cette preuve flagrante de l'existence de dissensions parmi les Gaijin troubla Madeleine. N'étaient-ils pas censés se fondre en une sorte de super-esprit, prendre leurs décisions de manière consensuelle, sans aucune des grossières discussions et divisions qui affectaient les êtres humains ? De tels désaccords, si visibles, devaient mettre la communauté gaijin dans un douloureux état d'indécision au moment où elle affrontait l'immense défi représenté par le projet de voile stellaire. D'indécision – ou de schizophrénie.

— Mais vos factions ont tort, poursuivit Malenfant, toujours sur un ton de défi. L'achèvement du projet ne dépend pas d'une stratégie de jeu, théorique ou pas. C'est une question de sacrifice.

De sacrifice ? se demanda Madeleine. De sacrifice de quoi ? Ou de qui ?

VOUS AUTRES, LES HUMAINS, VOUS AVEZ DES VIES COURTES, MALENFANT, SI COURTES, EN FAIT, QUE VOUS NE POUVEZ OBSERVER AUCUN DES PROCESSUS IMPORTANTS DE LA VIE DE L'UNIVERS. LORS DE NOTRE ARRIVÉE DANS LE SYSTÈME SOLAIRE, VOUS AVEZ RÉAGI DE MANIÈRE DIVISÉE, CHAOTIQUE, FLUIDE. VOUS NE VOUS COMPRENEZ MÊME PAS *VOUS-MÊMES*.

POURTANT, VOUS TRANSCENDEZ VOS BRÈVES EXISTENCES. POURTANT DES HUMAINS, CONDAMNÉS À LEUR COURTE VIE, CHOISISSENT DE MOURIR POUR DES IDÉES. ET, AVEC CHAQUE MORT, CETTE IDÉE DEVIENT PLUS FORTE.

NOUS AVONS RENCONTRÉ BEAUCOUP D'ESPÈCES AU COURS DE NOS VOYAGES. NOUS AVONS RAREMENT RENCONTRÉ UNE TELLE APTITUDE POUR LA FOI.

Malenfant marchait de long en large sur le flanc de la colline, manifestement déchiré.

— De quoi parles-tu, Cassiopée ? Tu veux que je crée une religion ? Que j'apprenne la foi aux robots, aux cyborgs et à tous les autres qui s'échinent à construire la voile de l'étoile à neutrons – quelque chose qui les unisse, qui les oblige à enterrer leurs différences, à s'entêter et à terminer le projet sur des générations… C'est ça ?

Non, songea Madeleine avec tristesse. Non, elle vous demande quelque chose de bien plus fondamental.

C'est vous qu'elle veut, Malenfant. Elle veut votre âme.

Et le Gaijin se mit à parler de l'esprit, de l'identité, et des mèmes, les idées virales.

Du point de vue de Cassiopée, Malenfant était à peine doté de conscience. Pour elle, l'esprit de Malenfant n'était rien de plus qu'un ensemble d'idées virales luttant les unes contre les autres, il était peu pratique, agencé de manière illogique et temporaire. Les idées se rassemblaient en structures qui se renforçaient les unes les autres, favorisant mutuellement leur réplication – exactement de la même façon que les gènes, d'autres réplicateurs, œuvraient de concert pour promouvoir leur propre reproduction par le biais des corps humains.

Oui, se dit Madeleine, qui commençait à comprendre. Et la structure mentale la plus fondamentale de toutes était la conscience du moi.

Un « moi » était un ensemble de souvenirs, de croyances, de possessions, d'espoirs, de peurs, de rêves : des idées, ou des réceptacles à idées. Si une idée s'intégrait au « moi » – si elle devenait l'idée de *Malenfant*, et qu'il la défendait, si nécessaire, de sa vie – alors elle avait beaucoup plus de chance de se répliquer. Son sens du « moi », de lui-même, était une illusion. Un filet tissé par des idées virales qui le manipulaient.

Les Gaijin ne possédaient pas ce sens du moi. Mais, parfois, on en avait précisément besoin.

Malenfant comprenait.

— Chacun de ces fichus Gaijin possède une mémoire qui remonte jusqu'aux horribles mers jaunes du Boulet de Canon. Mais ils sont… fluides. Ils se décomposent en leurs composants, se dispersent et se réassemblent ; ou bien ils se fondent en d'horribles essaims et en sortent tout mélangés les uns aux autres. Pour eux, l'identité est transitoire, c'est un motif, comme l'ombre d'un nuage qui passe. Pas pour nous, néanmoins. Et c'est pour ça que les Gaijin n'ont pas ça. (Il désigna sa propre poitrine du doigt.) Ils n'ont pas de sens du « moi ».

Et sans « moi », comprit Madeleine, pas de sacrifice de soi.

Voilà pourquoi les Gaijin ne pouvaient pas mener à bien le projet visant à empêcher la Réinitialisation. Seuls des humains – esclaves d'idées qui se répliquaient – pouvaient être assez forts et assez fous pour y parvenir.

Parce qu'il s'obstinait à avoir conscience de lui-même, Malenfant devait donner aux êtres divisés qui travaillaient à ce projet le sentiment que celui-ci suivait un dessein et possédait une valeur au-delà de leur intelligence personnelle. Un sens du sacrifice, de la foi, du soi. Pour aider les Gaijin, pour sauver la Galaxie, Malenfant allait devoir devenir semblable aux Gaijin. Il allait devoir se perdre… et se retrouver, au sein de l'incompréhensible communauté qui trimait sur les fils de la voile.

Debout devant la silhouette d'araignée du Gaijin, Malenfant tremblait.

— Tu crois que ça va marcher ?

Non, se dit Madeleine. Mais ils sont désespérés. C'est un lancer de dé. Que peuvent-ils faire d'autre ?

Le Gaijin ne répondit pas.

— … Je ne peux pas faire ça, finit par murmurer Malenfant, qui ne cessait de plier et déplier ses mains. Ne me le demandez pas. Enlevez ça de ma vue.

Madeleine avait envie de s'élancer vers lui, de le prendre dans ses bras, de lui offrir un réconfort simple et humain, une chaleur animale. Mais elle savait qu'elle devait s'abstenir.

Et le Gaijin ne voulait toujours pas répondre.

Malenfant s'en alla marcher dans la prairie vide, tout seul.

Madeleine dormit.

Lorsqu'elle s'éveilla, Malenfant n'était toujours pas de retour.

Allongée sur le dos, elle observa un ciel rempli d'étoiles et de nuages de poussière lumineux. Les étoiles semblaient petites, uniformes ; peu parmi elles étaient brillantes, bleues et jeunes, comme si elles manquaient de combustible dans cet espace encombré – ce qui était peut-être le cas. Et les nuages de poussière étaient tordus et déchirés, les forces titanesques à l'œuvre là-haut les ayant déchirés en draperies déchiquetées et en filaments.

Madeleine vit une structure du côté du cœur de la Galaxie. Elle distingua deux vagues anneaux de lumière entrelacés sur un fond d'essaims d'étoiles ; ils étaient à peu près concentriques et, de son point de vue, penchés de manière à ressembler à des ellipses. Et ils étaient complexes : elle distingua du gaz et de la poussière, des étoiles regroupées en petits amas globulaires, des nœuds sphériques contenant des points tous plus ou moins identiques. En un endroit, l'anneau extérieur avait explosé en un vaste noyau de formation d'étoiles, des dizaines de milliers de jeunes soleils bleus et chauds dont la lumière aveuglante jaillissait du cœur en lambeaux d'un nuage blanc rose. Les anneaux ressemblaient à des vagues en train de s'écarter, ou à des volutes de gaz provenant d'une explosion. Mais si elle s'était produite, elle devait avoir été vraiment gigantesque ; l'anneau extérieur formait un objet cohérent de milliers d'années-lumière de diamètre, assez vaste pour contenir presque toutes les étoiles visibles à l'œil nu de la Terre.

Et, lorsque Madeleine leva la tête, elle vit que l'anneau intérieur était en fait la base d'une formation encore plus vaste, qui montait vers l'extérieur du plan général de la Galaxie. C'était un arc déchiqueté dessiné par des filaments de gaz lumineux qui montait très loin dans les hauteurs moins peuplées du ciel. Cela lui rappela des images d'éruptions solaires, des jaillissements de gaz incurvés sculptés par le champ magnétique du Soleil – sauf que cet objet était incommensurablement plus grand, une arche qui enjambait des centaines d'années-lumière. Et elle aperçut un autre objet immense qui s'élevait à partir de l'arche, un jaillissement de gaz titanesque qui s'écartait du plan de la Galaxie et scintillait sur des milliers d'années-lumière avant de se dissiper dans l'obscurité.

Toute une hiérarchie de gigantisme s'élevait au-dessus d'elle, un changement d'échelle sans fin montant dans les ténèbres.

Mais, du centre de la Galaxie lui-même, Madeleine ne pouvait voir qu'un amas dense et impénétrable d'étoiles, des milliers, incroyablement proches les unes des autres, plus que les planètes du Système solaire. Si une structure se trouvait en profondeur, elle était cachée par ces étoiles agglutinées.

Le Gaijin se tenait toujours au sommet de la crête, sa silhouette se détachant sur la lueur du pulsar, dans un silence détestable.

Malenfant n'était toujours pas revenu. Madeleine tenta d'imaginer ce qui pouvait se passer dans sa tête, lui qui tentait de se soumettre à un terrible et mystérieux destin extraterrestre qui allait, semblait-il, lui arracher jusqu'à son humanité elle-même.

Madeleine se leva et se dirigea vers le Gaijin pour le défier. Elle sentait que les Néandertaliens l'observaient avec curiosité. Ils échangeaient des signes obscurs. *Regardez folle tête plate.*

— Pourquoi ne pouvez-vous pas nous laisser tranquilles ? hurla Madeleine. Vous êtes venus sur notre planète sans être invités, vous avez épuisé nos ressources, vous avez fichu en l'air notre histoire…

Le Gaijin pivota avec une précision surnaturelle.

NOUS AVONS EXPLOITÉ DES ASTÉROÏDES OÙ VOUS NE SERIEZ PROBABLEMENT JAMAIS ALLÉS. SANS NOUS, VOUS N'AURIEZ PAS EU CONSCIENCE DE L'EXISTENCE DES INCENDIAIRES AVANT QU'ILS N'AIENT ATTEINT LE CŒUR DE VOTRE SYSTÈME. QUANT À VOTRE HISTOIRE, CELA RELÈVE DE VOTRE RESPONSABILITÉ. NOUS NE SOMMES PAS INTERVENUS. MAIS LA PLUPART D'ENTRE VOUS NE L'AURAIENT PAS SOUHAITÉ DE TOUTE FAÇON.

— Putains de robots immortels, vous êtes tellement *suffisants* ! Seulement, en dépit de tous vos pouvoirs, vous avez besoin de Malenfant… Mais pourquoi *lui*, pour l'amour de Dieu ?

REID MALENFANT S'EST SÉLECTIONNÉ LUI-MÊME. N'OUBLIEZ PAS QU'IL S'EST INTRODUIT SANS AUCUNE AIDE JUSQU'AU CŒUR DE NOS PROJETS, ET À *DEUX REPRISES*, D'ABORD EN UTILISANT LA PORTE D'ALPHA DU CENTAURE, PUIS PAR IO.

— Reid Malenfant est un enfoiré têtu et tenace. Mais ce n'est jamais qu'un être humain. Doit-il mourir ?

Le Gaijin hésita durant de longues minutes. Puis dit :

IL NE MOURRA PAS.

Non, se dit Madeleine, il doit endurer quelque chose de bien plus étrange. Ce qu'il avait l'air de savoir.

Le Gaijin leva l'un de ses membres effilés, comme s'il était en train de l'inspecter.

MADELEINE MEACHER, SI VOUS SOUHAITEZ QUE NOUS L'ÉPARGNIONS, NOUS OBÉIRONS.

Cela la désarçonna.

— Quel rapport avec moi ?

VOUS ÊTES HUMAINE. VOUS ÊTES L'AMIE DE MALENFANT. *VOUS* AVEZ FAIT UN SACRIFICE EN LE SUIVANT JUSQU'ICI. ET, DONC, VOUS AVEZ UNE RESPONSABILITÉ. SI VOUS SOUHAITEZ QUE NOUS ÉPARGNIONS MALENFANT, ALORS DITES-LE. NOUS OBÉIRONS.

— Et ensuite ?

NOUS AVONS LES POINTS SELLES. NOUS POUVONS LE RENVOYER CHEZ LUI, SUR LA TERRE. VOUS RENVOYER TOUS LES DEUX. IMPOSSIBLE D'ÉVITER LA DISLOCATION. MAIS VOUS POURREZ CONTINUER À VIVRE.

— Même s'*il* désire continuer ?

POUR MALENFANT, IL EST DIFFICILE DE PRENDRE LA BONNE DÉCISION. CE SERAIT LE CAS POUR N'IMPORTE QUEL ÊTRE HUMAIN. VOTRE DÉCISION SUPPLANTE LA SIENNE.

— Et si vous le laissez partir, qu'arrivera-t-il à votre projet, à la voile ?

NOUS DEVRONS TROUVER UNE AUTRE SOLUTION.

— La Réinitialisation deviendra inévitable.

NOUS DEVRONS TROUVER UNE AUTRE SOLUTION.

Madeleine s'effondra dans l'herbe. Et merde ! Elle ne s'attendait pas à ça.

L'idée de sauver une Galaxie d'êtres pensants d'une annihilation arbitraire était *trop énorme* – c'était trop grand pour son imagination, trop grandiloquent. Mais elle avait traversé l'effroyable destruction de la tentative de colonisation du Système solaire par les extraterrestres, et elle avait trouvé des preuves de l'existence d'autres vagues d'horreur dans le lointain passé. Elle avait tout *vu* de ses propres yeux.

Et tu as même construit un monde, Madeleine. On sait que tu possèdes une certaine dose d'orgueil, toi aussi.

Si ce projet réussit, peut-être que les humains et des espèces semblables n'auront plus jamais à vivre une telle épreuve. Cela ne vaut-il pas la vie d'un seul homme ?

Mais qui suis-je pour en décider ?

… Il y avait une autre possibilité, se dit-elle, qu'aucun d'eux, ni elle, ni les Gaijin, n'avait exprimée.

Malenfant n'est pas obligé de le faire. Je pourrais peut-être prendre sa place, moi. Le sauver et faire tout de même avancer le projet.

Elle serra ses bras autour d'elle. Malenfant est rempli de doute et de peur. Il pourrait ne pas être capable de faire ça, de se sacrifier, même à présent. Mais il est là, dehors, en train de réunir ses forces, de se concentrer sur son objectif. Je ne pourrais jamais faire ça.

Le Gaijin attendait avec une patience de métal.

— Prenez-le, murmura-t-elle, se haïssant en prononçant ces mots. Prenez Malenfant. *Prenez-le ; épargnez-moi.*

Et, dès que le choix fut fait, elle se souvint de l'inexplicable froideur dont Malenfant avait fait preuve lors de son arrivée.

Elle prit conscience qu'elle avait fini par le trahir, exactement comme il avait su qu'elle le ferait dès le début.

Elle enfouit son visage dans ses mains.

Malenfant revint au bout d'une journée environ. Madeleine, assise près d'un ruisseau aux eaux paresseuses, regardait distraitement l'évolution des serpentins de gaz du cœur galactique.

Il arriva en courant.

Il se jeta sur l'herbe à côté d'elle. Il transpirait, son crâne chauve luisait et il haletait.

— Le jogging éclaircit la cervelle. (Il s'enroula en position assise, comme un chat.) Sacrée situation, hein, Madeleine ? Qui aurait cru ?… Nemoto devrait me voir. Ma mère devrait me voir.

Le changement qui s'était produit en lui était déconcertant. Il semblait plein de vigueur, reposé, confiant, concentré. Et même joyeux.

Mais elle voyait la vieille photo de sa défunte femme glissée dans sa manche.

Elle resserra ses bras autour de ses genoux, envahie par la culpabilité, incapable de croiser le regard de Malenfant.

— Vous avez décidé de ce que vous allez faire ?

— Je n'ai pas vraiment le choix, non ?

Elle esquissa un geste pour lui prendre la main. Il saisit la sienne et la serra bien fort, sa force et sa tranquillité étaient évidentes.

— Vous n'avez pas peur, Malenfant ?

Il haussa les épaules.

— J'ai eu peur la première fois que je suis monté à bord d'une navette spatiale, quand j'étais assis sur des millions de tonnes de puissants explosifs, dans un vieil engin branlant qui volait depuis trente ans. J'ai eu peur la première fois que j'ai plongé mon regard dans la porte d'un Point Selle sans savoir ce qui se trouvait derrière. Mais je suis quand même monté à bord de la navette, j'ai malgré tout franchi la porte. (Il lui lança un bref coup d'œil.) Et vous ? Après…

— Après votre mort ? jeta-t-elle impulsivement.

Il tressaillit et elle regretta aussitôt ses paroles.

Elle lui dit que le Gaijin lui avait proposé de la ramener à la maison.

— Allez-y. Allez voir la Terre, Madeleine.

— Ça ne sera pas ma Terre.

Il haussa les épaules.

— Mais qu'y a-t-il d'autre ?

— J'ai réfléchi, dit-elle timidement. Si nous – les êtres pensants de la Galaxie, ceux de cette génération –, nous parvenons effectivement à traverser la prochaine Réinitialisation ? Si, cette fois, nous continuons à bâtir ? Si je continue à rebondir de porte en porte, j'en verrai peut-être quelque chose.

Il hocha la tête.

— Être expédiée d'une étoile à l'autre à mesure que le réseau s'étendra. De plus en plus loin, sans aucune limite. Ça me plaît.

— Ouaip. (Elle leva les yeux.) Je verrai peut-être Andromède avant de mourir. Ou pas.

— On fait pire comme ambition.

— Venez avec moi, Malenfant…

Il secoua la tête.

— Impossible, Madeleine. J'ai bien réfléchi. Et j'ai gobé le petit discours de Cassiopée. (Il regarda le ciel.) Vous savez, lorsque j'étais gamin, je m'allongeais sur la pelouse la nuit, et je me trempais de rosée en regardant les étoiles et en essayant de sentir la Terre tourner sous moi. C'était une sensation merveilleuse d'être vivant, ou en tout cas d'avoir dix ans, bon Dieu ! Mais je savais que la Terre n'était qu'un caillou rond au bord d'une galaxie insignifiante. Et je ne pouvais tout simplement pas croire, même à l'époque, que personne *là-bas* n'était en train de me regarder moi, qui me trouvais *ici*. Mais je me demandais à quoi servirait ma vie, à quoi servait la vie humaine, si l'Univers était vraiment vide. Qu'aurions-nous à faire d'autre que survivre, obstinément, aussi longtemps que possible ? Ce qui ne me paraissait pas très séduisant comme perspective.

« Eh bien, maintenant je sais que l'Univers n'est pas vide, mais grouillant de vie. Et même avec les guerres, les extinctions et tout le reste, n'est-ce pas mieux que l'autre possibilité – mieux que *rien du tout* ? Et vous savez, je crois que j'ai même compris quel est le but de nos vies dans un tel univers, le mien, en tout cas. Le rendre meilleur pour ceux qui nous suivent. Qu'y a-t-il d'autre à faire ? (Il lui adressa un coup d'œil, le regard trouble.) Ce que je dis est-il compréhensible ?

— Oui. Mais, Malenfant, ça coûte…

— Nemoto m'avait dit que ça se passerait ainsi. Les êtres humains ne peuvent pas changer l'histoire, sauf de *cette* manière. Lorsque l'un de nous va jusqu'au bout, seul…

C'en était tout à coup trop pour Madeleine. Elle enfouit son visage dans ses mains.

— Que l'histoire aille se faire foutre, Malenfant ! Et le destin de l'Univers avec ! C'est de *vous* que nous sommes en train de parler.

Il passa autour de ses épaules un bras encore tiède de la chaleur de la course.

— C'est bon, dit-il, tentant de l'apaiser. Vous savez quoi ? Je crois que les Gaijin sont jaloux. Jaloux de nous autres malheureux petits vers roses. Parce que nous possédons quelque chose qu'ils n'ont pas, quelque chose qui est plus précieux que toutes les pièces de leurs corps de couteaux suisses, plus précieux qu'un milliard d'années de vie.

Mais, maintenant, le Gaijin se tenait devant eux, soudain présent, immense et austère.

— Déjà, Cassiopée ? fit Malenfant d'une voix mal assurée.

JE SUIS DÉSOLÉE, MALENFANT.

Il se redressa et ôta son bras de l'épaule de Madeleine. Elle sentit de la réticence dans son geste. Elle lui avait apporté un réconfort, après tout, réalisa-t-elle. En s'occupant d'elle, il était parvenu à repousser sa confrontation avec la réalité. Mais, désormais, celle-ci était là, sous la forme du Gaijin, et il devait l'affronter seul.

Mais voilà que le vieil Ésaü arrivait, un sourire jusqu'aux oreilles barrant son visage plat et les yeux emplis de lumière stellaire. Il lui adressait des signes : le poing sur le front, puis la paume de la main gauche tournée vers le haut, soutenant le poing gauche, le pouce levé. *Hé, idiot. Je vais t'aider.*

Malenfant répondit de la même façon. *Quoi aider quoi quoi ?*

L'index et le majeur des deux mains unis, pointés comme un couteau, un geste sec vers le bas, comme pour couper quelque chose ; un signe net, sur lequel on ne pouvait pas se tromper. *À mourir.*

CHAPITRE 34

LA CROISADE DES ENFANTS

Cassiopée le prit dans ses bras.

Ses bras articulés se replièrent autour de lui et il fut entraîné à l'intérieur du corps du Gaijin. Il sentit l'odeur de brûlé du métal exposé au vide, à la lumière de cent soleils différents. Et, à présent, des bras plus fins, des vrilles en fait, commençaient à tâter son corps, sa peau, sa bouche, ses yeux.

Il pouvait voir à travers une brume de cils de métal Madeleine qui pleurait sur le flanc de la colline.

— Parlez-leur de moi, Madeleine. Ne les laissez pas oublier.

— Je le ferai. C'est promis.

Du métal tiède explorait ses oreilles, l'intérieur de sa bouche et même ses yeux. Explorait et transperçait, une douzaine de coups de couteau, une douleur aiguë. Puis vint une pénétration insidieuse, et il sentit le goût du sang.

— Ça fait mal, Madeleine. (Il poussa un cri ; il ne put s'en empêcher.) Oh, mon Dieu !

Mais Ésaü se tenait à présent devant lui et lui adressait des signes. *Idiot Idiot. Regarde moi moi.*

La douleur augmenta et Malenfant s'efforça de se concentrer.

Ésaü était assis sur la colline. Il tenait un bloc d'obsidienne, sous la lumière des étoiles du centre de la Galaxie.

Malenfant tendit la main. Des tentacules luisants pendaient de ses bras nus, le reliant au corps froid du Gaijin avec lequel il était en train de fusionner. Il découvrit qu'il pouvait bouger les doigts, mais qu'ils miroitaient d'éclats métalliques.

Ésaü lui tendait toujours le morceau de roche vitreuse.

Malenfant le prit. Il sentait sa texture rugueuse, mais de loin, comme à travers une couche de plastique. Il le retourna dans ses mains.

Ésaü tenait un morceau d'obsidienne intact, des marteaux d'os et de pierre. Il adressa un signe brusque à Malenfant. *Comme moi, idiot. Fais comme moi. Copie.*

Malenfant obéit et se mit au travail, donnant des coups maladroits à la roche, imitant les gestes d'Ésaü, s'exerçant à cette activité humaine des plus anciennes à vingt-cinq mille années-lumière de chez lui.

— Les bouddhistes parlent d'*anatta*, murmura Madeleine. Ce qui signifie « pas de soi ». Ou plutôt, le soi est temporaire, comme une idée ou une histoire. « Les actions existent, de même que leurs conséquences, mais la personne qui agit n'existe pas… » Ça ne sera pas si terrible, Malenfant. Certaines personnes peuvent le faire. Certaines *choisissent*…

Il vit qu'elle pleurait, et que les larmes coulaient de ses yeux fermés. Elle pleurait pour lui. Mais il ne devait pas penser à elle. Il tenta de s'immerger dans ce qu'il était en train de faire. Il se concentra sur son travail, sur les mouvements de ses mains et de ses bras. Il penserait plus tard à Madeleine – il écarta cette pensée. Les différences entre ses mains et celles du Néandertalien le frappèrent soudain, et il trouva frustrante sa propre maladresse. Mais il devait également repousser cette pensée.

Il y parvint, durant de brèves périodes. C'était comme s'il voyait avec une netteté ahurissante le morceau de roche et l'outil qu'il fabriquait : l'objet même, pas les processus géologiques qui avaient produit le matériau brut, pas les mystérieuses portes interstellaires qui les avaient amenés ici, le bout de roc et lui, pas même la destination ultime de l'outil. Juste la chose, et l'acte.

Mais alors le charme se rompait, et les plans, les analyses et la conscience de soi revenaient encombrer son esprit – la conscience qu'il avait de Madeleine et de Cassiopée, et d'Ésaü, des arbres et de l'herbe et du cœur de la Galaxie, et de la *douleur* qui pénétrait jusqu'au plus profond de lui-même.

— Il faut vous laisser aller, Malenfant, murmura Madeleine. Ne pensez pas. Vivez dans le maintenant, l'instant présent. Si des idées, des réflexions, des souvenirs, des espoirs, des craintes surviennent, laissez-les filer. Ce sont des papillons qui s'envolent par la fenêtre. Traitez tout de la même façon. Ne filtrez pas. Ne vous concentrez pas. Regardez Ésaü…

Ésaü, oui.

Malenfant se comportait comme un observateur. Mais Ésaü était le caillou dont il travaillait la profonde richesse chtonienne, d'une manière que Malenfant ne pourrait peut-être jamais être. Une forme de conscience douce fluide et éphémère, sans passé ni avenir, sans mémoire ni anticipation. Comme conduire une voiture tout en tenant une conversation. Comme être défoncé. Ou comme avoir cinq ans et que chaque instant soit un délicieux dimanche matin.

Madeleine continuait à parler, mais il ne parvenait pas à distinguer les mots. Elle s'éloignait, comme si elle était en train de se dissoudre.

Au revoir, au revoir.

Il ferma les yeux.

… Non, ce n'était pas ça :

Des yeux étaient fermés.

Il y eut un éclair bleu, un instant de douleur déchirante.

— *Emma !*… cria-t-il.

Et puis…

Des membres qui fonctionnaient. Tactiles, gracieux. Des tâches qui progressaient.

La corde : un objet complexe, composée de multiples niveaux, de filaments monomoléculaires contenant des fils supraconducteurs. L'extension de la corde, la réparation des fils, la tâche des membres.

Récepteurs visuels. Yeux. Un repositionnement.

Des réseaux de données, dessous, tout autour, un grand mur courbe. Aux extrêmes, un plan infini dans toutes les directions : la voile.

Au-dessus, l'étoile à neutrons qui crachotait dans son enveloppe de gaz.

Ici, un corps, une silhouette arachnéenne, dotée de nombreux membres, une boîte en forme de dodécaèdre. De multiples tâches pour ces membres. La voile qui était réparée, étendue : le corps qui était entretenu, ajusté, étendu à son tour ; les données archivées ; un maillage de communications avec d'autres qui était entretenu et étendu.

D'autres travailleurs.

Certains proches. D'autres lointains. Certains pareils à ce corps, de conception commune. Des millions. D'autres non. Des tâches qu'on faisait progresser.

La structure. Vibrations, tremblement de fils déchirés. Modulations complexes, vagues dans le temps et l'espace.

La guerre, dans une région lointaine de la voile.

Une position que l'on ajustait, un ancrage du corps que l'on améliorait et sécurisait.

Le travail que l'on faisait avancer dans une région de la voile, la guerre dans une autre.

Ancrage. Autoentretien. Travail.

L'Univers, de tâches, de choses.

Pas de centre.

… Et il eut l'impression de se noyer, de se débattre pour échapper à un fluide épais et visqueux, pour aller vers la lumière. Il voulait ouvrir la bouche, crier – mais il n'avait pas de bouche – et pas de *mots*. Qu'aurait-il crié ?

Je.

Je suis.

Je suis Malenfant.

Non. Pas seulement Malenfant. Malenfant/Ésaü/Cassiopée.

La douleur !

Le frémissement du filet. L'ancrage. Le travail qu'on avançait…

Non ! C'est plus que ça. Je sens le frémissement. Je dois m'accrocher au filet. Je dois continuer le travail, dans l'espoir que la rationalité l'emportera, que le conflit sera résolu, que le travail sera poursuivi jusqu'à atteindre le grand objectif.

Voilà comment ça doit être. Oh, mon Dieu, la *douleur*.

La terreur l'engloutit. Et l'amour. Et la colère.

Il voyait la voile.

Une draperie arachnéenne enveloppant les étoiles regroupées en ce lieu. Et à l'intérieur de la voile, comme au creux d'une paume, il voyait l'étoile à neutrons, une boule d'un rouge furieux mêlé à un bleu surnaturel de synchrotron, pareille à un énorme jouet.

Magnifique. Effrayant.

Et il la voyait avec des yeux plus qu'humains.

Il voyait la grêle de rayons pleuvant au-delà du spectre visible par des yeux humains : les ultraviolets éblouissant de la voile, la lueur terne et rougeâtre des infrarouges émis par l'étoile elle-même. Il voyait la voile, ses courbes et le pulsar sous une douzaine d'angles différents, comme si toute cette impossible et improbable structure n'était qu'une étincelle flottant à l'intérieur de son globe oculaire de divinité, et qu'il pouvait la voir de tous les côtés à la fois, comme si elle avait été écorchée et épinglée à un panneau situé devant lui.

Et il visualisa la totalité du projet inclus dans le temps, la voile qui se déployait, croissait, et la lente déviation de l'étoile réticente. Il eut une vision de ses origines – la voile avait des caractéristiques communes avec l'artefact trouvé autour d'un trou noir dans le système d'une espèce appelée les Chaera ; peut-être s'agissait-il aussi d'une relique de ces constructeurs disparus.

Et il voyait la scène à travers les yeux vaporeux des mathématiques. Il pouvait visualiser les équations brutales de la gravité et de l'électromagnétisme qui présidaient à la traction exercée par le compagnon de l'étoile, la force exercée par l'étoile sur la voile et l'étoile sur la voile ; et il voyait comment ces équations allaient se déployer, telles des courbes scintillantes s'étirant à partir de ce moment pour y revenir, l'évolution du système dans le temps, à partir du passé, à travers le présent et dans le futur.

Il vit que ça ne suffirait pas.

L'approche de l'étoile à neutrons était toujours plus rapide que la construction de la voile. Les projections montraient que le projet allait échouer ; les étoiles étaient mathématiquement destinées à entrer en collision avant que l'action déflectrice de la voile ne se fasse sentir, le grand sursaut gamma ridiculiserait leurs efforts de sa mortelle manière. Mais elles devaient encore essayer, et elles allaient travailler plus dur, elles, les communautés qui trimaient en ce lieu.

… Et, si tu vois tout ça, Malenfant, qu'es-tu alors ? Dieu sait que tu n'es pas mathématicien.

Il baissa les yeux pour se regarder.

Ou plutôt, il essaya.

Son regard pivota, oui, sa vision étincelant de couleurs au-delà du spectre visible par les humains. Mais sa *tête* ne tourna pas.

Car il n'en avait pas.

La brève sensation d'avoir un corps. Étendu bras et jambes écartés sur le filet arachnéen de la voile. Accroché par des doigts et des orteils de singe, ici, au centre de la Galaxie.

Une métaphore, bien entendu, une illusion destinée à réconforter son pauvre esprit humain. Qu'était-il vraiment ? Une personnalité partielle, téléchargée dans un robot maladroit qui s'accrochait à cette structure monstrueuse baignée par les radiations mortelles d'une étoile à neutrons ?

Le robot qu'il chevauchait travaillait en cet instant même, tricotant le filet. Son corps fonctionnait sans qu'on le dirige, « moi », ou qui que ce fût d'autre.

Mais c'est ainsi, Malenfant. Le soi est une illusion, n'oublie pas. Tu as toujours été un passager dans la cage osseuse de ton crâne. C'est juste que la situation est désormais un petit peu plus… explicite.

Bienvenue dans la réalité.

Mais, si je suis un robot, pourquoi cette *douleur* ?

Il chercha du regard Cassiopée, ou n'importe quel autre Gaijin, un dodécaèdre à la forme rassurante. Il n'en vit aucun, même si les améliorations importunes de sa vision lui permettaient de zoomer et donc d'inspecter tous les espaces situés autour de lui.

Mais la colère l'envahissait lorsqu'il pensait à Cassiopée. Pourquoi ?

Quelques minutes à peine s'étaient écoulées depuis qu'elle l'avait pris dans ses bras sur cette plaine herbeuse simulée... non ?

Comment le *sais*-tu, Malenfant ? Comment sais-tu que tu n'es pas congelé depuis dix mille ans dans une immense banque de données ?

Et... comment sais-tu que ce n'est pas la première fois où tu refais surface de cette façon ?

Comment pouvait-il le savoir ? Si son identité s'assemblait puis se désintégrait, quelle trace cela laissait-il dans sa mémoire ? Qu'était sa mémoire ? Et si on le *redémarrait* chaque fois, tout simplement, après nettoyage, comme un ordinateur qu'on réinitialise ?

De nouveau plongé dans la terreur, perdu dans l'espace et le temps – et dans une solitude sans défense et désespérante – il tenta encore une fois de crier. Il en était incapable, bien entendu.

La voile frémit. Les immenses vagues d'une perturbation, longues de milliers de kilomètres se répandirent dans le filet. Et, tandis qu'elles passaient, il vit que les secousses décrochaient d'autres travailleurs, projetant leur matériel endommagé dans le vide.

Sans contrôler le phénomène consciemment, il perçut que son corps (ou ses corps – comment sais-tu que tu te trouves en *un seul endroit*, Malenfant ?) était en train d'affermir sa prise sur la fine structure.

Il sentit un regroupement de consciences autour de lui. D'autres ouvriers qui se trouvaient ici, peut-être. D'autres parties de lui-même.

Effrayées.

Ayez foi, dit-il à ses compagnons, ses autres parties. Ou ses disciples.

Mais c'était précisément le problème. *Ils* n'avaient pas foi, eux. La foi était une idée dangereuse. La seule chose moins dangereuse était en fait l'Univers lui-même, ce terrible accident de la mécanique céleste qui le réinitialisait.

Tout cela s'était déjà produit auparavant. Les guerres. La destruction. Le travail abandonné. La reprise, les patientes réparations.

Il y avait une espèce à laquelle il pensait sous le nom de Mangeurs de Feu. Des cousins des Incendiaires, qui avaient tenté de déstabiliser le soleil de la Terre. Mais ces cousins, plus ambitieux, voulaient dérober une partie de la voile pour en envelopper une hypernova, l'une des plus grosses explosions stellaires dans la Galaxie. Si Malenfant avait bien compris, ils voulaient tenter de s'emparer d'une partie de cette extraordinaire énergie pour se catapulter hors de la Voie lactée à une vitesse frôlant celle de la lumière. Ainsi, la dilatation temporelle étirerait leur expérience subjective presque jusqu'à l'immobilité, et ils survivraient à cette Réinitialisation, et à la suivante, et encore à la suivante. Il se souvenait d'un détournement des ressources, d'une grande guerre, d'énormes dégâts causés à la voile avant que les Mangeurs de Feu ne soient repoussés.

… Il se *souvenait*.

Oui. Il avait déjà refait surface ainsi, il était déjà redevenu Malenfant, recroquevillé sous un ciel empli d'extraterrestres silencieux, mortels ou en guerre, dans un coin de la voile où les fils se tordaient et se brisaient.

Il avait émergé plus d'une fois.

À de multiples reprises.

Depuis quand suis-je ici ? Et combien de temps ai-je travaillé ici, éveillé mais dépourvu de conscience, entre ces intervalles de lucidité dont je ne me souviens qu'à moitié ?

Ah, oui, mais regarde un peu où tu te trouves, Malenfant.

Il détacha son regard de la voile ondulante, l'écarta de la mortelle étoile à neutrons et le dirigea vers la complexité du ciel.

Il était au cœur de la Galaxie : à l'intérieur du grand amas central d'étoiles, à une douzaine d'années-lumière à peine du centre lui-même. Une cavité d'environ vingt années-lumière de diamètre occupait celui-ci, entourée par une immense coquille d'étoiles extrêmement proches où l'on avait semé la confusion ; l'étoile à neutrons binaire était blottie contre la lisière intérieure de cette coquille.

Le vide à l'intérieur de la « cavité » n'était que relatif. Une gigantesque double spirale d'étoiles semblable à une réplique en miniature de la Galaxie était piégée en son cœur. Ses étoiles étaient maintenues sur leurs orbites serrées autour de l'objet situé au centre de gravité lui-même : un trou noir doté d'un immense disque d'accrétion brillant et crachotant, un trou qui avait lui-même la masse de quelque trois millions de soleils. Et c'étaient les vents violents de cet énorme disque d'accrétion qui avaient créé ce vide relatif.

Mais la cavité était tout de même remplie de gaz et de poussières, dont les particules étaient ionisées et précipitées à grande vitesse par les forces gravitationnelles et magnétiques à l'œuvre, si bien que des serpentins de gaz lumineux s'entrecroisaient en une fine dentelle qui emplissait l'espace. Des étoiles étaient nées ici, notamment un amas de jeunes soleils chauds et bleus qui se trouvaient à faible distance du trou noir lui-même. Et, çà et là des étoiles vagabondes traversaient la cavité, traînaient derrière elles d'immenses queues lumineuses, telles des comètes de centaines d'années-lumière de long.

Des étoiles pareilles à des comètes.

Il exultait. Moi, Reid Malenfant, j'ai pu voir *ça*, le cœur même de la Galaxie, bon Dieu. Il aurait aimé que

Cassiopée fût là, elle qui avait été sa compagne pendant ses interminables sauts d'un Point Selle à l'autre, d'une étoile à l'autre…

Mais sa colère flamba de nouveau lorsqu'il pensa à Cassiopée.

Et, à présent, son esprit réassemblé était plus clair ; il se souvenait *pourquoi*.

Il avait découvert la vérité après s'être soumis à l'étreinte froide et douloureuse de Cassiopée, après son arrivée *ici*, il ne savait combien de temps plus tard.

Il avait appris que, même si tout se passait bien ici, si les guerres cessaient, si l'approvisionnement en matières premières ne se tarissait pas et si la voile de l'étoile à neutrons, ce merveilleux artefact, était achevée et fonctionnait comme prévu – *même* dans ce cas, son foutu sort ne s'en trouverait pas amélioré le moins du monde.

Parce qu'il était déjà trop tard. Pour lui. Et pour ceux de son peuple.

Cette binaire, oui : son implosion allait se produire assez loin dans le futur pour que cette solution à basse technologie, avec ses robots, ses filets, et ses fusées à vent solaire aient une action sur elle. Mais ce n'était pas cette étoile à neutrons binaire qui était censée être la prochaine à exploser.

Une autre encore s'effondrait, encore plus profondément dans le cœur malade de la Galaxie – une autre Réinitialisation. Et il était déjà trop tard pour l'arrêter, trop tard pour empêcher la catastrophe à venir.

L'improbable voile allait fonctionner. Mais à trop long terme. Le projet n'allait pas éviter la prochaine Réinitialisation, mais seulement celle d'après.

Nous avons toujours été condamnés. Tout ce que nous pouvions faire, c'était améliorer les choses en vue du prochain cycle, faire suffisamment avancer le projet pour que ces gens-là – ceux qui allaient sortir de la mare galactique et qui tomberaient sur la voile à moitié achevée dans quelques dizaines de millions d'années – comprennent un peu mieux que nous et sachent quoi faire, comment la finir.

Les premiers concepteurs de la voile, qui avaient œuvré avant la Réinitialisation précédente, le savaient. Cassiopée le savait.

Elle n'avait néanmoins pas pensé à le lui dire avant qu'il ne… meure. Peut-être ne pensait-elle pas que c'était important. Après tout, un sacrifice est un sacrifice. Peut-être n'avait-il tout simplement pas compris ; peut-être s'était-elle attendue à ce qu'il comprenne par lui-même. Après tout, elle pouvait voir les équations.

Il se souvint de ce qu'il avait ressenti en comprenant. L'ultime trahison.

D'où la colère.

Mais ça n'avait pas d'importance. En fait, cela rendait encore plus essentiels son travail et le rôle qu'il jouait ici.

Les Humains, les Gaijin, les Chaera, la génération contemporaine d'espèces pensantes de la Galaxie, tous ceux qui ont contribué à la lente construction de la voile – ils sont *tous* condamnés, quoi qu'il arrive ici.

Mais c'était tout ce qu'ils pouvaient faire : améliorer les choses pour la prochaine fois.

Et, se dit-il en songeant à Madeleine, l'alternative à toute cette douleur, un univers sans vie condamné à ne rien connaître d'autre qu'une expansion dépourvue de sens, serait bien pire.

Courage, se dit-il à *eux-mêmes*. Notre but est noble. Notre mort n'a pas d'importance. Le futur, les enfants… même si ce ne sont pas *nos* enfants. Voilà ce qui compte. Nous l'emporterons.

Il devait continuer. Il devait entrer en communication avec les autres, ceux qui travaillaient ici. Les infecter.

Les convertir.

Ce n'était pas un projet, après tout. C'était une croisade.

Le filet frémit de nouveau. Foutue guerre.

Il se dissolvait, s'enfonçait. Il ne résista pas. C'était bien.

Malenfant poussa un soupir métaphorique. Il n'est pas indispensable d'être fou pour travailler ici, mais ça aide.

Une lumière bleue se coagula autour de lui. La douleur augmenta.

… *Cassiopée*, s'emporta-t-il. Pourquoi m'as-tu trahi ?

Pas de centre.

L'Univers, fait de tâches, de choses.

Ancrage. Autoentretien. Travail.

Toujours le travail.

ÉPILOGUE

La paisible colonie gaijin s'étendait sous sa bulle translucide, les arêtes biseautées des bâtiments donnant à la petite ville l'allure d'un éparpillement de jouets à moitié fondus. À l'extérieur de la bulle, une plaine désolée et sans air s'étirait jusqu'à un horizon bien net. Des ombres ratissaient la plaine.

Elle leva les yeux et examina la fantastique géométrie du quasar.

La centrale d'énergie qui se trouvait en son cœur, à deux cents années-lumière de là à peine, formait un point lumineux d'un éclat peu naturel. Deux gerbes jumelles d'électrons jaillissaient des pôles de la centrale, s'efforçaient d'atteindre le zénith et le nadir. Un tore de débris lumineux enveloppait la circonférence du quasar. L'orbite de cette colonie se trouvait presque à l'intérieur du tore, si bien que les débris ressemblaient à deux bras célestes s'étendant autour de la centrale pour toucher les nuages factices qui se nichaient sous la bulle.

Le ciel était rempli de structures en forme de dodécaèdre dont les facettes triangulaires miroitaient, qui flottaient telles des bulles de savon anguleuses.

C'était splendide, et stupéfiant.

Madeleine avait franchi un milliard d'années-lumière depuis la Terre, le long de la courbure de l'Univers. Elle n'en avait pas eu conscience. Elle était restée enregistrée, ou alors elle avait rebondi de porte en porte sans qu'on la télécharge depuis qu'elle avait quitté Malenfant.

Je suis à un milliard d'années-lumière de chez moi, se dit-elle. L'humanité a dû fuir la Terre, ou s'éteindre. La biosphère de la Terre elle-même n'aurait pas pu survivre si longtemps. Je suis peut-être le dernier être humain.

Peut-être suis-je à présent une construction d'un quale non humain ; peut-être ne suis-je plus humaine, moi non plus.

Eh bien, je ne suis pas obligée d'affronter cela. Pas encore.

Elle regarda en direction du zénith. Un semis de galaxies scintillait à travers sa bulle.

Les galaxies étaient vertes. Toutes.

Il y avait de la vie partout. Triomphante. Une vague de respect, d'émerveillement et d'amour se gonfla en elle.

C'était une preuve, bien entendu. Le simple fait de se réveiller de nouveau, d'émerger du réseau des Points Selles, était déjà une preuve. Les humains et leurs alliés – ou leurs rivaux, ou leurs successeurs – avaient triomphé du compte à rebours, ils étaient sortis des limites de la Galaxie et ils avaient poursuivi leur route pour se répandre dans l'Univers, construisant leurs propres portes.

Et, s'ils étaient arrivés *aussi loin*, ils devaient être partout. Foutue pensée.

Mais…

Où aller, à présent, Madeleine ?

Elle se demanda si Malenfant avait pu survivre, sous une forme ou une autre, même sur une période de temps et d'espace aussi immense. Elle l'avait bien fait, elle, après tout. Elle sourit en songeant à Malenfant, le premier crypto-cyborg.

Le quasar plongeait vers l'horizon. Les filtres optiques de sa bulle adoucirent ses contours et le firent virer au rouge. Le flux d'électrons éclaboussait le ciel comme les marques d'une brosse sur du velours. Les dernières traces de la lumière du quasar balayaient le ciel telle une fumée délicate.

Un spectacle si magnifique qu'il en était douloureux.

Elle se détourna et partit à la recherche de Reid Malenfant.

POSTFACE

Are We Alone ? de Paul Davies (Penguin Books, 1995) constitue une bonne étude récente de l'état de notre pensée sur la vie extraterrestre. Les passages se déroulant sur la Lune sont basés en partie sur des discussions avec l'ancien astronaute Charles M. Duke, qui a marché sur la Lune en 1972 en tant que pilote du module lunaire d'Apollo 16. Il existe réellement des réacteurs nucléaires naturels, signalés, par exemple, dans « Fossile Nuclear Reactors » par Michel Maurette, *Annual Review of Nuclear Science*, v. 26, pp. 319-350 (1976). J'ai publié un article technique sur la faisabilité du projet d'exploitation de l'océan lunaire profond dans le *Journal of the British Interplanetary Society* (v. 51, pp. 75-80, 1998).

Je suis bien entendu responsable de toutes les erreurs, omissions ou mauvaises interprétations contenues dans cet ouvrage.

Achevé d'imprimer en décembre 2011

POCKET – 12, avenue d'Italie
75627 Paris – Cedex 13

Dépôt légal : février 2011
Imprimé en Espagne par LIBERDÚPLEX
S18980/02